中国国家标准汇编

2011年修订-36

中国标准出版社　编

中国标准出版社
北　京

图书在版编目(CIP)数据

中国国家标准汇编:2011 年修订.36/中国标准出版社编.—北京:中国标准出版社,2012
ISBN 978-7-5066-6950-4

Ⅰ.①中… Ⅱ.①中… Ⅲ.①国家标准-汇编-中国-2011 Ⅳ.①T-652.1

中国版本图书馆 CIP 数据核字(2012)第 197056 号

中国标准出版社出版发行
北京市朝阳区和平里西街甲 2 号(100013)
北京市西城区三里河北街 16 号(100045)

网址 www.spc.net.cn
总编室:(010)64275323 发行中心:(010)51780235
读者服务部:(010)68523946
中国标准出版社秦皇岛印刷厂印刷
各地新华书店经销
*
开本 880×1230 1/16 印张 37.25 字数 1 016 千字
2012 年 9 月第一版 2012 年 9 月第一次印刷
*
定价 220.00 元

出 版 说 明

1.《中国国家标准汇编》是一部大型综合性国家标准全集。自1983年起，按国家标准顺序号以精装本、平装本两种装帧形式陆续分册汇编出版。它在一定程度上反映了我国建国以来标准化事业发展的基本情况和主要成就，是各级标准化管理机构，工矿企事业单位，农林牧副渔系统，科研、设计、教学等部门必不可少的工具书。

2.《中国国家标准汇编》收入我国每年正式发布的全部国家标准，分为"制定"卷和"修订"卷两种编辑版本。

"制定"卷收入上一年度我国发布的、新制定的国家标准，顺延前年度标准编号分成若干分册，封面和书脊上注明"20××年制定"字样及分册号，分册号一直连续。各分册中的标准是按照标准编号顺序连续排列的，如有标准顺序号缺号的，除特殊情况注明外，暂为空号。

"修订"卷收入上一年度我国发布的、被修订的国家标准，视篇幅分设若干分册，但与"制定"卷分册号无关联，仅在封面和书脊上注明"20××年修订-1,-2,-3,……"字样。"修订"卷各分册中的标准，仍按标准编号顺序排列（但不连续）；如有遗漏的，均在当年最后一分册中补齐。需提请读者注意的是，个别非顺延前年度标准编号的新制定的国家标准没有收入在"制定"卷中，而是收入在"修订"卷中。

读者配套购买《中国国家标准汇编》"制定"卷和"修订"卷则可收齐由我社出版的上一年度我国制定和修订的全部国家标准。

3. 由于读者需求的变化，自1996年起，《中国国家标准汇编》仅出版精装本。

4. 2011年我国制修订国家标准共1 989项。本分册为"2011年修订-36"，收入新制修订的国家标准15项。

中国标准出版社

2012年8月

目　　录

ICS 35.100
L 79

中华人民共和国国家标准

GB/T 26857.1—2011

信息技术 开放系统互连 测试方法和规范（MTS） 测试和测试控制记法 第3版 第1部分：TTCN-3核心语言

Information technology—Open systems interconnection—Methods for testing and specification(MTS)—The testing and test control notation—Version 3—Part 1: TTCN-3 core language

2011-07-29 发布 2011-11-01 实施

中华人民共和国国家质量监督检验检疫总局
中国国家标准化管理委员会 发布

前　言

GB/T 26857《信息技术　开放系统互连　测试方法和规范(MTS)　测试和测试控制记法》由下列几部分组成：

——第1部分：TTCN-3核心语言；

——第2部分：TTCN-3表格表示格式；

——第3部分：TTCN-3图形表示格式；

——第4部分：TTCN-3操作语义；

——第5部分：TTCN-3运行时接口(TRI)；

——第6部分：TTCN-3控制接口(TCI)。

本部分为GB/T 26857的第1部分。

本部分参考了ETSI ES 201 873-1 v2.2.1《测试方法和规范　测试和测试控制记法　第3版　第1部分：TTCN-3核心语言》。

本部分按照GB/T 1.1—2009给出的规则起草。

请注意本文件的某些内容可能涉及专利。本文件的发布机构不承担识别这些专利的责任。

本部分由全国信息技术标准化技术委员会(SAC/TC 28)归口。

本部分起草单位：中国电子技术标准化研究所。

本部分主要起草人：杨宏、郝丹丹、卓兰、付晓宇、张晖、郭楠、徐全平、徐冬梅、张翠、董挺、韩丽。

信息技术　开放系统互连　测试方法和规范(MTS)　测试和测试控制记法　第3版　第1部分:TTCN-3核心语言

1　范围

本部分规定了TTCN第3版(即TTCN-3)核心语言。TTCN-3可作为各种通信端口上全部类型的反应系统测试的规范。典型的应用领域有协议测试(包括移动协议和互联网协议)、服务测试(包括增补服务)、模块测试、基于CORBA平台的测试、API等。TTCN-3不限于符合性测试,而能用于许多其他种类的测试,包括互操作性测试、健壮性测试、回归测试、系统和集成测试。对物理层协议的测试套规定不在本部分的范围之内。

TTCN-3旨在用作独立于测试方法、层和协议的测试套的规定。TTCN-3定义了各种表示格式,如表格表示格式和图形表示格式。这些表示格式的规定不在本部分范围之内。

本部分定义了ASN.1使用的一个规定性方式,正如GB/T 16262.1—2006标准中定义的一样。其他语言与TTCN-3的协调使用不在本部分研究范围之内。

TTCN-3的设计虽然已经考虑到TTCN-3翻译器和编译器的最终实现,但从抽象测试套(ATS)到可执行测试套(ETS)的实现手段超出本部分的范围。

2　规范性引用文件

下列文件对于本文件的应用是必不可少的。凡是注日期的引用文件,仅注日期的版本适用于本文件。凡是不注日期的引用文件,其最新版本(包括所有的修改单)适用于本文件。

GB/T 1988—1998　信息技术　信息交换用七位编码字符集

GB/T 5261—1994　信息技术　七位和八位编码字符集的控制功能

GB/T 16262.1—2006　信息技术　抽象语法记法一(ASN.1)　第1部分:基本记法规定

GB/T 16262.2—2006　信息技术　抽象语法记法一(ASN.1)　第2部分:信息客体规定

GB/T 16262.3—2006　信息技术　抽象语法记法一(ASN.1)　第3部分:约束规定

GB/T 16262.4—2006　信息技术　抽象语法记法一(ASN.1)　第4部分:ASN.1规定的参数化

GB/T 16263.1—2006　信息技术　ASN.1编码规则　第1部分:基本编码规则(BER)、正则编码规则(CER)和非典型编码规则(DER)规定

GB/T 16263.2—2006　信息技术　ASN.1编码规则　第2部分:紧缩编码规则(PER)规定

GB/T 17178.1—1997　信息技术　开放系统互连　一致性测试方法和框架　第1部分:一般概念

GB/T 17969.1—2000　信息技术　开放系统互连　OSI登记机构的操作规程　第1部分:一般规程

ISO/IEC 9646-3:1998　信息技术　开放系统互连　一致性测试方法和框架　第3部分:数和表组合记法(TTCN)

ISO/IEC 10646　信息技术　通用多八位编码字符集(UCS)

ITU-T建议T.100(1988)　交互图文的国际信息交换

ITU-T建议T.101(1994)　交互服务的国际互通

ETSI ES 201 873-2(V2.2.1)　测试和规定方法(MTS)　测试和测试控制记法　第3版　第2部

分:TTCN-3 表格表示格式(TFT)

ETSI TR 101 873-3(V1.1.2) 测试和规定方法(MTS) 树和表组合记法 第3版 第3部分:TTCN-3 图形表示格式(GFT)

3 术语和定义

GB/T 17178.1—1997、ISO/IEC 9646-3 中界定的以及下列术语和定义适用于本文件。

3.1

实参 actual parameter

在调用处定义的,作为参数传递给被调用实体(函数、测试用例、备选步等)的值、模板或名称引用(标识符)。

注:在单一的启用中所传递的所有实参的数目、顺序和类型,应与被调用实体中定义的形参清单一致。

3.2

基本类型 basic types

本部分的 7.2.1 和 7.2.2 中所描述的预定义的 TTCN-3 类型的集合。

注:基本类型集通过其名称加以引用。

3.3

兼容类型 compatible type

与 TTCN-3 类型兼容的类型。TTCN-3 虽不是强制类型的,但确实要求类型兼容性。

注:当 7.8 中的条件得到满足时,变量、常量、模板等即具有兼容类型的特征。

3.4

通信端口 communication port

便于测试组件之间通信的抽象机制。

注:通信端口在接收方向建模化为一个先进先出(FIFO)队列。端口可基于消息的、基于过程的或这二者的混合。

3.5

数据类型 data types

单一的基本类型、基本串类型、结构化类型、专用数据类型以及基于以上类型而由用户定义的全部类型的统称(见表 3)。

3.6

已定义的(TTCN-3)类型 defined(TTCN-3)types

TTCN-3 预定义的全部类型(基本类型、所有结构化类型、任何类型(anytype)类型、地址类型、端口类型、组件类型和默认类型)以及在所用模块中声明的或从另一 TTCN-3 模块中引入的用户定义的全部类型的集合。

3.7

动态参数化 dynamic parameterization

其中实参依赖于运行时事件的一种参数化。例如实参的值是在运行期间接收的值或依赖于通过逻辑关系接收的值。

3.8

异常 exception

在基于过程的通信的情况下,当一个回复实体对远程过程调用出现不能以正常期望的响应来回答时的条件(如果已经定义)。

3.9

形(式)参(数) formal parameter

不是在定义一个实体(函数、测试用例、备选步等)时,而是在对其启用时进行解析的值或模板的名称引用(标识符)。

注：从启用该实体处传递在形参的位置所用的实际的值或模板(或其名称)。

3.10

全局可见　global visibility

实体(模块参数、常量、模板等)的属性,可以在定义实体的模块中任意位置引用该实体的标识符,包括所有函数、测试例以及定义在相同模块的备选步和该模块的控制部分。

3.11

实现一致性声明　Implementation Conformance Statement

ICS

由声称与所给规范一致的实现或系统的提供者所做的声明,陈述已实现了哪些能力。ICS 可有以下诸表:协议 ICS、轮廓 ICS、轮廓特定 ICS 和信息客体 ICS。

3.12

测试实现附加信息　Implementation eXtra Information for Testing

IXIT

由 IUT 的提供者或实现者所做的陈述,它包含或引用了与 IUT 及其测试环境有关的全部信息(ICS 给出的信息除外),该陈述使测试实验室能对 IUT 运行适当的测试套。一份 IXIT 可以有以下诸表:协议 IXIT、轮廓 IXIT、轮廓特定 IXIT 和信息课题 IXIT、TMP 实现声明。

3.13

被测实现　Implementation Under Test

IUT

具有相邻用户/提供者关系的一个或多个 OSI 协议的一种实现,这种实现将作为开放式系统的一部分通过测试进行研究。

3.14

已知类型　known types

已定义类型集,引入了 ASN.1 和其他外部类型。

3.15

本地可见　local visibility

实体(常量,变量等)的属性,实体标识符仅能在其被定义的函数,测试例或备选步内部被引用。

3.16

主测试组件　Main Test Component

MTC

测试组件配置中单个测试组件负责建立和控制并行测试组件并计算和分配测试判定。

3.17

按值引用　passing parameter by value

在可参数化的实体进入之前变量被评估的传参方式。

注：仅变量值被传递且被调用实体内的变量的变化在调用方看来对实际变量无影响。

3.18

按引用传参　passing parameter by reference

传参方式,变量在函数、备选步等进入之前未被评估,且对参数的引用通过调用程序向被调用程序传递。

注：被调用程序内部的变量的变化在调用方看来对实际参数有影响。

3.19

并行测试组件　Parallel Test Component

PTC

主测试组件创建的测试组件。

3.20

根类型 root type

可被追溯的用户定义的 TTCN-3 类型那个基本类型，结构化类型，特殊数据类型，特殊配置类型或特殊默认类型。

注：考虑到基于引入的 ASN.1 类型的类型，跟类型有相关的 TTCN-3 类型来决定(见 D.1.3)。

3.21

静态参数化 static parameterization

参数化的种类，其中实际参数独立于运行时时间；如在编译时得知或以防在测试套执行开始得知模块参数(如，从测试套规范中得知，此处计算引入的定义，或测试系统在执行时间之前得知其值)。

3.22

强分类 strong typing

通过类型名严格实施无异常的类型兼容。

3.23

被测系统 System Under Test

SUT

IUT 所在的开放实系统。

注：所有的类型在编译时被得知，如静态绑定。

3.24

模板 template

TTCN-3 模板时测试的特定数据结构；用于发送不同值的集合或检查接收到的值的集合是否匹配模板规范。

3.25

测试例 test case

抽象或可执行的测试例。

注：一般来讲，本部分的"测试"一词只表示一般的意义，有时也可以作为抽象测试例或可执行测试例的简称。上下文应使意思明确。

3.26

测试例错误 test case error

用于描述在测试例自身发现错误时测试例执行结果。

3.27

测试套 test suite

引入完整规定所有定义和必要的完整定义测试例集合的行为描述的声明的显示或隐式的 TTCN-3 模块。

3.28

测试系统 test system

包括下测试器实现的实系统。

注：统一测试系统可用作多个测试工具的一部分。

3.29

测试系统接口 test system interface

提供在(抽象)TTCN-3 测试系统中可用端口到实测试系统提供的端口的映射的测试组件。

3.30

测试兼容性

语言特征，允许使用给定类型的值或模板为另一类型的实际值(如，在分配时，作为在调用函数时的实际参数，参考模板等，或作为函数返回值）。

注：值或模板的类型和当前值应与其他类型兼容。

3.31

值参数化

作为实际参数的对象值或模板传递到参数化对象的能力。

注：该实际值参数然后完成该对象的规范。

3.32

用户定义的类型

基本类型的图表类型定义的类型，声明一个结构化的类型或用点符号限制任意类型为单类型。

注：用户定义的类型被其标识符（名称）所引用。

3.33

值符号 value notation

标识符与给定值或特定类型范围相关联所用的符号。

注：值可为常量或变量。

4 缩略语

API	应用程序接口	(Application Programming Interface)
ASN.1	抽象语法记法一	(Abstract Syntax Notation One)
ASP	抽象服务原语	(Abstract Service Primitive)
ATS	抽象测试套	(Abstract Test Suite)
BNF	巴科斯-诺尔范式	(Backus-Nauer Form)
CORBA	公用对象请求代理程序体系结构	(Common Object Request Broker Architecture)
ETS	可执行的测试套	(Executable Test Suite)
FIFO	先进先出	(First In First Out)
IDL	接口描述语言	(Interface Description Language)
IUT	在测实现	(Implementation Under Test)
MTC	主测试组件	(Master Test Component)
PDU	协议数据单元	(Protocol Data Unit)
PTC	并行测试组件	(Parallel Test Component)
(P)ICS	（协议）实现符合性声明	((Protocol)Implementation Conformance Statement)
(P)IXIT	测试用（协议）实现附加信息	((Protocol)Implementation eXtra Information for Testing)
SUT	在测系统	(System Under Test)
TTCN	测试和测试控制记法	(Testing and Test Control Notation)

5 引论

5.1 概述

TTCN-3 核心语言是一种灵活和强有力的语言，适用于各种通信接口上的全部类型的反应的系统测试的规定。所适用的典型领域有协议测试（包括移动和互联网协议）、服务测试（包括补充服务）、模块测试、基于 CORBA 平台的测试、API 测试等。TTCN-3 并不仅限于符合性测试，而能用于许多其他种类的测试，包括互操作性测试、健壮性测试、回归测试、系统和集成测试。

从句法的角度看，TTCN-3 与在 ISO/IEC 9646-3 中定义的该语言的早期各版本有很大区别。不

过,TTCN 的业已证实的基本功能系统大多予以保留,并在某些方面得到增强改进。TTCN-3 包括以下重要特性:

a) 规定动态并发测试配置的能力;
b) 基于过程和基于消息的通信的操作;
c) 规定编码信息和其他属性(包括用户可扩展性)的能力;
d) 规定带有强有力匹配机制的数据和特征标记模板的能力;
e) 类型和值的参数化;
f) 测试判定的赋值和处理;
g) 测试套参数化和测试用例选择机制;
h) TTCN-3 与 ASN.1 的结合使用(以及与其他语言例如 IDL 的潜在使用);
i) 良好定义的句法,互换格式以及静态语义;
j) 不同的表示格式(如:表格的和图形的表示格式);
k) 精确的执行算法(操作语义)。

5.2 核心语言和表示格式

TTCN 通常和符合性测试关联在一起。为了在标准和行业两个领域都把该语言的应用范围扩展到更为广泛的测试应用范围,本部分将 TTCN-3 的规定分为以下几个部分:本部分为第 1 部分,定义 TTCN-3 核心语言;第 2 部分是 TTCN-3 表格表示格式,在外观和功能系统两方面都与 TTCN 的早期版本相似;第 3 部分是 TTCN-3 图形表示格式;第 4 部分包含了 TTCN-3 的操作语义;第 5 部分为 TTCN-3 运行时接口(TRI);第 6 部分为 TTCN-3 控制接口(TCI)。其中核心语言及各种标识格式的视图如图 1 所示。

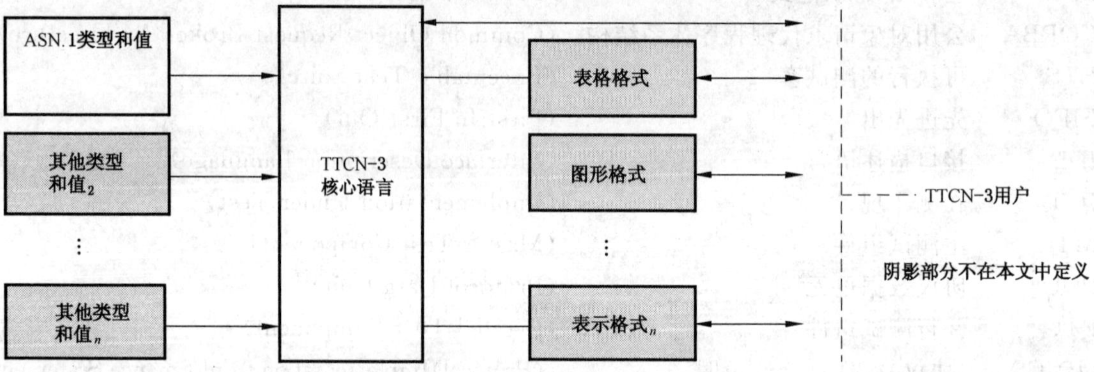

图 1 对核心语言和各种表示格式的视图

本核心语言有 3 个目的:

a) 作为广义的基于文本的测试语言;
b) 作为 TTCN 工具之间 TTCN 测试套的标准化互换格式;
c) 作为各种表示格式的语义基础(如果适合,也是句法基础)。

本核心语言可独立于表示格式使用。但是,表格格式和图形格式均不能脱离核心语言使用。这些表示格式的使用和实现均应以本核心语言为基础。

在不同表示格式预期集合中,表格格式和图形格式是首要的,其他格式可以是标准化的表示格式,也可以是由 TTCN-3 用户自行定义的专有表示格式。本部分中不定义这些附加格式。

TTCN-3 与 ASN.1 完全协调,后者可以与 TTCN-3 模块可选地一起使用,作为一种替换的数据类型和值句法。在 TTCN-3 模块中采用 ASN.1 在本部分的附录 D 中定义。将 TTCN-3 与 ASN.1 相结合的办法有可能应用于支持其他类型的和值的系统与 TTCN-3 的一起使用。然而,本部分并不定义后者的细节。

TTCN-3 核心语言由一种完全的句法(见附录 A)和操作语义(见第 4 部分)定义。出于一些基础性应用领域或方法体系上的考虑,它包含不限制本语言使用的最低限度静态语义(本部分正文部分及附录 A 中给出)。使用专有工具所能获得的测试套索引等 TTCN 以前各版本的功能系统,不属于 TTCN-3 的组成部分。

5.3 规范的一致性

本语言借助于当前版本主体中的文本性描述(第 6 章至第 29 章)以及附录 A 中的形式化方法,从句法上和语义上加以规定。每当文本性描述未穷举时,均以形式化描述完成。当文本规定和形式规定发生矛盾时,应以形式化规定为准。

5.4 符合性

本部分对本语言的实现级别未作规定。但是,对一个声称符合 TTCN-3 语言的实现来说,本部分所有已实现的特征均应与本部分给出的要求一致。

注:这不妨碍添加在当前版本规定中未规定的额外特征的具有符合性实现。

6 基本语言元素

6.1 概述

TTCN-3 的顶层单元是模块。模块中不能构造成子模块,但能从其他模块中移入定义。模块可具有参数清单以便给出测试套参数化的形式,这与 TTCN-2 的 PICS 和 PIXIT 参数化机制相似。

模块由定义部分和控制部分组成。模块的定义部分定义测试组件、通信端口、数据类型、常量、测试数据模板、函数、端口上过程调用的特征标记、测试用例等。TTCN-3 语言元素的情况如表 1 所示。

模块的控制部分调用测试用例并控制其执行。控制部分也可以声明(局部)变量等,程序语句(如 if-else 和 do-while)能用于规定各个测试用例的选择和执行顺序。TTCN-3 不支持全局变量的概念。

TTCN-3 有许多预定义的基本数据类型和结构化类型,如记录、集合、联合、枚举类型和数组。移入的 ASN.1 类型和值可与 TTCN-3 一起使用。

一种称为模板的特定的数据结构为规定在测试端口上发送的或接收的测试数据提供参数化和匹配机制。在这些端口上的操作提供基于消息的和基于过程的两种通信能力。过程调用可用于不基于消息的测试实现。

动态测试行为表达为测试用例。TTCN-3 程序语句包括强有力的行为描述机制,如通信和定时器事件的替换性接收、交叉和默认行为。TTCN-3 也支持测试判定赋值和日志机制。

最后,可以为 TTCN-3 语言元素指派诸如编码信息和显示属性等属性。也可能规定(非标准化的)用户定义的属性。

表 1 TTCN-3 语言元素概览

语言元素	关联的关键字	是否是在模块定义中规定的	是否是在模块控制中规定的	是否是在函数/备选步/测试用例中规定的	是否是在测试组件中规定的
TTCN-3 模块定义	**module**				
从其他模块移入定义	**import**	是			
定义分组	**group**	是			

表 1（续）

语言元素	关联的关键字	是否是在模块定义中规定的	是否是在模块控制中规定的	是否是在函数/备选步/测试用例中规定的	是否是在测试组件中规定的
数据类型定义	**type**	是			
通信端口定义	**port**	是			
测试组件定义	**component**	是			
特征标记定义	**signature**	是			
外部函数/常量定义	**external**	是			
常量定义	**const**	是	是	是	是
数据/特征标记模板定义	**template**	是			
函数定义	**function**	是			
备选步定义	**altstep**	是			
测试用例定义	**testcase**	是			
变量声明	**var**		是	是	是
定时器声明	**timer**		是	是	是

6.2 语言元素的定序

通常，能作出声明的顺序是任意的。在一个语句块和声明块中，如函数体或 if-else 语句的分支中，所有的声明（如果有）均应只在所在块的开始处进行。

示例：

```
// 这是一个 TTCN-3 声明的合法混合
 :
var MyVarType MyVar2：=3；
const integer MyConst：=1；
if(x > 10)
{
    var integer MyVar1：=1；
    :
    MyVar1：=MyVar1+10；
    :
}
```

模块定义部分中的定义可以按任何顺序给出，但出于可读性原因，应避免向前引用，不过这并不是强制性的。例如，调用其他函数和模块参数化的函数等递归元素就可能导致不可避免的向前引用。

向前引用只允许在模块定义部分来声明，而决不应在模块的控制部分、测试用例定义、函数和备选步中作出。这就意味着对局部变量、局部定时器和局部常量，绝不应出现向前引用。对这个规则的仅有的例外是标签。在 goto 语句中也许用到对于标签的向前引用，以便跳转到前面（见 20.6）。

6.3 参数化

6.3.1 静态参数化和动态参数化

TTCN-3 按以下限制支持值的参数化：

a) 不能参数化的语言元素有：const、var、timer、control、group 和 import；

b) 语言元素模块允许静态的值参数化以支持测试套参数，也就是说，在编译时这个参数化既可以是可解析的也可以是不可解析的，但是它应在运行开始时被解析(即在运行时是静态的)，这就意味着在运行时模块的参数值是全局可见的，但是不能更改；

c) 所有用户定义的类型定义(包括结构化的类型定义，如 record、set 等)和专用的配置类型地址支持静态值的参数化，即此参数化应在编译时进行解析；

d) 语言元素 template、signature、testcase、altstep 和 function 支持动态的值的参数化(即此参数化应在运行时进行)。

表 2 给出了哪些语言元素能加以参数化以及什么能作为参数向其传递的小结。

表 2　TTCN-3 可参数化的语言元素概览

关键字	值参数化	在形参与实参清单中允许出现的值的类型
module	在运行开始时，静态	所有基本类型、所有用户定义类型和 address 类型的值
type(注 1)	在编译时，静态	所有基本类型、所有用户定义类型和 address 类型的值
template	在运行时，动态	所有基本类型、所有用户定义类型、address 类型和模板 template 类型的值
function	在运行时，动态	所有基本类型、所有用户定义类型、address、component、port、default、template 和 timer 类型的值
altstep	在运行时，动态	所有基本类型、所有用户定义类型、address、component、port、default、template 和 timer 类型的值
testcase	在运行时，动态	所有基本类型、所有用户定义类型、address 和 template 类型的值
signature	在运行时，动态	所有基本类型、所有用户定义类型、address 和 component 类型的值
注 1：record of、set of、enumerated、port、component 和 subtype 类型定义不允许参数化。 **注 2**：不同语言元素中参数化的句法和特定用法的例子在本部分的有关章条中给出。		

6.3.2　按引用传参和按值传参

6.3.2.1　概述

按默认方式，基本类型、基本串类型、用户定义的结构化类型、地址类型和组件类型均按值传递所有的实参。可以选择性地使用关键字 in 来表示。而如果通过引用的方法传递以上提到的类型的参数，则应使用关键字 out 或 inout。

定时器和端口均按引用传参，并通过关键字 timer 和 port 来标识。可以选择使用关键字 inout 来指代按引用传参。

6.3.2.2　按引用传参

引址传参有以下限制：

a) 只对 altsteps 的形参清单显式调用，functions、signatures 和 testcase 可包含引址传递的参数(pass-by-reference parameters)；

注：对如何在特征标记中使用引址传递参数有进一步的限制(见第 24 章)。

b) 实参应仅是变量(例如不是常量也不是模板)。

示例：

```
function MyFunction(inout boolean MyReferenceParameter){…};
// 通过引址来传递 MyReferenceParameter,且能从该函数内读出和设置该实参。
function MyFunction(out boolean MyReferenceParameter){…};
// 通过引址来传递 MyReferenceParameter,且仅能从该函数内设置该实参。
```

6.3.2.3 按值传参

按值传递的实参可以是变量以及常量、模板等。

示例：

```
function MyFunction(in template MyTemplateType MyValueParameter){…};
// 按值传递 MyValueParameter,关键字 in 可选。
```

6.3.3 形参和实参清单

在实参清单中出现的元素的数目及其顺序，应与其对应的形参清单中的元素数目和出现顺序相同。而且，每个实参的类型应与每个对应的形参的类型兼容。

示例：

```
// 带有形参清单的一个函数定义
function MyFunction(integer FormalPar1,boolean FormalPar2,bitstring FormalPar3){…}
// 带有实参清单的一个函数调用
MyFunction(123,true,'1100'B);
```

6.3.4 空形参清单

如果 TTCN-3 语言元素 function、testcase、signature、altstep 或 external function 的形参清单是空的，那么在该元素的声明和调用中都应包含空的括号。而在所有其他情形，该空括号均应予以省略。

示例：

```
// 带有空参数清单的函数定义应写为
function MyFunction( ){…}
// 带有空参数清单的记录定义应写为
type record MyRecord {…}
```

6.3.5 嵌套式参数清单

通常，规定为一个实参的所有参数化实体在实参清单中均应有自己的解析的参数。

示例：

```
// 给定消息定义
type record MyMessageType
{
    integer     field1,
    charstring  field2,
    boolean     field3
}
// 一个消息模板可以是
template MyMessageType MyTemplate(integer MyValue):=
{
    field1:=MyValue,
    field2:=pattern "abc * xyz",
    field3:=true
```

```
}
// 带有一个模板参数化的测试用例可以是
testcase TC001(template MyMessageType RxMsg)runs on PTC1 system TS1
{   :
    MyPCO.receive (RxMsg);
}
// 当测试用例在控制部分中被调用且该参数化模板用作一个实参时,应对该模板的实参提供
control
{   :
    TC001(MyTemplate(7));
    :
}
```

6.4 范围规则

6.4.1 概述

TTCN-3 提供 7 个基本的作用范围单元:

a) 模块定义部分;

b) 模块的控制部分;

c) 组件类型;

d) 函数;

e) 备选步(altsteps);

f) 测试用例;

g) 复合语句中的“声明块和语句块”。

注 1:用于组(groups)的附加范围规则见 8.4.2。

注 2:用于 for 循环中计数的附加范围规则见 20.8。

范围的每个单元由声明(可选的)组成。可以通过使用 TTCN-3 程序语句和操作,用范围单元:模块的控制部分、函数、测试用例、备选步和复合语句中的“声明和语句块”来额外规定行为的某种形式(见第 19 章)。

模块定义部分的定义,其他范围单元之外的定义是全局可见的,也就是说它们可以用在模块的任一位置,包括该模块定义的所有函数、测试用例和备选步以及控制部分。从其他模块中引入的标识符对于引入模块来说也是全局可见的。

模块控制部分中的定义具有的是局部可见性,即只能用在该控制部分中。

通过使用一个 runs on 语句,在测试组件类型中做的定义仅可以在调用该组件类型或一个相一致的测试组件类型的函数、测试用例和备选步中使用它们(见 17.4)。

函数、测试用例和备选步是独立的范围单元,它们之间没有层次关系,即它们主体开始处做的声明具有局部可见性,且仅可以用在给定的函数、测试用例或备选步中(如:在一个测试用例中做的声明对于被这个测试用例调用的函数或被该测试用例使用的备选步来说是不可见的)。

复合语句包括“语句和声明块”,如 if-else-、while-、do-while-或 alt-语句。它们可以用在一个模块的控制部分、测试用例、备选步、函数中,或嵌套在其他复合语句中,如在一个 while-循环中使用 if-else-语句。

复合语句和嵌套式复合语句中的“语句和声明块”对于包括给定“语句和声明块”的范围单元和任一嵌套的“语句和声明块”二者来说具有层次关系,在一个“语句和声明块”中所做的定义具有局部可见性。

范围单元的层次关系如图2所示。高层的范围单元声明对其所在层次关系中的同一分支中下面层次的所有单元来说是可见的，而层次关系中低层的范围单元的声明对于其上层的那些单元的来说是不可见的。

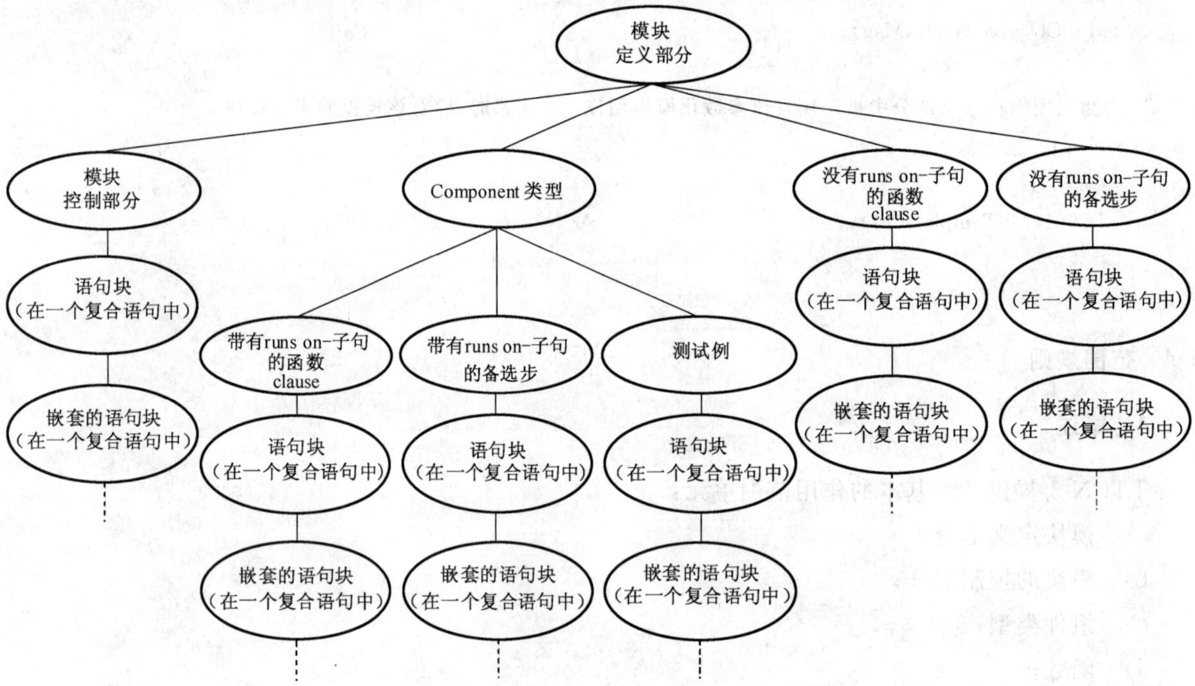

图2 范围单元的层次结构

示例：

```
module MyModule
{    :
     const integer MyConst:=0; // 对于 MyBehaviourA 和 MyBehaviourB 来说，MyConst 可见
     :
     function MyBehaviourA( )
     {    :
          const integer A:=1;    // 常量 A 仅对 MyBehaviourA 可见
          :
     }
     function MyBehaviourB( )
     {    :
          const integer B:=1;   // 常量 B 仅对 MyBehaviourB 可见
          :
     }
}
```

6.4.2 形参的范围

在一个参数化的语言元素中(如在一个函数调用中)形参的范围应限定到这些参数出现的定义中和相同范围层次关系中的较低的范围层次。这就是说它们遵循正常的范围规则(见6.5)。

6.4.3 标识符的唯一性

TTCN-3要求标识符具有唯一性，即在相同范围层次中的所有标识符互不相同。这就意味着在范围层次的同一分支中，低层范围中的声明不应重复使用与高层范围声明中相同的标识符。结构类型字段、枚举值和组的标识符不必全局唯一，然而在枚举值的情况下，标识符应仅被其他枚举类型中的枚举值重复使用。标识符唯一性规则应也用于形参标识符。

示例：

```
module MyModule
{    :
     const integer A:=1;
     :
     function MyBehaviourA( )
     {    :
          const integer A:=1; // 不允许
          :
          if (...)
          {    :
               const boolean A:=true; // 不允许
               :
          }
     }
}
// 下面不在相同范围层次中声明的常量是允许的(假设在模块的头部没有 A 的声明)。
function MyBehaviourA( )
{    :
     const integer A:=1;
     :
}
function MyBehaviourB( )
{    :
     const integer A:=1;
     :
}
```

6.5 标识符和关键字

TTCN-3 标识符是区分大小写的，而关键字应全部小写(见附录 A)。TTCN-3 的关键字既不应用作 TTCN-3 对象的标识符，也不应用作从其他语言的模块中引入对象的标识符。

7 类型和值

7.1 概述

TTCN-3 支持许多预定义的基本类型。这些基本类型包括与程序语言正常关联的基本类型，如 integer、boolean 和串类型，也包括一些 TTCN-3 专用的类型，如 objid 和 verdicttype。可以从这些基本类型中构造结构类型，如 record、set 和 enumerated 类型。

专用的数据类型 anytype 定义为一个模块中所有已知类型的联合。

与测试配置关联的专用类型，如 address、port 和 component，可以用来定义测试系统的体系结构(见第 23 章)。

专用类型 default 可以用于默认处理(见第 22 章)。

TTCN-3 类型汇总见表 3。

表 3 TTCN-3 类型概览

类型分类	关键字	子类型
简单基本类型	integer	range,list
	char	range,list
	universal char	range,list
	float	range,list
	boolean	list
	objid	list
	verdicttype	list
基本串类型	bitstring	list,length
	hexstring	list,length
	octetstring	list,length
	charstring	range,list,length
	universal charstring	range,list,length
结构类型	record	list
	record of	list,length
	set	list
	set of	list,length
	enumerated	list
	union	list
专用数据类型	anytype	list
专用配置类型	address	
	port	
	component	
专用默认类型	default	

7.2 基本的类型和值

7.2.1 简单基本类型和值

TTCN-3 支持下列基本类型：

a) integer：整型，其值为所有的正、负整数和零。整型值应用一个或多个数字表示；且除 0 值外其第一位不应是 0，而 0 应由一位数字表示(即单个 0)。

b) char：字符型，其值为与 GB/T 1988—1998 的 8.2 中描述的国际参考版本(International Reference Version，IRV)相符的 GB/T 1988—1998 版本中的字符。

注 1：GB/T 1988—1998 中的 IRV 版本与 ITU-T Recommendation T.50(见参考文献)中描述的国际参考字母(International Reference Alphabet，以前是 International Alphabet No.5-IA5)的 IRV 版本等价。

char 类型的值可以用双引号(")括起来给出，或者使用预定义的带有编码的正整数值作为参数的转换函数计算获得。

关系运算符相等(==)和不相等(!=)可以用来比较 char 类型的值。

c) universal char:通用字符类型,其值为来自 ISO/IEC 10646 的单个字符。universal char 类型的值可以用双引号(")括起来给出,或者使用预定义的带有编码参数的转换函数计算获得或由一个四元组(quadruple)给出。这个四元组仅能表示一个单个字符,且它表示一个字符是根据 ISO/IEC 10646 使用该字符的组(group)、容器(plane)、行(row)和单元格(cell)的十进制值来表示,由关键字 char 来引导,带有一对括号,并用逗号分隔(例如,char (0,0,1,113)表示匈牙利字符"ű")。

注 2:控制字符仅可以使用四元组的形式表示。

默认地,universal char 应与 ISO/IEC 10646 的 14.2 中规定的 UCS-4 编码表示形式相一致。这个默认的编码可以通过使用定义的编码属性来对其进行超驰(override)(见 29.3.2)。

注 3:UCS-4 是一种编码格式,它使用一个固定的、32 位长的字段来表示任一 UCS 字符。关系运算符相等(==)和不相等(!=)可以用来比较 universal char 类型的值。

d) float:浮点类型,描述浮点数的一个类型。

通常,浮点数可以表示为:〈尾数〉×〈基数〉$^{〈指数〉}$

其中,〈尾数〉是一个正或负整数,〈基数〉是一个正整数(多数情况为 2、10 或 16),〈指数〉为一个正或负整数。

浮点数的表示限定为以值 10 为基数,浮点值可以使用下列任一方式表示:

1) 在一个数字序列中使用小数点的正常表示,如 1.23(表示 123×10^{-2}),2.783(即 $2\,783\times10^{-3}$),或-123.456 789(表示 $-123\,456\,789\times10^{-6}$);或者

2) 使用 E 来分开两个数字来表示,第一个数字描述尾数,第二个数字规定指数,例如 12.3E4(表示 12.3×10^{4}),-12.3E-4(表示 -12.3×10^{-4})。

e) boolean:布尔类型,该类型由两个不同值组成。布尔类型的值应使用 true 和 false 来表示。

f) objid:对象标识类型,其值为与 GB/T 17969.1—2000 的 6.2 一致的所有对象标识符的集合,标识符中的连字符被替换为下划线。

示例:

{itu_t(0) identified_organization(4) etsi(0)}

或替换为{itu_t identified_organization etsi}

或替换为{0 4 0}

g) verdicttype:判定类型,该类型由五个不同的值组成。

Verdicttype 类型的值应使用 pass、fail、inconc、none 和 error 表示。

7.2.2 基本串类型和值

TTCN-3 支持下列基本串类型:

注 1:TTCN-3 中的通用术语"串"或"串类型"指的是 bitstring、hexstring、octetstring、charstring 和 universal charstring。

a) bitstring:位串类型,其值为不同的 0、1 或多位的 0、1 序列。

bitstring 类型值应用任一数目的位数 0、1 来表示(可能为 0 位),冠以单个撇号字符"'",跟以字符对"'B"。

示例 1:

'01101'B

b) hexstring:十六进制串类型,其值为 0、1 或多位十六进制数的有序序列,每个十六进制数与一个有序的四位序列相应。

Hexstring 类型值应用任一数的十六进制数字来表示(可能为 0):

0 1 2 3 4 5 6 7 8 9 A B C D E F

冠以单个撇号字符“’”,跟以字符对“’H”;使用十六进制记法每个十六进制数字用于表示半个八位组的值。

示例 2:

’AB01D’H

c) octetstring:八位组串类型,0个或正偶数个十六进制数字的有序序列(每对数字有一个有序的八位序列相应)。

octetstring 类型值应用任一但应是偶数数目的十六进制数字来表示(可能为0):

0 1 2 3 4 5 6 7 8 9 A B C D E F

冠以单个撇号字符“’”,跟以字符对“’O”;使用十六进制记法每个十六进制数字用于表示半个八位组的值。

示例 3:

’FF96’O

d) charstring:字符串类型,其值为0个、1个或多个与ISO/IEC 10646 的 8.2 中描述的国际参考版本 International Reference Version,IRV)规定的 ISO/IEC 10646 版本的字符。

由关键字 universal 引导的字符串类型表示类型值为来自 ISO/IEC 10646 的0个、1个或多个字符的类型。

charstring 类型值应由来自有关字符集的任一数目(可能为0)个字符表示,并在其之前和之后使用双引号(")把它括起来。

在串中需要包含字符双引号(")的情况下,在同一行中使用一对双引号来表示该双引号字符,且其间没有空格字符。

示例 4:

""abcd""表示文字串"abcd"。

universal charstring 类型值也可以用来自有关字符集的任一数目(可能为0)个字符表示,并(在其之前和之后)使用双引号把它括起来或使用一个四元组。这个四元组仅能表示一个单个字符,且它使用 ISO/IEC 10646 [6]中该字符的组、容器、行和单元格的十进制值来表示这个字符,由关键字 char 来引导,带有一对括号,并用逗号分隔(例如,char (0,0,1,113)表示匈牙利字符"ű")。依据第一种方法(使用一对双引号)时,在串中需要包含字符双引号的情况下,在同一行中使用一对双引号来表示该双引号字符,且其间没有空格字符。在使用连接运算符(concatenation operator)的一个串值的记法中,可以混合地使用两种方法。

示例 5:

赋值:"the Braille character" & char (0,0,40,48) & "looks like this"表示文字串:the Braille character looks like this。

注 2:仅可以使用四元组来表示控制字符。

默认地,universal charstring 应该与 ISO/IEC 10646 的 14.2 中规定的 UCS-4 编码表示形式一致。

注 3:UCS-4 是一种编码格式,它使用一个固定的、32位长的字段来表示任意 UCS 字符。

可以使用定义的编码属性(见 29.3.2)来重写这个默认编码。在附录 E 中定义了使用这些属性的有用的字符串类型 utf8string、bmpstring、utf16string 和 iso8859string。

7.2.3 存取单个的串元素

可使用一个类似数组的语法来访问一个串类型中的各个元素。串中仅一个元素可以被存取。

表4指出了不同串类型元素的长度单元。

索引应该从0值开始。

示例:

```
// 给定
MyBitString:='11110111'B;
```

```
// 然后做
MyBitString[4]:='1'B;
// 以位串表示的结果为 '11111111'B
```

7.3 基本类型的子类型化

7.3.1 概述

用户定义类型用关键字 type 表示。可以根据表 3 使用用户定义类型在简单基本类型和简单串类型上创建子类型(如清单、值域和长度限制)。

7.3.2 值清单

TTCN-3 允许对表 3 中给出的任一类型的不同值列表的描述。该列表的值应该是根类型的值,且应该是该根类型定义的值集合的真子集,被这个列表定义的子类型限定了该子类型的允许值为清单中的那些值。

示例:

```
type bitstring MyListOfBitStrings ('01'B,'10'B,'11'B);
type float pi (3.141 592 6);
type universal char SpecialLetter (char (0,0,1,111),char (0,0,1,112),char (0,0,1,113));
```

7.3.3 值域

7.3.3.1 概述

TTCN-3 允许对类型 integer、char、universal char 和 float 类型(或这些类型的派生类型)值域的规范。这个值域定义的子类型限定了该子类型的值可为值域中的值,且包括该值域的上下界。在 char 和 universal char 类型的情况中,值域的边界应根据该类型被编码的字符集合表去计算有效的字符位置(例如给定的位置不应为空),并认为上下边界中间的空位置不是所规定值域中的有效值。

示例 1:

```
type integer MyIntegerRange (0 .. 255);
type char MyCharRange ("a" .. "z");
type float piRange (3.14 .. 3142E-3);
```

char 类型的值域规范也可以用在一个 charstring 子类型定义中,而 universal char 的值域可以在 universal charstring 子类型定义中。在这样的情况下,值域为串中每个单独字符限定了允许的取值范围。

示例 2:

```
type charstring MyCharString ("a" .. "z");
// 定义了一个任一长度的串类型,且串中的每个字符都在所规定的值域之内
type universal charstring MyUCharString1 ("a" .. "z");
// 定义了一个任一长度的串类型,且串中的每个字符都在使用双引号所规定的值域之内
type universal charstring MyUCharString2 (char(0,0,1,111) .. char(0,0,1,113));
// 定义了一个任一长度的串类型,且串中的每个字符都在使用四元组所规定的值域之内
```

7.3.3.2 无限值域

为了规定一个无限的整型或浮点型的值域,可以使用关键字 infinity 来代替一个表示没有上下边界的值。上边界应该大于或等于下边界。

示例:

```
type integer MyIntegerRange (-infinity .. -1); // 所有负整数
```

注: 无限的"值"是依赖于实现的。这个特性的使用可能会导致可移植性问题。

7.3.3.3 清单和值域的混合

对于类型 integer、char、universal char 和 float(或这些类型的派生类型)的值来说,也可能混合了清单和值域。

示例:

```
type integer MyIntegerRange (1,2,3,10 .. 20,99,100);
type char MyCharRange ("a","b","c","0" .. "9");
```

在 charstring 和 universal charstring 子类型定义中,不应该在相同的子类型定义中混合列表和值域。

7.3.4 串长度限制

TTCN-3 允许在串类型上对长度限定进行规范。根据使用长度边界的串类型的不同,该长度边界具有不同的复杂度。在所有的情况中,这些边界都应该为非负 integer 值(或是派生的 integer 值)。

示例:

```
type bitstring MyByte length (8);              // 精确的长度值 8
type bitstring MyByte length (8 ..8);          // 精确的长度值 8
type bitstring MyNibbleToByte length (4 ..8); // 最小长度为 4,最大长度为 8
```

表 4 规定了不同串类型的长度单元。

表 4 字段长度规范中使用的长度单元

类　型	长度单元
bitstring	位
hexstring	十六进制数字
octetstring	八位位组
character strings	字符

关键字 infinity 用于上界的时候表示长度没有上限。上限应该大于或等于下限。

7.4 结构化的类型和值

7.4.1 概述

关键字 type 也用于规定结构化的类型,如 record 类型、record of 类型、set 类型、set of 类型、enumerated 类型和 union 类型。

这些类型的值可以使用一个显式的赋值给出或由一个简写的值清单给出。

示例 1:

```
const MyRecordType MyRecordValue:=                  // 赋值表示
{
    field1:='11001'B,
    field2:=true,
    field3:="A string"
}
// 或者
const MyRecordType MyRecordValue:={'11001'B,true ,"A string"}     // 值清单表示
```

当使用赋值表示方法规定部分值的时候(即仅设置一个结构变量字段子集的值),只有被赋值的字

段才应被规定。在结构中使用值清单表示时,应使用一个值来规定所有的字段,而不使用符号"-"或关键字 omit。

示例 2:

```
var MyRecordType MyVariable:=                    // 赋值表示
{
    field1:='11001'B,
    field3:="A string"
}
// 或
var MyRecordType MyVariable:={'11001'B,-,"A string"}      // 值清单表示
```

在同一(紧接着的)上下文中,不允许混合这两种值表示方法。

示例 3:

```
// 这是不允许的
const MyRecordType MyRecordValue:={MyIntegerValue,field2:=true,"A string"}
```

无论是在赋值记法还是值清单表示方法中,都应对可选字段使用显式的值omit 来省略有关字段。省略一个字段会引起有关字段值变成未定义字段,而不管该字段以前具有什么样的值。对强制字段不应使用关键字omit 。

7.4.2 记录类型和值

7.4.2.1 概述

TTCN-3 支持称为 record 类型的有序的结构类型。一个 record 类型元素可以是基本类型或用户定义数据类型(如其他记录、集合或数组)的任一种,一个 record 值应与该 record 字段的类型兼容。对于 record,其元素标识符是该 record 的局部标识符,且在该 record 中是唯一的(但不必是全局唯一的)。record 类型的常量应既不直接也不间接包含变量或模块参数作为字段值。

```
type record MyRecordType
{
    integer field1,
    MyOtherRecordType field2 optional,
    charstring field3
}
type record MyOtherRecordType
{
    bitstring field1,
    boolean field2
}
```

可以定义记录没有字段(即作为空记录)。

示例 1:

```
type record MyEmptyRecord {}
```

record 值在一个单个的元素基(element basis)上赋值。

示例 2:

```
var integer MyIntegerValue:=1;
const MyOtherRecordType MyOtherRecordValue:=
{
    field1:='11001'B,
```

```
    field2:=true
}
var MyRecordType MyRecordValue:=
{
    field1:=MyIntegerValue,
    field2:=MyOtherRecordValue,
    field3:="A string"
}
```

或使用一个值清单。

示例 3:

```
MyRecordValue:={MyIntegerValue,{'11001'B,true},"A string"};
```

应该使用省略符号省略可选字段。

示例 4:

```
MyRecordValue:={MyIntegerValue,omit,"A string"};
// 注意这与下面的写法不同
// MyRecordValue:={MyIntegerValue,-,"A string"}
// 上面的写法意味着 field2 的值不变
```

7.4.2.2 引用 record 类型的字段

应使用点记法来对 record 的元素进行引用:TypeOrValueId. ElementId,其中 TypeOrValueId 用来解析一个结构类型或变量的名称,ElementId 用来解析结构类型中一个字段的名称。

示例:

```
MyVar1:=MyRecord1. myElement1;
// 如果一个 record 类型嵌套在另外一个类型中,那么对它的引用格式如下
MyVar2:=MyRecord1. myElement1. myElement2;
```

7.4.2.3 Record 中的可选元素

应使用关键字 optional 来规定一个 record 中的可选元素。

示例:

```
type record MyMessageType
{
    FieldType1    field1,
    FieldType2    field2    optional,
    :
    FieldTypeN    fieldN
}
```

7.4.3 集合类型和值

7.4.3.1 概述

TTCN-3 支持已知为 set 的无序的结构类型。set 类型和值与 record 类型很相似,只是 set 字段的顺序是没有意义的。

示例:

```
type set MySetType
{
    integer    field1,
```

```
    charstring   field2
}
```

字段标识符对于 set 类型来说是局部的，且在该 set 类型中应唯一（但是不必是全局唯一的）。

对 set 类型值不应使用设置值的值清单记法。

7.4.3.2 对集合类型字段的引用

应使用点记法对 set 的元素进行引用（见 7.4.2.2）。

示例：

```
MyVar3 := MySet1.myElement1;
// 如果一个集合嵌套在另一个类型中，那么该引用格式如下
MyVar4 := MyRecord1.myElement1.myElement2;
// 注意，带有被引用标识符 myElement2 的字段的 set 类型嵌套在一个 record 类型中。
```

7.4.3.3 集合中的可选元素

应使用关键字 optional 来规定 set 中的可选元素。

7.4.4 单一类型的记录和集合

7.4.4.1 概述

TTCN-3 支持对所有元素为同一类型的记录和集合类型的规范，并使用关键字 of 来表记。这些记录和集合没有元素标识符，可以认为它们分别与有序数组和无序数组相似。

使用关键字 length 来限定 record of 和 set of 的长度。

示例 1：

```
type record length (10) of integer MyRecordOfType; // 是一个恰有 10 个整数的记录
type record length (0..10) of integer MyRecordOfType; // 是一个最多有 10 个整数的记录
type record length (10..infinity) of integer MyRecordOfType; // 最少 10 个整数的记录
type set of boolean MySetOfType; // 布尔值的一个无限集合
type record length (0..10) of charstring StringArray length(12);
// 一个最多有 10 个串的记录，每串恰有 12 个字符
```

record of 和 set of 的值表示应是一个值清单记法或是一个对各元素进行索引的表示方法（与用于数组的值记法相同，见 7.6）。

当使用值清单记法时，清单中的第一个值被赋值给第一个元素，第二个清单值被赋值给第二个元素，依此类推。赋空值是被允许的（例如，两个逗号紧挨着或之间仅有一个空格），应在该清单中显式地跳过或省略赋值中要省去的元素。

索引值记法既可以用在赋值符号的左边也可以用在赋值符号的右边。第一个元素的索引值应为 0，且该索引值不应超出由长度子类型设定的限制。如果在赋值符号右边索引表示的元素值没有被定义，那么将会导致语义错误或运行错误。如果在赋值符号左边的一个索引运算符引用了一个不存在的元素，那么赋值符号右边的值将被赋给该元素，并使所有元素只有比实际的索引小的索引，但并不对这些元素赋值，使这些元素的值为未定义。仅在中间状态允许未定义元素（而值仍旧是不可见的）。发送带有未定义元素的一个 record of 值将会导致动态测试用例错误。

示例 2：

```
//给出
type record of integer MyRecordOf;
var integer MyVar;
var MyRecordOf MyRecordVar := {0,1,2,3};
```

```
MyVar:=MyRecordVar[0]; // record of 类型值中的第一个元素赋值给了 MyVar
// 也允许索引值在赋值符号的左边:
MyRecordVar[1]:=MyVar; // MyVar 被赋给了第二个元素
//下列两个赋值形式
MyRecordVar:={0,1,-,2,omit};
MyRecordVar[6]:=6;
// 将导致{0,1,<unchanged>,2,<undefined>,<undefined>,6};
// 注意,如果第三个元素以前没有被赋值,那么它仍是未定义的
// 而且,第六个元素(索引值为5)在这次赋值之前没有被赋值过。
```

注:这就使得在一个 for 循环中一个元素接一个元素地拷贝 record of 类型值成为可能,例如,下面的函数翻转了一个 record of 类型值的元素:

```
function reverse(in MyRecord src) return MyRecord
{
var MyRecord dest;
var integer I;
for (I:=0; I < sizeof (src); I:=I+1) {
dest[sizeof (src) - 1 - I]:=src[I];
}
return dest;
}
```

嵌套的 record of 和 set of 类型会导致一个类似多维数组的一个数据结构(见 7.6)。

示例 3:

```
// 给出
type record of integer MyBasicRecordOfType;
type record of MyBasicRecordOfType   MyRecordOfType;
//变量 myRecordOfArray 将具有与一个二维数组相似的属性:
var MyRecordOfType myRecordOfArray;
// 且对一个特定元素的引用可以看起来如下(第三个 MyBasicRecordOfType 构造的第二个元素的值)
myRecordOfArray [2][1]:=1;
```

7.4.5 枚举类型和值

TTCN-3 支持 enumerated 类型。枚举类型用于对只采用值的不同命名集的模块。每个枚举应有一个标识符。对枚举类型的操作应仅使用这些标识符,且仅限于赋值、等价和排序运算符。枚举标识符应在该枚举类型中是唯一的(但不必是全局唯一的),因而也就仅在给定类型中的上下文里是可见的。枚举标识符仅在其他结构类型定义中重复使用,且不在相同范围层次分支中的同层或低层里被用做局部或全局可见性的标识符。

示例 1:

```
type enumerated MyFirstEnumType {
    Monday,Tuesday,Wednesday,Thursday,Friday
};
type integer Monday;
// 因为类型的名称具有局部或全局可见性,所以这个定义是非法的
type enumerated MySecondEnumType {
    Saturday,Sunday,Monday
};
// 因为该定义在不同的枚举类型中重复使用了枚举标识符 Monday,所以该定义是合法的
```

```
type record MyRecordType {
    integer            Monday
};
```

// 因为该定义在不同的结构类型中重复使用枚举标识符 Monday 作为该类型一个给定字段的标识符，所以该定义是合法的

```
type record MyNewRecordType {
    MyFirstEnumType    firstField,
    integer            secondField
};
var MyNewRecordType newRecordValue:={Monday,0}
```

// 通过 MyNewRecordType 的 firstField 元素隐式地引用 MyFirstEnumType

```
const integer Monday:=7
```

// 因为该定义对相同范围单元中的不同 TTCN-3 对象重复使用枚举标识符 Monday，所以该定义是不合法的。

7.4.6 联合(Union)类型

7.4.6.1 概述

TTCN-3 支持 union 类型。union 类型是字段的汇集，这些字段每个都由一个标识符来标识。规定字段中只有一个将永远呈现在实际的联合值里。联合类型在对采用有限个已知类型之一的结构的模块时候很有用。

示例：

```
type union MyUnionType
{
    integer      number,
    charstring   string
};
```

// MyUnionType 的一个有效例示可以是

```
var MyUnionType age,oneYearOlder;
var integer ageInMonths;
age. number:=34;      // 使用引用字段的值表示。注意这种记法使得给出的字段就是所选字段。
oneYearOlder:={number:=age. number+1};
ageInMonths:=age. number×12;
```

用于设置值的值清单记法不应用于 union 类型的值。

7.4.6.2 对联合类型字段的引用

应使用点记法来引用 union 类型的字段(见 7.4.2.2)。

示例：

```
MyVar5:=MyUnion1. myChoice1;
```

// 如果一个联合类型嵌套在另外一个类型中，那么对它的引用格式如下

```
MyVar6:=MyRecord1. myElement1. myChoice2;
```

// 注意，被引用的带有标识符 myChoice2 的字段的 union 类型嵌套在一个 record 类型中。

7.4.6.3 可选性和联合

union 类型不允许使用可选字段，这就意味着关键字 optional 不应与 union 类型 起使用。

7.5 任一类型

专用类型 anytype 被定义为一个 TTCN-3 模块中所有已知类型的联合的一个简写。已知类型的术

语定义在第3章中给出。Anytype 的字段名应由相应的类型名称唯一标识。

示例：

```
// 任一类型的一个有效用法可以是
var anytype MyVarOne，MyVarTwo；
var integer MyVarThree；
MyVarOne.integer ：=34；
MyVarTwo：={integer ：=MyVarOne+1}；
MyVarThree：=MyVarOne×12；
```

对每个模块来说 anytype 是在局部定义的，(与其他预定义类型一样)不能直接由另外一个模块所引入。然而，anytype 类型的一个用户定义类型是可以被另一个模块引入的。这就使得该模块的全部类型都被引入。

注：anytype 的用户定义类型"包含"声明该用户定义类型引入模块的全部类型。引入这样一个个用户定义类型到一个模块中去可能会引起副作用，因此对这种情况应谨慎处理。

7.6 数组

与许多编程语言相同，在 TTCN-3 中不认为数组是类型。而是在变量声明中对它们加以规定。数组可以声明为单维或多维的。

示例 1：

```
var integer MyArray1[3]；          //带有 3 个元素的整型数组，其下标为 0 到 2
var integer MyArray2[2][3]；       //具有 2×3 个元素的二维整型数组，其下标为(0,0)到(1,2)
```

数组的维数应该用一个结果为正 integer 值来计算的常数表达式来规定，也可以使用值域来规定，在后一种情况中，该值域上下界的值定义了该数组元素下标的上下界值。

示例 2：

```
var integer MyArray3[1 ..5]；      //有 5 个元素的整型数组，其元素标签为 1 到 5
MyArray3[1]：=10；                 // 最低下标
MyArray3[5]：=50；                 // 最高下标
var integer MyArray4[1 ..5][2 ..3 ]；//有 5×2 个元素的二维整型数组，下标为(1,2)到(5,3)
```

数组元素的值应该与相应的变量声明兼容。这些值可以使用值清单记法对它们分别进行赋值，或者使用下标记法或多次使用值清单记法进行赋值。当使用值清单记法的时候，该清单的第一个值被赋给了数组的第一个元素(该元素的下标值为 0)，第二个值被赋给了第二个元素，以此类推。不予考虑赋值的元素应该在清单中显式地跳过或省略。赋值给多维数组时，要赋值的每一维都应解析到花括号中的一个值集合中去。

示例 3：

```
MyArray1[0]：=10；
MyArray1[1]：=20；
MyArray1[3]：=30；
// 或使用一个值清单
MyArray1：={10,20,-,30}；
MyArray4：={{1,2,3,4,5},{11,12,13,14,15}}
```

注：使用多维数据结构的替换方式为使用 record、record of、set 或 set of 类型。

示例 4：

```
// 给出
type record MyRecordType
{
    integer        field1,
    MyOtherStruct   field2,
```

```
    charstring      field3
}
// MyRecordType 的一个数组可以是
var MyRecordType myRecordArray[10];
// 对一个特定元素的引用的格式可以如下
myRecordArray[1].field1:=1;
```

7.7 递归类型

可应用的 TTCN-3 类型定义可以是递归的。然而，用户应确保所有的类型递归是可解析的，且不会发生无限递归。

7.8 类型兼容性

7.8.1 概述

通常，在赋值、例示和比较时，TTCN-3 要求值的类型兼容。

为了本条论述方便，把值“b”称为要赋予、作为参数传递等情况的实际值，类型“B”被称为值“b”的类型，类型“A”被称为要获得的实际值“b”的值类型定义。

7.8.2 非结构类型的类型兼容性

对于非结构变量、常量、模板等，如果类型“B”解析为与类型“A”相同的根类型且不违反对类型“A”的子类型定义(例如值域、长度限制)时，值“b”与类型“A”是兼容的。

示例：

```
// 给出
type integer MyInteger(1 .. 10);
:
var integer x;
var MyInteger y;
// 那么
y:=5; // 是一个有效的赋值
x:=y;
// 是一个有效的赋值，因为 y 与 x 有相同的源根类型，且不违反 x 的子类型定义
x:=20; // 是一个有效赋值
y:=x;
// 是一个无效赋值，因为 x 的值超出了 MyInteger 的值域
x:=5; // 是一个有效赋值
y:=x;
// 是一个有效赋值，因为 x 的值在 MyInteger 的值域内
```

7.8.3 结构类型的类型兼容性

7.8.3.1 概述

在结构类型的情况下(enumerated 类型除外)，如果类型“B”的有效值结构与类型“A”兼容，类型“B”的一个值“b”与类型“A”兼容，在这种情况下允许赋值、例示和比较。

7.8.3.2 枚举类型的类型兼容性

枚举类型与其他基本类型或结构化类型不兼容(也就是说对于枚举类型要求强类型机制)。

7.8.3.3 record 和 record of 类型的类型兼容性

对于 record 类型，如果在定义的文本顺序上字段的数目、类型和可选性与有效值结构是相同的，且值“b”的每个存在的字段值与类型“A”的相应字段的类型兼容，那么这些有效值结构是相互兼容的。值“b”的每个字段的值被赋值给类型“A”值里的相应字段。

示例 1：

```
// 给出
type record AType {
integer (0..10)      a        optional,
integer (0..10)      b        optional,
boolean              c
}
type record BType    {
integer              a        optional ,
integer (0..10)      b        optional ,
boolean              c
}
type record CType    {        // 带有不同字段名的类型
integer              d        optional ,
integer              e        optional ,
boolean              f
}
type record DType    {        // 带有可选字段 c 的类型
integer              a        optional ,
integer              b        optional ,
boolean              c        optional
}
type record EType    {        // 带有一个额外字段 d 的类型
integer              a        optional ,
integer              b        optional ,
boolean              c
float                d        optional
}
var AType MyVarA:={-,1,true};
var BType MyVarB:={omit,2,true};
var CType MyVarC:={3,omit,true};
var DType MyVarD:={4,4,true};
var EType MyVarE:={5,5,true,omit};
//那么
MyVarA:=MyVarB;   //是一个有效的赋值，MyVarA 的值是(a:=<undefined>,b:=2,c:=true)
MyVarC:=MyVarB;  // 是一个有效赋值，MyVarC 的值是(d:=<undefined>,e:=2,f:=true)
MyVarA:=MyVarD;  // 因为字段的可选性不匹配，所以不是一个有效的赋值
MyVarA:=MyVarE;  // 因为字段数目不匹配，所以不是一个有效赋值
MyVarC:={d:=20};// MyVarC 的实际值是{d:=20,e:=2,f:=true}
MyVarA:=MyVarC  // 不是一个有效的赋值，因为 MyVarC 的字段'd'违反 AType 类型字段'a'的子类型定义
```

对于 record of 类型和数组类型，如果它们的组件类型是兼容的，且类型“B”的值“b”不违反 record of 类型的长度子类型或类型“A”数组的维数，其有效的值结构是可兼容的。值“b”元素的值应顺序赋值

给类型“A”的实例，其中包括未定义的元素。

record of 类型和单维数组类型的有效值结构与 record 类型兼容，且 record of 类型“B”的值“b”的元素数目或数组“B”的维数与 record 类型“A”的元素数目精确相同，那么 record of 类型和单维数组类型与 record 类型是兼容的。在确定兼容性的时候，record 类型字段的可选性并不重要，也就是说，它不影响字段的计数(这就意味着可选字段在计数的时候总是被包括在内)。使用 record of 类型元素值或数组对一个 record 类型实例的赋值应按照相应 record 类型定义的文本顺序进行，未定义元素也包括在内。如果一个带有未定义值的元素被赋给该 record 类型的一个可选字段，将会引起对该可选元素的省略。把一个带有未定义值的元素赋值给一个 record 类型的必要元素将导致错误。

注：如果 record of 类型没有长度限制或长度限制超出了相比较的 record 类型元素数目，且任一该 record of 值定义的元素的下标小于或等于 record 类型元素数目的最小值，那么总是要履行兼容性要求。

如果一个 record 类型没有违反 record of 类型的长度限制或数组的维数大于或等于该 record 类型元素数目，那么这个 record 类型值总是可以被赋值给该 record of 类型实例或单维数组。应以未定义值给 record 值中遗漏的可选元素赋值。

示例 2：

```
// 给出
type record HType {
    integer    a,
    integer    b optional,
    integer    c
}
type record of integer IType
var HType MyVarH：={1,omit,2}；
var IType MyVarI；
var integer MyArrayVar[2]；
// 那么
MyArrayVar：=MyVarH；
// 是一个有效的赋值，因为类型 MyArrayVar 和 HType 是兼容的
MyVarI：=MyVarH；
// 是一个有效的赋值，因为类型兼容，且没有违反了类型
MyVarI：={3,4}；
MyVarH：=MyVarI；
// 是一个无效赋值，因为 Htype 的必要字段“c”没有接到赋值
```

7.8.3.4 Set 和 set of 类型的类型兼容性

仅 set 类型与其他 set 类型和 set of 类型兼容。set 类型和 set of 类型使用与 record 和 record of 类型相同的兼容性规则。

注：这就暗示了尽管不知道元素的发送和接收顺序，在为 set 类型决定类型兼容性的时候，类型定义中字段的文本顺序是决定性的因素。

示例：

```
// 给出
type set FType {
    integer    a        optional,
    integer    b        optional,
    boolean    c
}
type set GType {
```

```
    integer   d      optional,
    integer   e      optional,
    boolean   f
}
var FType MyVarF:={a:=1,c:=true};
var GType MyVarG:={f:=true,d:=7};
// 那么
MyVarF:=MyVarG;   // 是一个有效的赋值,因为类型 Ftype 和 Gtype 是兼容的
MyVarF:=MyVarA;   // 是一个无效赋值,因为 MyVarA 是一个 record 类型
```

7.8.3.5 子结构的兼容性

为结构化类型兼容性在本条中定义的规则对于这些类型的子结构来说也是有效的,即子结构的等价。

示例:

```
// 如果考虑上面的声明,那么
MyVarJ. H:=MyVarH;
// 是一个有效的赋值,因为 JType 的字段 H 的类型与 HType 是兼容的。
MyVarI:=MyVarJ. H;
// 是一个有效的赋值,因为 IType 和 JType 的字段 H 的类型是兼容的
```

7.8.4 组件类型的类型兼容性

如果组件类型"B"的定义包含组件类型"A"的定义,则"B"的一个组件引用"b"与组件类型"A"兼容。这就意味着"B"包含至少与"A"相同的端口、变量和定时器实例以及常量声明,对于端口、变量和定时器实例来说,它们的类型和标识符都应是相同的。

如果组件类型"B"的一个组件引用"b"与组件类型"A"兼容,则该组件引用"b"可以被赋值给一个类型为组件类型"A"的变量"a"。

7.8.5 通信操作的类型兼容性

通信操作(见第 24 章)send、receive、trigger、call、getcall、reply、getreply 和 raise 是较弱的类型兼容性规则的异常,它们要求强类型机制。用于这些操作的值的类型或直接用作参数的模板应也显式地定义在相关的端口类型定义中。在 receive 或 trigger 操作中,也使用强类型机制来存储接收到的值、地址或组件引用。

7.8.6 类型转换

当需要把一个类型的值转换为另一个非相同根类型派生的类型的值时,应使用附录 C 中定义的预定义转换函数或将使用的用户定义的函数。

示例:

```
// 使用预定义函数 int2hex 把一个整型值转换为一个十六进制值
MyHstring:=int2hex(123,4);
```

8 模块

8.1 概述

模块是 TTCN-3 的基本构建块。例如,一个模块可以定义一个完整的可执行测试套或仅仅是一个

库,一个模块由定义部分(可选)和一个模块控制部分(可选)组成。

注:术语"测试套"与一个包含测试用例和一个控制部分的完整 TTCN-3 模块是同义的。

8.2 模块的命名

模块名具有 TTCN-3 标识符的格式,后接一个可选的对象标识符。

注 1:模块标识符是模块非正式的文本名。

注 2:模块名可以仅在对象标识符部分不同,不过在这种情况下,因为标识符的前缀不能解析这种名称冲突,所以在移入的时候应谨慎以避免名称冲突。

8.3 模块参数

8.3.1 概述

模块参数清单定义了由测试环境在运行时提供的一个值的集合,在测试执行时,将应按照常量来对待这些值。通过一对紧接在关键字 modulepar 之后的花括号中列出模块参数的标识符和类型来声明模块参数,模块应仅在模块的定义部分中声明,允许模块参数声明多次出现,但是每个参数只能声明一次(即不允许模块参数的再次定义)。

示例:

```
module MyModulewithParameters
{
    modulepar {integer TS_Par0,TS_Par1; boolean TS_Par2};
    :
    template MyType Mytemplate
        {
        field   TS_Par3
        };
    modulepar {hexstring TS_Par3};
}
```

注:这提供与 TTCN-2 中给测试套提供 PICS 和 PIXIT 值的测试套参数相似的功能性。

8.3.2 模块参数的默认值

允许为模块规定参数的默认值。应在模块参数清单中使用赋值来完成。默认值可以只是一个常量值,且仅在该参数声明的地方赋值。如果测试系统对给定的参数不提供一个实际的运行值,则应在测试执行期间使用默认值,否则的话由测试系统提供该实际值。

示例:

```
module MyModuleDefaultParameter
{
    modulepar {integer TS_Par0:=0,TS _Par1; boolean TS_Par2:=True};
    :
                                        }
```

8.4 模块定义的部分

8.4.1 概述

模块定义部分规定该模块的顶层定义,可以从其他模块移入标识符。可以在 TTCN-3 模块中定义的那些语言元素列在表 1 中,模块定义可以被其他模块移入。

示例：

```
module MyModule
{  // 这个模块仅包含定义
   :
   const integer MyConstant:=1;
   type record MyMessageType {…}
   :
   function TestStep( ){…}
   :
}
```

动态语言元素(如 var 或 timer)的声明应仅在控制部分、测试用例、函数、备选步或组件类型中进行。

注：TTCN-3 不支持在模块定义部分进行变量声明，这就意味着在 TTCN-3 中不能定义全局变量。但是，在一个测试组件中定义的变量可以被在该组件上运行的所有的测试用例、函数等所使用，且在控制部分中定义的变量有能力使它们的值独立于测试用例执行。

8.4.2 定义组

在模块定义部分中，能将各定义汇集在命名的组中。可以在允许单个声明的任何地方描述一个声明组。组可以被嵌套，即组可能包含其他组，这就允许测试套描述符在其他的概念中构建测试数据或描述测试行为的函数的汇集。

如果需要的话，使用分组来提高可读性和为测试套增加逻辑结构。除了在组标识符的上下文中和通过使用关联的 with 语句给出的属性的情况之外，组和嵌套的组没有作用域，这就意味着：

a) 整个模块的组标识符不必唯一，但是在相同层次上所有组标识符应是唯一的，且层次中低层的子组不应与高层的组具有相同的组名，如果必要的话，应使用点记法来唯一标识组层次中的子组，例如对一个特定子组的移入。

b) 属性的盖写规则在 29.6 中给出。

示例：

```
// 一个定义集
group MyGroup {
    const integer MyConst:=1;
    :
    type record MyMessageType {…};
    group MyGroup1 {  // 带有定义的子组
        type record AnotherMessageType {…};
        const boolean MyBoolean:=false
    }
}
// 一个备选步组
group MyStepLibrary {
    group MyGroup1 {  // 具有与上面带有定义的子组相同名称的子组
        altstep MyStep11( ) {…}
        altstep MyStep12( ) {…}
        :
        altstep MyStep1n( ) {…}
    }
    group MyGroup2 {
```

```
        altstep MyStep21( ) {…}
        altstep MyStep22( ) {…}
        :
        altstep MyStep2n( ) {…}
    }
}
// 在 MyStepLibrary 中移入 MyGroup1 的一个移入语句
import from MyModule( ) {
    group MyStepLibrary. MyGroup1
}
```

8.5 模块控制部分

模块控制部分可包含局部定义，并描述实际测试用例的执行顺序（可能是重复的），应在模块的定义部分定义测试用例，在控制部分调用该测试用例。

示例：

```
module MyTestSuite
{  // 这个模块包含定义……
    :
    const integer MyConstant:=1;
    type record MyMessageType {…}
    template MyMessageType MyMessage:={…}
    :
    function MyFunction1( ) {…}
    function MyFunction2( ) {…}
    :
testcase MyTestcase1( ) runs on MyMTCType {…}
testcase MyTestcase2( ) runs on MyMTCType {…}
    :
    // ……和控制部分，因此它是可执行的
    control
    {
        var boolean MyVariable; // 局部控制变量
        :
    execute MyTestCase1( ); // 测试用例的顺序执行
    execute MyTestCase2( );
    :
        }
    }
```

8.6 从模块移入

8.6.1 概述

使用 import 语句可以重用不同模块中规定的定义。TTCN-3 没有显式的移出构造（export construct），因此，默认模块定义部分中的所有模块定义都可以被移入。可以在模块定义部分的任何地方使用 import 语句，但是不应在控制部分使用该语句。

如果在 import 语句中对象标识符作为模块名(被移入该定义的模块的名称)被提供,那么应使用这个对象标识符去标识该正确的模块。

从一个模块中移入的所有定义应仅在一个 import 语句中被引用。

如果一个移入的定义具有(使用 with 语句定义的)属性,那么这些属性也应被移入,更改移入定义属性的机制在 29.7 进行说明。

注:如果模块具有全局属性,那么这些属性与不带有这些属性的定义关联。

示例:

```
module MyModuleA
{  // 这个模块包含定义和移入的定义
:
const integer MyConstant:=1;
import from MyModuleB all;   // 移入的定义的范围对 MyModuleA 来说是全局的
import from MyModuleC {
    type MyType1,MyType2;
    template all
}
type record MyMessageType {…}
:
    function MyBehaviourC( )
    {
        const integer MyConstant:=2;
        // 这里不能使用移入操作
        :
}
:
control
{  // 这里不能使用移入操作
:
}
}
```

8.6.2 可移入定义的结构

TTCN-3 支持对下列定义的移入:模块参数、用户定义类型、特性、常量、外部常量、数据模板、特性模板、函数、外部函数、备选步和测试用例。每个定义有一个名称(定义该定义的标识符,如一个函数名)、一个规定(如一个类型规定或一个函数的特征标记),在函数、备选步和测试用例的情况中,还包括一个关联的行为描述。

示例:

	规　　定	名　　称	行为描述

function	MyFunction	(inout MyType1 MyPar) return MyType2
		runs on MyCompType
			{
			const MyType3 MyConst:=...;
			://更多的行为
			}

	规　定	名　称	规　定

type	record	MyRecordType	{
			field1 MyType4,
			field2 integer
			}

	规　定	名　称	规　定

template	MyType5	MyTemplate	{
			field1:=1,
			field2:=MyConst,// MyConst 是一个模块常量
			field3:=ModulePar // ModulePar 是一个模块参数
			}

因为在相应的函数、备选步或测试用例被移入的时候，认为行为描述的内部对移入者来说是不可见的，所以行为描述对移入机制没有影响，因此也不在后续的说明中考虑它们。

可移入定义的说明部分包含局部定义（如结构化类型定义的字段名或枚举类型值）和引用的定义（如对类型定义、模板、常量或模块参数的引用）。对于上面的例子，这意味着：

	名　称	局部定义	引用的定义
function	MyFunction	MyPar	MyType1,MyType2,MyCompType
type	MyRecordType	field1,field2	MyType3,integer
template	MyTemplate		MyType5,field1,field2,field3,MyConst,ModulePar

注 1：局部定义一栏指的是在可移入定义中新定义的标识符，赋给可移入定义的字段的值也可以作为局部定义来加以考虑（如在模板定义中），但是它们对说明移入机制并不重要。

注 2：模板 MyTemplate 被引用的字段 field1、field2 和 field3 是 MyType5 的字段名，即通过 MyType5 来引用它们。

被引用的定义也是可移入的定义，这也就是说一个被引用定义的源可能再次被构造成一个名称和一个描述部分，且这个描述部分也包含局部定义和引用定义。换句话说，一个可移入的定义可以从其他的可移入定义中递归地构造。

TTCN-3 移入机制与在可移入定义的说明部分中使用的局部定义和移入定义关联，因此，表 5 说明了可移入定义可能的局部定义和引用定义。

表 5　可移入定义的可能的局部的和引用的定义

可移入的定义	可能的局部定义	可能的引用的定义
模块参数		模块参数类型
用户定义类型（对于所有的）	参数名	参数类型
枚举类型	具体值	
结构化类型	字段名	字段类型
端口类型		消息类型，特性
组件类型	常量名、变量名、定时器名和端口名	常量类型，变量类型，端口类型
特征标记	参数名	参数类型，返回类型，异常(exceptions)类型

表 5（续）

可移入的定义	可能的局部定义	可能的引用的定义
常量		常量类型
外部常量		常量类型
数据模板	参数名	模板类型，参数类型，常量，模块参数，函数
特征标记模板		特性定义，常量，模块参数，函数
函数	参数名	参数类型，返回类型，组件类型(runs on-子句)
外部函数	参数名	参数类型，返回类型
备选步	参数名	参数类型，组件类型(runs on-子句)
测试用例	参数名	参数类型，组件类型(runs on-和 system-子句)

TTCN-3 移入机制区分移入定义中引用定义的标识符和引用定义使用的必要信息，对于引用定义的使用，不要求引用定义的标识符，因此不是自动移入。

8.6.3 关于采用引入的规则

关于采用移入，应适用如下规则：

a) 只有模块顶层的定义可以移入。出现在较低作用域的定义(如定义在一个函数中的局部常量)不应被移入。

b) 只允许从定义源模块(即在 import 语句中引用的标识符的实际定义所在的模块)的直接移入。

c) 定义的名称和所有局部定义一起被移入。

注 1：一个局部定义，如一个用户定义记录类型的一个字段名，仅在定义它的上下文中有意义，例如一个记录类型的字段名只能用来访问该记录类型的字段，而不能超出这个范围。

d) 一个定义与引用定义使用所需的该引用定义的所有信息一起被移入。

注 2：import 语句是传递的，如，如果一个模块 A 从使用模块 C 中定义的一个类型引用的模块 B 中移入一个定义，则该类型使用所需的相应信息自动被移入到模块 A 中。

e) 默认地，不自动移入引用定义的标识符。如果希望隐式移入该引用定义的标识符，应使用 recursive 命令。

注 3：如果在使用默认移入机制时(如变量例示)希望在移入模块中使用被引用的定义，应从它的源模块显式地移入。

f) 移入一个函数、备选步或测试用例时，相应的行为说明和行为说明内使用的所有定义对于移入模块来说仍是不可见的。

示例：

```
module ModuleONE {
    modulepar {
        integer ModPar1,ModPar2:=7
    }
    type record RecordType_T1 {
        integer   Field1_T1,
        boolean   Field2_T1
    }
    type record RecordType_T2 {
        MyRecordType_T1  Field1_T2,  // RecordType_T1 的使用
```

```
        MyRecordType_T1    Field2_T2,
        integer            Field3_T2
    }
    const integer MyConst:=13;
    template RecordType_T2 Template_T2 (RecordType_T1 TempPar_T2):={// 参数化的模板
        Field1_T2:=TempPar_T2,      // 对模板参数的引用
        Field2_T2:={MyConst,true},  // 对模块常量的引用
        Field3_T2:=ModPar1          // 对模块参数的引用
    }
} // 结束模块 ModuleONE
module ModuleTWO {
    import from ModuleONE {
        template Template_T2
    }
    // 在 ModuleTWO 中只有名称 Template_T2 和 TempPar_T2 是可见的。
    // 注意,标识符 TempPar_T2 只能被用在 Template_T2 的上下文中,如提供一个实参值时。
    // 为引用定义 RecordType_T2、RecordType_T1、Field1_T2、Field2_T2、Field3_T3、MyConst 和 ModPar1
    // 移入 Template_T2 使用所需的所有信息(如用于类型检查目的信息),但是它们的标识符在 ModuleTWO 中
是可见的。
    // 这意味着,不可能在不显式移入 ModuleTWO 中类型 RecordType_T1 或 RecordType_T2 的情况下,
    // 使用这些类型的常量 MyConst 或声明这些类型的变量。
    import from ModuleONE {
        modulepar ModPar2
    }
    // 从 ModuleONE 移入的 ModuleONE 的模块参数 ModPar2 可以被用做为一个整型的常量
} // 结束模块 ModuleTWO
module ModuleTHREE {
    import from ModuleONE all; // 从 ModuleONE 移入所有定义
    type port MyPortType {
        inout RecordType_T2
    }
    type component MyCompType {
        var integer MyComponentVar:=ModPar2; // 对 ModuleONE 的一个模块参数的引用
        port MyPortType MyPort
    }
    function MyFunction ( ) return integer {
        return MyConst      // 返回 ModuleONE 中定义的一个模块常量
    }
    testcase MyTestCase (out RecordType_T2 MyPar) runs on MyCompType {
        var integer MyTCVar:=ModPar2; // 对 ModuleONE 的一个模块参数的引用
        MyPort.send (Template_T2); // 发送 ModuleONE 中定义的一个模板
        MyPort.receive (RecordType_T2:?) -> value MyPar;  // 接收到的值赋给输入/出参数 MyPar。
    } // 结束测试用例 MyTestCase
} //结束 ModuleTHREE
module ModuleFOUR {
    import from ModuleTHREE {
        testcase MyTestCase
```

```
    }
    // 只有名称 MyTestCase 和 MyPar 在 ModuleFOUR 中是可见的和可用的。
    // 通过 ModuleTHREE 从 ModuleONE 移入 RecordType_T2 的类型信息，
    // 从 ModuleTHREE 移入 MyCompType 的类型信息。
    // MyTestCase 行为部分使用的所有定义对于 ModuleFOUR 使用者来说仍是隐藏的。
} // 结束 ModuleFOUR
```

8.6.4 递归移入

TTCN-3 默认的移入机制移入引用定义而不需它们的标识符，这就意味着在移入模块中不能使用引用定义，例如声明一个变量或在一个端口上发送。尽管这个默认移入机制避免移入模块名称空间的混乱，但是在一些情况下，和标识符一起移入所有引用定义还是被期望的。在 TTCN-3 中，关键字 recursive 提供这个特性。

在使用带有 recursive 命令的 import 操作时，应适用以下规则：

a) 8.6.3 中的规则 a)、b)、c)和 f)仍有效。

b) 递归的移入定义与所有引用定义一起被移入，即所有引用定义的标识符在移入模块中是可见的和可用的。

注 1： 递归的移入语句在源模块中是传递的，例如，一个模块 A 从使用类型 T 的模块 B(类型 T 也是定义在模块 B 中)中递归地移入一个定义，那么类型 T 自动地被移入到模块 A 中。

注 2： 递归的移入语句在模块的边界间是不传递的，这就是说，如果模块 A 从使用类型 T(类型 T 在模块 C 中定义)的模块 B 中递归地移入一个定义，那么类型 T 不能自动地被移入到模块 A 中去，类型 T 应被显式地从模块 C 中移入，既从它的源模块中移入。

示例：

```
// 模块 ModuleONE 和 ModuleTHREE 与 8.6.3 中例子定义的一样
module ModuleFIVE {
    import from ModuleONE recursive {
        template Template_T2
    }
    // Template_T2 的递归移入将从 ModuleONE 移入 RecordType_T2、RecordType_T1、MyConst 和 ModPar1 的定义。
    // 由于类型 RecordType_T2 和 RecordType_T1 的移入，这些类型的字段名 Field1_T1、Field2_T1、Field1_T2、
    // Field2_T2 和 Field3_T3 在 ModuleFIVE 中将变为可见的。
} // 结束模块 ModuleFIVE
module ModuleSIX {
    import from ModuleTHREE recursive {
        testcase MyTestCase
    }
    // 如果该模块不包括从 ModuleONE 中递归移入 RecordType_T2 的一个移入语句将导致一个错误。
    // 从 ModuleTHREE 对 MyTestCase 的递归移入需要从 RecordType_T2 和 MyCompType 的源模块中对它们进行递归移入。
    // RecordType_T2 的源模块是模块 ModuleONE。
    // 尽管 MyCompType 的源模块是模块 ModuleTHREE，但是对它的递归移入仍将导致一个错误，因为这个定义需要 ModuleONE 中的定义。
} // 结束 ModuleSIX
module ModuleSEVEN {
    import from ModuleONE recursive {
        modulepar ModPar2;
```

```
        type RecordType_T2
    }
    // 从 ModuleONE 移入 ModPar2、RecordType_T2 和 RecordType_T1(RecordType_T1 被 RecordType_T2 使用)。
    // 通过递归移入,RecordType_T2 和 RecordType_T1 的字段名 Field1_T1、Field2_T1、Field1_T2、Field2_T2
    // Field3_T3 将变为可见的。
    import from ModuleTHREE recursive {
        testcase MyTestCase
    }
    // 从 ModuleTHREE 移入 MyTestCase、MyCompType(被 MyTestCase 使用)和 MyPortType(被 MyCompType 使用)。
    // 通过对 MyTestCase 和 MyComptype 的递归移入,标识符 MyPar(在 MyTestCase 中定义)、MyComponentVar 和
    // MyPort(都在 MyCompType 中定义)变为可见的。
    // MyTestCase 递归移入所需的来自 ModuleOne 的定义通过前面的 import 语句被递归移入。
} // 结束 ModuleSEVEN
module ModuleEIGHT {
    import from ModuleONE {
        modulepar ModPar2;
        type RecordType_T2
    }
    import from ModuleTHREE recursive {
        tcstcasc MyTestCase
    }
    // 将导致一个错误,因为为了对 MyTestCase 的递归移入,也需要从 ModuleONE 完全移入类型 RecordType_T1,
或者,
    // 换句话说,需要递归地移入 RecordType_T2。
} // 结束 ModuleEIGHT
```

8.6.5 引入单一定义

可引入单一定义。

示例:

```
import from MyModuleA {
    type MyType1            // 从 MyModuleA 移入一个类型定义
}
import from MyModuleB {
    type MyType2,Mytype3,MyType4;      // 移入三个类型
    template MyTemplate1;              // 移入一个模板
    const MyConst1,MyConst2            // 移入两个常量
                                       }
```

8.6.6 引入一个模块的所有定义

可以使用关键字 all 来引入一个模块定义部分的所有定义。如果使用关键字 all 来移入一个模块的所有定义,那么应没有其他的移入格式用于相同的import 语句。

示例 1:

```
import from MyModule all;
```

如果有些声明不希望被引入,那么它们的种类和标识符应列在关键字except 后一对花括号中的异常清单中。

示例2：

```
import from MyModule all except {
    type MyType3,MyType5
        // 从 import 语句中除去类型声明 MyType3 和 MyType5
            // 但是移入 MyModule 的所有其他声明
}
```

也允许在异常清单中使用关键字 all，这就排除了来自引入语句的相同种类的所有声明。

示例3：

```
import from MyModule all except {
    type MyType3,MyType5;  // 从 import 语句中排除了两个类型
    template all  // 从 import 语句中排除了 MyModule 中声明的所有模板
}
```

8.6.7 引入组

可引入定义的组。

示例：

```
import from MyModule {
    group MyGroup
}
```

引入一个组的效果与一个列出这个组所有可引入定义(包括子组 sub-groups)的import 语句相同。

TTCN-3 组只是用于结构化的目的，而不是范围单元，因此不允许直接引入子组(即定义在另一个组中的组)，即不通过子组所嵌套的组就直接移入子组。如果应移入的子组名与相同模块中另一个子组名相同，应使用点记法来唯一标识要被移入的子组。

如果不愿移入一个组的一些定义，应在关键字except 后面花括号中的异常清单中列出这些定义的种类和标识符。

示例：

```
import from MyModule {
    group MyGroup except {
        type MyType3,MyType5
            // 从 import 语句中除去类型定义 MyType3 和 MyType5，但移入 MyGroup 的所有其他定义。
    }
}
```

允许在异常清单中使用关键字 all，这从 import 语句排除了相同中列的所有定义。

示例：

```
import from MyModule {
    group MyGroup except {
        type MyType3,MyType5;  // 从 import 语句排除了两个类型
        template all   // 从 import 语句排除了排除了 MyGroup 中定义的所有模板
    }
}
```

8.6.8 引入同种定义

关键字all 可以用来引入一个模块中相同种类的所有定义。

示例1：

```
import from MyModule {
    type all ;          // 移入 MyModule 的全部类型
```

```
    template all        // 移入 MyModule 的所有模板
}
```

如果希望从一个给定的import 语句中排除一个种类的一些声明，那么这些声明使用的标识符应列在关键字except 之后。

示例 2：

```
import from MyModule {
    type all except MyType3,MyType5;  // 移入除 MyType3 和 MyType5 外的全部类型
    template all                      // 移入 Mymodule 中定义的所有模板
                                      }
```

8.6.9 处置关于引入的名称冲突

所有的 TTCN-3 模块应有它们自己的名称空间，在各自的名称空间里所有的定义应被唯一标识。由于移入可能引起名称冲突，例如来自不同模块的移入、组移入或递归定义移入。应使用被移入定义的模块的标识符作为(引起名称冲突的)移入定义的前缀来解决名称冲突，前缀和标识符使用点记法隔开。

在没有多义性的情况下，使用移入定义时，前缀不必(但可以)出现。当定义在定义它的模块中被引用时，该模块(当前模块)的标识符也可用做该定义标识符的前缀。

示例：

```
module MyModuleA {
    :
    type bitstring MyTypeA;
    import from SomeModuleC {
        type    MyTypeA,        // MyTypeA 是字符串类型
                        MyTypeB         // MyTypeB 是字符串类型
    }
    :
    control {
        :
        var    SomeModuleC.MyTypeA MyVar1:="Test String"; // 应使用前缀
        var MyTypeA MyVar2:='10110011'B;                   // 这是最初的 MyTypeA
        :
        var MyTypeB MyVar3:="Test String";                 // 不必使用前缀...
        var SomeModuleC.MyTypeB MyVar3:="Test String";     // ...但如果希望，它可以用前缀
        :
    }
}
```

注：即便在不同模块中带有相同名称的定义的实际定义是相同的，也总是假设在不同模块中带有相同名称的定义是不同的。例如，移入一个已经在局部定义了的类型，甚至使用了相同的名称，会导致在该模块中两个不同的有效类型。

8.6.10 处置同一定义的多种引用

在单个定义、定义组、相同种类定义等上面import 的使用可能导致对相同定义的多次引用，这样的情况应通过系统去解决，且定义应仅被移入一次。

注：解决这样的多义性的机制(如盖写和给用户发送警告)不在本部分研究范围之内，应由 TTCN-3 工具提供。

所有import 语句和移入语句中的定义应按照它们出现的顺序一个接一个地分别加以考虑，有必要指出的是，except 语句通常不从被移入中排除所列出的定义。相同种类定义的所有移入定义语句可以看作是与单个定义标识符的等价清单的简写表示，except 语句仅从这个单个的清单中排除定义。

示例：

```
import from MyModule {
    type all except MyType3;  // 移入 MyModule 中除 MyType3 外的全部类型
    type MyType3              // 明确移入 MyType3
}
```

8.6.11 出自非 TTCN-3 模块的移入定义

在从其他来源而非 TTCN-3 模块中移入定义的情况中，应使用语言说明来指示被移入定义来源的语言（如模块、包、库或者甚至是文件，可能带有版本号），由关键字 language 和一个随后的表示语言的文本声明组成。当从一个与移入模块相同版本的 TTCN-3 模块中移入时，该语言说明的使用是可选的，说明 ASN.1 模块的语言标识符在附录 D.1 中给出。

示例：

```
import from MyASN1Module language "ASN.1:1997" {
    type MyASN1Type
}
```

设计移入机制来允许重复使用来自其他 TTCN-3 或 ASN.1 模块的 TTCN-3 和 ASN.1 定义。移入使用其他语言（如 SDL 包）书写的说明中的定义的规则可以遵循 TTCN-3 规则，或可能是应分别定义的规则。对非 TTCN-3 和 ASN.1 语言的移入规则不包括在本部分之中。

9 测试配置

9.1 概述

TTCN-3 允许对并发测试配置（或简称配置）的（动态）规定，一个配置由一个带有良好定义的通信端口的互连测试组件集合和定义该测试系统边界的明确的测试系统接口组成。典型的 TTCN-3 测试配置视图如图 3 所示。

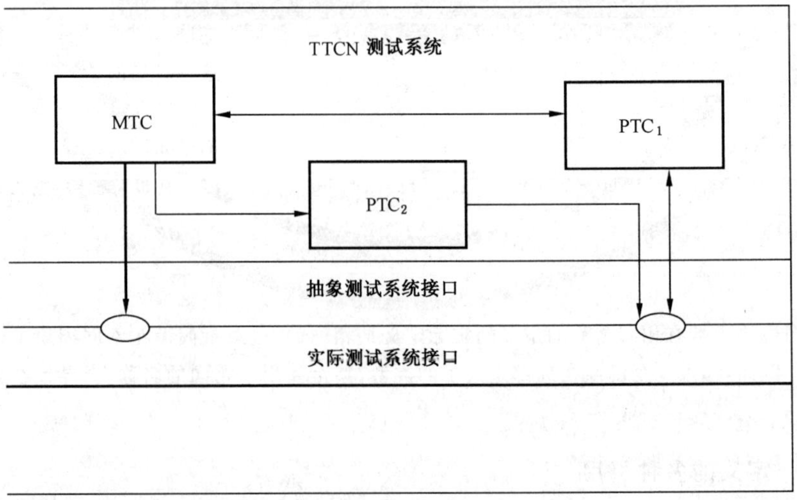

图 3 典型的 TTCN-3 测试配置的视图

在每个配置中应有一个（且仅有一个）主测试组件（MTC），非主测试组件被称为并行测试组件（PTC）。MTC 应在每个测试用例执行开始时由系统创建，而测试用例主体中定义的行为应在该组件上执行。在一个测试用例执行期间，通过显式使用 create 操作来动态创建其他组件。

应在 MTC 终止时结束测试用例执行，平等对待所有其他的 PTC，即在它们之间没有明确的层次关系,一个 PTC 既不能终止其他 PTC 也不能终止 MTC。当 MTC 终止时,测试系统应停止所有测试用例结束时未被终止的 PTC。

测试组件之间以及测试组件和测试系统接口之间的通信通过通信端口实现。

用关键字 component 和 port 指示的测试组件类型和端口类型应在模块定义部分中定义,组件的实际配置以及它们之间的连接通过在其测试用例行为中执行 create 和 connect 操作来实现,利用 map 操作将组件端口连接到测试系统接口的端口上。

9.2 端口通信模型

测试组件通过它们的端口连接,也就是说测试组件之间以及一个组件和测试系统接口之间的连接是面向端口的。每个端口被建模为一个无限的先进先出(FIFO)队列,这个队列用于存储进来的消息或者是过程调用直至拥有该端口的组件处理它们。TTCN-3 通信端口模型如图 4 所示。

注:原则上 TTCN-3 端口是无限的,然而在实际的测试系统中它们可能会溢出,这时应以一个测试用例错误来对待它。

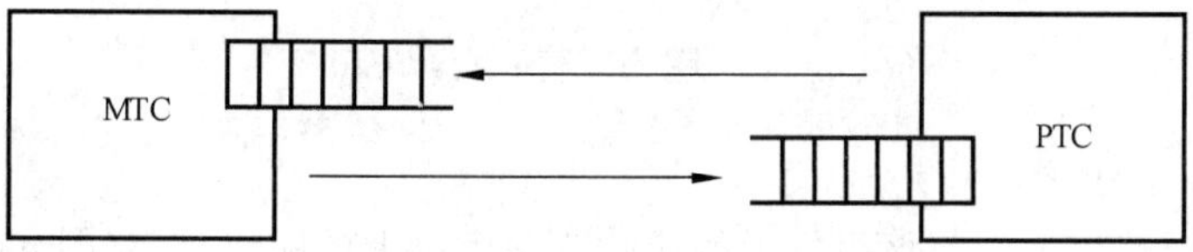

图 4 TTCN-3 通信端口模型

9.3 对连接的限制

TTCN-3 连接是端口到端口和端口到测试系统接口的连接(见图 5)。对于一个组件可以维护的连接数目没有限制,也允许一对多的连接(例如图 5g)或图 5h))。

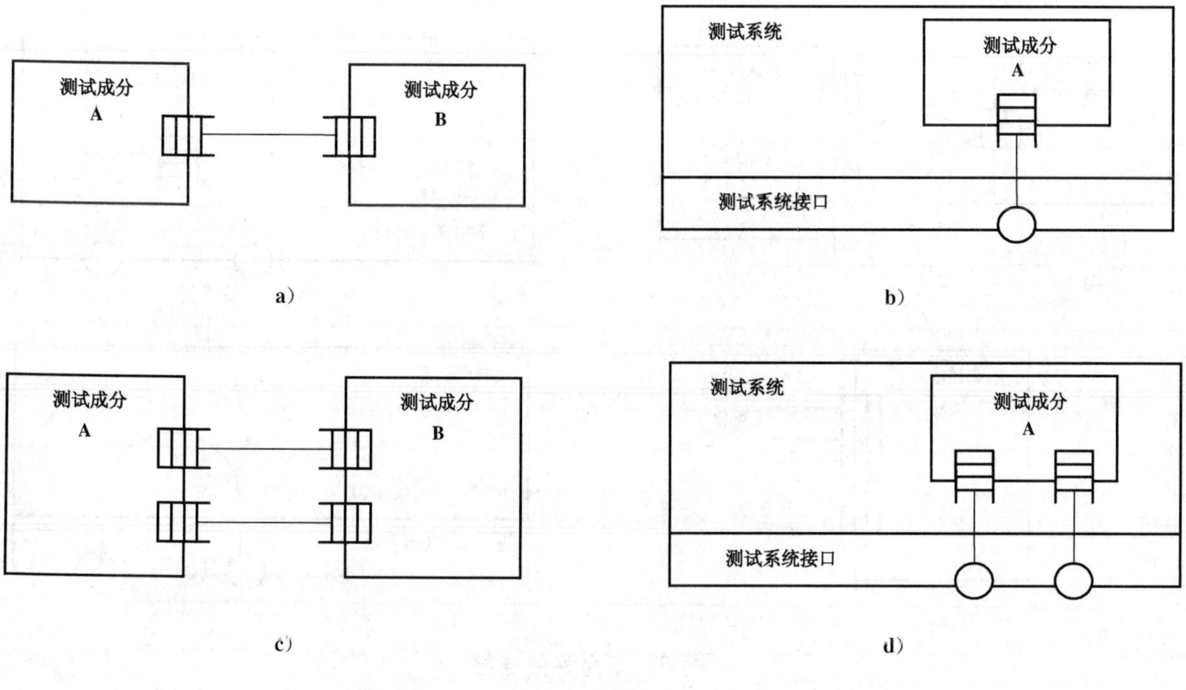

图 5 允许的连接

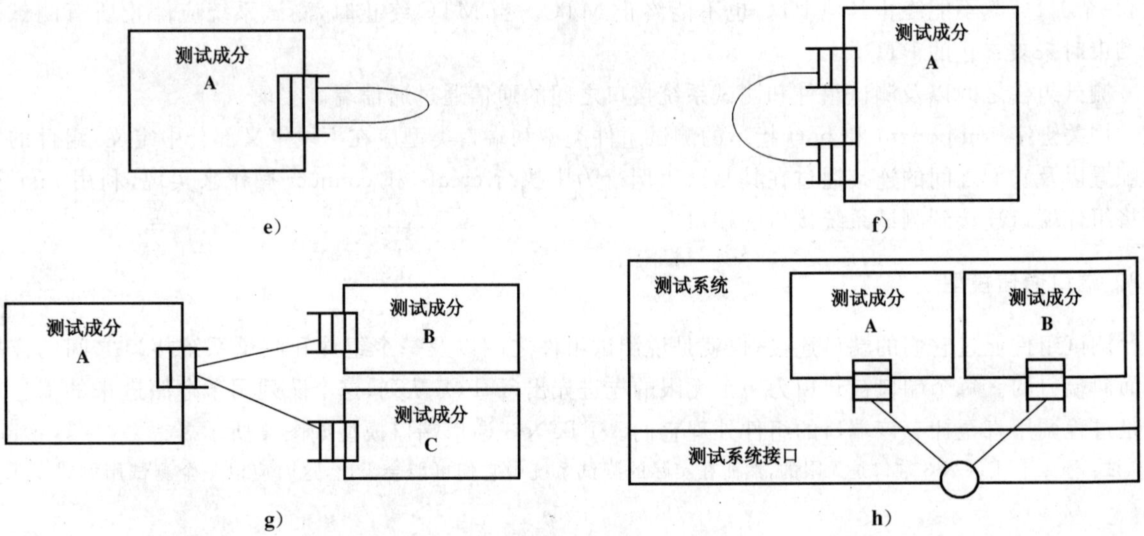

图 5（续）

TTCN-3 不允许以下连接：

一个组件 A 的一个端口不应与该组件上的两个或两个以上的端口相连(图 6a)和图 6e))。

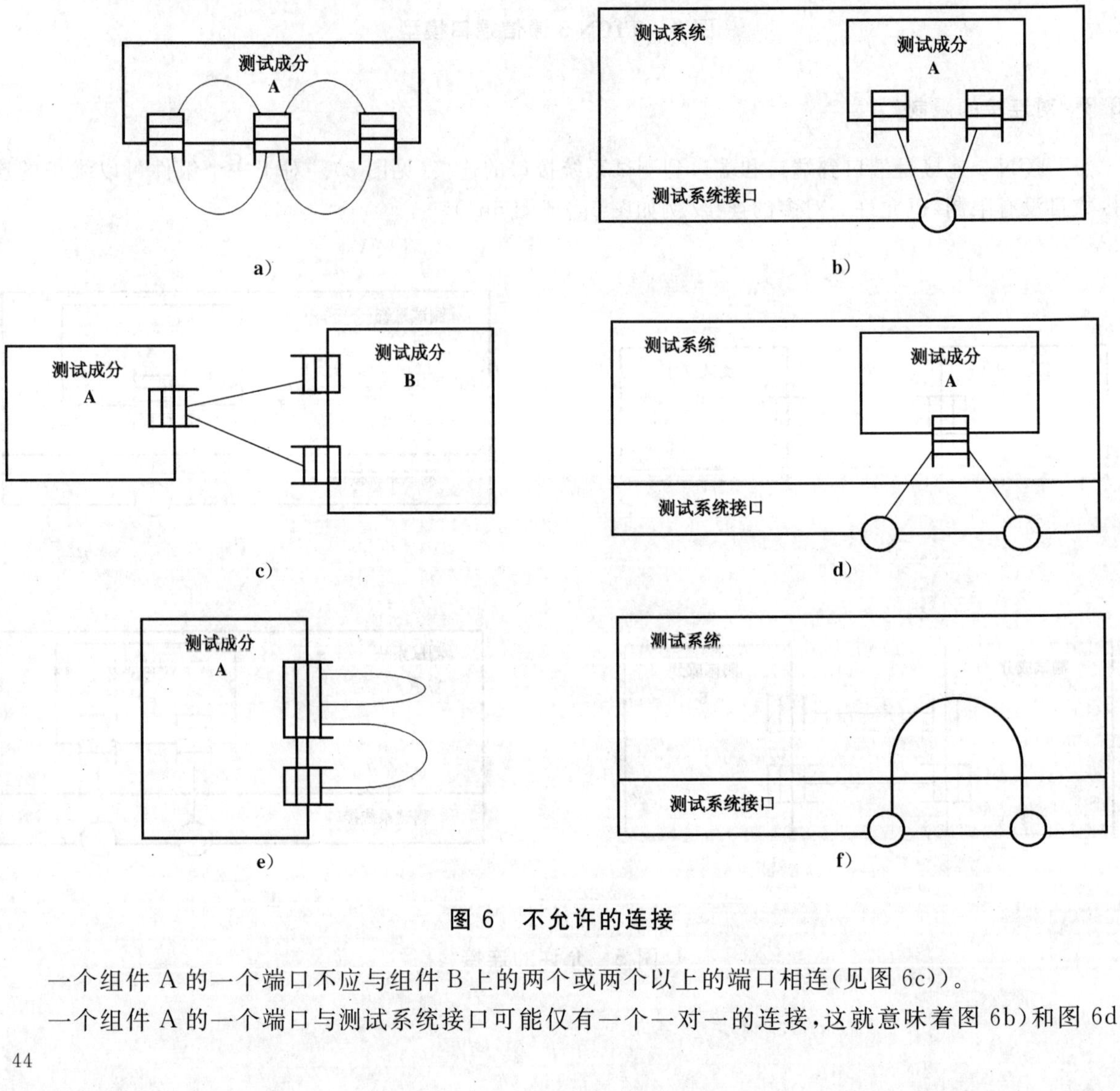

图 6　不允许的连接

一个组件 A 的一个端口不应与组件 B 上的两个或两个以上的端口相连(见图 6c))。

一个组件 A 的一个端口与测试系统接口可能仅有一个一对一的连接，这就意味着图 6b)和图 6d)

所示的连接是不允许的。

不允许测试系统接口内部的连接(见图 6f))。

因为 TTCN-3 允许动态配置和动态地址,所以不可能在编译时总是检查连接上的限制,应在运行时进行检查,且在失败时引起一个测试用例错误。

9.4 抽象测试系列接口

TTCN-3 用于测试实现,正对其测试的对象称为在测实现(IUT)。IUT 可以为测试提供直接接口,或者在被测对象是在测系统(SUT)时它可以是该系统的一部分。

在一个实际的测试环境中,测试用例需要与 SUT 进行通信。然而,对实际物理连接的说明超出了 TTCN-3 的范围,作为替代,一个良好定义的(但是是抽象的)测试系统接口应与每个测试用例关联。一个测试系统接口定义与一个组件定义相同,即它是一个所有可能通信端口的集合,通过这些端口测试用例被连接到 SUT。

测试系统接口静态地定义测试运行时与 SUT 连接的端口连接的数目和类型,但测试系统接口和 TTCN-3 测试组件之间的连接实际上是动态的,可以在一个测试运行时使用 map 和 unmap 操作对其进行修改(见 23.3 和 23.4)。

9.5 定义通信端口类型

9.5.1 概述

端口便于测试组件之间和测试组件与测试系统接口之间的通信。

TTCN-3 支持基于消息和基于过程的端口。每个端口应定义为基于消息的或基于过程的(或),通过关键字 message 来标识基于消息的端口,而关联端口类型定义中的关键字 procedure 则是用来标识基于过程的端口的。

端口是有方向的,它的方向通过关键字 in(输入方向)、out(输出方向)和 inout(输入/输出方向)来标识的。每个端口类型定义应有一个或多个清单来指明所允许的(消息)类型集合和/或带有允许的通信方向的过程。

示例 1:

```
// 基于消息的端口,其上允许接收 MsgType1 和 MsgType2 类型,发送 MsgType3 类型,并可发送和接收任一整形值
type port MyMessagePortType message
{
    in        MsgType1,MsgType2;
    out       MsgType3;
    inout     integer
}
// 基于过程的端口,它允许过程 Proc1、Proc2 和 Proc3 的远程调用。
// 注意 Proc1、Proc2 和 Proc3 定义为特征标记(signatures)
type port MyProcedurePortType procedure
{
    out       Proc1,Proc2,Proc3
}
```

注:术语消息指的是模板和表达式的实际值定义的消息,因此,限制在一个基于消息的端口上可以使用何种消息的清单只是一个简单的类型名称清单。

对一个与端口类型关联的清单,使用关键字 all 来允许在该模块中定义的在该端口上传递的全部类型和特征标记。

示例 2:

```
// 基于消息的端口,它允许该端口上任一方向上传输所有嵌入类型和用户自定义类型的任何值。
type port MyAllMessagesPortType message
```

```
{
    inout    all
}
```

9.5.2 混合型端口

把一个端口定义为基于消息的通信和基于过程的通信混合型的端口也是可能的，这种情况下使用关键字 mixed 表示。这就意味着混合型端口的清单也将是混合的，它包括了特征标记和类型。此时，关键字表示该模块中定义的全部类型和特征标记，在定义中也不分别说明。

示例：

```
// 混合型端口，定义了相同名称的一个基于消息的和一个基于过程的端口。
// in、out 和 inout 清单也是混合型的：MsgType1、MsgType2、MsgType3 和 integer 涉及混合型端口中基于消息的部分，
// Proc1、Proc2、Proc3、Proc4 和 Proc5 涉及端口中基于过程的部分。
type port MyMixedPortType mixed
{
    in       MsgType1，MsgType2，Proc1，Proc2；
    out      MsgType3，Proc3，Proc4；
    inout    integer，Proc5；
}
// 混合型端口，模块中定义的全部类型和所有特征标记都可以用在这个端口上与 SUT 或其他测试组件进行通信。
type port MyAllMixedPortType mixed
{
    inout    all
}
```

TTCN-3 中的混合型端口实际是两类端口定义的缩写表示，也就是说，一个基于消息的端口和一个基于过程的端口具有相同名称。在运行时，通过通信操作来区分两类端口。

如果调用一个混合性端口的标识符，用于控制端口的操作（见 24.6），即 start、stop 和 clear 应在两个队列上（按照任一的顺序）都执行操作。

9.6 定义组件类型

9.6.1 概述

组件类型定义了与一个组件关联的端口。这些定义应在模块的定义部分中进行定义，一个组件中的端口名称对该组件来说是局部的，也就是说另外的组件可以有相同名称的端口。但是，相同组件的所有端口名称应是唯一的。一个组件的定义本身并不意味着该组件在这些端口上有任何连接。

注：这个方面，TTCN-3 与 TTCN-2 有区别。测试配置是静态的，而对测试组件、PCOs 和 ASPs 的声明则隐含了在初始化测试用例执行时它们的自动连接。

示例：

典型的组件见图 7。

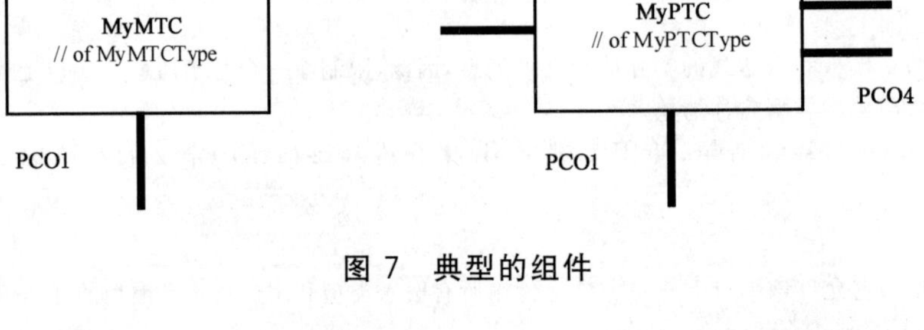

图 7 典型的组件

```
type component MyMTCType
{
    port MyMessagePortType   PCO1
}
type component MyPTCType
{
    port MyMessagePortType       PCO1,PCO4;
    port MyProcedurePortType     PCO2;
    port MyAllMessagesPortType   PCO3
                                 }
```

9.6.2 声明组件中的局部变量、常量和计时器

可以声明一个专用组件的局部常量、变量和定时器。

示例：

```
type component MyMTCType
{
    var integer MyLocalInteger;
    timer MyLocalTimer;
    port MyMessagePortType   PCO1
}
```

这些声明对于该组件上运行的所有函数和备选步都是可见的，这应使用关键字 runs on 来显式说明(见第 17 章)。

组件变量和定时器与该组件实例关联，并遵循 6.4 定义的范围规则。一个组件的每个新实例也将有它自己的变量和定时器集合，就象组件定义中所描述的那样(如果说明了，则还包括任一初始化的值)。

注：当组件被用作测试系统接口时(见 9.9)，该组件不能使用组件中声明的任一常量、变量和定时器。

9.6.3 定义带有端口数组的组件

在组件类型定义中可以定义端口数组。

示例：

```
type component My3pcoCompType
{
    port MyMessageInterfaceType PCO[3]
    // 定义一个组件类型，它带有的数组由三个端口组成
}
```

9.7 SUT 内部的编址实体

一个 SUT 可以由多个应分别编址的实体组成。地址数据类型是用来与端口操作结合起来给 SUT 实体编址的一种数据类型。当地址数据类型与 to、from 和 sender 一起使用的时候，它只能用在映射到测试系统接口的端口的接收和发送操作中。address 的实际数据表示由该测试套中一个明确的类型定义来解析，或者由测试系统来进行外部解析(也就是说，address 类型被作为 TTCN-3 说明中的一种开放式的类型)。这就允许独立于 SUT 任一特定的实际地址机制描述抽象测试用例。

如果地址类型定义在一个模块内部，那么应仅在该 TTCN-3 模块内部生成明确的 SUT 地址。如果该类型不是定义在一个该模块的内部，那么明确的 SUT 地址应仅可以在消息中作为字段参数被传入或接收，或者作为远程过程调用的参数被传入或接收。

此外，可以使用特定类型 null 来指示一个未定义的地址，例如用于地址类型变量的初始化中。

示例：

```
// 把整型与开放式类型——地址类型关联
type integer address ;
:
// 用 null 初始化新的地址类型变量
var address MySUTentity：=null ;
:
// 接收一个地址值，并把它赋值给变量 MySUTentity
PCO. receive(address：* ) -> value MySUTentity;
:
// 发送模板 MyResult 的操作中接收地址的用法
PCO. send (MyResult) to MySUTentity;
:
// 在接收一个确认模板操作中，接收地址的用法
PCO. receive (MyConfirmation) from MySUTentity;
```

9.8 组件引用

组件引用是对在一个测试用例执行时被创建的测试组件的唯一引用。这个唯一引用在一个组件被创建时由测试系统产生，也就是说一个组件引用是 create 操作的结果。另外，组件引用由预定义操作 system(返回标识测试系统接口的端口的组件引用)、mtc(返回 MTC 的组件引用)和 self(返回调用 self 的组件的组件引用)。

在配置操作 connect、map 和 start 操作中使用组件引用来建立测试配置，而出于编址的目的，在连接到测试组件端口(而非测试系统接口)的通信操作的 from、to 和 sender 部分中使用组件引用(见第 24 章)。

此外，专用类型 null 可用来指示一个未定义的组件引用，例如用于处理组件引用的变量的初始化。

组件引用的实际数据表示方法应由测试系统来进行外部解析，这也就允许独立于任一实际 TTCN-3 运行环境描述抽象测试用例，换句话说，就是 TTCN-3 并不对有关测试组件处理和标识的一个测试系统实现加以限制。

注：一个组件引用包括组件类型信息。举个例子，这就意味着用于处理组件引用的变量在其声明中应使用相符的组件类型名。

示例：

```
// 一个组件类型定义
type component MyCompType {
    port PortTypeOne PCO1;
    port PortTypeTwo PCO2
}
// 为处理 MyCompType 类型组件的引用声明两个变量，并创建这个类型的一个组件
var MyCompType MyCompInst：=MyCompType. create ;
// 在配置操作中组件引用的用法
// 总是引用上面已经创建的组件
connect (self:MyPCO1,MyCompInst:PCO1);
map (MyCompInst:PCO2,system :ExtPCO1);
MyCompInst. start (MyBehavior(self ));   // self 被作为参数传递给 MyBehavior
// 在 from-和 to-子句中的组件引用的用法
MyPCO1. receive from MyCompInst;
```

```
:
MyPCO2.receive(integer:?)-> sender MyCompInst;
:
MyPCO1.receive (MyTemplate) from MyCompInst;
:
MPCO2.send (integer :5) to MyCompInst;
// 下面的例子解释了端口 PCO1 上一对多连接的情况,此时可以从不同类型 CompType1、CompType2 和 CompType3
// 的多个组件类型接收 M1 的值,且重新获得发送者。在这种情况下,可以使用如下方案:
:
var M1 MyMessage,MyResult;
var MyCompType1 MyInst1:=null ;
var MyCompType2 MyInst2:=null ;
var MyCompType3 MyInst3:=null ;
:
alt {
  [] PCO1.receive (M1:?) from MyInst1-> value MyMessage sender MyInst1 {}
  [] PCO1.receive (M1:?) from MyInst2-> value MyMessage sender MyInst2 {}
  [] PCO1.receive (M1:?) from MyInst3-> value MyMessage sender MyInst3 {}
}
:
MyResult:=MyMessageHandling(MyMessage);   // 一些结果从函数中获得
:
if (MyInst1 ! =null) {PCO1.send (MyResult) to MyInst1};
if (MyInst2 ! =null) {PCO1.send (MyResult) to MyInst2};
if (MyInst3 ! =null) {PCO1.send (MyResult) to MyInst3};
:
```

9.9 定义测试系统接口

从概念上讲,因为组件类型定义和测试系统定义具有相同的形式(都是定义可能的连接点的端口集合),因此组件类型定义被用来定义测试系统接口。

```
type component MyISDNTestSystemInterface
{
    port MyBchannelInterfaceType      B1;
    port MyBchannelInterfaceType      B2;
    port MyDchannelInterfaceType      D1
}
```

通常,定义测试系统接口的一个组件类型引用应与使用多个测试组件的每个测试用例都关联。当测试用例启动执行时,测试系统接口的端口应与 MTC 一起由该系统自动初始化,即从模块的控制部分调用该测试用例。

返回测试系统接口的组件引用的操作是 system,这个操作被用于对测试系统端口进行编址。

示例:

```
map (MyMTCComponent:Port2,system :PCO1);
```

在测试用例执行时初始化的唯一测试组件是 MTC 的情况下,测试系统接口不需要与测试用例关联。在这种情况下,与 MTC 关联的组件类型定义隐式地定义了相应的测试系统接口。

10 对常量的声明

可以在模块的定义、组件类型定义、模块控制部分、测试用例、函数和备选步(altsteps)中声明和使用常量。常量由关键字 const 来标识,应在常量声明的位置为其赋值。

示例 1:

```
const integer MyConst1:=1;
const boolean MyConst2:=true ,MyConst3:=false ;
```

可以在模块内部给常量赋值,也可以在模块外部进行,后一种情况用关键字 external 来标识外部常量声明。

示例 2:

```
external const integer MyExternalConst;  // 外部常量声明
```

一个外部常量可以具有模块中已知类型之外的全部类型,即模块中定义的源类型或用户定义类型以及模块中移入的类型之外的其他类型。从该类型到一个外部常量的外部表示的映射超出了本部分讨论范围,如何给一个模块传入外部常量值的机制也超出了本部分的讨论范围。

11 对变量的声明

变量用关键字 var 表示,可以在模块的控制部分、测试用例、函数或是备选步中声明、使用变量。此外,还可以在组件类型定义中声明变量,并在测试用例、备选步和使用这些给定组件类型的函数中使用它们。但是,不能在模块的定义部分声明或使用变量,也就是说 TTCN-3 不支持全局变量的概念。变量声明时可以给它赋一个的初始值,这个赋值是可选的。

示例:

```
var integer MyVar1:=1;
var boolean MyVar2:=true ,MyVar3:=false ;
```

运行时使用未初始化的变量会导致测试用例错误。

12 对定时器的声明

12.1 概述

可以在使用定时器。此外,还可以在组件类型定义中声明定时器,并在测试用例、备选步和使用这些给定组件类型的函数中使用它们。声明一个定时器时,可以选择给它赋一个默认持续时间值。如果没有再指定其他值,该定时器将使用该默认值开始计时。定时器的值是一个非负(即大于或等于 0.0),以秒为单位。

示例:

```
timer MyTimer1:=5E-3;  // 声明定时器 MyTimer1,默认值为 5 ms
timer MyTimer2;  // 声明定时器 MyTimer2,但没有赋默认值,将在运行时给该定时器赋值
```

除了声明单个的定时器外,还可以声明定时器数组。定时器数组中每个元素的持续时间值由一个值数组来赋值,值数组中的第一个元素赋值给定时器数组的第一个元素,以此类推。如果对定时器默认的持续时间赋值时希望跳过定时器数组的一些元素,则应用表不使用的符号("-")明确地声明。

注:这意味着定时器数组元素个数与值数组个数应保持完全一致。

示例:

```
timer t_Mytimer1[5]:={1.0,2.0,3.0,4.0,5.0}    // 定时器数组的所有元素都有一个默认持续时间值
timer t_Mytimer2[5]:={1.0,2.0,3.0,4.0,-}// 定时器数组的最后一个元素 t_Mytimer2[4]没有被赋值
```

12.2 定时器作为参数

定时器只能在函数和备选步中作为参数传递，传入函数和备选步的定时器在这些函数和备选步的行为定义中是已知的。

作为传参参数传递的定时器的使用与其他定时器一样，即它不必被声明。一个已经启动了的定时器也可以传递给函数和备选步，这时该定时器仍继续运行，也就是说它不会在暗中被中断。因此，被传入定时器的函数和备选步能够在其内部处理可能发生的超时事件。

示例：

```
// 在形参清单中带有一个定时器声明的函数
function MyBehaviour (timer MyTimer)
{   :
    MyTimer.start ;
    :
}
```

13 对消息的声明

TTCN-3 的一个关键元素就是在测试配置中定义的通信端口上收发复杂消息的能力。这些消息可以是与 SUT 明确的消息，也可以是与特定关联测试配置的内部协调或控制消息。

注：在 TTCN-2 中，这些消息是抽象服务元语 ASPs(Abstract Service Primitives)、协议数据单元 PDUs(Protocol Data Units)和协调消息(co-ordination messages)。而在 TTCN-3 核心语言中，消息没有任何句法和语义的区别，从这个意义上讲是通用的。

14 声明特征标记

14.1 概述

在基于过程的通信中，特征标记(Procedure Signatures，简称"特征标记")是必备的。基于过程的通信可以用于测试系统内部的通信，即测试组件之间或测试系统与 SUT 之间的通信。在后面的章条中，一个过程可以在在测系统 SUT 中被调用(测试系统执行这个调用)或在测试系统中被调用(在测系统 SUT 执行这个调用)。对于所有使用到的过程，即用于测试组件之间通信的过程、在测系统 SUT 调用的过程和测试系统调用的过程，都要在 TTCN-3 的模块中定义完整的特征标记特性。

14.2 阻塞的和非阻塞的通信

TTCN-3 支持基于过程的阻塞的(Blocking)和非阻塞的(Non-Blocking)的通信。对于非阻塞的(Non-Blocking)通信中的特征标记使用关键字 noblock，只有 in 参数，且没有返回值，但可能出现异常。没有 noblock 关键字的特性默认为阻塞的基于过程的通信。

示例：

```
signature MyRemoteProcOne ( );          // MyRemoteProcOne 将用于阻塞的基于过程的通信。
                                        // 它既没有参数也没有返回值。
signature MyRemoteProcTwo ( ) noblock ;// MyRemoteProcTwo 将用于非阻塞的基于过程的通信。
                                        //它既没有参数也没有返回值。
```

14.3 特征标记的参数

特征标记定义中可以带有参数。在一个 signature 定义中，参数清单可以包括参数标识符、参数类型和它们的方向，即输入(in)、输出(out)或输入输出(inout)。方向输入/出(inout)和输出(out)表示这些参数用于远程过程重新获得信息。值得注意的是，参数的方向指的是从被调用方来看的，而不是调用方。

示例：

```
signature MyRemoteProcThree (in integer Par1,out float Par2,inout integer Par3);
// MyRemoteProcThree 将用于阻塞的基于过程的通信。这个过程有三个参数：Par1 是整型输入参数，
// Par2 是一个浮点型输出参数，Par3 是一个整型的输入/出参数。
```

14.4 远程过程的返回值

远程过程可以在其终止后返回一个值。返回值的类型应通过相应的特征标记定义中的 return 子句来规定。

示例：

```
signature MyRemoteProcFour (in integer Par1) return integer ;
// MyRemoteProcFour 将用于阻塞的基于过程的通信，它有一个整型输入参数 Par1，在过程终止后返回一个整型值。
```

14.5 对异常的规定

在 TTCN-3 中，用一种特定类型的值来表示可能在远程过程中出现的异常。因此，可以使用模板机制和匹配机制来描述和检查远程过程的返回值。

注：由于从在测系统 SUT 产生或发送到在测系统 SUT 的异常向相应的 TTCN-3 类型或 SUT 表示方法的转换属于工具和系统特性类，因此它超出了本部分的讨论范围。

异常是在 signature 定义中以异常清单的形式被定义的。这个清单定义了与可能出现的异常关联的所有可能的各种类型(在异常的涵义中，异常通常只是通过它们自身类型的特定值来区分是否是异常)。

示例：

```
signature MyRemoteProcFive (inout float Par1) return integer
        exception (ExceptionType1,ExceptionType2);
// MyRemoteProcFive 将用于阻塞的基于过程的通信。它可以通过输入输出参数 Par1 返回一个浮点值和一个整型值，
// 或是产生 ExceptionType1 类型或 ExceptionType2 类型的异常。
signature MyRemoteProcSix (in integer Par1) noblock
        exception (integer,float );
// MyRemoteProcSix 将用于非阻塞的基于过程的通信。在过程非成功终止的情况下，MyRemoteProcSix 可能
// 会产生整型或浮点型异常。
```

15 对模板的声明

15.1 概述

模板用于发送一个特定值的集合或是测试接收的值的集合是否与模板说明匹配。模板具有下列特性：

a) 模板提供了一种组织和重复使用测试数据的方法，其中包括继承的简单形式；

b) 模板能够被参数化；

c) 模板允许匹配机制；

d) 模板既能够用于基于消息的通信，也能用于基于过程的通信。

可以在一个模板的值集合中说明范围和匹配属性，然后在基于消息的通信或基于过程的通信中使用。模板可以用来说明任一 TTCN-3 类型或是特征标记。基于类型的模板用于基于消息的通信，而过

程模板用于基于过程的通信。

模板声明应详细说明一个基本值的集合，或是与在相应的类型或过程特征标记中定义的每一个字段相匹配的符号的集合，即应完整地描述它。模板修改声明仅说明原模板中要更改的字段即可，也就是说，它是一个对模板的部分说明。在用于消息的模板说明中不能使用“未被使用符号”（“－”），但“未被使用符号”（“－”）可以在特征标记模板的不关联参数和所有模板修改声明中用于指明特定字段或元素保持不变。

15.2 对消息模板的声明

15.2.1 概述

可以用模板来说明带有实际值的消息实例，模板可以被认为是创建发送消息或匹配接收消息的指令集合。

可以为表 3 中定义的除特定配置和默认类型（port，component，address 和 default 类型）外的任一 TTCN-3 类型规定模板。

示例：

```
// 用于接收操作时，该模板将匹配任一整型值
template integer Mytemplate:=?;
// 该模板仅匹配整型值 1、2、3
template integer Mytemplate:=(1,2,3);
```

15.2.2 用于发送消息的模板

在一个发送操作中使用的模板定义一个完整的字段值集合，其中包含在测试端口上传输的消息。用于发送消息的模板在执行发送操作时会被完全定义，也就是说所有字段都会解析到实际值，而且在模板的字段中不会直接或间接地使用匹配机制。

注：对于用于发送消息的模板来讲，省略一个可选择字段会被看做是一个值符号，而不是一个匹配机制。

示例：

```
// 给定的消息的定义
type record MyMessageType
{
    integer    field1  optional,
    charstring   field2,
    boolean    field3
}
// 一个消息模板可以是：
template MyMessageType MyTemplate:=
{
    field1:=omit ,
    field2:="My string",
    field3:=true
}
```

15.2.3 用于接收消息的模板

用于接收操作的模板定义了一个与接收消息相匹配的数据模板，用于接收的模板可以使用匹配机制（定义在附录 B 中），且接收值与该模板不绑定。

示例：

```
// 给出的消息的定义
type record MyMessageType
{
    integer    field1   optional,
    charstring   field2,
    boolean      field3
}
// 一个消息模板可以是
template MyMessageType MyTemplate：=
{
    field1：=?,
    field2：=pattern "abc * xyz",
    field3：=true
}
// 一个相应的接受操作可以是
MyPCO.receive(MyTemplate)；
```

15.3 对特征标记模板的声明

15.3.1 概述

可以使用模板说明带有实际值的过程参数清单的实例，可以通过引用关联的特征标记定义来为任一过程定义模板。

示例：

```
// 一个远程过程的特征标记定义
signature RemoteProc(in integer Par1,out integer Par2,inout integer Par3) return integer ;
// 与定义的特征标记关联的模板例子
template RemoteProc Template1：=
{
    Par1：=  1,
    Par2：=  2,
    Par3：=  3
}
template RemoteProc Template2：=
{
    Par1：=1,
    Par2：=?,
    Par3：=3
}
template RemoteProc Template3：=
{
    Par1：=1,
    Par2：=?,
    Par3：=?
}
```

15.3.2 用于启用过程的模板

用于调用或回复操作的模板为所有的输入参数和输入/出参数定义了一个完整的字段值集合。在调用操作中，模板中的所有的输入和输入/出参数将解析到实际的值，在这些字段中不会直接或间接地使用匹配机制。任一输出参数的模板说明都被简单地忽略掉了，因此允许为这些字段说明匹配机制或省略匹配机制（见附录B）。

示例：

```
// 有效的调用，因为所有的 in 和 inout 参数都具有一个确切的值
MyPCO. call (RemoteProc: Template1);
// 有效的调用，因为所有的 in 和 inout 参数都具有一个确切的值
MyPCO. call (RemoteProc: Template2);
// 无效的调用，因为 inout 参数 Par3 具有的是匹配属性，而不是一个确切的值
MyPCO. call (RemoteProc: Template3);
// 模板从不返回值，对于 Par2 和 Par3 的情况，应使用在调用语句的末尾处的赋值子句重新获得通过调用操作返回的值。
```

15.3.3 用于接收过程启用的模板

用于getcall操作的模板定义了一个与接收参数字段相匹配的数据模板。附录B中定义的匹配机制可能被用于任一被getcall操作使用的模板，但是不会发生接收值与模板的绑定。在匹配过程中，任一输出参数都将被忽略。

示例：

```
// 有效的 getcall，如果 Par1==1 且 Par3==3，则匹配
MyPCO. getcall (RemoteProc: Template1);
//有效的 getcall，如果 Par1==1 且 Par3==3，则匹配
MyPCO. getcall (RemoteProc: Template2);
// 有效的 getcall，Par1==1 且 Par3 为任一整型值时都将匹配
MyPCO. getcall (RemoteProc: Template3);
```

15.4 模板匹配机制

一般地，匹配机制用来替换单个模板字段的值或是整个模板的内容，其中一些匹配机制可以联合使用。

匹配机制和通配符也可以嵌入在接收事件（如 receive，getcall，getreply 和 catch 操作）语句行中使用，它们可以出现在明确的模板字段值中。

示例1：

```
MyPCO. receive (charstring: "abcxyz");
MyPCO. receive (integer: complement (1,2,3));
```

当模板字段值明确地标识了类型时，类型标识符可以省略。

示例2：MyPCO. receive ('AAAA'O);

注：下列类型可以被省略：integer，float，boolean，objid，bitstring，hexstring，octetstring。

然而，在线模板类型应在接收该模板所通过的端口的清单中。在列出的类型和模板字段值出现分歧的情况下（例如由子类型造成的），类型名应包含在接收语句中。

匹配机制分为四类：

a) 特定的字段值：
   1) 求特定值的表达式。
   2) omit：字段值将被省略。
b) 可以用来代替字段值的专用符号：
   1) (…)：值清单；
   2) complement (…)：值清单的补集；

3） ?:表任一值的通配符；

4） *:表任一值或空的通配符(例如一个省略值)；

5） (下限 … 上限):上下限范围内的整型值域,包括上下限。

c） 可以被用做内部值(Inside Value)的专用符号：

1） ?:表串、数组、record of 或 set of 中任一单个元素的通配符；

2） *:表串、数组、record of 或 set of 中任一数目的连续元素或根本为空(例如一个省略的元素)。

d） 描述字段值属性的专用符号：

1） length :用于串类型的串长度限制以及 record of,set of 和数组的元素数目的限制；

2） ifpresent :用于匹配没有省略的可选择字段值。

支持的匹配机制、关联的符号(如果有)和应用范围见表 6。表中左起第一列列出了与适用于使用这些匹配机制的类型相等价的所有 GB/T 16262.1—2006 系列中定义的 TTCN-3 和 ASN.1 的类型。

表 6　TTCN-3 匹配机制

使用中所带值的所属类型	值		代替的值							内部值		属性	
	特定值	省略值	补集	值清单	任一值(?)	任一值或空(*)	值域	超集	子集	任一元素(?)	任一元素或空(*)	长度限制	是否出现
boolean	是	是	是	是	是	是							是
Integer	是	是	是	是	是	是	是						是
Char	是	是	是	是	是	是	是						是
universal char	是	是	是	是	是	是	是						是
Float	是	是	是	是	是	是	是						是
bitstring	是	是	是	是	是	是				是	是	是	是
octetstring	是	是	是	是	是	是				是	是	是	是
hexstring	是	是	是	是	是	是				是	是	是	是
character strings	是	是	是	是	是	是	是			是	是	是	是
Record	是	是	是	是	是	是							是
Record of	是	是	是	是	是	是				是	是	是	是
Array	是	是	是	是	是	是				是	是	是	是
Set	是	是	是	是	是	是							是
set of	是	是	是	是	是	是		是	是	是	是	是	是
enumerated	是	是	是	是	是	是							是
Union	是	是	是	是	是	是							是

15.5　模板的参数化

15.5.1　概述

用于发送和接收操作的模板都可以被参数化。一个模板的实参可以包括字段值和模板、函数和特定的匹配机制。

示例：

```
// 模板
template MyMessageType MyTemplate (integer MyFormalParam) := 
{
    field1 := MyFormalParam,
    field2 := pattern "abc * xyz",
    field3 := true
}
// 可以以如下方式被使用
pco1.send (MyTemplate(123));
```

15.5.2 带有匹配属性的参数化

为了使模板或匹配符号可以作为参数传送，需要在类型字段前加外部关键字 template。这样做使得一个参数类型为模板类型，并有效地扩展关联类型所容许的参数，使其包括正常值集和适当的匹配属性集合(见附录 B)。模板参数字段不能通过传参来调用。

示例：

```
// 模板
template MyMessageType MyTemplate (template integer MyFormalParam) := 
{   field1 := MyFormalParam,
    field2 := pattern "abc * xyz",
    field3 := true
}
// 可以以如下方式使用
pco1.receive (MyTemplate(?));
// 或
pco1.receive (MyTemplate(omit));
```

15.6 作为参数的传递模板

只有函数、测试用例、备选步和模板定义中可以带有作为形参的模板。

示例：

```
function MyBehaviour(template MyMsgType MyFormalParameter)
runs on MyComponentType
{   :
    pco1.receive (MyFormalParameter);
    :
}
```

15.7 经修改模板

15.7.1 概述

通常，模板规定了基本的或默认的值的集合，或定义在适当的定义中用于每个匹配符的值集。在仅需要少量变化来规定新的模板的情况下，可以规定经修改模板。经修改模板规定了对原始模板的特定字段的直接或间接的更改。

用关键字modifies 来表示经修改模板所源于的父模板，这个父模板可以是一个原始模板，也可以是一个经修改模板。

更改以链接的方式发生，最终要追溯到原始模板。如果模板字段和该字段相应的值或匹配符号在经修改模板中没有被说明,那么将使用父模板中该字段值或匹配符号。当被修改的字段嵌套在结构类型的模板字段中时,除了这个被明确说明的字段,父模板中相应的结构类型字段中的其他字段都保持不变。

无论是直接还是间接方式,经修改模板都不能自己调用自己,即不允许递归调用。

示例:

```
// 给定
template MyRecordType MyTemplate1 := 
{
    field1 := 123,
    field2 := "A string",
    field3 := true
}
// 再定义
template MyRecordType MyTemplate2 modifies MyTemplate1 := 
{
    field1 := omit ,                    // field1 是可选项,但在 MyTemplate1 中则要
    field2 := "A modified string"
                                        // field3 没有变化
}
// 也可以写为
template MyRecordType MyTemplate2 := 
{
    field1 := omit ,
    field2 := "A modified string",
    field3 := true
}
```

15.7.2 经修改模板的参数化

如果基础模板具有形参清单,则下列规则将应用于所有该基础模板所派生出的经修改模板中(可经过一个或多个修改步骤产生):

a) 派生模板不能省略从基础模板到实际的经修改模板的任何一个修改步骤中定义的参数;
b) 如果需要,派生模板可以拥有额外的(附加的)参数;
c) 对每一个经修改模板,形参清单都要跟在模板名称之后;
d) 在经修改模板中,包含有参数化模板的基础模板的字段不能被修改或是明确地被表示为省略字段。

示例:

```
// 给定
template MyRecordType MyTemplate1(integer Mypar) := 
{
    field1 := MyPar,
    field2 := "A string",
    field3 := true
}
// 则可以有如下更改
    template MyRecordType MyTemplate2(integer MyPar)   modifies MyTemplate1 := 
{  // 在 Template1 中,field1 是参数化模板,因而在 Template2 中,field1 仍是
```

```
    field2:="A modified string",
}
```

15.7.3 在线经修改模板

除以显式创建命名的经修改模板外，TTCN-3 还允许定义在线经修改模板。

示例：

```
// 给定
template MyMessageType Setup:=
{  field1:=75,
   field2:="abc",
   field3:=true
}
// 可以定义 Setup 的一个在线经修改模板
pco1. send (modifies Setup:={field1 76});
```

15.8 更改模板字段

在通信操作中(如 send、receive、call、getcall)，只允许通过参数化或在线派生模板来更改模板字段。在该模板之后的关联通信事件中，这些更改对模板字段值将不会造成影响。

在通信事件中，不使用带点记法设置或重新得到模板的值，而使用"->"符号(见第 24 章)。

15.9 匹配操作

匹配操作允许比较模板值与变量值，该操作返回一个布尔值。如果模板值与变量值类型不兼容(见 7.8)，则该操作返回假。如果类型值项匹配，则该操作的返回值指出变量值与给定模板值是否一致。

示例：

```
template integer LessThan10:=(-infinity..9);
testcase TC001( )
runs on MyMTCType
{
     var integer RxValue;
     :
     PCO1. receive (integer :?) -> value RxValue;
     if (   match (RxValue,LessThan10)) {…}
// 如果 Rxvalue 的实际值小于 10，则返回真(true)，否则返回(false)
     :
}
```

15.10 操作的值

valueof 操作允许把模板中指定的值赋值给变量的字段，但该变量和模板字段的类型应是兼容的，模板的每个字段可以解析为一个单个的值。

示例：

```
type record ExampleType
{
     integer field1,
     boolean field2
}
template ExampleType SetupTemplate:=
```

```
{
    field1:=1,
    field2:=true
}
:
var ExampleType RxValue:=valueof(SetupTemplate);
```

16 运算符

16.1 概述

TTCN-3 支持多个可用于表示 TTCN-3 于表达式的预定义运算符，它们分为以下 7 类，列于表 7 中：

a) 算术运算符；

b) 串运算符；

c) 关系运算符；

d) 逻辑运算符；

e) 按位运算符；

f) 移位运算符；

g) 循环移位运算符。

表 7 TTCN-3 运算符清单

类 别	运 算 符	符号或关键字
算术运算符	加	+
	减	−
	乘	*
	除	/
	取模	mod
	取余数	rem
串运算符	与	&
关系运算符	等于	==
	小于	<
	大于	>
	不等于	!=
	大于或等于	>=
	小于或等于	<=
逻辑运算符	取反(非)	not
	逻辑与	and
	逻辑或	or
	逻辑异或	xor

表 7（续）

类　别	运　算　符	符号或关键字
按位运算符	按位非	not4b
	按位与	and4b
	按位或	or4b
	按位异或	xor4b
移位运算符	左移位	〈〈
	右移位	〉〉
循环移位运算符	循环左移	〈@
	循环右移	@〉

表 8 列出了这些运算符的优先级，表中每一行中所列的运算符都具有相同的优先级别。如果一个表达式中出现多个具有相同优先级的运算符，则按从左至右计算。括号可以用于把操作数集合在一起，在这种情况下，括号具有最高优先级。

表 8　运算符先后顺序

优先次序	运算符类型	运　算　符
最高		(…)
	一元，二元	+，−，*，　/，　mod，rem
	二元	+，　−，&
	一元	not4b
	二元	and4b
	二元	xor4b
	二元	or4b
	二元	〈〈，　〉〉，〈@，　@〉
	二元	<，>，<=，>=
	二元	==，!=
	一元	not
	二元	and
	二元	xor
	二元	or
最低		

16.2　算术运算符

算术运算符指加、减、乘、除、取模和取余运算。除了取模运算，这些运算符的操作数应为整型（包括整型的导出类型）或浮点型（包括浮点型的导出类型）；取模运算只能用于整型（包括整型的导出类型）。

对整型操作数进行算术运算，结果为整型，对浮点型操作数进行算术运算，其结果为浮点型。

在加或减法运算作为一元运算符时，上述规则也同样适用。对正数进行减法运算的结果可以是负数，反之对负数进行减法结果可以是正数。

执行除法的两个结果：

a） 被除数和除数均为整型时，结果亦为整型（丢弃分数部分）；

b） 被除数和除数均为浮点型时，结果为浮点型（不丢弃分数部分）。

对整型操作数进行取余和取模，结果为整型，x rem y 和 x mod y 都计算 x 被 y 除所得的余数。因此，y 仅被定义为非零的操作数。对于正数 x 和 y，x rem y 和 x mod y 操作的结果一样，但是对于为负数的 x 和 y，结果则不一样。

mod 和 rem 运算的形式化定义如下：

x rem y＝x－y ＊ (x/y)

x mod y ＝x rem |y|　　　　如果 x＞＝0

　　　　＝0　　　　　　　　如果 x＜0 且 x rem |y|＝0

　　　　＝|y|＋x rem |y|　如果 x＜0 且 x rem |y|＜0

表 9 举例说明了 mod 和 rem 运算的区别。

表 9　mod 和 rem 运算的效果

X	−3	−2	−1	0	1	2	3
x mod 3	0	1	2	0	1	2	0
x rem 3	0	−2	−1	0	1	2	0

16.3　串运算符

预定义的串运算符完成相容的串类型值的连接，该操作是从左至右的简单连接，没有暗含算术加法的形式，结果类型为操作数的根类型。

示例：

’1111’B & ’0000’B & ’1111’B 结果为 ’111100001111’B

16.4　关系运算符

预定义的关系运算符表示的关系有：等于、小于、大于、不等于、大于或等于和小于或等于。除了枚举类型外，相等和不相等的操作数可以是任意兼容的类型，而枚举类型的情况下操作数应该是相同类型的实例。而其他关系运算操作的操作数类型只能是整型（包括整型的导出类型）、浮点型（包括浮点型的导出类型）或一些枚举类型的实例。该运算的结果为布尔型。

两个字符串或通用字符串若其长度相等以及所有位置的字符都相同，则这两个串的值相等。bitstring 、hexstring 或octetstring 类型的值使用相同的相等规则，所不同的是所有位置上应相等的部分是相应的位、十六进制数字或十六进制数字对。

两个 record 值、set 值、record of 值或 set of 值相等，当且仅当它们的有效值结构兼容且所有相应字段的值相等。Record 值可以与 record of 值比较，而 set 值可以与 set of 值比较，在这些情况下的比较规则与比较两个 record 类型值或 set 类型值的规则一样。

注：“所有字段”意味着在一个 record 类型没有表示实际值的可选字段将被认为是未定义值。这个字段在和另一个 record 类型比较时，仅和遗漏的可选字段等价（同样被认为是一个未定义字段值）；当它与 record of 类型的一个值比较时，仅与一个未定义值的元素相等。这个规则同样适用于两个 set 类型值或一个 set 类型值和一个 set of 类型值做比较时。

两个 union 类型值相等，当且仅当在这两个 union 类型的值中，被选中的字段的类型兼容且它们的实际值相等。

示例：

// 给定

```
type   set   SetA   {
                    integer        a1       optional ,
                    integer        a2       optional ,
                    integer        a3       optional
                    };
type   set   SetB   {
                    integer        b1       optional ,
                    integer        b2       optional ,
                    integer        b3       optional
                    };
type   set   SetC   {
                    integer        c1       optional ,
                    integer        c2       optional ,
                    };
type   set of integer   SetOf;
type   union   UniD   {
                    integer        d1,
                    integer        d2,
                    };
type   union        UniE   {
                    integer        e1,
                    integer        e2,
                    };
Type   union   UniF   {
                    integer        f1,
                    integer        f2,
                    boolean        f3,
                    };
// 以及
const   SetA   conSetA1   :=   {a1:=0,a3:=2};
            // 注意字段值的顺序无关紧要
const   SetB conSetB1   :=   {b1:=0,b3:=2};
const   SetB conSetB2   :=   {b2:=0,b3:=2};
const   SetC conSetC1   :=   {c1:=0,c2:=2};
const   SetOf      conSetOf1   :=   {0,omit,2};
const   SetOf      conSetOf2   :=   {0,2};
const   UniD conUniD1   :=   {d1:=0};
const   UniE conUniE1   :=   {e1:=0};
const   UniE conUniE2;  :=   {e2:=0};
const   UniF conUniF1;  :=   {f1:=0};
// 那么
conSetA1==conSetB1;
   // 返回true
conSetA1==conSetB2;
   // 返回false，因为 a1 和 a2 的值与它们在 conSetB2 中的对应部分的值不相等(对应元素没有被省略)
conSetA1==conSetC1;
   // 返回false，因为 SetA 和 SetC 中的有效的值结构是不兼容的
```

conSetA1==conSetOf1;

// 返回true

conSetA1==conSetOf2;

// 返回false ,作为与 a2 对应部分的值是 2,但是与 a3 对应的部分却没有定义

conSetC1==conSetOf2;

// 返回true

conUniD1==conUniE1;

// 返回true

conUniD1==conUniE2;

// 返回 false,作为被选中字段的 e2 与 UniD1 中的 d1 字段并不是对应字段

conUniD1==conUniF1;

// 返回 false,UniD1 和 UniF 的有效的值结构是不兼容的

16.5 逻辑运算符

预定义的布尔运算符执行逻辑取否、逻辑与、逻辑或和逻辑异或运算,它们的操作数应是布尔类型,逻辑运算的结果类型也是布尔类型。

逻辑取反是一个一元运算符,如果其操作数的值是 false,则返回 true;反之,如果操作数的值为 true,则返回 false。

如果逻辑与(and)运算的两个操作数的值均为 true,则返回 true;否则返回 false。

如果逻辑或操作的两个操作数中,至少有一个操作数的值为 true,则返回 true;否则返回 false。

如果逻辑异或操作的两个操作数中有且只有一个操作数的值为 true,则返回 true;如果其两个操作数的值同为 false 或同为 true,则返回 false。

16.6 按位运算符

预定义的按位运算符执行按位取反、按位与、按位或或按位异或运算,这些运算符分别为not4b、and4b、or4b 和xor4b 。

注:读作"按位取反"、"按位与"等。

按位运算的操作数的类型应是bitstring、hexstring、octetstring 。and4b、or4b 和xor4b 的两个操作数的类型应是可兼容的,按位运算的结果类型应是该运算操作数的原始类型。

按位运算not4b 是一个一元运算符,它对其操作数的每一位进行取反操作,将操作数中为 1 的位变为 0,为 0 的位变为 1,即:

not4b '1'B 得到 '0'B

not4b '0'B 得到 '1'B

示例 1:

not4b '1010'B 得到 '0101'B

not4b '1A5'H 得到 'E5A'H

not4b '01A5'O 得到 'FE5A'O

位运算符 and4b 接受两个等长的操作数,对于两个操作数中相应位的值均为 1 时,结果中相应位的值亦为 1,否则为 0,即:

'1'B and4b '1'B 得到 '1'B

'1'B and4b '0'B 得到 '0'B

'0'B and4b '1'B 得到 '0'B

'0'B and4b '0'B 得到 '0'B

示例 2:

'1001'B and4b '0101'B 得到 '0001'B

'B'H and4b '5'H　　得到　'1'H

'FB'O and4b '15'O　　得到　'11'O

位运算符or4b接受两个等长的操作数，对于两个操作数中相应位的值均为0时，结果中相应位的值亦为0，否则为1，即：

'1'B or4b '1'B 得到　'1'B

'1'B or4b '0'B 得到　'1'B

'0'B or4b '1'B 得到　'1'B

'0'B or4b '0'B 得到　'0'B

示例3：

'1001'B or4b '0101'B　得到　'1101'B

'9'H or4b '5'H　　得到　'D'H

'A9'O or4b 'F5'O　　得到　'FD'O

位运算符xor4b接受两个等长的操作数，对于两个操作数中相应位的值均为0或均为1时，结果中相应位的值亦为0，否则为1，即：

'1'B xor4b '1'B 得到　'0'B

'0'B xor4b '0'B 得到　'0'B

'0'B xor4b '1'B 得到　'1'B

'1'B xor4b '0'B 得到　'1'B

示例4：

'1001'B xor4b '0101'B　得到 '1100'B

'9'H xor4b '5'H　　得到 'C'H

'39'O xor4b '15'O　　得到　'2C'O

16.7 移位运算符

预定义的移位运算符执行左移(shift left,<<)和右移(shift right,>>)操作。此类运算符左侧的操作数类型应是bitstring、hexstring或octetstring，右侧的操作数类型应是整型，而运算结果的类型则应与其左侧操作数的类型相同。

移位运算符根据其左侧的操作数类型的不同而不同，如果其左侧操作数的类型是

a) bitstring应用的移位单位是1位；

b) hexstring应用的移位单位是1十六进制位；

c) octetstring应用的移位单位是1个八位组。

左移(<<)运算符接受两个操作数，它将左侧操作数左移右侧的操作数所描述的位数，移出的过多的单位(bits、hexadecimal digits或octets)被丢弃。左侧操作数的每个移动单位在向左移的过程中，低位(右边的位)补0(根据左侧操作数的类型决定补'0'B、'0'H或是'00'O)。

注：如果对左侧的操作数执行左移操作时，发生了一个与系统关联的溢出，则应指定一个出错判定。

示例1：

'111001'B　<< 2　　得到　'100100'B

'12345'H　<< 2　　得到　'34500'H

'1122334455'O　<< (1+1)　　得到　'3344550000'O

右移(>>)运算符接受两个操作数，它将左侧操作数右移右侧的操作数所描述的位数，移出的过多的单位(bits、hexadecimal digits或octets)被丢弃。左侧操作数的每个移动单位在向右移的过程中，高位(左边的位)补0(根据左侧操作数的类型决定补'0'B、'0'H或是'00'O)。

示例2：

'111001'B　>> 2　　得到　'001110'B

'12345'H >> 2　　　　　　得到 '00123'H

'1122334455'O >> (1+1)　　得到 '0000112233'O

16.8 循环移位运算符

预定义的循环移位运算符执行循环左移(<@)和循环右移(@>)操作。此类运算符左侧的操作数类型应是bitstring、hexstring、octetstring、charstring或通用charstring，右侧的操作数类型应是整型，而运算结果的类型则应与其左侧操作数的类型相同。

循环移位运算根据其左侧的操作数类型的不同而不同，如果其左侧操作数的类型是：

a) bitstring应用的循环移位单位是1位；

b) hexstring应用的循环移位单位是1十六进制位；

c) octetstring应用的循环移位单位是1个八位组；

d) charstring或通用charstring应用的循环移位单位是1个字符。

循环左移(<@)运算符接受两个操作数，它将左侧操作数循环左移右侧的操作数所描述的位数，移出的过多的位(bits、hexadecimal digits、octets或characters)被从左侧操作数的右边重新插入到该操作数中去。

示例1：

'101001'B <@ 2　　　　　得到 '100110'B

'12345'H <@ 2　　　　　　得到 '34512'H

'1122334455'O <@ (1+2) 得到 '4455112233'O

"abcdefg" <@ 3　　　　　得到 "defgabc"

循环右移(@>)运算符接受两个操作数，它将左侧操作数循环右移右侧的操作数所描述的位数，移出的过多的位(bits、hexadecimal digits、octets或characters)被从左侧操作数的左边重新插入到该操作数中去。

示例2：

'100001'B @> 2　　　　　得到 '011000'B

'12345'H @> 2　　　　　　得到 '45123'H

'1122334455'O @> (1+2) 得到 '3344551122'O

"abcdefg" @> 3　　　　　得到 "efgabcd"

17 函数和备选步

17.1 概述

在TTCN-3中，函数和备选步用于表示和构造测试行为、定义一个模块中的默认行为和组织计算，下面的章条对此做了详细的描述。

17.2 函数

17.2.1 概述

在TTCN-3中的函数用于在模块内表达测试行为，组织计算或构造计算，如计算单个值，初始化变量集合，或是检查条件。函数可以返回一个值，这里通过关键字return后跟一个类型标识符表示。当关键字return用在函数头中定义了返回类型的函数体中时，其后通常要跟随一个常数、变量引用或是一个表达式来表示返回值。返回值的类型和返回类型应是兼容的。函数体中的返回语句终止函数执行，并在函数调用处返回返回值。

示例 1：

```
// 不带参数的函数 MyFunction 的定义
function MyFunction( ) return integer
{
    return 7;   // 函数终止时返回整型值 7
}
```

函数可以被定义在一个模块中，或被声明为在外部被定义的(external)。对于一个外部函数，在TTCN-3 的模块中仅仅应提供函数的接口。外部函数的实现已超出本部分的讨论范围。外部函数不允许包含端口操作。

```
external function MyFunction4( ) return integer ;   // 返回一个整型值的不带参数的外部函数
external function InitTestDevices( );   // 一个仅产生 TTCN-3 模块之外的效果的外部函数
```

TTCN-3 的函数代替 TTCN-2 中的测试步和测试套规程的定义，而外部函数代替 TTCN-2 中的测试套操作。非形式化的函数可以被声明为带有说明性注释的外部函数，或通过使用带有注释的空的形式化的函数声明为外部函数。

在一个模块中，可以使用程序语句和第 19 章描述的操作定义函数的行为。如果一个函数使用了一个组件类型定义中声明的变量、常量、定时器或端口，则应在该函数头中使用关键字runs on 来引用这个组件类型定义。这个规则的例外之处就是过程中的所有是不是作为参数传入的。

示例 2：

```
function MyFunction3( ) runs on MyPTCType {
                                    // MyFunction3 不返回一个值，但是却使用端口操作
  var integer MyVar:=5;
  PCO1. send (MyVar);       // 通过引用一个组件类型来发送，且因此要求一个 runs on 子句来解析端口标识符
}
```

不带有 runs on 子句的函数，不会调用一个带有局部 runs on 子句的函数或备选步，也不激活这样的默认。

用测试组件操作 start 启动的函数总是有一个 runs on 子句(见 23.6)，并且被认为是在该组件中被调用时启动，也就是说它不具有局部意义的。不过，在不带有 runs on 子句的函数中调用这个测试组件操作 start 是可以的。

关于 runs on 子句的这个限制仅与函数和备选步有关，而与测试用例无关。

在 TTCN-3 模块控制部分中使用的函数不会有 runs on 子句，不过，允许它们执行测试用例。

17.2.2 函数的参数化

函数可以被参数化，形参清单的规则见 6.3。

示例：

```
function MyFunction2(inout integer MyPar1) {
                                   // MyFunction2 不返回值
MyPar1:=10 * MyPar1;   // 但是允许更改作为形参传入的 MyPar1 的值
```

17.2.3 启用函数

可以通过引用函数名并提供实参清单来调用函数。不返回值的函数应直接调用，有返回值的函数既可直接调用，也可以在表达式中调用。用于实参清单的规则见 6.3。

示例：

```
MyVar:=MyFunction4( );   // MyFunction4 返回的值被赋给 MyVar，返回值的类型与 MyVar 的类型应相同
MyFunction2(MyVar2);     // MyFunction2 不返回值，带有实参 MyVar2 被调用，可以通过实参来传入 MyVar2
MyVar3:=MyFunction6(4)+MyFunction7(MyVar3);   // 在表达式中使用的函数
```

对于使用测试组件操作 start 来绑定到测试组件的函数，使用在 23.6 中规定的特定的限制条件。

17.2.4 预定义的函数

TTCN-3 包含了许多使用前不需声明的预定义(内置)函数,如表 10 所示。

表 10 TTCN-3 预定义函数清单

类 别	函 数	关键字
转换函数	转换integer 值为char 值	int2char
	转换integer 值为universal char 值	int2unichar
	转换integer 值为bitstring 值	int2bit
	转换integer 值为hexstring 值	int2hex
	转换integer 值为octetstring 值	int2oct
	转换integer 值为charstring 值	int2str
	转换integer 值为float 值	int2float
	转换float 值为integer 值	float2int
	转换char 值为integer 值	char2int
	转换universal char 值为integer 值	unichar2int
	转换bitstring 值为integer 值	bit2int
	转换bitstring 值为hexstring 值	bit2hex
	转换bitstring 值为octetstring 值	bit2oct
	转换bitstring 值为charstring 值	bit2str
	转换hexstring 值为integer 值	hex2int
	转换hexstring 值为bitstring 值	hex2bit
	转换hexstring 值为octetstring 值	hex2oct
	转换hexstring 值为charstring 值	hex2str
	转换octetstring 值为integer 值	oct2int
	转换octetstring 值为bitstring 值	oct2bit
	转换octetstring 值为hexstring 值	oct2hex
	转换octetstring 值为charstring 值	oct2str
	转换charstring 值为integer 值	str2int
	转换charstring 值为octetstring 值	str2oct
长度与大小函数(Length/size functions)	返回任一串类型的长度	lengthof
	返回一个record,record of,template,set,set of 或array 类型的元素个数	sizeof
出现与选择函数(Presence/choice functions)	确定一个record,record of,template,set 或set of 类型的可选字段是否出现	ispresent
	确定在一个union 类型中做了哪些选择	ischosen
串函数	返回输入串中与指定的模式描述匹配的部分	regexp
	返回输入串的指定部分	substr
其他函数	产生一个随机浮点数	rnd

当调用一个预定义函数时：

a) 实参的数目应和形参的数目相同；且

b) 每个实参应确定其相应的形参类型元素的值；且

c) 所有出现在实参清单中的变量都应被绑定。

附录C给出了预定义函数的完整描述。

17.3 备选步

17.3.1 概述

TTCN-3使用备选步(Altsteps)来规定默认行为，或构造一个alt语句的备选项。备选步是与函数相似的作用域单位。备选步主体定义了一个局部定义的可选集合和备选项的集合，所谓的顶层备选项形成了备选步的主体。顶层备选项与alt语句的备选项采用相同的句法规则。

可以使用程序语句和第19章汇总的操作来定义备选步的行为。如果一个备选步包含端口操作或使用组件变量、常数或定时器，则应在该备选步头部使用关键字 runs on 来引用关联的组件类型。这个规则的例外之处就是该备选步中使用的所有端口、变量、常量和定时器不全部像参数那样传入。

示例：

```
// 给定
type component MyComponentType {
    var integer MyIntVar:=0;
    timer MyTimer;
    port MyPortTypeOne PCO1,PCO2;
    port MyPortTypeTwo PCO3;
}
// 使用 PCO1、PCO2、MyIntVar 和 MyTimer of MyComponentType 的备选步的定义
altstep AltSet_A(in integer MyPar1) runs on MyComponentType {
    [] PCO1.receive (MyTemplate(MyPar1,MyIntVar) {
        setverdict (inconc);
      }
    [] PCO2.receive {
            repeat
      }
    [] MyTimer.timeout {
        setverdict (fail);
              stop
      }
}
```

备选步可以调用函数和备选步，或作为默认来激活备选步。一个不带有 runs on 子句的备选步从不会调用带有局部 runs on 子句的函数、备选步或作为默认来激活备选步。

17.3.2 备选步的参数化

备选步可以被参数化。被作为默认来激活的一个备选步应仅带有值参数，即输入参数。在alt语句中仅作为一个备选项或在TTCN-3行为描述中仅作为独立语句被调用的备选步可以有输入、输出和输入/出参数。用于形参清单的规则见6.3。

17.3.3 备选步中的局部定义

17.3.3.1 概述

备选步可以定义常量、变量和定时器的局部定义。应在备选项前定义该局部定义。

示例：

```
altstep AnotherAltStep(in integer MyPar1) runs on MyComponentType {
    var integer MyLocalVar：=MyFunction( );          // 局部变量
    const float MyFloat：=3.41;                       // 局部常量
    [] PCO1.receive (MyTemplate(MyPar1,MyLocalVar) {
        setverdict (inconc);
      }
    [] PCO2.receive {
            repeat
      }
}
```

17.3.3.2 对备选步中局部定义的初始化的限制

通过调用值返回函数来进行局部定义的初始化可能会有副作用。为避免组件实际的快照和其状态之间不一致的副作用，在一个局部定义的初始化过程中，不应调用下列操作：

a) done 操作。

b) 所有的端口操作，即 start (port)、stop (port)、clear、send、receive、trigger、call、getcall、reply、getreply、raise、catch、check。

注1：done、start (port)、stop (port)、clear、receive、trigger、getcall、getreply、catch 和 check 操作的执行可能导致与实际快照的冲突。它们的执行可能会从端口队列中删除信息，限制对端口队列的访问和/或在实际快照确定值的过程中导致新的快照。

注2：应避免为了可读性目的使用 send、call、reply 和 raise 操作，也就是说所有通信都应明确，而不像通信中的导致副作用。

c) 定时器操作 start (timer)、timeout 和 stop (timer)。

注3：允许使用读定时器(readtimer)和定时器运行(running)操作。

注4：这些用于备选步中局部定义初始化的限制，与 alt 语句中或备选步中避免用来选择和取消选择的布尔表达式的副作用的限制相同。

17.3.4 备选步的启用

备选步的调用总是与 alt 语句关联。该调用可以通过默认机制隐式地完成(见第 22 章)，或通过在 alt 语句中的一个直接调用显式地完成。备选步的调用不产生新的快照，通过使用调用该备选步的 alt 语句的实际快照，来完对成备选步的顶层备选项求值。

注：如果在一个选定的顶层备选项中，指定并进入了一个新 alt 语句，当然会采纳备选步中的一个新快照。

对于借助于默认机制的备选步的一个隐式调用，在到达调用位置之前，应通过 activate 语句将该备选步激活为一个默认。

示例1：

```
:
var default MyDefVarTwo：=activate (MySecondAltStep( )); // 一个备选步激活为默认
:
```

在alt 语句中的备选步的显式调用看起来象作为备选项的函数调用。

示例2：

```
:
alt {
    [] PCO3.receive {
         ...
         }
```

```
    [] AnotherAltStep( );   //作为 alt 语句的备选项的 AnotherAltStop 备选步
    [] MyTimer.timeout {}
}
```

在 alt 语句中显式调用备选步时，下一个要检查的备选项是该备选步中的第一个备选项。当进入该备选步时没有新快照产生，与带有异常的 alt 语句的备选项（见 21.2）一样的方式来检查和执行该备选步备选项。备选步的非成功终止（即所有该备选步的顶层备选项都被检查了，但没有发现匹配分支）引起对下一个备选项求值，或调用默认机制（如果显式调用是该 alt 语句的最后的备选项）。一个成功终止会引起测试组件的终止，即备选步以一个 stop 语句结束；或引起该 alt 语句的一个新快照和重新求值，即带有备选步以 repeat（见 21.3）语句结束，或是该 alt 语句的立即继续，即该测试步的被选定的顶层的备选项不以显式的 repeat 语句结束。

在 TTCN-3 行为描述中，备选步可以作为独立语句被调用。在这种情况下，对备选步的调用可以解释为用于仅带有一个描述显式调用该备选步的备选项的 alt 语句的简写（shorthand）。

示例 3：

```
// 语句
AnotherAltStep( ); // 假设 AnotherAltStep 是一个正确定义的 altstep
//是下面的 alt 语句一个简写：
alt {
   [] AnotherAltStep( );
}
```

17.4 用于不同组件类型的函数和备选步

根据 7.8.4 的规定，如果类型“A”和“B”兼容，可以在组件类型“A”的一个实例上启动其 runs on 子句中引用的组件类型“B”的函数或备选步。

18 测试用例

18.1 概述

测试用例是函数的一个特定类别。在一个模块控制部分，使用 execute 语句来启动测试用例（见 28.2），一个测试用例的执行结果总是一个 verdicttype 类型值。每个测试用例应包含且仅包含一个 MTC，并在该测试用例定义的头部引用 MTC 类型。定义在测试用例主体中的行为是 MTC 的行为。

调用一个测试用例时创建 MTC，并实例化的 MTC 端口和测试系统接口，测试用例定义中指定的行为在 MTC 上开始。所有这些行为将会被隐式地执行，也就是说，不带有明确的 create 和 start 操作。

在测试用例头部，为允许这些隐式操作提供信息有两部分内容：

a) 接口部分（必选）：用关键字 runs on 表示，关键字 runs on 为 MTC 引用必要的组件类型，并使关联的端口名在 MTC 行为中是可见的；且

b) 测试系统部分（可选）：用关键字 system 表示，关键字 system 引用为测试系统接口定义所需端口的组件类型。在测试执行期间，仅当 MTC 被实例化时，测试系统部分才应被省略。在这种情况下，MTC 类型隐式地定义了测试系统接口端口。

示例：

```
testcase MyTestCaseOne( )
runs on MyMtcType1              // 定义 MTC 类型
system MyTestSystemType         // 使 TSI 的端口名对于 MTC 可见
{
    :  // 当测试用例被调用时，这里定义的行为在 MTC 上执行
```

```
}
// 或者,一个仅 MTC 被例示的测试用例
testcase MyTestCaseTwo( ) runs on MyMtcType2
{
  :  //当测试用例被调用时,这里定义的行为在 MTC 上执行
```

18.2 测试用例的参数化

测试用例可以被参数化,且应遵循 6.3 中定义的形参清单规则。

19 程序语句和操作的概览

测试用例、函数、备选步和 TTCN-3 模块控制部分的基本程序元素是基本的程序语句(如表达式、赋值、循环构造等)、行为语句(如 send 控制部分的基达式(如顺序行为、选择行为、交叉和默认等操作(如 send、receive、create 等),TTCN-3 语句和操作在表 11 中列出。

语句既可以是单一语句(不包括其他程序语句),也可以是复合语句(可以包含其他语句或语句块和声明)。

语句将按照它们出现的先后顺序执行,如图 8 所示。

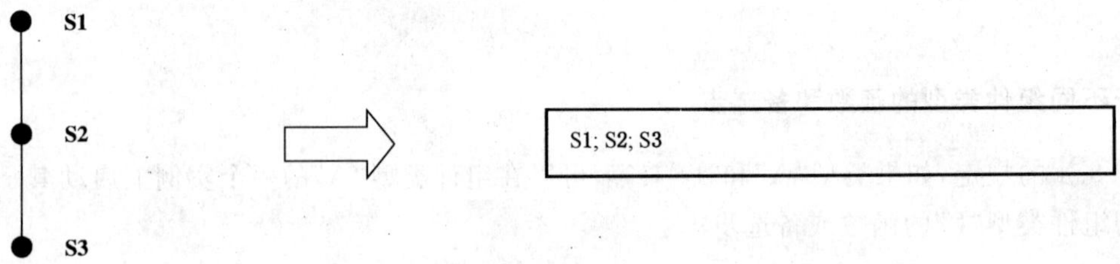

图 8 对顺序行为的图示

在语句序列中,用分隔符";"来分隔各个单独的语句。

示例:

MyPort.send (Mymessage); MyTimer.start; log ("Done!");

对一个语句和声明空块的说明,即{},可以出现在复合语句中,例如,语句中的一个分支意味着采取空动作,即什么都不做。

表 11 TTCN-3 语句和操作概览

语句	关联的关键字或符号	能否用于模块控制	能否用于函数、测试用例和备选步
基本程序语句			
表达式	(…)	能	能
赋值	:=	能	能
日志	log	能	能
标记和跳转	label / goto	能	能
条件	if (…) {…} else {…}	能	能
For 循环	for (…) {…}	能	能
While 循环	while (…) {…}	能	能

表 11（续）

语　　句	关联的关键字或符号	能否用于模块控制	能否用于函数、测试用例和备选步
Do while 循环	do {…} while (…)	能	能
停止执行	stop	能	能
行为程序语句			
备选项行为	alt {…}	能（见注 1）	能
备选项行为重新求值	repeat	能（见注 1）	能
交叉行为	interleave {…}	能（见注 1）	能
返回控制	return		能
用于默认处理的语句			
激活一个默认	activate	能（见注 1）	能
取消激活一个默认	deactivate	能（见注 1）	能
配置操作			
创建并行测试组件	create		能
连接两个组件	connect		能
断开两个组件	disconnect		能
映射端口到测试接口	map		能
从测试系统接口取消端口的映射	unmap		能
获得 MTC 地址	mtc		能
获得测试系统接口地址	system		能
获得自身地址	self		能
开始测试组件的执行	start		能
停止测试组件的执行	stop		能
检查一个 PTC 的终止	running		能
等待一个 PTC 的终止	done		能
通信操作			
发送消息	send		能
调用过程调用	call		能
从远程实体回答过程调用	reply		能
提出异常(对一个已被接受的调用)	raise		能
接受消息	receive		能
触发消息	trigger		能
从远程实体接受过程调用	getcall		能
处理来自以前调用的响应	getreply		能
捕捉异常(从被调用实体)	catch		能

表 11（续）

语　　句	关联的关键字或符号	能否用于模块控制	能否用于函数、测试用例和备选步
检查(当前)消息/接收到的调用	check		能
清除端口清单	clear		能
清除清单和使能端口处的发送和接收	start		能
在端口处停止接入(接收和发送)	stop		能
定时器操作			
启动定时器	start	能	能
停止定时器	stop	能	能
读取经过的时间	read	能	能
检查定时器是否运行	running	能	能
超时事件	timeout	能	能
判定操作			
设置局部判定	setverdict		能
获得局部判定	getverdict		能
外部事件			
外部模拟一个(SUT)活动	action	能	能
测试用例执行			
执行测试用例	execute	能	能（见注 2）
注 1：仅能用于控制定时器操作。 **注 2**：仅能用于模块控制中的函数和备选步。			

20　基本程序语句

20.1　概述

基本的程序语句是指表达式、赋值操作、循环构造等(见表 12)。所有基本程序语句都可以用在模块的控制部分和 TTCN-3 的函数、备选步和测试用例中。

表 12　TTCN-3 基本的程序语句概览

基 本 程 序 语 句	
语　　句	关联的关键字或符号
表达式	(…)
赋值	:=
日志	log
标签和跳转	label / goto

表 12（续）

基本程序语句	
语　　句	关联的关键字或符号
For 循环	for (…) {…}
While 循环	while (…) {…}
Do while 循环	do {…} while (…)
停止执行	stop

20.2 表达式

20.2.1 概述

TTCN-3 允许表达式说明中使用第 16 章定义的运算符。表达式是由其他(简单)表达式构建的，可以只使用返回值的函数。表达式的结果应是一个特定类型值，且运算符应和操作数类型兼容。

示例：

```
(x+y-increment(z)) * 3;
```

20.2.2 布尔表达式

一个布尔表达式应仅包含布尔值和/或布尔运算符以及/或关系运算符，并计算一个布尔值，即 true 或 false。

示例：

```
((A and B) or (not C) or (j<10));
```

20.3 赋值

值可以赋给变量，用符号“:=”表示。在执行赋值的过程中，赋值语句右边用于计算出与左边相同类型的元素值。赋值的结果就是把一个变量和一个表达式的值绑定，这个表达式应不包含没有绑定的变量。所有赋值的发生顺序按照它们的出现顺序进行，也就是说，按从左至右处理。

示例：

```
MyVariable:=(x +y-increment(z)) * 3;
```

20.4 日志语句

日志语句提供向语句所使用的测试控制或测试组件相关的日志设备写入字符串的方法。

示例：

```
log("Line 248 in PTC_A");
// 把串“Line 248 in PTC_A”写到测试系统的某些日志设备
```

注：定义复杂的日志和可能依赖工具的回溯能力，这超出了本部分的范围。

20.5 标签语句

标签语句允许测试用例、函数、备选步和模块控制部分中对标签的说明，可以根据附录 A 中定义的语法规则，像其他 TTCN-3 行为性程序语句一样自由地使用标签语句。标签语句可以在一个 TTCN-3 语句前或后使用，但是不能作为一个备选项的第一个语句，或是一个 alt 语句、interleave 语句或备选步中顶层的备选项。在同一个测试用例、函数、备选步或控制部分中定义的用在标签关键字之后的标签应是唯一的。

示例：

```
label MyLabel;                  // 定义标签 MyLabel
// 在下面的 TTCN-3 代码段中定义标签 L1、L2 和 L3
:
label L1;                       // 标签 L1 的定义
alt {
[]  PCO1.receive (MySig1)
    {  label L2;                //标签 L2 的定义
       PCO1.send (MySig2);
       PCO1.receive (MySig3)
    }
[]  PCO2.receive (MySig4)
    {  PCO2.send (MySig5);
       PCO2.send (MySig6);
       label L3;                //标签 L3 的定义
       PCO2.receive (MySig7);
       goto L1;                 // 跳到标签 L1
    }
}
:
```

20.6 Goto 语句

goto 语句可以用在函数、测试用例、备选步和 TTCN-3 模块的控制部分中，它执行一个跳转，跳转到一个标签（label）。

goto 语句提供自由跳转（即在一个语句序列里向前和向后）、跳出一个单个的复合语句（如一个 while 循环）和跳出嵌套的复合语句若干层（如一个嵌套的备选项）的可能性。然而，goto 语句的使用将受到下面规则的限制：

a） 不允许使用 goto 语句跳出或跳入函数、测试用例、备选步和 TTCN-3 模块的控制部分。

b） 不允许使用 goto 语句跳入在一个复合语句（即：alt 语句、while 循环、for 循环、if-else 语句、do-while 循环和 interleave 语句）中定义的语句序列。

c） 不允许在一个 interleave 语句中使用 goto 语句。

示例：

```
// 下面的 TTCN-3 代码段包括
:
label L1;                              // … 标签 L1 的定义，
MyVar:=2 * MyVar;
if (MyVar < 2000) {goto L1;}      // … 跳回到 L1，
MyVar2:=Myfunction(MyVar);
if (MyVar2 > MyVar) {goto L2;}  // … 向前跳到 L2，
PCO1.send (MyVar);
PCO1.receive -> value MyVar2;
label L2;                               // … 标签 L2 的定义，
PCO2.send (integer:21);
alt {
   [] PCO1.receive {}
```

```
[] PCO2.receive (integer :67) {
  label L3;              // … 标签 L3 的定义，
  PCO2.send (MyVar);
  alt {
    [] PCO1.receive {}
    [] PCO2.receive (integer:90) {
         PCO2.send (integer :33);
         PCO2.receive (integer :13);
         goto L4;          // … 向前跳出两层嵌套 alt 语句，
    }
    [] PCO2.receive (MyError) {
         goto L3;          // … 跳回到当前的 alt 语句，
    }
    [] any port.receive {
         goto L2;          // … 向后跳出两层嵌套 alt 语句，
    }
  }
}
[] any port.receive {
     goto L2;              // … 一个大的回跳，跳出 alt 语句。
  }
}
label L4;
:
```

20.7 If-else 语句

if-else 语句，也是通常所说的条件语句，用于依据布尔表达式确定的控制流中的分支，其用法如下：

if (表达式$_1$)

  语句块$_1$

else

  语句块$_2$

语句块$_x$ 指 refer to 语句现成的块。

示例：

```
if (date=="1.1.2000") return {fail};
if (MyVar < 10) {
        MyVar:=MyVar * 10;
        log ("MyVar < 10");
}
else {
    MyVar:=MyVar/5;
}
```

更复杂的方案可为：

if (表达式$_1$)

  语句块$_1$

else if (表达式$_2$)

  语句块$_2$

```
⋮
else if (表达式ₙ)
  语句块ₙ
else
语句块ₙ₊₁
```

在这种情况下，可读性主要依赖于格式，但格式不具有句法或语义的意义。

20.8 For 语句

for 语句定义了记数循环。增加、减少下标变量的值，或操纵下标变量的值使其在执行一定次数的循环后到达终止条件。

for 语句包含两个赋值和一个布尔表达式。第一个赋值应对初始化循环下标(或计数器)变量，布尔表达式终止这个循环，而第二个赋值用于操纵该下标变量。

示例 1：

```
for (j:=1; j<=10; j:=j+1) {…}
```

循环的终止条件应由布尔表达式表示，在每次新的循环反复的开始时检查该布尔表达式。如果表达式值为 true，则继续执行紧跟在 for 循环语句后面的语句。

可以在 for 语句使用下标变量前声明该 for 循环语句的下标变量，也可以在 for 语句头部中声明并初始化该下标变量。如果该下标变量是在 for 语句头部中声明并初始化的，那么它的作用范围仅限于该循环体内，即它仅在该循环体内是可见的。

示例 2：

```
var integer j;                              // 整型变量 j 的声明
for (j:=1; j<=10; j:=j+1) {…}              // 作为循环的下标变量的 j 的用法
for (var float i:=1.0; i<7.9; i:=i*1.35) {…}  // 在循环的头部声明和初始化下标变量 i,
                                            // 变量 i 仅在循环体内是可见的。
```

20.9 While 语句

只要满足循环条件，就一直执行 while 循环。在每次新的循环反复的开始时检查循环条件。如果不满足循环条件了，那么退出该循环，继续执行紧跟在 while 循环后的语句。

示例：

```
while (j<10){…}
```

20.10 Do-while 语句

do-while 循环与 while 循环类似，只是 do-while 循环在每次循环反复结束时检查循环条件，这就意味着如果使用 do-while 循环，在第一次对循环条件求值之前，循环体的行为至少被执行一次。

示例：

```
do {…} while (j<10);
```

20.11 Stop 执行语句

根据使用 stop 语句的环境不同，stop 语句以不同的方式终止执行操作。如果在一个模块的控制部分或模块控制部分使用的函数中使用 stop 语句，则它终止该测试执行。如果在一个测试组件上执行的测试用例、备选步或在函数中使用 stop 语句，则它终止关联的测试组件。

示例：

```
module MyModule {
    ⋮ // 模块定义
```

```
testcase MyTestCase( ) runs on MyMTCType system MySystemType{
        :
        stop      // 停止一个测试组件
    }
    control {
        : // 测试执行
        stop // 停止测试活动
    } // 结束控制
} // 结束模块
```

注：停止一个测试组件的 stop 语句的语义与停止组件操作 self. stop 的语义相同(见 23.7)。

21 行为性程序语句

21.1 概述

行为性程序语句可以用在测试用例、函数和备选步中，除了：

a) 仅用在函数中的 return 语句；和

b) 也可用在模块控制中的 alt 语句、interleave 语句和 repeat 语句。

行为性程序语句规定了通过通信端口上的测试组件的动态行为，可以作为一个备选项集或它们的组合来顺序地表达测试行为。交叉运算符允许对交叉序列或备选项的说明。TTCN-3 行为性程序语句在表 13 中列出。

表 13 TTCN-3 行为性程序语句

行为性程序语句	
语　　句	关联的关键字或符号
选择性行为	alt {…}
alt 语句的重新求值	repeat
交叉行为	interleave {…}
返回控制	return

21.2 替换行为

21.2.1 概述

行为的一个更为复杂的形式是，语句序列被表示成形成执行路径树的可能的备选项的集合，如图 9 所示。

alt 语句表示，由通信的接收和处理和/或定时器事件以及/或并行测试组件终止引起的测试行为的分支，也就是说，alt 语句与 TTCN-3 的 receive、trigger、getcall、getreply、catch、check、timeout 和 done 操作有关。Alt 语句表明一个与特定快照相匹配的可能的事件集合(见 21.2.2)。

注：alt 语句与 TTCN-2 中缩进排列的备选项相似，但有明显的区别。例如：

a) 不能在通过使用布尔表达式来检查端口队列之后使一个备选项无效；

b) 在 alt 语句中，函数不能作为一个备选项被调用，除非在一个 else 防卫表达式(else guard，即[else])是备选项中最后的那个备选项的情况下(见 21.2.4)。

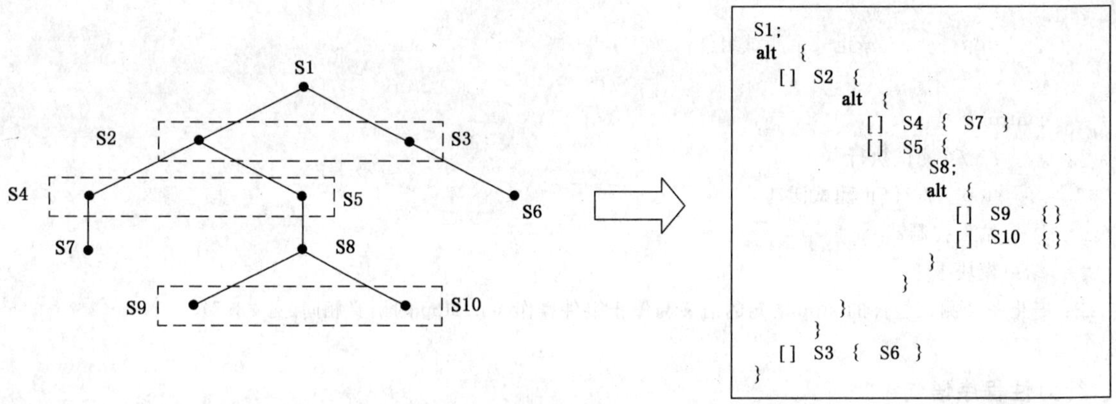

图 9 替换行为的图示

示例：

```
// 嵌套的备选项语句的使用
:
alt {
   [] L1. receive (DL_REL_CO: * ) {
         setverdict(pass);
         TAC. stop ;
         TNOAC. start ;
         alt {
            [] L1. receive (DL_EST_IN) {
                  TNOAC. stop ;
                  setverdict(pass);
               }
            [] TNOAC. timeout {
                  L1. send (DEL_EST_RQ: * );
                  TAC. start ;
                  alt {
                     [] L1. receive (DL_EST_CO: * ) {
                           TAC. stop ;
                           setverdict(pass)
                        }
                     [] TAC. timeout {
                           setverdict(inconc);
                        }
                     [] L1. receive {
                           setverdict(inconc)
                        }
                  }
            }
         [] L1. receive {
               setverdict(inconc)
            }
```

```
            }
        }
    [] TAC.timeout {
            setverdict(inconc)
        }
    [] L1.receive {
            setverdict(inconc)
        }
}
:
```

21.2.2 替换行为的执行

当进入一个alt语句时，取得一张快照。快照被认为是一个测试组件的部分状态，这个测试组件包括：计算保护备选项的分支的布尔条件的所有必要信息，所有有关的被终止的测试组件，所有关联的超时事件和关联的输入端口队列的队头消息、调用、回复以及异常。认为在alt语句中至少一个备选项中被引用的任一测试组件、定时器和端口，或者在alt语句中作为一个备选项被调用的测试步或作为默认被激活的测试步的顶层备选项是关联的。快照句法的详细描述见TTCN-3可选的句法。

注1：快照仅描述alt语句行为的概念上的方法。

注2：TTCN-3语义假设照快照是瞬时的，即没有延迟。在实际的实现中，照快照可能占用一些时间，可能出现竞态条件(race conditions)。这些竞态条件的处理超出了本部分的范围。

alt语句中的备选项分支和被调用备选步中的顶层备选项以及被激活为默认的备选步的最上层备选项是按照它们的出现顺序被处理的。如果激活了数个默认，激活顺序决定了确定默认中的最上层备选项的值的顺序。通过第22章中描述的默认机制到达活动的默认的备选项分支。

各备选项分支可以是一个布尔表达式也可以是防卫的分支，也可以使else分支，即以[else]开始的备选项分支，在到达else分支时，总是选中和执行它们。

一个由布尔表达式防卫的分支或激活一个备选步(备选步分支，altstep-branch)，或以done操作启动(完组件分支，done-branch)、timeout操作(超时分支，timeout-branch)或接收操作(接收分支，receiving-branch)开始，即receive、trigger、getcall、getrepy或catch。布尔防卫表达式是基于快照取值的。如果没有定义布尔防卫或是其值为真，则认为通过了布尔防卫。按照以下的方式执行和处理分支：

如果通过了布尔防卫，则选中一个备选步分支。一个备选步分支的选择将引起对被引用的备选步的调用，即调用该备选步且在这个备选步中继续对快照求值。

如果通过了布尔防卫，且如果指定的测试组件在快照的被停止组件的清单中，则选中一个完成组件分支。该选择引起done操作后的语句块的执行，而对done操作本身没有更进一步的影响。

如果通过了布尔防卫，且如果指定的超时事件在快照的超时事件清单中，则选中一个超时分支。该选择引起指定的超时操作的执行，也就是说从超时队列中移去该超时事件，并执行超时操作后的语句块。

如果通过了布尔防卫，且如果快照中的一个消息、调用、回复或异常与接收操作的匹配准则相匹配，则选中一个接收分支。该选择导致执行接收操作，即从端口队列中移去相匹配的消息、调用、回复或异常，或许是把接收到的消息赋值给一个变量，并执行接收操作后的语句块。在触发器操作的情况下，如果通过了布尔防卫但不符合匹配判据，也从端口队列中移去队头消息，在这种情况下不执行语句块中给定的备选项。

注3：TTCN-3语义描述了对作为测试组件的一系列不可以分割活动的快照的求值。该语义并不假设对快照求值没有延时。在对快照求值过程中，测试组件可以停止，定时器可以超时，新消息、调用、回复或异常可以进入该测试组件的端口队列。然而，这些事件并不更改实际的快照，因此快照的求值不考虑这些事件。

如果在 alt 语句中、被调用备选步的顶层备选项或被激活的默认中没有选择分支被激活和执行的话，应再次执行 alt 语句，也就是说，照一个新的快照，并以新快照重复对选择分支的求值。这个重复求值过程应继续直到选中和执行一个选择分支，或是该测试用例被另一个测试组件或测试系统(例如，因 MTC 被停止)停止。

如果测试组件被完全阻塞，测试用例应停止并指示一个动态错误。这就意味着没有备选项被选中，没有关联的测试组件、定时器在执行，所有的关联端口包含至少一条消息、调用、回复或异常。

注 4：照完整快照和为所有备选项求值的反复过程对于描述 alt 语句的语义只是一个概念上的方法。实现这个语义的具体算法超出了本部分的范围。

21.2.3 选择与取消选择一个替换项

如果必要的话，可以利用置于备选项方括号"[ ]"之间的一个布尔表达式去启动/禁止一个备选项。

对防卫一个备选项的布尔表达式的求值可能有副作用。为了避免导致实际快照和组件状态之间不一致的这种副作用，应使用与初始化备选步内部定义的限制相同的限制。

方括号的开和闭"[""]"应在每个备选项的开始处出现，即使它们之间为空。这不仅对可读性有帮助，对从句法上区分一个备选项和另一个备选项也是必要的。

示例：

```
// 带有布尔表达式(或防卫)的备选项的使用
:
alt {
  [x>1] L 2. receive {              // 布尔防卫/表达式
          setverdict(pass);
  }
  [x<=1] L2. receive {              //布尔防卫/表达式
          setverdict(inconc);
  }
}
:
;
```

21.2.4 替换项中的 else 分支

可以在备选项开始处通过开和闭括号之间包含关键字 else，定义 alt 语句的最后一个分支为一个 else 分支。这个 else 分支不应包含布尔表达式防卫的分支中允许的任何动作，即备选步调用、完成、超时或接收操作。如果没有其他(文本顺序上)先于 else 分支处理的备选项被处理，则总是执行这个 else 分支的语句块。

示例：

```
//  带有布尔表达式的备选项的使用(或防卫)
:
alt {
  [x>1] L 2. receive {
          setverdict(pass);
  }
  [x<=1] L2. receive {
          setverdict(inconc);
  }
  [else] {                          // else 分支
```

```
            MyErrorHandling( );
            setverdict(fail);
            stop ;
        }
    }
      :
    ;
```

应注意,默认机制(见第 22 章)总是在所有备选项的结束时才被调用。如果定义了一个 else 分支,将不调用默认机制,也就是说决不进入活动的默认部分。

注 1:可以在备选步内使用 else。

注 2:允许使用一个 repeat 语句作为 else 分支的最后一个语句。

21.2.5 Void

21.2.6 alt 语句的再次求值

可以使用一个 repeat 语句来规定对 alt 语句的重新求值。

示例:

```
alt {
  [] PCO3.receive {
           count:=count+1;
           repeat            // repeat 的用法
     }
  [] T1.timeout {}
  [] any port.receive {
         setverdict(fail);
         stop ;
     }
```

21.2.7 作为替换项的备选步的启用

TTCN-3 允许在 alt 语句中作为备选项调用备选步(见 17.3.4)。

示例:

```
:
alt {
  [] PCO3.receive {}
  [] AnotherAltStep( );  //作为 alt 语句的备选项的备选步 AnotherAltStep 的显式调用
  [] MyTimer.timeout {}
}
  :
;
```

21.3 repeat 语句

repeat 语句引起对 alt 语句的重新求值,即照一个新的快照,并根据alt 语句的备选项的说明顺序来对这些备选项求值。repeat 语句应仅用作alt 语句中备选项的最后一个语句,或者是备选步定义中顶层的备选项的最后一个语句。

如果一个repeat 语句被用作是alt 语句中备选项的最后一个语句,则该repeat 语句引起一个新的快照和对该 alt 语句的重新求值。

示例 1：

```
// alt 语句中 repeat 的用法
alt {
  [] PCO3.receive {
          count:=count+1;
          repeat                    // repeat 的用法
    }
  [] T1.timeout {}
  [] any port.receive {
        setverdict(fail);
        stop ;
    }
}
```

如果把repeat 语句被用于备选步定义中顶层的备选项的最后一个语句，则该repeat 语句引起一个新快照和对调用备选步的alt 语句的重新求值。可以通过默认机制隐式调用该备选步(见第 22 章)，也可以在 alt 语句中显式调用该备选步(见 21.2.7)。

示例 2：

```
// 备选步中 repeat 的用法
altstep AnotherAltStep( ) runs on MyComponentType {
    [] PCO1.receive {
        setverdict(inconc);
        repeat                    // repeat 的用法
        }
    [] PCO2.receive {}
}
```

21.4 交叉的行为

interleave 语句允许规定done、timeout、receive、trigger、getcall、catch 和check 语句的交叉发生和处理。

包括通信操作的控制转移语句(for、while、do-while、goto、activate、deactivate、stop、repeat、return)作为备选项的备选步的直接调用和用户定义函数的(直接和间接)调用，不应用在 interleave 语句中。此外，不允许用布尔表达式去防卫 interleave 语句的分支(即“[ ]”应总是为空)，也不允许在交叉的行为中指定 else 分支。

交叉的行为总可以被一个等价的嵌套备选项集合代替。

interleave 语句求值的规则如下：

a) 不论何时执行一个接收语句，直到到达下一个接收语句或交叉语句结束时才执行后面的非接收语句。

注：接收语句是可以在备选项集合中出现的 TTCN-3 语句，即 receive、check、trigger、getcall、getreply、catch、done 和 timeout。非接收语句指所有可用于 interleave 语句内的非控制转移语句。

b) 求值后继续照下一个快照。

示例：

```
// 下面的 TTCN-3 代码段
:
interleave {
[]  PCO1.receive (MySig1)
    {       PCO1.send (MySig2);
```

```
            PCO1. receive (MySig3);
    }
[]          PCO2. receive (MySig4)
    {       PCO2. send (MySig5);
            PCO2. send (MySig6);
            PCO2. receive (MySig7);
    }
}
:
```

// 可以解释为下面代码段的简写

```
:
alt {
[]  PCO1. receive (MySig1)
    {       PCO1. send (MySig2);
            alt {
            []  PCO1. receive (MySig3)
                {       PCO2. receive (MySig4);
                        PCO2. send (MySig5);
                        PCO2. send (MySig6);
                        PCO2. receive (MySig7)
                }
            []  PCO2. receive (MySig4)
                {       PCO2. send (MySig5);
                        PCO2. send (MySig6);
                        alt {
                        []  PCO1. receive (MySig3) {
                                    PCO2. receive (MySig7);}
                        []  PCO2. receive (MySig7) {
                                    PCO1. receive (MySig3);}
                        }
                }
            }
    }
[]  PCO2. receive (MySig4)
    {       PCO2. send (MySig5);
            PCO2. send (MySig6);
            alt {
            []  PCO1. receive (MySig1)
                {       PCO1. send (MySig2);
                        alt     {
                        []  PCO1. receive (MySig3)
                            {       PCO2. receive (MySig7);
                            }
                        []  PCO2. receive (MySig7)
                            {       PCO1. receive (MySig3);
```

```
                    }
                }
            }
        [] PCO2.receive (MySig7)
            { PCO1.receive (MySig1);
              PCO1.send (MySig2);
              PCO1.receive (MySig3);
            }
        }
    }
}
:
```

21.5 返回语句

return 语句终止函数的执行，并把控制返回到函数的调用点。return 语句可以选择是否与一个返回值关联。return 语句应仅用在函数中。

示例：

```
function MyFunction( ) return boolean {
    :
    if (date=="1.1.2000") {
        return false ; // 在 1.1.2000 执行结束，并返回一个布尔值 false
    }
    :
    return true ;  // 返回 true
}
function MyBehaviour( ) return verdicttype {
    :
    if (MyFunction( )) {
        setverdict(pass); // 在 if 语句中 MyFunction 的使用
    }
    else {
        setverdict(inconc);
    }
    :
    return getverdict ; // 判定的显式返回
}
```

22 默认处理

22.1 概述

TTCN-3 允许激活一个备选步为默认。对每个测试组件，以列表的形式存储默认(即激活的备选步)，并根据它们的激活顺序进行列表。TTCN-3 使用activate (见 22.4)和deactive (见 22.5)操作对默认列表进行操作。activate 语句添加一个新的默认到默认列表的末端，而deactivate 语句从默认列表中移去一个默认。默认列表的一个默认可以通过作为相应activate 操作结果产生的默认引用来识别。用于默认处理的 TTCN-3 语句在表 14 中列出。

表 14　用于默认处理的 TTCN-3 语句表

用于默认处理的语句	
语　　句	相关的关键字或符号
激活一个默认	activate
取消激活一个默认	deactivate

22.2　默认机制

如果由于实际的快照而导致的没有指明的选择对象能被执行，则在各 alt 语句结束处唤醒默认机制。被唤醒的默认机制调用默认类表中第一个备选步，并等待它的终止结果，可以是成功终止，也可以是非成功终止。非成功终止意味着该备选步中没有定义默认行为的顶层选择对象可以被选中，而成功终止意味着选中并执行了一个顶层的选择对象。

在非成功终止的情况下，默认机制调用默认列表中的下一个默认。如果默认列表中的最后一个默认都非成功终止了，那么默认机制将返回到 alt 语句中它的调用点，也就是说，返回到 alt 语句的结尾，并指示一个非成功的默认执行。如果默认列表为空时，也将指示一个非成功的默认执行。

如果测试例被阻塞，那么一个非成功默认执行可以导致一个新的快照，或一个动态错误。

在成功终止的情况下，默认可以利用一个 stop 语句停止测试组件，或在调用默认机制的 alt 语句之后立即继续测试组件的主控制流，或给测试组件照一个新的快照并对 alt 语句重新求值。后者用 repeat 语句规定它。如果选中的默认的顶层选择对象不以 repeat 语句结束，那么在 alt 语句之后立即继续该测试组件的控制流。

注：TTCN-3 不限制默认机制的实现。默认机制可以在每个 alt 语句的结尾处以被隐式调用的进程的形式实现，也可以只对默认处理负责的单独线程的形式实现，唯一的要求是根据其激活顺序调用默认机制。

22.3　默认引用

默认引用是激活默认的唯一的一种引用，这样的唯一的默认引用是在背选步被激活为默认时产生的。也就是说，默认引用是一个 activate 操作(见 22.4)的结果。

默认引用具有特殊的预定义类型 default。default 类型变量可以用于处理激活测试组件中的默认。对于未定义的默认引用来说，特定的值 null 是有效的，例如用于处理默认引用的变量初始化。

在 deactivate 操作中使用默认引用来标识要被取消激活的默认。

应该由测试系统在外部解析 default 类型的实际数据表示。这允许对抽象测试例的说明独立于任意实际 TTCN-3 运行环境之外，换句话说，TTCN-3 不限制带有有关默认处理和识别机制的测试系统的实现。

示例：

```
// 用于默认处理的变量的声明，并初始化该变量为空
var default MyDefaultVar:=null;
:
// 保存一个激活的默认 MyDefaultVar 的用法
MyDefaultVar:=activate (MyDefAltStep( )); // MyDefAltStep 被激活为一个默认
:
// 取消激活默认 MyDefAltStep 的 MyDefaultVar 的用法
deactivate (MyDefaultVar);
:
```

22.4 激活操作

22.4.1 概述

activate 操作用于把备选步激活为默认。activate 操作将把被引用的可选步添加到默认列表中，并返回一个默认引用。默认引用是用于默认的一个唯一标识符，可以用在 deactivate 操作中以激活默认。

activate 操作的影响局限于调用它的测试组件本地，这就意味着一个测试组件不能激活另外一个测试组件中的默认。

示例：

```
:
// 用于默认处理的变量的声明
var default MyDefaultVar:=null;
:
// 一个默认引用变量的声明和作为默认的一个可选步的激活
var default MyDefVarTwo:=activate (MySecondAltStep( ));
:
// 默认的一个可选步的 MyAltStep 的激活
MyDefaultVar:=activate (MyAltStep( )); // MyAltStep 被激活为一个默认
:
```

22.4.2 参数化备选步的激活

应该在相应的 activate 语句中提供要被激活为默认的参数化备选步的实际参数，这就是说在默认被激活时，实际参数与该默认绑定(不是在它被默认机制调用时)。

示例：

```
:
var default MyDefaultVar:=null;
:
MyDefaultVar:=activate (MyAltStep2(5,MyVar);
    // MyAltStep2 为激活为默认，带有实际参数 5 和 MyVar 的值。
    // 使用默认机制的一个 MyAltStep2 调用之前，MyVar 的变化将不改变该调用的实际参数。
:
```

22.5 取消激活操作

deactivate 操作用来去激活默认，即以前被激活的备选步。deactivate 操作将从默认列表中移去被引用的默认。

deactivate 操作的影响局限于调用它的测试组件本地，这就意味着一个测试组件不能去激活另外一个测试组件中的默认。

不带参数的 deactivate 操作取消激活一个测试组件的所有默认。

调用一个带有特定值 null 的deactivate 操作没有任何作用。调用一个带有未定义的默认引用的deactivate 操作，如已经被取消激活的一个默认的旧引用或没有被初始化的默认引用变量，将导致一个运行错误。

示例：

```
:
var default MyDefaultVar:=null;
var default MyDefVarTwo:=activate (MySecondAltStep( ));
var default MyDefVarThree:=activate (MyThirdAltStep( ));
```

```
:
MyDefaultVar:=activate(MyAltStep());
:
deactivate(MyDefaultVar); // 去激活 MyAltStep
:
deactivate ;  // 去激活所有其他默认,即我们这个情况中的 MySecondAltStep 和 MyThirdAltStep
:
```

23 配置操作

23.1 概述

配置操作用于建立和控制测试组件。这些操作应仅用于 TTCN-3 测试用例、函数和备选步(也就是说不能用于模块控制部分)。TTCN-3 配置操作在表 15 中列出。

表 15 TTCN-3 配置操作列表

配置操作	
语　句	操　作　名
创建并行测试组件	create
连接一个测试组件到另一个	connect
断开两个测试组件的连接	disconnect
映射组件端口到测试接口端口	Map
去除测试系统接口到端口的映射	unmap
获得MTC 地址	Mtc
获得测试系统接口地址	system
获得自身地址	Self
启动测试组件的执行	Start
停止测试组件的执行	Stop
检查一个PTC 的终止	running
等待一个PTC 的终止	Done

23.2 创建操作

MTC 是测试用例启动时自动创建的唯一一个测试组件,所有其他的测试组件(PTCs)都应在测试执行期间用 create 操作显式地创建。一个测试组件被创建时,带有它所有的端口集合,且这些端口的输入队列为空。而且,如果定义一个端口类型为 in 或 inout,该端口将处于监听状态,准备接收连接上的流量。

当显式或隐式创建测试组件时,所有组件变量和定时器重新设置它们的初值(如果有),且重新指派所有组件常量的值。

因为每个测试用例终止时隐式地销毁所有的测试组件,在调用每个测试用例时,应完全地创建它所需要的测试组件和连接的配置。

示例:

```
// 这个例子声明了一个地址类型变量,用来存储一个类型为 MyComponentType 的新创建的测试组件的引用,
// 它是 create 操作的结果。
  :
var MyComponenttype MyNewComponent;
  :
MyNewComponent := MyComponentType.create ;
  :
```

create 操作会返回一个新创建实例的唯一的组件引用,典型地,该组件的唯一引用将保存在一个变量中(见 9.8),且可用于连接实例和通信的目的(如发送和接收)。

可以在行为定义的任何地方创建测试组件,提供有关动态配置全部的灵活特性(即任一测试组件可以创建任一其他 PTC)。测试组件引用的可见性应遵循与变量相同的范围规则,为了可以在测试组件的创建范围之外引用它们,测试组件引用应作为一条消息中的一个参数或字段来传递。

23.3 连接和映射操作

23.3.1 概述

一个测试组件的端口可以连接到另一个测试组件或测试系统接口的端口。在两个测试组件连接的情况下,应使用 connect 操作。当连接一个测试组件到一个测试系统接口时,应使用 map 操作。connect 操作直接把一个端口连接到另一个端口,即一个端口的输出口连到另一个端口的输入口,而输入口则连到另一个端口的输出口。另一方面,map 操作可以完全看作是定义如何引用通信流的名称翻译操作。连接和映射操作如图 10 所示。

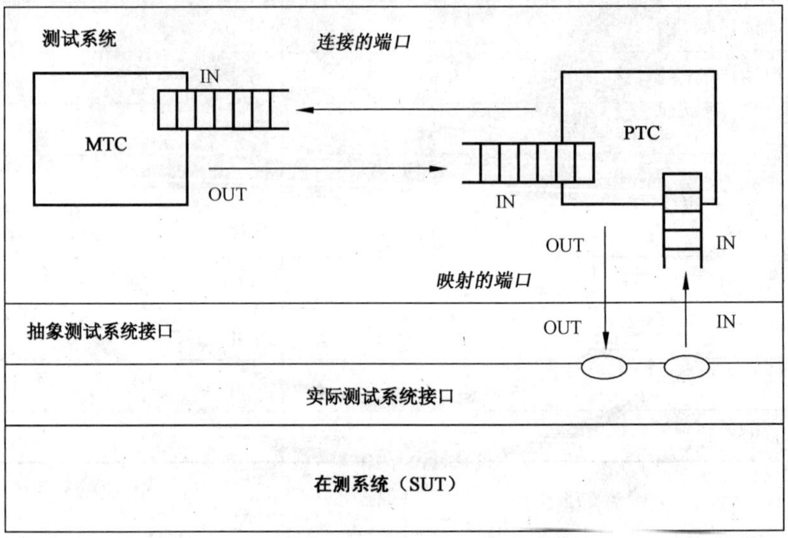

图 10 连接和映射操作的图示

伴随着 connect 操作和 map 操作,通过对被连接的测试组件的组件引用和连接到的端口名称来标识被连接的端口。

Mtc 操作标识主测试组件 MTC,system 操作标识测试系统接口,且这两个操作都可用来标识和连接端口。

connect 和 map 操作都可以被除了模块控制部分之外的任一行为定义调用。然而,在它们被调用之前,要被连接的测试组件应已经创建了,且它们的组件引用和关联的端口名称都应是已知的。

Connect 和 map 操作都允许把一个端口连接到一个以上的其他端口,但不允许连接到一个映射端

口或映射到一个已连接的端口。

示例：

```
// 假设在相应的端口类型和组件类型定义中正确定义和声明了端口 Port1、Port2、Port3 和 PCO1。
  :
var MyComponentType   MyNewPTC;
  :
MyNewPTC := MyComponentType.create;
  :
  :
connect (MyNewPTC:Port1, mtc:Port3);
map (MyNewPTC:Port2, system:PCO1);
  :
  :
// 在这个例子中，创建了类型 MyComponentType 的一个新的组件，并把对它的引用存储在变量 MyNewPTC 中。
// 然后在 connect 操作中，这个新组件的 Port1 端口与 MTC 的 Port3 端口连接。
// 然后，利用 map 操作，新组件的 Port2 端口连接到测试系统接口的 PCO1 端口。
```

23.3.2 一致性连接和映射

对于 connect 和 map 操作，只允许一致性的连接。

有如下假设：

a) 要连接的端口为 PORT1 和 PORT2；

b) inlist-PORT1 定义端口 PORT1 输入方向的消息和过程；

c) outlist-PORT1 定义端口 PORT1 输出方向的消息和过程；

d) inlist-PORT2 定义端口 PORT2 输入方向的消息和过程；以及

e) outlist-PORT2 定义端口 PORT2 输出方向的消息和过程。

当且仅当：outlist-PORT1⊆inlist-PORT2 且 outlist-PORT2⊆inlist-PORT1，connect 操作被允许。

当且仅当：outlist-PORT1⊆outlist-PORT2 且 inlist-PORT2⊆inlist-PORT1，map 操作（假设 PORT2 是测试系统接口端口）被允许。

在所有其他的情况下，都不允许 connect 和 map 操作。

因为 TTCN-3 允许动态配置和动态地址，所以在编译时，不是所有的一致性检查都可以静态地执行。所有不能在编译时执行的一致性检查，应在运行时执行，且发生错误时将导致一个测试用例错误。

23.4 断开连接和取消映射操作

disconnect 和取消映射 unmap 操作是 connect 和 map 操作的反向操作。它们执行操作来断开（以前已连接）测试组件端口的连接和取消（以前映射的）测试组件端口和测试系统接口中端口之间的映射。

如果有关的的组件引用和有关的端口名是已知的，那么任一组件都可以调用 disconnect 和 unmap 操作。如果将被移去的连接和映射已经被事先创建了，那么，disconnect 和 unmap 操作只有一个作用。

示例：

```
  :
  :
connect (MyNewComponent:Port1, mtc:Port3);
map (MyNewComponent:Port2, system:PCO1);
  :
  :
disconnect (MyNewComponent:Port1, mtc:Port3);   // 断开以前建立的连接
unmap (MyNewComponent:Port2, system:PCO1);   // 取消以前做的映射
```

23.5 MTC、System 和 Self 操作

组件引用有两个操作——mtc 和 system，它们分别返回对主测试组件和测试系统接口的引用。此外，self 操作可以用于返回调用它的测试组件的引用。

示例：

```
var MyComponentType MyAddress;
MyAddress := self ; // 存储当前的组件引用
```

在组件引用上仅允许赋值和等值操作。

23.6 Start(启动)测试组件操作

一旦创建了一个 PTC，且把连接行为和这个 PTC 绑定，就应启动这个 PTC 的执行，这是通过 start 操作来完成的(创建 PTC 并不启动这个测试组件行为的执行)。区别 create 和 start 操作的原因是允许在实际运行测试组件之前完成连接操作。

start 操作会把必需的行为绑定到测试组件，通过对已定义函数的引用来定义这个行为。

示例：

```
// 假设在相应的端口类型和组件类型定义中正确定义和声明了端口 Port1、Port2、Port3 和 PCO1。
  :
var MyComponentType MyNewPTC;
  :
MyNewPTC := MyComponentType.create ;      // 创建一个新测试组件
  :
connect (MyNewPTC:Port1, mtc :Port3);      // 新测试组件和
map (MyNewPTCt:Port2, system :PCO1);       // 它的环境的连接。
  :
  :
MyNewPTC.start (MyPTCBehaviour( )); // 启动新测试组件。
  :
```

在一个启动测试组件操作中调用的函数使用如下限制：

——如果该函数有参数，那么这些参数只能是 in 参数，即带有值的参数。

——该函数应有一个 runs on 子句定义来引用与新创建组件相同的组件类型。

——不能将端口和定时器传递进入该函数。

注：当创建测试组件时由于 in 和 inout 端口启动监听，这是测试组件同时启动测试执行，因此在这些端口的输入队列中可能有消息等待被处理。

23.7 Stop(停止)测试组件操作

通过使用 stop 测试组件语句，测试组件可以停止它自己的执行或是另一个测试组件的执行。如果一个测试组件不停止自身，而是被测试系统中另一个测试组件停止，那么使用这个被停止的组件引用来标识它。一个组件可以通过使用一个简单的 stop 执行语句来停止自身(见 20.11)，也可以通过在 stop 操作中选择自身地址来停止自身，如通过使用 self 操作。停止测试组件操作没有变量。

示例 1：

注 1：stop 操作可以用于 MTC 和 PTC(s)，而create、start、running 和done 操作只能用于 PTC(s)。

```
var MyComponentType MyComp := MyComponentType.create;  // 创建一个新的测试组件
MyComp.start (CompBehaviour( ));                        // 启动这个新的测试组件
  :
if (date == "1.1.2003") {
```

```
    MyComp.stop              // 在 1.1.2003 时停止这个新的测试组件
  }
  :
  if (cond1) {
    : // 一些行为
    self.stop    // 通过使用 self 操作,测试组件停止自身
  }
  else {
    stop         // 通过使用一个简单的 stop 操作,测试组件停止自身
  }
  :
```

如果被停止的测试组件是 MTC,那么所有仍然运行的剩余的 PTCs 也将被停止,且测试用例终止(见 28.3)。

注 2:一个 PTC 可以通过停止 MTC 来停止测试用例的执行。

当一个测试组件终止时,无论是显式地使用 stop 操作或到达最初启动该测试组件的函数中的 return 语句时,还是隐式地到达该测试组件行为定义的结尾,应释放所有资源。存储在一个已停止的组件引用中的任一变量将成为未定义的。

注 3:未定义意味着值不能为任一计算流程所使用,也就是说,它与什么都无关,也不认为是空(null)。

测试用例的终止和最后的测试判定计算在第 26 章中描述。

关键字 all 仅能被 MTC 用来停止所有正在运行的 PTCs。在这种情况下,MTC 不会被停止,在 stop 语句之后,它继续它自身的执行。

示例 2:

```
  :
all component.stop      // MTC 停止测试用例所有的 PTCs,但不停止它自身的执行。
  :
```

停止 PTCs 的具体机制在本部分的讨论范围之外。

23.8 Running(运行)操作

running 操作允许在一个测试组件上执行行为来确定在一个不同的测试组件上运行的行为是否已经完成,running 操作只能用于 PTC。running 操作被认为是一个布尔表达式,因此它返回一个布尔值来指出特定的测试组件(或所有的测试组件)是否已经终止。与 done 操作相比,running 操作可以自由地用在布尔表达式中。

当关键字 all 与 running 操作一起使用时,如果所有已启动且没有被另外一个测试组件显式停止的 PTCs 都在执行它的行为,则返回 true,否则返回 false。

当关键字 any 与 running 操作一起使用时,如果至少有一个 PTC 在执行它的行为,则返回 true,否则返回 false。

示例:

```
if (PTC1.running)          // 在一个 if 语句中 running 的用法
{
   // Do something!
}

while (all component.running != true) {  // 在一个循环条件中 urunning 的用法
   MySpecialFunction()
}
```

23.9 Done(完成)操作

Done 操作允许在一个测试组件上执行行为去确定在一个不同的测试组件上运行的行为是否已经完成,done 操作只能用于 PTC。

Done 操作的使用方式应与接收操作或超时操作的一样,这就意味着它不会用在布尔表达式中,但它能用来决定 alt 语句中的一个备选项或作为一个行为描述中的独立语句。在后面这种情况中,一个 done 操作可以被看作是一个只有一个备选项的 alt 语句的简写,也就是说,它具有阻塞语义,因而提供了被动等待测试组件终止的能力。

当关键字 all 与 done 操作一起使用时,如果没有 PTC 在执行它的行为,则返回 true;如果没有 PTC 被创建或启动,它也返回 true;否则返回 false。

注:TTCN-3 的 done 操作与 TTCN-2 的 DONE 操作有相同的语义。

示例:

```
// 备选项中 done 操作的使用
:
alt {
    []  MyPTC. done {
            setverdict (pass)
        }

    []  any port. receive {
            goto alt
        }
}
:
// 下面的 done 操作作为独立语句(stand-alone statement):
 :
all component. done;
 :
// 有如下含义:
 :
alt {
    []  all component. done {}
}
 :
// 因此,阻塞执行,直到所有并行测试组件都已经终止
```

23.10 使用组件数组

create、connect、start 和 stop 操作不能直接在组件数组上工作,替代做法用参数来提供数组的一个特定元素。对于组件来说,用一个组件引用数组实现数组的效果,并把有关数组元素赋值为 create 操作的结果。

示例:

```
// 这个例子表示了如何通过使用循环、在一个组件引用数组中存储被创建的组件引用
// 为组件创建(creating)、连接(connecting)和运行(running)数组,建立组件数组效果模型
testcase MyTestCase( ) runs on MyMtcType system MyTestSystemInterface
{
    :
```

```
    var integer i;
    var MyPTCType1   MyPtcType[11];
    :
    for (i:= 0; i<=10; i:=i+1)
    {
        MyPtc [i] := MyPtcType1.create ;
        connect (self:PtcCoordination, MyPtcAddresses[i]:MtcCoordination);
        MyPtc [i].start (MyPtcBehaviour( ));
    }
    :
}
```

23.11 同组件一起的 any 组件和 all 组件

关键字 any 和 all 可以和表 16 给出的配置操作一起使用。

表 16 Any 组件和 All 组件

操作	允许的		示例
	any	all	
create			
start			
running	是,但仅来自于 MTC	是,但仅来自于 MTC	any component.running all component.running
done	是,但仅来自于 MTC	是,但仅来自于 MTC	any component.done all component.done
stop		是,但仅来自于 MTC	all component.stop

24 通信操作

24.1 概述

TTCN-3 支持基于消息的和基于过程的通信。而且 TTCN-3 允许检查输入队列的队头元素和利用控制操作去控制对端口的访问。TTCN-3 通信操作在表 17 中列出。

表 17 TTCN-3 通信操作概览表

通信操作			
通信操作	关键字	能否用于基于消息的端口	能否用于基于过程的端口
基于消息的通信			
发送消息	send	能	
接收消息	receive	能	
触发消息	trigger	能	

表 17（续）

通信操作			
通信操作	关键字	能否用于基于消息的端口	能否用于基于过程的端口
基于过程的通信			
调用过程调用	call		能
接受来自远程实体过程调用	getcall		能
回答来自远程实体过程调用	reply		能
(对一个已接受的调用)引发异常	raise		能
捕捉异常(从被调用实体)	catch		能
检查输入端口队列顶端元素			
检查接收到的消息/调用/异常/回复	check	能	能
控制操作			
清除端口	clear	能	能
清理并访问端口	start	能	能
停止对端口的访问(接收和发送)	stop	能	能

24.2 通信操作的通用格式

24.2.1 概述

诸如 send 和 call 此类操作是用于测试组件之间以及在测系统 SUT 和测试组件之间交换信息的。为了解释这些操作的通用格式，可以把它们分成两组：

a) 测试组件发送消息(send 操作)、调用过程(call 操作)、回答已接收的调用(reply 操作)或引发异常(raise 操作)。这些动作统称为发送操作；

b) 接收组件消息(receive 操作)、等待消息(trigger 操作)、接受过程调用(getcall 操作)、收到以前被调用过程的回复(getreply 操作)或捕捉异常(catch 操作)。这些动作统称为接收操作。

24.2.2 发送操作的通用格式

发送操作由发送部分和响应及异常处理部分组成。

发送部分：

a) 规定指定操作要发生的端口；

b) 定义要传输的信息的值；

c) 给定一个在一对多连接的情况下唯一标识通信伙伴的(可选的)地址表达式。

端口名、操作名和值应出现在所有的发送操作中。通信伙伴的标识符(用关键字 to 表示)是可选的，且仅在需要显式地标识接收实体的一对多连接情况下才需要被指定。

示例 1：

发送部分			(可选的)响应和异常
端口和操作	值部分	(可选的)地址表达式	处理部分
MyP1.send	(MyVariable+YourVariable−2)	to MyPartner;	

仅在基于过程的通信的情况下,才需要响应和异常处理。Call 操作的响应和异常处理是可选的,它们只有在如下情况下才是要求的:被调用过程返回一个值;或被调用过程有 out 或 inout 参数值,且在调用组件中需要这些参数的值;或被调用过程可能引起需要调用组件处理的异常。

调用操作的响应和异常处理部分使用 getreply 和 catch 操作提供必需的功能性。

示例 2:

发送部分			(可选的)响应和异常处理部分
操作和端口	值部分	(可选的)地址表达式	
MyP1.call	(MyProc:{MyVar1})		{[] MyP1.getreply (MyProc:{MyVar2}) {} []MyP1.catch (MyProc,ExceptionOne){}}

24.2.3 接收操作的通用格式

接收操作由一个接收部分和一个(可选)赋值部分组成。

接收部分:

a) 规定操作要发生的端口;

b) 定义一个匹配部分,指定将匹配该语句的可接收的输入;

c) 给定一个唯一标识通信伙伴的(可选)地址表达式(在一对多连接的情况下)。

端口名、操作名和值部分应出现在所有的接收操作中。通信伙伴的标识符(用关键字 from 表示)是可选的,且仅在需要显式标识接收实体的一对多连接情况下才需要被指定。

一个(可选的)接收操作的赋值部分是可选的。对于基于消息的端口来说,当需要它去存储接收到的消息的时候,赋值部分是要求的。在基于过程的端口的情况下,它用于存储一个已接收的调用的 in 和 inout 参数或存储异常。对于赋值部分,需要强类型机制,例如用于存储消息的变量类型应与输入消息的类型相同。

此外,赋值部分也可以用于把一个消息、异常、回复或调用的发送方地址赋给一个变量。这对一对多连接是很有用的,例如,可以接收来自不同组件的相同的消息或调用,但是这个消息、回复或异常应发送回原始的发送组件。

示例:

接 收 部 分			(可选的)赋值部分		
端口和操作	匹配部分	(可选的)地址表达式	(可选的)值赋值	(可选的)参数值赋值	(可选的)发送方赋值
MyP1.getreply	(AProc:{?} value 5)			param (V1)	sender APeer

示例:

接 收 部 分			(可选的)赋值部分		
端口和操作	匹配部分	(可选的)地址表达式	(可选的)值赋值	(可选的)参数值赋值	(可选的)发送方赋值
MyP2.receive	(MyTemplate(5,7))		valueMyVar		

24.3 基于消息的通信

24.3.1 概述

基于消息的通信是基于异步消息交换的通信。它在 send 操作上是非阻塞的,如图 11 所示,发送方在send 操作之后立即继续它的处理过程。接收方在receive 操作上被阻塞，直到它去处理接收消息。

除了receive 操作外，TTCN-3 还提供了一个trigger 操作，来根据一定的匹配准则过滤来自给定输入端口上接收信息流的消息。从该端口移去队列头部不满足匹配准则的消息，而不采取进一步的动作。

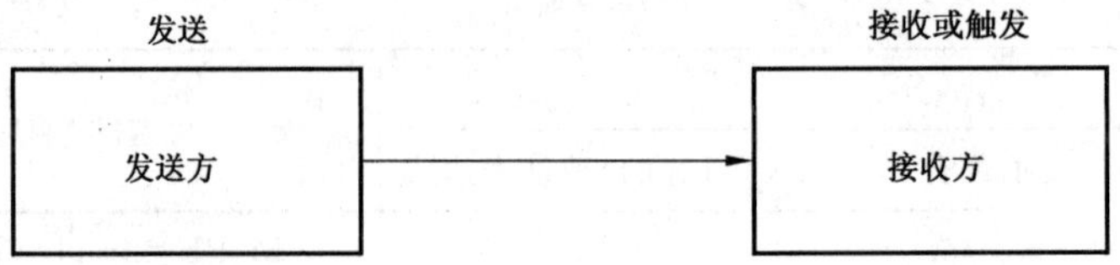

图 11　异步发送和接收的图示

24.3.2　发送操作

send 操作用于把一个值放到一个输出端口队列，可以通过引用一个模板、变量或一个常数来指定这个值，或可用一个表达式(当然是能给出明确值的)在所在语句行内定义这个值时，如果被发送的值的类型歧义，则应使用可选的类型字段。

send 操作应只能用在基于消息的(或混合型的)端口，且要发送的值的类型应在该端口类型定义的输出类型清单中。

示例 1：

```
MyPort.send (MyTemplate(5,MyVar));       // 通过 MyPort 发送带有实参 5 和 MyVar 的模板
MyPort.send (5);                         // 发送整型值 5
```

在一对多连接的情况下，应唯一地指定通信伙伴，用关键字 to 表示。

示例 2：

```
MyPort.send (charstring:"My string") to MyPartner;   // 给存储在变量 MyPartner 中的组件引用
                                                     // 发送串"My string"
MyPCO.send (MyVariable+YourVariable-2) to MyPartner;
                                              // 给 MyPartner 发送一个算术表达式的结果
```

24.3.3　接收操作

24.3.3.1　概述

receive 操作用于从一个输入消息端口队列中接收一个值。可以通过引用一个模板、变量或一个常数来指定这个值，或可用一个表达式(当然是能给出明确值的)内嵌在一个语句行内定义这个值。在线地定义值的时候，应使用可选的类型字段来避免任何要接收值类型是不明确的。receive 操作应只能用在基于消息的(或混合型的)端口，且要接收的值的类型应被包含在该端口类型定义的输入类型清单中。

当且仅当输入端口队列的队头消息满足所有 receive 操作关联的匹配机制时，receive 操作从关联的输入端口队列中移出该消息。不会发生把输入的值绑定到表达式或模板术语上。

如果匹配不成功，输入端口队列中的队头消息就不能被移出，也就是说，如果 receive 操作是 alt 语句中的一个备选项且它不成功的话，测试用例的执行从 alt 语句中的下一个备选项开始继续。

匹配准则与要接收消息的类型和值有关。要接收消息的类型和值可以来自于一个模板或一个表达式的结果值(当然是能给出明确值的)，应使用 receive 操作匹配准则中的可选类型字段来避免要接收的值类型的模糊。

注：通过防止解码器重接收到的不是用编码属性描述来编码的消息中产生一个抽象值，编码属性也以隐式的方式参加匹配。

在一对多连接的情况下，可以限制 receive 操作到一个特定的通信伙伴，使用关键字 from 来表示这种限制。

示例 1：

MyPort. receive (MyTemplate(5, MyVar))； // 在端口 MyPort 上匹配一个满足由模板 MyTemplate 定义的条件的一条消息

MyPort. receive (A<B)； // 匹配一个依赖于 A<B 结果的布尔值

MyPort. receive (integer:MyVar)； // 在端口 MyPort 上匹配一个整型值和 MyVar 的值

MyPort. receive (MyVar)； // 前一个例子的一个替换

MyPort. receive (charstring:"Hello")from MyPeer； // 匹配来自 MyPeer 的字符串"Hello"

如果匹配成功，那么从端口队列中移出的值可以存储在一个变量中，且可以重新获得发送消息的组件的地址并存储到一个变量中，用符号"->"和关键字 value 来表示。

也可能重新获得和存储消息发送者的组件引用或地址，这可用关键字 sender 表示。

示例 2：

MyPort. receive (MyType:?) -> value MyVar； // 把接收到的消息的值赋给 MyVar

MyPort. receive (A<B) -> sender MyPeer； // 把发送者的地址赋给 MyPeer

MyPort. receive (MyTemplate:{5, MyVarOne}) -> value MyVarTwo sender MyPeer；

// 把接收到的消息的值赋给 MyVar，并把发送者的地址赋给 MyPeer。

24.3.3.2 接收任一消息

对于不带有用于要接收消息的类型和值匹配准则的参数清单的 receive 操作，如果满足其他所有匹配准则，则移出输入端口队列的队头消息(如果有)。

注： 这与 TTCN-2 中的 OTHERWISE 语句等价。

通过 *ReceiveAnyMessage* 接收到的消息不会赋值给一个变量。

示例：

MyPort. receive ； // 从 MyPort 移去队列头部值

MyPort. receive from MyPeer； // 如果发送者是 MyPeer 的话，从 MyPort 移去队列的队头值

MyPort. receive -> sender MySenderVar； // 从 MyPort 移去队列的队头值，并把发送方地址赋给 MySenderVar

24.3.3.3 在任一端口上接收

使用关键字 any 在任一端口上接收消息。

示例：

any port. receive (MyMessage)；

24.3.4 触发操作

24.3.4.1 概述

trigger 操作从关联的输入端口队列中移去头部消息。如果头部消息满足匹配准则的话，trigger 操作与receive 操作的一样。如果头部消息不满足匹配准则的话，trigger 操作会从输入端口队列中移去队头消息，但没有进一步的动作。trigger 操作应只能用在基于消息的(或混合型的)端口，且要接收的值的类型应被包含在该端口类型定义的输入类型清单中。

在一个行为描述中，能够把trigger 操作用作一个独立的语句。在后面的这种情况下，trigger 操作可以被看做是只有一个备选项的 alt 语句的简写，也就是说，它有阻塞语义，并因此提供等待下一个消息匹配指定的模板或那个队列上的值的能力。

示例 1：

MyPort. trigger (MyType:?)；

// 说明在端口 MyPort 上，对观察到的第一个带有一个任一值的 MyType 类型消息的接收将触发该操作

trigger 操作需要端口名、用于类型和值的匹配准则、一个可选的 from 限制(即通信伙伴选择)以及一个可选的赋值(匹配消息并将发送方测试组件赋给变量)。

示例 2:

MyPort. trigger (MyType:?) from MyPartner;

// 在端口 MyPort 上,在接收来自 MyPartner 的第一个消息时触发

MyPort. trigger (MyType:?) from MyPartner -> value MyRecMessage;

// 这个例子与上一个例子几乎是相同的。另外,触发的消息(即满足所有匹配准则的消息)存储在变量 MyRecMessage 中。

MyPort. trigger (MyType:?) -> sender MyPartner;

// 这个例子与第一个例子几乎是相同的。另外发送方测试组件的引用将被重新获得,并存储在变量 MyPartner 中。

MyPort. trigger (integer:?) -> value MyVar sender MyPartner;

// 在接收一个后来存储在变量 MyVar 中的任一整型值时触发。发送方组件的引用将被存储在变量 MyPartner 中。

24.3.4.2 在任一消息上触发

不带参数清单的 trigger 操作会在任一消息的接收上触发。因此,它的含义与接收任一消息的含义相同。被 TriggerOnAnyMessag 接受到的消息不会赋值给一个变量。

示例:

MyPort. trigger ;

MyPort. trigger from MyPartner;

MyPort. trigger -> sender MySenderVar;

24.3.4.3 在任一端口上的触发

在任一端口的消息上触发使用关键字 any。

示例:

any port. trigger

24.4 基于过程的通信

24.4.1 概述

基于过程的通信是去调用远程实体的过程。TTCN-3 支持阻塞的和非阻塞的基于过程的通信。阻塞的基于过程的通信是在调用方和被调用方阻塞,非阻塞的基于过程的通信是仅在被调用方阻塞。

用于非阻塞基于规程的通信的规程的特征签名应按照本章中的规则进行规定。

阻塞的基于过程的通信的通信方案如图 12 所示。调用方通过 call 操作调用被调用方中的一个远程过程,被调用方通过 getcall 操作接受这个调用,并通过使用一个 reply 操作来回答调用方或提出一个异常来响应调用。调用方通过使用 getreply 操作或 catch 操作来处理回复或异常。在图 12 中,用虚线表示调用方和被调用方的阻塞。

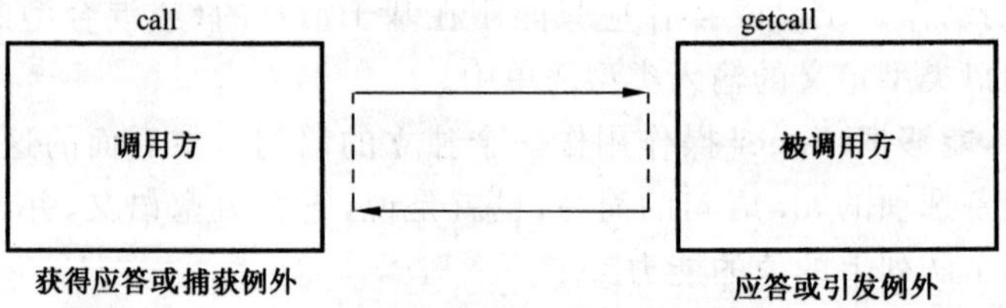

图 12 基于过程的阻塞通信的图示

非阻塞的基于过程的通信的通信方案如图 13 所示。调用方通过 call 操作调用被调用方中的一个远程过程,并继续它自身的执行,即并不等待一个回复或异常。被调用方通过 getcall 操作接收这个调用,并执行被请求的过程。如果这个执行不成功的话,被调用方可以产生一个异常去通知调用方。调用方可以通过使用 alt 语句中的 catch 操作来处理异常。在图 13 中,用虚线表示被调用方的阻塞(直到调用处理结束并可能提出一个异常)。

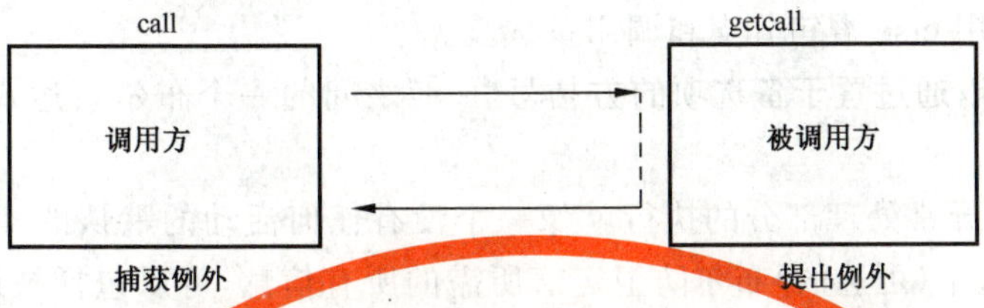

图 13　基于过程的非阻塞通信的图示

24.4.2　调用操作

24.4.2.1　概述

call 操作用于规定一个测试组件调用在测系统 SUT 或另一个测试组件中的过程。call 操作应仅用在基于过程(或混合型)的端口上。调用操作发生的端口的类型定义应在它的 out 或 inout 清单中包括过程名,也就是说应允许在这个端口上调用这个过程。

在 call 操作的发送部分中传输的信息是一个可以在特征模板标记中定义的一个特征,也可以是在语句行内的特征。这个特征的所有 in 和 inout 应有一个特定值,也就是说不允许使用匹配机制,如 AnyValue。

不使用 call 操作的特征参数为 out 或 inout 参数重新获得变量名。过程返回值和 out 或 inout 参数对变量的实际赋值,应在 call 操作的响应和异常处理部分中通过 getreply 和 catch 操作显式地进行。这允许 call 操作中特征模板的使用(与模板的使用方式相同)可以用于多种类型。

示例 1:

```
// 给定
signature MyProc (out integer MyPar1, inout boolean MyPar2);
 :
// MyProc 的一个调用
MyPort.call (MyProc:{-, MyVar2}) {          // 用于 MyProc 的调用的嵌入在语句行内的特征模板
    [] MyPort.getreply (MyProc:{?, ?}) {}
}
// 以及 MyProc 的另一个调用
MyPort.call (MyProcTemplate) {          // 为 MyProc 的调用使用特征模板
    [] MyPort.getreply (MyProc:{?, ?}) {}
}
```

在一对多连接的情况下,应唯一地指定通信伙伴,这应用关键字 to 表示。

示例 2:

```
MyPort.call (MyProcTemplate) to MyPeer {          // 在 MyPeer 调用 MyProc
    [] MyPort.getreply (MyProc:{?, ?}) {}
}
```

24.4.2.2　处理对一个调用的响应和异常

在非阻塞的基于过程的通信的情况下,或者如果没有使用 nowait 选项的话(见 24.4.2.3),通过使

用作为 alt 语句的备选项的 getreply 操作(见 24.4.3)和 catch 操作(见 24.4.7)来完成对 call 操作的响应和异常的处理。

在阻塞的基于过程的通信的情况下,在 call 操作的响应和异常处理部分中,通过使用 getreply 操作和 catch 操作来完成对 call 操作的响应和异常的处理。

一个 call 操作的响应和异常处理部分看起来与一个 alt 语句体相似,它定义了一个备选项集合来描述对该调用的可能的响应和异常。对备选项的选择仅仅基于用于被调用过程的 getreply 和 catch 操作,这意味着不允许使用 else 语句分支和调用备选步。

如果必要的话,可以通过置于备选项的方括号"[ ]"之间的一个布尔表达式激活/取消激活这个备选项。

call 操作的响应和异常处理部分的执行就像一个没有任何活动的默认的 alt 语句。这就意味着一个关联的快照包含为这个(可选的)布尔防卫定值所需的所有信息,可以包括被调用过程所运行之端口的顶端元素(如果有),也可以包括一个由监视这个调用的(可选的)定时器产生的超时异常。

在响应和异常处理部分中对防卫备选项的布尔表达式的求值可能有副作用。为了避免异常的副作用,应使用与 alt 语句中一样的布尔防卫规则。

示例:

```
// 给定
signature MyProc3 (out integer MyPar1, inout boolean MyPar2) return MyResultType
    exception (ExceptionTypeOne, ExceptionTypeTwo);
  :
// MyProc3 的调用
MyPort.call(MyProc3:{-, true}) to MyPartner {
   [] MyPort.getreply (MyProc3:{?, ?}) -> value MyResult param (MyPar1Var,MyPar2Var) {}
   [] MyPort.catch (MyProc3, MyExceptionOne) {
       setverdict (fail);
       stop ;
       }
   [] MyPort.catch (MyProc3, ExceptionTypeTwo : ?) {
       setverdict (inconc);
       }
   [MyCondition] MyPort.catch (MyProc3, MyExceptionThree) {}
}
```

24.4.2.3 处理对调用的超时异常

call 操作可以选择是否包含一个超时,这个超时作为一个明确的浮点类型值或常数来定义,并在启动 call 操作后定义这个时间的长短。超时异常应由测试系统产生。如果在 call 操作中没有出现超时值部分,那么将不会产生超时异常。

示例 1:

```
MyPort.call(MyProc:{5,MyVar}, 20E-3) {
  [] MyPort.getreply (MyProc:{?, ?}) {}
  [] MyPort.catch (timeout) {          // 20 ms 后超时异常
        setverdict (fail);
        stop ;
        }
}
```

在 call 操作中使用关键字nowait 来代替超时异常值,允许不用等待响应、被调用过程提出的异常或超时异常而继续去调用一个过程。

示例 2：

MyPort.call (MyProc:{5, MyVar}, nowait); // 调用方测试组件不等待 MyProc 的终止而继续自身的执行

在使用了关键字nowait 的地方，应通过随后的alt 语句中的 一个getreply 或catch 操作来从端口队列中移出被调用过程的一个可能的响应或异常。

24.4.2.4 调用不带返回值、out 参数、inout 参数和异常的阻塞过程

一个阻塞的过程可以没有返回值，没有输出参数和输入/出参数，也可以不提出异常。用于这样过程实例的调用操作应有一个响应和异常处理部分用统一的方式去处理这个阻塞。

示例：

```
// 给定
signature MyBlockingProc (in integer MyPar1, in boolean MyPar2);
 :
// MyBlockingProc 的一个调用
MyPort.call (MyBlockingProc:{7, false }) {
   [] MyPort.getreply (MyBlockingProc:{-, -}) {}
}
```

24.4.2.5 调用非阻塞过程

非阻塞的过程没有输出参数和输入/出参数，没有返回值，且通过关键字 noblock 在关联的特征定义中指示非阻塞特性。

对于一个非阻塞类的过程的 call 操作应没有响应和异常处理部分，不提出超时异常，也不使用关键字 noblock。

非阻塞类的过程可能提出的异常应使用随后的 alt 语句中的 catch 操作来把它们从端口队列中移去。

24.4.3 gecall 操作

24.4.3.1 概述

getcall 操作用来说明一个测试组件接受来自在测系统或另一个测试组件的调用。getcall 操作应仅用在基于过程的(或混合型的)端口上，且应在该端口类型定义的允许移入过程清单中包含要被接收的过程调用的特征。

当且仅当满足 getcall 操作关联的匹配准则时，getcall 操作会从输入端口队列中删除队列头部的那个调用。这些匹配准则与要被处理的调用特征和通信伙伴有关，用于特征的匹配准则可以在语句行在线式地说明或从一个特征模板派生。

在一对多连接的情况下，getcall 操作可能会限制到一个特定的通信伙伴，这个限制用关键字 from 表示。

示例 1：

```
MyPort.getcall (MyProc(5, MyVar));              // 在 MyPort 接收 MyProc 的一个调用
MyPort.getcall (MyProc:{5, MyVar}) from MyPeer ;  // 在 MyPort 接受一个来自 MyPeer 的 MyProc 的一个调用
```

getcall 操作的特征变量不应用来为 in 和 inout 参数传入变量名。in 和 inout 参数值到变量的赋值应在 getcall 操作的赋值部分中进行。这允许以适应方式相同的方式，用 getcall 操作中特征模块的实验方式相同去类型化。

getcall 操作的赋值部分(可选的)包含 in 和 inout 参数值到变量的赋值和调用组件地址的取回。关键字 param 用于取回调用的参数值。

当应取回发送方地址时(例如,在一对多配置中,用来寻找对调用伙伴的回复 reply 或异常的地址),使用关键字 sender。

示例 2:

MyPort.getcall (MyProc:{?, ?}) from MyPartner -> param (MyPar1Var, MyPar2Var);

// MyProc 的输入(in)参数或输入/出(inout)参数值赋给 MyPar1Var 和 MyPar2Var。

MyPort.getcall (MyProc:{5, MyVar}) -> sender MySenderVar;

// 在 MyPort 接收 MyProc 的一个带有输入或输入/出参数 5 和 MyVar 的调用。

// 取回调用伙伴的地址并存储在 MySenderVar 中。

// 下面 getcall 的例子说明了使用匹配属性和省略可能对测试说明不重要的可选部分的可能性。

MyPort.getcall (MyProc:{5, MyVar}) -> param (MyVar1, MyVar2) sender MySenderVar;

MyPort.getcall (MyProc:{5, ?}) -> param (MyVar1, MyVar2);

MyPort.getcall (MyProc:{?, MyVar}) -> param (- , MyVar2);

// 第一个输入/出参数不重要或不被用到

// 下面的例子将解释赋值输入或输入/出参数到变量中去的可能性。假设下面的特征用于被调用过程:

signature MyProc2(in integer A, integer B, integer C, out integer D, inout integer E);

MyPort.getcall (MyProc2:{?, ?, 3, - , ?}) -> param (MyVarA, MyVarB, - , -, MyVarE);

// 把参数 A、B 和 E 赋值给变量 MyVarA、MyVarB 和 MyVarE。不需考虑输出参数 D。

MyPort.getcall (MyProc2:{?, ?, 3, -, ?}) -> param (MyVarA:= A, MyVarB:= B, MyVarE:= E);

// 用于输入或输入/出参数赋值到变量的替代表示

// 注意,赋值清单中的名称指用在 MyProc2 特征中的名称。

MyPort.getcall(MyProc2:{1, 2, 3, -, * }) -> param (MyVarE:= E);

// 在后面的测试用例执行中,只有输入/出参数值需要被用到。

24.4.3.2 接受任一调用

不带用于特征匹配准则的参数清单的 getcall 操作,如果满足其他所有匹配准则,将移去输入端口队列头部的调用(如果有)。通过 AcceptAnyCall 接收的调用的参数不应赋值给变量。

示例:

MyPort.getcall ;　　　　　　　　　　　//从端口 MyPort 移出队列头部的调用

MyPort.getcall from MyPartner;　　　　//从端口 MyPort 移去一个来自 MyPartner 的调用

MyPort.getcall -> sender MySenderVar;　// 从 MyPort 移去一个调用并取回调用实体的地址

24.4.3.3 在任一端口上获得调用

用关键字 any 表示在任一端口上的 getcall 操作。

示例:

any port.getcall (MyProc)

24.4.4 回复操作

reply 操作用于根据特征标记回复一个以前接受的调用。reply 操作应仅用在基于过程的(或混合型的)端口上,且端口的类型定义应包括 reply 操作所属的过程名。

注:不能总是静态地检查一个已接收的调用和一个回复操作之间的关系,对于测试来说,允许指定一个 reply 操作但不带有关联的 getcall 操作。

reply 操作的值部分由一个带有关联实参清单的特征引用和(可选的)返回值组成,这个特征可以定义在特征模板格式中,或在语句行在线式地定义它。特征的所有 in 和 inout 参数应有特定的值,也就是说不允许使用像 AnyValue 这样的匹配机制。

在一对多连接的情况下,应显式地指定通信伙伴,且该通信伙伴应是唯一的,应用关键字 to 表示。

如果要返回一个值给调用方，这应用关键字 value 来显式说明。

示例：

MyPort.reply (MyProc2:{- ,5})；   // 回答接到的 MyProc2 的一个调用

MyPort.reply (MyProc2:{- ,5}) to MyPeer；   // 回答接到的来自 MyPeer 的 MyProc2 的一个调用

MyPort.reply (MyProc3:{5,MyVar} value 20)；// 回答接到的 MyProc2 的一个调用

24.4.5 获得回复操作

24.4.5.1 概述

getreply 操作用于处理来自先前被调用过程的回复，仅能用在基于过程(或混合型的)端口上。

当且仅当满足关联的 getreply 操作的匹配准则时，getreply 操作会移去输入端口队列头部的回复。这些匹配准则与被处理特征标记和通信伙伴有关，用于特征的匹配准则可以在语句行在线式地说明，或从一个特征模板上派生。

可以用关键字 value 说明对一个返回值的匹配。

在一个一对多连接的情况下，可能限制一个 getreply 操作到一个特定的通信伙伴，用关键字 from 表示这个限制。

示例 1：

MyPort.getreply (MyProc:{5, ?} value 20)； // 接收一个 MyProc 的回复，该回复带有两个输出(out)或

// 输入/出(inout)参数和一个返回值 20

MyPort.getreply (MyProc2:{- , 5}) from MyPeer；// 接收来自 MyPeer 的 MyProc 的一个回复

getreply 操作的特征参数不应用来为 out 和 inout 参数传入变量名。out 和 inout 参数值到变量的赋值应在 getreply 操作的赋值部分中进行。这便允许在 getreply 操作中，以与各类型使用模板相同的方式来使用特征模板。

getreply 操作的赋值部分(可选的)包含 out 和 inout 参数值对变量的赋值和获得回复发送方地址。关键字 param 用于取回回复的参数值。当需要取回发送方地址时，使用关键字 sender。

示例 2：

MyPort.getreply (MyProc1:{?, ?} value ?) -> value MyRetValue param(MyPar1,MyPar2)；

// 返回值赋给变量 MyRetValue，两个输出或输入/出参数赋值给变量 MyPar1 和 MyPar2。

MyPort.getreply (MyProc1:{?, ?} value ?) -> value MyRetValue param (- , MyPar2) sender MySender；

// 在后面的测试执行中，不考虑第一个参数值。取回发送方组件的地址并存储在变量 MySender 中。

// 下面的例子描述了把输出或输入/出参数赋值给变量的可能性。对已被调用的过程假设如下特征。

signature MyProc2(in integer A, integer B, integer C, out integer D, inout integer E)；

MyPort.getreply (ATemplate) -> param (- , - , - , MyVarOut1, MyVarInout1)；

MyPort.getreply (ATemplate) -> param (MyVarOut1:=D, MyVarOut2:=E)；

MyPort.getreply (MyProc2:{- , - , - , 3, ?}) -> param (MyVarInout1:=E)；

24.4.5.2 获得任一回复

如果满足所有其他匹配准则，那么不带有用于特征匹配准则的 getreply 操作将会从输入端口队列的队头移去一个回复消息(如果有)。通过 GetAnyReply 接收到的参数或返回值不会分配给变量。

示例：

MyPort.getreply；   // 移去 MyPort 队头的回复

MyPort.getreply from MyPeer；   // 移去 MyPort 队头来自 MyPeer 的回复

MyPort.getreply -> sender MySenderVar； // 移去 MyPort 队头的回复，取回发送方实体的地址

24.4.5.3 在任一端口上获得回复

使用关键字 any 在任一端口上获得一个回复。

示例：

any port.getreply (Myproc)

24.4.6 raise 操作

raise 操作用于引出一个异常，仅能在基于过程的(或混合型的)端口上提出异常。异常是对导致异常事件的已接受的过程调用的一个反应。应在被调用特征标记中说明异常的类型。端口的类型定义应在其已接受过程调用的清单中包含异常所属的过程名。

注：不可能总是静态地检查一个已接受的调用和 raise 操作的关系，对于测试来说，允许说明一个 raise 操作与一个 getcall 操作无关。

raise 操作的值部分由紧跟在异常值后面的特征引用组成。

异常被作为类型规定，因此异常值可能来自一个模板，或是一个表达式的结果(当然表达式可以是一个确定的值)。在有必要避免发送值类型的含糊的情况下，对 raise 操作将使用值定义中的可选类型字段。

在一对多连接的情况下，应唯一指定通信伙伴，这应用关键字 to 表示。

示例：

```
MyPort.raise (MySignature, MyVariable + YourVariable - 2);
// 在 MyPort 提出一个带有算术表达式结果值的异常
MyPort.raise (MyProc, integer :5));  // 为 MyProc 提出带有整型值 5 的一个异常。
MyPort.raise (MySignature, "My string") to MyPartner;
// 在 MyPort 提出带有值"My string"的一个异常，并把它发送给 MyPeer
```

24.4.7 捕捉操作

24.4.7.1 概述

Catch 操作用于捕捉一个异常，这个异常由对等实体提出，作为对一个过程调用的响应。Catch 操作仅应被用在基于过程的(或混合型的)端口上，应在提出异常的特征标记中说明被捕捉异常的类型。异常被规定为类型，因此可以像消息一样对待它，例如，可以用模板来区分相同异常类型的不同值。

当且仅当关联输入端口队列头部的异常满足所有 catch 操作关联的匹配准则时，catch 操作将移去该队列头部的这个异常。不会发生输入值到表达式术语或模板异常的绑定。

在一对多连接的情况下，catch 操作可能被限制到一个特定的通信伙伴，用关键字 from 表示这个限制。

示例 1：

```
MyPort.catch (MyProc, integer : MyVar);   // 在端口捕捉 MyProc 提出的一个值为 MyVar 的整型异常
MyPort.catch (MyProc, MyVar);             // 上个例子的一个替换
MyPort.catch (MyProc, A<B);               // 捕捉一个布尔型异常
MyPort.catch (MyProc, MyType:{5, MyVar}); // 一个异常值的嵌入式模板
MyPort.catch (MyProc, charstring :"Hello")from MyPeer;  // 从 MyPeer 捕捉"Hello"异常
```

catch 操作的赋值部分(可选的)包含异常值的赋值和调用组件地址的取回。用关键字 value 取回一个异常值，当需要取回发送方地址的时候，使用关键字 sender。

示例 2：

```
MyPort.catch (MyProc, MyType:?) from MyPartner -> value MyVar;
// 捕捉来自 MyPartner 的一个异常，并把它的值赋给 MyVar。
MyPort.catch (MyProc, MyTemplate(5)) -> value MyVarTwo sender MyPeer;
// 捕捉来自 MyPartner 的一个异常，把它的值赋给 MyVar，并取回发送方地址。
```

catch 操作可以是call 操作的响应和异常处理中的一部分，或用于决定alt 语句的一个备选项。如

果catch操作用在call操作的接受部分,关于端口名的信息和用来指示提出异常的过程的特征引用是多余的,因为这些信息跟在call操作后面。然而,由于可读性原因(如在复杂的call语句的情况下),应重复这些信息。

24.4.7.2 超时异常

catch操作捕捉一个特别的timeout异常。对于被调用过程不在预定的时间内既不响应也不提出异常的情况,超时异常是一个紧急出口(见24.4.2.3)。

示例:

```
MyPort.call (MyProc:{5,MyVar}, 20E-3) {
   [] MyPort.getreply (MyProc:{?, ?}) {}
   [] MyPort.catch (timeout ) {                    // 20 ms之后,超时异常
          setverdict (fail );
          stop ;
      }
}
```

捕捉timeout异常应限制在一个调用的异常处理部分。对于处理timeout异常的catch操作来说,不允许更多的匹配准则(包括一个from部分)和赋值部分。

24.4.7.3 捕捉任一异常

没有参数清单的catch允许捕捉任一有效的异常。最通常的情况是不使用关键字from和一个赋值部分,这个语句也捕捉timeout异常。

示例:

```
MyPort.catch ;
MyPort.catch from MyPartner;
MyPort.catch -> sender MySenderVar;
```

24.4.7.4 在任一端口上的捕捉

使用关键字any在任一端口上捕捉一个异常。

示例:

```
any port.catch;
```

24.5 检查操作

24.5.1 概述

check操作是一个普通的操作,它允许读取基于消息的和基于过程的输入端口队列的队头元素,但不从该队列移去队头元素。check操作应在基于消息的端口上处理某个类型值,在基于过程的端口上区别要接收的调用、要捕捉的异常和来自先前调用的回复。

check操作使用接收操作(receive、getcall、getreply和catch)和它们的匹配和赋值部分一起去定义应检查的条件,并在必要时提取其诸参数的一个或多个值。

要检查的是输入端口队列的队头元素(不可能检查队列的内部)。如果队列是空的,则check操作失败。如果队列不空,复制队列的队头元素,并在这个复制的队头元素上执行check操作中指定的接收操作。如果接收操作失败,则check操作失败,即不满足匹配准则。在这种情况下,丢弃队头元素并按正常方式继续测试执行,为check操作的下一条语句或备选项定值。如果接收操作成功,则check操作成功。

按照错误的方式使用check操作,如在一个基于消息的端口检查异常,会导致一个测试用例错误。

注：在大多数情况下，可以静态地检查 check 操作的正确用法，即在编译前检查。

示例：

```
MyPort1.check (receive (5)); // 检查一个值为 5 的整型消息。
MyPort2.check (getcall (MyProc:{5, MyVar}) from MyPartner);
// 检查端口 MyPort2 上来自 MyPartner 的对 MyProc 的一个调用
MyPort2.check (getreply (MyProc:{5, MyVar} value 20));
// 在端口 MyPort 上检查返回值为 20 且两个输出(out)或输入/出(inout)参数的值为 5 和 MyVar 的来自过程 MyProc 的一个回复
MyPort2.check (catch (MyProc, MyTemplate(5, MyVar)));
MyPort2.check (getreply(MyProc1:{?, MyVar} value *) -> value MyReturnValue param (MyPar1));
MyPort.check (getcall (MyProc:{5, MyVar}) from MyPartner -> param (MyPar1Var, MyPar2Var));
MyPort.check (getcall (MyProc:{5, MyVar}) -> sender MySenderVar);
```

24.5.2 检查任一操作

没有参数清单的 check 操作允许检查在输入端口队列中是否有元素等待处理。CheckAny 操作允许通过使用一个 from 子句区别不同的发送方(在一对多连接的情况下)，以及通过使用带有一个 sender 子句的简写的赋值部分来重新获得发送方。

示例：

```
MyPort.check;
MyPort.check(from MyPartner);
MyPort.check(-> sender MySenderVar);
```

24.5.3 在任一端口上的检查

使用关键字 any 在任一端口上进行检查。

示例：

```
any port.check;
```

24.6 控制通信端口

24.6.1 概述

TTCN-3 中用于控制基于消息的、基于过程的和混合型的端口的操作有：

clear：移去一个输入端口队列的内容；

start：启动对一个端口的监听和对端口的访问；

stop：停止对端口的监听，并且不允许在该端口上做发送操作。

24.6.2 Clear(清除)端口操作

Clear 操作移去指定端口的输入队列的内容。如果输入队列已经是空的，则该操作什么也不做。

示例：

```
MyPort.clear ; // 清除端口 MyPort
```

24.6.3 Start(启动)端口操作

如果一个端口定义为允许接收操作，如 receive、getcall 等，start 操作清理指定端口的输入队列，并启动对通过该端口上的通信流的监听。如果定义该端口允许发送操作，那么像 send、call、raise 等操作可以在这个端口上执行。

示例：

MyPort.start； // 启动 MyPort

默认地，一个组件在被创建时，其所有端口都被隐式地启动了。启动端口操作将通过移去在输入队列中等待的所有消息来重新被启动没有被中止的端口。

24.6.4 stop(中止)端口操作

如果定义一个端口允许接收操作，如 receive 和 getcall，stop 操作导致中止对指定端口的监听。如果定义端口允许发送操作，那么中止端口则不允许执行 send、call、raise 等操作。

示例 1：

MyPort.stop； // 停止 MyPort

注：停止端口上的监听意味着在 stop 操作之前定义的所有接收操作应在端口的工作被挂起之前全部执行了。

示例 2：

MyPort.receive (MyTemplate1) -> RecPDU； // 解码接收到的值，并和 MyTemplate1 匹配，将匹配值存在变量 RecPDU

MyPort.stop； // 没有定义在 stop 操作后的接收操作被执行(除非通过后面的 start 操作重新启动该端口)

MyPort.receive (MyTemplate2)；// 这个操作没有被执行

24.7 与端口使用的 any 组件和 all 组件

如表 18 所示，关键字 any 和 all 可以和配置及通信操作一起使用。

表 18 与端口一起使用的 Any 和 All

操作	允许的		例子
	any	all	
receive，trigger，getcall，getreply，catch，check	是		any port.receive
connect / map			
start，stop，clear		是	all port.start

25 定时器操作

25.1 概述

TTCN-3 支持许多定时器操作，这些操作可以用在测试用例、函数、备选步和模板控制中。TTCN-3 定时器操作在表 19 中列出。

假设每个 TTCN-3 中声明定时器的范围单元维护它自己的运行的定时器清单和超时清单，即所有运行的定时器的清单和所有超时的定时器清单。超时清单是测试用例执行时照的快照的一部分，如果在定时器范围单元中一个定时器被启动、停止、超时或执行超时操作，那么更新超时清单。

注 1：运行的定时器清单和超时清单只是一个概念上的清单，并不限制定时器的实现。也可能使用其他的数据结构，如集合，此时对超时事件的访问不受超时事件发生的顺序限制。

注 2：对每个测试组件，假设在相应的组件类型定义中声明了处理定时器启动/停止和定时器超时事件的一个专用的运行时定时器清单和超时清单。

当一个定时器到期时(从概念上讲的备选项事件集合的快照处理之前)，超时事件被放在声明该定时器的范围单元的超时清单中。定时器立即变为不活动。在任一时间，对于任一特定定时器，仅有一个登录条目会出现在声明定时器的范围单元的的超时清单中。

在测试组件被显式或隐式停止时，所有运行中的定时器会被自动取消。

表 19 TTCN-3 定时器操作概览

定时器操作	
语句	关联的关键字或符号
Start(启动)定时器	Start
Stop(停止)定时器	Stop
读经历的时间	Read
检查定时器是否运行	Running
超时事件	Timeout

25.2 Start(启动)定时器操作

启动定时器操作(start)用来指示一个定时器应开始运行，定时器的值应是非负浮点(float)数(即大于或等于0.0)。当一个定时器被启动了，它的名称就被添加到运行的定时器清单中(对给定的范围单元)。

示例：

```
MyTimer1.start;                // 启动 MyTimer1，带有一个默认的持续时间
MyTimer2.start(20E-3);  // 启动 MyTimer2，持续时间为 20 ms
// 可以在一个循环中启动定时器数组的元素，例如：
timer t_Mytimer [5];
var float v_timerValues [5];
for (var integer i := 0; i==4; i:=1)
  {v_timerValues [i] := 1.0}
for (var integer i := 0; i==4; i:=1)
  {t_Mytimer [i].start (v_timerValues [i])}
```

如果没有给定默认的持续时间或想要改写定时器声明中描述的默认值，应使用可选的定时器值参数。若改写定时器持续时间，新的值仅用于当前这个定时器实例，以后这个定时器的任一 start 操作，如果没有指定持续时间的话，将使用默认持续时间。

启动一个定时器值为 0.0 的定时器意味着这个定时器立刻就超时了。启动一个带有负数定时器值的定时器，如定时器的值是一个表达式的结果，或者不带有指定的定时器值，将会导致一个运行错误。

定时器时钟运行从浮点值零(0.0)到持续时间参数说明的最大值。

可以对一个正在运行的定时器应用 start 操作，在这种情况下，定时器被停止并重新启动。在超时清单中用于这个定时器的任一条目都将被从这个超时清单中删除。

25.3 Stop(停止)定时器操作

停止(stop)操作用来停止一个正在运行的定时器，并从正在运行的定时器清单中把它移去。一个被停止的定时器变成不活动的，它的经过时间被设为浮点值零(0.0)。

尽管没有任何影响，但停止一个不活动的定时器是一个有效的操作。超时清单中用于这个定时器任一条目将被从该超时清单中移去。

关键字 all 可以用来停止调用 stop 操作的范围单元中所有可见的定时器。

示例：

```
MyTimer1.stop ;      // 停止 MyTimer1
```

all timer. stop ;　　// 停止所有正在运行的定时器

25.4 read(读)定时器操作

读操作用来取回指定的定时器启动后经过的时间,并把这个时间存储到指定的变量中去,这个变量的类型应是浮点型。

示例:

var float Myvar;

MyVar := MyTimer1. read ; // 把 MyTimer1 启动后经过的时间赋给 MyVar

对一个不活动的定时器应用 read 操作,即不在正在运行的定时器清单中的定时器,将返回零值。

25.5 running(运行)定时器操作

运行定时器(running)操作用来检查一个定时器是否在给定范围单元的正在运行的定时器清单中(即该定时器已经被启动,且没有超时或被停止)。如果该定时器在清单中,返回 true,否则返回 false。

示例:

if (MyTimer1. running) {…}

25.6 timeout(超时)操作

超时操作(timeout)允许检查一个测试组件的范围单元内或已被调用超时操作的模块控制中的一个定时器或所有定时器的到时。

处理 timeout 操作时,如果指定定时器的名称,则根据 TTCN-3 的范围规则搜索这个组件或模块控制的超时清单。如果有与该定时器名匹配的超时事件,从超时清单中移去该事件,timeout 操作成功。timeout 操作不应用在一个布尔表达式中,但它能用来决定 alt 语句中的一个备选项,或作为一个行为描述中的独立的语句。在后面的这种情况下,可以把 timeout 操作认为是只有一个备选项的 alt 语句的简写,也就是说,它具有阻塞语义,并因此提供被等待定时器超时的能力。

注:TTCN-3 的 timeout 操作与 TTCN-2 的 TIMEOUT 操作有相同的语义。

示例 1:

MyTimer1. timeout ;　// 检查先前启动的定时器 MyTimer1 的超时

如果超时清单为空的话,使用关键字 any 的 timeout 操作成功(不是明确指定的定时器)。

示例 2:

any timer. timeout ; // 检查任一以前启动的定时器的超时

25.7 与定时器一起使用的 any 和 all 的总结

如表 20 所示,关键字 any 和 all 可以和定时器操作一起使用。

表 20　与定时器一起使用的 Any 和 All

操作	允许的		例子
	any	all	
start			
stop		是	all timer. stop
read			
running	是		if (any timer. running) {…}
timeout	是		any timer. timeout

26 测试判定操作

26.1 概述

判定操作允许使用 getverdict 和 setverdict 操作来设置和取回判定。这些操作应仅用于测试用例、备选步和函数中。TTCN-3 测试判定操作在表 21 中列出。

表 21 TTCN-3 测试判定操作概览

测试判定操作	
语句	关联的关键字或符号
设置局部判定	setverdict
获得局部判定	getverdict

动态配置的每个测试组件应维护自己的局部判定。这个局部判定是测试组件例示时为每个测试组件创建的对象,它用于在每个测试组件中(即在 MTC 和每个 PTC 中)追踪单个的判定。

注:与 TTCN-2 不一样,不能把最终的判定分配给一个测试组件,因此分配一个判定,绝不中断对其行为再整执行的所在测试组件的执行。

26.2 测试用例判定

另外,在每个测试组件(即在 MTC 和每个 PTC 中)终止执行时,有一个全局判定被更新,这个全局判定对于 getverdict 和 setverdict 操作来说是不可访问的。当测试用例终止执行时,这个测试用例返回判定值。如果这个返回的判定没有显式地保存在控制部分(如赋值给一个变量),那么它就丢失了。

判定之间的联系如图 14 所示。

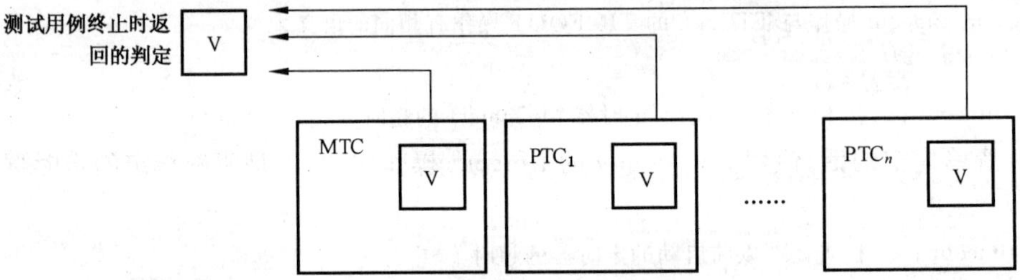

图 14 判定之间联系的图示

注:TTCN-3 不规定这样的实际机制,即实现对 ijubu 和测试用例判定的变更。

26.3 判定值和改写规则

26.3.1 概述

判定有 5 个不同的值:通过(pass)、失败(fail)、不确定的(inconc)、空(none)和错误(error),即判定类型 verdicttype 的不同值(见 7.2)。

注:inconc 意味着一个不确定的判定。

使用 setverdict 操作应仅在值 pass、fail、inconc 和 none 时使用。

示例 1:

```
setverdict (pass );
setverdict (inconc );
```

可以通过使用getverdict 操作来取回局部判定的值。

示例 2:

MyResult := getverdict; // 这里 MyResult 是一个判定类型 verdicttype 的变量

当一个测试组件被实例化时,它的局部判定对象被创建且设置为none 。

当更改局部判定值时(即使用setverdict 操作),这个更改的结果将遵循表 22 中所列的盖写规则。测试用例判定在一个测试组件终止时隐式地更新,这个隐式操作的结果将遵循表 22 中所列的盖写规则。

表 22 适用于判定的盖写规则

判定的当前值	新判定分配值			
	pass	inconc	fail	none
none	pass	inconc	fail	none
pass	pass	inconc	fail	pass
inconc	inconc	inconc	fail	inconc
fail	fail	fail	fail	fail

示例 3:

```
:
setverdict(pass);  // 局部判定设为 pass
:
setverdict(fail);  // 直到执行到这行,将导致局部判定值被改写为 fail
:                  // 当 PTC 终止测试用例时,设判定为 fail
```

26.3.2 出错判定

出错判定是特别的,因为它是由测试系统设置的、用来指出发生了一个测试用例错误(即运行时间错误)。它不能由 setverdict 操作来设置,也不会通过 getverdict 操作来返回。没有其他判定值可超越出错判定,这就意味着一个出错判定只能是一个execute 测试用例操作的结果。

27 外部动作

在一些测试情况下,有些到 SUT 的电子接口可能被忽略,或从推理的角度讲是未知的(如管理接口),但是刺激 SUT 完成特定行为时可能是必要的(如发送一条消息到测试系统)。而且测试执行人员也可能要求特定的动作(如更改测试环境条件,如温度、供电电压等)。

要求的动作可以定义作一个串。

示例 1:

action ("Send MyTemplate on lower PCO"); // SUT 动作的非形式化描述

或作为描述 SUT 所发消息结构的模板的一个引用。

示例 2:

action (MyTemplate); // 这等价于 TTCN-2 的隐式发送语句

在这两种情况中,仅有被要求的动作自身的非形式化的描述,而没有 SUT 所做的来触发这个动作的描述。

可以在测试用例、函数、备选步和模板控制中描述 SUT 动作。

28 模块控制部分

28.1 概述

测试用例定义在模块定义部分，而模块控制部分管理它们的执行。如果要在行为定义中使用定义在一个模块控制部分的所有的变量、定时器等(如果有)，应通过参数化来将它们传入测试用例。也就是说，TTCN-3 不支持任一种类的全程变量和定时器。

在每个测试用例启动时，测试配置将被重新设置。这就意味着当测试用例停止时，毁掉以前的测试用例中由 create、connect 等操作管理的所有组件和端口(因此对新测试用例来说是不“可见的”)。

28.2 测试用例的执行

使用execute 语句调用一个测试用例。作为测试用例的执行结果，返回一个测试判定(none、pass、inconclusive、fail 或 error)，且可以把这个判定赋值给一个变量来进行进一步的处理。

可选择地，execute 语句允许通过定时器持续时间来监管测试用例(见 28.6)。

示例：

```
execute (MyTestCase1( ));                          // 执行 MyTestCase1，不存储返回的测试判定和时间监管
MyVerdict := execute (MyTestCase2( ));             // 执行 MyTestCase2，把结果判定存储在变量 MyVerdict 中
MyVerdict := execute (MyTestCase3( ),5E-3);        // 执行 MyTestCase3，把结果判定存储在变量 MyVerdict 中
                                                   // 如果测试用例在 5 ms 内没有终止，MyVerdict 将得到值'error'
```

28.3 测试用例的终止

测试用例和 MTC 一起终止。在 MTC(显式或隐式地)终止时，所有运行的并行测试组件(PTC)都将被测试系统终止。

注 1：停止所有 PTC 的具体机制是一个特定的工具，所以在本部分讨论范围之外。

根据第 26 章定义的规则，基于不同测试组件的局部判定来计算测试用例最终的判定。当测试组件自己终止时或被自身、另一个测试组件或测试系统停止时，该测试组件的实际局部判定变成它的最终的局部判定。

注 2：为了避免由于被延时的 PTC 停止所引起的计算测试判定的紊乱情况，MTC 应确保所有的 PTC 在停止自己以前已经停止了(使用 done 语句)。

28.4 测试用例的控制执行

表 11 和表 12 中定义的编程语句，可以用在模块控制部分中以说明测试用例执行顺序或测试用例可能运行的次数等事项。

示例 1：

```
module MyTestSuite ( ) {
    :
    control {
        :
        // 做 10 次这个测试
        count:=0;
        while (count < 10)
        {   execute (MySimpleTestCase1( ));
            count := count+1;
        }
```

```
    }
}
```

如果没有使用编程语句，那么默认为按照它们在模块控制部分中的出现的先后顺序执行测试用例。

注：这并不排除某些工具可能希望改写这个默认顺序而允许用户或工具去选择一个不同的执行顺序。

测试用例返回一个 verdicttype 类型的值，因此，根据测试用例的结果控制执行顺序是可能的。

示例 2：

```
if (execute (MySimpleTestCase( )) == pass ) {execute (MyGoOnTestCase)}
else {execute (MyErrorRecoveryTestCase)};
```

28.5 测试用例选择

可以使用布尔表达式选择和取消选择要执行的测试用例。当然，这包括返回布尔类型(boolean)值的函数的使用。

注：这与 TTCN-2 中命名的测试选择表达式是等价的。

示例 1：

```
module MyTestSuite ( ) {
    :
    control {
        :
        if (MySelectionExpression1( )) {
            execute (MySimpleTestCase1( ));
            execute (MySimpleTestCase2( ));
            execute (MySimpleTestCase3( ));
        }
        if (MySelectionExpression2( )) {
            execute (MySimpleTestCase4( ));
            execute (MySimpleTestCase5( ));
            execute (MySimpleTestCase6( ));
        }
        :
    }
}
```

另外一种作为一个组来执行测试用例的方法是把这些测试用例集中在一个函数中，并从该模块的控制部分执行该函数。

示例 2：

```
function MyTestCaseGroup1( )
{   execute (MySimpleTestCase1( ));
    execute (MySimpleTestCase2( ));
    execute (MySimpleTestCase3( ));
}
function MyTestCaseGroup2( )
{   execute (MySimpleTestCase4( ));
    execute (MySimpleTestCase5( ));
    execute (MySimpleTestCase6( ));
}
  :
control
```

```
{  if (MySelectionExpression1( )) {MyTestCaseGroup1( );}
   if (MySelectionExpression1( )) {MyTestCaseGroup2( );}
   :
}
```

28.6 控制中定时器的使用

可以用定时器来监管测试用例的执行，可以在 execute 语句中使用一个显式的超时来完成这种监管。如果测试用例没有在定时器的持续时间内结束，那么测试用例执行的结果应是一个出错判定，同时测试系统终止该测试用例。用于测试用例监管的这个定时器是一个系统定时器，且不必声明或启动它。

示例 1：

```
MyReturnVal := execute (MyTestCase( ), 7E-3);
// 如果 7 ms 内 MyTestCase 没有完成执行的话，返回的判定将会是错误(error)
```

也可以显式地使用定时器操作来控制测试用例的执行。

示例 2：

```
// 使用运行的定时器操作的例子
while (T1.running or x<10)  // T1 是一个以前启动了的定时器
{  execute (MyTestCase( ));
   x := x+1;
}
// 启动和超时操作使用的例子
timer T1 := 1;
 :
execute (MyTestCase1( ));
T1.start ;
T1.timeout ;  // 在执行下一个测试用例前暂停
execute (MyTestCase2( ));
```

29 规定的属性

29.1 概述

可以使用with 语句来关联属性和 TTCN-3 的语言要素。with 语句的参数(即实际属性)被简单地定义作一个自由文本串。

具有四种属性：

a) 显示(display)：允许与特定的表示格式有关的显示属性的说明；

b) 编码(encode)：允许引用特定的编码规则；

c) 变量(variant)：允许引用特定的编码变量；

d) 扩展(extension)：允许用户定义的属性说明。

29.2 显示属性

所有的 TTCN-3 语言要素都可以有用来说明如何显示特别的语言要素的显示(display)属性，如在一个表格格式中显示特定的语言要素。

可以在 ES 201 873-2 中找到用于表格(一致性)表示格式的与显示属性有关的专用属性串。

可以在 ETSI TR 101 873-3 中找到用于图形表示格式的与显示属性有关的专用属性串。

其他的显示属性可以由用户定义。

注：因为用户定义的属性是非标准化的，所以不同工具对这些属性的解释可能不同，甚至并不支持用户定义的属性。

29.3 值的编码

29.3.1 概述

编码规则定义一个特别的值、模板等如何被编码、如何在一个通信端口上被传输以及如何解码接收到的信号。TTCN-3 没有默认的编码机制，这就意味着以 TTCN-3 的一些外部规则来定义编码规则或编码指令。

在 TTCN-3 中，可以使用编码（encode）属性和变量（variant）属性来说明通用的或特别的编码规则。

29.3.2 编码属性

编码属性允许用于 TTCN-3 定义中某些引用的编码规则或编码指令的关联。

与 ASN.1 编码属性有关的具体属性如附录 D 中所述。

定义实际编码规则的属性串（如 prose，functions 等）在本部分讨论范围之外。如果没有引用特定的规则，那么编码应是各实现自身的事。

在大多数情况下，用层次的方法使用编码属性。顶层是完整的模块，下面一层是一个组，最下层是一个单个的类型或定义：

a） 模块：编码适用于模块中定义的全部类型，包括 TTCN-3 类型（嵌入类型）；

b） 组：编码适用于一组用户定义的类型定义；

c） 类型或定义（：编码适用于一个单个的用户定义的类型或定义；

d） 字段：编码适用于记录类型（record）、集合类型（set）或模板（template）中的一个字段。

示例：

```
module MyTTCNmodule
{    :
    import from MySecondModule {
        type MyRecord
    }
    with {encode "MyRule 1"} // 将根据 MyRule 1 编码 MyRecord 的实例。
    :
    type charstring MyType;   // 通常根据全局规则编码
    :
    group MyRecords
    {    :
        type record MyPDU1
        {
            integer    field1,    // 将根据 Rule 3 编码 field3
            boolean    field2,    // 将根据 Rule 3 编码 field3
            Mytype     field3     // 将根据 Rule 3 编码 field2
        }
        with {encode (field1, field2) "Rule 3"}
        :
    }
    with {encode "Rule 2"}
}
with {encode "Global encoding rule"}
```

29.3.3 变异属性

使用变异(variant)属性说明当前说明了的编码方案的一个改进,而不是它的替代。

示例:

```
module MyTTCNmodule1
{:
type charstring MyType; // Normally encoded according to the global rule
:
group MyRecords
{:
type record MyPDU1
{
integer field1, // field1 will be encoded according to Rule 2
// using encoding variant 'length form 3'
Mytype field3 // field3 will be encoded according to Rule 2
// using any possible length encoding format
}
with {variant (field1) "length form 3"}
:
}
with {encode "Rule 2"}
}
with {encode "Global encoding rule"}
```

29.3.4 专用串

下列串是为简单的基本类型预定义的(标准化的)变异属性:

a) 当用于整型数和枚举类型时,"8 位"和"无符号 8 位"意味着整型值或与枚举类型关联的整型数在系统中按 8 位(单字节)表示来处理。

b) 当用于整型数和枚举类型时,"16 位"和"无符号 16 位"意味着整型值或与枚举类型关联的整型数在系统中按 16-位(双字节)表示来处理。

c) 当用于整型数和枚举类型时,"32 位"和"无符号 32 位"意味着整型值或与枚举类型有关的整型数在系统中按 32-位(四字节)表示来处理。

d) 当用于整型数和枚举类型时,"64 位"和"无符号 64 位"意味着整型值或与枚举类型有关的整型数在系统中按 64-位(八字节)表示来处理。

e) "IEEE754 float"、"IEEE754 double"、"IEEE754 extended float"和"IEEE754 extended double"用于浮点类型时,意味着根据标准 IEEE 754 来编码和解码值。

下列串是为char、universal char、charstring 和universal charstring (标准化地)预定义的变异属性:

a) 当用于通用字符或通用字符串类型时,"UTF-8"意味着都应根据 ISO/IEC 10646 中附录 R 定义的 UCS 转换格式(UTF-8)分别编码和解码值的每一个字符。

b) 当用于通用字符或通用字符串类型时,"UCS-2"意味着都应根据 UCS-2 编码表示形式(见 ISO/IEC 10646 的 14.1)分别编码和解码值的每一个字符。

c) 当用于通用字符或通用字符串类型时,"UTF-16"意味着都应根据 ISO/IEC 10646 中附录 Q 定义的 UCS 转换格式(UTF-16)分别编码和解码值的每一个字符。

d) 当用于字符、通用字符、字符串和通用字符串类型时,"8 位"意味着都应根据 ISO/IEC 8859(一个 8-位编码)中描述的编码表示分别编码和解码值的每一个字符。

e） 下列串是为结构化类型(标准化)预定义的变异属性。

f） 当用于一个记录类型时,“IDL:fixed FORMAL/01-12-01 v.2.6”意味着把值作为一个 IDL 定点十进制值。

这些变异属性可以被用于与更多的高层描述的编码属性的结合。例如,在一个自身具有全局编码属性“BER:1997”(见 D.1.6.2)的模块中描述的带有“UTF-8”变异属性的一个通用字符串,将导致串中值的每个字符先根据 UTF-8 规则被编码,然后根据更全局的 BER 规则编码这个 UTF-8 值。

29.3.5 无效编码

如果想要描述无效的编码规则,那么可以按照与引用有效编码规则同样的方式在该模块外部的引用源中规定这些无效的编码规则。

29.4 扩展属性

所有 TTCN-3 语言要素都可以具有由用户规定的扩展(extension)属性。

注:因为用户定义的属性没有被标准化,因此不同厂商提供的工具对这些属性的解释可能不同或甚至不支持这些属性。

29.5 属性的作用域

With 语句可以把属性和一个单个的语言要素关联在一起,也可以通过诸如清单属性语句中结构类型字段的之类的方法把属性和多个的语言要素关联在一起,而这个属性语句与一个单个类型定义关联或通过一个 with 语句与环境范围单元或语言要素组关联。

示例:

```
// 将把 MyPDU1 作为 PDU 显示
type record MyPDU1 {…} with {display "PDU"}
// 将把 MyPDU1 作为带有特定的应用扩展属性 MyRule 的 PDU 显示
type record MyPDU2 {…}
with
{
    display "PDU";
    extension "MyRule"
}
// 下列组定义 …
group MyPDUs {
    type record MyPDU3 {…}
    type record MyPDU4 {…}
}
with {display "PDU"}  // 将把组 MyPDUs 的全部类型作为 PDU 显示
// 与下面的定义相同
group MyPDUs {
    type record MyPDU3 {…} with {display "PDU"}
    type record MyPDU4 {…} with {display "PDU"}
}
```

29.6 适用于属性的盖写规则

一个较低范围单元中的属性定义会改写较高范围的通用属性定义。

示例 1：

```
type record MyRecordA
{
   :
} with {encode "RuleA"}

// 在下面，MyRecordA 根据规则 RuleA 编码，而不是 RuleB
type record MyRecordB
{
   :
   field   MyRecordA
} with {encode "RuleB"}
```

放在另一个with 语句的范围内的with 语句将改写最外面的那个with 语句，这同样适用于带有组的with 语句使用的情况。当改写方案用在引用与单个定义相结合时要小心。通用的规则指的是应根据属性出现的顺序指定和盖写这些属性。

示例 2：// with 语句盖写方案使用的例子

```
group MyPDUs
{
    type record MyPDU1 {…}
    type record MyPDU2 {…}
    group MySpecialPDUs
    {
        type record MyPDU3 {…}
        type record MyPDU4 {…}
    }
    with {extension "MySpecialRule"}   // MyPDU3 和 MyPDU4 将具有特定的应用扩展属性 MySpecialRule
}
with
{
    display "PDU";       // 组 MPDUs 的全部类型都将作为 PDU 被显示，且
    extension "MyRule";  // (如果没有被改写)具有扩展属性 MyRule
}

// 与下面相同
group MyPDUs
{
    type record MyPDU1 {…} with {display "PDU"; extension "MyRule"}
    type record MyPDU2 {…} with {display "PDU"; extension "MyRule"}
    group MySpecialPDUs {
        type record MyPDU3 {…} with {display "PDU"; extension "MySpecialRule"}
        type record MyPDU4 {…} with {display "PDU"; extension "MySpecialRule"}
    }
}
```

通过使用 override 指令，可在较高范围中盖写较低范围的属性定义。

示例 3：

```
type record MyRecordA
{
```

```
    :
} with {encode "RuleA"}

// 在下面，根据 RuleB 编码 MyRecordA
type record MyRecordB
{
    :
    fieldA  MyRecordA
} with {encode override "RuleB"}
```

override 指令迫使所有较低范围内的类型具有指定的属性。

29.7 更改移入语言元素的属性

通常，一个语言元素与它的属性一起被移入。在一些情况下，当移入语言元素时，这些属性可能不得不更改，例如，可以在一个模块中把一个类型显示成 ASP，而在移入它的另一个模块中应被显示为 PDU。对于这样的情况，允许在 import 语句中更改属性。

示例：

```
import from MyModule {
    type MyType
}
with {display "ASP"} // MyType 将被显示作 ASP
import from MyModule {
    group MyGroup
}
with {
    display "PDU";              // 通过默认，全部类型都将被显示为 PDU
    extension "MyRule"
}
```

附 录 A
（规范性附录）
巴克斯-诺尔形式(BNF)和静态语义

A.1 TTCN-3 BNF

A.1.1 概述

本附录定义了TTCN-3使用扩展的BNF(以下简称为BNF)的句法。

A.1.2 句法描述的约定

表A.1为TTCN-3定义了描述扩展BNF句法的元记法。

表A.1 句法的元记法

::=	定义为
abc xyz	abc后跟以xyz
|	备选项(alternative)
[abc]	abc的0或1个实例
{abc}	abc的0或更多个实例
{abc}+	abc的1或更多个实例
(…)	文本的分组
Abc	非终结符号abc
"abc"	终结符号abc

A.1.3 语句终结符号

通常，所有TTCN-3语言构造(即定义、声明、语句和操作)以分号(;)终止。当语言构造以右花括号(})结束或跟以一个右花括号时，即该语言构造是语句块、操作块或声明块中最后一个语句时，分号是可选的。

A.1.4 标识符

TTCN-3标识符是大小写敏感的，而且可能只能包含小写字母(a～z)、大写字母(A～Z)和数字(0～9)，也允许使用下划线(_)。一个标识符应以字母开头(即非数字和下划线)。

A.1.5 注释

注释块应以符号对/*开始，以符号对*/结束。

示例1：

/* 这是一个注释块

占两行 */

注释块不应嵌套。

/* 这不是 /* 一个合法的 */ 注释 */

注释行应以符号对//开始,以一个〈*新行*〉为结束。

示例 2:

// 这是一个行注释

// 占两行

注释行可以接在 TTCN—3 程序语句的后面,但是不能嵌套在一个语句中。

示例 3:

// 下面是不合法的

const // This is MyConst integer MyConst := 1;

// 下面是合法的

const integer MyConst := 1; // 这是 MyConst

A.1.6 TTCN-3 终结符

TTCN-3 终结符和保留字列在表 A.2 和 A.3。

表 A.2 TTCN-3 专用终结符清单

块开始/结束符	{}
清单开始/结束符	( )
备选项符	[ ]
直至符号(在一个值域内)	..
注释行和注释块	/* */ //
行与语句终止符	;
算术运算符	+ / -
串拼接运算符	&
等价运算符	! = == 〉= 〈=
串起止符	"'
通配与匹配符	? *
赋值符	:=
通信操作赋值	-〉
位串、十六进制串和八位组串值	B H O
浮点指数	E

应把表 10 中定义的和附录 C 中描述的预定义功能标识符也当作保留字看待。

表 A.3 作为保留字的 TTCN-3 终结符清单

action	extension	noblock	self
activate	external	none	send
address			sender
all	fail	not	set
alt	false	not4b	setverdict
altstep	float	nowait	signature
and	for	null	start
and4b	from		stop
any	function	objid	subset

表 A.3（续）

anytype		octetstring	superset
	getverdict	of	system
bitstring	getcall	omit	
boolean	getreply	on	template
	goto	optional	testcase
call	group	or	timeout
catch		or4b	timer
char	hexstring	out	to
charstring		override	trigger
check	if		true
clear	ifpresent	param	type
complement	import	Modulepar	
component	in	pass	union
connect	inconc	pattern	universal
const	infinity	port	unmap
control	inout	procedure	
create	integer		value
	interleave	raise	valueof
deactivate		read	var
default	label	receive	variant
disconnect	language	record	verdicttype
display	length		
do	log	recursive	while
done		rem	with
	map	repeat	
else	match	reply	xor
encode	message	return	xor4b
enumerated	mixed	running	
error	mod	runs	
except	modifies		
exception	module		
execute	mtc		

表 A.3 中列出的 TTCN-3 终结符不应用作 TTCN-3 模块中的标识符，且应全部采用小写。

A.1.7 TTCN-3 句法 BNF 产生式

A.1.7.1 TTCN 模块

1. TTCN3Module ∷= TTCN3ModuleKeyword TTCN3ModuleId
BeginChar
[ModuleDefinitionsPart]
[ModuleControlPart]
EndChar
[WithStatement] [SemiColon]

2. TTCN3ModuleKeyword ::= "module"

3. TTCN3ModuleId ::= ModuleIdentifier [DefinitiveIdentifier]

4. ModuleIdentifier ::= Identifier

5. DefinitiveIdentifier ::= Dot ObjectIdentifierKeyword "{" DefinitiveObjIdComponentList "}"

6. DefinitiveObjIdComponentList ::= {DefinitiveObjIdComponent}+

7. DefinitiveObjIdComponent ::= NameForm |
DefinitiveNumberForm |
DefinitiveNameAndNumberForm

8. DefinitiveNumberForm ::= Number

9. DefinitiveNameAndNumberForm ::= Identifier "(" DefinitiveNumberForm ")"

A.1.7.2 模块定义部分

A.1.7.2.1 概述

10. ModuleDefinitionsPart ::= ModuleDefinitionsList

11. ModuleDefinitionsList ::= {ModuleDefinition [SemiColon]}+

12. ModuleDefinition ::= (TypeDef |
ConstDef |
TemplateDef |
ModuleParDef |
FunctionDef |
SignatureDef |
TestcaseDef |
AltstepDef |
ImportDef |
GroupDef |
ExtFunctionDef |
ExtConstDef) [WithStatement]

A.1.7.2.2 Typedef 定义

13. TypeDef ::= TypeDefKeyword TypeDefBody

14. TypeDefBody ::= StructuredTypeDef | SubTypeDef

15. TypeDefKeyword ::= "type"

16. StructuredTypeDef ::= RecordDef |
UnionDef |
SetDef |
RecordOfDef |
SetOfDef |
EnumDef |
PortDef |
ComponentDef

17. RecordDef ::= RecordKeyword StructDefBody

18. RecordKeyword ::= "record"

19. StructDefBody ::= (StructTypeIdentifier [StructDefFormalParList] | AddressKeyword)
BeginChar
[StructFieldDef {"," StructFieldDef}]
EndChar

20. StructTypeIdentifier ::= Identifier

21. StructDefFormalParList ::= "(" StructDefFormalPar {"," StructDefFormalPar} ")"

22. StructDefFormalPar ::= FormalValuePar

/* 静态语义——FormalValuePar 应确定一个参数 */

23. StructFieldDef ::= Type StructFieldIdentifier [ArrayDef] [SubTypeSpec] [OptionalKeyword]

24. StructFieldIdentifier ::= Identifier

25. OptionalKeyword ::= "optional"

26. UnionDef ::= UnionKeyword UnionDefBody

27. UnionKeyword ::= "union"

28. UnionDefBody ::= (StructTypeIdentifier [StructDefFormalParList] | AddressKeyword)
BeginChar
UnionFieldDef {"," UnionFieldDef}
EndChar

29. UnionFieldDef ::= Type StructFieldIdentifier [ArrayDef] [SubTypeSpec]

30. SetDef ::= SetKeyword StructDefBody

31. SetKeyword ::= "set"

32. RecordOfDef ::= RecordKeyword [StringLength] OfKeyword StructOfDefBody

33. OfKeyword ::= "of"

34. StructOfDefBody ::= Type (StructTypeIdentifier | AddressKeyword) [SubTypeSpec]

35. SetOfDef ::= SetKeyword [StringLength] OfKeyword StructOfDefBody

36. EnumDef ::= EnumKeyword (EnumTypeIdentifier | AddressKeyword)
BeginChar
EnumerationList
EndChar

37. EnumKeyword ::= "enumerated"

38. EnumTypeIdentifier ::= Identifier

39. EnumerationList ::= Enumeration {"," Enumeration}

40. Enumeration ::= EnumerationIdentifier ["(" Number ")"]

41. EnumerationIdentifier ::= Identifier

42. SubTypeDef ::= Type (SubTypeIdentifier | AddressKeyword) [ArrayDef] [SubTypeSpec]

43. SubTypeIdentifier ::= Identifier

44. SubTypeSpec ::= AllowedValues | StringLength

/* 静态语义——AllowedValues 应与子类型化中的字段属于相同类型 */

45. AllowedValues ::= "(" ValueOrRange {"," ValueOrRange} ")"

46. ValueOrRange ::= RangeDef | SingleConstExpression

/* 静态语义——RangeDef 产生式应仅随基于 integer、char、universal char、charstring、universal charstring 或 float 的类型一起使用 */

/* 静态语义——当字符串或通用字符串子类型化时，值域和值不应在同一 SubTypeSpec 中混

合 */

47. RangeDef ::= LowerBound ".." UpperBound

48. StringLength ::= LengthKeyword "(" SingleConstExpression [".." UpperBound] ")"

/* 静态语义——StringLength 应仅随串类型一起使用或用于限制 set of 和 record of 类型。SingleConstExpressionhe UpperBound 应取非负整数值(在 UpperBound 包含无限大的情形) */

49. LengthKeyword ::= "length"

50. PortType ::= [GlobalModuleId Dot] PortTypeIdentifier

51. PortDef ::= PortKeyword PortDefBody

52. PortDefBody ::= PortTypeIdentifier PortDefAttribs

53. PortKeyword ::= "port"

54. PortTypeIdentifier ::= Identifier

55. PortDefAttribs ::= MessageAttribs | ProcedureAttribs | MixedAttribs

56. MessageAttribs ::= MessageKeyword
BeginChar
{MessageList [SemiColon]}+
EndChar

57. MessageList ::= Direction AllOrTypeList

58. Direction ::= InParKeyword | OutParKeyword | InOutParKeyword

59. MessageKeyword ::= "message"

60. AllOrTypeList ::= AllKeyword | TypeList

61. AllKeyword ::= "all"

62. TypeList ::= Type {"," Type}

63. ProcedureAttribs ::= ProcedureKeyword
BeginChar
{ProcedureList [SemiColon]}+
EndChar

64. ProcedureKeyword ::= "procedure"

65. ProcedureList ::= Direction AllOrSignatureList

66. AllOrSignatureList ::= AllKeyword | SignatureList

67. SignatureList ::= Signature {"," Signature}

68. MixedAttribs ::= MixedKeyword
BeginChar
{MixedList [SemiColon]}+
EndChar

69. MixedKeyword ::= "mixed"

70. MixedList ::= Direction ProcOrTypeList

71. ProcOrTypeList ::= AllKeyword | (ProcOrType {"," ProcOrType})

72. ProcOrType ::= Signature | Type

73. ComponentDef ::= ComponentKeyword ComponentTypeIdentifier
BeginChar
[ComponentDefList]
EndChar

74. ComponentKeyword ::= "component"

75. ComponentType ::= [GlobalModuleId Dot] ComponentTypeIdentifier

76. ComponentTypeIdentifier ::= Identifier

77. ComponentDefList ::= {ComponentElementDef [SemiColon]}

78. ComponentElementDef ::= PortInstance | VarInstance | TimerInstance | ConstDef

79. PortInstance ::= PortKeyword PortType PortElement {"," PortElement}

80. PortElement ::= PortIdentifier [ArrayDef]

81. PortIdentifier ::= Identifier

A.1.7.2.3 常量定义

82. ConstDef ::= ConstKeyword Type ConstList

83. ConstList ::= SingleConstDef {"," SingleConstDef}

84. SingleConstDef ::= ConstIdentifier [ArrayDef] AssignmentChar ConstantExpression

/* 静态语义——ConstantExpression 的值应与这些常量所陈述的类型相同 */

85. ConstKeyword ::= "const"

86. ConstIdentifier ::= Identifier

A.1.7.2.4 模板定义

87. TemplateDef ::= TemplateKeyword BaseTemplate [DerivedDef] AssignmentChar TemplateBody

88. BaseTemplate ::= (Type | Signature) TemplateIdentifier ["(" TemplateFormalParList ")"]

89. TemplateKeyword ::= "template"

90. TemplateIdentifier ::= Identifier

91. DerivedDef ::= ModifiesKeyword TemplateRef

92. ModifiesKeyword ::= "modifies"

93. TemplateFormalParList ::= TemplateFormalPar {"," TemplateFormalPar}

94. TemplateFormalPar ::= FormalValuePar | FormalTemplatePar

/* 静态语义——FormalValuePar 应确定一个参数 */

95. TemplateBody ::= SimpleSpec | FieldSpecList | ArrayValueOrAttrib

/* 静态语义——在 TeplateBody 内,ArrayValueOrAttrib 能用于 array、record、record of 和 set of 类型中 */

96. SimpleSpec ::= SingleValueOrAttrib

97. FieldSpecList ::= "{"[FieldSpec {"," FieldSpec}] "}"

98. FieldSpec ::= FieldReference AssignmentChar TemplateBody

99. FieldReference ::= StructFieldRef | ArrayOrBitRef | ParRef

100. StructFieldRef ::= StructFieldIdentifier

101. ParRef ::= SignatureParIdentifier

/* 操作语义 - SignatureParIdentifier 应是来自关联的特征标记定义的一个形参标识符 */

102. SignatureParIdentifier ::= ValueParIdentifier

103. ArrayOrBitRef ::= "[" FieldOrBitNumber "]"

/* 静态语义——ArrayRef 能可选地用于 array 类型和 ASN.1 的 SET OF 和 SEQUENCE OF 类型以及 TTCN 的 record of 和 set of 类型。在一个 ASN.1 或 TTCN 位串类型内,能采用相同的位引用。The same notation can be used for a Bit reference inside an itstring type */

104. FieldOrBitNumber ::= SingleExpression

/* 静态语义——SingleExpression 确定一个整型值 */

105. SingleValueOrAttrib ::= MatchingSymbol [ExtraMatchingAttributes] |
SingleExpression [ExtraMatchingAttributes] |
TemplateRefWithParList

/* 静态语义——VariableIdentifier(通过 singleExpression 访问的)仅可用于在线模板定义中来引用当前作用域中的变量 */

106. ArrayValueOrAttrib ::= "{" ArrayElementSpecList "}"

107. ArrayElementSpecList ::= ArrayElementSpec {"," ArrayElementSpec}

108. ArrayElementSpec ::= NotUsedSymbol | TemplateBody

109. NotUsedSymbol ::= Dash

110. MatchingSymbol ::= Complement |
AnyValue |
AnyOrOmit |
ValueOrAttribList |
Range |
BitStringMatch |
HexStringMatch |
OctetStringMatch |
CharStringMatch |
SubsetMatch |
SupersetMatch

111. ExtraMatchingAttributes ::= LengthMatch | IfPresentMatch | LengthMatch IfPresentMatch

112. BitStringMatch ::= "'" {BinOrMatch} "'" "B"

113. BinOrMatch ::= Bin | AnyValue | AnyOrOmit

114. HexStringMatch ::= "'" {HexOrMatch} "'" "H"

115. HexOrMatch ::= Hex | AnyValue | AnyOrOmit

116. OctetStringMatch ::= "'" {OctOrMatch} "'" "O"

117. OctOrMatch ::= Oct | AnyValue | AnyOrOmit

118. CharStringMatch ::= PatternKeyword Cstring

119. PatternKeyword ::= "pattern"

120. Complement ::= ComplementKeyword ValueList

121. ComplementKeyword ::= "complement"

122. ValueList ::= "(" ConstantExpression {"," ConstantExpression} ")"

123. SubsetMatch ::= SubsetKeyword ValueList

/* 静态语义——Subset 匹配应仅与 set of 类型一起使用 */

124. SubsetKeyword ::= "subset"

125. SupersetMatch ::= SupersetKeyword ValueList

/* 静态语义——Superset 匹配应仅与 set of 类型一起使用 */

126. SupersetKeyword ::= "superset"

127. AnyValue ::= "?"

128. AnyOrOmit ::= "*"

129. ValueOrAttribList ::= "(" TemplateBody {"," TemplateBody}+ ")"

130. LengthMatch ::= StringLength

131. IfPresentMatch ::= IfPresentKeyword

132. IfPresentKeyword ::= "ifpresent"

133. Range ::= "(" LowerBound ".." UpperBound ")"

134. LowerBound ::= SingleConstExpression | Minus InfinityKeyword

135. UpperBound ::= SingleConstExpression | InfinityKeyword

/* 静态语义——LowerBound 和 UpperBound 应就 integer、char、universal char 或 float 类型求值，在 LowerBound 和 UpperBound 对 char 或 universal char 求值时，仅可出现 SingleConstExpression */

136. InfinityKeyword ::= "infinity"

137. TemplateInstance ::= InLineTemplate

138. TemplateRefWithParList ::= [GlobalModuleId Dot] TemplateIdentifier [TemplateActualParList] | TemplateParIdentifier

139. TemplateRef ::= [GlobalModuleId Dot] TemplateIdentifier | TemplateParIdentifier

140. InLineTemplate ::= [(Type | Signature) Colon] [DerivedDef AssignmentChar] TemplateBody

/* 静态语义——当此类型是隐式无歧义时，仅该类型字段可予以省略 */

141. TemplateActualParList ::= "(" TemplateActualPar {"," TemplateActualPar} ")"

142. TemplateActualPar ::= TemplateInstance

/* 静态语义——当对应的形参不是模板类型时，TemplateInstance 产生式应解析到一个或多个 SingleExpressions */

143. TemplateOps ::= MatchOp | ValueofOp

144. MatchOp ::= MatchKeyword "(" Expression "," TemplateInstance")"

/* 静态语义——此表达式所返回的值的类型，应与模板类型相同，且模板的每个字段均应解析为单一值 */

145. MatchKeyword ::= "match"

146. ValueofOp ::= ValueofKeyword "(" TemplateInstance")"

147. ValueofKeyword ::= "valueof"

A.1.7.2.5 函数定义

148. FunctionDef ::= FunctionKeyword FunctionIdentifier
"("[FunctionFormalParList] ")" [RunsOnSpec] [ReturnType]
StatementBlock

149. FunctionKeyword ::= "function"

150. FunctionIdentifier ::= Identifier

151. FunctionFormalParList ::= FunctionFormalPar {"," FunctionFormalPar}

152. FunctionFormalPar ::= FormalValuePar |
FormalTimerPar |
FormalTemplatePar |
FormalPortPar

153. ReturnType ::= ReturnKeyword Type

154. ReturnKeyword ::= "return"

155. RunsOnSpec ::= RunsKeyword OnKeyword ComponentType

156. RunsKeyword ::= "runs"

157. OnKeyword ::= "on"
158. MTCKeyword ::= "mtc"
159. StatementBlock ::= BeginChar [FunctionStatementOrDefList] EndChar
160. FunctionStatementOrDefList ::= {FunctionStatementOrDef [SemiColon]}+
161. FunctionStatementOrDef ::= FunctionLocalDef |
FunctionLocalInst |
FunctionStatement
162. FunctionLocalInst ::= VarInstance | TimerInstance
163. FunctionLocalDef ::= ConstDef
164. FunctionStatement ::= ConfigurationStatements |
TimerStatements |
CommunicationStatements |
BasicStatements |
BehaviourStatements |
VerdictStatements |
SUTStatements
165. FunctionInstance ::= FunctionRef "(" [FunctionActualParList] ")"
166. FunctionRef ::= [GlobalModuleId Dot] (FunctionIdentifier | ExtFunctionIdentifier) | PreDefFunctionIdentifier
167. PreDefFunctionIdentifier ::= Identifier
/* 静态语义——该标识符是本部分附录 C 中预定义的 TTCN-3 功能标识符之一 */
168. FunctionActualParList ::= FunctionActualPar {"," FunctionActualPar}
169. FunctionActualPar ::= TimerRef |
TemplateInstance |
Port |
ComponentRef
/* 静态语义——当对应的形参不是模板类型时，TemplateInstance 产生式应解析为一个或更多个 SingleExpression，即与此表达式产生式等价 */

A.1.7.2.6 设备特征定义

170. SignatureDef ::= SignatureKeyword SignatureIdentifier
"("[SignatureFormalParList] ")" [ReturnType | NoBlockKeyword]
[ExceptionSpec]
171. SignatureKeyword ::= "signature"
172. SignatureIdentifier ::= Identifier
173. SignatureFormalParList ::= SignatureFormalPar {"," SignatureFormalPar}
174. SignatureFormalPar ::= FormalValuePar
175. ExceptionSpec ::= ExceptionKeyword "(" ExceptionTypeList ")"
176. ExceptionKcyword ::= "cxception"
177. ExceptionTypeList ::= Type {"," Type}
178. NoBlockKeyword ::= "noblock"
179. Signature ::= [GlobalModuleId Dot] SignatureIdentifier

A.1.7.2.7 Testcase(测试用例)定义

180. TestcaseDef ::= TestcaseKeyword TestcaseIdentifier
"("[TestcaseFormalParList] ")" ConfigSpec
StatementBlock
181. TestcaseKeyword ::= "testcase"
182. TestcaseIdentifier ::= Identifier
183. TestcaseFormalParList ::= TestcaseFormalPar {"," TestcaseFormalPar}
184. TestcaseFormalPar ::= FormalValuePar |
FormalTemplatePar
185. ConfigSpec ::= RunsOnSpec [SystemSpec]
186. SystemSpec ::= SystemKeyword ComponentType
187. SystemKeyword ::= "system"
188. TestcaseInstance ::= ExecuteKeyword "(" TestcaseRef "(" [TestcaseActualParList] ")" ["," TimerValue] ")"
189. ExecuteKeyword ::= "execute"
190. TestcaseRef ::= [GlobalModuleId Dot] TestcaseIdentifier
191. TestcaseActualParList ::= TestcaseActualPar {"," TestcaseActualPar}
192. TestcaseActualPar ::=
TemplateInstance

/* 静态语义——当对应的形参不是模板类型时，此 TemplateInstance 产生式应解析到一个或更多个 SingleExpressions，即等价于此 Expression 产生式 */

A.1.7.2.8 备选步定义

193. AltstepDef ::= AltstepKeyword AltstepIdentifier
"("[AltstepFormalParList] ")" [RunsOnSpec]
BeginChar
AltstepLocalDefList
AltGuardList
EndChar
194. AltstepKeyword ::= "altstep"
195. AltstepIdentifier ::= Identifier
196. AltstepFormalParList ::= FunctionFormalParList

/* 静态语义——所有的形参都应是值参，即在各参数中 */

197. AltstepLocalDefList ::= {AltstepLocalDef [SemiColon]}
198. AltstepLocalDef ::= VarInstance | TimerInstance | ConstDef
199. AltstepInstance ::= AltstepRef "(" [FunctionActualParList] ")"
200. AltstepRef ::= [GlobalModuleId Dot] AltstepIdentifier

A.1.7.2.9 移入定义

201. ImportDef ::= ImportKeyword ImportFromSpec (AllWithExcepts | (BeginChar ImportSpec EndChar))
202. ImportKeyword ::= "import"

203. AllWithExcepts ::= AllKeyword [ExceptsDef]

204. ExceptsDef ::= ExceptKeyword BeginChar ExceptSpec EndChar

205. ExceptKeyword ::= "except"

206. ExceptSpec ::= {ExceptElement [SemiColon]}

/* 静态语义——产生式的任一成分(ExceptGroupSpec，ExceptTypeDefSpec 等)均可在 ExceptSpec 产生式中仅出现一次 */

207. ExceptElement ::= ExceptGroupSpec |
ExceptTypeDefSpec |
ExceptTemplateSpec |
ExceptConstSpec |
ExceptTestcaseSpec |
ExceptAltstepSpec |
ExceptFunctionSpec |
ExceptSignatureSpec |
ExceptModuleParSpec

208. ExceptGroupSpec ::= GroupKeyword (ExceptGroupRefList | AllKeyword)

209. ExceptTypeDefSpec ::= TypeDefKeyword (TypeRefList | AllKeyword)

210. ExceptTemplateSpec ::= TemplateKeyword (TemplateRefList | AllKeyword)

211. ExceptConstSpec ::= ConstKeyword (ConstRefList | AllKeyword)

212. ExceptTestcaseSpec ::= TestcaseKeyword (TestcaseRefList | AllKeyword)

213. ExceptAltstepSpec ::= AltstepKeyword (AltstepRefList | AllKeyword)

214. ExceptFunctionSpec ::= FunctionKeyword (FunctionRefList | AllKeyword)

215. ExceptSignatureSpec ::= SignatureKeyword (SignatureRefList | AllKeyword)

216. ExceptModuleParSpec ::= ModuleParKeyword (ModuleParRefList | AllKeyword)

217. ImportSpec ::= {ImportElement [SemiColon]}

218. ImportElement ::= ImportGroupSpec |
ImportTypeDefSpec |
ImportTemplateSpec |
ImportConstSpec |
ImportTestcaseSpec |
ImportAltstepSpec |
ImportFunctionSpec |
ImportSignatureSpec |
ImportModuleParSpec

219. ImportFromSpec ::= FromKeyword ModuleId [RecursiveKeyword]

220. ModuleId ::= GlobalModuleId [LanguageSpec]

/* 静态语义——当所引用模块包含 TTCN-3 记法时，才可将 LanguageSpec 省略 */

221. LanguageKeyword ::= "language"

222. LanguageSpec ::= LanguageKeyword FreeText

223. GlobalModuleId ::= ModuleIdentifier [Dot ObjectIdentifierValue]

224. RecursiveKeyword ::= "recursive"

225. ImportGroupSpec ::= GroupKeyword (GroupRefList | AllGroupsWithExcept)

226. GroupRefList ::= FullGroupIdentifier {"," FullGroupIdentifier}

227. AllGroupsWithExcept ::= AllKeyword [ExceptKeyword GroupRefList]
228. FullGroupIdentifier := GroupIdentifier {Dot GroupIdentifier} [ExceptsDef]
229. ExceptGroupRefList ::= ExceptFullGroupIdentifier {"," ExceptFullGroupIdentifier}
230. ExceptFullGroupIdentifier ::= GroupIdentifier {Dot GroupIdentifier}
231. ImportTypeDefSpec ::= TypeDefKeyword (TypeRefList | AllTypesWithExcept)
232. TypeRefList ::= TypeDefIdentifier {"," TypeDefIdentifier}
233. AllTypesWithExcept ::= AllKeyword [ExceptKeyword TypeRefList]
234. TypeDefIdentifier ::= StructTypeIdentifier |
EnumTypeIdentifier |
PortTypeIdentifier |
ComponentTypeIdentifier |
SubTypeIdentifier
235. ImportTemplateSpec ::= TemplateKeyword (TemplateRefList | AllTemplsWithExcept)
236. TemplateRefList ::= TemplateIdentifier {"," TemplateIdentifier}
237. AllTemplsWithExcept ::= AllKeyword [ExceptKeyword TemplateRefList]
238. ImportConstSpec ::= ConstKeyword (ConstRefList | AllConstsWithExcept)
239. ConstRefList ::= ConstIdentifier {"," ConstIdentifier}
240. AllConstsWithExcept ::= AllKeyword [ExceptKeyword ConstRefList]
241. ImportAltstepSpec ::= AltstepKeyword (AltstepRefList | AllAltstepsWithExcept)
242. AltstepRefList ::= AltstepIdentifier {"," AltstepIdentifier}
243. AllAltstepsWithExcept ::= AllKeyword [ExceptKeyword AltstepRefList]
244. ImportTestcaseSpec ::= TestcaseKeyword (TestcaseRefList | AllTestcasesWithExcept)
245. TestcaseRefList ::= TestcaseIdentifier {"," TestcaseIdentifier}
246. AllTestcasesWithExcept ::= AllKeyword [ExceptKeyword TestcaseRefList]
247. ImportFunctionSpec ::= FunctionKeyword (FunctionRefList | AllFunctionsWithExcept)
248. FunctionRefList ::= FunctionIdentifier {"," FunctionIdentifier}
249. AllFunctionsWithExcept ::= AllKeyword [ExceptKeyword FunctionRefList]
250. ImportSignatureSpec::=SignatureKeyword(SignatureRefList | AllSignaturesWithExcept)
251. SignatureRefList ::= SignatureIdentifier {"," SignatureIdentifier}
252. AllSignaturesWithExcept ::= AllKeyword [ExceptKeyword SignatureRefList]
253. ImportModuleParSpec::= ModuleParKeyword (ModuleParRefList | AllModuleParWithExcept)
254. ModuleParRefList ::= ModuleParIdentifier {"," ModuleParIdentifier}
255. AllModuleParWithExcept ::= AllKeyword [ExceptKeyword ModuleParRefList]

A.1.7.2.10 组定义

256. GroupDef ::= GroupKeyword GroupIdentifier
BeginChar
[ModuleDefinitionsPart]
EndChar
257. GroupKeyword ::= "group"
258. GroupIdentifier ::= Identifier

A.1.7.2.11 外部函数定义

259. ExtFunctionDef ::= ExtKeyword FunctionKeyword ExtFunctionIdentifier "("[FunctionF-

ormalParList] ")" [ReturnType]

260. ExtKeyword ::= "external"

261. ExtFunctionIdentifier ::= Identifier

A.1.7.2.12 外部常量定义

262. ExtConstDef ::= ExtKeyword ConstKeyword Type ExtConstIdentifier

263. ExtConstIdentifier ::= Identifier

A.1.7.2.13 模块参数定义

264. ModuleParDef ::= ModuleParKeyword "{" ModuleParList "}"

265. ModuleParKeyword ::= "modulepar"

266. ModuleParList ::= ModulePar {SemiColon ModulePar}

267. ModulePar ::= ModuleParType ModuleParIdentifier [AssignmentChar ConstantExpression] {"," ModuleParIdentifier [AssignmentChar ConstantExpression]}

/* 静态语义——ConstantExpression 的值应与参数声明的类型相同的类型 */

268. ModuleParType ::= Type

269. ModuleParIdentifier ::= Identifier

A.1.7.3 控制部分

A.1.7.3.1 概述

270. ModuleControlPart ::= ControlKeyword
BeginChar
ModuleControlBody
EndChar
[WithStatement] [SemiColon]

271. ControlKeyword ::= "control"

272. ModuleControlBody ::= [ControlStatementOrDefList]

273. ControlStatementOrDefList ::= {ControlStatementOrDef [SemiColon]}+

274. ControlStatementOrDef ::= FunctionLocalInst |
ControlStatement |
FunctionLocalDef

275. ControlStatement ::= TimerStatements |
BasicStatements |
BehaviourStatements |
SUTStatements

A.1.7.3.2 变量例示

276. VarInstance ::= VarKeyword Type VarList

277. VarList ::= SingleVarInstance {"," SingleVarInstance}

278. SingleVarInstance ::= VarIdentifier [ArrayDef] [AssignmentChar VarInitialValue]

279. VarInitialValue ::= Expression

280. VarKeyword ::= "var"

281. VarIdentifier ::= Identifier

282. VariableRef ::= (VarIdentifier | ValueParIdentifier) [ExtendedFieldReference]

A.1.7.3.3 定时器例示

283. TimerInstance ::= TimerKeyword TimerList

284. TimerList ::= SingleTimerInstance{"," SingleTimerInstance}

285. SingleTimerInstance ::= TimerIdentifier [ArrayDef] [AssignmentChar TimerValue]

286. TimerKeyword ::= "timer"

287. TimerIdentifier ::= Identifier

288. TimerValue ::= Expression

/* 静态语义——当表达式解析到 SingleExpression 时,应将其解析到一个浮点类型的值。在默认定时器对定时器数组赋值初始化时,表达式仅应解析到 CompoundExpression */

289. TimerRef ::= TimerIdentifier [ArrayOrBitRef]|
TimerParIdentifier [ArrayOrBitRef]

A.1.7.3.4 组件操作

290. ConfigurationStatements ::= ConnectStatement |
MapStatement |
DisconnectStatement |
UnmapStatement |
DoneStatement |
StartTCStatement |
StopTCStatement

291. ConfigurationOps ::= CreateOp | SelfOp | SystemOp | MTCOp | RunningOp

292. CreateOp ::= ComponentType Dot CreateKeyword

293. SystemOp ::= SystemKeyword

294. SelfOp ::= "self"

295. MTCOp ::= MTCKeyword

296. DoneStatement ::= ComponentId Dot DoneKeyword

297. ComponentId ::= ComponentIdentifier | (AnyKeyword | AllKeyword) ComponentKeyword

298. DoneKeyword ::= "done"

299. RunningOp ::= ComponentId Dot RunningKeyword

300. RunningKeyword ::= "running"

301. CreateKeyword ::= "create"

302. ConnectStatement ::= ConnectKeyword PortSpec

303. ConnectKeyword ::= "connect"

304. PortSpec ::= "(" PortRef "," PortRef ")"

305. PortRef ::= ComponentRef Colon Port

306. ComponentRef ::= ComponentIdentifier | SystemOp | SelfOp | MTCOp

307. DisconnectStatement ::= DisconnectKeyword PortSpec

308. DisconnectKeyword ::= "disconnect"

309. MapStatement ::= MapKeyword PortSpec

310. MapKeyword ::= "map"

311. UnmapStatement ::= UnmapKeyword PortSpec

312. UnmapKeyword ::= "unmap"

313. StartTCStatement ::= ComponentIdentifier Dot StartKeyword "(" FunctionInstance ")"

/* 静态语义——函数实例只可在参数中具有 */

/* 静态语义——函数实例不应具有定时器参数 */

314. StartKeyword ::= "start"

315. StopTCStatement ::= StopKeyword | ComponentIdentifier Dot StopKeyword |
AllKeyword ComponentKeyword Dot StopKeyword

316. ComponentIdentifier ::= VariableRef | FunctionInstance

/* 静态语义——与 VariableRef 关联的变量,或者与 FunctionInstance 关联的 Return 类型应是成分类型的 */

A.1.7.3.5 端口操作

317. Port ::= (PortIdentifier | PortParIdentifier) [ArrayOrBitRef]

318. CommunicationStatements ::= SendStatement |
CallStatement |
ReplyStatement |
RaiseStatement |
ReceiveStatement |
TriggerStatement |
GetCallStatement |
GetReplyStatement |
CatchStatement |
CheckStatement |
ClearStatement |
StartStatement |
StopStatement

319. SendStatement ::= Port Dot PortSendOp

320. PortSendOp ::= SendOpKeyword "(" SendParameter ")" [ToClause]

321. SendOpKeyword ::= "send"

322. SendParameter ::= TemplateInstance

323. ToClause ::= ToKeyword AddressRef

324. ToKeyword ::= "to"

325. AddressRef ::= VariableRef | FunctionInstance

/* 静态语义——VariableRef 和 FunctionInstance 的返回应是地址或成分类型的 */

326. CallStatement ::= Port Dot PortCallOp [PortCallBody]

327. PortCallOp ::= CallOpKeyword "(" CallParameters ")" [ToClause]

328. CallOpKeyword ::= "call"

329. CallParameters ::= TemplateInstance ["," CallTimerValue]

/* 静态语义——只有出参可予以省略或带有匹配属性加以规定 */

330. CallTimerValue ::= TimerValue | NowaitKeyword

/* 静态语义——值应是浮点类型的 */

331. NowaitKeyword ::= "nowait"

332. PortCallBody ::= BeginChar

CallBodyStatementList

EndChar

333. CallBodyStatementList ::= {CallBodyStatement [SemiColon]}+

334. CallBodyStatement ::= CallBodyGuard StatementBlock

335. CallBodyGuard ::= AltGuardChar CallBodyOps

336. CallBodyOps ::= GetReplyStatement | CatchStatement

337. ReplyStatement ::= Port Dot PortReplyOp

338. PortReplyOp ::= ReplyKeyword "(" TemplateInstance [ReplyValue]")" [ToClause]

339. ReplyKeyword ::= "reply"

340. ReplyValue ::= ValueKeyword Expression

341. RaiseStatement ::= Port Dot PortRaiseOp

342. PortRaiseOp ::= RaiseKeyword "(" Signature "," TemplateInstance ")" [ToClause]

343. RaiseKeyword ::= "raise"

344. ReceiveStatement ::= PortOrAny Dot PortReceiveOp

345. PortOrAny ::= Port | AnyKeyword PortKeyword

346. PortReceiveOp ::= ReceiveOpKeyword ["(" ReceiveParameter ")"] [FromClause] [PortRedirect]

/* 静态语义——当 ReceiveParameter 选项也出现时,仅可出现 PortRedirect 选项 */

347. ReceiveOpKeyword ::= "receive"

348. ReceiveParameter ::= TemplateInstance

349. FromClause ::= FromKeyword AddressRef

350. FromKeyword ::= "from"

351. PortRedirect ::= PortRedirectSymbol (ValueSpec [SenderSpec] | SenderSpec)

352. PortRedirectSymbol ::= "->"

353. ValueSpec ::= ValueKeyword VariableRef

354. ValueKeyword ::= "value"

355. SenderSpec ::= SenderKeyword VariableRef

/* 静态语义——变量引用应是地址或成分类型的 */

356. SenderKeyword ::= "sender"

357. TriggerStatement ::= PortOrAny Dot PortTriggerOp

358. PortTriggerOp ::= TriggerOpKeyword ["(" ReceiveParameter ")"] [FromClause] [PortRedirect]

/* 静态语义——当 ReceiveParameter 选项也出现时，仅可出现 PortRedirect 选项 */

359. TriggerOpKeyword ::= "trigger"

360. GetCallStatement ::= PortOrAny Dot PortGetCallOp

361. PortGetCallOp ::= GetCallOpKeyword ["(" ReceiveParameter ")"] [FromClause] [PortRedirectWithParam]

/* 静态语义——当 ReceiveParameter 选项也出现时，仅可出现 PortRedirectWithParam 选项 */

362. GetCallOpKeyword ::= "getcall"

363. PortRedirectWithParam ::= PortRedirectSymbol RedirectSpec

364. RedirectSpec ::= ValueSpec [ParaSpec] [SenderSpec] |

ParaSpec [SenderSpec] |

SenderSpec

365. ParaSpec ::= ParaKeyword ParaAssignmentList

366. ParaKeyword ::= "param"

367. ParaAssignmentList ::= "(" (AssignmentList | VariableList) ")"

368. AssignmentList ::= VariableAssignment {"," VariableAssignment}

369. VariableAssignment ::= VariableRef AssignmentChar ParameterIdentifier

/* 静态语义——parameterIdentifiers 应来自于对应的特征标记定义 */

370. ParameterIdentifier ::= ValueParIdentifier |

TimerParIdentifier |

TemplateParIdentifier |

PortParIdentifier

371. VariableList ::= VariableEntry {"," VariableEntry}

372. VariableEntry ::= VariableRef | NotUsedSymbol

373. GetReplyStatement ::= PortOrAny Dot PortGetReplyOp

374. PortGetReplyOp ::= GetReplyOpKeyword ["(" ReceiveParameter [ValueMatchSpec] ")"]

[FromClause] [PortRedirectWithParam]

/* 静态语义——当 ReceiveParameter 选项也出现时,仅可出现 PortRedirectWithParam 选项 */

375. GetReplyOpKeyword ::= "getreply"

376. ValueMatchSpec ::= ValueKeyword TemplateInstance

377. CheckStatement ::= PortOrAny Dot PortCheckOp

378. PortCheckOp ::= CheckOpKeyword ["(" CheckParameter ")"]

379. CheckOpKeyword ::= "check"

380. CheckParameter ::= CheckPortOpsPresent | FromClausePresent | RedirectPresent

381. FromClausePresent ::= FromClause [PortRedirectSymbol SenderSpec]

382. RedirectPresent ::= PortRedirectSymbol SenderSpec

383. CheckPortOpsPresent ::= PortReceiveOp | PortGetCallOp | PortGetReplyOp | PortCatchOp

384. CatchStatement ::= PortOrAny Dot PortCatchOp

385. PortCatchOp ::= CatchOpKeyword ["("CatchOpParameter ")"] [FromClause] [PortRedirect]

/* 静态语义——当 CatchOpParameter 选项也出现时,仅可出现 PortRedirect 选项 */

386. CatchOpKeyword ::= "catch"

387. CatchOpParameter ::= Signature "," TemplateInstance | TimeoutKeyword

388. ClearStatement ::= PortOrAll Dot PortClearOp

389. PortOrAll ::= Port | AllKeyword PortKeyword

390. PortClearOp ::= ClearOpKeyword

391. ClearOpKeyword ::= "clear"

392. StartStatement ::= PortOrAll Dot PortStartOp

393. PortStartOp ::= StartKeyword

394. StopStatement ::= PortOrAll Dot PortStopOp

395. PortStopOp ::= StopKeyword

396. StopKeyword ::= "stop"

397. AnyKeyword ::= "any"

A.1.7.3.6 定时器操作

398. TimerStatements ::= StartTimerStatement | StopTimerStatement | TimeoutStatement
399. TimerOps ::= ReadTimerOp | RunningTimerOp
400. StartTimerStatement ::= TimerRef Dot StartKeyword ["(" TimerValue ")"]
401. StopTimerStatement ::= TimerRefOrAll Dot StopKeyword
402. TimerRefOrAll ::= TimerRef | AllKeyword TimerKeyword
403. ReadTimerOp ::= TimerRef Dot ReadKeyword
404. ReadKeyword ::= "read"
405. RunningTimerOp ::= TimerRefOrAny Dot RunningKeyword
406. TimeoutStatement ::= TimerRefOrAny Dot TimeoutKeyword
407. TimerRefOrAny ::= TimerRef | AnyKeyword TimerKeyword
408. TimeoutKeyword ::= "timeout"

A.1.7.4 类型

409. Type ::= PredefinedType | ReferencedType
410. PredefinedType ::= BitStringKeyword |
BooleanKeyword |
CharStringKeyword |
UniversalCharString |
CharKeyword |
UniversalChar |
IntegerKeyword |
OctetStringKeyword |
ObjectIdentifierKeyword |
HexStringKeyword |
VerdictTypeKeyword |
FloatKeyword |
AddressKeyword |
DefaultKeyword |
AnyTypeKeyword
411. BitStringKeyword ::= "bitstring"
412. BooleanKeyword ::= "boolean"
413. IntegerKeyword ::= "integer"
414. OctetStringKeyword ::= "octetstring"
415. ObjectIdentifierKeyword ::= "objid"
416. HexStringKeyword ::= "hexstring"
417. VerdictTypeKeyword ::= "verdicttype"
418. FloatKeyword ::= "float"
419. AddressKeyword ::= "address"
420. DefaultKeyword ::= "default"
421. AnyTypeKeyword ::= "anytype"

422. CharStringKeyword ::= "charstring"
423. UniversalCharString ::= UniversalKeyword CharStringKeyword
424. UniversalKeyword ::= "universal"
425. CharKeyword ::= "char"
426. UniversalChar ::= UniversalKeyword CharKeyword
427. ReferencedType ::= [GlobalModuleId Dot] TypeReference [ExtendedFieldReference]
428. TypeReference ::= StructTypeIdentifier[TypeActualParList] |
EnumTypeIdentifier |
SubTypeIdentifier |
ComponentTypeIdentifier
429. TypeActualParList ::= "(" TypeActualPar {"," TypeActualPar} ")"
430. TypeActualPar ::= ConstantExpression
431. ArrayDef ::= {"[" ArrayBounds [".." ArrayBounds] "]"}+
432. ArrayBounds ::= SingleConstExpression
/* 静态语义——ArrayBounds 将解析到整型的非负值 */

A.1.7.5 值

433. Value ::= PredefinedValue | ReferencedValue
434. PredefinedValue ::= BitStringValue |
BooleanValue |
CharStringValue |
IntegerValue |
OctetStringValue |
ObjectIdentifierValue |
HexStringValue |
VerdictTypeValue |
EnumeratedValue |
FloatValue |
AddressValue |
OmitValue
435. BitStringValue ::= Bstring
436. BooleanValue ::= "true" | "false"
437. IntegerValue ::= Number
438. OctetStringValue ::= Ostring
439. ObjectIdentifierValue ::= ObjectIdentifierKeyword "{" ObjIdComponentList "}"
/* ReferencedValue 应是类型对象标识符性质的 */
440. ObjIdComponentList ::= {ObjIdComponent}+
441. ObjIdComponent ::= NameForm |
NumberForm |
NameAndNumberForm
442. NumberForm ::= Number | ReferencedValue
/* 静态语义——referencedValue 应是整型的且具有非负值 */
443. NameAndNumberForm ::= Identifier "(" NumberForm ")"

444. NameForm ::= Identifier

445. HexStringValue ::= Hstring

446. VerdictTypeValue ::= "pass" | "fail" | "inconc" | "none" | "error"

447. EnumeratedValue ::= EnumerationIdentifier

448. CharStringValue ::= Cstring | Quadruple

449. Quadruple ::= CharKeyword "(" Group "," Plane "," Row "," Cell ")"

450. Group ::= Number

451. Plane ::= Number

452. Row ::= Number

453. Cell ::= Number

454. FloatValue ::= FloatDotNotation | FloatENotation

455. FloatDotNotation ::= Number Dot DecimalNumber

456. FloatENotation ::= Number [Dot DecimalNumber] Exponential [Minus] Number

457. Exponential ::= "E"

458. ReferencedValue ::= ValueReference [ExtendedFieldReference]

459. ValueReference ::= [GlobalModuleId Dot] (ConstIdentifier | ExtConstIdentifier) |
ValueParIdentifier |
ModuleParIdentifier |
VarIdentifier

460. Number ::= (NonZeroNum {Num}) | "0"

461. NonZeroNum ::= "1" | "2" | "3" | "4" | "5" | "6" | "7" | "8" | "9"

462. DecimalNumber ::= {Num}+

463. Num ::= "0" | NonZeroNum

464. Bstring ::= "'" {Bin} "'" "B"

465. Bin ::= "0" | "1"

466. Hstring ::= "'" {Hex} "'" "H"

467. Hex ::= Num | "A" | "B" | "C" | "D" | "E" | "F"| "a" | "b" | "c" | "d" | "e" | "f"

468. Ostring ::= "'" {Oct} "'" "O"

469. Oct ::= Hex Hex

470. Cstring ::= """ {Char} """

471. Char ::= /* 参考——由相关的 CharacterString 类型所定义的一个字符。对于字符串，字符来自 ISO/IEC 10646 中定义的该字符集。对于通用字符串类型，字符来自 ISO/IEC 10646 中定义的任一字符集。*/

472. Identifier ::= Alpha{AlphaNum | Underscore}

473. Alpha ::= UpperAlpha | LowerAlpha

474. AlphaNum ::= Alpha | Num

475. UpperAlpha ::= "A" | "B" | "C" | "D" | "E" | "F" | "G" | "H" | "I" | "J" | "K" | "L" | "M" | "N" | "O" | "P" | "Q" | "R" | "S" | "T" | "U" | "V" | "W" | "X" | "Y" | "Z"

476. LowerAlpha ::= "a" | "b" | "c" | "d" | "e" | "f" | "g" | "h" | "i" | "j" | "k" | "l" | "m" | "n" | "o" | "p" | "q" | "r" | "s" | "t" | "u" | "v" | "w" | "x" | "y" | "z"

477. ExtendedAlphaNum ::= /* 引用——图形字符来自 ISO/IEC 10646 基本拉丁字符集或来自拉丁-1 补充字符集(从字符(0,0,0,33)到字符(0,0,0,126)，从字符 (0,0,0,161)到字符(0,0,0,172)以及从字符(0,0,0,174)到字符(0,0,0,255) */

478. FreeText ::= """ {ExtendedAlphaNum} """
479. AddressValue ::= "null"
480. OmitValue ::= OmitKeyword
481. OmitKeyword ::= "omit"

A.1.7.6 参数化

482. InParKeyword ::= "in"
483. OutParKeyword ::= "out"
484. InOutParKeyword ::= "inout"
485. FormalValuePar ::= [(InParKeyword | InOutParKeyword | OutParKeyword)] Type ValueParIdentifier
486. ValueParIdentifier ::= Identifier
487. FormalPortPar ::= [InOutParKeyword] PortTypeIdentifier PortParIdentifier
488. PortParIdentifier ::= Identifier
489. FormalTimerPar ::= [InOutParKeyword] TimerKeyword TimerParIdentifier
490. TimerParIdentifier ::= Identifier
491. FormalTemplatePar ::= [InParKeyword] TemplateKeyword Type TemplateParIdentifier
492. TemplateParIdentifier ::= Identifier

A.1.7.7 With 语句

493. WithStatement ::= WithKeyword WithAttribList
494. WithKeyword ::= "with"
495. WithAttribList ::= "{" MultiWithAttrib "}"
496. MultiWithAttrib ::= {SingleWithAttrib [SemiColon]}+
497. SingleWithAttrib ::= AttribKeyword [OverrideKeyword] [AttribQualifier] AttribSpec
498. AttribKeyword ::= EncodeKeyword |
VariationKeyword |
DisplayKeyword |
ExtensionKeyword
499. EncodeKeyword ::= "encode"
500. VariationKeyword ::= "variant"
501. DisplayKeyword ::= "display"
502. ExtensionKeyword ::= "extension"
503. OverrideKeyword ::= "override"
504. AttribQualifier ::= "(" DefOrFieldRefList ")"
505. DefOrFieldRefList ::= DefOrFieldRef {"," DefOrFieldRef}
506. DefOrFieldRef ::= DefinitionRef | FieldReference | AllRef | PredefinedType
/* 静态语义——DefOrFieldRef 应引用模块、组或与 with 语句关联的定义中的定义或字段 */
507. DefinitionRef ::= StructTypeIdentifier |
EnumTypeIdentifier |
PortTypeIdentifier |
ComponentTypeIdentifier |
SubTypeIdentifier |

ConstIdentifier |
TemplateIdentifier |
AltstepIdentifier |
TestcaseIdentifier |
FunctionIdentifier |
SignatureIdentifier |
VarIdentifier |
TimerIdentifier |
PortIdentifier |
ModuleParIdentifier |
FullGroupIdentifier

508. AllRef ∷= (GroupKeyword AllKeyword [ExceptKeyword BeginChar GroupRefList EndChar]) |
(TypeDefKeyword AllKeyword [ExceptKeyword BeginChar TypeRefList] EndChar)
|
(TemplateKeyword AllKeyword [ExceptKeyword BeginChar TemplateRefList] EndChar)
|
(ConstKeyword AllKeyword [ExceptKeyword BeginChar ConstRefList] EndChar)
|
(AltstepKeyword AllKeyword [ExceptKeyword BeginChar AltstepRefList] EndChar)
|
(TestcaseKeyword AllKeyword [ExceptKeyword BeginChar TestcaseRefList] EndChar) |
(FunctionKeyword AllKeyword [ExceptKeyword BeginChar FunctionRefList] EndChar) |
(SignatureKeyword AllKeyword [ExceptKeyword BeginChar SignatureRefList] EndChar) |
(ModuleParKeyword AllKeyword [ExceptKeyword BeginChar ModuleParRefList] EndChar)

509. AttribSpec ∷= FreeText

A.1.7.8 行为语句

510. BehaviourStatements ∷= TestcaseInstance |
FunctionInstance |
ReturnStatement |
AltConstruct |
InterleavedConstruct |
LabelStatement |
GotoStatement |
RepeatStatement |
DeactivateStatement |
AltstepInstance

/* 静态语义——不应从一个现有的正在执行的测试用例或测试用例中所调用的函数链中调用 TestcaseInstance,即只能从控制部分或从控制部分直接调用的函数中例示测试用例 */

511. VerdictStatements ∷= SetLocalVerdict

512. VerdictOps ∷= GetLocalVerdict

513. SetLocalVerdict ::= SetVerdictKeyword "(" SingleExpression ")"
/* 静态语义——SingleExpression 应解析到一个判定类型的值 */

/* 静态语义——SetLocalVerdict 不应用来赋 error 值 */
514. SetVerdictKeyword ::= "setverdict"
515. GetLocalVerdict ::= "getverdict"
516. SUTStatements ::= ActionKeyword "(" (FreeText | TemplateRefWithParList) ")"
517. ActionKeyword ::= "action"
518. ReturnStatement ::= ReturnKeyword [Expression]
519. AltConstruct ::= AltKeyword BeginChar AltGuardList EndChar
520. AltKeyword ::= "alt"
521. AltGuardList ::= {GuardStatement [SemiColon]}+ [ElseStatement [SemiColon]]
522. GuardStatement ::= AltGuardChar (AltstepInstance | GuardOp StatementBlock)
523. ElseStatement ::= "["ElseKeyword "]" StatementBlock
524. AltGuardChar ::= "[" [BooleanExpression] "]"
525. GuardOp ::= TimeoutStatement |
ReceiveStatement |
TriggerStatement |
GetCallStatement |
CatchStatement |
CheckStatement |
GetReplyStatement |
DoneStatement
/* 静态语义——GuardOp 用在模块控制部分之内。仅可包含 timeoutStatement */
526. InterleavedConstruct ::= InterleavedKeyword BeginChar InterleavedGuardList EndChar
527. InterleavedKeyword ::= "interleave"
528. InterleavedGuardList ::= {InterleavedGuardElement [SemiColon]}+
529. InterleavedGuardElement ::= InterleavedGuard InterleavedAction
530. InterleavedGuard ::= "[" "]" GuardOp
531. InterleavedAction ::= StatementBlock
/* 静态语义——StatementBlock 可以不包含 loop 语句、跳转(goto)、激活(activate)、去激活(deactivate)、停止(stop)、返回(return)或对函数的调用 */
532. LabelStatement ::= LabelKeyword LabelIdentifier
533. LabelKeyword ::= "label"
534. LabelIdentifier ::= Identifier
535. GotoStatement ::= GotoKeyword LabelIdentifier
536. GotoKeyword ::= "goto"
537. RepeatStatement ::= "repeat"
538. ActivateOp ::= ActivateKeyword "(" AltstepInstance ")"
539. ActivateKeyword ::= "activate"
540. DeactivateStatement ::= DeactivateKeyword ["(" Expression ")"]
/* 静态语义——表达式应就默认类型求值 */
541. DeactivateKeyword ::= "deactivate"

A.1.7.9 基本语句

542. BasicStatements ::= Assignment | LogStatement | LoopConstruct | ConditionalConstruct

543. Expression ::= SingleExpression | CompoundExpression

/* 静态语义——Expression 不应包含模块控制部分内的配置、激活操作或判定操作 */

544. CompoundExpression ::= FieldExpressionList | ArrayExpression

/* 静态语义——在 CompoundExpression 内,ArrayExpression 能用于 Arrays、record、record of 和 set of 类型 */

545. FieldExpressionList ::= "{" FieldExpressionSpec {"," FieldExpressionSpec} "}"

546. FieldExpressionSpec ::= FieldReference AssignmentChar Expression

547. ArrayExpression ::= "{" [ArrayElementExpressionList] "}"

548. ArrayElementExpressionList ::= NotUsedOrExpression {"," NotUsedOrExpression}

549. NotUsedOrExpression ::= Expression | NotUsedSymbol

550. ConstantExpression ::= SingleConstExpression | CompoundConstExpression

551. SingleConstExpression ::= SingleExpression

/* 静态语义——SingleConstExpression 不应包含 Variables(变量)或 Module(模块)参数,而应在编译时解析到一个常量值 */

552. BooleanExpression ::= SingleExpression

/* 静态语义——BooleanExpression 应解析到一个布尔类型的值 */

553. CompoundConstExpression ::= FieldConstExpressionList | ArrayConstExpression

/* 静态语义——在 CompoundConstExpression 内, ArrayConstExpression 能用于 Arrays、record、record of 和 set of 类型 */

554. FieldConstExpressionList ::= "{" FieldConstExpressionSpec {"," FieldConstExpression-Spec} "}"

555. FieldConstExpressionSpec ::= FieldReference AssignmentChar ConstantExpression

556. ArrayConstExpression ::= "{" [ArrayElementConstExpressionList] "}"

557. ArrayElementConstExpressionList ::= ConstantExpression {"," ConstantExpression}

558. Assignment ::= VariableRef AssignmentChar Expression

/* 操作语义——赋值的 RHS 上的表达式应就 LHS 类型的一个显式值求值 */

559. SingleExpression ::= SimpleExpression {LogicalOp SimpleExpression}

/* 操作语义——当 SimpleExpressions 和 LogicalOp 都存在时,SimpleExpressions 应取就兼容类型的特定值求值 */

560. SimpleExpression ::= ["not"] SubExpression

/* 操作语义——not 运算符的操作数应是布尔类类型(TTCN 或 ASN.1)或是布尔类型的派生类型 */

561. SubExpression ::= PartialExpression [RelOp PartialExpression]

/* 操作语义——如果 PartialExpressions 和 RelOp 都存在,那么 PartialExpressions 应取可兼容类型的特定的值 */

/* 操作语义——如果 RelOp 是"<"|">"|">="|"<="那么每个 SubExpression 应取一个特定的整型、枚举或浮点类型值(这些值既可以是 TTCN 值也可以是 ASN.1 值 values) */

562. PartialExpression ::= Result [ShiftOp Result]

/* 操作语义——每个结果应解析到一个特定的值。如果存在多个结果,右手边的操作数应是整型,且如果 shift op 是"<<"或">>",那么右手的操作数应解析为一个 bitstring、hexstring 或 octetstring 类型。如果 shift op 是"<@"或"@>",那么左手边的操作数应是 bitstring、hexstring、charstring 或 universal charstring 类型 */

563. Result ::= SubResult {BitOp SubResult}

/* 操作语义——If both SubResults and the BitOp exist then the SubResults shall evaluate to specific values of compatible types */

564. SubResult ::= ["not4b"] Product

/* 操作语义——如果 not4b 运算符存在,那么操作数应是 bitstring/octetstring 或 hexstring 类型 */

565. Product ::= Term {AddOp Term}

/* 操作语义——每个 Term 应解析到一个特定的值。如果存在多个 Term 而且 AddOp 解析到 StringOp,那么 terms 应解析到 shall bitstring、hexstring、octetstring、charstring 或 universal charstring 类型相同的类型。如果多个 Term 存在且 AddOp 不解析到 StringOp,那么 Terms 应解析到整型或浮点类型。shall both resolve to type integer or float. */

566. Term ::= Factor {MultiplyOp Factor}

/* 操作语义——每个 Factor 应解析到一个特定的值。如果多个 Factor 存在,那么 Factors 应解析到整型或浮点类型。*/

567. Factor ::= [UnaryOp] Primary

/* 操作语义——Primary 应解析到一个特定的值。如果 UnaryOp 存在且不是"not",那么 Primary 应解析到布尔类型。如果 UnaryOp 是"+"或"-",那么 Primary 应解析到整型或浮点类型。如果 UnaryOp 是 not4b,那么 Primary 应解析到 bitstring、hexstring 或 octetstring 类型 */

568. Primary ::= OpCall | Value | "(" SingleExpression ")"

569. ExtendedFieldReference ::= {(Dot (StructFieldIdentifier | ArrayOrBitRef | TypeDefIdentifier)) | ArrayOrBitRef}+

/* 操作语义——仅当使用 ExtendedFieldReference 的 VarInstance 或 ReferencedValue 类型是 anytype 类型,应使用 TypeDefIdentifier */

570. OpCall ::= ConfigurationOps |
 VerdictOps |
 TimerOps |
 TestcaseInstance |
 FunctionInstance |
 TemplateOps |
 ActivateOp

571. AddOp ::= "+" | "-" | StringOp

/* 操作语义——"+"或"-"运算符的操作数应是整型或浮点型(即 TTCN 或 ASN.1 预定义类型)或整型或浮点型的派生类型(即子类型)) or derivations of integer or float (i.e., subrange) */

572. MultiplyOp ::= "*" | "/" | "mod" | "rem"

/* 操作语义——"*"、"/"、rem 或 mod 运算符的运算符应是整型或浮点型(即 TTCN 或 ASN.1 预定义类型)或整型或浮点型的派生类型(即子类型)) or derivations of integer or float (i.e., subrange) */

573. UnaryOp ::= "+" | "-"

/* 操作语义——"+"或"-"运算符的操作数应是整型或浮点型(即 TTCN 或 ASN.1 预定义类型)或整型或浮点型的派生类型(即子类型)) or derivations of integer or float (i.e., subrange) */

574. RelOp ::= "==" | "<" | ">" | "!=" | ">=" | "<="

/* 操作语义——运算符的优先权在表 7 中定义 */

575. BitOp ::= "and4b" | "xor4b" | "or4b"

/＊ 操作语义——and4b、or4b 或 xor4b 运算符的操作数应是 bitstring、hexstring 或 octetstring 类型(TTCN 或 ASN.1)或这些类型的派生类型 ＊/

576. LogicalOp ::= "and" | "xor" | "or"

/＊ 操作语义——and 或 xor 应是布尔类型(TTCN 或 ASN.1)或是布尔类型的派生类型 ＊/

/＊ 操作语义——运算符的优先权在表 7 中定义 ＊/

577. StringOp ::= "&"

/＊ 操作语义——串运算符的操作数应是 bitstring, hexstring、octetstring 或 character string 类型 ＊/

578. ShiftOp ::= "〈〈" | "〉〉" | "〈@" | "@〉"

579. LogStatement ::= LogKeyword "(" [FreeText] ")"

580. LogKeyword ::= "log"

581. LoopConstruct ::= ForStatement |
WhileStatement |
DoWhileStatement

582. ForStatement ::= ForKeyword "(" Initial SemiColon Final SemiColon Step ")"
StatementBlock

583. ForKeyword ::= "for"

584. Initial ::= VarInstance | Assignment

585. Final ::= BooleanExpression

586. Step ::= Assignment

587. WhileStatement ::= WhileKeyword "(" BooleanExpression ")"
StatementBlock

588. WhileKeyword ::= "while"

589. DoWhileStatement ::= DoKeyword StatementBlock
WhileKeyword "(" BooleanExpression ")"

590. DoKeyword ::= "do"

591. ConditionalConstruct ::= IfKeyword "(" BooleanExpression ")"
StatementBlock
{ElseIfClause}[ElseClause]

592. IfKeyword ::= "if"

593. ElseIfClause ::= ElseKeyword IfKeyword "(" BooleanExpression ")" StatementBlock

594. ElseKeyword ::= "else"

595. ElseClause ::= ElseKeyword StatementBlock

A.1.7.10 其他产生式

596. Dot ::= "."

597. Dash ::= "-"

598. Minus ::= Dash

599. SemiColon ::= ";"

600. Colon ::= ":"

601. Underscore ::= "_"

602. BeginChar ::= "{"

603. EndChar ::= "}"

604. AssignmentChar ::= ":="

附 录 B
（规范性附录）
匹 配 入 值

B.1 模板匹配机制

B.1.1 概述

本附录规定了可以用在 TTCN-3 模板中的匹配机制(且仅用于模板中)。

B.1.2 匹配特定值

特定的值是 TTCN-3 模板的基本匹配机制。模板中的特定值是不包含任意匹配机制或通配符的表达式。除非描述了另外的匹配机制，否则当且仅当引入字段值具有与模板中表达式取值相同的精确值，模板字段匹配相应的引入字段值。

示例：

```
// 给定消息类型定义
type record MyMessageType
{
    integer field1,
    charstring field2,
    boolean field3 optional ,
    integer[4]field4
}
// 使用特定值的消息模板可以是
template MyMessageType MyTemplate:=
{
    field1 := 3+2,              // 整型的特定值
    field2 := "My string",  // 字符串类型的特定值
    field3 := true,             // 布尔类型的特定值
    field4 := {1,2,3}       // 整型数组的特定值
}
```

B.1.2.1 值的省略

关键字 omit 表示一个可选的模板字段应忽略，倘若模板字段是可选的，那它可以用于全部类型的值。

示例：

```
template Mymessage MyTemplate:=
{   :
    :
    field3 := omit ,     // 省略该字段
    :
}
```

B.1.3 代替值的匹配机制

B.1.3.1 概述

下面的匹配机制可以用来代替精确的值。

B.1.3.2 值清单

值清单规定了可接受的引入值的清单，它可以用于全部类型的值。当且仅当引入字段值匹配值清单中的任意值时，使用一个值清单的模板的字段匹配相应的引入字段。在值清单中的每个字段应与使用这个匹配机制的模板字段中声明的类型一样的类型。

示例：

```
template Mymessage MyTemplate:=
{
    field1 := (2,4,6),             // 整型值清单
    field2 := ("String1", "String2"),  // 字符串值清单
    :
    :
}
```

B.1.3.3 值清单的补集

关键字 complement 表示不作为入值被接受的值清单(即是值清单的补集)。它可以用于全部类型的所有值。

清单中的每个值应使用补集的模板字段的声明的类型。当且仅当引入字段不匹配值清单中列出的任意值时，使用补集的模板字段匹配相应的引入字段。当然，值清单可以时一个单个的值。

示例：

```
template Mymessage MyTemplate:=
{
    complement (1,3,5),  // 不可接收的整型值清单
    :
    field3 not(true)            // 将匹配false
    :
}
```

B.1.3.4 任一值

匹配符"?"用来指明任何有效的来值都是可接受的，能用在全部类型的值上。当且仅当引入字段取特定类型的一个单个值时，使用任意值机制的模板字段匹配相应的引入字段。

示例：

```
template Mymessage MyTemplate:=
{
    field1 := ?,  // 将匹配任意的整型 r
    field2 := ?,  // 将匹配任意的非空字符串值
    field3 := ?,  // 将匹配 true 或 false
    field4 := ?        // 将匹配整型的任意序列。
}
```

B.1.3.5 任一值或空

用匹配符号" * "(AnyValueOrNone)来指明任意可接收有效的引入值，包括那些值的省略。如果声明模板字段为可选的，那么它可以用于全部类型的值。

当且仅当引入字段取值为指定类型的任意元素或引入字段被省略掉了，使用这个符号的模板字段匹配相应的引入字段。

示例：

```
template Mymessage MyTemplate：=
{  ：
    field3 ：=  *，   // 将匹配 true、flase 或省略字段
    ：
}
```

B.1.3.6 值域

当使用整型或浮点型(整型或浮点型的子类型)时，值域指明可接受值的有界范围。一个有界的值应是：

a) 无穷大或负无穷大；

b) 取值为特定的整型或浮点型值的表达式。

下界应放在值域的左边，上界放在右边，且下界应小于上界。当且仅当引入字段的值等于值域内的一个值的时候，使用值域的模板字段匹配相应的引入字段。

当边界用在 char、universal char、charstring 或 universal charstring 类型模板或模板字段中的时候，边界应根据类型的编码字符集表取有效的字符位置(例如给定的位置不能是空)。上下界之间的空位置被认为不是特定值域的有效值。

示例：

```
template Mymessage MyTemplate：=
{
    field1 ：= (1 ..6)，  // 整型的值域
    ：
    ：
    ：
}
// field1 的其他条目可以是(-infinity 到 8)或(12 到 infinity )
```

B.1.3.7 超集

超集(SuperSet)是仅用于匹配 set of 类型值的一个操作，超集用关键字 superset 标识。当且仅当引入字段包含定义在超集中的所有元素至少一次(可以多次)时，超集匹配相应的引入字段。超集参数的类型应是使用超集机制的字段声明的类型。

示例：

```
type set of integer MySetOfType；
template MySetOfType MyTemplate1 ：= superset (1，2，3)；
// 匹配包含任意顺序和位置的 1、2 和 3 至少一次的任意整数序列
```

B.1.3.8 子集

subset 是仅用于匹配set of 类型值的一个操作，子集用关键字subset 标识。

当且仅当引入字段包含定义在子集中的所有元素至多一次时，子集匹配相应的引入字段。子集参数的类型应是使用子集机制的字段声明的类型。

示例：

```
template MySetOfType MyTemplate1：= subset (1，2，3)；
// 匹配包含任意顺序和位置的 1、2 和 3 至多一次的任意整数序列
```

B.1.4 值内的匹配机制

B.1.4.1 概述

下面的匹配机制可以用在 string、record、record of、set、set of 和 array 类型的精确值中。

B.1.4.2 任一元素

用匹配符号“?”(*AnyElement*)来指示该符号可以代替一个串(除了字符串以外)、一个 record of、一个set of 或一个数组。它应仅用于串类型、record of 类型、set of 类型或数组类型值中。

示例:

```
template Mymessage MyTemplate:=
{   :
    field2 := "abcxyz",
    field3 := '10???'B,   // 每个“?”可以是 0 或 1
    field4 := {1, ?, 3}   // ? 可以是任意整型值
}
```

“?”在 field4 中可以被解释为任意整型的 *AnyValue*,或是 record of、set of 或数组的任意元素,因此上面的所有解释都将导致相同的匹配而不会引起问题。

B.1.4.2.1 使用单一字符通配符

如果在字符串中使用通配符“?”它应使用字符模式。例如,“abcdxyz”、“abccxyz”和“abcxxyz”都与模式“abc? xyz”匹配。然而,“abcxyz”和“abcdefxyz”并不与模式“abc? xyz”匹配。

B.1.4.3 任一数目的元素或无元素

匹配符“ * ”用来表示代替任意数目的连续的 string(不包括字符串)、record、record of、set、set of 和 array 类型元素。“ * ”符号根据其前后的模式来匹配尽可能长的元素序列。

示例:

```
template Mymessage MyTemplate:=
{   :
    field2 := "abcxyz",
    field3 := '10*11'B,   //   “*”可以是任意位序列(可以为空)
    field4 := {*, 2, 3}   //“*”可以是任意数目的整数,或被省略
}
var charstring MyStrings[4];
MyPCO.receive (MyStrings:{"abyz", *, "abc"});
```

如果“ * ”出现在 string、record、record of、set、set of 和数组的最高层,那么它应被解释为 AnyElementsOrNone。

注:这个规则避免了“ * ”作为 *AnyValueOrNone* 另一种可能的解释,即代替 string、record、record of、set、set of 和 array 中一个元素的任意值或空。

B.1.4.3.1 使用多个字符通配符

如果在字符串中使用通配符“ * ”那么应使用字符模式。例如,“abcxyz”、“abcdefxyz”和“abcabcxyz”等与pattern “abc * xyz”匹配。

B.1.5 匹配值的属性

B.1.5.1 概述

下面的属性可以与匹配机制相关。

B.1.5.2 长度限制

长度限制属性用来限制串值的长短以及set of、record of 和数组结构的元素个数。它应仅用作下面

机制的一个属性：Complement、*AnyValue*、*AnyValueOrNone*、*AnyElement* 和 *AnyElementsOrNone*。它也可以与 ifpresent 属性结合使用。length 的句法见 7.3.4 和 7.4.4。

在串值的情况下，根据本部分的表 4 定义解释长度的单位。对于set of、record of 类型和数组类型，其长度单位是重复类型。界限应由解析为特定的非负整型值的表达式指定。换句话说，可以使用关键字infinity 来表示没有长度上限。

模板的长度说明不应与相应类型的长度限制（如果有）矛盾。当且仅当引入字段匹配该符号以及相关的属性的时候，使用长度作为符号的一个属性的模板字段才与相应的引入字段相匹配。如果引入字段的长度大于或等于指定的下限且小于或等于指定的上限，则长度属性匹配。仅有一个长度值的时候，只有接收到的字段的长度精确等于指定值的时候长度属性才匹配。

对于被省略了的字段，总是认为长度属性匹配（即带有 omit 是冗余的）。如果带有 AnyValueOrNone 和ifpresent，则给引入字段加了一个限制。

示例：

```
template Mymessage MyTemplate:=
{
    field1 := complement (4,5) length (1 ..6),   // 与(1,2,3,6) 相同
    field2 := "ab * ab" length (13)              // AnyElementsOrNone 串的最大长度是 9 个字符
    :
}
```

B.1.5.3 IfPresent 指示符

如果存在一个可选的字段的话，ifpresent 表示可以做一个匹配（即不省略）。如声明该类型是可选的话，这个属性可以与所有匹配机制一起使用。

当且仅当引入字段与使用 ifpresent 的模板字段匹配或引入字段为空的时候，该模板字段匹配相应的引入字段。

示例：

```
template Mymessage:MyTemplate:=
{   :
    field2 := "abcd" ifpresent , // 如果没有被省略，则匹配"abcd"
    :
    :
}
```

注：*AnyValueOrNone* 与？ifpresent 的含义一样。

B.1.6 匹配字符模式

B.1.6.1 概述

字符模式可以用在模板中来定义需要接收的字符串的格式。字符模式可以用来匹配charstring 和 universal charstring 类型值。除了文字字符外，字符模式语序元字符“?”和“ * ”的使用，用它们分别表示任意字符或任意数目的字符。

示例 1：

```
template charstring MyTemplate:= pattern "ab?? xyz * ";
```

这个模板可以匹配这样的字符串，由“ab”开始，之后接任意两个字符，之后再接字符“xyz”，之后接任意数目的字符。

如果要逐字地解释任意元字符，应在其前使用元字符“\”。

示例 2:

template charstring MyTemplate:= pattern "ab? \? xyz * ";

这个模板可以匹配这样的字符串,由"ab"开始,之后接任意字符,之后再接字符"? xyz",之后接任意数目的字符。

用于 TTCN-3 模式的元字符清单见表 B.1。

表 B.1 TTCN-3 模式元字符清单

元　字　符	描　　述
?	匹配任意字符
*	匹配任意字符零或多次
\	导致下面的元字符解释为一个文字(见下面注释)
[ ]	匹配指定结合中的任意字符,详见附录 B.1.6.2
-	仅在方括号"["和"]"可用,并允许描述一定范围的字符,相见 B.1.6.2
^	仅在方括号"["和"]"可用,导致匹配这个字符后面的字符集的补集中任意字符,详见 B.1.6.2
\q{group, plane, row, cell}	匹配四元组描述的通用字符
{reference}	插入定义串的引用用户,并把它解释为一个正则表达式,详见 B.1.6.3
\d	匹配任意数字位(等价于[0-9])
\w	匹配任意文字数字的字符(等价于[0-9a-zA-Z])
\t	匹配 C0 控制字符 HT(见 GB/T 5261—1994)
\n	匹配 C0 控制字符 LF(见 GB/T 5261—1994)
\r	匹配 C0 控制字符 CR(见 GB/T 5261—1994)
\"	匹配双引号
|	用来表示两个可选的表达式
( )	用来给一个表达式建组
#(n, m)	匹配前面的表达式至少 n 次,但是不能多于 m 次,详见 B.1.6.4
注:因此,反斜号字符可以用一对其间不带空格的反斜号(\\)来匹配。	

B.1.6.2 设置表达式

设置表达式使用'[" "]'符号分隔。除了字符文字,可以使用分隔符"-"来描述字符范围。也可以通过在方括号后的第一个字符前放置"^"来对设置表达式进行取反。

示例:

template charstring RegExp1:= pattern '[a-z]'; // 将匹配从 a 到 z 的任意字符

template charstring RegExp2:= pattern '[^a-z]'; // 将匹配除 a 到 z 外的任意字符

template charstring RegExp3:= pattern '[A-E][0-9][0-9][0-9]YKE';

// RegExp3 将匹配以 A 到 E 之间字符开始后接三个数字位以及字母 YKE 的字符串

B.1.6.3 引用表达式

除了直接的串值,也可以在模式语句内使用对存在的模板、常量或变量的引用。引用用'{" "}'字符括起来,这个引用应解析到字符串类型之一。

示例:

```
const charstring MyString:= "ab?";
template charstring MyTemplate:= pattern '{MyString}';
```

这个模板会匹配包含字符“ab”且其后紧接任意字符的任意字符串。实际上,显式或通过引用来接在关键字 pattern 后的任意字符串将按照本条中定义的规则解释。

```
template universal charstring MyTemplate1:= pattern '{MyString}de\q{1, 1, 13, 7}';
```

这个模板会匹配这样的任意字符串,以字符“ab”开始,后面接任意字符,再后面接字符“de”,最后接 ISO 10646-1 中定义的字符(1,1,65,7),即字符的 group=1,plane=1,row=65,cell=7。

B.1.6.4 匹配表达式 n 次

使用'#(n, m)'来说明应匹配前面的表达式多次,这表示应至少匹配前面的表达式 n 次,但是不能多于 m 次。

示例:

```
template charstring RegExp4:= pattern '[a-z]#(9, 11)';    // 至少匹配字符从 a 到 z9 次,但是不能多于 11 次
template charstring RegExp5:= pattern '[a-z]#(9)';        // 精确地匹配字符从 a 到 z9 次
template charstring RegExp6:= pattern '[a-z]#(9,)';       // 至少匹配字符从 a 到 z9 次
template charstring RegExp7:= pattern '[a-z]#(, 11)';  ..............// 匹配字符从 a 到 z 不多于 11 次
```

附 录 C
（规范性附录）
TTCN-3 预定义函数

C.1 概述

本附录定义了 TTCN-3 预定义函数。

C.2 Integer 到 character

int2char (integer value) return char

该函数把一个 0～127(8 位编码)之间的整数转换为一个 GB/T 1988—1998 中的字符值。这个整型值描述这个字符的 8 位编码。

如果这个参数值是负数或大于 127 的整数,则函数返回－1。

C.3 Character 到 integer

char2int (char value) return integer

该函数把 GB/T 1988—1998 中的一个字符值转换为一个 0～127 之间的整型值,这个整数值描述了这个字符的 8 位编码。

C.4 Integer 到 universal character

int2unichar (integer value) return universal char

该函数把 0～2 147 483 647(32 位编码)范围内的一个整型值转换为一个 ISO/IEC 10646 中的字符值,这个整型值描述了这个字符的 32 位编码。

如果参数值是一个负数或大于 2 147 483 647,则函数返回四元组(255, 255, 255, 255)。

C.5 Universal character 到 integer

unichar2int (universal char value) return integer

该函数把 ISO/IEC 10646 中的一个通用字符值转换为 0～2 147 483 647 范围中的一个整型值。这个整型值描述该字符的 32 位编码。

C.6 Bitstring 到 integer

bit2int (bitstring value) return integer

该函数把一个 bitstring 值转换为一个 integer 值。

出于转换的目的,一个位串应被解释做基数为 2 的正整数值。最右边的位为最低位,最左边的位为最高位,位的 0 和 1 分别表示十进制的 0 和 1。

C.7 Hexstring 到 integer

hex2int (hexstring value) return integer

该函数把一个 hexstring 值转换位一个单一的整型值。

出于转换的目的,一个十六进制串应被解释位以 16 位基数的正整数值。最右边的十六进制位为最低位,最左边的十六进制位为最高位,十六进制数字 0～F 分别表示十进制值 0～15。

C.8 Octetstring 到 integer

oct2int (octetstring value) return integer

该函数把一个 octetstring 值转换为一个整型值。

出于转换的目的,一个八位组串应被解释位以 16 位基数的正整数值。最右边的十六进制位为最低位,最左边的十六进制位为最高位。因为一个八位组由两个 16 进制数字组成,所以给出的十六进制数字的数目应乘 2。十六进制数字 0～F 分别表示十进制值 0～15。

C.9 Charstring 到 integer

str2int (charstring value) return integer

该函数把一个表示一个整数值的字符串转换为一个等价的整数值。如果这个串表示的不是一个有效的整型值,函数返回值零(0)。

示例:

```
str2int ("66")    // 将返回integer 值 66
str2int ("-66")   // 将返回integer 值 -66
str2int ("abc")   // 将返回integer 值 0
str2int ("0")     // 将返回integer 值 0
```

C.10 Integer 到 bitstring

int2bit (integer value, length) return bitstring

该函数把一个整型值转换为一个单个的位串值。这个结果串是长度为 length 的位串。

出于转换的目的,一个位串应被解释位以 2 位基数的正整数值。最右边的十六进制位为最低位,最左边的十六进制位为最高位,位的 0 和 1 分别表示十进制的 0 和 1。如果转换产生的值的长度小于长度参数所描述的长度,则在该位串的左边添加 0。如果该值是负数或者结果位串的长度比长度参数中描述的长度长,则产生测试用例错误。

C.11 Integer 到 hexstring

int2hex (integer value, length) return hexstring

该函数把一个整型值转换为一个单个的十六进制串值。这个结果串是长度为 length 的十六进制串。

出于转换的目的,一个十六进制串应被解释位以 16 位基数的正整数值。最右边的十六进制位为最低位,最左边的十六进制位为最高位,十六进制数 0～F 分别表示十进制的 0 到 15。如果转换产生的值的长度小于长度参数所描述的长度，则在该位串的左边添加 0。如果该值是负数或者结果十六进制串的长度比长度参数中描述的长度长，则产生测试用例错误。

C.12 Integer 到 octetstring

int2oct (integer value, length) return octetstring

该函数把一个整型值转换为一个单个的八位组串值。这个结果串是长度为 length 的八位组串。

出于转换的目的，一个八位组串应被解释位以 16 位基数的正整数值。最右边的十六进制位为最低位，最左边的十六进制位为最高位。因为一个八位组是由两个十六进制数字组成，所以给出的十六进制数字的数目应乘 2。十六进制数 0～F 分别表示十进制的 0 到 15。如果转换产生的值的长度小于长度参数所描述的长度，则在该位串的左边添加 0。如果该值是负数或者结果十六进制串的长度比长度参数中描述的长度长，则产生测试用例错误。

C.13 Integer 到 charstring

int2str (integer value) return charstring

该函数把一个整型值转换为与它等价的串(这个返回串的基数总是十进制的)。

示例：

```
int2str (66)      // 将返回charstring 值"66"
int2str (-66)     // 将返回charstring 值"-66"
int2str (0)           // 将返回integer 值"0"
```

C.14 Length 到 string type

lengthof (any_string_type value) return integer

该函数返回 bitstring、hexstring、octetstring 或任意字符串类型值的长度，每个串类型的长度单位在本部分主体部分的表 4 中定义。

应通过计数每个合成字符以及其上合成音节字符(包括填充符)来计算 universal charstring 的长度(见 ISO/IEC 10646，第 23 和 24 章)。

示例：

```
lengthof ('010'B)     // 返回 3
lengthof ('F3'H)   // 返回 2
lengthof ('F2'O)        // 返回 1
lengthof (universal charstring : "Length_of_Example") // 返回 17
```

C.15 结构化类型中的元素数

sizeof(structured_type value) return integer

该函数返回 record、record of、set、set of 类型声明的元素数目或是这些类型或数组的常量、变量、模板的元素数目。该函数不应用于不带有长度子分类的 record of 或 set of 类型。在 record of 和 set of 类型值或模板或数组的情况下，要返回的实际值是最后定义的元素的后续数目(该元素的索引值加 1)。

注：只计算作为函数参数的 TTCN-3 对象的元素，也就是说，嵌入的类型/值在决定返回值的时候不予以考虑。

示例：

// 给定

```
type record MyPDU
    { boolean field1 optional,
      integer field2
    };
type record of integer MyPDU1;
template MyPDU MyTemplate
    { field1 omit,
      field2 5
    };

var integer numElements;
// 那么
numElements := sizeof (MyPDU);        // 返回 2
numElements := sizeof (MyTemplate);   // 返回 1
numElements := sizeof (MyPDU1);       // 因为没有约束 MyPDU1,故返回错误
// 给定
type record length (0..10) of integer MyRecord;
var MyRecord MyRecordVar;
MyRecordVar := {0, 1, omit , 2, omit };
// 那么
numElements := sizeof (MyRecordVar);
// 返回 4,不考虑元素 MyRecordVar[2]没有被定义
```

C.16 IsPresent 函数

ispresent (any_type value) return boolean

当且仅当引用字段的值在被引用数据对象的实际实例中出现,该函数返回 true。ispresent 的参数应是对被定义为可选的(optional)数据对象中一个字段的引用。

```
// 给定
type record MyRecord
    { boolean   field1 optional ,
      integer field2
    }
// 并给定 MyPDU 是一个 MyRecord 类型模板,且 received_PDU 也是 MyRecord 类型的模板,那么
MyPort. receive (MyPDU) -> value received_PDU
ispresent (received_PDU. field1)
// 如果 MyPDU 的实际实例的 field1 出现,则返回 true
```

C.17 IsChosen 函数

ischosen (any_type value) return boolean

当且仅当数据对象描述了为给定数据对象实际选中的 union 类型的变量,该函数范围值 true。

示例:

```
// 给定
type union MyUnion
    { PDU_type1   p1,
```

```
        PDU_type2  p2,
        PDU_type  p3
    }
// 且给定 MyPDU 是一个 MyUnion 类型模板,且 received_PDU 也是 MyUnion 类型,那么
MyPort.receive (MyPDU) -> value received_PDU
ischosen (received_PDU.p2)
// 如果实际的 MyPDU 实例承载了一个 PDU_type2 类型的 PDU,则返回 true
```

C.18 Regexp 函数

regexp (any_character_string_type instr, charstring expression, integer groupno) return character_string_type

该函数返回输入字符串 instr 中第 n 次匹配 expression 的子串内容,输入串 instr 可以是任意字符串类型。返回的字符串类型是 instr 的源类型。Expression 是附录 B.1.6 中描述的字符模式。要返回的组的数目由 groupno 描述,且应是一个正整数。组数目根据它们在组的方括号中出现的顺序进行赋值,从 0 开始,步长为 1。如果在输入串中没有子串满足所有的条件(即模式和组数目)返回空串。

示例:

```
// 给定
var charstring mypattern2 := "
var charstring myinput := ' date: 2001-10-20 ; msgno: 17; exp'
var charstring mypattern := '[ /t]#(,)date:[ \d\-]#(,);[ /t]#(,)msgno: (\d#(1,3)); [exp]#(0,1)'
// 那么表达式
var charstring mystring := regexp(myinput, mypattern,1)
// 将返回'17'。
```

C.19 Bitstring 到 charstring

bit2str (bitstring value) return charstring

该函数把一个单个的bitstring 值转换为一个charstring 值。结果的charstring 具有与bitstring 相同的长度,并仅包含字符"0"和"1"。

出于转换的目的,应把一个bitstring 转换为一个charstring 。bitstring 的每一位根据其值为 0 或 1,转换为一个字符"0"或"1"。结果charstring 中的字符的连续顺序与bitstring 中位的顺序相同。

示例:

bit2str ('1110101'B) will return "1110101"

C.20 Hexstring 到 charstring

hex2str (hexstring value) return charstring

该函数把一个单个的十六进制串值转换为一个字符串值。结果的字符串具有与十六进制串相同的长度,并仅包含字符"0"到"9"和"A"到"F"。

出于转换的目的,应把一个十六进制串转换为一个字符串。十六进制数字的每一位根据其值为 0 到 9 或 A 到 Z,转换为一个字符"0"到"9"或"A"到"F"。结果字符串中的字符的连续顺序与十六进制串中位的顺序相同。

示例:

hex2str ('AB801'H) will return "AB801"

C.21 Octetstring 到 character string

oct2str (octetstring value) return charstring

该函数把一个八位组串转换位一个字符串。结果的字符串应具有与输入的八位组串相同的长度。八位组应作为 GB/T 1988—1998 编码被解释(根据 IRV),并把结果字符保存在返回值中。大于 7F 的八位组值将引起错误。

示例:

oct2str ('4469707379'H) = "Dipsy"

注:返回的字符串可以包含步在双引号中表示的非图形的字符。

C.22 Character string 到 octetstring

str2oct (charstring value) return octetstring

该函数把一个字符串值转换为一个八位组串。结果八位组串与输入的字符串值等长。八位组的每一位应包含该字符串的相应字符的 GB/T 1988—1998 编码(根据 IRV)。

示例:

str2oct ("Tinky-Winky") = '54696E6B792D57696E6B79'H

C.23 Bitstring 到 hexstring

bit2hex (bitstring value) return hexstring

该函数把一个单个的位 bitstring 转换位一个单个的 hexstring。结果的 hexstring 表示与该 bitstring 相同的值。

出于转换的目的,一个位串应被转换为一个十六进制串,此时,位串应从最右边的位开始分成 4 位的组。每个组 4 位,并按照下面去转换位一个十六进制数字。

'0000B' -> '0'H, '0001'B -> '1'H, '0010'B -> '2'H, '0011'B->'3'H,

'0100'B->'4'H, '0101'B -> '5'H, '0110'B -> '6'H, '0111'B -> '7'H,

'1000'B->'8'H, '1001'B->'9'H, '1010'B -> 'A'H, '1011'B -> 'B'H,

'1100'B -> 'C'H, '1101'B->'D'H, '1110'B->'E'H, '1111'B -> 'F'H.

当最左边的组的位位不够 4 位的时候,用'0'B 从左边开始填充知道它正好包含 4 位数字,然后转换它。结果的十六进制串中,十六进制数字的连续顺序与位串中 4 位分组的顺序相同。

示例:

bit2hex ('111010111'B) = '1D7'H

C.24 Hexstring 到 octetstring

hex2oct (hexstring value) return octetstring

该函数把一个单个的十六进制串值转换位一个单个的八位组制串值。结果的八位组串表示与该十六进制串相同的值。

出于转换的目的,一个十六进制串应被转换为一个八位组串,此时,当十六进制串的长度是 2 的倍数的话,这个八位组串包含与原十六进制串相同顺序的十六进制数字序列。否则的话,这个八位组串以 0 位最高位(最左边的位)后面接与原十六进制串相同顺序的十六进制数字序列。

示例:

hex2oct ('1D7'H) = '01D7'O

C.25 Bitstring 到 octetstring

bit2oct (bitstring value) return octetstring

该函数把一个单个的位串值转换为一个八位组。这个八位组串结果表示与原位串相同的值。

出于转换的目的,遵循下面的规则:bit2oct(value)=hex2oct(bit2hex(value))。

示例:

bit2oct ('111010111'B)= '01D7'O

C.26 Hexstring 到 bitstring

hex2bit (hexstring value) return bitstring

该函数把一个单个的十六进制串值转换位一个单个的位串值。结果的位串值表示与原十六进制串相同的值。

出于转换的目的,一个十六进制串应被转换为一个位串,此时,十六进制串的数字转换位如下的位组:

'0'H -> '0000'B,'1'H -> '0001'B,'2'H -> '0010'B,'3'H->'0011'B,

'4'H -> '0100'B,'5'H -> '0101'B,'6'H -> '0110'B,'7'H->'0111'B,

'8'H-> '1000'B,'9'H -> '1001'B,'A'H -> '1010'B,'B'H -> '1011'B,

'C'H -> '1100'B,'D'H -> '1101'B,'E'H -> '1110'B,'F'H -> '1111'B.

位串结果中,4 位组的连续顺序与原十六进制串的十六进制数字顺序相同。

示例:

hex2bit ('1D7'H)= '000111010111'B

C.27 Octetstring 到 hexstring

oct2hex (octetstring value) return hexstring

该函数把一个单个的八位组串值转换位一个单个的十六进制串值。结果的十六进制串值表示与原八位组串相同的值。

出于转换的目的,一个八位组串应被转换为一个与该八位组串的十六进制数字顺序相同的十六进制串。

示例:

oct2hex ('1D74'O)= '1D74'H

C.28 Octetstring 到 bitstring

oct2bit (octetstring value) return bitstring

该函数把一个单个的八位组串值转换为一个位串。这个位串结果表示与原八位组串相同的值。

出于转换的目的,遵循下面的规则: oct2bit(value)=hex2bit(oct2hex(value))。

示例:

oct2bit ('01D7'O)='000111010111'B

C.29 Integer 到 float

int2float (integer value) return float

该函数把一个整型值转换位一个浮点型值。

示例：

int2float (4) = 4.0

C.30 Float 到 integer

float2int (float value) return integer

该函数通过删掉浮点参数的小数部分并返回整数部分从而把一个浮点型值转换为一个整型值。

示例：

float2int (3.12345E2) = float2int (312.345) = 312

C.31 随机数发生器函数

rnd ([float seed]) return float

rnd 函数返回一个大于或等于 0 且小于 1 的一个(伪)随机数。通过一个可选的种子值来初始化这个随机数生成器。之后，如果提供了种子的话，上一个产生的数字将用作下一个随机数的种子。第一次使用 rnd 的时候，没有前一个的初始化，将使用由系统时间计算出来的一个值作为种子。

注：如果 rnd 函数每次使用相同的种子值来进行初始化，那么它应重复产生相同的随机数序列。

使用下面的公式来产生一个给定范围内的随机数：

float2int (int2float (*upperbound* -*lowerbound* +1) * rnd ( )) + *lowerbound*

// 这里 upperbound 和 lowerbound 表示范围的上下界。

C.32 子串函数

substr (any_string_type value, integer index, returncount) return input_string_type

该函数返回 bitstring、hexstring、octetstring 或任意字符串类型值的一个子串。这个子串的类型就是输入值的源类型，使用第二个参数(index)定义返回子串在串中的起始点，索引从 0 开始。第三个输入参数定义要返回的子串的长度，长度的单位在表 4 中定义。

示例：

```
substr ('00100110'B, 3, 4)        // 返回'0011'B
substr ('ABCDEF'H, 2, 3)          // 返回'CDE'H
substr ('01AB23CD'O, 1, 2)        // 返回'AB23'O
substr ("My name is JJ", 11, 2)   // 返回"JJ"
```

附 录 D
（规范性附录）
其他类型与 TTCN-3 一起使用

D.1 与 TTCN-3 一起使用的 ASN.1

本附录定义了可选的与 TTCN-3 一起的 ASN.1 的使用。

D.1.1 概述

TTCN-3 为在 TTCN-3 模块中使用 1997 版的 ASN.1 提供了一个清晰的接口(定义在 GB/T 16262.1—2006 系列中)。引入到 TTCN-3 模块的语言标识符为：

"ASN.1:1997" 代表 ASN.1 1997 版

"ASN.1:1994" 代表 ASN.1 1994 版

"ASN.1:1988" 代表 ASN.1 蓝皮书

注 1：如果基于这些 ASN.1 版本的协议模块与 TTCN-3 一起使用，语言标识符"ASN.1:1994"和"ASN.1:1988"表示代替基于 ITU-T 建议的 ASN.1 版本表示，而把它们包含在本部分中的唯一目的是为它们分配唯一的标识符。

注 2：当支持"ASN.1:1988"时，应根据 ITU-T 建议 X.208(蓝皮书)的句法和句法规则引入 ASN.1 条目。

注 3：ASN.1:1994 和 ASN.1:1988 参考见附录 F。

当 ASN.1 与 TTCN-3 一起使用时，GB/T 16262.1—2006 的 11.18 中所列的关键字不能在一个 TTCN-3 模块中的标识符。ASN.1 关键字应遵循 GB/T 16262.1—2006 的要求。

D.1.2 ASN.1 和 TTCN-3 的类型等价

D.1.2.1 概述

认为表 D.1 中所列的 ASN.1 类型与它们的 TTCN-3 中对应类型等价。

表 D.1 ASN.1 和 TTCN-3 类型等价的清单

ASN.1 类型	映射到等价的 TTCN-3 类型
BOOLEAN	boolean
INTEGER	integer
REAL(note1)	float
OBJECT INDENTIFIER	Objid
BIT STRING	octetstring
SEQUENCE	record
SEQUENCE OF	Record of
SET	set
SET OF	set of
ENUMERATED	enumerated

表 D.1（续）

ASN.1 类型	映射到等价的 TTCN-3 类型
CHOICE	union
VisibleString	char (note2), charstring
IA5String	char (note2), charstring
UniversalString	Universal char (note2), Universal charstring

注 1：如果没有限定基数或者显式或隐式地限定基数为 10 的话，ASN.1 的 REAL 类型与 TTCN-3de float 等价。ASN.1 记法允许显式的限定，例如通过内部的子类型来限定，不过从 ASN.1-TTCN-3 映射点的角度看，显式的限定是一个 ASN.1 值表示方法。也可以通过给定协议的文本描述来定义隐式的限定，也就是说在 ASN.1 模块之外。然而，在这两种情况中，如果基数在 ASN.1 中描述，那么 TTCN-3 的值表示方法可以独立使用。（见 D.1.3.1 中的注 3）。

注 2：只有 ASN.1 中精确的长度为一个字符的字符子类型才由 TTCN-3 的基本字符类型等价，例如 IA5String (SIZE (1)) 与 TTCN-3 的 char 类型等价，但是 IA5String (SIZE (0..1)) 却不与 TTCN-3 的 char 类型等价。

表 D.1 中给出在一个 TTCN-3 类型中使用的所有 TTCN-3 运算符、函数、匹配机制、值标识符等也可以与相应的 ASN.1 类型一起使用。

D.1.2.2 标识符

在 ASN.1 标识符到 TTCN-3 标识符的转换过程中，所有的连线符“-”都应变成下划线“_”。

示例：

```
MyASN1module DEFINITIONS ::=
BEGIN
    Missleading-ASN1-Name::=   INTEGER        -- ASN.1 类型标识符使用'-'
END
module MyTTCNModule
{
    import from MyASN1module language "ASN.1:1997" all ;
    const Missleading_ASN1_Name ExampleConst:= 1;      // TTCN-3 引用 ASN.1 类型使用下划线
}
```

D.1.3 ASN.1 数据类型和值

D.1.3.1 概述

可以在 TTCN-3 模块中使用 ASN.1 类型和值。使用一个单独的 ASN.1 模块来做 ASN.1 定义，在这个模块中，根据 GB/T 16262.1—2006 的 9.3 和 9.4 通过 ASN.1 的类型和值的引用来对它们进行引用。

```
MyASN1module DEFINITIONS ::=
BEGIN
    Z::=  INTEGER          -- 简单类型定义
    BMessage::= SET        -- ASN.1 类型定义
    {
        name   Name,
```

```
        title   VisibleString,
        date   Date
    }
    johnValues Bmessage ::=     -- ASN.1 值定义
    {
      name   "John Doe",
      title   "Mr",
      date   "April 12th"
    }
    DefinedValuesForField1 Z ::= {0 | 1} --ASN.1 子类型定义
END
```

ASN.1 模块应与 GB/T 16262.1—2006 系列的句法相一致。ASN.1 类型和值一旦被声明，则它们在 TTCN-3 模块中可以采用与来自其他 TTCN-3 模块的常规 TTCN-3 类型和值相同的使用方法去使用它们(应引入所需的定义)。当引入 ASN.1 条目到 TTCN-3 模块中去的时候，为每个引入的 ASN.1 条目生成一个相关的类型和值，并根据相关类型和值要求的规则去进行这些基于引入的 ASN.1 条目的 TTCN-3 定义和赋值。而且，当匹配基于 ASN.1 声明的常量、变量、模板或单行表达式时，匹配机制应使用相关的类型。

通过应用和下面的转换规则从 ASN.1 条目中派生相关的类型和值(顺序与各个转换的执行顺序相符)：

a) 忽略任意扩展标记和异常说明。
b) 忽略任意用户定义的限定(见 GB/T 16262.3—2006 的第 9 章)。
c) 忽略任意的内容限定(见 GB/T 16262.3—2006 的第 9 章)。
d) 忽略任意的模式限定(见 GB/T 16262.1—2006 的 47.9)。
e) 从所有使用代替涉及类型表示的值集的方法来限定子分类的限定类型创建等价的子类型。
f) 在包含关键字"COMPONENTS OF"的任意的 SEQUENCE 类型上根据 GB/T 16262.1—2006 中 24.4、在任意的 SET 类型上根据 GB/T 16262.1—2006 的 26.2 执行 COMPONENTS OF 转换。
g) 使用通过扩展 EMBEDDED PDV 相关类型中的内部子类型得到一个完整定义而得的 EMBEDDED PDV 相关类型来代替任意的 EMBEDDED PDV 类型(见 GB/T 16262.1—2006 的 32.5)。
h) 使用通过扩展 EXTERNAL 类型相关类型中的内部子类型得到一个完整的类型定义而得的 EXTERNAL 相关类型来代替 EXTERNAL 类型(见 GB/T 16262.1—2006 的 33.5)(见注 3)。
i) 使用通过扩展 CHARACTER STRING 相关类型中的内部子类型定义到一个完整的类型定义而得的 CHARACTER STRING 相关类型来代替 CHARACTER STRING 类型(见 GB/T 16262.1—2006)。
j) 使用通过使用相关的 ASN.1 类型(见 GB/T 16262.2—2006 的附录 C.7)代替 INSTANCE OF DefinedObjectClass 以及根据表 D.1 使用相应的 TTCN-3 等价类型代替相所有应的 ASN.1 类型而得到的相关类型来代替 INSTANCE OF 类型。其结果类型是 TTCN-3 相关类型。
k) 忽略任意剩余的内部子类型(见注 2)。
l) 忽略 ASN.1 类型中任意指定的数字和位。在 ASN.1 值中，用它的值来代替指定的数字，用不以一或多个 0 结束的位串来代替任意指定位或指定位串，即标识名称出现的位位置 1，其他位置 0。
m) 使用通过选择类型引用的类型来代替任意的选择类型；如果指明的选中类型(GB/T 16262.1—

2006 的 29.1 中的 Type)是一个受限类型,那么应在指明的选中类型的父类型做选择。

n) 把任意 RELATIVE-OID 类型或值转换为一个 objid 类型或值(见注 3)。

o) 使用按如下方法获得的下面各受限类型的相关类型来代替它们(见注 4):
BMPString: 通用 charstring (char (0,0,0,0) .. char (0,0,255,255));
UTF8String: 通用 charstring;
NumericString: charstring 限制到 GB/T 16262.1—2006 的 36.2 中给出的字符集;
PrintableString: charstring 限制到 GB/T 16262.1—2006 的 36.4 中给出的字符集;
TeletexString and T61String: universal charstring 限制到 ITU-T 建议 T.61 中给出的字符集(见参考文献);
VideotexString: universal charstring 限制到 ITU-T 建议 T.100 和 ITU-T 建议 T.101 中给出的字符集;
GraphicString: universal charstring;
General String: universal charstring。

p) 使用 charstring 类型或值来代替任意 GeneralizedTime 和 UTCTime 类型或值。

q) 使用 universal charstring 类型或值代替任意 ObjectDescripto 类型或值。

r) 使用引入对象类(object class)的字段类型符的 ASN.1 条目来代替它们(见 GB/T 16262.2—2006 第 14 章);出于(也仅出于)转换的目的,开放类型应使用元类型"OPEN TYPE"代替。

s) 使用引用对象符号信息的 ASN.1 条目来代替对象符号的所有信息(见 GB/T 16262.2—2006 第 15 章)。

t) 还原表格(table)约束(见 GB/T 16262.3—2006 第 10 章)为清单(list)子类型,并忽略所有相关的约束(见注 5)

u) 用下面的相关的 TTCN-3 类型来代替 NULL 类型的所有出现:
type enumerated 〈identifier〉 {NULL},其中〈identifier〉是根据附录 D.1.2.2 转换的 ASN.1 类型引用。

v) 用 anytype 来代替所有对开放类型的引用。

w) 用表 D.1 中 ASN.1 类型的等价类型来代替它们,并基于相关类型使用 TTCN-3 值来代替 ASN.1 的值(见注 6)。应使用 anytype 来代替元类型"OPEN TYPE"。

注 1: 仅相关联的类型不允许基于 ASN.1 类型的正确的编码值。然而,用于系统来生成正确编码的额外信息依赖于实现,且对用户来说是不可见的,不必基于 ASN.1 类型和值对它们做适当的声明和赋值。

注 2: 当引入 ENUMERATED 类型时,用户分配给枚举成分的整型数字也一同被引入。

注 3: EXTERNAL 类型的数据-值(data-value)字段可以在编码器判断的时候被编码做一个 single-ASN1-type、octet-aligned 或 arbitrary 类型(见 GB/T 16263.1—2006 的 8.18.1);如果在匹配的时候用户想要实施一个给定的编码格式或仅允许一个特定的编码格式的话,应对该类型或给定的常量、变量、模板或模板字段使用适当的编码属性(见附录 D.1.6.3)。

注 4: 用户在定义 TTCN-3 值或被内部子类型限制的基于 ASN.1 类型的模板时,应考虑内部子类型。

注 5: objid 类型等价限于句法上,且仅用于值表示符。objid 值的情况下三个值的前两个值是受限的(见 GB/T 17969.1—2000)。这个限制并不适用于基于引用的 RELATIVE-OID 类型的值。

注 6: VisibleString、IA5String 和 UniversalString 有它们自己的 TTCN-3 等价类型,并且直接进行替代。

注 7: 用户在声明值和模板的时候,应考虑相关的约束(也可以由工具隐式地处理)。

注 8: 在结构化的 ASN.1 类型(SET、EXTERNAL 等)值中省略可选字段等价于在结构化的 TTCN-3 值中显式地省略字段。

```
module MyTTCNModule
{
    import from MyASN1module language "ASN.1:1997" all;
    const Bmessage MyTTCNConst:= johnValues;
    const DefinedValuesForField1 Value1:= 1;
}
```

注：不能从 TTCN-3 表示符直接访问 ASN.1 类型和值外的其他定义(即信息目标类或信息目标集)。在 TTCN-3 模块中引用它们之前，应先把这些的定义解析为 ASN.1 模块中的一个类型或值。

D.1.3.2 ASN.1 标识符的作用域

引入的 ASN.1 标识符遵循引入 TTCN-3 类型和值所使用的相同的范围规则(见 6.4)。

D.1.4 ASN.1 中的参数化

允许在 TTCN-3 模块中引用参数化的 ASN.1 类型和值定义。然而在 TTCN-3 模块中使用的所有 ASN.1 参数化定义应和它们的实参一起被提供(开放类型实不允许的)，而且提供的实参在编译的时候被解析。

TTCN-3 核心语言不支持只用于 ASN.1 特定对象的形参或实参的 ASN.1 条目的引入，因此，涉及不能在 TTCN-3 核心语言中直接定义的 ASN.1 特定的参数化应在 TTCN-3 的使用前在 ASN.1 部分中被解析。这些特定的对象是：

a) 信息对象类(Information Object classes)；

b) 信息对象(Information Objects)；

c) 信息对象集(Information Object Sets)。

例如，因为下面定义了一个采用 ASN.1 对象集作为实参的 TTCN-3 类型，所以是不合法的。

```
MyASN1module DEFINITIONS ::=
BEGIN
    ——ASN.1 模块定义
    ——信息对象类定义
    MESSAGE ::= CLASS {&msgTypeValue  INTEGER UNIQUE,
                                       &MsgFields}
    ——信息对象定义
    setupMessage MESSAGE ::= {  &msgTypeValue      1,
                                &MsgFields        OCTET STRING}
    setupAckMessage MESSAGE ::= {  &msgTypeValue  2,
                                   &MsgFields       BOOLEAN}
    ——信息对象集定义
    MyProtocol MESSAGE ::= {setupMessage | setupAckMessage}
    ——由对象集约束的 ASN.1 类型
    MyMessage{MESSAGE : MsgSet} ::= SEQUENCE
    {
        code  MESSAGE.&msgTypeValue({MsgSet}),
        Type MESSAGE.&MsgFields({MsgSet})
    }
END
module MyTTCNModule
{
```

```
    // TTCN-3 模块定义
    import from MyASN1module language "ASN.1:1997" all;
    // 带有对象集作为参数的非法的 TTCN-3 类型
    type record Q(MESSAGE MyMsgSet) ::= {   Z               field1,
                                            MyMessage(MyMsgSet)   field2}
}
```

为了使这个定义合法，应使用下面的特别的 ASN.1 类型 My Message1，这用来解析信息对象集参数化并能够直接用在 TTCN-3 模块中。

```
MyASN1module DEFINITIONS ::=
BEGIN
    ——ASN.1 模块定义
    MyProtocol MESSAGE ::= {setupMessage | setupAckMessage}
    ——特别的 ASN.1 类型来移去目标集的参数化
    MyMessage1 ::= MyMessage{MyProtocol}
END
module MyTTCNModule
{
    // TTCN-3 模块定义
    import from MyASN1module language "ASN.1:1997" all;
    // 不带有对象集作为参数的合法的 TTCN-3 类型
    type record Q := {   Z               field1,
                         MyMessage1      field2}
}
```

D.1.5 定义 ASN.1 消息模板

D.1.5.1 概述

如果在 ASN.1 中定义消息，那么对 send 和 receive 事件来说，可以使用 ASN.1 值句法来描述对 SEQUENCE(或可能是 SET)的使用。

示例：

```
MyASN1module DEFINITIONS ::=
BEGIN
    ——ASN.1 模块定义
    ——消息定义
MyMessageType::= SEQUENCE
    { field1  [1] IA5STRING,                // 像 TTCN-3 字符串
field2  [2] INTEGER OPTIONAL,    // 像 TTCN-3 整型
field3  [4]  Field3Type,              // 像 TTCN-3 记录
field4   [5]  Field4Type                      // 像 TTCN-3 数组
    }
    Field3Type::= SEQUENCE {field31 BIT STRING, field32 INTEGER, field33 OCTET STRING},
    Field4Type::= SEQUENCE OF BOOLEAN
    —— 可以有下面的值
    myValue MyMessageType::=
    {
        field1    "A string",
```

```
field2    123,
          field3     {field31 '11011'B, field32 456789, field33 'FF'O},
          field4     {true, false }
     }
END
```

D.1.5.2 ASN.1采用TTCN-3模板句法接收消息

在标准的ASN.1句法中不支持匹配机制,因此,如果要在ASN.1接收消息中使用匹配机制的话,应使用TTCN-3的用于接收模板的句法作为替代。注意,这个句法包含组件引用,使得能够对ASN.1的SEQUENCE、SET等中的单个组件进行引用。

示例:

```
import from MyASN1module language "ASN.1:1997" {
     type myMessageType
}
// 在 TTCN-3 中使用匹配机制的一个消息模板可以是
template myMessageType   MyValue:=
{
     field1 :=          "A"<?>"tr"<*>"g",
     field2 :=           *,
     field3.field31 :=   '110??'B,
     field3.field32 :=   ?,
     field3.field33 :=   'F?'O,
     field4.[0] :=       true ,
     field4.[1] :=       false
}
// 下面的句法是有效的等价
template myMessageType   MyValue:=
{
     field1 := "A"<?>"tr"<*>"g",       // 带有匹配符的串
     field2 := *,                      // 任意整数或空
     field3 := {'110??'B, ?, 'F?'O},
     field4 := {?, false }
}
```

D.1.5.3 模板字段的排序

当TTCN-3模板用于ASN.1类型时,模板中字段顺序的意义依赖于用来定义消息类型的ASN.1构造的类型。例如,如果使用了消息字段,应按照模板中的顺序发送或匹配消息字段。如果使用SEQUENCE或SEQUENCE OF,则可以按照任意顺序发送或匹配的消息字段。

D.1.6 对信息编码

D.1.6.1 概要

TTCN-3允许对编码规则以及与各种TTCN-3语言元素相关的编码规则变化的引用,它也可能去定义无效的编码。

示例:

```
module MyModule
```

```
{
    :
    import from MyASN1module language "ASN.1:1997" {
        type myMessageType
    }
    with {
        encode := "PER-BASIC-ALIGNED:1997" // MyMessageType 所有的实例应使用 PER:1997 编码
    }
    :
} // 模块接收
with {encode "BER:1997"} // 整个模块的默认编码(测试套)是 BER:1997
```

D.1.6.2 ASN.1 编码属性

下面的串是用于 ASN.1 的预定义(标准)的编码属性:

a) "BER:1997"表示根据 GB/T 16263.1—2006 (BER)编码;

b) "CER:1997"表示根据 GB/T 16263.1—2006 (CER)编码;

c) "DER:1997"表示根据 GB/T 16263.1—2006 (DER)编码;

d) "PER-BASIC-UNALIGNED:1997"表示根据(Unaligned PER) GB/T 16263.2—2006 编码;

e) "PER-BASIC-ALIGNED:1997"表示根据 GB/T 16263.2—2006 (Aligned PER)编码;

f) "PER-CANONICAL-UNALIGNED: 1997" 表示根据 (Canonical Unaligned PER) GB/T 16263.2—2006 编码;

g) "PER-CANONICAL-ALIGNED:1997"表示根据 GB/T 16263.2—2006 (Canonical Aligned PER)编码。

D.1.6.3 ASN.1 变异属性

下面的串是预定义(标准)的变量属性,当它们仅于 ASN.1 编码属性结合使用时具有预定义的含义(见附录 D.1.6.2)。当预定义属性与其他属性结合使用时或用于不带有属性的 TTCN-3 对象时,对预定义属性的处理超出了本部分的讨论范围(见注 1):

a) "length form 1"意味着在 BER、CER 和 DER 编码的情况下应仅使用长度八位组的短格式(见 GB/T 16263.1—2006 的 8.1.3)来编码和解码给定的值,或在 PER 编码(见注 2)任意格式的情况下仅使用单个八位组的长度决定因子(见 GB/T 16263.2—2006 的 10.9)来编码和解码给定值。

b) "length form 2"意味着在 BER、CER 和 DER 编码的情况下应仅使用长度八位组的长格式(见 GB/T 16263.1—2006 的 8.1.3)来编码和解码给定的值,或在 PER 编码(见注 2)任意格式的情况下仅使用两个八位组的长度决定因子(见 GB/T 16263.2—2006 的 10.9)来编码和解码给定值。

c) "length form 3"意味着在 BER、CER 和 DER 编码的情况下应仅使用长度八位组的无限形式(见 GB/T 16263.1—2006 的 8.1.3)来编码和解码给定的值。

d) "REAL base 2"意味着应根据 REAL 二进制编码格式编码或匹配给定的值。这个属性可以仅用于常量、变量或模板,且当用于任意种类分组的时候(对组或对整个引入语句),它应只作用于 TTCN-3 对象。

e) "single-ASN1-type"、"octet-aligned"和"arbitrary"意味着应使用指定的属性编码格式编码基于 ASN.1 EXTERNAL 类型的给定值,或者仅接收特定的选择时匹配该值(见 GB/T 16263.1—2006 的 8.18)。这个属性可以用于 ASN.1 的 EXTERNAL 类型以及仅基于这些类型的常量、变量或模板字段；当用在任意种类分组（对于组或整个引入语句）时，它应仅作用于这些TTCN-3对象。如果不满足GB/T 16263.1—2006的8.18.6到8.18.8中的条件集合和指定的属性的话，将一起一个运行期间错误。

f) "TeletexString"意味着给定值应作为ASN.1的TeletexString类型被编码和解码（见GB/T 16263.1—2006的8.20和GB/T 16263.2—2006第26章）。

g) "VideotexString"意味着给定值应作为ASN.1的VideotexString类型被编码和解码（见GB/T 16263.1—2006的8.20和GB/T 16263.2—2006第26章）。

h) "GraphicString"意味着给定值应作为ASN.1的GraphicString类型被编码和解码（见GB/T 16263.1—2006的8.20和GB/T 16263.2—2006第26章）。

i) "GeneralString"意味着给定值应作为ASN.1的GeneralString类型被编码和解码（见GB/T 16263.1—2006的8.20和GB/T 16263.2—2006第26章）。

注1：这些属性在实现的时候可以重复使用，不在本条中描述的带有不同含义的指定的编码规则可能被忽略或导致一个警告/错误指示。然而，这个策略的应用依赖于实现。

注2：变量属性的应用可能导致无效的ASN.1编码（例如，对BER的原始值使用无限长度格式或不使用最小数目的长度八位组数）。用户应给用于谨慎接收的常量、变量、模板或模板字段分配这些变量属性。

附 录 E
（资料性附录）
有用的类型库

E.1 限制

加到这个库的类型名在整个语言和该库范围内应是唯一的(即不应是附录C中定义的名称之一)。这个库中定义的名称不应被TTCN-3用户用作本附录给出的定义之外的其他定义的标识符。

注：因此本附录中给出的类型定义可以在TTCN-3模块中重复,但是没有不同于本附录描述的类型可以使用本附录中用到的标识符来定义它。

E.2 有用的TTCN-3类型

E.2.1 有用的简单基本类型

E.2.1.1 带符号的和不带符号的单字节整数

这些类型支持带符号的－128到127和不带符号的0到255范围内的整型值,用于这些类型的值符号与用于整型的值符号相同。这些类型的值以其在系统中表示的单字节格式编码和解码,独立于实际使用的表示格式。

注：这些类型值的编码可以相同,也可以互不相同,而且可以与依赖于实际使用的编码规则的整型(这些有用类型的源类型)的编码不同。编码规则的详细内容超出了本部分研究之外。

这些类型的类型定义为：

```
type integer    byte   (－128..127)   with {variant "8 bit"};
type integer    unsignedbyte  (0..255)   with {variant "unsigned 8 bit"};
```

E.2.1.2 带符号的和不带符号的短整数

这些类型支持带符号的－32 768到32 767和不带符号的0到65 535范围内的整型值,用于这些类型的值符号与用于整型的值符号相同。这些类型的值以其在系统中表示的双字节格式编码和解码,独立于实际使用的表示格式。

注：这些类型值的编码可以相同,也可以互不相同,而且可以与依赖于实际使用的编码规则的整型(这些有用类型的源类型)的编码不同。编码规则的详细内容超出了本部分研究之外。

这些类型的类型定义是：

```
type integer    short   (－32 768..32 767) with {variant "16 bit"};
type integer    unsignedshort   (0..65 535) with {variant "unsigned 16 bit"};
```

E.2.1.3 带符号的和不带符号的长整数

这些类型支持带符号的－2 147 483 648到2 147 483 647和不带符号的0到4 294 967 295范围内的整型值,用于这些类型的值符号与用于整型的值符号相同。这些类型的值以其在系统中表示的四字节格式编码和解码,独立于实际使用的表示格式。

注：这些类型值的编码可以相同,也可以互不相同,而且可以与依赖于实际使用的编码规则的整型(这些有用类型的源类型)的编码不同。编码规则的详细内容超出了本部分研究之外。

这些类型的类型定义为：

```
type integer long(-2 147 483 648 .. 2 147 483 647)
                  with {variant "32 bit"};
type integer unsignedlong (0 .. 4 294 967 295)
                  with {variant "unsigned 32 bit"};
```

E.2.1.4 带符号的和不带符号的特长整数

这些类型支持带符号的-9 223 372 036 854 775 808 到 9 223 372 036 854 775 807 和不带符号的 0 到 18 446 744 073 709 551 615 范围内的整型值,用于这些类型的值符号与用于整型的值符号相同。这些类型的值以其在系统中表示的八字节格式编码和解码,独立于实际使用的表示格式。

注:这些类型值的编码可以相同,也可以互不相同,而且可以与依赖于实际使用的编码规则的整型(这些有用类型的源类型)的编码不同。编码规则的详细内容超出了本部分研究之外。

这些类型的类型定义为:

```
type integer longlong (-9 223 372 036 854 775 808 .. 9 223 372 036 854 775 807)
                  with {variant "64 bit"};
type integer unsignedlonglong (0 .. 18 446 744 073 709 551 615)
                  with {variant "unsigned 64 bit"};
```

E.2.1.5 IEEE 754 浮点数

对于二进制浮点运算,此类类型支持 GB/T 17966—2000(见参考文献)。GB/T 17966—2000 浮点类型支持基数为 10、8 位指数、23 位尾数和一个符号位的浮点数,GB/T 17966—2000 的双精度型(double)支持基数为 10、11 位指数、52 位尾数和一个符号位的浮点数,GB/T 17966—2000 的 extfloat 类型支持基数为 10、最小 11 位指数、最小 32 位尾数和一个符号位的浮点数,GB/T 17966—2000 的 extdouble 类型支持基数为 10、最小 15 位指数、最小 64 位尾数和一个符号位的浮点数。

应根据 GB/T 17966—2000 定义编码和解码这些类型的值,用于这些类型值的记法与(基数为 10 的)浮点类型值的记法相同。

注:这个类型值的精确编码依赖于实际所使用的编码规则,但编码规则的细节超出了本部分研究范围。

这些类型的类型定义为:

```
type float   IEEE754float with {variant "IEEE754 float"};
type float   IEEE754double with {variant "IEEE754 double"};
type float   IEEE754extfloat with {variant "IEEE754 extended float"};
type float   IEEE754extdouble with {variant "IEEE754 extended double"};
```

E.2.2 有用的字符串类型

E.2.2.1 UTF-8 字符串"utf8string"

这个类型支持 TTCN-3 的 universal charstring 类型(见 7.2.2 的 d)项)的所有字符集。该类型值的特点是均为来自这个字符集的 0、1 或多个字符,并根据 ISO/IEC 10646 附录 R 中定义的 UCS 转换格式 8(UCS Transformation Format 8,UTF-8)整个地编码和解码该类型的值(如对每个字符分别进行)。这个类型值的记法与用于 universal charstring 类型值的记法相同。

注:类型"bmpstring"支持 TTCN-3 的 universal charstring 类型的子集。

这些类型的类型定义为:

type universal charstring bmpstring (char (0,0,0,0) .. char (0,0,255,255)) with {variant "UCS-2"};

E.2.2.2 UTF-16 字符串“utf16string”

这个类型支持通用多八位组编码字符集的 group 00 中 plane 00 到 plane 16 的所有字符(见 ISO/IEC 10646)。该类型值均为 0、1 或来自这个字符集的更多字符,并根据 ISO/IEC 10646 附录 Q 中定义的 UCS 转换格式 16(UCS Transformation Format 16,UTF-16)对该类型值进行整个编码和解码(如对每个字符分别进行)。这个类型值的记法与用于 universal charstring 类型值的记法相同。

注:类型“utf16string”支持 TTCN-3 的 universal charstring 类型的子集。

这些类型的类型定义为:

```
type universal charstring utf16string (char (0,0,0,0) .. char (0,16,255,255))
with {variant "UTF-16"};
```

E.2.2.3 ISO/IEC 8859 字符串“iso8859string”

这个类型支持多部分标准 ISO/IEC 8859 中定义的所有字符表中的所有字符(见参考文献)。该类型值均为来自 ISO/IEC 8859 字符集的 0、1 或多个字符,并根据 ISO/IEC 8859 中描述的编码表示(8-bit 编码)对该类型值进行整个编码和解码(如对每个字符分别进行)。这个类型值的记法与用于 universal charstring 类型值的记法相同。

注 1:类型“iso8859string”支持 TTCN-3 的 universal charstring 类型的子集。

注 2:在每个 ISO/IEC 8859 字母表中,字符集表中的下面部分(位置 02/00 到 07/14)与 GB/T 1988—1998 字符集,因此,所有额外的专用语言字符仅定义在该字符表的上部分(位置 10/00 到 15/15)。因为类型“iso8859string”定义做了 TTCN-3 的 universal charstring 类型的一个子集,所以任意 ISO/IEC 8859 字母表的任意编码字符表示可以被映射到一个来自 ISO/IEC 10646 基本拉丁文(Basic Latin)或 Latin-1 补充字符表的等价字符(按 8 位编码时的带有相同编码表示的字符)。

这些类型的类型定义为:

```
type universal charstring iso8859string (char (0,0,0,0) .. char (0,0,0,255))
with {variant "8 bit"};
```

E.2.3 有用的结构化类型

E.2.3.1 定点十进制文字

这个类型支持 IDL Syntax and Semantics version 2.6(见参考文献)中定义定点十进制数字文字的使用,使用一个整数部分、一个小数点和一个分数部分来描述它。整数和分数部分都是由一个十进制(基数为 10)数字串组成。数字的位数存贮在“digits”中,分数部分的长度由“scale”给出,而数字本身存储在“value_”中。这个类型值的记法与用于记录类型值的记法相同,该类型值应编码和解码为 IDL 定点十进制值。

注:这个类型值的精确编码依赖于实际所使用的编码规则,但编码规则的细节超出了本部分研究范围。

这些类型的类型定义为:

```
type record IDLfixed {
unsignedshort digits,
short scale,
charstring value_
}
with {variant "IDL:fixed FORMAL/01-12-01 v.2.6"};
```

参 考 文 献

[1] GB/T 17966—2000 微处理器系统的二进制浮点运算

[2] ISO/IEC 8859-1 信息技术 8位单八位位组编码的图形字符集 第1部分 拉丁字母表1

[3] ITU-T 建议 T.50(1992) 国际参考字母数字(IRA)(前国际字5号电码或IA5) 信息技术 信息交换用7位编码字符集

[4] ITU-T 建议 X.208 抽象句法记法1(ASN.1)规定

[5] ITU-T 建议 T.61(1988) 国际智能用户电报服务的字符一览表和编码字符集

[6] 公共对象请求中间代理:体系结构和规定 IDL句法和语义 第2.6版

[7] ETSI ES 201 873-4 (V2.2.0) 测试和规定方法(MTS) 测试和测试控制记法 第3版 第4部分:TTCN-3操作语义

ICS 35.100.70
L 79

中华人民共和国国家标准

GB/T 26858—2011

基于联邦模型的P2P网络管理方法

Federation based solution for Peer-to-Peer network management

2011-07-29 发布　　2011-11-01 实施

中华人民共和国国家质量监督检验检疫总局
中国国家标准化管理委员会　发布

前　言

本标准按照GB/T 1.1—2009给出的规则起草。

本标准由全国信息技术标准化技术委员会(SAC/TC 28)归口。

本标准起草单位:清华大学信息网络工程研究中心、中国电子技术标准化研究所、上海聚力传媒技术有限公司、星网锐捷网络有限公司、北京声迅电子有限公司、赛尔网络有限公司、中国移动通信研究院、中国电信股份有限公司北京研究院、北京汉铭信通科技有限公司、中兴通讯股份有限公司、中国科学院声学研究所。

本标准主要起草人:王继龙、倪春胜、徐冬梅、张晖、韩丽、聂蓉、江存、周开宇、李兆伟、刘福能、徐恪、杨家海、徐全平、郭楠、卓兰、杨宏、董庭。

引　言

本文件的发布机构提请注意，声明符合本文件时，可能涉及《基于联邦模型的 P2P 网络管理方法》相关专利的使用。

本文件的发布机构对该专利的真实性、有效性和范围无任何立场。

该专利持有人已向本文件的发布机构保证，他愿意同任何申请人在合理且无歧视的条款和条件下，就专利授权许可进行谈判。该专利持有人的声明已在本文件的发布机构备案。相关信息可以通过以下联系方式获得：

专利持有人姓名：清华大学、王继龙、张静、吴建平、李星。

联系地址：清华大学信息网络工程研究中心。

邮编：100084

电话：010-62784016

网址：www.nrc.tsinghua.edu.cn

请注意除上述专利外，本文件的某些内容仍可能涉及专利。本文件的发布机构不承担识别这些专利的责任。

基于联邦模型的 P2P 网络管理方法

1 范围

本标准规定了 P2P 网络管理的定义和范畴，将 P2P 网络管理划分为内部管理、外部管理和协同管理，分别定义了三种管理方式的功能和参考模型，并提出了管理信息结构的技术要求和标准实施要求。

本标准适用于 P2P 网络管理协议设计、P2P 应用系统和 P2P 网络管理系统的开发。

2 规范性引用文件

下列文件对于本文件的应用是必不可少的。凡是注日期的引用文件，仅注日期的版本适用于本文件。凡是不注日期的引用文件，其最新版本（包括所有的修改单）适用于本文件。

RFC 793　传输控制协议

RFC 768　用户数据报协议

RFC 1034　域名系统-概念和应用

RFC 1157　简单网络管理协议(SNMP)

RFC 1212　简单 MIB 定义

RFC 1155　管理信息结构和定义

RFC 2571　SNMP 管理框架描述

RFC 2578　管理信息框架(版本 2)

3 缩略语

P2P　对等联网(Peer-to-Peer)

ISP　互联网服务提供商(Internet Service Provider)

PSP　P2P 服务提供商(P2P Service Provider)

SMI　管理信息结构(Structure of Management Information)

OID　对象标识符(Object Identifier)

4 P2P 网络管理定义和范畴

4.1 P2P 网络管理定义

P2P 网络管理是指由所有 P2P 对等节点构成的 overlay 网络的管理，能够实现对被管网络的监视和控制。根据管理方式的不同，P2P 网络管理分为内部管理、外部管理和协同管理 3 种形式。

内部管理：指由 PSP 主动发起实施的管理，即在 P2P 应用设计和实现中应考虑到管理的需求，定义和实现管理信息库。

外部管理：指由 PSP 以外的管理者对 P2P 网络实施的管理，即将 P2P 应用作为一个整体被管对象，在没有 PSP 的参与和协助的情况下实施监管。

协同管理：指由 PSP 和 ISP 协作进行管理。双方通过信息共享和互动，实现高效率和高精度的 P2P 网络管理。

三者之间的关系如图1所示。

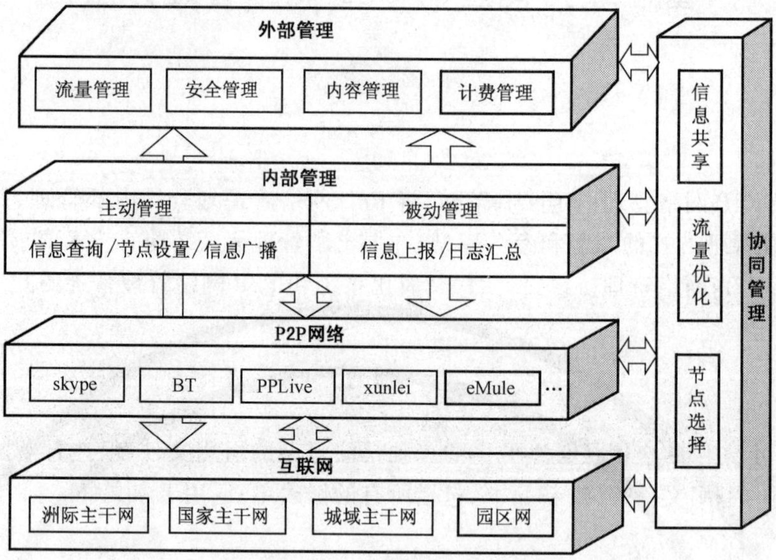

图1　内部管理、外部管理和协同管理关系图

4.2　P2P网络管理被管对象定义

P2P网络管理的被管理对象包括构成P2P网络的对等节点、P2P应用服务器、相关的网络设备和线路，以及P2P网络中的流量和内容。

5　内部管理

5.1　功能

P2P网络内部管理根据工作模式分为主动管理和被动管理。

a)　主动管理指PSP从管理的需要出发，对某种P2P应用程序的网络进行管理，功能包括：
   1)　信息查询：查询指定P2P节点的相关信息。
   2)　拓扑生成：生成指定范围的P2P网络拓扑连接关系图。
   3)　节点设置：根据管理需要对P2P节点的设置进行更改。
   4)　信息广播：紧急情况时，对所有P2P节点进行广播。
b)　被动管理是指PSP被动接收P2P节点上报的管理信息，是主动管理的补充，包括：
   1)　信息上报：P2P节点向PSP上报信息，预先设置事件触发阈值，节点不定期的向PSP发送SNMP Trap信息。
   2)　日志汇总：PSP逐级汇总接收到的信息，形成整个P2P网络的运行日志。

5.2　参考模型

5.2.1　概述

根据P2P网络规模，P2P内部管理采用集中式和分布式两种参考模型。集中式模型适用于P2P网络规模较小，节点数应小于百万，相当于园区网络的规模。分布式模型适用于P2P网络规模较大、超过园区级规模的网络。

5.2.2 分布式管理模型

分布式内部管理模型基于扩展的SNMP的代理管理站模型。如图2，每种P2P应用的客户端运行P2P的SNMP代理，P2P应用的服务器端运行P2P的SNMP管理程序，双方通过SNMP协议进行通讯。每种P2P应用部署多个分布式的SNMP管理者，P2P SNMP管理者采用分层结构。管理者之间的组织方式可采用两种：一种是树状的分层结构，一种是基于P2P协议的松散式结构。SNMP代理通过DNS选择最近的管理者，进行SNMP通讯。P2P管理中心负责汇总SNMP管理者的信息，获得P2P网络的管理信息。

树状分层结构中，P2P SNMP管理者应由PSP部署；松散式结构中P2P SNMP管理者从P2P网络中的超级节点中选举产生，应具有公网IP地址、连续在线时间2 h以上，并且还应具有内存大、处理能力强以及带宽充裕的特点。各P2P SNMP管理者之间应进行负载均衡与自我调整。当某个P2P SNMP管理者退出P2P网络时，应自动选举出新的管理节点，取代失效的管理节点。

P2P网络管理应具有较高的安全性，P2P管理中心、P2P SNMP管理者和P2P SNMP代理之间应进行认证，SNMP协议应采用安全性最高的版本3。

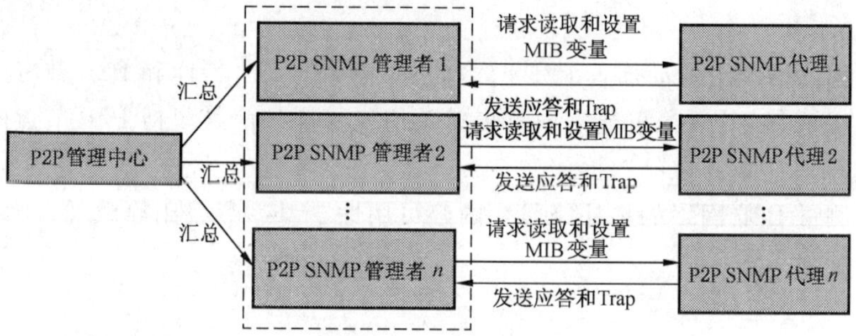

图2 P2P分布式内部管理系统模型

5.2.3 集中式管理模型

集中式内部管理模型基于标准的SNMP管理模型，如图3所示。P2P SNMP管理者和P2P SNMP代理之间应进行认证，SNMP协议应采用安全性最高的版本3。

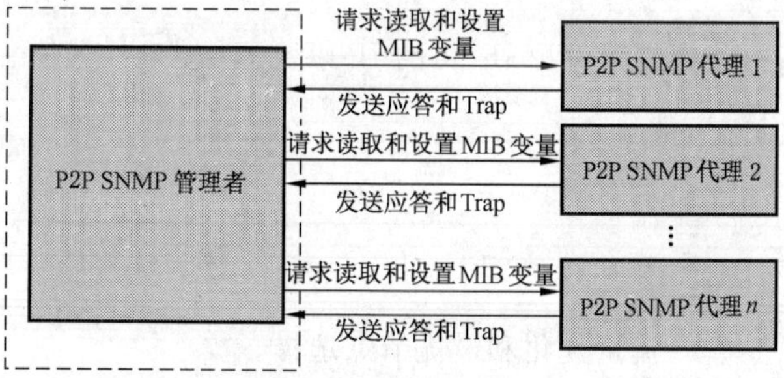

图3 P2P集中式内部管理系统模型

6 外部管理

6.1 功能

外部管理是将整个P2P网络作为一个整体进行管理，管理者在没有PSP的参与和协助的情况下对

P2P 网络进行管理。功能包括流量管理、安全管理、计费管理和内容管理。

a) 流量管理:实时监测 P2P 网络的流量状况,能够监测和识别不同类型的 P2P 流量,对各类 P2P 应用系统的表现作出评价,包括 P2P 流量识别、流量缓存和流量优化。通过主动测量和被动测量技术进行流量识别,依据流量管理策略进行流量优化。
b) 安全管理:安全管理包括访问控制和内容过滤。访问控制是对加入 P2P 网络的节点进行身份认证,满足要求的节点才可以访问 P2P 网络的资源,并且可以动态隔离不良用户;内容过滤能够实时监测 P2P 网络内通信内容的合法性,对病毒、木马等不良信息能够进行屏蔽和过滤,能够有效保护用户的隐私信息。
c) 计费管理:能够基于用户或 P2P 应用进行 P2P 流量的统计,实现基于 P2P 流量的计费方式;能够实时监测各类 P2P 服务的运行状况,实时监测本地用户行为。
d) 内容管理:指从数字版权和健康内容角度考虑,对 P2P 网络中共享的数据进行监管。实现 P2P 网络的数字内容加密,能够阻止非法内容注册,实现用户环境检测、用户行为监控。

6.2 参考模型

6.2.1 主动测量

主动测量是使用网络爬虫主动加入 P2P 网络,获取相关的网络特性和 P2P 节点的属性。爬虫像普通节点一样加入 P2P 系统,然后尽可能多地收集相关信息。这些信息包括 P2P 节点的 IP 地址、端口号以及所有可以通过 P2P 协议获取的数据信息。

主动测量用于测量 P2P 网络的拓扑、延迟、内容可用性、上传/下载比等微观行为特征。

6.2.2 被动测量

被动测量是在网络的不同位置部署一定数量的测量点,使用特定的软、硬件设备被动监测相关的 P2P 流量信息。为了保证测量数据的代表性,测量点应位于骨干网络的核心路由器或 ISP 网络的边缘出口。被动测量用于测量 P2P 网络的流量大小、对等节点数量、连接持续时间等宏观流量特性。

被动测量包括基于应用端口、基于 P2P 内容特征和基于传输层行为特征的测量方法。

a) 基于应用端口:通过捕获特定端口的流量,来判断 P2P 应用并进行测量和分析。
b) 基于 P2P 内容特征:利用报文负荷的内容是否包含特定 P2P 应用的特征字符串来判定 P2P 流量。
c) 基于传输层行为特征:通过分析源 IP、目的 IP 以及 IP、端口号等信息,来判断 P2P 网络流量。

7 协同管理

7.1 功能

协同管理功能包括信息共享、流量优化和最优节点选择。

a) 信息共享:PSP 和 ISP 根据双方约定的管理策略,共享管理信息,PSP 对 ISP 发布 P2P 节点信息,ISP 对 PSP 发布网络信息。
b) 流量优化:PSP 和 ISP 协同进行流量控制,对 P2P 流量进行疏导,对热点内容进行缓存,在不影响用户体验的前提下,实现流量本地化,减少网间流量。
c) 最优节点选择:通过协调网络拓扑数据,选择最优的 P2P 节点,提高网络路由效率。

7.2 参考模型

协同管理由现有 P2P 网络中增加 P2P 联邦服务中心组成,由 ISP 或第三方机构运行,其结构图如

图 4 所示。

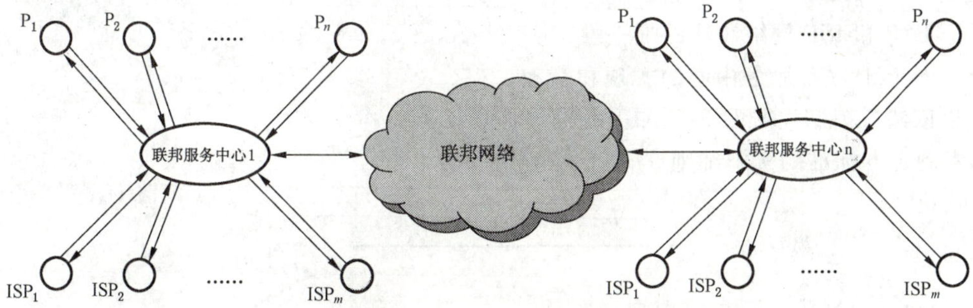

P_1……P_n 代表各种不同的 P2P 服务提供商。

ISP_1……ISP_m 代表网络服务提供商 ISP。

图 4 基于联邦模型的 P2P 网络管理

协同管理参考模型概括为以下五条：

a) 在不改变现有 P2P 应用运作模式的基础上，建立 P2P 管理服务联邦，该联邦包括 P2P 服务提供商 PSP、网络服务提供商 ISP 和一个 P2P 联邦服务中心。三方基于证书实现可用信息交换，P2P 联邦服务中心从 PSP 获取 P2P 网络的应用和用户信息，提供给 ISP；同时从 ISP 处得到 IP 网络信息，提供给 PSP。

b) P2P 网络中的多个联邦服务中心之间可以进行信息交互和同步，多个联邦服务中心构成联邦网络，提供容错机制。

c) P2P 联邦服务中心的运行有两种方式：一种是由第三方运行，另一种是附加到 ISP 的网管系统中。前者适用于 P2P 联邦服务中心提供查询索引服务的情况；后者适用于 P2P 联邦服务中心介入网络控制的情况。

d) 在某个 P2P 联邦服务中心出现故障时，应由其他联邦中心接管服务，否则恢复到无联邦管理的情况。

e) 在实现过程中应做到尽可能少地改变现有的 P2P 网络运作模式，尽可能多地适应不同的 P2P 应用类型和 P2P 客户端。

8 管理信息结构

P2P 网络管理的管理信息结构设计应遵循 SMI SNMP v1/v2/v3 关于管理信息库 MIB 的基本定义，根据 P2P 网络管理的特点增加拥塞控制、准入控制和内容管理相关的数据类型和变量。

P2P 网络管理相关的 OID 应定义在下面两个分支内：

{1.2.156.20001}　　p2p

{2.16.156.20001}　　p2p

9 标准实施要求

9.1 联邦服务中心的管理机构

由国家有关部门成立 P2P 网络管理中心，负责联邦服务中心的管理工作。

9.2 P2P 网络管理中心的职责

P2P 网络管理中心的职责如下：

a） 负责 P2P 注册的管理工作；

b） 负责 ISP 的网络注册的管理工作；

c） 保证 P2P 和 ISP 网络注册的唯一性；

d） 负责对 P2P 联邦服务中心的实现和管理；

e） 有权依法撤销已注册的 P2P 和 ISP 网络信息；

f） 负责制定本标准的实施细则。

ICS 29.020
K 09

中华人民共和国国家标准

GB 26859—2011

电力安全工作规程　电力线路部分

Safety code of electric power industry—Part of electric lines

2011-07-29 发布　　2012-06-01 实施

中华人民共和国国家质量监督检验检疫总局
中国国家标准化管理委员会　发布

前　言

本标准的第5章和7.3.4为推荐性，其余为强制性。

本标准按照GB/T 1.1—2009给出的规则起草。

本标准由中国电力企业联合会提出。

本标准由全国高压电气安全标准化技术委员会(SAC/TC 226)归口。

本标准起草单位：国家电网公司、中国南方电网有限责任公司。

本标准主要起草人：陈竟成、蔡崇积、胡翔、方旭初、罗耀国、邓华、刘亨铭、张雷、吴濡生、黄金领、陈伟松、杨光亮。

电力安全工作规程　电力线路部分

1　范围

本标准规定了电力生产单位和在电力生产场所工作人员的基本电气安全要求。

本标准适用于具有 66 kV 及以上电压等级设施的发电企业所有运用中的电气设备及其相关场所；具有 35 kV 及以上电压等级设施的输电、变电和配电企业所有运用中的电气设备及其相关场所；具有 220 kV 及以上电压等级设施的用电单位运用中的电气设备及其相关场所。其他电力企业和用电单位也可参考使用。

2　规范性引用文件

下列文件对于本文件的应用是必不可少的。凡是注日期的引用文件，仅注日期的版本适用于本文件。凡是不注日期的引用文件，其最新版本(包括所有的修改单)适用于本文件。

GB/T 2900.20—1994　电工术语　高压开关设备(IEC 60050(IEV):1994,NEQ)

GB/T 2900.50—2008　电工术语　发电、输电及配电　通用术语(IEC 60050-601:1985,MOD)

GB 26860—2011　电力安全作业规程　发电厂和变电站电气部分

3　术语和定义

GB/T 2900.20—1994、GB/T 2900.50—2008 界定的以及下列术语和定义适用于本文件。

3.1

低[电]压　low voltage;LV

用于配电的交流电力系统中 1 000 V 及其以下的电压等级。

[GB/T 2900.50—2008,定义 2.1 中的 601-01-26]

3.2

高[电]压　high voltage;HV

(1)　通常指超过低压的电压等级。

(2)　特定情况下，指电力系统中输电的电压等级。

[GB/T 2900.50—2008,定义 2.1 中的 601-01-27]

3.3

发电厂[站]　electrical generating station

由建筑物、能量转换设备和全部必要的辅助设备组成的生产电能的工厂。

[GB/T 2900.50—2008,定义 2.3 中的 601-03-01]

3.4

变电站(电力系统的)　substation (of a power system)

电力系统的一部分，它集中在一个指定的地方，主要包括输电或配电线路的终端、开关及控制设备、建筑物和变压器。通常包括电力系统安全和控制所需的设施(例如保护装置)。

注：根据含有变电站的系统的性质，可在变电站这个词前加上一个前缀来界定。例如：(一个输电系统的)输电变电站、配电变电站、500 kV 变电站、10 kV 变电站。

[GB/T 2900.50—2008,定义 2.3 中的 601-03-02]

3.5

电力线路 electric line

在系统两点间用于输配电的导线、绝缘材料和附件组成的设施。

[GB/T 2900.50—2008,定义 2.3 中的 601-03-03]

3.6

运用中的电气设备 operating electrical equipment

全部带有电压、一部分带有电压或一经操作即带有电压的电气设备。

3.7

开关站 switching substation

有开关设备,通常还包括母线,但没有电力变压器的变电站。

3.8

断路器 circuit-breaker

能关合、承载、开断运行回路正常电流,也能在规定时间内关合、承载及开断规定的过载电流(包括短路电流)的开关设备,也称开关。

注:改写 GB/T 2900.20—1994,定义 3.13。

3.9

隔离开关 disconnector

在分位置时,触头间有符合规定要求的绝缘距离和明显的断开标志;在合位置时,能承载正常回路条件下的电流及在规定时间内异常条件(例如短路)下的电流的开关设备。

[GB/T 2900.20—1994,定义 3.24]

3.10

个人保安线 personal security grounding line

用于保护工作人员防止感应电伤害的接地线。

3.11

双重称号 dual title

线路名称和位置称号,位置称号指同杆架设多回路中导线安装位置,如:上线、中线或下线和面向线路杆塔号增加方向的左线或右线。

3.12

配电设备 power distribution equipment

用于向一个用电区供电的变压器、高低压开关、线路、控制和计量等设备的统称。

4 作业要求

4.1 工作人员

4.1.1 经医师鉴定,无妨碍工作的病症(体格检查至少每两年一次)。

4.1.2 具备必要的安全生产知识和技能,从事电气作业的人员应掌握触电急救等救护法。

4.1.3 具备必要的电气知识和业务技能,熟悉电气设备及其系统。

4.2 作业现场

4.2.1 作业现场的生产条件、安全设施、作业机具和安全工器具等应符合国家或行业标准规定的要求,安全工器具和劳动防护用品在使用前应确认合格、齐备。

4.2.2 经常有人工作的场所及施工车辆上宜配备急救箱,存放急救用品,并指定专人检查、补充或更换。

4.3 作业措施

4.3.1 在电力线路(以下简称"线路")及配电设备上工作应有保证安全的制度措施,可包含工作申请、工作布置、现场勘察、书面安全要求、工作许可、工作监护,以及工作间断和终结等工作程序。

4.3.2 在线路及配电设备上进行全部停电或部分停电工作时,应向设备运行维护单位提出停电申请,由调度机构管辖的需事先向调度机构提出停电申请,同意后方可安排检修工作。

4.3.3 在检修工作前应进行工作布置,明确工作地点、工作任务、工作负责人、作业环境、工作方案和书面安全要求,以及工作班成员的任务分工。

4.4 其他要求

4.4.1 工作人员应被告知其作业现场存在的危险因素和防范措施。

4.4.2 在发现直接危及人身安全的紧急情况时,现场负责人有权停止作业并组织人员撤离作业现场。

4.4.3 野外作业前,应根据野外工作特点做好工作准备,对工作环境的危险点进行排查,并做好防范措施。

4.4.4 配电系统中的开关站、高压配电站(所)内工作可参照 GB 26860—2011《电力安全工作规程 发电厂和变电站电气部分》的有关规定执行。

5 安全组织措施

5.1 一般要求

5.1.1 安全组织措施作为保证安全的制度措施之一,包括工作票、工作的许可、监护、间断和终结等。工作票签发人、工作负责人(监护人)、工作许可人、专责监护人和工作班成员在整个作业流程中应履行各自的安全职责。

5.1.2 工作票是准许在线路及配电设备上工作的书面安全要求之一,可包含编号、工作地点、工作内容、计划工作时间、工作许可时间、工作终结时间、停电范围和安全措施,以及工作票签发人、工作许可人、工作负责人和工作班成员等内容。

5.1.3 除需填用工作票的工作外,其他可采用口头或电话命令方式。

5.2 现场勘察

5.2.1 工作票签发人或工作负责人认为,现场勘察的线路作业,作业单位应根据工作任务组织现场勘察。

5.2.2 现场勘察应查看现场检修(施工)作业范围内设施情况,现场作业条件、环境,应停电的设备、保留或邻近的带电部位等。

5.2.3 根据现场勘察结果,对危险性、复杂性和困难程度较大的作业项目,应制订组织措施、技术措施和安全措施。

5.3 工作票种类

5.3.1 需要线路或配电设备全部停电或部分停电的工作,填用电力线路第一种工作票(见附录 A)。

注:配电设备全部停电是指供给该配电设备上的所有电源线路均已全部断开。

5.3.2 带电线路杆塔上与带电导线符合表 1 最小安全距离规定的工作以及运行中的配电设备上的工作,填用电力线路第二种工作票(见附录 B)。

表 1　在带电线路杆塔上工作与带电导线最小安全距离

电压等级 kV	安全距离 m
10 及以下	0.7
20、35	1.0
66、110	1.5
220	3.0
330	4.0
500	5.0
750	8.0
1 000	9.5
±50	1.5
±500	6.8
±660	9.0
±800	10.1

注 1：表中未列电压等级按高一挡电压等级安全距离。

注 2：750 kV 数据是按海拔 2 000 m 校正的，其他等级数据是按海拔 1 000 m 校正的。

5.3.3　带电作业或与带电设备距离小于表 1 规定的安全距离但按带电作业方式开展的不停电工作，填用带电作业工作票(见附录 C)。

5.3.4　事故紧急抢修工作使用紧急抢修单(见附录 D)或工作票。非连续进行的事故修复工作应使用工作票。

5.4　工作票的填用

5.4.1　工作票应使用统一的票面格式。

5.4.2　一条线路、同一个电气连接部位的几条线路或同杆塔架设且同时停送电的几条线路上的工作，可填用一张电力线路第一种工作票。

注：同一个电气连接部位是指电气上相互连接的几个电气单元设备。

5.4.3　同一电压等级、同类型的数条线路上的不停电工作，可填用一张电力线路第二种工作票。

5.4.4　同一电压等级、同类型采取相同安全措施的数条线路上依次进行的带电作业，可填用一张电力线路带电作业工作票。

5.4.5　工作票由设备运行维护单位签发或由经设备运行维护单位审核合格并经批准的其他单位签发。承发包工程中，工作票可实行双方签发形式。

5.4.6　工作票一份交工作负责人，另一份交工作票签发人或工作许可人。

5.4.7　一个工作负责人不应同时执行两张及以上工作票。

5.4.8　持线路工作票进入变电站(包括发电厂升压站和换流站，以下同)进行架空线路、电缆等工作，应得到变电站工作许可人许可后方可开始工作。

5.4.9　变更工作班成员或工作负责人时，应履行变更手续。

5.4.10　电力线路第一种工作票、电力线路第二种工作票和电力线路带电作业工作票的有效时间，以批准的检修计划工作时间为限，延期应办理手续。

5.5 工作票所列人员的安全责任

5.5.1 工作票签发人：

a) 确认工作必要性和安全性；

b) 确认工作票上所填安全措施正确、完备；

c) 确认所派工作负责人和工作班人员适当、充足。

5.5.2 工作负责人(监护人)：

a) 正确、安全地组织工作；

b) 确认工作票所列安全措施正确、完备，符合现场实际条件，必要时予以补充；

c) 工作前向工作班全体成员告知危险点，督促、监护工作班成员执行现场安全措施和技术措施。

5.5.3 工作许可人：

a) 确认工作票所列安全措施正确完备，符合现场条件；

b) 确认线路停、送电和许可工作的命令正确；

c) 确认许可的接地等安全措施正确完备。

5.5.4 专责监护人：

a) 明确被监护人员和监护范围；

b) 工作前对被监护人员交待安全措施，告知危险点和安全注意事项；

c) 监督被监护人员执行本标准和现场安全措施，及时纠正不安全行为。

5.5.5 工作班成员：

a) 熟悉工作内容、工作流程，掌握安全措施，明确工作中的危险点，并履行确认手续；

b) 遵守安全规章制度、技术规程和劳动纪律，执行安全规程和实施现场安全措施；

c) 正确使用安全工器具和劳动防护用品。

5.6 工作许可

5.6.1 填用电力线路第一种工作票的工作，工作负责人应在得到全部工作许可人的许可后，方可开始工作。

5.6.2 填用电力线路第二种工作票时，不必履行工作许可手续。

5.6.3 带电作业工作负责人在带电作业工作开始前，应与设备运行维护单位或值班调度员联系并履行有关许可手续。带电作业结束后应及时汇报。

5.6.4 许可工作可采用下列命令方式：

a) 电话下达；

b) 当面下达；

c) 派人送达。

5.6.5 工作许可人应在线路可能受电的各方面都拉闸停电、装设好接地线后，方可发出线路停电检修的许可工作命令。

5.6.6 不应约时停、送电。

5.7 工作监护

5.7.1 工作许可后，工作负责人、专责监护人应向工作班成员交待工作内容和现场安全措施。装设好现场接地线，工作班成员履行确认手续后方可开始工作。

5.7.2 工作负责人、专责监护人应始终在工作现场，对工作班成员进行监护。线路停电工作时，工作负责人在工作班成员确无触电等危险的情况下，可一起参加工作。

5.7.3 工作票签发人或工作负责人，应根据现场的安全条件、施工范围、工作需要等具体情况，增设专责监护人和确定被监护的人员。

5.8 工作间断

5.8.1 在工作中遇恶劣气象条件或其他威胁到工作人员安全的情况时，工作负责人或专责监护人可下令临时停止工作。

5.8.2 工作间断时，工作地点的全部接地线可保留不变。若工作班需暂时离开工作地点，应采取安全措施。恢复工作前，应检查接地线等各项安全措施的完整性。

5.8.3 填用数日内有效的电力线路第一种工作票，每日收工时若将工作地点所装设的接地线拆除，次日恢复工作前应重新验电、接地。

5.9 工作终结和恢复送电

5.9.1 完工后，工作负责人应检查线路检修地段的状况，确认杆塔、导线、绝缘子串及其他辅助设备上没有遗留的个人保安线、工具、材料等，确认全部工作人员已从杆塔上撤下后，再下令拆除工作地段所装设的接地线。接地线拆除后，不应再登杆工作。

5.9.2 工作终结后，工作负责人应及时报告工作许可人，报告方式如下：

a) 当面报告；

b) 电话报告。

5.9.3 工作终结的报告内容应包括工作负责人姓名、完工的线路名称和区段、设备改动情况，并说明工作地点所装设的接地线和个人保安线已全部拆除，线路上已无本班组工作人员和遗留物，可以送电。

5.9.4 工作许可人在接到所有工作负责人的工作终结报告，并确认全部工作已完毕，所有工作人员已从线路上撤离，接地线已全部拆除，核对无误后，方可下令拆除各侧安全措施，恢复送电。

6 安全技术措施

6.1 一般要求

6.1.1 在线路和配电设备上工作，应有停电、验电、装设接地线及个人保安线、悬挂标示牌和装设遮栏（围栏）等保证安全的技术措施。

6.1.2 工作中所使用的绝缘安全工器具应满足附录E的要求。

6.2 停电

6.2.1 线路停电工作前，应采取下列措施：

a) 断开发电厂、变(配)电站的线路断路器和隔离开关；

b) 断开工作线路上各端(含分支)断路器、隔离开关和熔断器；

c) 断开危及线路停电作业，且不能采取措施的交叉跨越、平行和同杆塔线路的断路器、隔离开关和熔断器；

d) 断开可能反送电的低压电源断路器、刀闸和熔断器。

6.2.2 停电设备的各端应有明显的断开点，或应有能反映设备运行状态的电气和机械等指示，不应在只经断路器断开电源的设备上工作。

6.2.3 对停电设备的操作机构或部件，应采取下列措施：

a) 可直接在地面操作的断路器、隔离开关的操作机构应加锁；

b) 不能直接在地面操作的断路器、隔离开关应在操作部位悬挂标示牌；

c) 跌落式熔断器熔管应摘下或在操作部位悬挂标示牌。

6.3 验电

6.3.1 在线路上装设接地线前，应在接地部位验明线路确无电压。

6.3.2 直接验电时应使用相应电压等级的验电器在设备的接地处逐相(直流线路逐极)验电。验电前，验电器应在有电设备上确证验电器良好。高压直流线路和 330 kV 及以上的交流线路，可使用带金属部分的绝缘棒或专用的绝缘绳逐渐接触导线，根据有无放电声和火花的验电方法，判断线路是否有电，验电时应戴绝缘手套。

6.3.3 在恶劣气象条件时，对户外配电设备及其他无法直接验电的设备，可采用间接验电。

6.3.4 对同杆塔架设的多层、同一横担多回线路验电时，应先验低压、后验高压，先验下层、后验上层，先验近侧、后验远侧。

6.3.5 线路中联络用的断路器、隔离开关或其组合进行检修时，应在其两侧分别验电。

6.3.6 验电时人体与被验电设备的距离应符合表 1 的安全距离要求。

6.4 装设接地线、个人保安线

6.4.1 装设接地线不宜单人进行。

6.4.2 人体不应碰触未接地的导线。

6.4.3 线路经验明确无电压后，应立即装设接地线并三相短路。电缆接地前应逐相充分放电。

6.4.4 装、拆接地线导体端应使用绝缘棒或专用的绝缘绳，人体不应碰触接地线。

6.4.5 不应用缠绕的方法进行接地或短路。

6.4.6 成套接地线应由有透明护套的多股软铜线和专用线夹组成。接地线截面不应小于 25 mm^2，并应满足装设地点短路电流的要求。

6.4.7 装设接地线、个人保安线时，应先装接地端，后装导线端。拆除接地线的顺序与此相反。

6.4.8 接地线或个人保安线应接触良好、连接可靠。

6.4.9 在杆塔或横担接地良好的条件下装设接地线时，接地线可单独或合并后接到杆塔上。

6.4.10 无接地引下线的杆塔装设接地线时，可采用临时接地体。临时接地体的截面积不应小于 190 mm^2。临时接地体埋深不应小于 0.6 m。土壤电阻率较高的地方应采取措施改善接地电阻。

6.4.11 线路停电作业装设接地线应遵守下列规定：

a) 工作地段各端以及可能送电到检修线路工作地段的分支线都应装设接地线；

b) 直流接地极线路，作业点两端应装设接地线；

c) 配合停电的线路可只在工作地点附近装设一处接地线。

6.4.12 工作中，需要断开耐张杆塔引线(连接线)或拉开断路器、隔离开关时，应先在其两侧装设接地线。

6.4.13 同杆塔架设的多回线路上装设接地线时，应先装低压、后装高压，先装下层、后装上层，先装近侧、后装远侧。拆除时次序相反。

6.4.14 在同杆塔多回路部分线路停电作业装设接地线时，应采取防止接地线摆动的措施，并满足安全距离的要求。

6.4.15 工作地段有邻近、平行、交叉跨越及同杆塔线路，需要接触或接近停电线路的导线工作时，应装设接地线或使用个人保安线。

6.4.16 个人保安线应在接触或接近导线前装设，作业结束，人体脱离导线后拆除。

6.4.17 个人保安线应使用有透明护套的多股软铜线，截面积不应小于 16 mm^2，并有绝缘手柄或绝缘部件。不应用个人保安线代替接地线。

6.5 悬挂标示牌和装设遮栏

6.5.1 在一经合闸即可送电到工作地点的断路器、隔离开关及跌落式熔断器的操作处，均应悬挂“禁止合闸,线路有人工作!”或“禁止合闸,有人工作!”的标示牌。

6.5.2 配电设备部分停电的工作,工作人员与未停电设备安全距离不符合表2规定时应装设临时遮栏。其与带电部分的距离应符合表3的规定。临时遮栏应装设牢固,并悬挂“止步,高压危险!”的标示牌。35 kV及以下设备可用与带电部分直接接触的绝缘隔板代替临时遮栏。

表2 配电设备不停电时的安全距离

电压等级 kV	安全距离 m
10及以下	0.70
20、35	1.00
注:表中未列电压应选用高一电压等级的安全距离。	

表3 人员工作中与配电设备带电部分的安全距离

电压等级 kV	安全距离 m
10及以下	0.35
20、35	0.60

6.5.3 在城区、人口密集区、通行道路上或交通道口施工时,工作场所周围应装设遮栏,并在相应部位装设交通警示牌。

6.5.4 标示牌式样见附录F。

7 线路运行与维护

7.1 一般要求

线路运行与维护包含线路巡视、线路停复役操作、杆塔及配电设备维护和测量、砍剪树木等。作业时应注意自我防护,保持安全距离。

7.2 线路巡视

7.2.1 单人巡线时,不应攀登杆塔。

7.2.2 恶劣气象条件下巡线和事故巡线时,应依据实际情况配备必要的防护用具、自救器具和药品。

7.2.3 夜间巡线应沿线路外侧进行。

7.2.4 大风时,巡线宜沿线路上风侧进行。

7.2.5 事故巡线应始终认为线路带电。

7.3 电气操作

7.3.1 操作发令

7.3.1.1 发令人发布指令应准确、清晰,使用规范的操作术语和设备名称。

7.3.1.2 受令人接令后,应复诵无误后执行。

7.3.2 操作方式

7.3.2.1 电气操作有就地操作和遥控操作两种方式。

7.3.2.2 正式操作前可进行模拟预演,确保操作步骤正确。

7.3.3 操作分类

7.3.3.1 监护操作,是指有人监护的操作。

7.3.3.2 单人操作,是指一人进行的操作。

7.3.4 操作票填写

7.3.4.1 操作票是线路和配电设备操作前,填写操作内容和顺序的规范化票式。可包含编号、操作任务、操作顺序、操作时间,以及操作人或监护人签名等。

7.3.4.2 操作票由操作人员填用,每张票填写一个操作任务。

7.3.4.3 操作前应根据模拟图或接线图核对所填写的操作项目,并经审核签名。

7.3.4.4 事故紧急处理、拉合断路器的单一操作时,可不填用操作票。

7.3.4.5 操作票见附录G。

7.3.5 操作的基本条件

7.3.5.1 具有与实际运行方式相符的一次系统模拟图或接线图。

7.3.5.2 操作设备应具有明显的标志,包括命名、编号、设备相色等。

7.3.5.3 高压配电设备应具有防止误操作的闭锁功能,必要时加挂机械锁。

7.3.6 操作的基本要求

7.3.6.1 停电操作应按照"断路器—负荷侧隔离开关—电源侧隔离开关"的顺序依次进行,送电合闸操作按相反的顺序进行。不应带负荷拉合隔离开关。

7.3.6.2 应按操作任务的顺序逐项操作。

7.3.6.3 雷电天气时,不宜进行电气操作,不应就地电气操作。

7.3.6.4 操作机械传动的断路器或隔离开关时,应戴绝缘手套。没有机械传动的断路器、隔离开关和跌落式熔断器,应使用绝缘棒进行操作。

7.3.6.5 更换配电变压器跌落式熔断器熔丝,应先将低压刀闸和高压隔离开关或跌落式熔断器拉开。装卸跌落式熔断器熔管时,应使用绝缘棒。

7.3.6.6 雨天操作室外高压设备时,应使用有防雨罩的绝缘棒,并穿绝缘靴、戴绝缘手套。

7.3.6.7 装卸高压熔断器,应戴护目眼镜和绝缘手套,必要时使用绝缘夹钳,并站在绝缘物或绝缘台上。

7.3.6.8 高压开关柜手车开关拉至"检修"位置后,应确认隔离挡板已封闭。

7.3.6.9 操作后应检查各相的实际位置,无法观察实际位置时,可通过间接方式确认该设备已操作到位。

7.3.6.10 发生人身触电时,应立即断开有关设备的电源。

7.4 测量

7.4.1 测量杆塔、配电变压器和避雷器的接地电阻,可在线路和设备带电的情况下进行。解开或恢复配电变压器和避雷器的接地引线时,应戴绝缘手套。不应直接接触与地电位断开的接地引线。

7.4.2 用钳形电流表测量线路或配电变压器低压侧的电流时,不应触及其他带电部分。

7.4.3 测量设备绝缘电阻，应将被测量设备各侧断开，验明无电压，确认设备上无人，方可进行。在测量中不应让他人接近被测量设备。测量前后，应将被测设备对地放电。

7.4.4 测量线路绝缘电阻，若有感应电压，应将相关线路同时停电，取得许可，通知对侧后方可进行。

7.4.5 测量带电线路导线的垂直距离（导线弛度、交叉跨越距离），可用测量仪或使用绝缘测量工具。不应使用皮尺、普通绳索、线尺等非绝缘工具。

7.5 维护

7.5.1 砍剪靠近带电线路的树木时，人体、绳索应与线路保持表4的安全距离。

7.5.2 树枝接触或接近高压带电导线时，应将高压线路停电或用绝缘工具使树枝远离带电导线，之前人体不应接触树木。

7.5.3 需锚固杆塔维修线路时，应保持锚固拉线与带电导线的安全距离符合表4的规定。

表4 邻近或交叉其他电力线工作的安全距离

电压等级 kV	安全距离 m
10 及以下	1.0
20、35	2.5
66、110	3.0
220	4.0
330	5.0
500	6.0
750	9.0
1 000	10.5
±50	3.0
±500	7.8
±660	10.0
±800	11.1

注1：表中未列电压等级按高一挡电压等级安全距离。

注2：750 kV 数据是按海拔 2 000 m 校正的，其他等级数据是按海拔 1 000 m 校正的。

8 邻近带电导线的工作

8.1 一般要求

8.1.1 邻近带电导线的工作主要包含带电线路杆塔上的工作、邻近或交叉其他线路的工作，以及同杆塔多回线路中部分线路停电的工作。

8.1.2 登杆作业时，应核对线路名称和杆号。

8.2 在带电线路杆塔上的工作

8.2.1 带电杆塔上进行测量、防腐、巡视检查、校紧螺栓、清除异物等工作，工作人员活动范围及其所携带的工具、材料等，与带电导线最小距离应符合表 1 的规定。

8.2.2 风力大于 5 级时应停止工作。

8.3 邻近或交叉其他线路的工作

8.3.1 工作人员和工器具与邻近或交叉的运行线路应符合表 4 的安全距离。

8.3.2 在变电站、发电厂出入口处或线路中间某一段有两条以上相互靠近的平行或交叉线路时，应满足以下要求：

a) 每基杆塔上都应有线路名称和杆号；

b) 经核对检修线路的名称无误，验明线路确已停电并装设接地线，方可开始工作。

8.4 同杆塔多回线路中部分线路停电的工作

8.4.1 同杆塔多回线路中部分线路或直流线路中单极线路停电检修，应满足表 1 规定的安全距离。同杆塔架设的 10 kV 及以下线路带电时，当满足表 4 规定的安全距离且采取安全措施的情况下，只能进行下层线路的登杆塔检修工作。

8.4.2 风力大于 5 级时，不应在同杆塔多回线路中进行部分线路检修工作及直流单极线路检修工作。

8.4.3 防止误登同杆塔多回路带电线路或直流线路有电极，应采取以下措施：

a) 每基杆塔应标设线路名称和识别标记(色标等)；

b) 工作前应发给工作人员相对应线路的识别标记；

c) 经核对停电检修线路的识别标记和线路名称无误，验明线路确已停电并装设接地线后，方可开始工作；

d) 登杆塔和在杆塔上工作时，每基杆塔都应设专人监护；

e) 登杆塔至横担处时，应再次核对识别标记与双重称号，确实无误后方可进入检修线路侧横担。

8.4.4 在杆塔上工作时，不应进入带电侧的横担，或在该侧横担上放置任何物件。

8.5 感应电压防护

8.5.1 在 330 kV、±500 kV 及以上电压等级的线路杆塔及变电站构架上作业，应采取防静电感应措施。

8.5.2 绝缘架空地线应视为带电体。在绝缘架空地线附近作业时，工作人员与绝缘架空地线之间的距离应不小于 0.4 m(1 000 kV 为 0.6 m)。若需在绝缘架空地线上作业，应用接地线或个人保安线将其可靠接地或采用等电位方式进行。

8.5.3 用绝缘绳索传递大件金属物品(包括工具、材料等)时，杆塔或地面上工作人员应将金属物品接地后再接触。

9 线路作业

9.1 一般要求

9.1.1 线路作业应在良好的天气下进行，遇有恶劣气象条件时，应停止工作。

9.1.2 垂直交叉作业时，应采取防止落物伤人的措施。

9.1.3 带电设备和线路附近使用的作业机具应接地。

9.1.4 任何人从事高处作业，进入有磕碰、高处落物等危险的生产场所，均应戴安全帽。

9.1.5 直升机作业应遵守国家航空安全要求，并制定完备的安全作业方案。

9.2 高处作业

9.2.1 高处作业应使用安全带，安全带应采用高挂低用的方式，不应系挂在移动或不牢固的物件上。转移作业位置时不应失去安全带保护。

9.2.2 高处作业应使用工具袋，较大的工具应予固定。上下传递物件应用绳索栓牢传递，不应上下抛掷。

9.2.3 在线路作业中使用梯子时，应采取防滑措施并设专人扶持。

9.3 坑洞开挖

9.3.1 挖坑前，应确认地下设施的确切位置，采取防护措施。

9.3.2 基坑内作业时，应防止物体回落坑内，并采取临边防护措施。

9.3.3 在土质松软处挖坑，应采取加挡板、撑木等防止塌方的措施。不应由下部掏挖土层。

9.3.4 在可能存在有毒有害气体的场所挖坑时，应采取防毒措施。

9.3.5 居民区及交通道路附近开挖的基坑，应设坑盖或可靠遮栏，加挂警示牌，夜间可设置警示光源。

9.4 杆塔上作业

9.4.1 攀登前，应检查杆根、基础和拉线牢固，检查脚扣、安全带、脚钉、爬梯等登高工具、设施完整牢固。上横担工作前，应检查横担联结牢固，检查时安全带应系在主杆或牢固的构件上。

9.4.2 新立杆塔在杆基未完全牢固或做好拉线前，不应攀登。

9.4.3 不应利用绳索、拉线上下杆塔或顺杆下滑。

9.4.4 攀登有覆冰、积雪的杆塔时，应采取防滑措施。

9.4.5 在杆塔上移位及杆塔上作业时，不应失去安全保护。

9.4.6 在导线、地线上作业时应采取防止坠落的后备保护措施。在相分裂导线上工作，安全带可挂在一根子导线上，后备保护绳应挂在整组相导线上。

9.5 杆塔施工

9.5.1 立、撤杆塔过程中基坑内不应有人工作。立杆及修整杆坑时，应采取防止杆身倾斜、滚动的措施。

9.5.2 顶杆及叉杆只能用于竖立 8 m 以下的拔稍杆。

9.5.3 使用起重机械立、撤杆时，起吊点和起重机械位置应选择适当。撤杆时，应检查无卡盘或障碍物后再试拔。

9.5.4 使用抱杆立、撤杆时，抱杆下部应固定牢固，顶部应设临时拉线控制，临时拉线应均匀调节。

9.5.5 整体立、撤杆塔前应检查各受力和联结部位全部合格方可起吊。立、撤杆塔过程中，吊件垂直下方、受力钢丝绳的内角侧不应有人。

9.5.6 在带电设备附近进行立撤杆时，杆塔、拉线、临时拉线与带电设备的安全距离应符合表 4 的规定，且有防止立、撤杆过程中拉线跳动和杆塔倾斜接近带电导线的措施。

9.5.7 临时拉线应在永久拉线全部安装完毕并承力后方可拆除。拆除检修杆塔受力构件时，应事先采取补强措施。杆塔上有人工作时，不应调整或拆除拉线。

9.6 放线、紧线与撤线

9.6.1 交叉跨越各种线路、铁路、公路、河流等放、撤线时，应采取搭设跨越架、封航、封路等安全措施。

9.6.2 放线、紧线前，应检查导线有无障碍物挂住，导线与牵引绳应可靠连接，线盘架应安放稳固、转动灵活、制动可靠。

9.6.3 紧线、撤线前，应检查拉线、桩锚及杆塔位置正确、牢固。

9.6.4 放线、紧线时，应检查接线管或接线头以及过滑轮、横担、树枝、房屋等处无卡压现象。

9.6.5 放线、紧线与撤线作业时，工作人员不应站或跨在以下位置：

a) 已受力的牵引绳上；

b) 导线的内角侧；

c) 展放的导(地)线；

d) 钢丝绳圈内；

e) 牵引绳或架空线的垂直下方。

9.6.6 不应采用突然剪断导(地)线的方法松线。

9.6.7 放线、撤线或紧线时，应采取措施防止导(地)线由于摆（跳）动或其他原因而与带电导线间的距离不符合表4的规定。

9.6.8 同杆塔架设的多回线路或交叉档内，下层线路带电时，上层线路不应进行放、撤导(地)线的工作。上层线路带电时，下层线路放、撤导(地)线应保持表4规定的安全距离，采取防止导(地)线产生跳动或过牵引而与带电导线接近至危险范围的措施。

9.7 起重与运输

9.7.1 在起吊、牵引过程中，受力钢丝绳的周围、上下方、内角侧，以及起吊物和吊臂的下面，不应有人逗留和通过。

9.7.2 采用单吊线装置更换绝缘子和移动导线时，应采取防止导线脱落的后备保护措施。

9.7.3 在电力设备附近进行起重作业时，起重机械臂架、吊具、辅具、钢丝绳及吊物等与架空输电线及其他带电体的最小安全距离应符合表5的规定。

表5 与架空输电线及其他带电体的最小安全距离

电压 kV	最小安全距离 m
<1	1.5
1～10	3.0
35～66	4.0
110	5.0
220	6.0
330	7.0
500	8.5
注：表中未列电压等级按高一挡电压等级安全距离。	

9.7.4 装运电杆、变压器和线盘应用绳索绑扎牢固，水泥杆、线盘应塞牢，防止滚动或移动。装运超长、超高或重大物件时，物件重心应与车厢承重中心基本一致，超长物件尾部应设标志。

10 配电设备上的工作

10.1 一般要求

10.1.1 在高压配电室、箱式变电站、配电变压器台架上的停电工作，应先拉开低压侧刀闸，后拉开高压侧隔离开关或跌落式熔断器，再在停电的高、低压引线上验电、接地。

10.1.2 采用高压双电源供电和有自备电源的用电单位，高压接入点应设有明显断开点。采用低压双电源供电和有自备电源的用电单位，在电源切换点上应采取机械或电气联锁等措施。
10.1.3 环网柜、电缆分支箱等箱式配电设备宜设置验电和接地装置。
10.1.4 两台及以上配电变压器低压侧共用接地引下线时，其中一台停电检修时，其他配电变压器也应停电。
10.1.5 高压配电设备验电时，应戴绝缘手套。
10.1.6 配电设备中使用的电缆接头，不应带负荷插拔。普通型电缆接头不应带电插拔。

10.2 架空绝缘导线作业

10.2.1 架空绝缘导线不应视为绝缘设备，不应直接接触或接近。
10.2.2 应在架空绝缘导线的适当位置设立验电接地环或其他验电接地装置。
10.2.3 不应穿越未停电接地的绝缘导线进行工作。
10.2.4 在停电作业中，开断或接入绝缘导线前，应采取防感应电的措施。

10.3 装表接电

10.3.1 装表接电作业宜在停电下进行。带电装表接电时，应戴手套，防止机械伤害和电弧灼伤。
10.3.2 带电安装有互感器的计量装置时，应防止电磁式电流互感器二次开路和电磁式或电容式电压互感器二次短路。
10.3.3 配电箱、电表箱应可靠接地。工作人员在接触配电箱、电表箱前，应检查接地装置良好，并用验电笔确认箱体无电后，方可接触。

10.4 低压不停电作业

10.4.1 低压不停电作业时，工作人员应穿绝缘鞋、全棉长袖工作服，戴手套、安全帽和护目眼镜，站在干燥的绝缘物上进行。
10.4.2 低压不停电工作，应使用有绝缘柄的工具。
10.4.3 高低压线路同杆塔架设，在低压带电线路上工作时，应先检查与高压线的距离，采取防止误碰带电高压设备的措施。在低压带电导线未采取绝缘措施时，工作人员不应穿越。
10.4.4 在带电的低压配电装置上工作时，应采取防止相间短路和单相接地的绝缘隔离措施。
10.4.5 上杆前，应先分清相线、零线，选好工作位置。断开导线时，应先断开相线，后断开零线。搭接导线时，顺序应相反。人体不应同时接触两根线头。

11 带电作业

11.1 一般要求

11.1.1 带电作业安全距离、安全防护措施等应按国家和行业的相关标准、导则执行。
11.1.2 带电作业应在良好天气下进行。如遇雷电（听见雷声、看见闪电）、雪、雹、雨、雾等，不应进行带电作业。风力大于5级，或湿度大于80%时，不宜进行带电作业。
11.1.3 带电作业应设专责监护人。复杂作业时，应增设监护人。
11.1.4 线路运行维护单位或工作负责人认为有必要时，应组织到现场勘察，根据勘察结果判断能否进行带电作业，并确定作业方法、所需工具，以及应采取的措施。
11.1.5 带电作业有下列情况之一者，应停用重合闸或直流再启动装置，并不应强送电：

a) 中性点有效接地系统中可能引起单相接地的作业；
b) 中性点非有效接地系统中可能引起相间短路的作业；

c) 直流线路中可能引起单极接地或极间短路的作业；

d) 不应约时停用或恢复重合闸及直流再启动装置。

11.1.6 在带电作业过程中如设备突然停电，应视设备仍然带电，工作负责人应及时与线路运行维护单位或调度联系。线路运行维护单位或值班调度员未与工作负责人取得联系前不应强送电。

11.2 一般安全技术措施

11.2.1 等电位作业一般在 66 kV、±125 kV 及以上电压等级的线路和电气设备上进行。

11.2.2 等电位工作人员应穿着阻燃内衣，外面穿着全套屏蔽服，各部分连接良好。不应通过屏蔽服断、接空载线路或耦合电容器的电容电流及接地电流。750 kV 及以上等电位作业还应戴面罩。

11.2.3 等电位工作人员在电位转移前，应得到工作负责人的许可。750 kV 和 1 000 kV 等电位作业，应使用电位转移棒进行电位转移。

11.2.4 交流线路地电位登塔作业时应采取防静电感应措施，直流线路地电位登塔作业时宜采取防离子流措施。

11.2.5 下列距离应满足相关安全规定：

a) 地电位作业人体与带电体的距离；

b) 等电位作业人体与接地体的距离；

c) 工作人员进出强电场时与接地体和带电体两部分所组成的组合间隙；

d) 工作人员与相邻导线的距离。

11.2.6 等电位工作人员与地电位工作人员应使用绝缘工具或绝缘绳索进行工具和材料的传递。

11.2.7 沿导(地)线上悬挂的软、硬梯或导线飞车进入强电场的作业，应遵守下列规定：

a) 在连续档距的导(地)线上挂梯(或导线飞车)时，钢芯铝绞线和铝合金绞线导(地)线的截面应不小于 120 mm^2；钢绞线导(地)线的截面应不小于 50 mm^2。

b) 在孤立档的导(地)线上的作业，在有断股的导(地)线和锈蚀的地线上的作业，在 11.2.7a) 规定外的其他型号导(地)线上的作业，两人以上在同档同一根导(地)线上的作业时，应经验算合格并经批准后方能进行。

c) 在导(地)线上悬挂梯子、飞车进行等电位作业前，应检查本档两端杆塔处导(地)线的紧固情况。

d) 挂梯载荷后，应保持地线及人体对下方带电导线的安全距离比规定的安全距离数值增大 0.5 m；带电导线及人体对被跨越的线路、通讯线路和其他建筑物的安全距离应比规定的安全距离数值增大 1 m。

e) 在瓷横担线路上不应挂梯作业，在转动横担的线路上挂梯前应将横担固定。

11.2.8 带电断、接空载线路，工作人员应戴护目眼镜，并采取消弧措施，不应带负荷断、接引线。不应同时接触未接通的或已断开的导线两个断头。短接设备时，应核对相位，闭锁跳闸机构，短接线应满足短接设备最大负荷电流的要求，防止人体短接设备。

11.2.9 绝缘子表面采取带电水冲洗或进行机械方式清扫时，应遵守相应技术导则的规定。

11.2.10 绝缘子串上带电作业前，应检测绝缘子串的良好绝缘子片数，满足相关规定要求。

11.2.11 采用绝缘手套作业法或绝缘操作杆作业法时，应根据作业方法选用人体绝缘防护用具，使用绝缘安全带、绝缘安全帽。必要时还应戴护目眼镜。工作人员转移相位工作前，应得到工作监护人的同意。

11.3 带电作业工具的使用、保管和试验

11.3.1 存放带电作业工具应符合 DL/T 974《带电作业用工具库房》的要求。

11.3.2 不应使用损坏、受潮、变形、失灵的带电作业工具。

11.3.3　带电绝缘工具在运输过程中，应装在专用工具袋、工具箱或专用工具车内。
11.3.4　作业现场使用的带电作业工具应放置在防潮的帆布或绝缘物上。
11.3.5　带电作业工器具应按规定定期进行试验。

12　电力电缆工作

12.1　一般要求

12.1.1　在电力电缆的沟槽开挖、电缆安装、运行、检修、维护和试验等工作中，作业环境应满足安全要求。
12.1.2　电缆施工前应先查清图纸，再开挖足够数量的样洞和样沟，查清运行电缆位置及地下管线分布情况。
12.1.3　沟槽开挖应采取防止土层塌方的措施。
12.1.4　电缆隧道、电缆井内应有充足的照明，并有防火、防水、通风的措施。
12.1.5　进入电缆井、电缆隧道前，应用通风机排除浊气，再用气体检测仪检查井内或隧道内的易燃易爆及有毒气体的含量。
12.1.6　电缆开断前，应核对电缆走向图，并使用专用仪器确认电缆无电，可靠接地后方可工作。
12.1.7　在10 kV跌落式熔断器与电缆头之间，宜加装过渡连接装置，工作时应与跌落式熔断器上桩头带电部分保持安全距离。在10 kV跌落式熔断器上桩头带电时，未采取绝缘隔离措施前，不应在跌落式熔断器下桩头新装、调换电缆尾线或吊装、搭接电缆终端头。

12.2　电缆试验安全措施

12.2.1　电缆试验前后以及更换试验引线时，应对被试电缆(或试验设备)充分放电。
12.2.2　电缆试验时，应防止人员误入试验场所。电缆两端不在同一地点时，另一端应采取防范措施。
12.2.3　电缆耐压试验分相进行时，电缆另两相应短路接地。
12.2.4　电缆试验结束，应在被试电缆上加装临时接地线，待电缆尾线接通后方可拆除。

附 录 A
（资料性附录）
电力线路第一种工作票格式

表 A.1 给出了电力线路第一种工作票格式。

表 A.1 电力线路第一种工作票

单 位		编 号	
工作负责人(监护人)		班 组	
工作班成员(不包括工作负责人)： 共 人			
工作的线路或设备名称(多回路应注明双重称号)：			
工作任务	工作地点或地段 (注明分、支线路名称、线路的起止杆号)	工作内容	
计划工作时间：自 年 月 日 时 分至 年 月 日 时 分			
安全措施(必要时可附页绘图说明)	应改为检修状态的线路间隔名称和应拉开的断路器、隔离开关、熔断器(包括分支线、用电单位线路和配合停电线路)：		
	保留或邻近的带电线路、设备：		
	其他安全措施和注意事项：		
	应挂的接地线		
	线路名称及杆号	接地线编号	
	工作票签发人签名： 工作负责人签名： 收到工作票	签发日期： 年 月 日 时 分 年 月 日 时 分	

表 A.1（续）

<table>
<tr><td>单　位</td><td colspan="2"></td><td>编　号</td><td colspan="2"></td></tr>
<tr><td rowspan="4">确认本工作票上述各项内容许可工作开始</td><td>许可方式</td><td>许可人</td><td colspan="2">工作负责人签名</td><td>许可工作的时间</td></tr>
<tr><td></td><td></td><td colspan="2"></td><td>年　月　日
时　分</td></tr>
<tr><td></td><td></td><td colspan="2"></td><td>年　月　日
时　分</td></tr>
<tr><td></td><td></td><td colspan="2"></td><td>年　月　日
时　分</td></tr>
<tr><td colspan="6">确认工作负责人布置的工作任务和安全措施。
工作班组人员签名：</td></tr>
<tr><td colspan="6">工作负责人变动情况：原工作负责人　　　离去，变更　　　为工作负责人
工作票签发人签名：　　　日期：　年　月　日　时　分</td></tr>
<tr><td colspan="6">工作人员变动情况（变动人员姓名、日期及时间）：
工作负责人签名：</td></tr>
<tr><td colspan="6">工作票延期：有效期延长到　　　年　月　日　时　分。
工作负责人签名：　　　日期：　年　月　日　时　分
工作许可人签名：　　　日期：　年　月　日　时　分</td></tr>
<tr><td rowspan="6">工作票终结</td><td colspan="5">现场所挂的接地线编号　　　共　组，
已全部拆除、带回。</td></tr>
<tr><td colspan="5">工作终结报告</td></tr>
<tr><td>终结报告的方式</td><td>许可人</td><td colspan="2">工作负责人签名</td><td>终结报告时间</td></tr>
<tr><td></td><td></td><td colspan="2"></td><td>年　月　日
时　分</td></tr>
<tr><td></td><td></td><td colspan="2"></td><td>年　月　日
时　分</td></tr>
<tr><td></td><td></td><td colspan="2"></td><td>年　月　日
时　分</td></tr>
<tr><td colspan="6">备注：
(1)　指定专责监护人　　　负责监护　　　（人员、地点及具体工作）
(2)　其他事项：</td></tr>
</table>

附 录 B
（资料性附录）
电力线路第二种工作票格式

表B.1给出了电力线路第二种工作票格式。

表 B.1 电力线路第二种工作票

<table>
<tr><td colspan="2">单 位</td><td></td><td>编 号</td><td></td></tr>
<tr><td colspan="3">工作负责人(监护人)</td><td>班 组</td><td></td></tr>
<tr><td colspan="5">工作班成员(不包括工作负责人)：

共 人</td></tr>
<tr><td colspan="5">电力电缆双重名称：</td></tr>
<tr><td rowspan="6">工作任务</td><td>线路或设备名称</td><td colspan="2">工作地点、范围</td><td>工作内容</td></tr>
<tr><td></td><td colspan="2"></td><td></td></tr>
<tr><td></td><td colspan="2"></td><td></td></tr>
<tr><td></td><td colspan="2"></td><td></td></tr>
<tr><td></td><td colspan="2"></td><td></td></tr>
<tr><td></td><td colspan="2"></td><td></td></tr>
<tr><td colspan="5">计划工作时间：自 年 月 日 时 分至 年 月 日 时 分</td></tr>
<tr><td colspan="5">注意事项(安全措施)：

工作票签发人签名： 日期： 年 月 日 时 分
工作负责人签名： 日期： 年 月 日 时 分</td></tr>
<tr><td colspan="5">确认工作负责人布置的工作任务和安全措施。
工作班组人员签名：</td></tr>
<tr><td colspan="5">工作开始时间： 年 月 日 时 分 工作负责人签名：
工作完工时间： 年 月 日 时 分 工作负责人签名：</td></tr>
<tr><td colspan="5">工作票延期：有效期延长到 年 月 日 时 分
工作负责人签名： 日期： 年 月 日 时 分
工作许可人签名： 日期： 年 月 日 时 分</td></tr>
<tr><td colspan="5">备注：</td></tr>
</table>

附 录 C
（资料性附录）
电力线路带电作业工作票格式

表 C.1 给出了电力线路带电作业工作票格式。

表 C.1 电力线路带电作业工作票

<table>
<tr><td>单 位</td><td></td><td>编 号</td><td></td></tr>
<tr><td colspan="4">工作负责人(监护人)：　　　　　　　　　　班 组：</td></tr>
<tr><td colspan="4">工作班成员(不包括工作负责人)：

共　　人</td></tr>
<tr><td rowspan="6">工作任务</td><td>线路或设备名称</td><td>工作地点、范围</td><td>工 作 内 容</td></tr>
<tr><td></td><td></td><td></td></tr>
<tr><td></td><td></td><td></td></tr>
<tr><td></td><td></td><td></td></tr>
<tr><td></td><td></td><td></td></tr>
<tr><td></td><td></td><td></td></tr>
<tr><td colspan="4">计划工作时间：自　　年　月　日　时　分至　　年　月　日　时　分</td></tr>
<tr><td colspan="4">停用重合闸线路(应写双重名称)：</td></tr>
<tr><td colspan="4">工作条件(等电位、中间电位或地电位作业，或邻近带电设备名称)：</td></tr>
<tr><td colspan="4">注意事项(安全措施)：

工作票签发人签名：　　　　　　　　签发日期：　　年　月　日　时　分</td></tr>
<tr><td colspan="4">确认本工作票上述各项内容。
工作负责人签名：</td></tr>
<tr><td colspan="4">工作许可：
调度许可人(联系人)：　　　　　　　　许可时间：　　年　月　日　时　分
工作负责人签名：　　　　　　　　日期：　　年　月　日　时　分</td></tr>
<tr><td colspan="4">指定　　　　为专责监护人　　　　专责监护人签名：</td></tr>
<tr><td colspan="4">补充安全措施：</td></tr>
</table>

表 C.1（续）

<table>
<tr><td>单 位</td><td></td><td>编 号</td><td></td></tr>
<tr><td colspan="4">确认工作负责人布置的工作任务和安全措施。
工作班成员签名：</td></tr>
<tr><td colspan="4">工作终结汇报调度许可人(联系人)：
工作负责人签名：　　　　　　日期：　　　年　　月　　日　　时　　分</td></tr>
<tr><td colspan="4">备注：</td></tr>
</table>

附 录 D
（资料性附录）
紧急抢修单格式

表 D.1 给出了紧急抢修单格式。

表 D.1 紧急抢修单

单 位		编 号	
抢修工作负责人(监护人)		班 组	
抢修班人员(不包括抢修工作负责人)： 共 人			
抢修任务(抢修地点和抢修内容)：			
安全措施：			
抢修地点保留带电部分或注意事项：			
上述各项内容由抢修工作负责人 根据抢修任务布置人 的布置填写。			
经现场勘察需补充下列安全措施： 经许可人(调度/运行人员) 同意(月 日 时 分)后，已执行。			
许可抢修时间： 年 月 日 时 分 许可人(调度/运行人员)：			
抢修结束汇报： 本抢修工作于 年 月 日 时 分结束。 现场设备状况及保留安全措施： 抢修班人员已全部撤离，材料工具已清理完毕，事故应急抢修单已终结。 抢修工作负责人： 许可人(调度/运行人员)： 填写时间： 年 月 日 时 分			

附 录 E
（规范性附录）
绝缘安全工器具试验项目、周期和要求

表 E.1 给出了绝缘安全工器具试验项目、周期和要求。

表 E.1 绝缘安全工器具试验项目、周期和要求

<table>
<tr><th>序号</th><th>器具</th><th>项目</th><th>周期</th><th colspan="4">要 求</th><th>说 明</th></tr>
<tr><td rowspan="11">1</td><td rowspan="11">电容型验电器</td><td>启动电压试验</td><td>1 年</td><td colspan="4">启动电压值不高于额定电压的 40%，不低于额定电压的 15%</td><td>试验时接触电极应与试验电极相接触</td></tr>
<tr><td rowspan="10">工频耐压试验</td><td rowspan="10">1 年</td><td rowspan="3">额定电压
kV</td><td rowspan="3">试验长度
m</td><td colspan="2">工频耐压
kV</td><td rowspan="10"></td></tr>
<tr><td>持续时间
1 min</td><td>持续时间
5 min</td></tr>
<tr></tr>
<tr><td>10</td><td>0.7</td><td>45</td><td>—</td></tr>
<tr><td>35</td><td>0.9</td><td>95</td><td>—</td></tr>
<tr><td>66</td><td>1.0</td><td>175</td><td>—</td></tr>
<tr><td>110</td><td>1.3</td><td>220</td><td>—</td></tr>
<tr><td>220</td><td>2.1</td><td>440</td><td>—</td></tr>
<tr><td>330</td><td>3.2</td><td>—</td><td>380</td></tr>
<tr><td>500</td><td>4.1</td><td>—</td><td>580</td></tr>
<tr><td rowspan="10">2</td><td rowspan="10">携带型短路接地线</td><td>成组直流电阻试验</td><td>≤5 年</td><td colspan="4">在各接线鼻之间测量直流电阻，对于 25 mm²、35 mm²、50 mm²、70 mm²、95 mm²、120 mm² 的各种截面，平均每米的电阻值应分别小于 0.79 mΩ、0.56 mΩ、0.40 mΩ、0.28 mΩ、0.21 mΩ、0.16 mΩ</td><td>同一批次抽测，不少于 2 条，接线鼻与软导线压接的应做该试验</td></tr>
<tr><td rowspan="9">操作棒的工频耐压试验</td><td rowspan="9">5 年</td><td rowspan="2">额定电压
kV</td><td rowspan="2">试验长度
m</td><td colspan="2">工频耐压
kV</td><td rowspan="9">试验电压加在护环与紧固头之间</td></tr>
<tr><td>持续时间
1 min</td><td>持续时间
5 min</td></tr>
<tr><td>10</td><td>—</td><td>45</td><td>—</td></tr>
<tr><td>35</td><td>—</td><td>95</td><td>—</td></tr>
<tr><td>66</td><td>—</td><td>175</td><td>—</td></tr>
<tr><td>110</td><td>—</td><td>220</td><td>—</td></tr>
<tr><td>220</td><td>—</td><td>440</td><td>—</td></tr>
<tr><td>330</td><td>—</td><td>—</td><td>380</td></tr>
<tr><td>500</td><td>—</td><td>—</td><td>580</td></tr>
<tr><td>3</td><td>个人保安线</td><td>成组直流电阻试验</td><td>≤5 年</td><td colspan="4">在各接线鼻之间测量直流电阻，对于 10 mm²、16 mm²、25 mm² 各种截面，平均每米的电阻值应小于 1.98 mΩ、1.24 mΩ、0.79 mΩ</td><td>同一批次抽测，不少于 2 条</td></tr>
</table>

表 E.1（续）

<table>
<tr><th>序号</th><th>器具</th><th>项目</th><th>周期</th><th colspan="4">要　求</th><th>说　明</th></tr>
<tr><td rowspan="9">4</td><td rowspan="9">绝缘杆</td><td rowspan="9">工频耐压试验</td><td rowspan="9">1 年</td><td rowspan="2">额定电压
kV</td><td rowspan="2">试验长度
m</td><td colspan="2">工频耐压
kV</td><td rowspan="9"></td></tr>
<tr><td>持续时间
1 min</td><td>持续时间
5 min</td></tr>
<tr><td>10</td><td>0.7</td><td>45</td><td>—</td></tr>
<tr><td>35</td><td>0.9</td><td>95</td><td>—</td></tr>
<tr><td>66</td><td>1.0</td><td>175</td><td>—</td></tr>
<tr><td>110</td><td>1.3</td><td>220</td><td>—</td></tr>
<tr><td>220</td><td>2.1</td><td>440</td><td>—</td></tr>
<tr><td>330</td><td>3.2</td><td>—</td><td>380</td></tr>
<tr><td>500</td><td>4.1</td><td>—</td><td>580</td></tr>
<tr><td rowspan="10">5</td><td rowspan="10">核相器</td><td rowspan="3">连接导线绝缘强度试验</td><td rowspan="3">必要时</td><td>额定电压
kV</td><td colspan="2">工频耐压
kV</td><td>持续时间
min</td><td rowspan="3">浸在电阻率小于 100 Ω·m 水中</td></tr>
<tr><td>10</td><td colspan="2">8</td><td>5</td></tr>
<tr><td>35</td><td colspan="2">28</td><td>5</td></tr>
<tr><td rowspan="3">绝缘部分工频耐压试验</td><td rowspan="3">1 年</td><td>额定电压
kV</td><td>试验长度
m</td><td>工频耐压
kV</td><td>持续时间
min</td><td rowspan="3"></td></tr>
<tr><td>10</td><td>0.7</td><td>45</td><td>1</td></tr>
<tr><td>35</td><td>0.9</td><td>95</td><td>1</td></tr>
<tr><td rowspan="3">电阻管泄漏电流试验</td><td rowspan="3">半年</td><td>额定电压
kV</td><td>工频耐压
kV</td><td>持续时间
min</td><td>泄漏电流
mA</td><td rowspan="3"></td></tr>
<tr><td>10</td><td>10</td><td>1</td><td>≤2</td></tr>
<tr><td>35</td><td>35</td><td>1</td><td>≤2</td></tr>
<tr><td>动作电压试验</td><td>1 年</td><td colspan="4">最低动作电压应达 0.25 倍额定电压</td><td></td></tr>
<tr><td rowspan="3">6</td><td rowspan="3">绝缘罩</td><td rowspan="3">工频耐压试验</td><td rowspan="3">1 年</td><td>额定电压
kV</td><td colspan="2">工频耐压
kV</td><td>持续时间
min</td><td rowspan="3"></td></tr>
<tr><td>6～10</td><td colspan="2">30</td><td>1</td></tr>
<tr><td>35</td><td colspan="2">80</td><td>1</td></tr>
<tr><td rowspan="5">7</td><td rowspan="5">绝缘隔板</td><td rowspan="2">表面工频耐压试验</td><td rowspan="2">1 年</td><td>额定电压
kV</td><td colspan="2">工频耐压
kV</td><td>持续时间
min</td><td rowspan="2">电极间距离 300 mm</td></tr>
<tr><td>6～35</td><td colspan="2">60</td><td>1</td></tr>
<tr><td rowspan="3">工频耐压试验</td><td rowspan="3">1 年</td><td>额定电压
kV</td><td colspan="2">工频耐压
kV</td><td>持续时间
min</td><td rowspan="3"></td></tr>
<tr><td>6～10</td><td colspan="2">30</td><td>1</td></tr>
<tr><td>35</td><td colspan="2">80</td><td>1</td></tr>
</table>

表 E.1（续）

<table>
<tr><th>序号</th><th>器具</th><th>项目</th><th>周期</th><th colspan="4">要　　求</th><th>说　　明</th></tr>
<tr><td rowspan="3">8</td><td rowspan="3">绝缘胶垫</td><td rowspan="3">工频耐压试验</td><td rowspan="3">1年</td><td>电压等级</td><td colspan="2">工频耐压
kV</td><td>持续时间
min</td><td rowspan="3">使用于带电设备区域</td></tr>
<tr><td>高压</td><td colspan="2">15</td><td>1</td></tr>
<tr><td>低压</td><td colspan="2">3.5</td><td>1</td></tr>
<tr><td rowspan="2">9</td><td rowspan="2">绝缘靴</td><td rowspan="2">工频耐压试验</td><td rowspan="2">半年</td><td>工频耐压
kV</td><td colspan="2">持续时间
min</td><td>泄漏电流
mA</td><td rowspan="2"></td></tr>
<tr><td>15</td><td colspan="2">1</td><td>≤7.5</td></tr>
<tr><td rowspan="2">10</td><td rowspan="2">绝缘手套</td><td rowspan="2">工频耐压试验</td><td rowspan="2">半年</td><td>电压等级</td><td>工频耐压
kV</td><td>持续时间
min</td><td>泄漏电流
mA</td><td rowspan="2"></td></tr>
<tr><td>高压</td><td>8</td><td>1</td><td>≤9</td></tr>
<tr><td>11</td><td>导电鞋</td><td>直流电阻试验</td><td>穿用≤200 h</td><td colspan="4">电阻值小于100 kΩ</td><td></td></tr>
<tr><td rowspan="3">12</td><td rowspan="3">绝缘夹钳</td><td rowspan="3">工频耐压试验</td><td rowspan="3">1年</td><td>额定电压
kV</td><td>试验长度
m</td><td>工频耐压
kV</td><td>持续时间
min</td><td rowspan="3"></td></tr>
<tr><td>10</td><td>0.7</td><td>45</td><td>1</td></tr>
<tr><td>35</td><td>0.9</td><td>95</td><td>1</td></tr>
<tr><td>13</td><td>绝缘绳</td><td>工频耐压试验</td><td>半年</td><td colspan="4">100 kV/0.5 m，持续时间5 min</td><td></td></tr>
</table>

附 录 F
（规范性附录）
标示牌式样

表 F.1 给出了标示牌式样。

表 F.1 标示牌式样

名称	悬挂处	式样	
		颜色	字样
禁止合闸，有人工作！	一经合闸即可送电到施工设备的隔离开关（刀闸）操作把手上	白底，红色圆形斜杠，黑色禁止标志符号	黑字
禁止合闸，线路有人工作！	线路隔离开关（刀闸）把手上	白底，红色圆形斜杠，黑色禁止标志符号	黑字
在此工作！	工作地点或检修设备上	衬底为绿色，中有直径 200 mm 和 65 mm 白圆圈	黑字，写于白圆圈中
止步，高压危险！	施工地点临近带电设备的遮栏上；室外工作地点的围栏上；禁止通行的过道上；高压试验地点；室外构架上；工作地点临近带电设备的横梁上	白底，黑色正三角形及标志符号，衬底为黄色	黑字
从此上下！	工作人员可以上下的铁架、爬梯上	衬底为绿色，中有直径 200 mm 白圆圈	黑字，写于白圆圈中
从此进出！	室外工作地点围栏的出入口处	衬底为绿色，中有直径 200 mm 白圆圈	黑体黑字，写于白圆圈中
禁止攀登，高压危险！	高压配电装置构架的爬梯上，变压器、电抗器等设备的爬梯上	白底，红色圆形斜杠，黑色禁止标志符号	黑字

注 1：在计算机显示屏上一经合闸即可送电到工作地点的隔离开关的操作把手处所设置的“禁止合闸，有人工作！”、“禁止合闸，线路有人工作！”的标记可参照表中有关标示牌的式样。

注 2：标示牌的颜色和字样参照 GB 2894—2008《安全标志及使用导则》。

附 录 G
（资料性附录）
操作票格式

表 G.1 给出了操作票格式。

表 G.1 操作票

单 位				编 号	
发令人		受令人		发令时间	年 月 日 时 分
操作开始时间： 年 月 日 时 分			操作结束时间： 年 月 日 时 分		
( )监护操作			( )单人操作		
操作任务：					
顺 序	操 作 项 目				√
备注：					
操作人：		监护人：		值班负责人(值长)：	

ICS 29.020
K 09

中华人民共和国国家标准

GB 26860—2011

电力安全工作规程 发电厂和变电站电气部分

Safety code of electric power industry—Electric part of power plants and transformer substations

2011-07-29 发布

2012-06-01 实施

中华人民共和国国家质量监督检验检疫总局
中国国家标准化管理委员会 发布

前　言

本标准的第5章和7.3.4为推荐性，其余为强制性。

本标准按照GB/T 1.1—2009给出的规则起草。

本标准由中国电力企业联合会提出。

本标准由全国高压电气安全标准化技术委员会(SAC/TC 226)归口。

本标准起草单位：国家电网公司、中国南方电网有限责任公司、中国大唐集团公司、浙江省能源集团有限公司。

本标准主要起草人：陈竟成、蔡崇积、刘亨铭、张雷、陆懋德、戴克铭、王尚顺、胡翔、聂宇本、林勇刚、何沿锟、赵亚维、李智勇、卢建明、葛乃成。

电力安全工作规程
发电厂和变电站电气部分

1 范围

本标准规定了电力生产单位和在电力工作场所工作人员的基本电气安全要求。

本标准适用于具有66 kV及以上电压等级设施的发电企业所有运用中的电气设备及其相关场所；具有35 kV及以上电压等级设施的输电、变电和配电企业所有运用中的电气设备及其相关场所；具有220 kV及以上电压等级设施的用电单位运用中的电气设备及其相关场所。其他电力企业和用电单位也可参考使用。

2 规范性引用文件

下列文件对于本文件的应用是必不可少的。凡是注日期的引用文件，仅注日期的版本适用于本文件。凡是不注日期的引用文件，其最新版本(包括所有的修改单)适用于本文件。

GB/T 2900.20—1994　电工术语　高压开关设备(IEC 60050(IEV):1994,NEQ)

GB/T 2900.50—2008　电工术语　发电、输电及配电　通用术语(IEC 60050-601-1985,MOD)

3 术语和定义

GB/T 2900.20—1994、GB/T 2900.50—2008界定的以及下列术语和定义适用于本文件。

3.1

发电厂[站]　electrical generating station

由建筑物、能量转换设备和全部必要的辅助设备组成的生产电能的工厂。

[GB/T 2900.50—2008,定义2.3中的601-03-01]

3.2

变电站(电力系统的)　substation (of a power system)

电力系统的一部分，它集中在一个指定的地方，主要包括输电或配电线路的终端、开关及控制设备、建筑物和变压器。通常包括电力系统安全和控制所需的设施(例如保护装置)。

注：根据含有变电站的系统的性质，可在变电站这个词前加上一个前缀来界定。例如：(一个输电系统的)输电变电站、配电变电站、500 kV变电站、10 kV变电站。

[GB/T 2900.50—2008,定义2.3中的601-03-02]

3.3

电力线路　electric line

在系统两点间用于输配电的导线、绝缘材料和附件组成的设施。

[GB/T 2900.50—2008,定义2.3中的601-03-03]

3.4

断路器　circuit-breaker

能关合、承载、开断运行回路正常电流，也能在规定时间内关合、承载及开断规定的过载电流(包括短路电流)的开关设备，也称开关。

注：改写GB/T 2900.20—1994,定义3.13。

3.5

隔离开关　disconnector

在分位置时，触头间有符合规定要求的绝缘距离和明显的断开标志；在合位置时，能承载正常回路条件下的电流及在规定时间内异常条件（例如短路）下的电流的开关设备。

[GB/T 2900.20—1994，定义 3.24]

3.6

低[电]压　low voltage；LV

用于配电的交流系统中 1 000 V 及其以下的电压等级。

[GB/T 2900.50—2008，定义 2.1 中的 601-01-26]

3.7

高[电]压　high voltage；HV

（1）　通常指超过低压的电压等级。

（2）　特定情况下，指电力系统中输电的电压等级。

[GB/T 2900.50—2008，定义 2.1 中的 601-01-27]

3.8

运用中的电气设备　（operating electrical equipment）

全部带有电压、一部分带有电压或一经操作即带有电压的电气设备。

4　作业要求

4.1　工作人员

4.1.1　经医师鉴定，无妨碍工作的病症（体格检查至少每两年一次）。

4.1.2　具备必要的安全生产知识和技能，从事电气作业的人员应掌握触电急救等救护法。

4.1.3　具备必要的电气知识和业务技能，熟悉电气设备及其系统。

4.2　作业现场

4.2.1　作业现场的生产条件、安全设施、作业机具和安全工器具等应符合国家或行业标准规定的要求，安全工器具和劳动防护用品在使用前应确认合格、齐备。

4.2.2　经常有人工作的场所及施工车辆上宜配备急救箱，存放急救用品，并指定专人检查、补充或更换。

4.3　作业措施

4.3.1　在电气设备上工作应有保证安全的制度措施，可包含工作申请、工作布置、书面安全要求、工作许可、工作监护，以及工作间断、转移和终结等工作程序。

4.3.2　在电气设备上进行全部停电或部分停电工作时，应向设备运行维护单位提出停电申请，由调度机构管辖的需事先向调度机构提出停电申请，同意后方可安排检修工作。

4.3.3　在检修工作前应进行工作布置，明确工作地点、工作任务、工作负责人、作业环境、工作方案和书面安全要求，以及工作班成员的任务分工。

4.4　其他要求

4.4.1　作业人员应被告知其作业现场存在的危险因素和防范措施。

4.4.2　在发现直接危及人身安全的紧急情况时，现场负责人有权停止作业并组织人员撤离作业现场。

5 安全组织措施

5.1 一般要求

5.1.1 安全组织措施作为保证安全的制度措施之一，包括工作票、工作的许可、监护、间断、转移和终结等。工作票签发人、工作负责人（监护人）、工作许可人、专责监护人和工作班成员在整个作业流程中应履行各自的安全职责。

5.1.2 工作票是准许在电气设备上工作的书面安全要求之一，可包含编号、工作地点、工作内容、计划工作时间、工作许可时间、工作终结时间、停电范围和安全措施，以及工作票签发人、工作许可人、工作负责人和工作班成员等内容。

5.1.3 除需填用工作票的工作外，其他可采用口头或电话命令方式。

5.2 工作票种类

5.2.1 需要高压设备全部停电、部分停电或做安全措施的工作，填用电气第一种工作票（见附录A）。

5.2.2 大于表1安全距离的相关场所和带电设备外壳上的工作以及不可能触及带电设备导电部分的工作，填用电气第二种工作票（见附录B）。

表1 设备不停电时的安全距离

电压等级 kV	安全距离 m
10及以下	0.70
20、35	1.00
66、110	1.50
220	3.00
330	4.00
500	5.00
750	7.20
1 000	8.70
±50及以下	1.50
±500	6.00
±660	8.40
±800	9.30

注1：表中未列电压等级按高一挡电压等级安全距离。

注2：13.8 kV执行10 kV的安全距离。

注3：750 kV数据按海拔2 000 m校正，其他等级数据按海拔1 000 m校正。

5.2.3 带电作业或与带电设备距离小于表1规定的安全距离但按带电作业方式开展的不停电工作，填用电气带电作业工作票（见附录C）。

5.2.4 事故紧急抢修工作使用紧急抢修单（见附录D）或工作票。非连续进行的事故修复工作应使用工作票。

5.3 工作票的填用

5.3.1 工作票应使用统一的票面格式。

5.3.2 若以下设备同时停、送电，可填用一张电气第一种工作票：

a) 属于同一电压等级、位于同一平面场所，工作中不会触及带电导体的几个电气连接部分；

b) 一台变压器停电检修，其断路器也配合检修；

c) 全站停电。

注1：交流系统中一个电气连接部分，是指可用隔离开关同其他电气装置分开的部分。

注2：直流系统中一个电气连接部分，是指双极停用的换流变压器及所有高压直流设备，或单极运行时停用极的换流变压器、阀厅、直流场设备、水冷系统（双极公共区域为运行设备）。

5.3.3 同一变电站（包括发电厂升压站和换流站，以下同）内在几个电气连接部分上依次进行的同一电压等级、同一类型的不停电工作，可填用一张电气第二种工作票。

5.3.4 在同一变电站内，依次进行的同一电压等级、同一类型的带电作业，可填用一张电气带电作业工作票。

5.3.5 工作票由设备运行维护单位签发或由经设备运行维护单位审核合格并批准的其他单位签发。承发包工程中，工作票可实行双方签发形式。

5.3.6 工作票一份交工作负责人，另一份交工作许可人。

5.3.7 一个工作负责人不应同时执行两张及以上工作票。

5.3.8 持线路工作票进入变电站进行架空线路、电缆等工作，应得到变电站工作许可人许可后方可开始工作。

5.3.9 同时停送电的检修工作填用一张工作票，开工前完成工作票内的全部安全措施。如检修工作无法同时完成，剩余的检修工作应填用新的工作票。

5.3.10 变更工作班成员或工作负责人时，应履行变更手续。

5.3.11 在工作票停电范围内增加工作任务时，若无需变更安全措施范围，应由工作负责人征得工作票签发人和工作许可人同意，在原工作票上增填工作项目；若需变更或增设安全措施，应填用新的工作票。

5.3.12 电气第一种工作票、电气第二种工作票和电气带电作业工作票的有效时间，以批准的检修计划工作时间为限，延期应办理手续。

5.4 工作票所列人员的安全责任

5.4.1 工作票签发人：

a) 确认工作必要性和安全性；

b) 确认工作票上所填安全措施正确、完备；

c) 确认所派工作负责人和工作班人员适当、充足。

5.4.2 工作负责人（监护人）：

a) 正确、安全地组织工作；

b) 确认工作票所列安全措施正确、完备，符合现场实际条件，必要时予以补充；

c) 工作前向工作班全体成员告知危险点，督促、监护工作班成员执行现场安全措施和技术措施。

5.4.3 工作许可人：

a) 确认工作票所列安全措施正确完备，符合现场条件；

b) 确认工作现场布置的安全措施完善，确认检修设备无突然来电的危险；

c) 对工作票所列内容有疑问，应向工作票签发人询问清楚，必要时应要求补充。

5.4.4 专责监护人：

a) 明确被监护人员和监护范围；

b） 工作前对被监护人员交待安全措施，告知危险点和安全注意事项；

c） 监督被监护人员执行本标准和现场安全措施，及时纠正不安全行为。

5.4.5 工作班成员：

a） 熟悉工作内容、工作流程，掌握安全措施，明确工作中的危险点，并履行确认手续；

b） 遵守安全规章制度、技术规程和劳动纪律，执行安全规程和实施现场安全措施；

c） 正确使用安全工器具和劳动防护用品。

5.5 工作许可

5.5.1 工作许可人在完成施工作业现场的安全措施后，还应完成以下手续：

a） 会同工作负责人到现场再次检查所做的安全措施；

b） 对工作负责人指明带电设备的位置和注意事项；

c） 会同工作负责人在工作票上分别确认、签名。

5.5.2 工作许可后，工作负责人、工作许可人任何一方不应擅自变更安全措施。

5.5.3 带电作业工作负责人在带电作业工作开始前，应与设备运行维护单位或值班调度员联系并履行有关许可手续，带电作业结束后应及时汇报。

5.6 工作监护

5.6.1 工作许可后，工作负责人、专责监护人应向工作班成员交待工作内容和现场安全措施。工作班成员履行确认手续后方可开始工作。

5.6.2 工作负责人、专责监护人应始终在工作现场，对工作班成员进行监护。工作负责人在全部停电时，可参加工作班工作；部分停电时，只有在安全措施可靠，人员集中在一个工作地点，不致误碰有电部分的情况下，方可参加工作。

5.6.3 工作票签发人或工作负责人，应根据现场的安全条件、施工范围、工作需要等具体情况，增设专责监护人并确定被监护的人员。

5.7 工作间断、转移和终结

5.7.1 工作间断时，工作班成员应从工作现场撤出，所有安全措施保持不变。隔日复工时，应得到工作许可人的许可，且工作负责人应重新检查安全措施。工作人员应在工作负责人或专责监护人的带领下进入工作地点。

5.7.2 在工作间断期间，若有紧急需要，运行人员可在工作票未交回的情况下合闸送电，但应先通知工作负责人，在得到工作班全体人员已离开工作地点、可送电的答复，并采取必要措施后方可执行。

5.7.3 检修工作结束以前，若需将设备试加工作电压，应按以下要求进行：

a） 全体工作人员撤离工作地点；

b） 收回该系统的所有工作票，拆除临时遮栏、接地线和标示牌，恢复常设遮栏；

c） 应在工作负责人和运行人员全面检查无误后，由运行人员进行加压试验。

5.7.4 在同一电气连接部分依次在几个工作地点转移工作时，工作负责人应向工作人员交待带电范围、安全措施和注意事项。

5.7.5 全部工作完毕后，工作负责人应向运行人员交待所修项目状况、试验结果、发现的问题和未处理的问题等，并与运行人员共同检查设备状况、状态，在工作票上填明工作结束时间，经双方签名后表示工作票终结。

5.7.6 除5.7.2给出的规定外，只有在同一停电系统的所有工作票都已终结，并得到值班调度员或运行值班员的许可指令后，方可合闸送电。

6 安全技术措施

6.1 一般要求

6.1.1 在电气设备上工作,应有停电、验电、装设接地线、悬挂标示牌和装设遮栏(围栏)等保证安全的技术措施。

6.1.2 在电气设备上工作,保证安全的技术措施由运行人员或有操作资格的人员执行。

6.1.3 工作中所使用的绝缘安全工器具应满足附录E的要求。

6.2 停电

6.2.1 符合下列情况之一的设备应停电:

a) 检修设备;

b) 与工作人员在工作中的距离小于表2规定的设备;

c) 工作人员与35 kV及以下设备的距离大于表2规定的安全距离,但小于表1规定的安全距离,同时又无绝缘隔板、安全遮栏等措施的设备;

d) 带电部分邻近工作人员,且无可靠安全措施的设备;

e) 其他需要停电的设备。

表2 人员工作中与设备带电部分的安全距离

电压等级 kV	安全距离 m
10及以下	0.35
20、35	0.60
66、110	1.50
220	3.00
330	4.00
500	5.00
750	8.00
1 000	9.50
±50及以下	1.50
±500	6.80
±660	9.00
±800	10.10

注1:表中未列电压等级按高一挡电压等级安全距离。

注2:13.8 kV执行10 kV的安全距离。

注3:750 kV数据按海拔2 000 m校正,其他等级数据按海拔1 000 m校正。

6.2.2 停电设备的各端应有明显的断开点,或应有能反映设备运行状态的电气和机械等指示,不应在只经断路器断开电源的设备上工作。

6.2.3 应断开停电设备各侧断路器、隔离开关的控制电源和合闸能源,闭锁隔离开关的操作机构。

6.2.4 高压开关柜的手车开关应拉至“试验”或“检修”位置。

6.3 验电

6.3.1 直接验电应使用相应电压等级的验电器在设备的接地处逐相验电。验电前，验电器应先在有电设备上确证验电器良好。在恶劣气象条件时，对户外设备及其他无法直接验电的设备，可间接验电。330 kV及以上的电气设备可采用间接验电方法进行验电。

6.3.2 高压验电应戴绝缘手套，人体与被验电设备的距离应符合表1的安全距离要求。

6.4 接地

6.4.1 装设接地线不宜单人进行。

6.4.2 人体不应碰触未接地的导线。

6.4.3 当验明设备确无电压后，应立即将检修设备接地(装设接地线或合接地刀闸)并三相短路。电缆及电容器接地前应逐相充分放电，星形接线电容器的中性点应接地。

6.4.4 可能送电至停电设备的各侧都应接地。

6.4.5 装、拆接地线导体端应使用绝缘棒，人体不应碰触接地线。

6.4.6 不应用缠绕的方法进行接地或短路。

6.4.7 接地线采用三相短路式接地线，若使用分相式接地线时，应设置三相合一的接地端。

6.4.8 成套接地线应由有透明护套的多股软铜线和专用线夹组成，接地线截面不应小于25 mm^2，并应满足装设地点短路电流的要求。

6.4.9 装设接地线时，应先装接地端，后装接导体端，接地线应接触良好，连接可靠。拆除接地线的顺序与此相反。

6.4.10 在配电装置上，接地线应装在该装置导电部分的适当部位。

6.4.11 已装设接地线发生摆动，其与带电部分的距离不符合安全距离要求时，应采取相应措施。

6.4.12 在门型构架的线路侧停电检修，如工作地点与所装接地线或接地刀闸的距离小于10 m，工作地点虽在接地线外侧，也可不另装接地线。

6.4.13 在高压回路上工作，需要拆除部分接地线应征得运行人员或值班调度员的许可。工作完毕后立即恢复。

6.4.14 因平行或邻近带电设备导致检修设备可能产生感应电压时，应加装接地线或使用个人保安线。

6.5 悬挂标示牌和装设遮栏

6.5.1 在一经合闸即可送电到工作地点的隔离开关操作把手上，应悬挂“禁止合闸，有人工作！”或“禁止合闸，线路有人工作！”的标示牌。

6.5.2 在计算机显示屏上操作的隔离开关操作处，应设置“禁止合闸，有人工作！”或“禁止合闸，线路有人工作！”的标记。

6.5.3 部分停电的工作，工作人员与未停电设备安全距离不符合表1规定时应装设临时遮栏，其与带电部分的距离应符合表2的规定。临时遮栏应装设牢固，并悬挂“止步，高压危险！”的标示牌。35 kV及以下设备可用与带电部分直接接触的绝缘隔板代替临时遮栏。

6.5.4 在室内高压设备上工作，应在工作地点两旁及对侧运行设备间隔的遮栏上和禁止通行的过道遮栏上悬挂“止步，高压危险！”的标示牌。

6.5.5 高压开关柜内手车开关拉至“检修”位置时，隔离带电部位的挡板封闭后不应开启，并设置“止步，高压危险！”的标示牌。

6.5.6 在室外高压设备上工作，应在工作地点四周装设遮栏，遮栏上悬挂适当数量朝向里面的“止步，高压危险！”标示牌，遮栏出入口要围至临近道路旁边，并设有“从此进出！”的标示牌。

6.5.7 若室外只有个别地点设备带电，可在其四周装设全封闭遮栏，遮栏上悬挂适当数量朝向外面的“止步，高压危险！”标示牌。

6.5.8 工作地点应设置“在此工作！”的标示牌。

6.5.9 室外构架上工作，应在工作地点邻近带电部分的横梁上，悬挂“止步，高压危险！”的标示牌。在工作人员上下的铁架或梯子上，应悬挂“从此上下！”的标示牌。在邻近其他可能误登的带电构架上，应悬挂“禁止攀登，高压危险！”的标示牌。

6.5.10 工作人员不应擅自移动或拆除遮栏、标示牌。

6.5.11 标示牌式样见附录F。

7 电气设备运行

7.1 一般要求

7.1.1 设备不停电时，人员在现场应符合表1的安全距离要求。

7.1.2 高压设备符合下列条件时，可实行单人值班或操作：

a) 室内高压设备的隔离室设有安装牢固、高度大于1.7 m的遮栏，遮栏通道门加锁；

b) 室内高压断路器的操作机构用墙或金属板与该断路器隔离或装有远方操作机构。

7.1.3 高压设备发生接地故障时，室内人员进入接地点4 m以内，室外人员进入接地点8 m以内，均应穿绝缘靴。接触设备的外壳和构架时，还应戴绝缘手套。

7.2 电气设备巡视

7.2.1 巡视高压设备时，不宜进行其他工作。

7.2.2 雷雨天气巡视室外高压设备时，应穿绝缘靴，不应使用伞具，不应靠近避雷器和避雷针。

7.3 电气操作

7.3.1 操作发令

7.3.1.1 发令人发布指令应准确、清晰，使用规范的操作术语和设备名称。

7.3.1.2 受令人接令后，应复诵无误后执行。

7.3.2 操作方式

7.3.2.1 电气操作有就地操作、遥控操作和程序操作三种方式。

7.3.2.2 正式操作前可进行模拟预演，确保操作步骤正确。

7.3.3 操作分类

7.3.3.1 监护操作，是指有人监护的操作。

7.3.3.2 单人操作，是指一人进行的操作。

7.3.3.3 程序操作，是指应用可编程计算机进行的自动化操作。

7.3.4 操作票填写

7.3.4.1 操作票是操作前填写操作内容和顺序的规范化票式，可包含编号、操作任务、操作顺序、操作时间，以及操作人或监护人签名等。

7.3.4.2 操作票由操作人员填用，每张票填写一个操作任务。

7.3.4.3 操作前应根据模拟图或接线图核对所填写的操作项目，并经审核签名。

7.3.4.4 操作票格式参见附录G。

7.3.4.5 下列项目应填入操作票：

a) 拉合断路器和隔离开关，检查断路器和隔离开关的位置，验电、装拆接地线，检查接地线是否拆除，安装或拆除控制回路或电压互感器回路的保险器，切换保护回路和检验是否确无电压等；

b) 在高压直流输电系统中，启停系统、调节功率、转换状态、改变控制方式、转换主控站、投退控制保护系统、切换换流变压器冷却器及手动调节分接头、控制系统对断路器的锁定操作等。

7.3.4.6 事故紧急处理、程序操作、拉合断路器(开关)的单一操作，以及拉开全站仅有的一组接地刀闸或拆除仅有的一组接地线时，可不填用操作票。

7.3.5 操作的基本条件

7.3.5.1 具有与实际运行方式相符的一次系统模拟图或接线图。

7.3.5.2 电气设备应具有明显的标志，包括命名、编号、设备相色等。

7.3.5.3 高压电气设备应具有防止误操作闭锁功能，必要时加挂机械锁。

7.3.6 操作的基本要求

7.3.6.1 停电操作应按照"断路器—负荷侧隔离开关—电源侧隔离开关"的顺序依次进行，送电合闸操作按相反的顺序进行。不应带负荷拉合隔离开关。

7.3.6.2 非程序操作应按操作任务的顺序逐项操作。

7.3.6.3 雷电天气时，不宜进行电气操作，不应就地电气操作。

7.3.6.4 用绝缘棒拉合隔离开关、高压熔断器，或经传动机构拉合断路器和隔离开关，均应戴绝缘手套。

7.3.6.5 雨天操作室外高压设备时，应使用有防雨罩的绝缘棒，并穿绝缘靴、戴绝缘手套。

7.3.6.6 装卸高压熔断器，应戴护目眼镜和绝缘手套，必要时使用绝缘夹钳，并站在绝缘物或绝缘台上。

7.3.6.7 在高压开关柜的手车开关拉至"检修"位置后，应确认隔离挡板已封闭。

7.3.6.8 操作后应检查各相的实际位置，无法观察实际位置时，可通过间接方式确认该设备已操作到位。

7.3.6.9 发生人身触电时，应立即断开有关设备的电源。

8 线路作业时发电厂和变电站的安全措施

8.1 线路作业时发电厂和变电站的安全措施应满足一般工作程序和安全要求。

8.2 线路的停、送电均应按照调度机构或线路运行维护单位的指令执行。不应约时停、送电。

8.3 调度机构或线路运行维护单位应记录线路停电检修的工作班组数目、工作负责人姓名、工作地点和工作任务。

8.4 工作结束时，应得到工作负责人的工作结束报告，确认所有工作班组均已完工，接地线已拆除，工作人员已全部撤离线路，并与记录核对无误后，方可下令拆除发电厂或变电站内的安全措施，向线路送电。

9 带电作业

9.1 一般要求

9.1.1 带电作业安全距离、安全防护措施等应按国家和行业的相关标准、导则执行。

9.1.2 带电作业应在良好天气下进行。如遇雷电(听见雷声、看见闪电)、雪、雹、雨、雾等,不应进行带电作业。风力大于5级,或湿度大于80%时,不宜进行带电作业。

9.1.3 带电作业应设专责监护人。复杂作业时,应增设监护人。

9.1.4 线路运行维护单位或工作负责人认为有必要时,应组织到现场勘察,根据勘察结果判断能否进行带电作业,并确定作业方法、所需工具,以及应采取的措施。

9.1.5 带电作业有下列情况之一者,应停用重合闸或直流再启动装置,并不应强送电:

a) 中性点有效接地系统中可能引起单相接地的作业;
b) 中性点非有效接地系统中可能引起相间短路的作业;
c) 直流线路中可能引起单极接地或极间短路的作业;
d) 不应约时停用或恢复重合闸及直流再启动装置。

9.1.6 在带电作业过程中如设备突然停电,应视设备仍然带电,工作负责人应及时与线路运行维护单位或调度联系。线路运行维护单位或值班调度员未与工作负责人取得联系前不应强送电。

9.2 一般安全技术措施

9.2.1 等电位作业一般在66 kV、±125 kV及以上电压等级的线路和电气设备上进行。

9.2.2 等电位工作人员应穿着阻燃内衣,外面穿着全套屏蔽服,各部分连接良好。不应通过屏蔽服断、接空载线路或耦合电容器的电容电流及接地电流。750 kV及以上等电位作业还应戴面罩。

9.2.3 等电位工作人员在电位转移前,应得到工作负责人的许可。750 kV和1 000 kV等电位作业,应使用电位转移棒进行电位转移。

9.2.4 交流线路地电位登塔作业时应采取防静电感应措施,直流线路地电位登塔作业时宜采取防离子流措施。

9.2.5 下列距离应满足相关安全规定:

a) 地电位作业人体与带电体的距离;
b) 等电位作业人体与接地体的距离;
c) 工作人员进出强电场时与接地体和带电体两部分所组成的组合间隙;
d) 工作人员与相邻导线的距离。

9.2.6 等电位工作人员与地电位工作人员应使用绝缘工具或绝缘绳索进行工具和材料的传递。

9.2.7 沿导(地)线上悬挂的软、硬梯或导线飞车进入强电场的作业,应遵守下列规定:

a) 在连续档距的导(地)线上挂梯(或导线飞车)时,钢芯铝绞线和铝合金绞线导(地)线的截面应不小于120 mm^2;钢绞线导(地)线的截面应不小于50 mm^2。
b) 在孤立档的导(地)线上的作业,在有断股的导(地)线和锈蚀的地线上的作业,在9.2.7a)规定外的其他型号导(地)线上的作业,两人以上在同档同一根导(地)线上的作业时,应经验算合格并经批准后方能进行。
c) 在导(地)线上悬挂梯子、飞车进行等电位作业前,应检查本档两端杆塔处导(地)线的紧固情况。
d) 挂梯载荷后,应保持地线及人体对下方带电导线的安全距离比规定的安全距离数值增大0.5 m;带电导线及人体对被跨越的线路、通讯线路和其他建筑物的安全距离应比规定的安全距离数值增大1 m。
e) 在瓷横担线路上不应挂梯作业,在转动横担的线路上挂梯前应将横担固定。

9.2.8 带电断、接空载线路,工作人员应戴护目眼镜,并采取消弧措施,不应带负荷断、接引线。不应同时接触未接通的或已断开的导线两个断头。短接设备时,应核对相位,闭锁跳闸机构,短接线应满足短接设备最大负荷电流的要求,防止人体短接设备。

9.2.9 绝缘子表面采取带电水冲洗或进行机械方式清扫时,应遵守相应技术导则的规定。

9.2.10 绝缘子串上带电作业前,应检测绝缘子串的良好绝缘子片数,满足相关规定要求。

9.2.11 采用绝缘手套作业法或绝缘操作杆作业法时,应根据作业方法选用人体绝缘防护用具,使用绝缘安全带、绝缘安全帽。必要时还应戴护目眼镜。工作人员转移相位工作前,应得到工作监护人的同意。

9.3 感应电压防护

9.3.1 在 330 kV、±500 kV 及以上电压等级的线路杆塔及变电站构架上作业,应采取防静电感应措施。

9.3.2 绝缘架空地线应视为带电体。在绝缘架空地线附近作业时,工作人员与绝缘架空地线之间的距离应不小于 0.4 m(1 000 kV 为 0.6 m)。若需在绝缘架空地线上作业,应用接地线或个人保安线将其可靠接地或采用等电位方式进行。

9.3.3 用绝缘绳索传递大件金属物品(包括工具、材料等)时,杆塔或地面上工作人员应将金属物品接地后再接触。

9.4 带电作业工具的使用、保管和试验

9.4.1 存放带电作业工具应符合 DL/T 974《带电作业用工具库房》的要求。

9.4.2 不应使用损坏、受潮、变形、失灵的带电作业工具。

9.4.3 带电绝缘工具在运输过程中,应装在专用工具袋、工具箱或专用工具车内。

9.4.4 作业现场使用的带电作业工具应放置在防潮的帆布或绝缘物上。

9.4.5 带电作业工器具应按规定定期进行试验。

10 发电机和高压电动机的检修、维护

10.1 发电机(发电/电动机,以下同)和高压电动机的检修、维护应满足停电、验电、接地、悬挂标示牌等有关安全技术要求。

10.2 检修发电机时应做好下列安全措施:

a) 断开发电机的断路器和隔离开关,若发电机出口无断路器,应断开联接在出口母线上的各类变压器、电压互感器的各侧开关、闸刀或熔断器。
b) 断开发电机励磁电源、盘车装置电源的断路器、隔离开关或熔断器。
c) 断开断路器、隔离开关、励磁装置、同期装置的操作电源及能源。
d) 在断开的断路器、隔离开关或熔断器操作处悬挂“禁止合闸,有人工作!”的标示牌。
e) 在发电机出口母线处验明无电压后装设接地线。
f) 检修的发电机中性点与其他发电机的中性点连在一起的,工作前应将检修发电机的中性点分开。
g) 在氢冷机组机壳内工作时,应关闭氢冷机组补氢阀门,排氢置换空气合格,补氢管路阀门至发电机间应有明显的断开点;检修机组装有灭火装置的,应采取防止灭火装置误动的措施;在以上关闭的阀门和断开点处悬挂“禁止操作,有人工作!”的标示牌。
h) 检修机组装有可堵塞机内空气流通的自动闸板风门的,应采取措施防止风门关闭。

10.3 测量轴电压和在转动着的发电机上用电压表测量转子绝缘的工作,应使用专用电刷,电刷上应装有 300 mm 以上的绝缘柄。

10.4 检修高压电动机及其附属装置(如启动装置、变频装置)时,应做好下列安全措施:

a) 断开电源断路器、隔离开关,经验明确无电压后接地或在隔离开关间装绝缘隔板;
b) 在断路器、隔离开关操作处悬挂“禁止合闸,有人工作!”的标示牌;

c) 将拆开后的电缆头三相短路接地；

d) 采取措施防止被其拖动的机械（如水泵、空气压缩机、引风机等）引起电动机转动。

10.5 工作尚未全部终结，但需送电试验电动机及其启动装置、变频装置时，应在全部工作暂停后，方可送电。

11 在六氟化硫(SF_6)电气设备上的工作

11.1 在六氟化硫(SF_6)电气设备上的工作内容包含，操作、巡视、作业、事故时防止六氟化硫泄漏的安全措施，其具体的安全要求、措施等应遵照国家、行业的相关标准、导则执行。

11.2 不应在 SF_6 设备防爆膜附近停留。

11.3 设备解体检修前，应对 SF_6 气体进行检验，并采取安全防护措施。

11.4 室内设备充装 SF_6 气体时，周围环境相对湿度应不大于 80%，同时应开启通风系统，避免 SF_6 气体泄漏到工作区。

11.5 设备内的 SF_6 气体不应向大气排放，应采取净化装置回收，经处理检测合格后方可再使用。回收时工作人员应站在上风侧。

11.6 进入 SF_6 电气设备低位区或电缆沟工作，应先检测含氧量（不低于 18%）和 SF_6 气体含量（不超过 1 000 μL/L）。

11.7 SF_6 电气设备发生大量泄漏等紧急情况时，人员应迅速撤出现场，开启所有排风机进行排风。未佩戴防毒面具或佩戴正压式空气呼吸器的人员不应入内。

12 在低压配电装置和低压导线上的工作

12.1 在低压配电装置和低压导线上工作应符合停电工作及不停电工作时的安全要求。

12.2 低压回路停电工作的安全措施：

a) 停电、验电、接地、悬挂标示牌或采用绝缘遮蔽措施；

b) 邻近的有电回路、设备加装绝缘隔板或绝缘材料包扎等措施；

c) 停电更换熔断器后恢复操作时，应戴手套和护目眼镜。

12.3 低压不停电工作，应站在干燥的绝缘物上，使用有绝缘柄的工具，穿绝缘鞋和全棉长袖工作服，戴手套和护目眼镜。

12.4 工作时，应采取措施防止相间或接地短路。

13 二次系统上的工作

13.1 二次系统上的工作内容可包含继电保护、安全自动装置、仪表和自动化监控等系统及其二次回路，以及在通信复用通道设备上运行、检修及试验等。

13.2 二次回路变动时应防止误拆或产生寄生回路。

13.3 工作中应确保电流和电压互感器的二次绕组应有且仅有一点保护接地。

13.4 在带电的电磁式电流互感器二次回路上工作时，应防止二次侧开路。

13.5 在带电的电磁式或电容式电压互感器二次回路上工作时，应防止二次侧短路或接地。

13.6 不应在二次系统的保护回路上接取试验电源。

13.7 二次回路通电或耐压试验前，应通知有关人员，检查回路上确无人工作后，方可加压。

13.8 继电保护、安全自动装置及自动化监控系统做一次设备通电试验或传动试验时，应通知设备运行方和其他相关人员。

13.9 试验工作结束后，应恢复同运行设备有关的接线，拆除临时接线，检查装置内无异物，屏面信号及各种装置状态正常，各相关压板及切换开关位置恢复至工作许可时的状态。

14 电气试验

14.1 一般要求

14.1.1 电气试验应符合高压试验作业、试验装置、试验过程及测量工作的安全要求。

14.1.2 电气试验的具体标准、方法等应遵照国家、行业的相关标准、导则执行。

14.2 高压试验

14.2.1 在同一电气连接部分，许可高压试验前，应将其他检修工作暂停；试验完成前不应许可其他工作。

14.2.2 如加压部分与检修部分断开点之间满足试验电压对应的安全距离，且检修侧有接地线时，应在断开点装设“止步，高压危险！”的标示牌后方可工作。

14.2.3 试验装置的金属外壳应可靠接地。低压回路中应有过载自动保护装置的开关并串用双极刀闸。

14.2.4 应采用专用的高压试验线，试验线的长度应尽量缩短，必要时用绝缘物支撑牢固。

14.2.5 试验现场应装设遮栏，遮栏与试验设备高压部分应有足够的安全距离，向外悬挂“止步，高压危险！”的标示牌。被试设备两端不在同一地点时，一端加压，另一端采取防范措施。

14.2.6 未接地的大电容被试设备，应先行放电再做试验。高压直流试验间断或结束时，应将设备对地放电数次并短路接地。

14.2.7 加压前应通知所有人员离开被试设备，取得试验负责人许可后方可加压。操作人应站在绝缘物上。

14.2.8 变更接线或试验结束时，应断开试验电源，将升压设备的高压部分放电、短路接地。

14.2.9 试验结束后，试验人员应拆除自行装设的短路接地线，并检查被试设备，恢复试验前的状态。

14.3 测量工作

14.3.1 使用钳形电流表时，应注意钳形电流表的电压等级。测量时应戴绝缘手套，站在绝缘物上，不应触及其他设备，以防短路或接地。测量低压熔断器和水平排列低压母线电流前，应将各相熔断器和母线用绝缘材料加以隔离。观测表计时，应注意保持头部与带电部分的安全距离。

14.3.2 测量设备绝缘电阻，应将被测量设备各侧断开，验明无压，确认设备无人工作，方可进行。在测量中不应让他人接近被测量设备。测量前后，应将被测设备对地放电。

14.3.3 测量线路绝缘电阻，若有感应电压，应将相关线路同时停电，取得许可，通知对侧后方可进行。

14.3.4 发现发电厂和变电站升压站有系统接地故障时，不应测量接地网的接地电阻。

15 电力电缆工作

15.1 一般要求

15.1.1 在电力电缆的沟槽开挖、电缆安装、运行、检修、维护和试验等工作中，作业环境应满足安全要求。

15.1.2 沟槽开挖应采取防止土层塌方的措施。

15.1.3 电缆隧道、电缆井内应有充足的照明，并有防火、防水、通风的措施。

15.1.4 进入电缆井、电缆隧道前，应用通风机排除浊气，再用气体检测仪检查井内或隧道内的易燃易爆及有毒气体的含量。

15.1.5 电缆开断前，应核对电缆走向图，并使用专用仪器确认电缆无电，可靠接地后方可工作。

15.2 电缆试验安全措施

15.2.1 电缆试验前后以及更换试验引线时，应对被试电缆（或试验设备）充分放电。

15.2.2 电缆试验时，应防止人员误入试验场所。电缆两端不在同一地点时，另一端应采取防范措施。

15.2.3 电缆耐压试验分相进行时，电缆另两相应短路接地。

15.2.4 电缆试验结束，应在被试电缆上加装临时接地线，待电缆尾线接通后方可拆除。

16 其他安全要求

16.1 作业时的起重、焊接、高处作业等，应遵照国家、行业的相关标准、导则执行。

16.2 在变电站户外和高压室内搬动梯子、管子等长物，应放倒后搬运，并与带电部分保持足够的安全距离。

16.3 在带电设备周围进行测量工作，不应使用钢卷尺、皮卷尺和线尺（夹有金属丝者）。

16.4 在变电站的带电区域内或临近带电线路处，不应使用金属梯子。

16.5 检修动力电源箱的支路开关都应加装剩余电流动作保护器（漏电保护器）并应定期检查和试验。连接电动机械及电动工具的电气回路应单独装设开关或插座，并装设剩余电流动作保护器，金属外壳应接地。

16.6 工作场所的照明应适应作业要求。

附 录 A
（资料性附录）
电气第一种工作票格式

表 A.1 给出了电气第一种工作票格式。

表 A.1 电气第一种工作票

单 位		编 号	
工作负责人(监护人)：		班组：	
工作班成员(不包括工作负责人)：			
			共 人
工作的变、配电站名称及设备名称：			
工作任务	工作地点及设备双重名称	工作内容	
计划工作时间：自 年 月 日 时 分至 年 月 日 时 分			
安全措施（必要时可附页绘图说明）	应拉断路器、隔离开关	已执行[a]	
	应装接地线、应合接地刀闸(注明确实地点、名称及接地线编号[a])	已执行	
	应设遮栏、应挂标示牌及防止二次回路误碰等措施	已执行	

表 A.1（续）

单　位		编　号	
安全措施（必要时可附页绘图说明）	工作地点保留带电部分或注意事项 （由工作票签发人填写）	补充工作地点保留带电部分和安全措施 （由工作许可人填写）	
	工作票签发人签名：	签发日期：　年　月　日　时　分	

收到工作票时间：　　年　月　日　时　分

运行值班人员签名：　　　　工作负责人签名：

确认本工作票上述各项内容：

许可开始工作时间：　　年　月　日　时　分

工作许可人签名：　　　　工作负责人签名：

确认工作负责人布置的工作任务和安全措施：

工作班组人员签名：

工作负责人变动情况：

原工作负责人　　离去，变更　　为工作负责人

工作票签发人：　　　　日期：　年　月　日　时　分

工作许可人：　　　　日期：　年　月　日　时　分

工作人员变动情况（变动人员姓名、日期及时间）：

工作负责人签名：

工作票延期：

有效期延长到：　　年　月　日　时　分

工作负责人签名：　　　　日期：　年　月　日　时　分

工作许可人签名：　　　　日期：　年　月　日　时　分

每日开工和收工时间（使用一天的工作票不必填写）	收工时间				工作负责人	工作许可人	开工时间				工作负责人	工作许可人
	月	日	时	分			月	日	时	分		

工作票终结：

1. 全部工作于　　年　月　日　时　分结束，设备及安全措施已恢复至开工前状态，工作人员已全部撤离，材料工具已清理完毕。

2. 临时遮栏、标示牌已拆除，常设遮栏已恢复。未拆除或未拉开的接地线编号　　等共　组、接地刀闸（小车）共　副（台），已汇报调度值班员。

工作负责人签名：　　　　日期：　年　月　日　时　分

工作许可人签名：　　　　日期：　年　月　日　时　分

表 A.1（续）

单　位		编　号	
备注： (1)指定专责监护人　　　　　负责监护 （地点及具体工作） (2)其他事项：			
[a] 已执行栏目及接地线编号由工作许可人填写。			

附　录　B
（资料性附录）
电气第二种工作票格式

表B.1给出了电气第二种工作票格式。

表B.1　电气第二种工作票

单　位		编　号	
工作负责人（监护人）：		班组：	
工作班成员（不包括工作负责人）： 共　　人			
工作的变、配电站名称及设备名称：			
工作任务	工作地点或地段	工作内容	
计划工作时间：自　　年　月　日　时　分至　　年　月　日　时　分			
工作条件（停电或不停电，或邻近及保留带电设备名称）：			
注意事项（安全措施）： 工作票签发人签名：　　　　签发日期：　　年　月　日　时　分			
补充安全措施（工作许可人填写）：			
确认本工作票上述各项内容： 工作负责人签名：　　　　工作许可人签名： 许可工作时间：　　年　月　日　时　分			
确认工作负责人布置的工作任务和安全措施： 工作班成员签名：			

表 B.1（续）

单　位		编　号	
工作票延期： 有效期延长到：　　　年　月　日　时　分 工作负责人签名：　　　日期：　　年　月　日　时　分 工作许可人签名：　　　日期：　　年　月　日　时　分			
工作票终结： 全部工作于　　年　月　日　时　分结束，工作人员已全部撤离，材料工具已清理完毕。 工作负责人签名：　　　日期：　　年　月　日　时　分 工作许可人签名：　　　日期：　　年　月　日　时　分			
备注：			

附　录　C
（资料性附录）
电气带电作业工作票格式

表 C.1 给出了电气带电作业工作票格式。

表 C.1　电气带电作业工作票

<table>
<tr><td>单　位</td><td></td><td>编　号</td><td></td></tr>
<tr><td colspan="2">工作负责人（监护人）：</td><td colspan="2">班组：</td></tr>
<tr><td colspan="4">工作班成员（不包括工作负责人）：
共　　人</td></tr>
<tr><td colspan="4">工作的变、配电站名称及设备名称：</td></tr>
<tr><td rowspan="6">工作任务</td><td>工作地点或地段</td><td colspan="2">工作内容</td></tr>
<tr><td></td><td colspan="2"></td></tr>
<tr><td></td><td colspan="2"></td></tr>
<tr><td></td><td colspan="2"></td></tr>
<tr><td></td><td colspan="2"></td></tr>
<tr><td></td><td colspan="2"></td></tr>
<tr><td colspan="4">计划工作时间：自　　年　月　日　时　分至　　年　月　日　时　分</td></tr>
<tr><td colspan="4">工作条件（等电位、中间电位或地电位作业，或邻近带电设备名称）：</td></tr>
<tr><td colspan="4">注意事项（安全措施）：
工作票签发人签名：　　　　签发日期：　　年　月　日　时　分</td></tr>
<tr><td colspan="4">确认本工作票上述各项内容：
工作负责人签名：</td></tr>
<tr><td colspan="2">指定　　　　为专责监护人</td><td colspan="2">专责监护人签名：</td></tr>
<tr><td colspan="4">补充安全措施（工作许可人填写）：</td></tr>
<tr><td colspan="4">许可工作时间：　　年　月　日　时　分
工作许可人签名：　　　　工作负责人签名：</td></tr>
</table>

表 C.1（续）

<table>
<tr><td>单　位</td><td></td><td>编　号</td><td></td></tr>
<tr><td colspan="4">确认作负责人布置的工作任务和安全措施。
工作班组人员签名：</td></tr>
<tr><td colspan="4">工作票终结：
全部工作于　　年　月　日　时　分结束，工作人员已全部撤离，材料工具已清理完毕。
工作负责人签名：　　　　工作许可人签名：</td></tr>
<tr><td colspan="4">备注：</td></tr>
</table>

附 录 D
（资料性附录）
紧急抢修单格式

表 D.1 给出了紧急抢修单格式。

表 D.1 紧急抢修单

单 位		编 号	
抢修工作负责人（监护人）：		班组：	
抢修班人员（不包括抢修工作负责人）： 共 人			
抢修任务（抢修地点和抢修内容）：			
安全措施：			
抢修地点保留带电部分或注意事项：			
上述各项内容由抢修工作负责人 根据抢修任务布置人 的布置填写。			
经现场勘察需补充下列安全措施： 经许可人（调度/运行人员） 同意（ 月 日 时 分）后，已执行。			
许可抢修时间： 年 月 日 时 分 许可人（调度/运行人员）：			
抢修结束汇报： 本抢修工作于 年 月 日 时 分结束。 现场设备状况及保留安全措施： 抢修班人员已全部撤离，材料工具已清理完毕，事故应急抢修单已终结。 抢修工作负责人： 许可人（调度/运行人员）： 填写时间： 年 月 日 时 分			

附 录 E
（规范性附录）
绝缘安全工器具试验项目、周期和要求

表E.1给出了绝缘安全工器具试验项目、周期和要求。

表E.1 绝缘安全工器具试验项目、周期和要求

<table>
<tr><th>序号</th><th>器具</th><th>项目</th><th>周期</th><th colspan="4">要 求</th><th>说明</th></tr>
<tr><td rowspan="11">1</td><td rowspan="11">电容型验电器</td><td>启动电压试验</td><td>1年</td><td colspan="4">启动电压值不高于额定电压的40%，不低于额定电压的15%</td><td>试验时接触电极应与试验电极相接触</td></tr>
<tr><td rowspan="10">工频耐压试验</td><td rowspan="10">1年</td><td rowspan="3">额定电压
kV</td><td rowspan="3">试验长度
m</td><td colspan="2">工频耐压
kV</td><td rowspan="10"></td></tr>
<tr><td>持续时间</td><td>持续时间</td></tr>
<tr><td>1 min</td><td>5 min</td></tr>
<tr><td>10</td><td>0.7</td><td>45</td><td>—</td></tr>
<tr><td>35</td><td>0.9</td><td>95</td><td>—</td></tr>
<tr><td>66</td><td>1.0</td><td>175</td><td>—</td></tr>
<tr><td>110</td><td>1.3</td><td>220</td><td>—</td></tr>
<tr><td>220</td><td>2.1</td><td>440</td><td>—</td></tr>
<tr><td>330</td><td>3.2</td><td>—</td><td>380</td></tr>
<tr><td>500</td><td>4.1</td><td>—</td><td>580</td></tr>
<tr><td rowspan="11">2</td><td rowspan="11">携带型短路接地线</td><td>成组直流电阻试验</td><td>≤5年</td><td colspan="4">在各接线鼻之间测量直流电阻，对于25 mm^2、35 mm^2、50 mm^2、70 mm^2、95 mm^2、120 mm^2 的各种截面，平均每米的电阻值应分别小于0.79 mΩ、0.56 mΩ、0.40 mΩ、0.28 mΩ、0.21 mΩ、0.16 mΩ</td><td>同一批次抽测，不少于2条，接线鼻与软导线压接的应做该试验</td></tr>
<tr><td rowspan="10">操作棒的工频耐压试验</td><td rowspan="10">5年</td><td rowspan="3">额定电压
kV</td><td rowspan="3">试验长度
m</td><td colspan="2">工频耐压
kV</td><td rowspan="10">试验电压加在护环与紧固头之间</td></tr>
<tr><td>持续时间</td><td>持续时间</td></tr>
<tr><td>1 min</td><td>5 min</td></tr>
<tr><td>10</td><td>—</td><td>45</td><td>—</td></tr>
<tr><td>35</td><td>—</td><td>95</td><td>—</td></tr>
<tr><td>66</td><td>—</td><td>175</td><td>—</td></tr>
<tr><td>110</td><td>—</td><td>220</td><td>—</td></tr>
<tr><td>220</td><td>—</td><td>440</td><td>—</td></tr>
<tr><td>330</td><td>—</td><td>—</td><td>380</td></tr>
<tr><td>500</td><td>—</td><td>—</td><td>580</td></tr>
<tr><td>3</td><td>个人保安线</td><td>成组直流电阻试验</td><td>≤5年</td><td colspan="4">在各接线鼻之间测量直流电阻，对于10 mm^2、16 mm^2、25 mm^2 各种截面，平均每米的电阻值应小于1.98 mΩ、1.24 mΩ、0.79 mΩ</td><td>同一批次抽测，不少于2条</td></tr>
</table>

表 E.1（续）

<table>
<tr><th>序号</th><th>器具</th><th>项目</th><th>周期</th><th colspan="4">要　求</th><th>说明</th></tr>
<tr><td rowspan="9">4</td><td rowspan="9">绝缘杆</td><td rowspan="9">工频耐压试验</td><td rowspan="9">1年</td><td rowspan="2">额定电压
kV</td><td rowspan="2">试验长度
m</td><td colspan="2">工频耐压
kV</td><td rowspan="9"></td></tr>
<tr><td>持续时间
1 min</td><td>持续时间
5 min</td></tr>
<tr><td>10</td><td>0.7</td><td>45</td><td>—</td></tr>
<tr><td>35</td><td>0.9</td><td>95</td><td>—</td></tr>
<tr><td>66</td><td>1.0</td><td>175</td><td>—</td></tr>
<tr><td>110</td><td>1.3</td><td>220</td><td>—</td></tr>
<tr><td>220</td><td>2.1</td><td>440</td><td>—</td></tr>
<tr><td>330</td><td>3.2</td><td>—</td><td>380</td></tr>
<tr><td>500</td><td>4.1</td><td>—</td><td>580</td></tr>
<tr><td rowspan="10">5</td><td rowspan="10">核相器</td><td rowspan="3">连接导线绝缘强度试验</td><td rowspan="3">必要时</td><td>额定电压
kV</td><td colspan="2">工频耐压
kV</td><td>持续时间
min</td><td rowspan="3">浸在电阻率小于100 Ω·m水中</td></tr>
<tr><td>10</td><td colspan="2">8</td><td>5</td></tr>
<tr><td>35</td><td colspan="2">28</td><td>5</td></tr>
<tr><td rowspan="3">绝缘部分工频耐压试验</td><td rowspan="3">1年</td><td>额定电压
kV</td><td>试验长度
m</td><td>工频耐压
kV</td><td>持续时间
min</td><td rowspan="3"></td></tr>
<tr><td>10</td><td>0.7</td><td>45</td><td>1</td></tr>
<tr><td>35</td><td>0.9</td><td>95</td><td>1</td></tr>
<tr><td rowspan="3">电阻管泄漏电流试验</td><td rowspan="3">半年</td><td>额定电压
kV</td><td>工频耐压
kV</td><td>持续时间
min</td><td>泄漏电流
mA</td><td rowspan="3"></td></tr>
<tr><td>10</td><td>10</td><td>1</td><td>≤2</td></tr>
<tr><td>35</td><td>35</td><td>1</td><td>≤2</td></tr>
<tr><td>动作电压试验</td><td>1年</td><td colspan="4">最低动作电压应达0.25倍额定电压</td><td></td></tr>
<tr><td rowspan="3">6</td><td rowspan="3">绝缘罩</td><td rowspan="3">工频耐压试验</td><td rowspan="3">1年</td><td>额定电压
kV</td><td colspan="2">工频耐压
kV</td><td>持续时间
min</td><td rowspan="3"></td></tr>
<tr><td>6～10</td><td colspan="2">30</td><td>1</td></tr>
<tr><td>35</td><td colspan="2">80</td><td>1</td></tr>
<tr><td rowspan="5">7</td><td rowspan="5">绝缘隔板</td><td rowspan="2">表面工频耐压试验</td><td rowspan="2">1年</td><td>额定电压
kV</td><td colspan="2">工频耐压
kV</td><td>持续时间
min</td><td rowspan="2">电极间距离300 mm</td></tr>
<tr><td>6～35</td><td colspan="2">60</td><td>1</td></tr>
<tr><td rowspan="3">工频耐压试验</td><td rowspan="3">1年</td><td>额定电压
kV</td><td colspan="2">工频耐压
kV</td><td>持续时间
min</td><td rowspan="3"></td></tr>
<tr><td>6～10</td><td colspan="2">30</td><td>1</td></tr>
<tr><td>35</td><td colspan="2">80</td><td>1</td></tr>
</table>

表 E.1（续）

<table>
<tr><th>序号</th><th>器具</th><th>项目</th><th>周期</th><th colspan="4">要　求</th><th>说明</th></tr>
<tr><td rowspan="3">8</td><td rowspan="3">绝缘胶垫</td><td rowspan="3">工频耐压试验</td><td rowspan="3">1 年</td><td>电压等级</td><td colspan="2">工频耐压
kV</td><td>持续时间
min</td><td rowspan="3">使用于带电设备区域</td></tr>
<tr><td>高压</td><td colspan="2">15</td><td>1</td></tr>
<tr><td>低压</td><td colspan="2">3.5</td><td>1</td></tr>
<tr><td rowspan="2">9</td><td rowspan="2">绝缘靴</td><td rowspan="2">工频耐压试验</td><td rowspan="2">半年</td><td>工频耐压
kV</td><td colspan="2">持续时间
min</td><td>泄漏电流
mA</td><td rowspan="2"></td></tr>
<tr><td>15</td><td colspan="2">1</td><td>≤7.5</td></tr>
<tr><td rowspan="2">10</td><td rowspan="2">绝缘手套</td><td rowspan="2">工频耐压试验</td><td rowspan="2">半年</td><td>电压等级</td><td>工频耐压
kV</td><td>持续时间
min</td><td>泄漏电流
mA</td><td rowspan="2"></td></tr>
<tr><td>高压</td><td>8</td><td>1</td><td>≤9</td></tr>
<tr><td>11</td><td>导电鞋</td><td>直流电阻试验</td><td>穿用
≤200 h</td><td colspan="4">电阻值小于 100 kΩ</td><td></td></tr>
<tr><td rowspan="3">12</td><td rowspan="3">绝缘夹钳</td><td rowspan="3">工频耐压试验</td><td rowspan="3">1 年</td><td>额定电压
kV</td><td>试验长度
m</td><td>工频耐压
kV</td><td>持续时间
min</td><td rowspan="3"></td></tr>
<tr><td>10</td><td>0.7</td><td>45</td><td>1</td></tr>
<tr><td>35</td><td>0.9</td><td>95</td><td>1</td></tr>
<tr><td>13</td><td>绝缘绳</td><td>工频耐压试验</td><td>半年</td><td colspan="4">100 kV/0.5 m，持续时间 5 min</td><td></td></tr>
</table>

附 录 F
（规范性附录）
标示牌式样

表 F.1 给出了标示牌式样。

表 F.1 标示牌式样

名 称	悬 挂 处	式 样	
		颜色	字样
禁止合闸，有人工作！	一经合闸即可送电到施工设备的隔离开关（刀闸）操作把手上	白底，红色圆形斜杠，黑色禁止标志符号	黑字
禁止合闸，线路有人工作！	线路隔离开关（刀闸）把手上	白底，红色圆形斜杠，黑色禁止标志符号	黑字
在此工作！	工作地点或检修设备上	衬底为绿色，中有直径 200 mm 和 65 mm 白圆圈	黑字，写于白圆圈中
止 步，高压危险！	施工地点临近带电设备的遮栏上；室外工作地点的围栏上；禁止通行的过道上；高压试验地点；室外构架上；工作地点临近带电设备的横梁上	白底，黑色正三角形及标志符号，衬底为黄色	黑字
从此上下！	工作人员可以上下的铁架、爬梯上	衬底为绿色，中有直径 200 mm 白圆圈	黑字，写于白圆圈中
从此进出！	室外工作地点围栏的出入口处	衬底为绿色，中有直径 200 mm 白圆圈	黑体黑字，写于白圆圈中
禁止攀登，高压危险！	高压配电装置构架的爬梯上，变压器、电抗器等设备的爬梯上	白底，红色圆形斜杠，黑色禁止标志符号	黑字
注 1：在计算机显示屏上一经合闸即可送电到工作地点的隔离开关的操作把手处所设置的“禁止合闸，有人工作！”、“禁止合闸，线路有人工作！”的标记可参照表中有关标示牌的式样。 **注 2**：标示牌的颜色和字样参照 GB 2894—2008《安全标志及使用导则》。			

附 录 G
（资料性附录）
操作票格式

表G.1给出了操作票格式。

表G.1 操作票

<table>
<tr><td>单 位</td><td colspan="3"></td><td>编 号</td><td></td></tr>
<tr><td>发令人</td><td></td><td>受令人</td><td></td><td>发令时间</td><td>年 月 日
时 分</td></tr>
<tr><td colspan="4">操作开始时间：
年 月 日 时 分</td><td colspan="2">操作结束时间：
年 月 日
时 分</td></tr>
<tr><td colspan="6">( )监护操作 ( )单人操作</td></tr>
<tr><td colspan="6">操作任务：</td></tr>
<tr><td>顺 序</td><td colspan="4">操 作 项 目</td><td>√</td></tr>
<tr><td></td><td colspan="4"></td><td></td></tr>
<tr><td></td><td colspan="4"></td><td></td></tr>
<tr><td></td><td colspan="4"></td><td></td></tr>
<tr><td></td><td colspan="4"></td><td></td></tr>
<tr><td></td><td colspan="4"></td><td></td></tr>
<tr><td></td><td colspan="4"></td><td></td></tr>
<tr><td></td><td colspan="4"></td><td></td></tr>
<tr><td></td><td colspan="4"></td><td></td></tr>
<tr><td colspan="6">备注：</td></tr>
<tr><td colspan="6">操作人： 监护人： 值班负责人(值长)：</td></tr>
</table>

ICS 29.020
K 09

中华人民共和国国家标准

GB 26861—2011

电力安全工作规程　高压试验室部分

**Safety code of electric power industry—
Part of high voltage laboratory**

2011-07-29 发布　　2012-06-01 实施

中华人民共和国国家质量监督检验检疫总局
中国国家标准化管理委员会　发布

前　言

本标准的全部技术内容为强制性。

本标准按照 GB/T 1.1—2009 给出的规则起草。

本标准由中国电力企业联合会提出。

本标准由全国高压电气安全标准化技术委员会(SAC/TC 226)归口。

本标准起草单位:国网电力科学研究院。

本标准起草人:杨迎建、蔡崇积、张曦。

引　言

GB 26861—2011 是以原电力工业部颁发的 DL 560—1995《电业安全工作规程》(高压试验室部分)为基础,保留了 DL 560 的主要内容。本标准在适用范围中增加了“按本标准要求形成试区的变电站、发电厂现场高压试验”,在安全管理中吸收了近 10 余年的实践经验,在技术内容中增加了“安全距离”对应的试验电压等级。

DL 560—1995《电业安全工作规程》(高压试验室部分)由原电力工业部武汉高压研究所制定。主要起草人:蔡崇积、朱同春、王蔚林。

电力安全工作规程　高压试验室部分

1　范围

本标准规定了高压试验室的基本安全要求、管理措施、技术措施、工作程序和试品准备时的安全要求。

本标准适用于高压试验室(包括高压试验厅、高压户外试验场)及其工作人员。也适用于按本标准要求形成试区的变电站、发电厂现场高压试验。

2　规范性引用文件

下列文件对于本文件的应用是必不可少的。凡是注日期的引用文件,仅注日期的版本适用于本文件。凡是不注日期的引用文件,其最新版本(包括所有的修改单)适用于本文件。

GB 311.1　高压输变电设备的绝缘配合

GB 2900.19　电工术语　高电压试验技术和绝缘配合

GB/T 16927.1　高电压试验技术　第1部分:一般试验要求

3　术语和定义

GB/T 2900.19 界定的以及下列术语和定义适用于本文件。

3.1

高压试验室　high voltage lab

采用高于1 000 V的工频、直流和冲击电压对电器设备、绝缘材料(件)、空气间隙等进行各种电气特性试验的试验室(包括高压试验厅、高压户外试验场)。

3.2

电气间隙　clearance

两个带电部件之间,或带电部件与地(或接地物体)之间的空气距离。

3.3

最小电气间隙　minimum clearance

空气中带电部件之间或带电部件对地之间的最短净距。

3.4

工作间隙/安全距离　working clearance

带电部件对工作人员之间最小安全距离或带电操作工具的有效安全长度。

3.5

试验接地　ground in testing

将试验设备、测量设备和被试品按试验要求经接地线引至试验室专用接地桩(带)。

3.6

接地放电　discharge by grounding

将经过试验后的被试品高压端与接地端(或低压端)、试验设备的高压输出端与接地端,采用专用的接地棒短路,使电荷释放至大地,使设备和地电位相等。

3.7

异常放电　abnormal discharge

在进行操作冲击电压试验时，操作冲击放电不是发生在按有关要求布置好的试验间隙之间，而是发生在高压端对其他接地体组成的间隙之间，且该间隙距离比试验间隙距离大(甚至大很多)。

4　基本安全要求

4.1　高压试验人员

高压试验人员应具有高压试验专业知识，熟悉试验设备和试品，熟悉本标准，并经培训考试合格后方能从事高压试验工作。新参加高压试验的实习人员，应在有经验的高压试验人员监护下参加指定的高压试验工作，不宜担任工作负责人和监护人。外来的参加试验人员，应进行现场安全工作培训和技术交底。

高压试验人员对本规程应每年进行一次考试。

此外，高压试验人员应：

a)　身体健康，无妨碍高压试验工作的病症；

b)　学会紧急救护法，特别要学会触电急救法；

c)　了解消防的一般知识，会使用试验室消防设施。

4.2　高压试验室

4.2.1　接地系统

高压试验室(场)应有良好的接地系统，以保证高压试验测量准确度和人身安全。接地电阻应符合设计规范要求，一般不超过 0.5 Ω。试验设备的接地点与被试设备的接地点之间应有可靠的金属性连接。试验室(场)内所有的金属架构，固定的金属安全屏蔽遮(栅)栏均应与接地网有牢固的连接。接地点宜有明显可见的标志。

为了保证接地系统始终处于完好状态，每 5 年应测量一次接地电阻，对接地线和接地点的连接进行一次检查。

4.2.2　试区

高压试验室内应采用安全遮栏围成符合 GB/T 16927.1 临近效应影响要求的试区，试区内不应堆放杂物。在不影响安全的前提下，试区也可采用专用隔离带围成(特别是对于高压户外试验场的大试区)。

4.2.3　环境

高压试验室应保持光线充足，门窗严密，通风设施完备；室内宜留有符合要求、标志清晰的信道。试验室周围应有消防通道，并保证畅通。控制室应铺橡胶绝缘垫。

高压试验室宜配备相应的安全工器具，防毒、防射线、防烫伤的防护用品以及防爆和消防安全设施，配备应急照明电源。

4.3　其他

试验室应有安全工作制度，主要设备均应编制安全操作规程，建立完备的技术档案。每次试验全过程应有完整、详细的记录。使用试验设备后，对设备的状况应有描述，维修宜有完整的记录。

易燃易爆或放电后可能产生毒性物质的设备应作好防火、防爆、防毒措施。SF_6 气体绝缘高压试验设备及试品应密封良好，试验现场应按规定装设强力通风装置和防护设施。

重要的仪器和弱电设备应装设防止放电反击和感应电压的保护装置或采取其他安全措施。

5 安全管理措施

5.1 制度建设与监督检查

高压试验室应执行本标准及试验室制定的各项安全制度。应结合自身的特点和实际情况,制定安全规范、设备安全操作细则和试验作业指导书等制度。

试验室应设立专职或兼职安全员,负责监督检查本规程及有关安全规程、安全制度的贯彻执行。在发生人身或设备事故时参加事故调查处理。

对涉及到主要试验设备的重要试验项目,试验负责人应组织编写高压试验方案。方案中应明确保证安全的组织措施和技术措施。方案的主要内容一般包括试验任务、试验时间、试验接线、使用设备、人员名单及分工、操作步骤、安全措施、安全监护人等。试验方案由试验室技术负责人批准后执行。

试验方案的编写人不应担任试验方案批准人。

特别重要的大型试验项目的试验方案应经主管部门批准。

5.2 人员配备和分工

进行高压试验时,应明确试验负责人,试验人员不得少于 2 人,试验负责人即是安全责任人,对试验工作的安全全面负责。

在高压试验过程中,由试验负责人统一发布操作指令,试验人员应按试验负责人的指令进行试验操作,不应擅自操作。必要时,应在高压试验方案中明确保证安全的具体措施、安全监护人等。

高压试验室技术负责人应由从事高压试验工作 5 年以上,并具有工程师及以上职称的人员担任。试验负责人应由从事高压试验工作 2 年以上的助理工程师及以上职称人员或技术熟练的高压试验人员担任。

6 安全技术措施

6.1 设置遮栏

高压试验试区周围应设置遮栏,遮栏上悬挂适当数量的"止步,高压危险!"标示牌。标示牌的标示应朝向遮栏的外侧。

必要时,通往试区的安全遮栏门与试验电源应有联锁装置,当通往试区的遮栏门打开时,试验电源应无法接通,并发出报警信号。

在户外试验场进行试验时,除设置必要的遮栏、安全警示牌和安全信号灯外,应派专人监视,以防人员闯入试区。

屏蔽遮栏宜由金属制成,可靠接地,其高度不低于 2 m。

在同一试验室内同时进行不同的高压试验时,各试区间应按各自的安全距离用遮栏隔开,同时设置明显的标示牌,留有安全通道。

户外试验场可根据试验需要,设置符合安全要求的固定观测点。

6.2 安全距离

根据 GB/T 16927.1 的规定,交流或正极性操作冲击试验时最高试验电压与试品高压电极对接地体或其他导电体间最小间隙距离的关系曲线如图 1 所示。为确保高压试验的安全性,安全距离应不小于 1.5 倍的最小间隙距离。

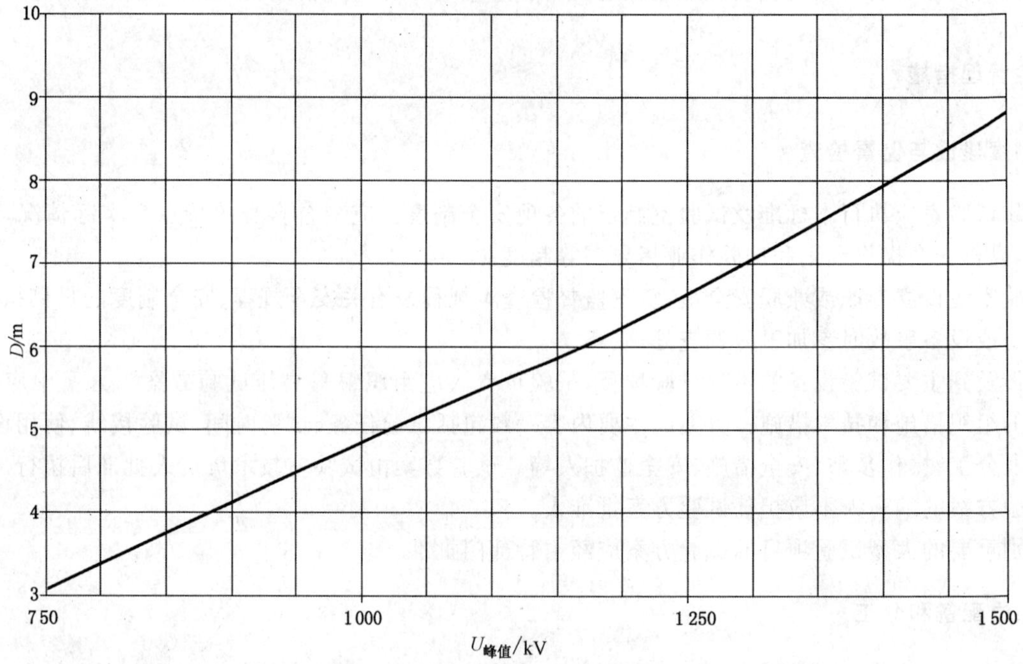

图 1 交流或正极性操作冲击试验时最高试验电压与试品高压端对接地体或其他导电体间最小间隙距离的关系

试验中的高压引线及高压带电部件至遮栏(含屏蔽遮栏)的距离应大于表 1 和表 2 中的数值。

表 1 交流和直流试验安全距离

试验电压 kV	安全距离 m	试验电压 kV	安全距离 m
200	1.5	1 000	7.2
500	3	1 500	13.2
750	4.5		

注 1:试验电压 200 kV 以下的安全距离要求不小于 1.5 m。

注 2:试验电压交流为有效值,直流为最大值。

注 3:适用于海拔高度不高于 1 000 m 地区。对用于海拔高于 1 000 m,按 GB 311.1 中海拔校正规定进行修正。

表 2 冲击试验(峰值)安全距离

试验电压 kV	安全距离 m		试验电压 kV	安全距离 m	
	操作冲击	雷电冲击		操作冲击	雷电冲击
500	3	3	2 000	16	14
1 000	7.2	7.2	3 000	30	18
1 500	13.2	12.5	4 000	—	22

注 1:试验电压 500 kV 以下的安全距离要求不小于 3 m。

注 2:适用于海拔高度不高于 1 000 m 地区。对用于海拔高于 1 000 m,按 GB 311.1 中海拔校正规定进行修正。

6.3 人员防护

当试验电压较高时，特别是冲击试验电压(峰值)高于 2 000 kV 时，由于放电路径的不规律性，有可能出现异常放电，所有人员应留在能防止异常放电危及人身安全的地带，如控制室、观察室或屏蔽遮栏外。切断试验电源前，任何人员不应进入试验区内。

进行高低温、低气压试验时，应有可行的防止伤害人身的防护措施；进行大电流试验时，应有防止因试品损坏产生爆裂伤害人身的防护措施。

6.4 接地与接地放电

6.4.1 接地

高压试验设备的接地端和试品接地端或外壳应良好接地，接地线应采用多股编织裸铜线或外覆透明绝缘层铜质软绞线或铜带，接地线截面应能满足试验要求，但不得小于 4 mm^2。动力配电装置上所用的接地线，其截面不得小于 25 mm^2。

接地线与接地系统的连接应采用螺栓连接在固定的接地桩(带)上，接地线长度应尽可能短，且明显可见。不得将接地线接在水管、暖气片和低压电气回路的中性点上。

进行高压试验时，试验设备附近的其他仪器设备应短接并可靠接地。

试验室闲置的电容设备应短路接地。

6.4.2 接地放电

6.4.2.1 接地棒的要求

对高压试验设备和试品放电应使用接地棒绝缘长度按安全作业的要求选择，但最小总长度不得小于 1 000 mm，其中绝缘部分 700 mm。

6.4.2.2 操作要求

使用接地棒时，手不得超过握柄部分的护环。接地线与人体的距离应大于接地棒的有效绝缘长度。

对高压试验设备及试品在高压试验前、试验后的放电，应先将接地棒的接地线可靠地连接在接地桩(带)上，再用接地棒接触高压试验设备及试品的高压端，进行接地放电。

对大电容的直流试验设备和试品以及直流试验电压超过 100 kV 的设备和试品接地放电时，应先用带放电电阻的接地棒放电，然后再直接短路接地放电。

变更冲击电压发生器波头和波尾电阻或直流发生器更换极性前，应对电容器及充电电路逐级短路接地放电或启动短路接地装置。

放电后将接地棒挂在高压端，保持接地状态，再次试验前取下。

6.4.2.3 放电时间要求

高压试验后，对高压试验设备和试品进行接地放电，从接地棒接触高压试验设备和试品的高压端至试验人员能接触的时间，一般不短于 3 min。对大容量试品的放电时间，应在 5 min 以上。

7 高压试验工作的开始、间断与结束

7.1 试验开始前的准备

试验开始前，试验负责人向全体试验人员详细布置试验任务和安全措施，并应进行如下检查：

a) 安全措施是否已完备；

b) 试验设备、试品及试验接线是否正确；

c) 表计倍率、调压器零位及测量系统的开始状态；

d) 试验设备高压端和试品加压端接地线是否已拆除；

e) 所有人员是否已全部退离试区，转移到安全地带；

f) 试区遮栏门是否已关上。

一切检查无误后方可开始试验升压。

7.2 试验升压

由试验负责人下令加压，操作人员应复诵“准备升压”并鸣铃示警，然后操作电源开关合上电源，按试验要求规定的升压速率升高电压到规定的试验电压值。升压过程中应有人监护并呼唱，并有专人监视试验设备及试品。

在升压过程中，若发现异常情况，应立即停止试验，迅速将电压降至零，断开电源。

试验遇到恶劣气象条件，应评估对人身和设备的影响，必要时应中止试验。

7.3 试验间断和结束

试验人员将电压降至零，断开电源，在电源开关把手挂上“禁止合闸，有人工作”警示牌后，试验人员进入试区，按本标准6.4.2的要求对高压试验设备和试品进行接地放电。此时，才能视为一次高压试验结束或试验间断。试验人员应在试验间断或结束状态更换试品、更改接线或检查试验异常原因。

再一次或恢复试验时，应重新检查试验接线和安全措施。

试验人员离开试验室前，应切断相关电源。对于继续使用的电源，应在电源开关处悬挂“有人工作，不得拉闸！”警示牌。

8 其他安全措施

8.1 试品起吊和搬运

试品起吊除应严格执行起重操作规程和要求外，试品起吊和搬运时还应做到：

a) 起吊、搬运大型试品或精密试验设备应事先制定安全技术措施，由专人负责指挥，参加工作的人员应熟悉起吊搬运方案和安全措施。起吊现场作业人员应戴安全帽。

b) 起吊工作开始前，应检查工具、机具及绳索质量是否良好，不符合要求者严禁使用。

c) 起重试品应绑牢，起吊点应在被吊物品的垂直上方。起吊重物稍一离地/支持物，应再次检查悬吊及捆绑情况，确认可靠及吊绳不会损坏试品后方准继续起吊。

d) 工作人员不得随起吊物升降。起重机正在吊物时，任何人员不得在吊物下停留或行走。

8.2 高处作业

凡离地面2 m以上的地点进行工作都应视作高处作业。担任高处作业的人员应身体健康。患有精神病、癫痫病、高血压、心脏病等人员不应从事高处作业。

高处作业前，应检查栏杆、梯子、安全带是否牢固可靠，人字梯须具有坚固的绞链和限制开度的拉绳。高处作业时，应正确使用安全防护用具，或采取其他可靠的安全措施。工具、材料不得抛扔传递，应用绳索吊送。

高压试验室内的高空作业车应由经过培训考试合格的专人操作。在试验加压期间，不应开动高空作业车。

8.3 消防与防护

高压试验室的消防设施应符合消防规定要求，应设置灭火设施和灭火器。遇有电气设备着火时，试验人员应迅速切断电源，立即进行救火。

对有剧毒、易燃、易爆的试验用药品和试剂应根据有关规定储放，并由专人负责保管。对接触有害物质的试验应制定专门的防护措施。

试验室的安全工器具和起重机械设备应按规定作预防性试验。

ICS 17.220.20
N 22

中华人民共和国国家标准

GB/T 26862—2011

电力系统同步相量测量装置检测规范

Test specification for synchrophasor measurement unit for power systems

2011-07-29 发布　　　　2011-12-01 实施

中华人民共和国国家质量监督检验检疫总局
中国国家标准化管理委员会　发布

前　言

本标准按照 GB/T 1.1—2009 给出的规则起草。

本标准由中国电力企业联合会提出。

本标准由全国电力系统管理及其信息交换标准化技术委员会(SAC/TC 82)归口。

本标准起草单位:中国电力科学研究院、北京国电华北电力工程有限公司(华北电力设计院)、国网电力科学研究院、国家电力调度通信中心、国电南瑞科技股份有限公司、北京四方继保自动化股份有限公司。

本标准主要起草人:周泽昕、张道农、于跃海、张晓莉、陆天健、周济、徐石明、胡炯、熊敏、詹荣荣。

电力系统同步相量测量装置检测规范

1 范围

本标准规定了电力系统同步相量测量装置检测项目、检测方法、检测结果的判定方法。

本标准适用于电力系统同步相量测量装置的检验,可作为产品的研制、生产、检验和现场测试的依据。

2 规范性引用文件

下列文件对于本文件的应用是必不可少的。凡是注日期的引用文件,仅注日期的版本适用于本文件。凡是不注日期的引用文件,其最新版(包括所有的修改单)适用于本文件。

GB/T 7261—2008 继电保护和安全自动装置基本试验方法

GB/T 13729—2002 远动终端设备

GB/T 17626.2 电磁兼容 试验和测量技术 静电放电抗扰度试验(IEC 61000-4-2:2001,IDT)

GB/T 17626.3 电磁兼容 试验和测量技术 射频电磁场辐射抗扰度试验(IEC 61000-4-3:2002,IDT)

GB/T 17626.4 电磁兼容 试验和测量技术 电快速瞬变脉冲群抗扰度试验(IEC 61000-4-4:2004,IDT)

GB/T 17626.5 电磁兼容 试验和测量技术 浪涌(冲击)抗扰度试验(IEC 61000-4-5:2005,IDT)

GB/T 17626.8 电磁兼容 试验和测量技术 工频磁场抗扰度试验(IEC 61000-4-8:2001,IDT)

GB/T 17626.10 电磁兼容 试验和测量技术 阻尼振荡磁场抗扰度试验(IEC 61000-4-10:1993,IDT)

GB/T 17626.12 电磁兼容 试验和测量技术 振荡波抗扰度试验(IEC 61000-4-12:1995,IDT)

GB/T 19520.12—2009 电子设备机械结构 482.6 mm (19 in)系列机械结构尺寸 第3-101部分:插箱及其插件(IEC 60297-3-101:2004,IDT)

GB/T 26865.2 电力系统实时动态监测系统 第2部分:数据传输协议

GB/T 22386—2008 电力系统暂态数据交换通用格式(IEC 60255-24:2001,IDT)

IEEE Std C37.118—2005 电力系统同步相量标准(Standard for synchrophasors for power systems)

3 检验项目及要求

3.1 试验的大气条件

a) 环境温度:+15 ℃～+35 ℃;

b) 相对湿度:45%～75%;

c) 大气压力:86 kPa～106 kPa。

3.2 外观结构检查

装置的外观结构应符合 GB/T 19520.12—2009 所规定的要求。

3.3 同步相量测量装置的功能及性能试验

3.3.1 零漂检查

a) 装置各交流回路不加任何激励量(交流电压回路短路、交流电流回路开路),人工启动采样录波;

b) 交流二次电压回路的零漂值应小于 0.05 V,交流二次电流回路的零漂值应小于 0.05 A。

3.3.2 交流电压幅值测量误差测试

将装置各三相电压回路加入频率 50 Hz、无谐波分量、对称三相测试信号,检查装置输出的三相电压和正序电压幅值。测试电压范围 0.1 U_n～2.0 U_n(U_n 指 PT 二次额定电压,下同),电压幅值测量误差应不大于 0.2%。电压幅值测量误差的计算公式为:

$$电压幅值测量误差=\left|\frac{幅值测量值-实际幅值}{电压基准值}\right|\times 100\% \quad \cdots\cdots(1)$$

注:相电压幅值的基准值为 1.2 倍的额定电压值,即 70 V。

3.3.3 交流电流幅值测量误差测试

将装置各三相电流回路加入频率 50 Hz、无谐波分量、对称三相测试信号,检查装置输出的三相电流和正序电流幅值。测试电流范围 0.1 I_n～2.0 I_n(I_n 指 CT 二次额定电流,下同),电流幅值测量误差应不大于 0.2%。电流幅值测量误差的计算公式为:

$$电流幅值测量误差=\left|\frac{幅值测量值-实际幅值}{电流基准值}\right|\times 100\% \quad \cdots\cdots(2)$$

注:相电流幅值的基准值为 1.2 倍的额定电流值,即 1.2 A(额定 1 A)或 6 A(额定 5 A)。

3.3.4 交流电压电流相角误差测试

将装置各三相电流和电压回路加入 50 Hz、无谐波分量、对称三相测试信号,检查装置输出的三相电压、电流相角和正序电压、电流相角。装置的电压相位误差应满足表 1 的要求;电流相位误差测试应在额定电压测试条件下进行,电流相位误差应满足表 2 的要求。

表 1 基波电压相量的误差要求

输入电压	0.1 $U_n \leqslant U < 0.5 U_n$	0.5 $U_n \leqslant U < 1.2 U_n$	1.2 $U_n \leqslant U < 2 U_n$
相角测量误差极限	0.5°	0.2°	0.5°
注:U 为电压相量幅值。			

表 2 基波电流相量的误差要求

输入电流	0.1 $I_n \leqslant I < 0.2 I_n$	0.2 $I_n \leqslant I < 0.5 I_n$	0.5 $I_n \leqslant I < 2 I_n$
相角测量误差极限	1°	0.5°	0.5°
注:I 为电流相量幅值。			

3.3.5 频率误差测试

将装置各三相电压回路加入 1.0 U_n、无谐波分量、对称三相测试信号。在 45 Hz～55 Hz 范围内,频率测量误差应不大于 0.002 Hz。

3.3.6 交流电压电流幅值随频率变化的误差测试

将装置各三相电流和电压回路加入 1.0 I_n 和 1.0 U_n、无谐波分量、对称三相测试信号。频率范围 45 Hz～55 Hz。检查装置输出的三相电压、电流和正序电压、电流的幅值。

基波频率偏离额定值 1 Hz 时，电压、电流测量误差改变量应小于额定频率时测量误差极限值的 50%；基波频率偏离额定值 5 Hz 时，电压、电流测量误差改变量应小于额定频率时测量误差极限值的 100%。

3.3.7 交流电压电流相角随频率变化的误差测试

将装置各三相电压和电流回路端子加入 1.0 U_n 和 1.0 I_n、无谐波分量、对称三相测试信号。信号频率的变化范围为 45 Hz～55 Hz。检查装置输出的三相电压、电流及正序电压和正序电流的相位。

基波频率偏离额定值 1 Hz 时，相角测量误差改变量应不大于 0.5°；基波频率偏离额定值 5 Hz 时，相角测量误差改变量应不大于 1°。

3.3.8 电压幅值不平衡的测试

将装置各三相电压回路加入 1.0 U_n、50 Hz、无谐波分量、相位对称三相测试信号。C 相电压幅值变化范围为 0.8 U_n～1.2 U_n，检查装置输出的三相电压和正序电压的幅值和相位。电压幅值测量误差应不大于 0.2%，相角误差应不大于 0.2°。

3.3.9 电压相位不平衡的测试

将装置各三相电压回路加入 1.0 U_n、50 Hz、无谐波分量、三相测试信号。保持 A 相电压相位 0°、B 相电压－120°。C 相电压相角变化范围为 120°～300°，检查装置输出的三相电压和正序电压的幅值和相位。电压幅值测量误差应不大于 0.2%，相角误差应不大于 0.2°。

3.3.10 电流幅值不平衡的测试

将装置各三相电压、电流回路加入 1.0 U_n、1.0 I_n、50 Hz、无谐波分量、相位对称三相测试信号。A 相电流幅值变化范围为 0.8 I_n～1.2 I_n，检查装置输出的三相电流和正序电流的幅值和相位。电流幅值测量误差应不大于 0.2%，相角误差应不大于 0.5°。

3.3.11 电流相位不平衡的测试

将装置各三相电压、电流回路加入 1.0 U_n、1.0 I_n、50 Hz、无谐波分量、相位对称三相测试信号。保持 A 相电流相位 0°、B 相电流－120°，C 相电流相角变化范围为 120°～300°，检查装置输出的三相电流和正序电流的幅值和相位。电流幅值测量误差应不大于 0.2%，相角误差应不大于 0.5°。

3.3.12 谐波影响测试

输入装置额定三相电压，信号基波频率分别为 49.5 Hz、50 Hz 和 50.5 Hz，在基波电压上叠加幅值为 20% 的 2 次谐波至 13 次谐波。测量误差为实际测量值与基波(无失真)之差，幅值和角度的测量误差的改变量应不大于 100%。

3.3.13 幅值调制

输入装置额定三相对称电压，基波频率分别为 49.5 Hz、50 Hz 和 50.5 Hz。幅值调制量为 10% U_n，调制频率范围 0.1 Hz～4.5 Hz。波谷、波峰时刻的基波幅值测量值误差应不大于 0.2%，相角误差应不大于0.5°。

3.3.14 **频率调制**

输入装置额定三相对称电压，基波频率分别为49.5 Hz、50 Hz和50.5 Hz。调制周期分别为：10 s、5 s、2.5 s、1 s、0.5 s，调制信号的幅度为0.5 Hz。频率的测量误差应不大于0.002 Hz。

3.3.15 **有功及无功功率误差测试**

将装置三相电压和电流回路加入1.0 U_n 和1.0 I_n，改变功率因数角分别为0°、30°、60°、90°，装置在49 Hz～51 Hz频率范围内，有功功率和无功功率的测量误差应不大于0.5%。功率测量误差的计算公式为：

$$\text{功率测量误差}=\left|\frac{\text{功率测量值}-\text{实际功率值}}{\text{功率基准值}}\right|\times 100\% \quad \cdots\cdots\cdots\cdots\cdots\cdots(3)$$

注：功率基准值为电压基准值与电流基准值乘积的3倍。

3.3.16 **实时记录功能检查**

动态数据应能准确可靠地进行本地储存。装置运行1 min后应能正确记录动态数据。时间同步异常、装置异常等情况下应能够正确建立事件标识。

3.3.17 **采样数据记录功能检查**

3.3.17.1 **触发启动采样数据记录试验**

在下列情况下，装置应启动采样数据记录并建立事件标识：

a) 频率越限：高频率越限整定为50.5 Hz，低频率越限整定为49.5 Hz；
b) 正序电压越上限：正序电压启动的整定值为110% U_n；
c) 正序电流越上限：正序电流启动的整定值设为110% I_n；
d) 负序电压越限：负序电压启动的整定值为3% U_n；
e) 负序电流越限：负序电流越限的整定值设为10% I_n；
f) 零序电压越限：零序电压启动的整定值为2% U_n；
g) 零序电流越限：零序电流启动的整定值为10% I_n；
h) 相电压越上限：相电压越限的整定值设为110% U_n；
i) 相电流越上限：相电流越限的整定值设为110% I_n；
j) 正序电压越下限：正序电压越下限的整定值为90% U_n；
k) 相电压越下限：相电压越下限的整定值为90% U_n；
l) 有功功率振荡越限：振荡频率为0.1Hz～2.5 Hz。

3.3.17.2 **采样数据记录**

a) 记录时间：记录触发的时间提前量应不少于200 ms，记录持续时间应不少于2 s；
b) 记录速率：在记录时间内，应等于装置的采样速率；
c) 记录格式：应遵照GB/T 22386—2008的规定。

3.3.18 **发电机内电势及功角误差测试**

a) 向装置输入发电机额定机端电压、模拟转子键相脉冲信号(信号幅度5 V～24 V，与机端电压同频率，相位可控)；
b) 使装置输入的发电机机端电压与模拟转子键相脉冲信号的相位为0°～360°的四个象限内任取

1个角度值，校核发电机初始功角值，装置在确认初始功角后，功角显示值应在±0.2°以内；

c) 向装置三相电流回路加入1.0 I_n，改变机端电压与模拟转子键相脉冲信号之间的夹角使其分别为0°，30°，60°，90°，检查发电机功角及内电势相角的测量精度。在48 Hz～52 Hz频率范围内，装置的发电机功角及内电势相角测量误差应小于1°。

3.3.19 双通道双频率误差测试

将装置一组三相电压回路加入1.0 U_n、49 Hz的电压信号，另一组三相电压回路加入1.0 U_n、51 Hz的电压信号，测试幅值误差、相角误差和频率误差。电压幅值测量误差应不大于0.3%，相角误差应不大于0.5°，频率的测量误差应不大于0.002 Hz。

3.3.20 10%幅值阶跃响应测试

将装置三相电压或电流回路加入1.0 U_n或1.0 I_n、无谐波分量、对称三相测试信号。以额定幅值的10%阶跃变化，装置输出相量幅值的跃变时刻(达到阶跃量的90%)的延时应不超过30 ms。

3.3.21 90°相位角阶跃响应测试

将装置三相电压或电流回路加入1.0 U_n或1.0 I_n、无谐波分量、对称三相测试信号。任意起始相位角，先保持恒定，然后突变90°。装置输出相角的跃变时刻(达到突变量的90%)的延时应不超过30 ms。

3.3.22 频率阶跃响应测试

输入额定频率，先保持恒定，然后突变0.5 Hz。装置输出频率的跃变时刻(达到突变量的90%)的延时应不超过60 ms。

3.4 记录数据的安全性检查

a) 不应因直流电源中断、快速或缓慢波动及跌落丢失已记录的动态数据；不应因外部访问而删除动态记录数据；不提供人工删除和修改动态记录数据的功能；
b) 按任意一个开关或按键，不应丢失或抹去已记录的信息；
c) 装置连续通电14 d，不定时加模拟量，要求装置能可靠保存数据；
d) 卫星同步与卫星失步相互切换时，装置应能可靠记录动态数据，并保证记录数据时标的正确性。

3.5 数据的输出及传送功能检查

3.5.1 记录数据输出的方式检查

a) 有三相电压、电流相量显示；
b) 有幅值、相角、频率、有功、无功、发电机功角的数字显示；
c) 有通讯通道状态、触发信息、时钟状态信息和报警信息的显示；
d) 有开关量的显示。

3.5.2 数据传送功能的检查

a) 装置能响应主站召唤传送记录数据；
b) 装置能实现远方修改定值及有关参数；
c) 能实现远方启动采样数据记录；
d) 断开同步相量测量装置的以太网连接，应正确报出通讯中断。

3.6 装置通信

3.6.1 检测方法

a) 利用模拟主站通信软件对同步相量测量装置进行通信检测。运行模拟主站通信软件的计算机与装置通过以太网连接；

b) 对于汇集多个同步相量测量装置数据的通信装置(简称汇集装置)，其装置通信的检测要求与对同步相量测量装置的检测要求相同。

3.6.2 配置要求

a) 被检测装置的 CFG-1 文件应包含至少 16 个相量、8 个模拟量和 8 个开关量；

b) 被检测汇集装置应接入至少 2 个同步相量测量装置，CFG-1 文件中对应的每个同步相量测量装置的配置信息应包含至少 16 个相量、8 个模拟量和 8 个开关量。在出厂试验时可按实际工程需要配置；

c) 被检测装置的最高传输速率为 100 帧/s；

d) 被检测装置的数据命名应符合 GB/T 26865.2—2011 中附录 E 的规定。

3.6.3 检测项目(GB/T 26865.2 确认)

3.6.3.1 初始化过程检测

a) 装置在结束与主站的通信过程后，重新进入下一次数据服务准备完毕状态，为一次通信初始化过程。通信初始化过程的时间不应长于 5 s；

b) 主站模拟通信软件在结束与装置的通信后，重新发起连接请求，装置应在 5 s 内成功响应主站的连接请求。

3.6.3.2 实时通信流程与报文格式检测

a) 对报文格式的检查标准见 GB/T 26865.2—2011 第 3 章；

b) 对通信流程的检查标准见 GB/T 26865.2—2011 附录 A。

3.6.3.3 实时数据传输速率整定检测

a) 主站模拟通信软件通过改变 CFG-2 文件的“传送周期”字段(GB/T 26865.2—2011 表 6)，要求装置按照不同速率传输实时数据报文，被检测装置应按照要求速率传输实时数据报文；

b) 测试速率需包含 100、50、25 和 10 帧/s 等几种情况。

3.6.3.4 离线数据通信流程与报文格式检测

a) 对报文格式的检查标准见 GB/T 26865.2(数据传输协议)第 4 章；

b) 对通信流程的检查标准见 GB/T 26865.2(数据传输协议)附录 C。

3.6.3.5 离线数据通信流量控制功能检测

主站模拟通信软件通过改变传输命令帧的“帧长控制字”和“流量控制字”(GB/T 26865.2(数据传输协议)表 20)，要求按照不同速率传输离线数据文件；被检测装置应按照要求速率传输离线数据文件。

3.6.3.6 报文传输稳定性与丢包率检测

主站模拟通信软件连续接收 1 min 的实时数据，对报文传输间隔和延时进行统计分析。

a) 实时数据报文到达主站模拟通信软件所在计算机的时间间隔应一致；

b) 报文上送延时不大于 50 ms；

c) 对报文丢失、时标重复、时标错序等错误进行计数，错误数量与应收报文数量之比为丢包率，丢包率应为 0。

3.6.3.7 状态字正确性检测

通过试验方法，使装置产生“数据不可用”、“装置异常”、“同步异常”和“触发标志”等状态字置位，状态字定义见 GB/T 26865.2(数据传输协议)表 4，检验状态字置位的正确性。

3.6.3.8 数据一致性检测

给装置加入三相电压和电流测试信号，主站模拟通信软件记录完整 1 min 的实时数据报文，与装置产生的相同时间段离线数据文件进行数据比较，相同时间断面的数据数值应完全一致。

3.6.3.9 否定性检测

a) 主站模拟通信软件向装置发送格式错误的命令报文，装置需返回“否定确认”命令，不应有其他行为。错误报文格式包括“错误的同步字”、“错误的校验字”、“错误的 IDCODE”和“未定义的命令编号”等；

b) 主站模拟通信软件向装置发送格式错误的 CFG-2 文件，装置需返回“否定确认”命令，不应有其他行为。错误报文格式包括“错误的同步字”、“错误的校验字”、“错误的 IDCODE”、“与 CFG-1 配置项不符”等。

3.6.3.10 多主站通信检测

在多台计算机运行主站模拟通信软件，以不同速率或不同 CFG-2 对装置执行 3.6.3.6 检测项目。

3.7 时钟同步守时性能检测

当授时信号失步或异常时，装置应能维持正常工作。要求在失去同步时钟信号 60 min 以内装置的相角测量误差的增量不大于 1°(对应于 55 μs)，要求装置能建立事件标识。

3.8 动模试验

3.8.1 试验系统模型

推荐采用的模拟系统为 500 kV 双侧电源系统，动模试验系统接线图见图 1。

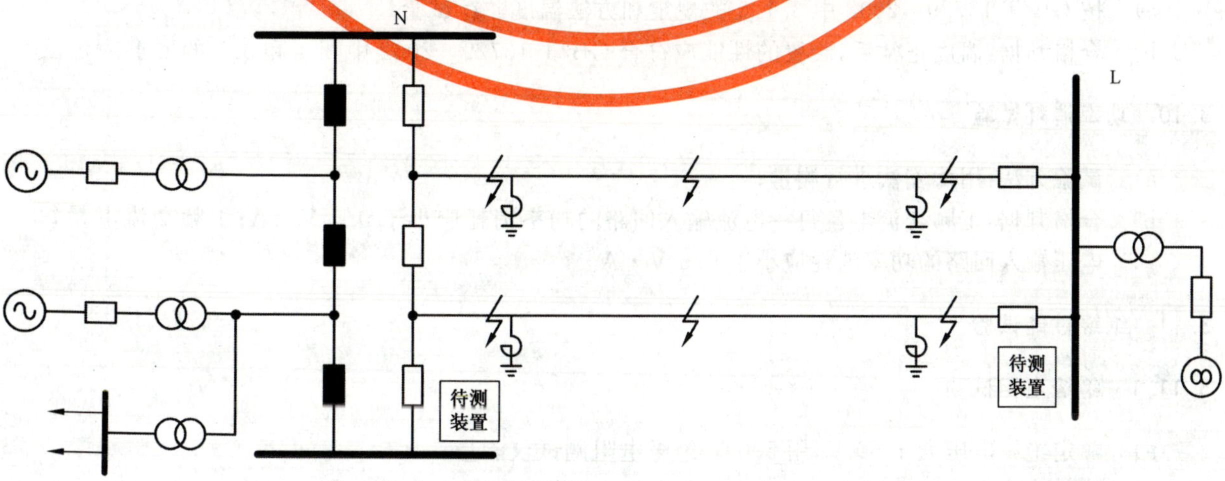

图 1 动模试验系统接线图

3.8.2 试验项目

a) 系统操作:分别模拟图1中切除发电机组、切除线路、切除负荷的情况,在达到启动定值时装置应能启动采样数据记录,记录数据应能正确反映试验情况;
b) 系统故障:模拟图1中Ⅰ回线发生单相接地、两相接地、两相短路、三相短路金属性瞬时故障、单相永久性故障及多条线路的连续故障,装置应能启动采样数据记录,记录数据应能正确反映试验情况;
c) 低频振荡:模拟系统发生低频振荡(振荡周期为0.1 Hz~2.5 Hz,振荡持续时间为5 min),装置应能够建立低频振荡事件标识,记录数据应能正确反映试验情况;
d) 上述试验时,装置应通讯正常。

3.9 环境试验

3.9.1 低温试验

a) 按GB/T 13729—2002中3.1.1正常工作大气条件、4.3中的规定和方法;
b) 试验温度:-5 ℃,持续时间:达到试验温度后2 h;
c) 合格判据:在低温下进行幅值、绝对相角测试,装置幅值测量误差的改变量应不大于50%,相角的误差改变量应小于1°。

3.9.2 高温试验

a) 按GB/T 13729—2002中3.1.1正常工作大气条件、4.4中的规定和方法;
b) 试验温度:+45 ℃,持续时间:达到试验温度后2 h;
c) 合格判据:在高温下进行幅值、绝对相角测试,装置幅值测量误差的改变量应不大于50%,相角的误差改变量应小于1°。

3.9.3 湿热试验

a) 按GB/T 13729—2002中4.5的规定和方法进行湿热试验;
b) 合格判据:装置应符合GB/T 13729—2002的3.6.1中b)的要求。

3.9.4 温度贮存试验

a) 按GB/T 13729—2002中3.1.3的规定和方法温度贮存试验;
b) 合格判据:温度正常后,装置的性能应符合GB/T 13729—2002中3.4和3.5的要求。

3.10 功率消耗试验

a) 试验方法:用伏安法进行测量;
b) 合格判据:工频交流电量每一电流输入回路的功率消耗应小于0.5 V·A;工频交流电量每一电压输入回路的功率消耗应小于0.5 V·A。

3.11 绝缘性能试验

3.11.1 绝缘电阻试验

a) 额定绝缘电压大于60 V,用500 V绝缘电阻测试仪测量;
b) 额定绝缘电压不大于60 V,用250 V绝缘电阻测试仪测量;
c) 施加电压时间不小于5 s;

d) 合格判据：绝缘电阻值应不低于 5 MΩ。

3.11.2 介质强度试验

介质强度按 GB/T 13729—2002 中 4.5 规定的介质强度的要求见表 3。

表 3 介质强度的要求

额定绝缘电压 U	试验电压有效值
$U \leqslant 60$ V	500 V
60 V $< U \leqslant$ 125 V	1 000 V
125 V $< U \leqslant$ 250 V	1 500 V
注：与二次设备及外部回路直接连接的接口回路试验电压采用 125 V $< U \leqslant$ 250 V 的要求。	

a) 试验电压从零起始，在 5 s 内逐渐升到规定值并保持 1 min，随后迅速平滑地降到零值，测试完毕断电后用接地线对被试品进行安全放电；

b) 合格判据：装置不应发生击穿和闪络现象。试验后，交流电量的测量误差应满足 3.3 的要求。

3.11.3 冲击电压试验

a) 在正常试验大气条件下设备的电源输入回路、交流信号输入回路、信号输出触点等各回路对地、以及回路之间，应能承受 1.2/50 μs 的标准雷电波的短时冲击电压试验，对被试回路进行 3 个正脉冲、3 个负脉冲试验，脉冲间隔时间不小于 5 s；

b) 当额定绝缘电压大于 60 V 时，开路试验电压为 5 kV；

c) 当额定绝缘电压不大于 60 V 时，开路试验电压为 1 kV；

d) 合格判据：装置应无绝缘和器件损坏，冲击试验后，交流电量的测量误差应满足 3.3 的要求。

3.12 热稳定试验

a) 交流电流回路：1.2 倍额定电流，应连续工作；20 倍额定电流，允许时间为 1 s；

b) 交流电压回路：1.2 倍额定电压，应连续工作；1.4 倍额定电压，允许 10 s；2 倍额定电压，允许 1 s；

c) 合格判据：装置经受过载后，应无绝缘损坏，无液化、碳化或烧焦等；对装置进行介质强度试验应满足 3.11.2 的规定，装置应能正常工作。

3.13 动稳定试验

a) 动稳定极限值由该装置的企业标准规定，若该装置的企业标准未做规定则按 250 A/10 ms 的动稳定极限值进行试验；

b) 装置经动稳定试验后线圈、元件及结构等无永久机械变形，装置应能正常工作。

3.14 直流电源波动影响试验

a) 根据装置技术条件的规定，分别将直流电源电压为 80%～115%的额定电压值加于被试装置；在该变化范围内装置应能可靠工作，性能和参数应符合 3.3 的要求；

b) 在接通、断开直流电源，直流电源缓慢上升至 115%的额定电压值或缓慢下降至 80%的额定电压值时，装置均不应误发信号，当直流电源恢复正常后，装置应能自动恢复正常工作。

3.15 抗电磁干扰试验

3.15.1 辐射电磁场抗扰度试验

a) 按 GB/T 17626.3 的规定和方法进行辐射电磁场干扰试验;
b) 严酷等级:3 级;
c) 试验点为:整个装置;
d) 合格判据:在规定的频率范围内选取若干频率点施加辐射电磁场干扰,装置应能正常工作,其测量精度及性能应满足表 4 和表 5 的要求。

表 4 合格评定准则 1

影响量	误差允许改变量 (以等级指数百分数表示)
外部磁场	100%
振荡波抗扰度	200%
电快速瞬变脉冲群抗扰度	200%
浪涌(冲击)抗扰度	200%
静电放电抗扰度	200%

表 5 合格评定准则 2

功能	合格评定准则
命令和控制	在规定的限值内正常工作
测量与记录	试验期间性能暂时下降符合表 4 要求,试验后自行恢复,存储数据无丢失
人机接口及报警	试验期间正常工作
数据通信	试验期间正常工作
时钟同步	试验期间正常工作

3.15.2 电快速瞬变脉冲群抗扰度试验

a) 按 GB/T 17626.4 的规定和方法进行电快速瞬变脉冲群抗扰度;
b) 严酷等级:3 级;
c) 试验回路为:装置的交流电压、交流电流、开关量输入、电源及数据通信;
d) 合格判据:在施加干扰的情况下,装置应能正常工作,其测量精度及性能应满足表 4 和表 5 的要求。

3.15.3 振荡波抗扰度试验

a) 按 GB/T 17626.12 的规定和方法进行 1 MHz 和 100 kHz 的脉冲群干扰试验;
b) 严酷等级:3 级;
c) 试验回路为:装置的交流电压、交流电流、开关量输入、电源;
d) 合格判据:在施加干扰的情况下,装置应能正常工作,其测量精度及性能应满足表 4 和表 5 的要求。

3.15.4 静电放电抗扰度试验

a) 按 GB/T 17626.2 的规定和方法进行静电放电试验；
b) 严酷等级:3 级；
c) 试验点为:整个装置人体可触及的部位；
d) 合格判据:在静电放电的情况下,装置应能正常工作,其测量精度及性能应满足表 4 和表 5 的要求。

3.15.5 浪涌(冲击)抗扰度试验

a) 按 GB/T 17626.5 的规定和方法进行浪涌(冲击)抗扰度试验；
b) 严酷等级:3 级；
c) 试验回路为:装置的交流电压、交流电流、电源；
d) 合格判据:在施加干扰的情况下,装置应能正常工作,其测量精度及性能应满足表 4 和表 5 的要求。

3.15.6 工频磁场抗扰度试验

a) 按 GB/T 17626.8 的规定和方法进行工频磁场抗扰度试验；
b) 严酷等级:5 级；
c) 试验点为:整个装置；
d) 合格判据:在施加干扰的情况下,装置应能正常工作,其测量精度及性能应满足表 4 和表 5 的要求。

3.15.7 阻尼振荡磁场抗扰度试验

a) 按 GB/T 17626.10 的规定和方法进行阻尼振荡磁场抗扰度试验；
b) 严酷等级:3 级；
c) 试验点为:整个装置；
d) 合格判据:在施加干扰的情况下,装置应能正常工作,其测量精度及性能应满足表 4 和表 5 的要求。

3.16 机械性能试验

3.16.1 振动试验

3.16.1.1 振动响应试验

a) 按 GB/T 7261—2008 中第 11 章的规定和方法进行振动响应试验；
b) 严酷等级为 1 级；
c) 合格判据:试验结束后,装置不应发生紧固件松动、机械损坏等现象,性能应满足 3.3 的要求。

3.16.1.2 振动耐久试验

a) 按 GB/T 7261—2008 中第 11 章的规定和方法进行振动耐久试验；
b) 严酷等级为 1 级；
c) 合格判据:试验结束后,装置不应发生紧固件松动、机械损坏等现象,性能应满足 3.3 的要求。

3.16.2 冲击试验

3.16.2.1 冲击响应试验

a) 按 GB/T 7261—2008 中第 11 章的规定和方法进行冲击响应试验；
b) 严酷等级为 1 级；
c) 合格判据：试验结束后，装置不应发生紧固件松动、机械损坏等现象，性能应满足 3.3 的要求。

3.16.2.2 冲击耐久试验

a) 按 GB/T 7261—2008 中第 11 章的规定和方法进行冲击耐久试验；
b) 严酷等级为 1 级；
c) 合格判据：试验结束后，装置不应发生紧固件松动、机械损坏等现象，性能应满足 3.3 的要求。

3.16.3 碰撞试验

a) 按 GB/T 7261—2008 中第 11 章的规定和方法进行碰撞试验；
b) 严酷等级为 1 级；
c) 合格判据：试验结束后，装置不应发生紧固件松动、机械损坏等现象，性能应满足 3.3 的要求。

3.17 连续通电

装置应进行 100 h(常温)或 72 h(+40 ℃)的连续通电试验，装置性能应满足 3.3 的要求。

4 检验规则

产品检验分出厂检验、型式检验和现场试验三种。检验项目按表 6 的规定进行。

表 6 检验项目及要求

序号	检验项目	出厂检验	型式检验	现场试验	备注
1	外观结构检查	√	√	√	
2	功能及基本性能检测试验	√		√	见本标准 3.3.1～3.3.5 3.3.16～3.3.17
3	功能及性能检测试验		√		见本标准 3.3
4	动模试验		√		
5	功率消耗测试		√		
6	低温试验		√		
7	高温试验		√		
8	直流电源电压波动影响试验		√		
9	辐射电磁场抗扰度试验		√		
10	电快速瞬变脉冲群抗扰度试验		√		
11	振荡波抗扰度试验		√		
12	静电放电抗扰度试验		√		
13	浪涌(冲击)抗扰度试验		√		

表 6（续）

序号	检验项目	出厂检验	型式检验	现场试验	备注
14	工频磁场抗扰度试验		√		
15	阻尼振荡磁场抗扰度试验		√		
16	绝缘电阻试验	√	√		
17	介质强度试验	√	√		
18	冲击电压试验		√		
19	湿热试验		√		
20	温度贮存试验		√		
21	热稳定试验	√	√		
22	动稳定试验		√		
23	振动试验		√		
24	冲击试验		√		
25	碰撞试验		√		
26	连续通电	√			

4.1 出厂检验

每台装置出厂前，必须由制造厂的检验部门进行出厂检验。出厂检验在正常试验条件下进行，检验项目按表 6 的规定进行。检验中若有不符合要求的项目，必须消除其不合格原因，全部检验合格后方可出厂。

4.2 型式检验

型式检验应该是制造厂家将装置送交具有资质的检测单位，由检测单位依据试验条目完成检验，并出具型式检验报告。

4.3 现场试验

现场试验是制造厂家或现场运行单位对现场待测装置性能进行测试，装置试验合格后，方可正式投运。

4.3.1 幅值精度测试

幅值比对误差不大于 0.4%，幅值比对测量误差的定义如下：

$$\text{幅值比对测量误差} = \left| \frac{\text{待测装置测量值} - \text{参考装置测量值}}{\text{基准值}} \right| \times 100\% \quad \cdots\cdots\cdots(4)$$

频率比对误差不大于 0.004 Hz，频率比对测量误差的定义如下：

$$\text{频率比对测量误差} = |\text{待测装置频率测量值} - \text{参考装置频率测量值}| \quad \cdots\cdots\cdots(5)$$

4.3.2 相角精度测试

额定电压相角比对测量误差不大于 0.4°，额定电流相角比对测量误差不大于 1°，相角比对测量误差的定义如下：

$$相角比对测量误差 = |待测装置相角测量值 - 参考装置相角测量值| \quad \cdots\cdots\cdots(6)$$

4.3.3 **采样数据记录测试**

同时触发参考装置和待测装置的采样数据记录，打开各自记录的采样数据记录文件，观察波形是否正确一致。

4.3.4 **时钟性能测试**

在卫星同步有效后，断开待测装置的时钟信号，60 min 内比较待测装置和参考装置的相角，要求电压相角比对测量误差不大于 1.4°。

附 录 A
（规范性附录）
现场试验精度测试方法

方法1:标准源法

采用信号源功率因数角的调节精度优于0.1°,电压、电流的精度应优于0.05%的标准源对待测装置测试,其接线示意图如图A.1所示:

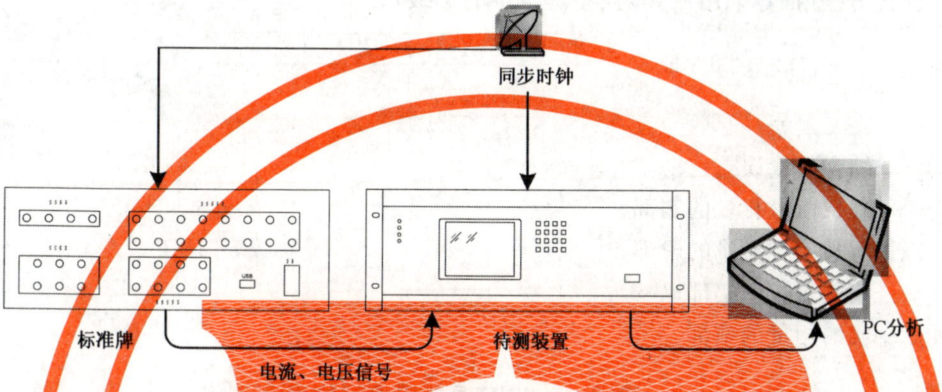

图 A.1 标准源测试平台搭建示意图

采用标准源测试方法时,精度要求同型式检验的相关要求。

方法2:比对法

选择经检验合格的同步相量测量装置作为参考装置。将现场的同一组电压、电流信号同时输出到参考装置和待测装置,通过比较检验待测装置误差。其接线示意图如图A.2所示:

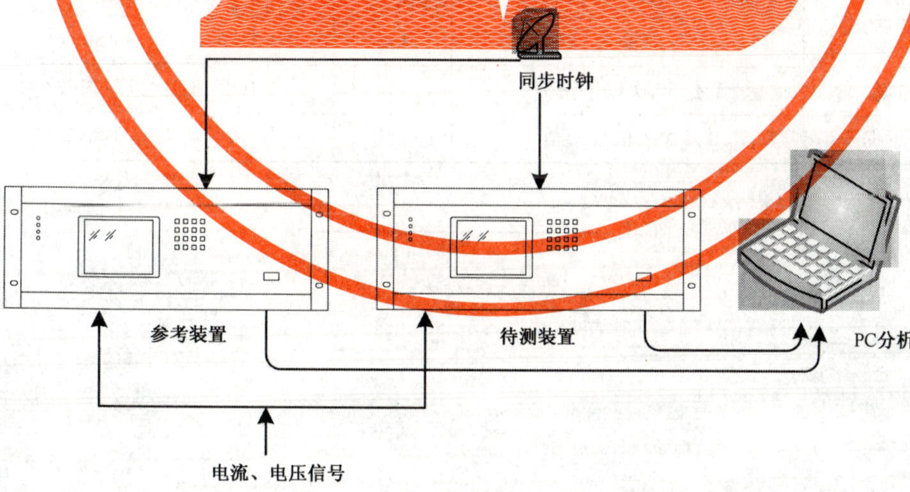

图 A.2 比对测试平台搭建示意图

附 录 B
（资料性附录）
综合矢量误差及测试方法

IEEE Std C37.118—2005提出用综合矢量误差评价同步相量测量装置的测量误差。综合矢量误差计算如公式B1。综合矢量误差同时反映了相量幅值和相位误差，TVE误差等级评价见表B.1。在测试中可以采用本标准正文中规定的幅度误差和相位误差分别评价的方式，也可以采用本附录中的综合矢量误差评价方法（推荐采用TVE误差等级中的1级）。

$$\mathrm{TVE}=\sqrt{\frac{[X_r(t_0)-X_r]^2+[X_i(t_0)-X_i]^2}{X_r^2+X_i^2}} \qquad \text{(B.1)}$$

式中：

TVE ——综合矢量误差；

X_r ——理想信号相量的实部；

X_i ——理想信号相量的虚部；

$X_r(t_0)$——实测相量的实部；

$X_i(t_0)$——实测相量的虚部。

表 B.1 TVE误差等级评价表

物理量	TVE误差等级			
	0级		1级	
	物理量变化范围	TVE	物理量变化范围	TVE
信号频率	49.5Hz～50.5Hz	1%	45Hz～55Hz	1%
信号幅值	（80%～120%）额定值	1%	（10%～120%）额定值	1%
相位	－180°～＋180°	1%	－180°～＋180°	1%
谐波叠加量	1%，50次以下谐波	1%	10%，50次以下谐波	1%
带外频率数据	1%输入信号幅值	1%	10%输入信号幅值	1%

ICS 01.040.29
F 22

中华人民共和国国家标准

GB/T 26863—2011

火电站监控系统术语

Terminology of monitoring and control system of thermal power station

2011-07-29 发布　　2011-12-01 实施

中华人民共和国国家质量监督检验检疫总局
中国国家标准化管理委员会　发布

前　言

本标准按照 GB/T 1.1—2009 给出的规则起草。

本标准由中国电力企业联合会提出。

本标准由全国电站过程监控及信息标准化技术委员会(SAC/TC 376)归口。

本标准起草单位:西南电力设计院、北方联合电力有限责任公司。

本标准主要起草人：张晋宾、周四维、侯云浩、苑媛。

火电站监控系统术语

1 范围

本标准规定了火电站监控系统内的测量、仪表与控制元件、检测、监视功能及系统、控制功能及系统、保护功能及系统、计算机控制系统、厂级信息系统、可靠性等方面的术语。

本标准适用于常规火电站、核电站常规岛。

火电站监控系统的文件、图纸、科技文献使用的术语应符合本标准的规定。本标准未纳入的与火电站监控系统相关的术语，应符合国家有关术语标准的规定。

2 规范性引用文件

下列文件对于本文件的应用是必不可少的。凡是注日期的引用文件，仅注日期的版本适用于本文件。凡是不注日期的引用文件，其最新版本(包括所有的修改单)适用于本文件。

GB/T 2900.35—2008 电工术语 爆炸性环境用设备

GB/T 2900.46—1983 电工名词术语 汽轮机及其附属装置

GB/T 2900.48—2008 电工名词术语 锅炉

GB/T 2900.56—2008 电工术语 控制技术

GB 3836.1—2000 爆炸性气体环境用电气设备 第1部分：通用要求

GB 4208—2008 外壳防护等级(IP代码)

GB/T 4365—2003 电工术语 电磁兼容

GB/T 5271.1—2000 信息技术 词汇 第1部分：基本术语

GB/T 5271.28—2001 信息技术 词汇 第28部分：人工智能 基本概念与专家系统

GB/T 11457—2006 信息技术 软件工程术语

GB/T 13983—1992 仪器仪表基本术语

GB/T 17212—1998 工业过程测量和控制 术语和定义

GB/T 17626(所有部分) 电磁兼容 试验和测量技术

GB/T 20438.1—2006 电气/电子/可编程电子安全相关系统的功能安全 第1部分：一般要求

GB/T 20540.5—2006 测量和控制数字数据通信 工业控制系统用现场总线 类型3：PROFIBUS 规范 第5部分：应用层服务定义

IEC 61158(所有部分) 测量和控制数字数据通讯-工业控制系统用现场总线(Digital data communications for measurement and control—Fieldbus for use in industrial control systems)

3 术语和定义

下列术语和定义适用于本文件。

3.1

发电 generation of electricity;power generation

从其他形式的能量获取电能的过程。

3.2

发电站 power station;electrical generating station

发电厂 power plant

用于发电功用的设施，通常包括建构筑物、能量转换设备和全部必需的辅助设备。

3.3

火电站　thermal power station

火电厂　thermal power plant

通过热能转换而发电的发电站(厂)。

3.4

常规火电站　conventional thermal power station

常规火电厂　conventional thermal power plant

由煤或碳氢化合物的燃烧获得热能的火电站(厂)。

3.5

核电站　nuclear power station;nuclear thermal power station

核电厂　nuclear power plant

由核反应获得热能的火电站(厂)。

3.6

核电站常规岛　conventional island in nuclear power station

核电站通常分为核岛和常规岛两部分。在核岛反应堆堆芯内核能被转化为热能,常规岛再将来自核岛的热能转化为电能。常规岛主要包括蒸汽轮发电机组、汽-水循环、冷却水系统、常规岛范围内的仪表与控制和电气系统等。

3.7

监视　monitoring;supervision

观察系统或系统一部分的工作,以确认正确的运行和检出不正确的运行。它是通过每隔一定间隔时间,对所选定的值进行与所规定的值、值的范围或开关状态的符合性检查而完成的。

3.8

控制　control

为实现所规定的目标,对过程或在过程中所施加的有目的的动作。

注:除控制作用本身外,控制可包括监视和安全保护。

3.9

监控　monitoring and control

对生产过程的监视和控制。需要时,还包括保证可靠生产的安全保护操作。

3.10

系统　system

在规定的含意上看成是一个整体并与其环境分开的相互关联的元件的集合。

3.11

监控系统　monitoring and control system

由被监控系统、施加监控的系统、测量/监控元件和相关传感元件组成的系统。

4　测量、仪表与执行元件

4.1　特性

4.1.1

被测量　measurand;measured quantity;quantity to be measured

受到测量的量。

[GB/T 13983—1992,3.7]

4.1.2

被测变量　measured variable

受到测量的变量、特性或状态。

4.1.3

被测值　measured value

由测量装置在规定条件下的某个指定瞬间获取的信息得出，并以数值和计量单位形式表示的量值。

4.1.4

输入变量　input variable

输入到仪器仪表或控制装置的变量。

4.1.5

输出变量　output variable

由仪器仪表或控制装置输出的变量。

4.1.6

被控变量　controlled variable

被调量

被控制量

受一个或多个操纵变量作用的被控系统的输出变量。

4.1.7

参比变量　reference variable

由命令变量导出，输送给主控系统的比较元件，以设定被控变量期望值的输入变量。

[GB/T 2900.56—2008,351-27-02]

4.1.8

反馈变量　feedback variable

代表被控变量并返回到比较元件的变量。

[GB/T 2900.56—2008,351-27-03]

4.1.9

偏差变量　error variable

参比变量与反馈变量之差。

[GB/T 2900.56—2008,351-27-04]

4.1.10

稳态偏差变量　steady-state error variable

稳态时的偏差变量。

[GB/T 2900.56—2008,351-27-05]

4.1.11

控制器输出变量　controller output variable

由偏差变量导出的控制器输出变量，它也是执行机构的输入变量。

[GB/T 2900.56—2008,351-27-06]

4.1.12

操纵变量　manipulated variable

控制量

调节量

施控系统的输出变量，即被控系统的输入变量。

4.1.13

扰动变量 disturbance variable

自外界作用于系统上的非期望、独立且通常难以预料的输入变量。

[GB/T 2900.56—2008,351-27-08]

4.1.14

命令变量 command variable

不受控制影响,而是从外界引入控制系统。旨在使最终被控变量按给定关系跟随其变化的变量。

[GB/T 2900.56—2008,351-27-09]

4.1.15

最终被控变量 final controlled variable

应受控制影响的变量或变量的组合。

注:最终被控变量是来源于控制任务的变量。它功能上必须与被控变量连接,但不必是控制回路的一部分。与此相反,被控变量总是属于控制回路。在授权时,区分被控变量和最终被控变量是有益的。

[GB/T 2900.56—2008,351-27-10]

4.1.16

范围 range

被研究量的上、下限所限定的数值区间。

注:"范围"通常加修饰语。例如测量范围、标度范围。它可适用于被测量或工作条件等。

4.1.17

测量范围 measuring range

按规定准(精)确度进行测量的,由被测量的两个值确定的区间。

注:一个仪表可有几个测量范围。

4.1.18

测量范围下限值 measuring range lower limit

仪表或装置能够调整到,并按规定准(精)确度进行测量的被测量的最低值。

4.1.19

测量范围上限值 measuring range higher limit

仪表或装置能够调整到,并按规定准(精)确度进行测量的被测量的最高值。

4.1.20

量程 span

给定范围上限值与下限值之间的代数差。例如:范围为−20 ℃~100 ℃时,量程为120 ℃。

4.1.21

标度 scalc

构成指示装置一部分的一组有序的标度标记以及所有有关的数字。

[GB/T 13983—1992,4.8]

4.1.22

标度范围 scale range

由标度始点值和终点值所限定的范围。

[GB/T 13983—1992,4.9]

4.1.23

[仪器仪表的]示值 indication [of a measuring instrument]

仪器仪表所提供的被测量的值。

4.1.24

［量值］真值　true value［of a quantity］

表征在研究某量时所处条件下严密定义的量的值。

注：量的真值是一个理想概念，一般说来是不可能准确知道的，通常用约定真值来代替真值。

4.1.25

［量的］约定真值　conventional true value［of a quantity］

为了一定目的可以代替真值的量值。

4.1.26

误差　error

被测变量的被测值与真值之间的代数差。

注：a）　当被测值大于真值时误差为正，误差＝被测值－真值。

b）　当仪表或装置的数据单上列出误差时，必须规定仪表或装置的校准方式。

4.1.27

示值误差　error of indication

仪表的示值减去被测量的（约定）真值。

4.1.28

引用误差　fiducial error

绝对误差与引用值的比、仪表的示值误差除以规定值，并以百分数表示。

4.1.29

相对误差　relative error

仪表的示值误差除以被测量的（约定）真值，并以百分数表示。

4.1.30

基本误差　intrinsic error

在规定的参比条件下，仪表的示值误差。

4.1.31

仪表间偏差　deviation between instruments

测量同一个被测量的仪表间的示值之差。

4.1.32

灵敏度　sensitivity

仪器仪表或控制装置响应的变化除以相应的激励变化。

注：灵敏度可与激励的值有关。

4.1.33

准确度　accuracy

精确度

测量结果与被测量（约定）真值的一致程度。

4.1.34

准确度等级　accuracy class

精确度等级

仪表按准（精）确度高低分成的等级。

4.1.35

线性度　linearity

校准曲线与规定直线的一致程度。

注：线性度分为独立线性度、端基线性度和零基线性度。当仅称线性度时，是指独立线性度。

4.1.36

死区　dead band

输入变量的变化不至引起输出变量有任何可觉察变化的有限数值区间。

4.1.37

回差　hysteresis

装置或仪表依据施加输入值的方向顺序给出对应于其输入值的不同输出值的特性。

4.1.38

切换值　switching value

在位式作用元件中，输出变量值发生变化时的任何输入变量值。

注：输出变量值可以根据输入变量的变化方向在两个不同切换值(上切换值和下切换值)的两个位之间变化。

4.1.39

切换差　differential gap

上切换值与下切换值之差。

4.1.40

鉴别力　discrimination

仪器仪表或控制装置对输入值微小变化的响应能力。

4.1.41

分辨力　resolution

分辨率

能将两个相邻的独立细节区分开的最小间隔。

注：对于数字输出仪表，其“分辨力”通常被理解为输出(显示)的最小变化。

4.1.42

稳定性　stability

在规定的工作条件下，仪表或装置性能在规定时间内保持不变的能力。

4.1.43

漂移　drift

在一段时间内，并非由于外界影响作用于仪表或装置而引起的仪表或装置输入-输出关系发生不希望有的逐渐变化。

4.1.44

点漂　point drift

在规定的参比工作条件下，对应一个恒定的输入在规定的时间内的输出变化。

4.1.45

零点漂移　zero drift

零漂

范围下限值上的点漂。当下限值不为零值时亦称为始点漂移。

[GB/T 13983—1992,4.56]

4.1.46

重复性　repeatability

在同一工作条件下，仪器仪表对同一输入值按同一方向连续多次测量的输出值间的相互一致程度。

注：重复性应不包括回差、漂移。

[GB/T 13983—1992,4.57]

4.1.47

额定转矩　normal torque

转矩设计给定值。

4.1.48

控制转矩 tripping torque

切断转矩

在开、关两个方向，转矩控制机构所能控制的转矩范围值。

控制转矩有最大控制转矩和最小控制转矩之分。最大控制转矩即为转矩控制机构所能控制的最大转矩；最小控制转矩即为转矩控制机构所能控制的最小转矩。

4.1.49

堵转转矩 locked torque

电动机转子被堵住时电动执行机构输出的转矩。

4.1.50

全行程时间 rated travel time

为执行机构从“全关”(或“全开”)位置运行至“全开”(或“全关”)位置或从“0%”行程运行至“100%”行程所需时间，或为执行机构从“全关”至“全开”与从“全开”至“全关”两者的平均时间。

4.1.51

防护等级 degree of protection

按GB 4208标准规定的检验方法，仪表或设备外壳对接近危险部件、防止固体异物(包括尘埃)进入或水进入所提供的保护程度。防护等级常采用IP代码表示。

4.1.52

爆炸性环境用电气设备 electrical apparatus for explosive atmospheres

在规定条件下不会引起周围爆炸性环境点燃的电气设备。

[GB/T 2900.35—2008,3.1]

4.1.53

防爆型式 type of protection

为防止点燃周围爆炸性环境而对电气设备采取各种专门措施的型式。

[GB/T 2900.35—2008,3.2]

4.1.53.1

隔爆外壳“d” flameproof enclosure “d”

隔爆型“d”

一种防爆型式，将能够点燃爆炸性气体环境的所有部件包容到外壳内，外壳能够承受内部爆炸性混合物爆炸产生的压力，并能够阻止爆炸传播到外壳的周围爆炸性气体环境。

4.1.53.2

充砂型“q” powder filling “q”;sand filling “q”

一种防爆型式，将能点燃爆炸性气体环境的导电部件固定并且完全埋入填充材料中，以防止点燃外部爆炸性环境。

注：该防爆型式不能阻止爆炸性气体进入设备和元件而被电路点燃，但是，由于填充材料中空隙小，火焰通过填充材料间的空隙时被熄灭，防止外部爆炸。

4.1.53.3

增安型“e” increased safety “e”

一种防爆型式，是指对电气设备采取一些附加措施，以提高其安全程度，防止在正常运行或规定的异常条件下产生危险温度、电弧和火花的可能性。

4.1.53.4

正压型“p” pressurization “p”

一种防爆型式，通过保持外壳内部或房间内保护气体的压力高于外部大气压力，以阻止外部爆炸性气体进入的型式。

4.1.53.5

油浸型"o"　oil immersion "o"

一种防爆型式，它是将电气设备或电气设备部件浸在保护液中，使设备不能够点燃液面上或外壳外面的爆炸性气体。

4.1.53.6

本质安全型"i"　intrinsic safety "i"

一种防爆型式，该防爆型式主要是将暴露于爆炸性气体环境中设备内部和互连导线内的电气能量限制到低于可能由火花或热效应引起点燃的程度。

4.1.53.7

安全栅　safety barrier

接在本质安全电路和非本质安全电路之间，用以限制本质安全电路的电压和电流使其达不到引起点燃程度的装置。

4.1.53.8

浇封型"m"　encapsulation "m"

一种防爆型式，该防爆型式是将可能产生点燃爆炸性混合物的火花或发热的部件封入复合物中，使它们在运行或安装条件下不能点燃爆炸性环境。

4.1.54

防爆设备类别　apparatus grouping

与电气设备拟用于的爆炸性气体环境有关的分类方法。

注：GB 3836.1 将设备划分为两类：

Ⅰ类：煤矿用电气设备；

Ⅱ类：除煤矿外的其他爆炸性气体环境用电气设备。

4.1.55

温度组别　temperature class

基于电气设备最高表面温度的分类方法，与电气设备拟用于的具体爆炸性环境有关。

[GB/T 2900.35—2008,426-01-05]

4.2　仪表

4.2.1

检测仪表　measuring instrument

专供采集和测量信号的仪表。根据功能划分可以是变送器、传感器或自身兼有检出元件和显示装置的仪表。

4.2.2

检出元件　sensor;detecting device

检出器

敏感元件

直接响应被测变量，并将它转换成适于测量的形式的元件或器件。输入变量和检出元件输出信号之间的关系是固有的，不受外界影响而改变。

4.2.3

传感器　transducer

感受被测量，并按一定规律将其转换成同种或别种性质的输出量的仪表。

有许多不同形式的传感器，按其物理现象的性质有不同的名称，例如：温度传感器，位移、角度、速度、加速度传感器,重量、力、力矩传感器,物性传感器。

4.2.4

表 meter

计

测量和指示被测值的装置。一般用指针或数字指示参数值的称"表"。

计(表)只能加修饰语使用,如流量计、棒式玻璃温度计、压力表。

4.2.5

一次仪表 primary instrument

直接安装在工艺管道、设备上,或测点附近,与被测介质有接触,测量并显示工艺参数或(和)将被测变量转换后发送的仪表。如弹簧管压力表、玻璃管温度计和变送器等。

4.2.6

二次仪表 secondary instrument

接受由检测元件、传感器和变送器等一次仪表送来的电气或气动信号,并指示所检测的工艺参数量值的仪表。

4.2.7

显示仪表 display instrument

显示(指示、记录等)被测量值的仪表。

4.2.8

指示仪表 indicator;indicating instrument

指示被测量值或其他有关值的显示仪表。

4.2.9

记录仪表 recorder;recording instrument

记录被测量值或其他有关值的仪表。

4.2.10

积算仪表 integrating instrument

在任何时间,都能显示从某一规定时间到读数时间的被测变量累计值的显示仪表。

4.2.11

变送器 transmitter

输出为标准化信号的传感器。例如:压力变送器、流量变送器、物位变送器等。

4.2.12

智能变送器 smart transmitter

装有微处理器的变送器,可对测量值进行数据处理,输出标准模拟信号和/或数字信号,具有双向通信和自诊断能力的变送器。

4.2.13

过程驱动开关 process-actuated switch

当压力、差压、温度、物位、流量等过程量上升或下降至离散设定值时,接通或断开一个或多个电气开关元件的一种双稳态机电装置。

4.2.14

双金属温度计 bimetallic thermometer

利用结合在一起的两种体膨胀系数不同的金属热膨胀差异工作的温度检测仪表。

4.2.15

充灌式温度计 filled thermometer

压力式温度计

由充有感温流体的温包、毛细管和压力敏感元件构成的全金属温度检测仪表。根据封闭容器中的感温介质受热后体积膨胀引起压力变化的原理来测量温度。

4.2.16

热电偶 thermocouple；TC

利用一端结合在一起的两种不同材料导体的塞贝克热电效应来测量温度的检测仪表。

4.2.17

热电阻 resistance temperature detector；RTD

利用某种金属材料电阻随温度变化而变化特性来测量温度的检测仪表。

4.2.18

辐射式温度测量装置 radiation temperature measuring device

通过测量物体发出的热辐射强度来测量其温度的检测仪表。

4.2.19

[超]声波温度测量装置 acoustic (ultrasonic) temperature measuring device

基于[超]声波在气体介质中的传播速度与该气体绝对温度平方根的函数关系来测量气体温度的检测仪表。

4.2.20

膜片压力表 diaphragm pressure gauge

膜盒压力表

平膜片或由两块波纹膜片组成的膜盒承受被测压力，通过膜片的位移测量压力的仪表。

4.2.21

波登压力表 Bourdon pressure gauge

弹簧管压力表

一种一端封闭的特殊形状管子，当管内和管外存在压力差时，通过测量其所承受弹性极限内的物理变形的压力仪表。

4.2.22

波纹管压力表 bellows pressure gauge

一种带同心环状波形皱纹的薄壁圆管，一端开口，另一端封闭。将开口端固定，通过测量处于自由状态的封闭端伸长量位移的压力仪表。

4.2.23

电阻应变式压力传感器 resistance strain pressure transducer

基于压力敏感元件受压后金属应变片的应变效应或半导体应变片的压阻效应来测量压力的传感器。

4.2.24

压电式压力传感器 piezoelectric pressure transducer

利用石英晶体等压电材料在外部压力作用下在其表面产生电荷的压电效应来测量压力的传感器。

4.2.25

电容式压力传感器 capacitance pressure transducer

利用在外部压力作用下，测量膜片电容极板产生微小位移，造成与固定电容极板所形成的电容量产生相应变化的原理来测量压力的传感器。

4.2.26

电感式压力传感器 inductance pressure transducer

利用衔铁在外部压力作用下，线圈自感或互感系统的相应变化来实现压力测量的传感器。一般分为自感式压力传感器、差动自感式压力传感器和差动变压器式压力传感器。

4.2.27

霍尔压力传感器　Hall pressure transducer

基于某些半导体材料的霍尔效应来测量压力的传感器。

4.2.28

流量计　flowmeter

指示瞬时被测流量或同时指示选定时间间隔内的流量总量的流量测量装置。

4.2.29

孔板　orifice plate

利用安装在流经封闭管道的流体中具有规定开孔的板产生差压的流量检测元件。

[GB/T 17212—1998,P3.1.3.03]

4.2.30

流量喷嘴　flow nozzle

利用嵌装在流经封闭管道的流体中的渐缩装置产生差压的测量检测元件。此渐缩装置的纵断面呈连续曲线状,可形成一个圆筒形喉部。

[GB/T 17212—1998,P3.1.3.04]

4.2.31

文丘里管　Venturi tube

利用异形管使流经该管流体的速度发生变化从而产生差压的流量检测元件。此管由圆筒形入口部分、渐缩部分、圆筒形喉部和渐扩部分组成。

[GB/T 17212—1998,P3.1.3.06]

4.2.32

流量弯管　flow elbow

利用封闭管道中的弯曲部分改变流经管道流体的流动方向,以此引起离心力从而产生差压的流量检测元件。此弯曲部分在弯管弯曲中心线所确定的平面的内侧和外侧上各有一个取压口。

[GB/T 17212—1998,P3.1.3.07]

4.2.33

皮托管　Pitot tube

利用顺流体流动方向安装的两根直管产生差压的流速检测元件。两根管子可作为一个整体同轴安装。其中一根管子端部开口,用于测量流体的滞止压力,另一根管子前端封闭但沿管身开孔,用于测量流体的静压。

[GB/T 17212—1998,P3.1.3.08]

4.2.34

均速管　average-velocity tube

多孔压力探头　multi-hole pressure probe

冲击探头　impact probe

基于皮托管测量原理,通过测量均速管迎流面的总压与其背流面的静压力之间形成的压差,从而测量流量的流速检测元件。典型的均速管在测量端按特定的方式排列有3个或多个测量孔,经适当校正后,除可测量流速幅值外,还可测量流速方向。阿牛巴、威力巴、TORBAR等均属此类。

4.2.35

机翼测风装置　aerofoil air flow measuring device

在封闭风道内气流流经机翼时,在机翼表面产生绕流,通过测量机翼上驻点和弦点间的压差,从而测量流量的流速检测装置。

4.2.36

超声流量传感器　ultrasonic flow transducer

通过检测超声波声能束与运动流体的相互作用来测量运动流体流速的传感器。通常采用传播速度差式、多普勒式等检测方法。

4.2.37

涡街流量传感器　vortex shedding flow transducer

通过检测流体中一个特殊形状的阻流体(亦称非流线型旋涡发生体)释放出旋涡的频率,从而测量管道内流体速度的传感器。

4.2.38

涡轮流量传感器　turbine flow transducer

用旋转速度与流量成正比的多叶片转子测量封闭管道中流体流量的传感器。转子的转速通常由安装在管道外的装置检测。

[GB/T 17212—1998,P3.1.3.11]

4.2.39

电磁流量传感器　magnetic flow transducer

在非磁性管道中测量导电流体平均速度的传感器。由于垂直于流动轴线和电极的磁场的作用导致垂直于流动轴线的两个电极处产生电动势,它与流体的平均速度成正比,因此通过测量电动势就可以确定流体的平均速度。

4.2.40

靶式流量传感器　target flow transducer

利用作用于处在封闭管道中心并垂直于流动方向的圆盘上的力来测量流体测量平方值的传感器。

4.2.41

变面积流量计　variable area flowmeter

一根内孔为向上扩大的圆锥形垂直管子,管中实心体或浮子的重量由自下而上流过管孔的流体产生的上升力支承。管中实心体或浮子的位置就是通过管子的流量指示值。

4.2.42

容积式流量计　positive displacement flowmeter

安装在封闭管道中,由若干个已知容积的测量室和一个机械装置组成,由流体流动压力驱动机械装置,并借此使测量室反复地充满和排放流体。通过计算流经装置的每个体积的次数就可确定流体的体积流量的测量装置。

4.2.43

热式质量流量计　thermal mass flowmeter

利用流动中的流体与热源(流体中加热的物体或测量管外加热体)之间因流体流动造成的温度场变化关系来测量流量的仪表。根据热源及测温元件与流体接触方式的不同可分为接触式和非接触式两种。

4.2.44

科里奥利质量流量计　Coriolis flowmeter

利用流体流过振动管道时产生的科氏力物理效应(当流体在旋转的管内流动时会对管壁产生科氏力)对管道两端振动相位的影响来测量流过管道的流体质量流量的流量测量装置。

4.2.45

浮力液位测量装置　buoyancy level measuring device

在液位测量范围内通过检测施加在恒定截面垂直位移元件上的浮力来测量液位的装置。

[GB/T 17212—1998,P3.1.4.01]

4.2.46

浮子液位测量装置　float level measuring device

通过机械、磁性、光学、超声、辐射等方法检测浮子的位置来测量液位的装置。

4.2.47

压力液位测量装置　pressure level measuring device

通过检测液面上、下两点之间的压力差来测量液位的装置。

[GB/T 17212—1998,P3.1.4.04]

4.2.48

超声波物位测量装置　ultrasonic level measuring device

通过测量一束超声声能发射到物料表面或界面并反射回来所需的时间来确定物料物位的装置。

4.2.49

伽马射线物位测量装置　Gamma-ray level measuring device

利用物料处在射线源与检测器之间时吸收伽马射线的原理测量物料物位的装置。

4.2.50

电容物位测量装置　electrical capacitance level measuring device

通过检测物料两侧两个电极间(其中一个电极有时是物料容器壁)的电容来测量物料物位的装置。

4.2.51

电导物位测量装置　electrical conductance level measuring device

通过检测被物料隔离的两个电极间的电阻来测量导电物料物位的装置。

4.2.52

雷达物位测量装置　Radar level measuring device

通过测量雷达波发射到物料表面或界面并反射回来所需的时间来确定物料物位的装置。按微波信号调制和传输方式不同常分为脉冲雷达式、调频连续波雷达式或导波雷达式。

4.2.53

磁致伸缩物位测量装置　magnetostriction level measuring device

基于铁磁或亚铁磁等材料的磁致伸缩效应(在居里点温度以下铁磁或亚铁磁材料于磁场中被磁化时,沿磁化方向发生微量伸长和缩短的效应)来测量物位的测量装置。

4.2.54

磁翻液位计　magnetic level gauge

根据浮力原理和磁耦合作用原理工作的液位计。液位计浮子配有用于将被测液位传输至就地液位指示器的永磁铁系统。依据液位值高低,浮子内的永磁铁系统通过磁耦合,触动磁翻板或可动从动磁铁,从而实现液位的指示。

4.2.55

分析仪　analyzer

对固态、液态或气态样品或样品流进行化学分析或类似分析的仪表或装置。

4.2.56

连续气体分析仪　continuous gas analyzer

连续测量气体成分的仪器。其输出信号代表一种组分的浓度或几种组分浓度的函数(如:$CO+CO_2$)。

4.2.57

热导式气体分析仪　thermal conductivity gas analyzer

利用气体中的热敏元件电阻的变化测量一种或几种组分浓度的气体分析仪。

4.2.58

催化分析仪　catalytic analyzer

利用气体在空气或氧气等气体中催化燃烧来测量其浓度的气体分析仪。

4.2.59

顺磁式氧分析仪　paramagnetic oxygen analyzer

利用氧气的高顺磁特性来测量其浓度的气体分析仪。

4.2.60

氧化锆氧分析仪　zirconium oxygen analyzer

根据浓差电池原理，通过测量待分析气体和参比气体因氧气浓度差异而导致的浓差电动势，来测量待分析气体含氧量的气体分析仪。

4.2.61

非色散红外气体分析仪　non-dispersive infra-red gas analyzer

通过向气体辐射宽带红外线并用波长选择检测器来选择指定频带，以此来测量特定波长红外线辐射吸收的气体分析仪。

4.2.62

色散红外线气体分析仪　dispersive infra-red gas analyzer

利用棱镜、光栅或滤光片等使红外光源发出的红外线辐射在穿过气体之前色散，然后用宽带检测器检测辐射，以此测量特定波长红外线辐射吸收的气体分析仪。

4.2.63

气相色谱仪　gas chromatograph

试样组分在分析吸收柱中分离后进行连续检测的气体分析仪。

[GB/T 17212—1998,P3.1.6.10]

4.2.64

在线过程气相色谱仪　on-line process gas chromatograph

能定期对过程中的混合物进行取样，重复测量化学混合物中一种或数种组分的浓度并发送有关信息供控制用的一种气相色谱仪。

[GB/T 17212—1998,P3.1.6.11]

4.2.65

离子选择电极　ion-selective electrode

产生的电信号是溶液中特定离子活度的函数的一种传感元件。

[GB/T 17212—1998,P3.1.6.12]

4.2.66

氧化还原复合电极　redox electrode assembly

通常由一个测量电极和一个参比电极组成，产生的电信号是溶液中离子的氧化和还原状态的活度比或浓度比的函数的传感器。

[GB/T 17212—1998,P3.1.6.13]

4.2.67

pH 复合电极　pH electrode assembly

通常由一个测量电极和一个参比电极组成，产生的电信号是溶液中 H^+ 离子活度的函数的传感器。

[GB/T 17212—1998,P3.1.6.14]

4.2.68

工业检测型红外热像仪　industrial inspecting thermal imager

热像仪

适于工业领域使用的，通过红外光学系统、红外探测器及电子处理系统，将物体表面红外辐射转换成可见图像的设备。它具有测温功能，具备定量绘出物体表面温度分布的特点，将灰度图像进行伪彩色编码。

4.2.69

键相器　key phasor

轴每转产生一次脉冲电压的传感器，这个电压脉冲叫做键相器信号。这个信号主要用来测量轴的转数，并可对所测振动相位角提出参考坐标。

4.2.70

电涡流传感器　eddy current transducer

一种非接触式器件，以电涡流原理工作，能用来测量位移运动以及待测表面相对于安装点的距离。

4.2.71

磁电速度传感器　magnetic electric speed transducer

基于导线在磁场中运动切割磁力线而产生感应电流的电磁感应效应来测量速度的传感器。传感器有绝对式和相对式两种形式。

4.2.72

压电式加速度传感器　piezo-electric acceleration transducer

利用某些材料在某一方向承受外力时，晶体内部会由于极化而在表面产生电荷的压电效应来测量加速度的传感器。

4.2.73

LVDT 位移传感器　linear variable differential transformer position transducer

基于铁芯可动变压器原理，用来测量直线位移的传感器。

4.2.74

转速表　tachometer

测量转轴角速度的仪表。

4.2.75

虚拟仪表　virtual instrument

利用可用户定制的软件和模块化的测量硬件，所形成的用户定义的软测量系统。其实质是以计算机为核心，充分利用计算机强大的显示、处理、存储能力，来模拟物理仪表的处理过程。

4.2.76

现场总线仪表　fieldbus instrument

内嵌相应通讯模件，符合 ISO 或 IEC 等国际标准所规定的现场总线通讯协议，并可直接与现场总线网络链接的仪表。

4.3　控制执行元件

4.3.1

调节阀　control valve

控制阀

按照控制系统发出的控制信号，通过执行机构改变阀门内部节流件的位置，从而调节流体流量的阀门装置。

4.3.1.1

调节阀流量特性　flow characteristic of control valve

介质流过调节阀的相对流量与调节阀相对开度之间的函数关系。

4.3.1.2

快开流量特性　quick open flow characteristic

调节阀的开度较小时，流量即较大，随着开度的增大流量迅即达到最大的阀门流量特性。

4.3.1.3

线性流量特性　linear flow characteristic

调节阀的相对流量与相对开度成线性关系，即单位行程变化所引起的流量变化为常数。

4.3.1.4

等百分比流量特性　equal percentage flow characteristic

调节阀单位相对开度的变化所引起的相对流量变化与该点相对流量成正比关系。

4.3.1.5

抛物线流量特性　parabolic flow characteristic

调节阀单位相对开度的变化所引起的相对流量变化与该点相对流量值的平方根成正比关系。

4.3.2

调节机构　final controlling element；regulating element

由执行机构驱动直接改变操纵变量的机构，如调节阀、风门挡板等。

4.3.3

执行机构　actuator

将控制信号转换成相应的运动，改变或控制阀门或挡板开度位置的装置或机构。该信号或驱动力可以是气动、电动、液动或它们的任何一种组合。

4.3.4

电动执行机构　electric actuator

阀门电动装置

用电力启闭或调节阀门、挡板的驱动装置。

4.3.5

气动执行机构　pneumatic actuator

阀门气动装置

用气压力启闭或调节阀门、挡板的驱动装置。

4.3.6

液动执行机构　hydraulic actuator

阀门液动装置

用液压力启闭或调节阀门、挡板的驱动装置。

4.3.7

直行程执行机构　linear actuator

直线型执行机构

在动力作用下使执行机构输出轴作直线运动的执行机构。

4.3.8

角行程执行机构　rotary actuator

回转型执行机构

在动力作用下使执行机构输出轴作小于360°回转运动的执行机构。

4.3.9

执行机构的行程　stroke of actuator

在动力作用下,执行机构的输出轴沿其轴线方向的线位移或绕其轴线中心的角位移。

4.3.10

智能电动执行机构　smart electric actuator

配有功率控制部分(将输入电信号转换放大,以控制电动机启动、停止和旋转方向的电气装置)、微处理器及可加装数字通信接口,具有闭环控制功能,并能够进行故障诊断的电动执行机构。

4.3.11

定位器　positioner

连接至调节机构或其执行机构活动件的、根据标准化信号确定执行机构输出杆位置的位置控制器(伺服机构)。定位器将输入信号与执行机构的机械反馈连杆相比较,然后提供必要的能量推动执行机构输出杆,直至输出杆位置反馈与信号值相当。

4.3.12

智能定位器　smart positioner

内嵌有微处理器的定位器,又称数字定位器。通常具有3个重要功能,其一是将来自过程控制器的(数字)输入信号转换成至执行机构的气动输出信号,控制阀杆或轴的移动;其二是具有自动校正和组态功能;其三是具有双向通讯能力,可提供定位器和阀门的诊断信息。

4.3.13

基地式调节仪表　local control device

能同时进行生产过程参数的测量、指示、调节或记录的单参数现场安装型自动调节仪表。

4.4　现场网络

4.4.1

现场总线　field bus

一个数字化的、串行、双向传输、多分支结构的通讯网络系统,是用于工厂/车间仪表和控制设备的局域网。IEC 61158标准分别规定了基金会现场总线H1和HSE、ControlNet、DeviceNet、PROFIBUS、P-Net、WorldFIP、Interbus、EtherCAT、Ethernet Powerlink、Sercos、VNET/IP、CC-Link、Hart等通讯协议。

4.4.1.1

耦合器　coupler

干线与分支之间或干线与设备之间的物理接口。

4.4.1.2

PROFIBUS DP

一种符合IEC 61158和IEC 61784通信标准相关规定,从属于PROFIBUS总线的开放式现场总线。PROFIBUS DP是英文"PROFIBUS for Decentralized Peripherals"(适用于分散外围设备的PROFIBUS)缩写。

4.4.1.3

DP主站(1类)　DP-master(class1)

控制若干个DP从站(现场设备)的控制设备。

注:DP主站通常是一个可编程序控制器或分布式控制系统。

[GB/T 20540.5—2006,3.6.39]

4.4.1.4

DP 主站(2 类) DP-master(class2)

管理 DP 主站(1 类)的组态数据(参数集)和诊断数据的控制设备,此外它还可以具有 DP 主站(1 类)的所有通信能力。

[GB/T 20540.5—2006,3.6.40]

4.4.1.5

DP 从站 DP-slave

可分配给一个 DP 主站(1 类)的现场设备,作为循环 I/O 数据交换的提供者。此外它也可以提供非循环功能和报警。

[GB/T 20540.5—2006,3.6.41]

4.4.1.6

PROFIBUS PA

一种符合 IEC 61158-2 通信标准物理层相关规定,应用协约基于 PROFIBUS DP,从属于 PROFIBUS 总线的开放式现场总线。PROFIBUS PA 是英文"PROFIBUS for Process Automation"(适用于过程自动化的 PROFIBUS)缩写。

4.4.1.7

PA 设备 PA device

一种能够直接与 Profibus PA 现场总线连接的现场设备。常见的有 PA 设备有阀门执行机构和变送器等。

4.4.1.8

H1

一种符合 IEC 61158-2 通信标准物理层相关规定,从属于基金会现场总线的开放式现场总线。

4.4.1.9

H1 现场设备 H1 field device

一种能够直接与 H1 现场总线连接的现场设备。常见的 H1 现场设备有阀门执行机构和变送器等。

4.4.1.10

高速以太网 High Speed Ethernet;HSE

基金会现场总线所定义的用于运行以太网和 IP 的现场总线基金会的主干网络。

4.4.1.11

HSE 现场设备 HSE field device

一种能够与高速以太网(HSE)现场总线直接连接的现场总线设备。典型 HSE 现场设备有 HSE 链接设备、运行功能块的 HSE 现场设备和主机。

4.4.1.12

HSE 链接设备 HSE linking device

一种将 H1 现场总线网络/网段互联到高速以太网(HSE),用以创建更大系统的设备。

4.4.1.13

HSE 交换机 HSE switch

用于互连多个高速以太网(HSE)设备的一种标准以太网设备,如将 HSE 链接设备和 HSE 现场设备互连,从而形成更大的 HSE 网络。

4.4.1.14

能力文件 capabilities file

用于描述现场总线设备中通信对象的文件。无需现场总线设备在线,组态设备能够采用设备描述

(DD)文件和能力文件组态现场总线系统。

4.4.1.15

设备描述 device description;DD

用于提供虚拟现场设备(VFD)中每个对象的扩展说明,包括控制系统或主机理解 VFD 中数据所需的信息。

4.4.1.16

设备描述语言 device description language;DDL

遵行现场总线技术要求,用于实现现场总线设备参数、用户接口和路由通信等的语法和语义的定义。

4.4.1.17

电子设备描述 electronic device description;EDD

用于描述现场总线设备类型的 ASCII 文本文件。

4.4.1.18

电子设备描述语言 electronic device description language;EDDL

用于定义现场总线设备参数、用户接口和路由通信等的语法和语义的标准化的设备描述语言,包括现场总线设备的静态和动态特征。

4.4.1.19

通用站说明 general station description;GSD

一种可读的 ASCII 电子文本文件,包含用于通信和网络组态的通用的和设备专用的参数。不同语言的 GSD 可采用带相应文件扩展符号的不同文档(如英语文档采用*.gse,德语文档采用*.gsg 等)或统一采用*.gsd 文档。

4.4.1.20

现场总线访问子层 fieldbus access sublayer;FAS

将现场总线报文规范(FMS)映射到数据链路层(DLL)。

4.4.1.21

现场总线报文规范 fieldbus messaging specification;FMS

包含基金会现场总线中应用层服务的定义。FMS 规定访问功能块(FB)参数的服务和报文格式,以及虚拟现场设备(VFD)中定义参数的对象字典(OD)描述。

4.4.1.22

互用性 interchangeability

将现场总线网络上一个制造商的设备用另一个制造商设备替换,而不会丧失功能或集成度的能力。

4.4.1.23

互操作性 interoperability

现场总线网络上一个制造商的设备与另一个制造商的设备交互作用时,不会丧失各自功能的能力。

4.4.1.24

对象字典 object dictionary;OD

包括设备所用的全部功能块(FB)、资源块(RB)和转换块(TB)参数的字典。通过这些参数,现场总线网络可以对块进行访问。

4.4.1.25

柔性功能块 flexible function block;FFB

编程工具创建的具体应用算法决定了块的功能、块参数的次序和定义,以及块执行所需的时间。除此以处,柔性功能块与标准功能块(FB)是类似的。柔性功能块通常用于离散过程和混合(批量)过程的控制。

4.4.1.26

资源块 resource block;RB

用于描述现场总线设备的特征,如设备名称、制造商和系列号。每台设备中只能存在一个资源块。

4.4.1.27

标准功能块 standard function block;FB

为实现期望的控制功能,内置在现场总线设备中的功能块。基金会现场总线已经公布了20多种标准功能块的技术规范。设备中可以存在多种类型的标准功能块。标准功能块参数的次序和定义由技术规范固定和定义。

4.4.1.28

转换块 transducer block;TB

实现将功能块从读取传感器和命令输出硬件的本地输入/输出(I/O)功能分开。转换块包含诸如校准日期和传感器类型的信息。通常每个功能块的输入或输出都有一个转换块通道。

4.4.1.29

虚拟通信关系 virtual communication relationship;VCR

为应用之间提供数据传输的组态应用层通道。基金会现场总线描述了三类VCR:发布方/预订方、客户/服务器和源点/受点。

4.4.1.30

虚拟现场设备 virtual field device;VFD

用于远程查看对象辞典中描述的本地设备数据。典型的设备至少有两个虚拟现场设备(VFD)。

4.4.1.31

非循环周期 acyclic period

在通信循环周期时间内,除发布/预订数据外其他信息传送的时间段。该期间内典型传送的信息包括报警/事件、维护/诊断信息、程序调用、允许/联动、显示信息、趋势信息和组态等。

4.4.1.32

宏周期 macrocycle

在一个给定链路上全部回路时间的最小公倍数,或一个过程控制回路的重复时间。

4.4.1.33

网段 segment

现场总线中以特性阻抗为终端的部分。通过中继器连接多个网段可组成完整的现场总线。

4.4.1.34

[FF]链路 [FF]link

一种连接H1现场总线设备的逻辑介质(即网络的数据链路层)。通常由一个或通过总线、中继器或耦合器互连的多个物理网段组成。链路上所有的设备共用同一个调度,并由该链路的当前LAS管理。

4.4.1.35

链路活动调度器 link active scheduler;LAS

一种确定性的、集中式基金会现场总线调度器,用于维护需要周期性传输的全部设备中的所有数据缓冲所需的传输时间表。在一个H1现场总线链路上只能有一个链路主设备负责该链路的LAS功能。

4.4.1.36

链路主设备 link master;LM

任何具备LAS功能的设备,用于控制H1现场总线链路上的通讯。在一个H1链路上至少要有一个LM,当有多个LM时应选择其中一个LM承担LAS。

4.4.1.37

链接对象　link object

一个链接对象包含在同一设备内和不同设备之间的用于链接功能块输入/输出参数的信息。链接对象直接与虚拟通信关系(VCR)连接。

4.4.2

无线传感器网　wireless sensor network;WSN

由空间分布的自治传感器装置所组成的、通过无线传输协同监视对象状态的传感器网络。

5　监视功能及系统

5.1

采样　sampling

以一定时间间隔对被测量进行取值的过程。

5.2

采样[速]率　sampling rate

对被测量进行采样的频率,即单位时间的采样次数。

5.3

采样时间　sampling time

采样过程中检出被测量的时间。

5.4

扫描速率　scan rate

对一系列输入通道的采样[速]率,以每秒输入通道数表示。

5.5

采样周期　sampling period

采样之间的时间间隔。

5.6

人-机接口　man-machine interface;MMI;human-machine interface;HMI

人(即用户)与系统(即特定的机器、装置、计算机程序或其他复杂工具等)相互作用的手段的集合体。用户接口提供了以下手段:

- 输入:允许用户操作系统。
- 输出:允许系统指示用户操作的响应。

5.7

报警系统　alarm system

具有声光信号输出,以表明设备或控制系统不正常或系统参数超过规定值的自动系统。

5.7.1

报警　alarm

设备或系统运行工况发生异常或某些参数超过允许值时,通过闪光或声响或声光变化发出信号,用以引起注意偏离标准或异常工况的装置或功能。

5.7.2

限值报警　limit alarm

检出变量超过规定上限或下限状态的报警。

5.7.3

偏差报警 deviation alarm

检出变量偏离其预期值达规定限值的报警。

5.7.4

信号器 annunciator

用声光信号表明偏离标准或异常工况的设备。

5.7.5

光字牌 alarm window

以灯光信号表示报警内容的信号器。

5.7.6

首出原因 first out

保护动作后,通过信号处理装置用声光信号指示出引起保护动作的第一原因。

5.7.7

报警抑制 alarm cut out

报警信息的一种处理方法,如在某些工况(如启动)下,参数值虽符合报警限值要求,但属正常现象,为不影响正常监视而切除报警的措施。

5.8

集中监视系统 centralized monitoring system

集中监视系统由传感器、变送器及计算机与必要的外部设备组成,是把一个车间或整个工厂的所有必要的参数集中到控制盘(台)上的仪表或 VDU 上进行集中显示,以便于值班员进行分析处理或对生产过程进行控制。

5.9

数据采集系统 data acquisition system;DAS

采用数字计算机系统对工艺系统和设备的运行参数、状态进行检测,对检测结果进行处理、记录、显示和报警,对机组的运行情况进行计算和分析,并提出运行指导的监视系统。

5.10

状态监视系统 condition monitoring system;CMS

测量、监视、分析机械或电气设备运行状态参数的系统,如旋转机械的振动监视分析系统。设备状态的异常显著变化预示设备可能存在潜在故障。该系统是预测性维修的重要组成。

5.11

炉管泄漏监视系统 boiler tube leakage monitoring system

利用声学检测原理实时检测炉内水冷壁、过热器、再热器、省煤器等受热面管道泄漏的监视系统。主要由声波导管、声波传感器和监视报警主机系统组成。

5.12

工业电视监视系统 industrial television monitoring system

应用于工业生产的过程监视、调度管理等方面,从摄像到图像显示独立完整的电视系统。如汽包水位工业电视系统、炉膛火焰工业电视系统等。

5.13

闭路电视监视系统 closed circuit television monitoring system;CCTV

用金属电缆或光缆在闭合的环路内传输摄像机所采集的电视信号至特定地点的有限监视器上的系统。一般由摄像、传输、显示及控制等四个主要部分组成。

5.14

视频安防监控系统　video surveillance & control system;VSCS

利用视频探测技术,监视设防区域并实时显示、记录现场图像的电子系统或网络。

5.15

模拟视频监控系统　analog video surveillance system

除显示设备外的视频设备之间以端对端模拟视频信号方式进行传输的监控系统。

5.16

数字视频监控系统　digital video surveillance system

除显示设备外的视频设备之间以数字视频方式进行传输的监控系统。

5.17

汽轮机监视仪表系统　turbine supervisory instruments system;TSI

连续测量汽轮机的转速、振动、膨胀、位移等机械参数,并将测量结果送入控制系统、保护系统等用作控制变量及运行人员监视的自动化系统。

5.17.1

零转速监视仪　zero speed monitor

规定的一个转速值,用以反映机械转轴的转动或静止状态。当机械的转速低于该值时,即认为机械转轴已处于静止状态。

5.17.2

转速监视仪　turbine speed monitor

监视机械旋转速度的装置。

5.17.3

油动机行程监视仪　servomotor position monitor

监视油动机行程的装置。

5.17.4

相对膨胀监视仪　differential expansion monitor

差胀监视仪

监视汽缸和转子膨胀差的装置。

5.17.5

绝对膨胀监视仪　cylinder expansion monitor

以某个固定点为基准,测量、监视汽缸膨胀值的装置。

5.17.6

振动监视仪　vibration monitor

监视转动机械有关部位振动的装置。

5.17.7

轴向位移监视仪　shaft position monitor

监视转子轴向位移的装置。

5.17.8

轴挠度监视仪　rotor eccentricity monitor

轴偏心监视仪

监视汽轮机主轴弯曲度的装置。

5.17.9

阀位监视仪　valve position monitor

监视汽轮机阀位开度的装置。

5.18

给水泵汽轮机监视仪表　boiler-feed-pump-turbine supervisory instruments；micro-turbine supervisory instruments；MTSI

连续测量驱动给水泵组的汽轮机的转速、振动、位移等机械参数，并将测量结果送入控制系统、保护系统等用作控制变量及运行人员监视的自动化系统。

5.19

汽轮机应力监视系统　turbine stress supervisory system

采用建立数学模型或物理模型的方法连续监测转子特定部位的应力，将结果供给汽轮机控制系统，用以限制升速过程中的升速率和升负荷过程中的升负荷率，保证转子应力在允许范围内的自动监控系统。

5.20

火焰检测系统　flame detection system；flame scanning system

根据火焰的物理特性，对锅炉（包括常压循环流化床）或燃气轮机燃烧工况进行检测的系统。当火焰燃烧状态不满足正常条件或熄火时，可按一定方式给出信号，以作为故障报警或设备保护的逻辑判断条件。

5.20.1

火焰检测器　flame detector

通过接收的火焰光波信号，检测火焰信号强弱并输出可用电信号的器件。

5.21

烟温探针监测系统　flue-gas temperature probe monitoring system

由烟温探针等设备构成的、用于监测锅炉启动工况下烟气温度的系统。

5.21.1

烟温探针　flue-gas temperature probe

用于测量烟气温度的可伸缩式热电偶测温器件。布置在炉膛出口前的烟温探针，用来监测锅炉启动时该处烟温状况。

[GB/T 2900.48—2008，7.2.11]

5.22

烟气排放连续监测系统　continuous emissions monitoring system；CEMS

对常规火电厂排放的烟气颗粒物、气态污染物（含 SO_2、NO_x 等）和有关排气参数（含氧量等）进行连续、实时跟踪监测的系统。

5.23

飞灰含碳量在线监测系统　online unburned-carbon-in-fly-ash monitoring system

对常规火电厂锅炉烟道飞灰中未燃烬碳含量进行在线、实时跟踪监测的系统。

5.24

开关量二取一　one out of two for binary variable

反映同一事件的 2 个开关量组成的逻辑，其中任一个量为“真”时逻辑输出为“真”。

5.25

开关量三取二　two out of three for binary variable

反映同一事件的 3 个开关量组成的逻辑，其中任意 2 个量为“真”时逻辑输出为“真”。

5.26

开关量四取二　two out of four for binary variable

反映同一事件的 4 个开关量组成的逻辑，其中任意 2 个量为“真”时逻辑输出为“真”。

5.27

模拟量双[重]冗余　dual redundancy for analog variable

同一参量用二个模拟量变送器或传感器同时测量,相互冗余使用。

5.28

模拟量三[重]冗余　triple redundancy for analog variable

同一参量用3个模拟量变送器或传感器同时测量,相互冗余使用。

5.29

模拟量多重冗余　multiple redundancy for analog variable

同一参量用3个以上模拟量变送器或传感器同时测量,相互冗余使用。

6　控制功能及系统

6.1

控制系统　control system

通过操纵一个或几个变量以达到预定状态的系统。通常由被控系统及其施控系统、测量元件和相关传感元件组成。

6.1.1

被控系统　controlled system

根据控制任务接受控制的功能单元。

[GB/T 2900.56—2008,351-28-01]

6.1.2

自调节被控系统　controlled system with self-regulation

在操纵变量取新的常值后,其输出变量能自行改变至新的稳态值的被控系统。

[GB/T 2900.56—2008,351-24-46]

6.1.3

无自调节被控系统　controlled system without self-regulation

在操纵变量取新的常值后,其输出变量无限制地改变并不能自行改变至新的稳态值的被控系统。

[GB/T 2900.56—2008,351-24-47]

6.1.4

施控系统　controlling system

根据控制任务控制被控系统的全部功能单元。

[GB/T 2900.56—2008,351-28-02]

6.1.5

稳定性　stability

受相对于静止位置足够小的初始偏移或扰动时,可使系统状态变量与输出变量保持在该位置足够小的邻域内的系统特性。

[GB/T 2900.56—2008,351-21-30]

6.1.6

可控性　controllability

依靠输入变量的适当的时间变化将系统状态变量在有限时间内,从一个初始状态变到一个指定最终状态的系统特性。

[GB/T 2900.56—2008,351-21-32]

6.1.7

可观测性 observability

根据在有限时间内观测到的输入和输出变量,可推算出系统初始状态的系统特性。

[GB/T 2900.56—2008,351-21-33]

6.1.8

时间响应 time response

在规定的工作条件下,一个输入变量的规定变化引起的系统输出变量随时间的变化。

[GB/T 2900.56—2008,351-24-08]

6.1.9

瞬态 transient state

变量在两个相邻稳态间的过渡状态。

6.1.10

稳态 steady state

在所有瞬态效应消失后,当所有输入变量保持恒定时系统所维持的状态。

6.1.11

阶跃响应时间 step response time

对于阶跃响应,从一个输入变量发生阶跃变化的时刻起,至输出变量第一次达到最终稳态值与初始稳态值之差的一个规定百分数的时刻为止的持续时间间隔。

[GB/T 2900.56—2008,351-24-28]

6.1.12

建立时间 settling time

过渡过程时间

对于阶跃响应,从输入变量发生阶跃变化的时刻起,至阶跃响应和其稳态值之差保持小于瞬态值允差的时刻的持续时间间隔。

[GB/T 2900.56—2008,351-24-29]

6.1.13

超调[量] overshoot

对于阶跃响应,为偏离输出变量最终稳态值的最大瞬时偏差,通常以最终稳态值与初始稳态值之差的百分数表示。

[GB/T 2900.56—2008,351-24-30]

6.1.14

控制上升时间 control rise time

在参比变量或扰动变量发生阶跃变化后,从被控变量第一次偏离其期望值附近的规定允差带开始,到被控变量第一次返回允差带为止的持续时间间隔。

[GB/T 2900.56—2008,351-25-01]

6.1.15

控制建立时间 control settling time

在参比变量或扰动变量发生阶跃变化后,从被控变量第一次偏离其期望值附近的规定允差带开始,到被控变量第一次返回允差带并保持在允差带范围内为止的持续时间间隔。

[GB/T 2900.56—2008,351-25-02]

6.2

自动控制 automatic control

过程、设备或系统在规定的条件下无须操作者干预就能运行的控制。

6.3

手动控制　manual control

过程、设备或系统在规定的条件下需要操作者干预才能运行的控制。

6.4

半自动控制　semi-automatic control

过程、设备或系统在规定的条件下只有部分控制设备功能无需操作者介入就能运行的控制。

6.5

开环控制　open loop control

根据系统的固有规律，由一个或多个变量作为输入变量影响作为输出变量的其他变量的过程，是控制装置与被控对象之间只有顺向作用而没有反馈的控制。

6.6

闭环控制　closed-loop control

反馈控制　feedback control

对被控变量进行连续测量，并将其与参比变量相比较，以影响被控变量，使之调整到参比变量的过程，是控制装置与被控对象之间既有顺向作用又有反馈的控制。

6.7

定值控制　control with fixed set-point

使被控变量保持基本恒定的反馈控制。

[GB/T 17212—1998，P2.3.0.10]

6.8

比值控制　ratio control

预定的两个或多个变量之比值必须保持恒定的控制。

6.9

随动控制　follow-up control

使被控变量随参比变量的变化而变化的反馈控制。

[GB/T 17212—1998，P2.3.0.11]

6.10

前馈控制　feed-forward control

将被控变量的一个或多个影响条件的信息转换成反馈回路外的附加作用的控制。这种附加控制作用应使被控变量对预期值的偏差减至最小。附加控制作用可以施加在开环控制上也可以施加在闭环控制上。

[GB/T 17212—1998，P2.3.0.12]

6.11

串级控制　cascade control

一个控制器的输出变量是其他次级控制器的参比变量的控制。

6.12

智能控制　intelligent control

无需操作人员干预就能够独立完成对被控对象的控制并实现其控制目标的自动控制形式。

6.13

自适应控制　adaptive control

采用自动的方法改变控制系统的结构或参数，以补偿工作条件和状态不断变化的影响，从而改善控制系统性能的控制。

6.14

模糊控制　fuzzy control

根据经验和直觉,用事实、推理规则和量词以模糊逻辑方法表示控制算法的一种控制形式。

[GB/T 2900.56—2008,351.26.50]

6.15

专家系统　expert system

一种基于知识的系统,它根据由人类专家经验开发出的知识库进行推理,来解决某一特定领域或应用范围中的问题。

[GB/T 5271.28—2001,28.01.06]

6.16

最优控制　optimal control

在规定的限度下,使控制性能指标达到最大或最小的控制。

6.17

状态反馈控制　state-feedback control

比例反馈全部采用被测的或预估的状态变量的控制形式。

6.18

基于观测器的控制　observer-based control

当不能测量用于状态反馈的状态变量时,使用观测器重构的状态变量的控制形式。

[GB/T 2900.56—2008,351.26.27]

6.19

基于模型的控制　model-based control

在结构中显式地包括表示操纵变量和被控变量间动态关系的过程实时模型的控制。

6.20

鲁棒控制　robust control

尽管过程参数变化显著,仍能进行满意操作的控制。

[GB/T 2900.56—2008,351.26.39]

6.21

极限控制　limiting control

只有当给定变量达到预定极限时才起作用的附加闭环控制。

[GB/T 2900.56—2008,351.26.42]

6.22

交替控制　alternative control

由两台或多台控制器作用于一台最终控制元件,并由控制器的最大或最小绝对值输出确定操纵变量的控制形式。

[GB/T 2900.56—2008,351.26.43]

6.23

分程控制　split-range control

为了覆盖整个操纵范围,由一台或多台控制器作用于几台不同范围或作用的最终控制元件的控制形式。

[GB/T 2900.56—2008,351.26.44]

6.24

切换控制　switching control

由多台控制器作用于一台最终控制元件的控制形式。采用此种控制形式时,从一个控制回路到另一回路的切换由外部条件确定，并能保证平稳切换。

[GB/T 2900.56—2008,351.26.45]

6.25

监督控制　supervisory control

对独立运行的控制回路施加间断校正作用的控制。

[GB/T 17212—1998,P2.3.0.28]

6.26

逻辑控制　logic control

通过逻辑[布尔]运算由二进制输入信号产生二进制输出信号的控制。

[GB/T 17212—1998,P2.3.0.32]

6.27

顺序控制　sequential control

执行顺序程序的控制。顺序程序按预定次序规定系统上的作用，有些作用取决于前面一些作用的执行情况或某些条件的实现。

[GB/T 17212—1998,P2.3.0.33]

6.28

机组自启停控制系统　unit automatic startup and shutdown control system；automatic procedure startup and shutdown system；APS

对包括锅炉(包括常压循环流化床、余热锅炉)、汽轮发电机组或燃气轮发电机组及相应辅助系统和辅助设备的机组，按启停的操作规律实现自动启动和停止的控制系统，通常在整个启停顺序中设置若干个需要有人工确认的断点。

6.29

模拟量控制系统　modulation control system；MCS

闭环控制系统　closed loop control system

实现锅炉(包括常压循环流化床、余热锅炉)、汽轮机或燃气轮发电机组及辅助系统参数自动控制的总称。在这种系统中，常包含参数自动控制及偏差报警功能，对前者，其输出量为输入量的连续函数。

6.29.1

协调控制系统　coordinated control system；CCS

将锅炉(包括常压循环流化床)-汽轮发电机组、或燃气轮发电机组-余热锅炉-蒸汽轮发电机组、或反应堆-汽轮发电机组作为一个整体进行控制，通过控制回路协调锅炉(包括常压循环流化床)与汽轮机组、或燃气轮机与余热锅炉和汽轮机组、或反应堆与汽轮机组、或在自动状态的工作，给锅炉(包括常压循环流化床、余热锅炉)、反应堆、汽轮机、燃气轮机的自动控制系统发出指令，以适应负荷变化的需要，尽最大可能发挥机组调频、调峰的能力。

6.29.1.1

锅炉或反应堆跟踪方式　boiler or reactor follow mode

汽轮机控制功率(开环)，锅炉(包括常压循环流化床)或反应堆自动控制汽压(闭环)，使锅炉(包括常压循环流化床)或反应堆的负荷(汽压)适应汽轮机负荷变化的需要。此种方式可以充分利用锅炉(包括常压循环流化床)或反应堆蓄能，负荷响应快，也是汽轮机侧局部故障不能全自动的一种辅助运行方式。

6.29.1.2

汽轮机跟踪方式　turbine follow mode

锅炉(包括常压循环流化床)或反应堆控制功率(开环)，汽轮机自动控制汽压(闭环)，使机前汽压保持稳定。此种方式机组机前压力稳定，但负荷响应慢，也是在锅炉(包括常压循环流化床)或反应堆侧局部故障时不能全自动的一种辅助运行方式。

6.29.1.3

协调方式 coordinated mode

锅炉(包括常压循环流化床)或反应堆、汽轮机同时接受主控指令控制功率和汽压的闭环控制系统，此种方式的特点可充分利用锅炉(包括常压循环流化床)或反应堆蓄能，负荷响应快，汽压稳定。

6.29.1.4

[协调]手动方式 remote control mode；base mode

在协调控制中解除负荷指令的一种控制方式。

6.29.1.5

一次调频 primary control of the speed of generating sets；primary frequency control；PFC

通过各原动机调速器来调节各发电机组转速，以使驱动转矩随系统频率而变动。

6.29.1.6

二次调频 secondary control of active power in a system；secondary frequency control；SFC

由特定发电机组实现的对输入电网有功功率的协同控制。

6.29.1.7

功率/频率调节 power/frequency control

根据系统频率的变化和互联各系统交换的总有功功率的变化，而对发电机组有功功率的控制。

6.29.1.8

自动/手动操作器 A/M station

A/M 操作器

模拟量操作器

用于改变模拟量控制系统(MCS)操作方式(自动或手动)的操作设备。当切到手动时，能输出模拟量信号，由人工对某一控制系统进行操作。

6.29.1.9

快速减负荷 run back；RB

针对机组主要辅机故障采取的保护措施，即当机组部分主要辅机(如其中一台给水泵、送风机、引风机)发生故障时，根据辅机故障情况快速降低机组负荷以适应辅机出力的保护措施。

6.29.1.10

机组快速甩负荷 fast cutback；FCB

当汽轮机或发电机甩负荷时，使锅炉(包括常压循环流化床)不停运的一种控制措施。根据 FCB 后机组的不同运行要求，可分为机组带厂用电单独运行或停机不停炉两种不同的运行方式。

6.29.1.11

闭锁增 block increase

一种一旦检测到参比量大于反馈量一定偏差值，或控制系统输出变量或设备允许出力达到最大限值时，即相应闭锁参比量或输出变量的继续增加，阻止相对应的终端控制元件向增加偏差的方向动作的联锁。

6.29.1.12

闭锁减 block decrease

一种一旦检测到参比量小于反馈量一定偏差值，或控制系统输出变量或设备允许出力达到最小限值时，即相应闭锁参比量或输出变量的继续减小，阻止相对应的终端控制元件向增加偏差的方向动作的联锁。

6.29.1.13

迫降　run down

当发生闭锁增后，主要参数偏差（如燃烧率偏差、风量偏差等）还继续增大，超过设定的限制值时，系统将强迫负荷指令下降，迫使偏差回到允许范围内。

6.29.1.14

迫升　run up

当发生闭锁减后，主要参数偏差（如燃烧率偏差、风量偏差等）还继续增大，超过设定的限制值时，系统将强迫负荷指令上升，迫使偏差回到允许范围内。

6.29.1.15

超弛动作　override action

一旦检测到相关参数偏差太大、系统异常或接收到相应动作逻辑指令时，直接将相关控制装置在减少偏差或系统异常方向重新置位，使系统处于预定的安全状态的一种控制动作。

6.29.2

锅炉控制系统　boiler control system

实现锅炉（包括常压循环流化床、余热锅炉）运行工况自动控制的总称，包括燃烧控制系统在内，但不包括燃烧器管理系统BMS。

6.29.2.1

给水控制系统　feed-water control system

控制进入锅炉（包括常压循环流化床）的给水量，使其适应锅炉（包括常压循环流化床）负荷需求的模拟量控制系统。对于汽包锅炉（包括常压循环流化床）而言，常称为汽包水位控制系统。

6.29.2.2

主蒸汽温度控制系统　main steam temperature control system

过热蒸汽温度控制系统　superheat steam temperature control system

新蒸汽温度控制系统　live steam temperature control system

控制主蒸汽温度，使其稳定在设定范围内的模拟量控制系统。

6.29.2.3

再热蒸汽温度控制系统　reheat steam temperature control system

控制再热蒸汽温度，使其稳定在设定范围内的模拟量控制系统。

6.29.2.4

燃烧控制系统　combustion control system

使锅炉（包括常压循环流化床）炉膛内燃料燃烧放出的能量适应负荷的需要，同时保持燃料和空气合理比例，燃烧产生的烟气和引风平衡，以确保锅炉（包括常压循环流化床）安全、经济运行的模拟量控制系统的总称。通常它包括燃料量控制系统、风量控制系统、炉膛压力控制系统、一次风压力控制系统等。

6.29.2.5

燃料量控制系统　fuel control system

控制进入锅炉（包括常压循环流化床）炉膛的燃料量使锅炉（包括常压循环流化床）适应负荷需要的模拟量控制系统。

6.29.2.6

送风量控制系统　air flow control system

控制进入锅炉（包括常压循环流化床）炉膛的风量使之与燃料量相匹配，以维持安全、经济燃烧的模拟量控制系统的总称。通常它包括总风量控制系统、氧量校正系统、一/二次风量控制系统等。

6.29.2.7

炉膛压力控制系统　furnace pressure control system

控制锅炉(包括常压循环流化床)的引风量,使之与燃烧产生的烟气相平衡,确保炉膛压力稳定在允许范围内的模拟量控制系统。

6.29.2.8

床温控制系统　bed temperature control system

对常压循环流化床锅炉的床温进行控制的模拟量控制系统。对于带外置床的常压循环流化床锅炉,一般是通过调节外置床的灰量来实现对床温的控制;对于不带外置床的常压循环流化床锅炉,一般是通过调节一次风量来实现对床温的控制。

6.29.2.9

床压控制系统　bed pressure control system

对常压循环流化床锅炉的床压进行控制的模拟量控制系统。床压控制实际上是对床料厚度的控制,其调节变量是循环流化床的排渣量。

6.29.2.10

汽水分离再热器出口再热蒸汽温度控制系统　moisture separator/reheater outlet reheat steam temperature control system

对轻水堆核电站汽水分离再热器出口再热蒸汽温度进行控制的模拟量控制系统。

6.29.2.11

汽水分离再热器疏水箱水位控制系统　moisture separator/reheater drain tank level control system

对轻水堆核电站汽水分离再热器疏水箱水位进行控制的模拟量控制系统。

6.29.2.12

磨煤机出口温度控制系统　pulverizer outlet temperature control system

控制磨煤机出口风粉混合物温度(根据煤质确定),在保证制粉系统防爆安全性的同时维持煤粉干燥度、尽可能提高磨煤机出力的模拟量控制系统。

6.29.2.13

磨煤机入口压力控制系统　pulverizer inlet pressure control system

对钢球磨入口进风压力(负压)控制的模拟量控制系统。根据磨煤机形式和制粉系统的不同,控制变量或被调量是不同的。

6.29.2.14

磨煤机负荷控制系统　pulverizer load control system

中储式制粉系统中控制普通钢球磨或直吹式制粉系统中控制双进双出钢球磨的进煤量,以维持磨煤机最经济制粉出力的模拟量控制系统。

6.29.2.15

一次风控制系统　primary air control system

对一次风量或压力进行控制的模拟量控制系统。对于煤粉炉而言,主要是控制一次风母管压力;对常压循环流化床锅炉而言,除控制一次风压外,还需对一次风量、一次风温(通过一次风加热床料)进行控制。

6.29.2.16

流化风压控制系统　fluidized air pressure control system

对常压循环流化床锅炉的流化风母管压力进行控制的模拟量控制系统。

6.29.3

汽轮机自启停系统　automatic turbine control;ATC

根据汽轮机运行参数及热应力指挥汽轮机控制系统及其他有关控制系统,共同完成汽轮机的启动、并网、带负荷、停止和安全经济运行过程的自动控制系统。

6.29.4

汽轮机控制系统　turbine control system

实现汽轮机各种运行工况自动控制的总称,即自动维持汽轮机转速和功率或发电机的功率和频率在指定值的自动控制系统。

6.29.4.1

机械液压式控制系统　mechanical hydraulic control system;MHC

由机械液压原理构成的敏感元件、放大元件和伺服机构所组成的汽轮机控制系统。简称液调系统。

6.29.4.2

电气液压式控制系统　electro-hydraulic control system;EHC

由按电气原理设计的敏感元件、按电气/液压原理设计的放大元件和液压伺服机构构成的汽轮机控制系统。简称电调系统。

6.29.4.3

数字电液控制系统　digital electro-hydraulic control system;DEH

由电气原理组成的敏感元件、数字电路(计算机),由电气/液压原理组成的放大元件和液压原理组成的伺服机构所组成的汽轮机控制系统。简称数字电调。

6.29.4.4

转速控制　speed control

汽轮机控制系统功能之一,用于启动、升速和定速过程中进行转速控制。

6.29.4.5

负荷控制　load governing

负荷调节

汽轮机控制系统功能之一,用于并网后对机组负荷进行控制。

6.29.4.6

负荷限制　load limit

汽轮机控制系统中的控制功能之一,通过限制汽轮机调节汽阀的开度来限制机组出力。

6.29.4.7

阀位控制　valve position control

汽轮机控制系统功能之一,直接控制汽轮机调节汽阀开度的控制方式。

6.29.4.8

喷嘴调节　nozzle governing

部分进汽　partial arc;PA

控制汽轮机喷嘴开启数量,从而改变进入汽轮机的蒸汽流量,用以控制汽轮机功率的调节方式。

6.29.4.9

节流调节　throttle governing

全周进汽　full arc;FA

用改变汽轮机调节汽阀开度的方法来改变进汽流量的调节方式。

6.29.4.10

甩负荷　load rejection

汽轮机控制系统功能之一,将汽轮机正常情况下所带的负荷,在发生电气故障的瞬间内全部或部分甩掉。

6.29.4.11

［调节汽门］快控　fast valving

汽轮机控制系统功能之一，当电网瞬间故障而使发电机大幅度甩负荷时，快速关闭调节汽阀，并在延迟一段短时间后，再自动开启调节汽阀，以减少机械和电气功率的明显不平衡，改善电力系统的暂态稳定，以免造成电力系统振荡。

6.29.4.12

阀门管理　valve management

进汽方式转换　FA/PA transfer

根据运行方式(定压、滑压)和负荷变化的要求，改变汽轮机调节汽阀的开启方式，使汽轮机在节流调节(全周进汽)或喷嘴调节(部分进汽)的情况下运行。

6.29.4.13

旁通调节　bypass governing

操纵旁通阀从而调节汽轮机功率的调节方式。

［GB/T 2900.46—1983，1.2.3］

6.29.4.14

电液调节　electro-hydraulic governing

汽轮机的压力、功率、转速等电信号，经综合放大，通过电液转换器，操纵液压执行机构以控制汽轮机运行的调节方式。

6.29.4.15

转速不等率　droop

速度变动率　permanent speed variation

汽轮机控制系统静态特性曲线的斜率。通常以对应空负荷与满负荷的转速差值与额定转速比值的百分数来表示。

6.29.4.16

迟缓率　dead band

静态特性曲线上下行时具有的不重合性，称为迟缓率。迟缓率通常以同一负荷位置上下行曲线对应的转速差值与额定转速比值的百分数表示。

6.29.4.17

调频运行　speed governing operation

通过调节系统的作用来增减机组负荷以控制电力系统频率的运行。

［GB/T 2900.46—1983，1.2.33］

6.29.4.18

调相运行　phasing operation

为改善电网中的功率因数，将汽轮发电机组带无功运行。

［GB/T 2900.46—1983，1.2.34］

6.29.4.19

调节汽阀　governing valve

调节蒸汽量以控制汽轮机功率或转速的阀门。

6.29.4.20

调速装置　speed control device

通过改变调节［汽］阀开度控制蒸汽流量使汽轮机在不同负荷时保持稳定转速的装置。

6.29.4.21

电液转换器 electro-hydraulic servo-valve

将电讯号转换为液压讯号的机构。

[GB/T 2900.46—1983,1.3.52]

6.29.4.22

错油门 pilot valve

滑阀

改变通往油动机油流路径的阀。

6.29.4.23

负荷限制器 load limiter

功率限制器

控制调节[汽]阀开度,使汽轮发电机组功率不超过给定值的装置。

6.29.4.24

油动机 servomotor

调速装置中用来开、关主汽阀、再热[汽]阀,控制主调节[汽]阀、再热调节[汽]阀开度的液压执行机构,起液压功率放大器作用,是一种液压伺服装置。

6.29.4.25

同步器 synchronizer

可在一定范围内平移调节系统静特性曲线,以整定汽轮发电机组转速或改变负荷的装置,也称转速变换器。

6.29.4.26

同步电动机 synchronizing motor

可以远距离控制的操作同步器的电动机,也称调速马达。

6.29.4.27

自复位装置 automatic runback device

汽轮机甩负荷,转速超过某 定值时,将同步器自动调整到额定转速位置的装置。

6.29.5

给水泵汽轮机数字式电液控制系统 boiler fccd-pump-turbine electro-hydraulic control system;micro-electro-hydraulic control system;MEH

用微型计算机及液压伺服机构实现给水泵汽轮机各项控制功能的控制系统。

注:实际上也是数字电液控制系统,但为了与主汽轮机的 DEH 相区别,习惯上称为 MEH。

6.29.6

燃气轮机控制系统 gas turbine control system

实现燃气轮机各种运行工况自动控制的总称,即自动维持燃气轮机转速、负荷、温度等在指定值的自动控制系统。

6.29.6.1

燃气轮机负荷控制系统 gas turbine load control system

控制燃气轮机负荷的自动控制系统。

6.29.6.2

燃气轮机转速控制系统 gas turbine speed control system

用于燃气轮机从空载到最大负荷之间进行转速控制的系统。

6.29.6.3

燃气轮机温度控制系统 gas turbine temperature control system

控制燃气轮机排气温度在规定值范围内的自动控制系统。

6.29.6.4

压气机入口导叶控制系统 compressor inlet guide vane control system

通过改变压气机入口导叶转角,从而控制进入压气机的空气量的自动控制系统。

6.29.7

旁路控制系统 bypass control system;BPC

机组旁路系统的自动投、切控制及旁路出口蒸汽压力、温度模拟量控制系统的总称。

6.29.8

自动发电控制 automatic generation control;AGC

根据电网负荷指令控制发电功率的自动控制。

6.29.9

自动调度系统 automatic dispatch system;ADS

根据电网负荷、被控机组微增率和线损,实现经济调度(负荷分配)的自动控制系统。

6.29.10

自动同期系统 automatic synchronization system;ASS

在汽轮机控制系统的支持下,实现发电机自动同期并网的控制系统。

6.29.11

除氧器压力控制系统 deaerator pressure control system

对除氧器压力进行控制的模拟量控制系统,一般为单回路控制系统。

6.29.12

除氧器水位控制系统 deaerator level control system

对除氧器水位进行控制的模拟量控制系统。除氧器水位控制常为全程控制,在机组启动和低负荷运行时,采用单冲量方式,在机组高于一定负荷值时,采用三冲量方式。

6.29.13

加热器水位控制系统 heater level control system

将高压或低压加热器水位调节在规定范围内的模拟量控制系统。

6.29.14

凝汽器热井水位控制系统 condenser hotwell level control system

将凝汽器热井水位调节在规定范围内的模拟量控制系统。

6.30

顺序控制系统 sequence control system;SCS

对机组的主机或某一工艺系统或主要辅机按一定规律(输入信号条件顺序、动作顺序或时间顺序)进行控制的控制系统。又称两位式控制系统或开关量控制系统。

6.30.1

功能组级控制 function group control

把工艺上互相联系并具有连续不断的顺控特征的设备或系统作为一个整体的控制,如锅炉汽水系统功能组控制。

6.30.2

子功能组级控制 function subgroup control

把某一辅机及其附属设备或某一局部工艺系统看作一个整体的控制,如送风机、引风机、给水泵子功能组的控制等。

6.30.3

驱动级控制　driving level control

设备级控制　device level control

对单个电动机、执行器或电磁阀等设备的基本控制，如密封风机设备级控制等。

6.30.4

备用设备自动控制　automatic stand-by control

两个或两个以上并列运行的设备(如泵)，在运行设备故障停止或出口压力降低时，备用设备自动启动的控制。

6.30.5

单个操作　one-to-one control

每个控制开关(或按钮)对应一台电动机的断路器(接触器)，并由它直接对这台断路器(接触器)进行跳合闸(开、关)操作。

6.30.6

选线操作　selective control

用某种方式对电动机的断路器(接触器)进行预选，而后由公用的操作开关(按钮)对电动机断路器(接触器)进行跳合闸(开、关)操作。

6.30.7

开关量操作器　on-off station

用于对辅助设备电动机进行启、停或开、关操作的设备。一般为操作开关或按钮。

6.31

烟气脱硫控制系统　flue gas desulfurization control system

对锅炉烟气脱硫工艺系统(通常包括吸收剂制备系统、烟气及二氧化硫吸收系统、副产品处置系统等)进行控制的控制系统总称。

6.32

烟气脱硝控制系统　flue gas de-NOx control system

对锅炉烟气脱硝工艺系统进行控制的控制系统总称。如对SCR(选择性催化还原)脱硝控制系统而言，通常包括对液氨装卸和供应系统、烟气脱硝处理系统、脱硝公用系统等的控制。

6.33

除灰渣控制系统　ash handling control system

对锅炉灰、渣、石子煤的收集、输送、处理工艺系统进行控制的控制系统总称。

6.34

输煤控制系统　coal handling control system

对卸煤、贮煤、输煤等运煤工艺系统进行控制的控制系统总称。

6.35

水处理控制系统　water treatment control system

对原水预处理、补给水处理、凝结水精处理、生产回水处理等水处理工艺系统进行控制的控制系统总称。

6.36

空冷控制系统　air cooling control system

对用于汽轮机排汽冷却凝结的直接空冷系统、间接空冷系统(如海勒式、哈蒙式)等工艺系统进行控制的控制系统总称。

6.37

全厂辅助车间集中控制系统　centralized auxiliary plant control system for whole plant

实现电厂内全部辅助车间或系统集中监视和控制的控制系统总称。

7　保护功能及系统

7.1

保护　protection

用于探测电站系统内的故障或其他异常工况、并清除故障和终止异常工况，触发信号或指示的措施或功能。保护可是保护设备或保护系统的通称，也可用于泛指全部电站系统内的保护或电站系统内单个类别的保护，如锅炉保护、除氧器保护等。

7.2

逻辑系统　logic system

系统中用于执行功能逻辑的决策和转换部分。一个逻辑系统为响应外部的输入和内部的逻辑而提供特别顺序的输出。逻辑系统包括：

a)　硬接线系统——各个设备及其互连接线；

b)　以微处理器为基础的系统：

　　(1)　计算机硬件、电源、I/O 装置及其互连部分；

　　(2)　操作系统和逻辑软件。

7.3

保护设备　protection equipment

由用于实现一个或多个规定的保护功能的以继电器为基础的硬逻辑系统或以微处理器为基础的软逻辑系统构成。保护设备是保护系统的一部分。

7.4

保护系统　protection system

由一个或多个保护设备和用于实现一个或多个规定保护功能的其他装置构成的集合体。

7.5

联锁功能　interlock functions

用于防止出现不安全运行工况、保护人员和设备安全、预防危险的功能，是电站仪表和控制系统所实现功能之一。联锁有两种含义：

a)　在相互关联设备间的生产流程中(如输煤系统、锅炉的燃烧系统)，为保证安全运行按先后次序安全启动/停止设备前或后的自动操作。

b)　为防止超出极限状况或不适当的操作程序，因而危及设备安全，采取关停设备中造成故障的有关设备，或启动相关备用设备或防止进入不恰当的操作程序，以避免危险工况的联动操作，如高压加热器切旁路。

7.6

安全功能　safety function

针对特定的危险事件，为达到或保持受控设备的安全状态，由可编程电子安全相关系统、其他技术安全相关系统或外部风险降低设施实现的功能。

7.7

功能安全　functional safety

与受控设备和受控设备控制系统有关的整体安全的组成部分，它取决于电气/电子/可编程电子安全相关系统、其他技术安全相关系统和外部风险降低设施功能的正确行使。

7.8

安全相关系统 safety-related system

所指的系统必需要能实现要求的安全功能以达到或保持受控设备的安全状态;并且自身或与其他可编程电子安全相关系统、其他技术安全相关系统或外部风险降低设施一道,能够达到要求的安全功能所需的安全完整性。

7.9

其他技术安全相关系统 other technology safety-related system

基于电气/电子/可编程电子技术之外的安全相关系统。如机械式安全阀。

7.10

安全完整性 safety integrity

在规定的条件下和规定的时间内,安全相关系统成功实现所要求的安全功能的概率。

7.11

安全完整性等级 safety integrity level;SIL

一种离散的等级(四种可能等级之一),用于规定分配给可编程电子安全相关系统的安全功能的安全完整性要求。在这里,安全完整性等级4是最高的,安全完整性等级1是最低的。见表1。

表1 安全完整性等级:在高要求或连续操作模式下分配给一个可编程电子安全相关系统的安全功能目标失效量

安全完整性等级 SIL	高要求或连续操作模式(每小时危险失效概率)
4	$\geqslant 10^{-9}$ 且 $< 10^{-8}$
3	$\geqslant 10^{-8}$ 且 $< 10^{-7}$
2	$\geqslant 10^{-7}$ 且 $< 10^{-6}$
1	$\geqslant 10^{-6}$ 且 $< 10^{-5}$
注:详细解释见 GB/T 20438.1—2006 中 7.6.2.9。	

7.12

炉膛安全监控系统 furnace safeguard supervisory system;FSSS

对锅炉(包括常压循环流化床)点火、燃烧器、油枪或气枪或床枪进行程序自动控制,防止锅炉(包括常压循环流化床)炉膛由于燃烧熄火、过压等原因引起炉膛外爆或内爆而采取的监视和控制措施的控制系统。它包括燃料安全系统和燃烧器控制系统。对煤粉(或燃油、燃气)锅炉,有时也称为燃烧器管理系统 burner management system(BMS)。

7.12.1

燃料安全系统 fuel safety system;FSS

当炉膛燃烧熄火时,保护炉膛不爆炸(外爆或内爆)而采取监视和控制的措施或装置。

7.12.2

燃烧器控制系统 burner control system;BCS

根据锅炉负荷变化的要求和炉膛燃烧器布置形式,自动切投燃烧器的控制系统。在中间储仓式制粉系统中可是单个或成对的切投燃烧器;在直吹式制粉系统中可是一台磨煤机及辅助设备的启停控制系统,也是一种可以接受负荷指令的顺序控制系统。

7.12.2.1

就地点火 local ignition

在就地对各燃烧器逐一进行点火操作。

7.12.2.2

远方点火 remote ignition

在控制室内对各燃烧器逐一进行点火操作。

7.12.2.3

自动点火 automatic ignition

按照程序规定的点火逻辑自动对各燃烧器进行点火操作。

7.12.3

总燃料跳闸 master fuel trip;MFT

由人工操作或保护信号自动动作,快速切除进入锅炉(包括常压循环流化床)的所有燃料(包括到炉膛、点火器、风道燃烧器等的燃料)而采取的控制措施。

7.12.4

总燃料跳闸继电器 master fuel trip relay

当总燃料跳闸触发时,用于将全部所需设备同时跳闸的机电继电器。

7.12.5

燃油切断 oil fuel trip;OFT

快速关闭燃油阀,切断进入锅炉的所有油量。

7.12.6

燃料切断 fuel trip

由联锁或运行人员动作使特定燃料自动切断。

7.12.7

火焰 flame

燃料和空气混合迅速转变为燃烧产物的化学过程中可见光或其他物理表现形式。

7.12.8

火焰包络 flame envelope

将燃料和空气转变为燃烧产物过程中可见或不可见的边界。

7.12.9

稳定火焰 stable flame

在锅炉负荷运行范围的最大变化率下,始终保持其连续性的火焰包络。

7.12.10

全炉膛火焰丧失 loss of all flame

表示炉膛熄火的一种指令,根据炉膛结构,有下列几种定义。

a) 对四角(或八角)切向燃烧炉膛:

1) 若采用单燃烧器火焰检测或层火焰检测方式,当每一层火焰检测器检测到的灭火信号大于2/4(或4/8)时;

2) 若采用全炉膛火焰检测方式,当2/4(或4/8)或以上的火焰检测器检测不到火焰信号时,定义为是全炉膛火焰丧失。

b) 对拱式燃烧炉膛:当检测到灭火信号大于某一数量时(可根据燃烧器数量及制造厂要求确定),定义为全炉膛火焰丧失。

c) 对对冲燃烧炉膛:当每一列燃烧器所布置的火焰检测器检测到的灭火信号大于某一数量时,定义为全炉膛火焰丧失。

7.12.11

单燃烧器火焰检测 individual burner flame detection

每一燃烧器都配置有用于检测各自的燃烧状况的火焰检测方式。

7.12.12

层火焰检测　elevation flame detection

在每两层燃烧器之间布置的火焰检测器，用来监视相邻两层燃烧器的燃烧状况的火焰检测方式。

7.12.13

全炉膛火焰检测　full furnace flame detection

在最上一层燃烧器的上方布置火焰检测器，用来检测全炉膛燃烧状况的火焰检测方式。

7.12.14

临界火焰　critical flame

运行的燃烧器中有一定数量以上的燃烧器火焰，在每一定的时间间隔内相继消失，极可能带来危险工况时的火焰状况。其中具体数量和时间间隔值一般由锅炉厂在综合考虑炉膛构造、总的燃烧器数量、受影响燃烧器占投入燃烧器的比值、受影响燃烧器的布置、负荷等多因素后确定。

7.12.15

角火焰消失　loss of flame to a corner

切向燃烧炉膛的任何一角中，有3个以上的燃烧器在运行，出现若干个燃烧器(数量可整定)的火焰消失。

7.12.16

部分火焰消失　partial loss of flame

炉膛的一个或多个单独的火焰包络或燃烧器火焰消失，而其他的火焰包络或燃烧器火焰仍维持。

7.12.17

吹扫　purge

用吹扫风量下的空气流或惰性介质流，以有效地清除任何气态或悬浮的可燃物，并用空气或惰性介质替换其可燃物。

7.12.18

吹扫风量　purge rate

以实现吹扫所需的足够流速流动的吹扫介质的恒定流量。

7.12.19

清扫　scavenging

在燃烧器或点火器停用后，使用许可的蒸汽或空气来清洗留在管道和燃烧器中剩余的液体燃料。

7.12.20

快速关断阀　safety shutoff valve;safety trip valve

响应正常或安全跳闸指令，自动且完全地关断供给主燃烧器或点火器气态或液态燃料的快速关闭阀。

7.13

汽轮发电机组保护系统　turbine-generator protection system

汽轮发电机组在起动和运行过程中，为防止汽轮发电机组本身及其系统或电网的故障危及机组安全的保护系统。

7.13.1

汽轮机紧急跳闸系统　emergency trip system;ETS

在汽轮机运行过程中出现异常时，能采取必要措施进行处理，并在异常情况继续发展到可能危及设备及人身安全时，能采取断然措施停止汽轮机运行的自动控制系统。

7.13.2

超速保护控制　over-speed protection control;OPC

一种抑制超速的控制功能。有采用加速度限制方法实现，也有采用双位控制方式实现。前者当汽轮机转速出现加速度时，发出超驰指令，关闭主调节[汽]阀、再热调节[汽]阀；当加速度为零时由正常转速控制回路维持正常转速。后者当汽轮机转速达到额定转速的103%时，自动关闭主调节[汽]阀、再热调节[汽]阀；当转速恢复正常时再开启这些调节汽阀，如此反复，直到正常转速控制回路可以维持额定转速；或者两种方法同时采用。

7.13.3

超速跳闸保护　over-speed protection trip；OPT

汽轮机保护系统功能之一，当汽轮机转速超过某一限值时迅速关闭主汽阀、主调节[汽]阀、再热[汽]阀和再热调节[汽]阀，自动跳机。

7.13.4

超速保护装置　overspeed tripping device

汽轮机转速超过额定转速一定值时，使汽轮发电机组紧急停机的各类机械或电气的保安装置。

7.13.5

危急遮断器　emergency governor；overspeed governor

危急保安器

汽轮机转速超过额定转速一定值时立即动作，使汽轮发电机组紧急停机的机构。

7.13.6

危急遮断油门　emergency governor pilot valve

危急遮断器动作后使主汽阀和再热[汽]阀关闭的错油门，又称危急保安油门。

7.13.7

电超速保护装置　electric overspeed tripping device

汽轮机转速超过额定转速一定值时，利用电磁力动作使汽轮机调节[汽]阀迅速关闭，维持机组在额定转速下运行的保安装置。

7.13.8

微分加速器　differential accelerator

以转子加速度作为信号，使汽轮发电机组调节[汽]阀迅速关闭，维持机组在额定转速下运行的保安装置。

7.13.9

主脱扣器　master trip

汽轮发电机组运行中发生异常情况时，用手操作或用电信号远距离操作使汽轮机停机的保安装置。

7.13.10

闭锁装置　lock out device

在汽轮机运行过程中进行危急遮断器试验时，防止汽轮机停机的装置。

7.13.11

低真空保护装置　vacuum trip device

凝汽器真空降低到一定值后，使汽轮机减负荷运行或停机的装置。

7.13.12

真空破坏器　vacuum breaker

汽轮机紧急停机时，为了破坏凝汽器真空而向排汽缸或凝汽器导入空气的装置。

7.13.13

润滑油压过低保护装置　low lube oil pressure tripping device

润滑油压力低于规定值时使汽轮机停机的装置。

7.13.14

手动跳闸装置　manual tripping device

汽轮机运行中发生异常情况时，直接手动停机的保安装置。

8　计算机控制系统

8.1

过程计算机系统　process computer system

通过适当的输入/输出接口直接与一个工厂技术装备连接进行过程数据的实时获取、处理和输出的计算机系统。

[GB/T 2900.56—2008,351.30.01]

8.2

集中过程计算机系统　central process computer system

用于全部过程控制的所有信息处理功能都位于单独技术单元内的计算机系统。

[GB/T 2900.56—2008,351.30.02]

8.3

分级递阶过程计算机系统　hierarchical process computer system

按高、低分级管理的一组交互过程计算机系统。

注：特定控制级的过程计算机系统影响较低级的过程计算机系统，并传输输出信息到更高级的过程计算机系统。

8.4

冗余过程计算机系统　redundant process computer system

几个过程计算机系统的专门安排，它们用相同的过程数据解决相同的问题，因此在一个过程计算机系统失效时，过程仍能正常运行。

[GB/T 2900.56—2008,351.30.04]

8.5

分散过程计算机系统　distributed process computer system

用于基本自主子过程的监视和控制的一套空间分散的过程计算机系统。

8.6

软件　software

计算机的系统程序、专用程序包、操作系统及其与数据处理和控制有关的文本总称。

8.6.1

支撑软件　support software

在程序研制过程中，包括从设计、检查、验证到改进所使用的工具。如制造厂提供的操作系统和语言处理系统。

8.6.2

应用软件　application software

为解决某个应用领域里特定应用功能的软件，如数据处理、控制等应用软件。

8.6.3

实时操作系统　real-time operating system

能够连续管理任务，因而在直接联机处理过程事件时可能在预定期间内做出反应的操作系统。

8.6.4

实时能力　real-time capability

保持任务在运行状态，因而它们能够在预定的时间间隔内对工艺过程事件做出反应的过程计算机的能力。

8.6.5

中断能力　interrupt capability

通过内部或外部产生的事件来中断一个正在运行中的任务的能力。过程计算机系统确保被中断任务在后一时刻能正确恢复。

8.6.6

重启能力　restart capability

任务在故障或损坏后恢复的能力。其要求是在损坏或故障前总能立刻保存任务状态，重启能够自动继续。

8.6.7

数据库　database

数据基

a） 一数据集，或一数据集的部分或全体，它至少包括足够为一给定目的或给定数据处理系统使用的一个文件；

b） 对一系统来说是基本的数据集合。

[GB/T 11457—2006，2.390]

8.7

硬件　hardware

计算机系统中实体装置的总称。如 CPU、模件、输入输出通道、存储器等。

8.7.1

固件　firmware

完成某些特定功能的功能模块器件。

8.7.2

模件　module

组装的硬件功能部件，一般是可以灵活组合与更换的标准的板件。

8.7.3

CPU 负荷率　CPU load rate

在某一时间，计算机或控制器等设备中的中央处理器所承担的总的计算负载量占其额定满负载能力的比率。

8.8　网络通讯

8.8.1

数据　data

有两种含义：

a） 用形式化方式表示事实、概念或指令，以适于人或自动装置进行通信、转换或处理。

b） 事物、概念或指令的一种适合于人工或自动方式进行通信、解释或处理的形式化的表示形式。

8.8.2

[数据]通信速率　communication speed

数据在信道中传输的速度。

8.8.3

比特　bit

位

二进制记数制中使用的数字 0 或 1。信息量的度量单位，为信息量的最小单位。

8.8.4

字节 byte

一种由若干位组成的串，视作一个单位，通常代表一个字符或字符的一部分。

注：a) 对一个给定的数据处理系统，一个字节中的位数是固定的。

b) 一个字节通常是8位。

[GB/T 5271.1—2000,01.02.09]

8.8.5

比特率 bit rate

比特的传送速度。通常表示为比特每秒、千比特每秒、兆比特每秒等。

8.8.6

波特 baud

调制率的单位，等于信号元素的数目每秒，其中所有的元素具有相等的长度，每个元素代表一个或多个比特。

8.8.7

比特差错 bit error

发送出的数字信号中的某个比特与接收到的数字信号中的相应比特之间的差异。

8.8.8

差错率 error ratio

在一段指定的时间内所接收到的数字差错数与在同一段时间内所接收到的数字总数之比。

注：差错率的数值通常用下列形式来表示

$n \cdot 10^{-P}$（10的$-P$次幂）。其中的P是一个正整数。

8.8.9

比特差错率 bit error ratio;BER

误比特率

误码率

错误比特数与在规定时间段所发送、接收或处理的比特总数之比。

8.8.10

丢包率 packet loss rate

所丢失数据包数量占所发送数据包总数的比率。

8.8.11

吞吐量 throughout

经过复杂通信系统的数据传输率或计算机系统的数据处理速率的量度。

8.8.12

带宽 band width

在模拟通信中是指所能传递的最高和最低频率之差，单位通常采用Hz；在数字通信系统中是指数据传输能力，单位通常采用bps。

8.8.13

抖动 jitter

数字信号的各个特征瞬间与其当时的理想位置的短期非累积性偏离。

8.8.14

通信负荷率 communication load rate

在规定时间内，通信线路上的通信量占其最大可通信总量的比率。

8.8.15

并行传输 parallel transmission

表示字符或其他数据实体的一组信号元素在若干分开的传输信道上进行的同时传输。

8.8.16

串行传输 serial transmission

表示字符或其他数据实体的一组信号元素在某一条传输信道上进行的顺序传输。

8.8.17

单工传输 simplex transmission

仅在一个预定方向上的数据传输。

8.8.18

半双工传输 half-duplex transmission

在两个方向中的任一方向,但在某一时间只能在一个方向上进行的数据传输。

8.8.19

双工传输 duplex transmission

全双工传输 full-duplex transmission

同一时间双向的数据传输。

8.8.20

异步传输 asynchronous transmission

一种数据传输,其中每个字符或字符块的起始时刻可是任意的,一旦开始,每个信号元素的出现时刻与固定时基的特征瞬间其有相同的关系。

8.8.21

同步传输 synchronous transmission

一种数据传输,其中每个信号元素的出现时刻与固定时基相关联。

8.8.22

接口 interface

由公共实体互连特性、信号特性和互换电路功能特性所规定的共同边界。在计算机中,接口是连接两个设备的硬部件(包括计算机各部分之间、计算机与计算机之间以及计算机与通信系统之间的连接设备),或者是为两个或更多的计算机程序所访问的存储器或寄存器的一部分。

8.8.23

总线 bus

把信号(或能量)从信号源输送到目的地的通路。它是多个部件间的公共连线,是从多数起点中的任一点到多数终点中的任一点传送信息的总通路。

8.8.24

令牌 Token

在网络各节点间连续循环的、描述网络当前状态的、唯一结构化的数据对象或消息。任何节点在发送消息之前,必须首先等待以获得令牌的控制权。

8.8.25

数据公路 data highway

至少由一条数据传输线互连的站间传输信息设备的总称。

8.8.26

[数据]网络 [data] network

一个数据源和一个或多个数据源之间传输信息的手段。一个数据网络可以包含一个或多个数据公路,这些公路把相同的或不同的成套装置互连起来。数据网络由这些数据公路与其互连的站内网络单元所组成。

8.8.27

双绞线 twisted pair

一种传输介质,由两根绞合在一起的绝缘电导体构成。

8.8.28

同轴线 coaxial pair

一种传输介质,由两根有共同轴的圆柱形导体构成,其中一根导体在另一根导体内。

8.8.29

同轴电缆 coaxial cable

由一对或多对同轴线构成的电缆。

8.8.30

光纤 optical fiber

一种传输介质,由一种纤维状能够运送光信号的波导构成。

8.8.31

通信协议 protocol

为实现通信而确定功能单元特征的一组规则。

8.8.32

广播 broadcast

数据网络的一种运行方式,即将同一数据传输到所有目的地。

8.8.33

组播 multicast

多播

数据网络的一种运行方式,即将同一数据传输到被选定的一组目的地。

8.8.34

存储转发 store-and-forward

数据网络的一种运行方式,即数据在重新发送到目的地之前被暂时存储。

8.8.35

局域网 local area network;LAN

一种配置在用户场所,在有限地域内用于数据站之间进行数据通信的数据网络。

8.8.36

拓扑结构 topology

指网络的物理构型,通常可分为总线型、星型、环型及自由拓扑结构(任意组合)。网络拓扑结构需要有对应的物理媒体和物理层通信协议的支持。

8.8.37

自由拓扑结构 free topology

一种通信连接方式,允许任意节点间以总线型、星型、环型或其任何组合进行连接。

8.8.38

域 domain

用于管理一个网络单元的虚拟网。域内的组和子网地址由负责管理这个域的管理员分配,并只在该域中有意义。

8.8.39

子网 subnet

一个域内节点的逻辑集合。一个域内最多可定义的子网数目及每个子网内可连接的设备数目由其编址模式决定。

8.8.40

信道　channel

服务于多个设备的物理通信媒体。信道特性包括物理媒体类型、拓扑结构、通信速率、最多可连接设备数目等。

8.8.41

路由器　router

一种选择路径(路由)来转发报文信息的网络设备,其目的地是该控制网络中另一个子网或域。该设备按照设备地址和优先权进行信息流控制。

8.8.42

网关　gateway

连接两个具有不同网络结构的计算机网络的功能装置。是在链路层之上操作的一个装置。该装置将一个网络所用的接口和协议转换为另一个不同网络所用的接口和协议。

8.8.43

[网络]交换机　switch

在计算机网络中,实现统计多路转换和包交换的设备。

8.8.44

网桥　bridge

连接两个具有相同或类似网络结构的计算机网络的功能装置。在遵循 OSI 规定的计算机网络中,网桥是工作在网络的数据链路层。

8.8.45

转发器　repeater

在一个局域网中,为了扩展数据站间信号传输范围或互联两个网络分支,用来重新生成信号的装置。

8.8.46

收发器　transceiver

对一个通信信道来说既是一个发送器又是一个接收器的设备。它是将智能设备微处理器芯片与物理信道相连接的部件。

8.8.47

防火墙　firewall

用于调解两个网络间的全部通信,并保护其中一个网络或网络中的某一部分免受非授权访问的功能单元。被保护的网络通常是一个组织的私有网络。防火墙可允许信息或文档在内网中传送至一个高安全工作站,但不允许其反向传送。

8.8.48

不兼容性　incompatibility

指在同一应用中两个或多个设备或系统无法一起工作。

8.8.49

可互连性　interconnectability

指两个或两个以上设备,不论其制造商,使用相同的通信协议和通信接口相互一起运行的能力。

8.8.50

可协作性　interworkability

指两个或两个以上设备,不论其制造商,在拥有数据输入、数据输出和参数等数据类型的设备间支持设备参数传送的能力。

8.8.51

可互操作性　interoperability

指不同制造商生产的两个或两个以上设备，在一个或多个应用中一起工作的能力。设备的数据输入、数据输出、参数、它们的语义和设备间相关功能性的应用程序定义之后，如果其中任意一个设备被另一个制造商类似的设备所替换，除了动态响应可能会有不同外，包括被替换设备的所有应用仍会如替换前一样继续运行。

8.8.52

可互换性　interchangeability

指不同制造商生产的两个或两个以上设备，在一个或多个应用中使用相同的通信协议和接口一起工作的能力，每个设备的数据和功能性定义之后，如果任意一个设备被替换，包括被替换设备的所有应用仍会如同替换前一样继续运行。

8.8.53

人机通信　man-machine communication

亦称人机对话。是指人通过输入装置给计算机输入命令和数据；计算机通过显示装置将处理和控制情况显示出来供人了解。为了便于人机通信，应研制、配套相应的软件。

8.9　人/机接口

8.9.1

工程师站　engineer station

供工业过程控制工程师使用的，对计算机系统进行组态、编程、修改等的站。

8.9.2

操作员站　operator station

供操作人员使用的一种控制台。它是操作员与计算机之间的人机接口设备，至少包括一个显示器，还包括一个或多个输入设备，如键盘、鼠标或光笔等。

8.9.3

服务器　server

在计算机网络中，为工作站、个人计算机或其他功能单元提供服务(可是专用服务或共享服务)的功能单元。如文档服务器、打印服务器等。

8.9.4

客户机　client

从服务器接收服务的功能单元，或向另一方请求服务的一方。

8.9.5

键盘　keyboard

一组有序的键阵列构成的装置，其功能是完成数据和指令的编码，并将其输入至终端和主机。

8.9.6

功能键　function key

键盘上的一种控制键，借助于它以设置、释放或完成一个特定的功能。

8.9.7

字符数字键　qwerty key

键盘上的一种键。当它与功能键配合使用时，可以实现数据、指令代码的键入或完成某种特定功能。

8.9.8

视频显示器　video display unit;VDU

计算机输出信息的显示器,可以显示字符、图表、语句等,通常利用阴极射线管、液晶等方式显示。显示器下附设键盘或球标、鼠标器等,用按键或鼠标等和显示器实现人机对话。

8.9.9

光笔　light pen

头部装有光电元件的笔状光检测装置。用于检测显示器画面上的光点,输入计算机并可对相应的信息进行修改、增添或删除。

8.9.10

球标　tracking ball

控制显示器上光标移动的一种设备。通过使球体前后左右移动,控制光标移动的方向。

8.9.11

鼠标　mouse

计算机图形技术中的一种定位器,通过在一表面上移动它来定位。

8.9.12

终端　[user] terminal

通常指用户用来与计算机系统进行联系的输入、输出设备。如带键盘的显示器、带光笔的图形显示器等。

8.9.13

智能终端　intelligent terminal;smart terminal

采用微处理器,由内部程序控制的、具有数据编辑和一定计算功能的终端。

8.9.14

外围设备　peripheral equipment

计算机系统中与CPU和主存储器分离的其他所有设备的总称。

8.9.15

打印机　printer

一种输出设备,将计算机输出信号打印、记录在纸上的设备。

8.9.16

硬拷贝　hard copy

a) 指复印装置或专门附设在显示装置旁的复印设备。

b) 指把计算机的输出打印或复写在纸上,直接供人阅读的数据文件(报告、表格图形等)。

8.10　信号和画面

8.10.1

信号　signal

载有由一个或几个参数表示的一个或几个变量的信息的物理变量。这些参数称为信号的"信息参数"。

8.10.2

数字信号　digital signal

信息参数表现为用数字表示的一组离散值中的信号。

8.10.3

模拟信号 analogue signal

信息参数表现为给定范围内所有值的连续信号。

8.10.4

画面 display

在计算机系统中，为了完成对生产过程的监视和操作，在屏幕显示器上预先定义的各种显示图像。

8.10.5

总貌画面 overview display

表示被控对象生产流程和设备状态、参数或控制系统配置总貌的画面。

8.10.6

过程画面 process display

表示某一被控对象的生产流程、设备状态和参数的画面。

8.10.7

控制画面 control display

表示过程变量的测量值、设定值、偏差值、输出值和整定参数以及回路状态等的一种画面。

8.10.8

报警画面 alarm display

按控制单元发出的过程报警的顺序，以不同的颜色或不同的光符来显示报警概貌的一种画面。通过该画面，操作者可以方便地观察到哪一个点或哪一些点处于报警状态。

8.10.9

实时趋势画面 real-time trend display

按一定的采样时间（例如 10 s），将一时间间隔（例如 20 min）内不同参数的数据，记录于存储器中，并分别以曲线形式显示的一种画面。

8.10.10

历史趋势画面 historical trend display

按一定的采样时间（例如 5 min），对不同的参数进行长时间（例如 10 d）采集并存于存储器中，在需要时，可以调出某段时间内的数据，以曲线形式显示的一种画面。

8.10.11

自诊断报警画面 self-diagnostic alarm display

对过程控制站、操作站、通信网络等进行功能诊断，当发生异常时显示其异常状态的一种画面。

8.10.12

棒图画面 bar chart display

以棒状形式表示一组相同参数（如汽轮机轴瓦温度）的画面。

8.10.13

开窗口 display for window

将图形中的某一区域显示在屏幕上，以便观察大而复杂的图形。

8.11

过程接口 process interface

过程计算机与工艺过程之间的接口，用于在两者之间进行数据通信。

8.11.1

过程外围设备 process peripherals

用于过程接口的所有输入/输出设备，包括传感器和终端主控元件。

8.11.2

模拟输出单元 analogue output unit

从过程计算机系统输出模拟信号的功能单元。

8.11.3

数字输出单元 digital output unit

从过程计算机系统输出数字信号的功能单元。

8.11.4

模拟输入单元 analogue input unit

输入模拟信号到过程计算机系统的功能单元。

8.11.5

数字输入单元 digital input unit

输入数字信号到过程计算机系统的功能单元。

8.11.6 **输入/输出**

8.11.6.1

数字量输入 digital input;DI

开关量输入 on-off input

不连续的数字量输入。

8.11.6.2

模拟量输入 analog input;AI

连续变化的物理量输入。

8.11.6.3

数字量输出 digital output;DO

开关量输出 on-off output

不连续的数字量的输出。

8.11.6.4

模拟量输出 analog output;AO

连续变化的物理量的输出。

8.11.6.5

脉冲量输入 pulse input;PI

不连续的触发信号量的输入。

8.11.6.6

脉冲量输出 pulse output;PO

不连续的触发信号量的输出。

8.11.7

输入设备 input device;input unit

在数据处理系统中能把数据送入此系统的一种设备。

8.11.8

输出设备 output device;output unit

在数据处理系统中能从该系统送出数据的一种设备。

8.11.9

输入输出设备 input-output device;input-output unit

在数据处理系统中用来将数据送入系统,或从系统接收数据,或两者兼备的设备。

8.11.10

过程输入输出通道　process input/output channel

直接与过程相连的输入和输出功能部件的总称。这些功能部件将被控参数(例如温度、压力、流量、液位、物位、成分、阀位、触点等)相应的模拟量信号、数字量信号、开关量信号、脉冲量信号和频率信号等,转换为工业控制计算机所能接受的数字量信号输入,并把工业控制计算机输出的数字量信号转换成实现过程控制所需的相应物理量。亦称过程通道。

8.11.11

模-数转换器　analogue-digital (A/D) converter

将模拟输入信号转换成数字输出信号的转换器。

8.11.12

数-模转换器　digital-analogue (D/A) converter

将数字输入信号转换成模拟输出信号的转换器。

8.12　计算机监控

8.12.1

计算机监视系统　computer monitoring system

对生产过程中参数或设备状态进行巡回检测,并经处理后进行显示、打印、报警的计算机系统。用于作为分散控制系统的一部分时称"数据采集系统"(data acquisition system;DAS)。

8.12.2

计算机监控系统　computer supervisory system

将生产过程中的参数、被控对象状态周期性地进行检测处理,并按预定的控制规律、策略进行控制的计算机系统。

8.12.3

数据采集　data acquisition

将计算和管理过程以及过程控制中的数据加以采集,转换为数字信号进行适当处理的过程。

8.12.4

数据处理　data processing

对数据进行系统的操作,如线性化、补偿及运算等。

8.12.5

数据记录　data record;data logging

将计算机检测处理过的数据打印记录,一般通过打印机打印出来。

8.12.6

历史数据存储　historical data storage

将重要的运行参数定期地存入存储器中保存,在必要时,可以随时调出显示或打印,存储时间可以是一个月、一年或数年。

8.12.7

定时打印　periodic logging

将计算机检测处理的数据按预定的格式定时打印。

8.12.8

追忆打印　post trip logging

在机组出现事故时,将事故前、后一定时间内指定的参数数据打印出来。

8.12.9

随机打印　real time logging

根据需要启动或按预定的方式(参数报警、设备启停等)启动打印机,及时将有关参数或设备的开关状态打印出来。

8.12.10

事件顺序记录　sequence of event;SOE

在发生事故时,记录开关动作的顺序,按时间先后打印出来。

8.12.11

VDU显示　VDU display

将数据采集系统中的检测和处理结果在VDU上显示出来,如成组参数显示、棒图显示、流程图显示、曲线显示、趋势显示。

8.12.12

性能计算　performance calculation

将数据采集系统中检测和处理的数据,根据预定的公式对机组运行性能进行计算,如厂用电率、锅炉效率、汽轮机效率、机组效率、煤耗、热耗等。

8.12.13

操作指导　operator guidance

对机组启、停、事故处理等步骤用画面或文字显示,也可根据报警自动推出画面,给值班员以指导性信息。

8.13

分散控制系统　distributed control system;DCS

采用计算机、通信和屏幕显示技术,实现对生产过程的数据采集、控制和保护等功能,利用通信技术实现数据共享的多计算机监控系统,其主要特点是功能分散,操作显示集中,数据共享。根据具体情况也可以是硬件布置上的分散。

8.13.1

过程控制级　process control level

分散控制系统结构中最基础的一级,该级由各种形式的过程采集站、控制站组成,各站直接与检测仪表和执行机构相连,完成工艺过程数据的采集和处理,并对工艺过程进行控制和监视。

8.13.2

监控级　supervision level

分散控制系统结构中过程级的上一级。由人机接口及有关外围设备组成。该级主要完成监视控制与最佳控制以及集中监视操作处理等功能。

8.13.3

管理级　management level

分散控制系统结构中最上面的一级,由管理人员人机接口等组成。该级以综合信息管理与处理功能为主,包括生产调度、系统协调、质量控制、制作报表、收集运行数据和进行综合分析、提供决策支持等。

8.13.4

控制站　control station

分散控制系统过程控制级中的一种站,用以实现对工业生产过程的直接数字控制。控制站可以独立工作,也可与数据公路连接组成多级监控系统。

8.13.5

数据采集站 data acquisition station

分散控制系统过程控制级中的一种站，用于大批量的运行参数或实验数据的采集，将其进行适当的转换和处理。数据采集站可以独立工作，也可以与数据公路连接组成多级监控系统。

8.13.6

顺序控制站 sequential control station

由可编程逻辑控制器或分散控制系统控制站组成，用以实现工艺过程的顺序控制。顺序控制站可以独立工作，也可与数据公路连接组成多级监控系统。

8.13.7

过程站 process station

是控制站和数据采集站的总称。

8.13.8

远程 I/O remote I/O

远离可编程逻辑控制器或分散控制系统等计算机控制系统的 CPU 而布置的输入/输出模件。

8.13.9

远程站 remote station

通过数据链路连接至计算机的一个终端。

8.13.10

远程控制站 remote control station

包含运行控制和调节设备并布置在现场的控制站。

8.13.11

功能模块 function block

按规定格式编制成的具有某种输入/输出、运算、处理、调节控制、报警等功能的程序模块。

8.13.12

组态 configuration

配置

在分散控制系统中，用户根据系统要求对不同的功能模块进行适当组合与连接的过程叫软件组态。在分散控制系统中，用户根据系统要求，将不同功能的站、模件和外围设备进行合理组合与连接称硬件配置。

8.14

现场总线控制系统 field-bus control system；FCS

一种利用现场总线技术，构成集成式的全分散控制系统。把现场测量、控制设备连接成网络系统，按公开、规范的通信协议，在位于现场的具有多种测控计算功能的设备之间，以及现场仪表与监控计算机之间，实现双向数据传输与信息交换，并对现场设备进行实时诊断、管理、维护的系统。

8.15

可编程逻辑控制器 programmable logic controller；PLC

常特指用于顺序控制的专用计算机。通过控制器上的编程板或主计算机，通常利用布尔逻辑或继电器梯形图编程语言来改变其顺序控制逻辑。也可泛指用于机电过程自动控制的数字计算机，也称可编程控制器。不同于通用计算机，PLC 配置有多个输入和输出装置，可承受更宽的温度变化范围、更苛刻的电气噪声、振动和冲击等。

8.16

工控机 industrial personal computer；IPC

一种加固的、可在工业环境中可靠运行的、基于 PC 的增强型计算平台。IPC 主要用于过程控制和/或数据采集,有时在分布处理环境下也可用作另一控制计算机的前端。

8.17

可编程自动控制器　programmable automation controller;PAC

专指融合了传统 PLC 和基于 PC 的控制系统功能的新一代工业控制器。从而 PAC 不仅具有 PLC 的可靠性,而且拥有 PC 的任务灵活性和计算能力。

8.18

客户机/服务器系统　Client/Server system;C/S

建立在客户/服务器结构上的一种计算机应用系统。其系统结构是指把一个大型的计算机应用系统变为多个能互为独立的子系统,而服务器便是整个应用系统资源的存储与管理中心,多台客户机则各自处理相应的功能,共同实现完整的应用。用户使用应用程序时,首先启动客户机通过有关命令告知服务器进行连接以完成各种操作,而服务器则按照此请示提供相应的服务。

8.19

计算机集群　clusters

集群

计算机集群是一种计算机系统,它通过一组松散集成的计算机软件和/或硬件连接起来高度紧密地协作完成计算工作。在某种意义上,它们可以被看作是一台计算机。集群系统中的单个计算机通常称为节点,通常通过局域网连接,但也有其他的可能连接方式。集群计算机通常用来改进单个计算机的计算速度和/或可靠性。一般情况下集群计算机比单个计算机,比如工作站或超级计算机性能价格比要高得多。

8.20　控制器

8.20.1

[反馈]控制器　[feedback] controller

能自动地工作,通过将被控变量值与参比变量值相比较后改变被控变量从而缩小两者之间差异的装置。如流量控制器、温度控制器等。

8.20.2

比例控制器　proportional controller

仅产生比例控制作用的控制器。

8.20.3

积分控制器　integral controller

仅产生积分控制作用的控制器。

8.20.4

比例积分控制器　proportional plus integral controller;PI controller

产生比例和积分控制作用的控制器。

8.20.5

比例微分控制器　proportional plus derivative controller;PD controller

产生比例和微分控制作用的控制器。

8.20.6

比例积分微分控制器　proportional plus integral plus derivative controller;PID controller

产生比例、积分和微分控制作用的控制器。

8.20.7

时序控制器　time schedule controller

设定点或参比输入信号自动按预定时间表执行的控制器。

8.20.8

比值控制器　ratio controller

在两个或多个变量间保持预定比率的控制器。

8.20.9

采样控制器　sampling controller

采用间断观察到的信号值，如设定点信号、驱动偏差信号或表示被控变量的信号来影响控制作用的控制器。

8.20.10

自力式控制器　self-operated controller [regulator]

从被控系统获取操作终端控制元件的全部能量的控制器。

8.20.11

通断控制器　on-off controller

两个离散值中一个为零的两位控制器。

8.20.12

多位控制器　multi-step controller

具有两个以上离散输出值的控制器。

8.20.13

两位控制器　two-step controller

具有两个离散输出值的控制器。

9　厂级信息系统

9.1

信息　information

关于客体(如事实、事件、事物、过程或思想，包括概念)的知识，在一定的场合中具有特定的意义。

9.2

信息处理　information processing

对信息操作的系统执行，包括数据处理，也可包括诸如数据通信和办公自动化之类的操作。

9.3

信息系统　information system

具有相关组织资源(如人力资源、技术资源和金融资源)的一种信息处理系统，提供并分配信息。

[GB/T 5271.1—2000,01.01.22]

9.4

能力成熟度模型　capability maturity model;CMM

对软件组织在其不断改进的过程中，定义、实施、测量、控制和改进其软件过程所历经的进化阶段的描述。该模型便于软件组织确定其当前软件过程的能力和标识对改进软件质量和过程最关键的问题，从而指导软件组织选择过程改进策略。

[GB/T 11457—2006,2.183]

9.5

成熟度等级　maturity level

在朝着实现成熟软件过程的目标前进过程中，组织的不断进化但又相对稳定的软件过程的一种妥善定义的状态。能力成熟度模型中的五个成熟度等级是：

a)　初始级：软件过程处于无序甚至混乱的状态。几乎没有什么经过定义的过程，成功完全依赖于有经验的软件经理及高水平的软件队伍。

b） 可重复级：已建立基本的项目管理过程，对成本、进度和功能特性进行跟踪。已建立必要的过程纪律，使类似项目能重复以前的成功。

c） 已定义级：软件过程在管理活动和工程活动两方面均已文档化、标准化，并集成为组织的标准软件过程。每个项目均采用组织的标准软件过程的经剪裁并得到批准的子集。

d） 定量管理级：已采集关于软件产品和过程质量的详细测量数据。无论软件过程还是产品均得到定量的了解和控制。

e） 优化级：利用过程实施中的定量反馈信息和新思想、新技术的先导性试验中的定量反馈信息，使组织能持续进行过程改进。

[GB/T 11457—2006,2.918]

9.6

[宿]主机　host machine

a） 程序或文件所装入的计算机。

b） 用以开发供另一台计算机用的软件的计算机。

c） 用以模仿另一台计算机的计算机。

d） 在计算机网络中，为该网络的用户提供处理能力的计算机。

9.7

可扩展性　extendability

系统或部件能修订以增加它的存储或功能的能力的情况。

[GB/T 11457—2006,2.594]

9.8

可行性　feasibility

对于系统或部件的需求、设计或计划在存在的约束下仍能实现的程度。

[GB/T 11457—2006,2.619]

9.9

灵活性　flexibility

系统或部件能轻而易举地加以修改以便能在不是设计规定的应用程序或环境中使用的特性。

[GB/T 11457—2006,2.634]

9.10

互操作能力　interoperability

互操作性

a） 两个或多个系统或部件交换信息并相互使用已交换的信息的能力。

b） 两个或两个以上系统可互相操作的能力。

9.11

可维护性　maintainability

a） 软件系统或部件能修改以排除故障、改进性能或其他属性或适应变更了的环境的容易程度。

b） 硬件系统或部件能从执行它所要求的功能的状态得到或重新存放回去的容易程度。

9.12

可重用性　reusability

可复用性

软件模块或其他工作产品能由多于一个计算机程序或软件系统使用的程度。

9.13

可扩缩性　scalability

软件系统可以在不同规模、不同档次的硬件平台上运行的能力。

[GB/T 11457—2006,2.1411]

9.14

可使用性　usability

方便用户学习操作,为系统或部件准备输入和解释系统或部件的输出。

[GB/T 11457—2006,2.1801]

9.15

安全[性]　security

保密[性]

对计算机硬件、软件进行的保护,以防止其受到意外的或蓄意的存取、使用、修改、毁坏或泄密。安全性也涉及对人体、数据、通信以及计算机安装的物理保护。

[GB/T 11457—2006,2.1420]

9.16

完整性　integrity

系统或部件防止未授权访问或修改计算机程序或数据的程度。

[GB/T 11457—2006,2.789]

9.17

兼容性　compatibility

a) 两个或两个以上系统或部件,当共享相同的硬件或软件环境执行它们所要求的功能可得到同样结果的能力;

b) 两个或两个以上系统或部件交换信息的能力。

[GB/T 11457—2006,2.249]

9.18

模块性　modularity

计算机程序由离散部件组成的特性,以便使一个模块的变更对其他模块的影响最小。

9.19

运行可靠性　operational reliability

在实际使用环境中,系统或软件子系统的可靠性。运行可靠性可能与规定环境或测试环境中的可靠性有很大的不同。

[GB/T 11457—2006,2.1063]

9.20

可移植性　portability

系统或部件能从一种硬件或软件环境转换至另外一种硬件或软件环境的特性。

9.21

软件开发周期　software development cycle

从决定开发一个软件产品开始到产品交付结束的时间周期。这个周期典型地包括需求阶段、设计阶段、实现阶段、测试阶段,有时还包括安装和验收阶段。依据所用的软件开发方法,这些阶段可以覆盖或重复执行。

9.22

生存周期模型　life-cycle model

一个框架,它含有从需求定义到使用终止,跨越整个生存期的系统开发、操作和维护中所需实施的过程、活动和任务。

[GB/T 11457—2006,2.851]

9.23

软件生存周期 software life cycle

当软件产品从构思开始至软件不再可用结束的时间周期。软件生存周期典型地包括:需求阶段、设计阶段、实现阶段、测试阶段、安装和验收阶段、操作和维护阶段,有时还包括退役阶段。这些阶段可以覆盖或重复执行。

9.24

系统开发周期 system development cycle

从决定开发系统开始至系统交付给用户结束的时间周期。

9.25

系统生存周期 system life cycle

从系统构思开始至系统不再可用结束的时间周期。

9.26

集成 integration

把软件、硬件部件或两者合成为一个完整的系统的过程。

[GB/T 11457—2006,2.787]

9.27

集成测试 integration testing

把软件部件、硬件部件或两者组合起来进行的测试,并测试以评价它们之间的交互。

9.28

集成软件管理 integrated software management

基于组织的标准软件过程和相关过程资产,将软件工程和管理活动统一并集成为一个协调定义的软件过程。

[GB/T 11457—2006,2.786]

9.29

风险管理 risk management;RM

一种问题分析的手段,它采用风险概率分析,对某情况的风险进行权衡研究,以便更精确地了解所涉及的风险。风险管理包括风险的识别、分析、优先级排序和控制。

[GB/T 11457—2006,2.1394]

9.30

开放系统 open system

一种按标准建立起来的计算机系统。开放系统的主要特征是:兼容性、可移植性、互操作性、可扩缩性。开放系统可以使用户摆脱特定厂商的控制,并有利于提高软件厂商的效益。

9.31

计算机资源 computer resource

为一给定的目的可用的计算机装备、程序、文档、服务、设施、供给和个人。

[GB/T 11457—2006,2.287]

9.32

计算机安全 computer security

保护数据和资源防止偶然的或恶意的动作的破坏,这些动作可以是丢失,或非授权的修改、破坏、访问、泄露或采集。

[GB/T 11457—2006,2.288]

9.33

计算机软件部件　computer software component

计算机软件配置项的功能的或逻辑的显著的部分，典型地是两个或多个软件单元的集合。

[GB/T 11457—2006，2.289]

9.34

计算机软件配置项　computer software configuration item

为配置管理设计的软件的集合，它在配置管理过程中作为单个实体对待。

[GB/T 11457—2006，2.290]

9.35

计算机系统　computer system

由一台或多台计算机和相关软件组成的一种功能装置（系统）。

[GB/T 11457—2006，2.291]

9.36

计算中心　computer center

设计为各种用户通过计算机和硬件操作以及通过其雇员的服务以提供计算机服务的设施。

[GB/T 11457—2006，2.293]

9.37

需求分析　requirements analysis

a）研究用户需要以得到系统、硬件或软件需求的定义的过程。

b）研究和重新定义系统、硬件或软件需求的过程。

[GB/T 11457—2006，2.1363]

9.38

功能需求　functional requirement

规定系统或系统部件必须能够执行的功能的需求。

[GB/T 11457—2006，2.667]

9.39

功能测试　functional testing

a）忽略系统或部件的内部机制，只集中于响应所选择的输入和执行条件产生的输出的一种测试。

b）有助于评价系统或部件与规定的功能需求遵循性的测试。

9.40

数据仓库　data warehouse

将整个企业的数据，不管其地址位置、格式和通信要求，全部集成在一起，并能把当前使用的业务信息分离出来，保证关键任务的联机事务处理应用的安全性和完整性，同时可以访问各种各样的数据库。数据仓库不是单一的产品，而是由软硬件技术组成的环境，它把各种数据库集成为一个统一的数据仓库，并且把各种数据转换成面向主题的格式，能从异构的数据源中定期抽取、转换和集成所需要的数据，便于最终用户访问，并能从历史的角度进行分析，最后做出战略决策。

9.41

数字化　digitalization

以数字形式表示或表现本来不是离散数据的数据。如将模拟图像或声音等转化为数字码，以便这些信息能由计算机系统处理与存储。在信息化时代，数字化已经变成代表信息化程度的一个重要指标。

9.42

电子签名　electronic signature

在数据电文中，以电子形式所含、所附或在逻辑上与数据电文有联系的数据和与数据电文有关系的确认表现方式。它可用于鉴别与数据电文有关的签字持有人和表明与人认可的数据电文所含的信息。它是通过计算机采集和验证个人签名,并将文档捆绑在一起,达到与纸上签名同样效果,从而实现无纸化办公的一种技术。

9.43

企业资源计划　Enterprise Resource Planning;ERP

由美国 Gartner Group 于 20 世纪 90 年代初提出来的概念,它是在 MRPII 的基础上发展起来,采用计算机技术的新成就,将供需链管理(SCM)和企业业务流程重组(BPR)放在重要位置的管理理论。ERP 所管理的对象包括了企业人、财、物、时间等所有的资源和产、供、销等所有的业务。ERP 扩展了企业内部各种管理功能的信息集成,而且超出了企业本身的范围,实现了整个供需链上所有相关业务的信息集成。与 MRPII 相比有了革命性的发展,并且还会随着技术进步和管理思想的发展不断充实,是一种应用信息技术的管理系统。

9.44

企业资产管理　enterprise asset management;EAM

对组织内实物资产进行全生存周期内的最优管理,以使其价值最大化。它覆盖工厂、设备和设施的设计、建设、调试、运行、维修、退役和更换等各个阶段。通过资产管理,组织能改进资产可利用率和性能,减少投资费用,减少与资产相关的运行成本,延长资产寿命,从而改善资产收益率。

9.45

关系数据库　relational database

基于关系模式,将信息存储在表格中(按行和列存储数据),利用一张表格中的某些列的数据查找其他表格中数据的数据库或数据库管理系统。

9.46

实时/历史数据库　real-time/historial database

用于实时处理并在线存储实时性动态数据的数据库或数据库管理系统。与关系数据库的主要区别在于其具有对数据和事务施加和处理显式定时限制的能力。

9.47

智能数据库　intelligent data base

一种新型的数据库。它是数据库技术和人工智能的结晶;不仅具有数据库的功能,可以提供强大的数据支持,还具有人工智能的思想,可以用知识形式表示满足设计工作不断发展的需要。这种智能数据库为设计工作处理各种复杂的问题和满足各种特殊需要提供了可能。

9.48

智能工程　intelligent engineering

一种关于知识的自动化处理和应用的新技术。在一般情况下,知识既包括理论性知识,也包括经验性知识。智能工程是探索关于知识的表示、获取(包括学习)、保存(记忆)、变换(交换)、运用(包括检索、推理及其他形式的加工)的方法和如何实现的技术,也称之为知识工程。

9.49

制造执行系统　manufacturing execution system;MES

位于上层的计划管理系统(如 ERP)与底层的工业控制系统之间的面向工厂车间层的管理信息系统。具有实时收集生产过程中数据,并作出相应分析和处理的功能,实现从订单下达到产品完成的整个生产过程的优化控制和管理。

9.50

管理信息系统　management information system;MIS

一个由人和计算机网络集成的人机系统。它能提供企业管理所需信息以支持一个企业的生产经营和决策。一般由决策支持层、控制管理层和事务处理层构成。它包括决策支持系统,生产、计划、物资、财务、销售、人事、档案等子系统。系统以数据、图标及报表的方式供管理者查询及决策,以达到对企业生产经营的优化管理和最佳控制。

以厂长为决策支持层,由厂级的生产、计划、物资、财务、销售、人事、档案等子系统组成的管理信息系统,称为厂级管理信息系统。

9.51

厂级监控信息系统　supervisory information system for plant level;SIS

建立发电厂内生产过程实时/历史数据库平台、为全厂实时生产过程综合优化服务的实时生产过程监控、管理的信息系统。

9.52

功能站和客户机　function computer and client computer

完成厂级监控信息系统应用功能和管理功能的计算机或服务器,称为功能站,包括数据库服务器、应用软件功能计算机或服务器、系统备份服务器、防病毒服务器,维护管理计算机。系统内的其他计算机工作站称为客户机。

9.53

客户/服务器模式　client-server model;C/S

客户/服务器结构　client-server architecture

一种将服务提供方(即服务器)和服务请求方(即客户)之间的任务或工作量分隔开的分布应用结构。通常客户和服务器是分开的硬件,通过计算机网络实现通讯(但有时客户和服务器也可从属于同一系统)。服务器机器是运行一个或多个与客户共享资源的服务器程序的主机,客户不拥有任何其自身资源,但可通过通讯对话请求服务器的内容或应用功能。即 Client 程序的任务是将用户的要求提交给 Server 程序,再将 Server 程序返回的结果以特定的形式显示给用户;Server 程序的任务是接收客户程序提出的服务请求,进行相应的处理,再将结果返回给客户程序。

9.54

浏览器/服务器模式　browser-server model;B/S

浏览器/服务器结构　browser-server architecture

对客户/服务器模式的扩展是 WEB 技术兴起后的一种网络结构模式。通常客户端只需安装 WEB 浏览器,通过浏览器实现对 WEB 服务器(包括数据库服务器)的访问。

9.55

网络逻辑隔离　logical network isolation

通过逻辑隔离手段实现网络之间的逻辑隔离。被隔离的网络两端仍然存在物理上数据通道连线,但通过技术手段保证被隔离的两端没有数据通道,即实现网络逻辑上的隔离。

9.56

网络物理隔离　physical network isolation

通过物理隔离手段实现网络之间的物理隔断,即网络数据包不能从一个网络直接流向另外一个网络,并且可信网络上的计算机和不可信网络上的计算机从不会有实际的连接,但允许可信网络和不可信网络之间进行信息安全交换。

9.57

网络安全隔离网闸　net security separate GAP

一种使用带有多种控制功能的固态开关存储介质连接两个独立网络系统的信息安全设备,可以实现内、外网络之间的物理隔离,但逻辑上仍能实现网络间的数据安全交换。其硬件主要包括专用安全隔离切换装置(存储介质)、内部处理单元和外部处理单元。

9.58

诊断　diagnostic

根据症状判断故障性质的手段或活动。

9.59

诊断正确率　diagnostic correctness

实体(元件、部件、子系统、功能单元、设备或系统等)的故障在给定条件下能被正确诊断的比例。

9.60

寿命管理　life management

以评估被管理对象的寿命损耗为基础而进行的、使电厂以最低成本安全运行的技术和管理方法。被管理的对象可以是部件、材料、设备、机组、电厂以至地区电力公司所属的所有电厂和系统等。

9.61

状态检修　condition-based maintenance;CBM

预知性检修　predictive maintenance;PDM

根据状态监测、分析诊断确定的设备实际技术状况来决定检修日期和对象的预防性检修。

9.62

以可靠性为中心的维修　reliability-centered maintenance;RCM

按可靠性工程原理组织维修的一种科学管理策略,即按最少维修资源消耗保持产品固有可靠性和安全性进行预防性维修的原理逻辑或系统性方法。

9.63

旋转机械振动监测和故障诊断系统　vibration monitoring and fault diagnostics for rotating machinery

一个能采集旋转机械振动数据(如汽轮机各轴承的振动),通过专家系统软件综合分析旋转机械运行状况,对存在的隐患进行判断、预告或处理的专用装置。它包括振动检测及计算机数据采集系统和专用的应用软件。

9.64

性能监测与故障诊断技术　performance monitoring and fault diagnosis technology

实时计算或监测发电机组或设备整个运行过程中的各项性能指标(如机组发电热耗、锅炉效率等),并对目标值和计算值偏差进行综合分析,实现对相关设备或系统热力、电气、机械等故障诊断的技术。

9.65

润滑液监测与故障诊断技术　lube fluid monitoring and fault diagnosis technology

对被监测机器所用润滑液的性能变化和携带的磨损颗粒进行监测与分析,获得机器设备的润滑和磨损状态信息,从而评价机器工况、预测或诊断故障的技术。

9.66

红外温度监测与故障诊断技术　infra-red temperature monitoring and fault diagnosis technology

接收机器设备的红外辐射,测出其表面温度及温度场分布,并分析其温度场空间分布特征和热像图谱,及早发现事故隐患或诊断设备故障的技术。

9.67

泄漏监测与故障诊断技术　leakage monitoring and fault diagnosis technology

利用声波(或超声波)发射、氦检漏等技术,无损检测及诊断分析真空或压力容器、管道系统及各种密封性设备泄漏(包括内漏、外漏等)的技术。

9.68

数字化电厂　digitalization power plant

数字化电厂是电厂数字化达到一定程度后的概念。通常认为,电厂各级控制和管理系统(包括现场设备等基础单元)均进入数字化后才可称之为数字化电厂。

10 可靠性

10.1

能力 capability

产品自身具有的能完成某种规定工作的一种内在品质的度量。

10.2

故障 fault

实体(元件、部件、子系统、功能单元、设备或系统等)完成规定功能的能力下降或丧失的状态。

10.3

故障机理 fault mechanism

引起故障的物理、化学或其他等过程。

10.4

故障模式 fault mode

故障发生的类型或方式。

10.5

潜在故障 latent fault

确实存在而尚未被发觉的故障。

10.6

瞬时故障 temporary fault

能够自身消除,或能够通过保护装置快速断电而消除的故障。

10.7

间歇故障 intermittent fault

未经任何矫正性维修而在有限的持续时间内自行恢复执行规定功能的故障。该种故障往往反复出现。

10.8

持久故障 persistent fault

在完成矫正性维修之前,持续存在的故障。

10.9

严重故障 critical fault

可能导致人员伤害、重要物件损坏或其他不可容忍后果的故障。

10.10

故障识别 fault recognition

识别故障的活动。

10.11

故障识别时间 fault recognition time

出现失效的瞬间到故障被识别之间的时间。

10.12

故障分辨率 fault resolution

诊断系统能将故障在被诊断系统或设备内定位的程度。

10.13

故障定位　fault localization

确定故障大致位置的过程。

10.14

故障诊断　fault diagnosis

为故障识别、故障定位和确定故障原因所采取的行动。

10.15

修复　repair

对实体(元件、部件、子系统、功能单元、设备或系统等)实施的矫正性维修。

10.16

寿命　life

构件或设备或系统等从投运直至由于损伤失效或经济性等原因,而不能继续服役所经历的总时间。

10.17

设计寿命　design life

在设计条件下能保证安全经济运行的最小预计运行时间。

10.18

安全运行寿命　safe operation life

构件或设备或系统等在安全运行条件下的实际运行时间。

10.19

剩余寿命　residual life

构件或设备或系统等安全运行寿命减去迄今为止已消耗寿命的差值。

10.20

寿命预测　life prediction

采用科学方法分析构件、机组或辅机、系统可能的安全运行时间。

10.21

寿命诊断技术　diagnosis technique for residual life

预测剩余寿命的试验、分析、监测和判断技术。

10.22

寿命损耗　lifetime expenditure

由于疲劳、蠕变、蠕变疲劳、腐蚀、磨蚀和材质老化等因素引起的寿命消耗。

10.23

可靠性　reliability

产品在规定的条件下和规定的时间区间内完成规定功能的能力。

10.24

可维修性　maintainability

在规定的条件下并按规定的程序和手段实施维修时,产品在规定的使用条件下,保持或恢复能执行规定功能状态的能力。

10.25

维修保障性　maintenance support performance

维修机构在规定的条件下,按照规定的维修策略提供维修产品所需资源的能力。

10.26

可用性　availability

可利用率

在要求的外部资源得到保证的前提下,产品在规定的条件下和规定的时刻或时间区间内处于可执行规定功能状态的能力。它是可靠性、可维修性和维修保障性的综合反映。

10.27

可信性 dependability

描述可用性和它的影响因素：可靠性、可维修性及维修保障性的集合性术语。它一般适用于非定量描述的场合。

10.28

失效 failure

产品丧失完成规定功能的能力的事件。

10.29

平均失效前时间 mean time to failure；MTTF

产品失效前时间的期望。

10.30

平均失效间隔时间 mean time between failures；MTBF

平均无故障时间

产品两次相继失效间隔时间的期望。

10.31

可用时间 available time

从用户的观点出发，在外部条件如电源、气源等正常的情况下，产品可供正常使用的时间。

10.32

平均修复时间 mean time to repair；MTTR

产品修复时间的期望。

10.33

冗余 redundancy

系统中具有两种或两种以上手段执行同一种规定功能。

10.34

工作冗余 active redundancy

执行规定功能的所有手段同时处于工作状态的冗余。

10.35

备用冗余 standby redundancy

执行规定功能的一部分手段处于工作状态，而其余部分在需要之前处于不工作状态的冗余。

10.36

容错 fault tolerance

实体（元件、部件、子系统、功能单元、设备或系统等）在它的某个组成部分出现故障的情况下，仍能执行规定功能的属性。

10.37

故障安全 fail safe

为使电源、控制回路、结构件或其他组件的失效不致危及被控过程、系统操作人员或附近的其他人员而进行的设计。

10.38

可靠性工程 reliability engineering

为了达到实体（元件、部件、子系统、功能单元、设备或系统等）的可靠性要求而进行的一套设计、研制、生产和试验工作。

10.39

可靠性模型　reliability model

预测、估计或评价实体(元件、部件、子系统、功能单元、设备或系统等)的可靠性所使用的数学模型。

10.40

可靠性评价　reliability assessment

对现有系统或系统组成部分的可靠性所达到的水平进行分析和确认的过程。

10.41

可靠性评估　reliability evaluation

对实体(元件、部件、子系统、功能单元、设备或系统等)的工作或固有能力或性能改进措施的效果是否满足规定的可靠性准则而进行分析、预计和认定的过程。

10.42

失效模式与影响分析　failure modes and effects analysis;FMEA

研究实体(元件、部件、子系统、功能单元、设备或系统等)中每一个可能的失效模式,确定各个失效模式的后果或对实体可靠性的影响,并按其影响的严重程度进行分类的分析方法。

10.43

故障树　fault tree

描述导致实体(元件、部件、子系统、功能单元、设备或系统等)给定故障模式的各组成部分的故障模式或外部事件或它们的组合的一种逻辑图。

10.44

故障树分析　fault tree analysis;FTA

用故障树的形式确定可能导致实体(元件、部件、子系统、功能单元、设备或系统等)给定故障模式的各组成部分的故障模式或外部事件或它们的组合的一种分析方法。

10.45

可靠性管理　reliability management

确定和满足实体的可靠性要求所进行的一系列组织、计划、规划、控制、协调、监督、决策等活动和功能的管理。

10.46

电磁骚扰　electromagnetic disturbance

任何可能引起装置、设备或系统性能降低或者对生物体或非生物体产生不良影响的电磁现象。电磁骚扰可能是电磁噪声、无用信号或传播媒介自身的变化。

10.47

电磁干扰　electromagnetic interference;EMI

电磁骚扰引起的设备、传输通道或系统性能的下降。

[GB/T 4365—2003,161-01-06]

10.48

电磁兼容性　electromagnetic compatibility;EMC

设备或系统在其电磁环境中能正常工作且不对该环境中任何事物构成不能承受的电磁骚扰的能力。

[GB/T 4365—2003,161-01-07]

10.49

无线电[频率]骚扰　radio (frequency) disturbance

具有无线电频率分量的电磁骚扰。

[GB/T 4365—2003,161-01-13]

10.50

无线电频率干扰　radio frequency interference;RFI

射频干扰

由无线电(射频)骚扰引起的有用信号接收性能的下降。

10.51

抗扰度　immunity

装置、设备或系统面临电磁骚扰不降低运行性能的能力。

10.52

敏感度　susceptibility

在有电磁骚扰的情况下,装置、设备或系统不能避免性能降低的能力。敏感度高时,则抗扰度低。

10.53

静电放电抗扰度　electrostatic discharge immunity

按 GB/T 17626 标准规定的试验和测量方法,装置、设备或系统面临具有不同静电电位的物体相互靠近或直接接触引起的电荷转移骚扰不降低运行性能的能力。

10.54

射频电磁场辐射抗扰度　radiated,radio-frequency,electromagnetic field immunity

按 GB/T 17626 标准规定的试验和测量方法,装置、设备或系统面临射频产生的电磁场辐射骚扰不降低运行性能的能力。

10.55

电快速瞬变脉冲群抗扰度　electrical fast transient/burst immunity

按 GB/T 17626 标准规定的试验和测量方法,装置、设备或系统的电源端口、控制端口、信号端口和接地端口耦合有由许多快速瞬变脉冲组成的脉冲群骚扰不降低运行性能的能力。

10.56

浪涌(冲击)抗扰度　surge immunity

按 GB/T 17626 标准规定的试验和测量方法,装置、设备或系统面临沿线路或电路传送的电流、电压或功率的瞬态波(其特征是先快速上升后缓慢下降)骚扰不降低运行性能的能力。

10.57

射频场感应传导骚扰抗扰度　immunity to conducted disturbances,induced by radio-frequency fields

按 GB/T 17626 标准规定的试验和测量方法,装置、设备或系统面临射频发射机电磁场作用于其电源、通信、接口等电缆上的传导骚扰不降低运行性能的能力。

10.58

工频磁场抗扰度　power frequency magnetic field immunity

按 GB/T 17626 标准规定的试验和测量方法,装置、设备或系统面临工频磁场骚扰不降低运行性能的能力。

10.59

脉冲磁场抗扰度　pulse magnetic field immunity

按 GB/T 17626 标准规定的试验和测量方法,装置、设备或系统面临脉冲磁场骚扰不降低运行性能的能力。

10.60

阻尼振荡磁场抗扰度　damped oscillatory magnetic field immunity

按 GB/T 17626 标准规定的试验和测量方法,装置、设备或系统面临阻尼振荡磁场骚扰不降低运行性能的能力。

10.61

电压暂降、短时中断和电压变化抗扰度　voltage dips, short interruptions and voltage variations immunity

按GB/T 17626标准规定的试验和测量方法，装置、设备或系统面临电压暂降（指电气供电系统某一点上的电压突然减少到低于规定的阈限，随后经历一段短暂的间隔恢复到正常值）、短时中断（指供电系统某一点上所有相位的电压突然下降到规定的中断阈限以下，随后经历一段短暂间隔恢复到正常值）、电压变化（指供电电压逐渐变得高于或低于额定电压，变化的持续时间相对于周期来说可长可短）不降低运行性能的能力。

10.62

振荡波抗扰度　oscillatory waves immunity

按GB/T 17626标准规定的试验和测量方法，装置、设备或系统在其电源、控制和信号线缆面临非重复的阻尼振荡瞬态（振铃波）、重复的阻尼振荡波不降低运行性能的能力。

10.63

交流电源端口谐波、谐间波及电网信号的低频抗扰度　harmonics and interharmonics including mains signaling at a. c. power port, low frequency immunity

按GB/T 17626标准规定的试验和测量方法，装置、设备或系统面临骚扰频率高至2 kHz的交流电源端口谐波、谐间波及电网信号（指在谐波与谐波之间用于控制和通信的信号）骚扰不降低运行性能的能力。

10.64

电压波动抗扰度　voltage fluctuation immunity

按GB/T 17626标准规定的试验和测量方法，装置、设备或系统面临电压系列变化或电压包络线的周期性变化骚扰不降低运行性能的能力。

10.65

共模传导骚扰抗扰度　immunity to conducted, common mode disturbances

按GB/T 17626标准规定的试验和测量方法，装置、设备或系统面临作用于其电源端口、控制/信号端口和通信端口处0 Hz～150 kHz的共模传导骚扰不降低运行性能的能力。

10.66

直流电源输入端口纹波抗扰度　ripple on d. c. input power port immunity

按GB/T 17626标准规定的试验和测量方法，装置、设备或系统面临作用于其直流电源输入端口的除去直流分量的电压脉动量骚扰不降低运行性能的能力。

10.67

三相电压不平衡抗扰度　three phase unbalance immunity

按GB/T 17626标准规定的试验和测量方法，装置、设备或系统受到三相不平衡供电电压传导骚扰不降低运行性能的能力。

10.68

工频频率变化抗扰度　variation of power frequency immunity

按GB/T 17626标准规定的试验和测量方法，装置、设备或系统受到工频频率变化时的传导骚扰不降低运行性能的能力。

10.69

直流电源输入端口电压暂降、短时中断和电压变化抗扰度　voltage dips, short interruptions and voltage variations on d. c. input power port immunity

按GB/T 17626标准规定的试验和测量方法，装置、设备或系统面临直流电源输入端口电压暂降（指在低压直流配电系统中某一点上的电压突然减少到低于规定的阈限，随后经历几毫秒到数秒的短暂持续期后又恢复正常)、短时中断(指在低压直流配电系统某一点的供电电压突然下降到规定的中断阈限以下,随后经历一般不超过 1 min 短暂间隔恢复到正常值)、电压变化(指供电电压逐渐变得高于或低于额定电压,变化的持续时间可长可短)不降低运行性能的能力。

10.70

共模信号　common modes signal

在相对于公共参比端的差动输入的两侧同时出现的相同幅值和相同相位的信号,如共模电压。

10.71

共模电压　common mode voltage

不对称电压

每个导体与规定参考点(通常是地或机壳)之间的相电压的平均值。

10.72

共模干扰　common mode interference

由于存在共模电压所引起的输出信号的变化。

10.73

共模抑制　common mode rejection

仪表、控制装置或计算机系统抑制共模输入信号对其输出影响的能力。

10.74

共模抑制比　common mode rejection ratio;CMRR

仪表、控制装置或计算机系统输入端上的规定共模电压信号,与要求产生相同输出信号的具有相同特性形式的差动输入信号之比。共模抑制比可取决于频率和幅值,并可用比值或该比值的 20 log 的分贝数表示。

10.75

串模信号　series mode signal

仪表、控制装置或计算机系统跨越输入端的无用的差动信号。

10.76

串模电压　series mode voltage

对称电压

一组规定的带电导体中任意两根之间的电压。

10.77

共模转换　common mode conversion

由共模电压产生串模电压的过程。

10.78

串模干扰　series mode interference

由于存在串模电压所引起示值或输出信号的变化。

10.79

串模抑制　series mode rejection

仪表、控制装置或计算机系统抑制串模输入信号对其输出影响的能力。

10.80

串模抑制比　series mode rejection ratio;SMRR

引起输出信息给定变化的串模信号值对产生相同输出信息变化所需预期信号增量之比。串模抑制比可用比值或该比值的 20 log 的分贝数表示。

10.81

信骚比　signal-to-disturbance ratio

规定条件下测得的有用信号幅值与电磁骚扰幅值之比。

10.82

信噪比　signal-to-noise ratio

规定条件下测得的有用信号幅值与电磁噪声幅值之比。

10.83

保护接地　protective earthing;protective grounding

出于电气安全目的,在系统、装置或设备内的一点或多点接地。

10.84

功能接地　functional earthing;functional grounding

出于除电气安全以外的目的,在系统、装置或设备内的一点或多点接地。

10.85

屏蔽　screen;shield

用来减少电、磁或电磁场向指定区域穿透的措施。

10.86

电屏蔽　electric screen;electric shield

用导电材料减少电场向指定区域穿透的屏蔽。

10.87

磁屏蔽　magnetic screen;magnetic shield

用铁磁或铁氧磁材料减少磁场向指定区域穿透的屏蔽。

10.88

电磁屏蔽　electromagnetic screen;electromagnetic shield

用导电材料减少交变电磁场向指定区域穿透的屏蔽。

10.89

信号隔离　signal isolation

信号在传输过程中,在信号的发送端和接受端之间建立相应屏障,在屏障的两端之间没有电流穿越,但信号可以通过。

11　控制方式与水平

11.1

过程测量　process measurement

确定各过程变量值的信息获取。

[GB/T 17212—1998,P1.0.0.09]

11.2

过程控制　process control

为达到规定的目标而对影响过程状况的变量的操纵。

[GB/T 17212—1998,P1.0.0.10]

11.3

过程自动化　process automation

采用仪表与控制系统对生产过程进行生产作业,以代替人工直接操作的措施。

11.4

自动化程度　degree of automation

自动化功能占系统或工厂全部功能的比例。

[GB/T 2900.56—2008,351-21-41]

11.5

全过程自动化　fully automation process operation

除投入/切除功能外,给定系统的全部功能都已自动化,则称为全过程自动化。对于火电站而言,是指整个生产过程包括启动、调整、停机与故障处理及其后的重新启动等操作都能自动实现。

11.6

自动化水平　automation level

对一个电厂生产过程实现自动控制所达到的程度。其中包括参数检测、数据处理、自动控制、顺序控制、报警和联锁保护及其系统设计的完善程度,最终体现在值班员的数量和所能完成的功能上。火力发电厂的自动化水平是主辅机制造质量及可控性;仪表及控制设备质量;自动化系统设计的完善程度;施工安装质量;电厂运行维护水平等的综合体现。

11.7

控制方式　control mode

指值班员监视和控制机组或其他系统或设备的运行所采取的形式,主要内容是决定控制盘(台)的位置和所能完成的监控任务。一般分为就地控制和集中控制两类。

11.7.1

就地控制　local control

控制盘(台)布置在主辅设备(如锅炉、汽轮机)或辅助系统(如除氧给水系统、热力网系统)附近,或置于辅助车间(如补给水处理车间)内,值班员通过控制盘上设备,分别对被控对象的运行进行就地监视和控制。

11.7.2

集中控制　centralized control

将在生产上有紧密联系的设备和相关系统的控制盘(台)集中布置在控制室内,值班员对配套运行的机组进行整体的监视和控制。

11.7.3

机炉集中控制　boiler-turbine centralized control

将锅炉、汽轮机的控制盘(台)集中布置在控制室内。

11.7.4

单元集中控制　unit centralized control

将单元机组(锅炉、汽轮机及发电机)的控制盘(台)集中布置在控制室内,值班员把单元机组作为一个整体进行监视和控制。

11.7.5

辅助车间无人值班控制　no-shift-operator control for auxiliary plant

不设值班员,仅依靠自动化系统对生产过程进行控制的辅助车间,此类车间的安全保护系统完善,在故障时可以自动地使生产过程的设备处于安全状态。

11.8

控制室　control room

布置被监控设备的控制盘(台),对生产过程进行监视和控制的房间或建筑物。

11.8.1

单元控制室　unit control room

布置单元机组(有时包括电气网络盘)的控制盘(台),对单元机组进行监视和控制的房间。

11.8.2

全厂集中控制室　central control room for whole plants

布置全厂被监控设备(包括单元机组、辅助车间或系统等)的控制盘(台),对全厂设备或系统进行监视和控制的地方。

11.8.3

主控制楼　electric control building

布置监控电气设备(包括发电机、变压器及配电、供电系统)的控制盘台,对电气设备进行监视和控制的建筑物。

11.8.4

电缆室　cable spreading room

电缆夹层　cable mezzanine

供敷设进入控制室、电子设备间等电缆的建筑物。

11.8.5

就地控制室　local control room

布置在被控设备附近,安装被控制设备或系统的控制盘(台)的房间,如除灰控制室、水处理控制室、脱硫控制室等。

11.8.6

网络控制室　electric grid control room

布置电气网络控制盘台、对电气网络进行监控的房间。

11.8.7

电子设备间　electronics equipment room

安装电子设备(包括计算机及控制保护设备等)柜的房间。

11.8.8

值长室　shift engineer room

电厂值班工程师对全厂负荷调度工作的房间,室内设有对机组及网络进行监控的主要设施。

11.8.9

工程师室　engineer room

安装计算机监控系统工程师站等设备,供计算机系统维护工程师用的房间。

12　其他

12.1　控制盘、台、柜

12.1.1

盘　panel

屏

适用于安装仪表、控制和发信装置、垂直固定在地面的独立的刚性平板或结构。

12.1.2

柜　cabinet

箱　box

有门并在正面和(或)内部安装仪表、控制设备且垂直固定在地面的独立封闭的机械结构。通常将垂直安装在墙体上的称箱。

12.1.3

框架　rack

用于安装多个标准化组件装置的机械结构。

[GB/T 17212—1998,P3.6.1.08]

12.1.4

架　shelf

为安放特定形式的仪表而设计的顶部敞开的结构。通常可在运行中拆除仪表的一部分,用快卸装置时亦可整个拆除。

[GB/T 17212—1998,P3.6.1.13]

12.1.5

控制盘　control board

布置监控过程所需的仪表、控制开关和信号设备等的盘(屏、柜)。

12.1.6

控制台　console

适合操作员坐着监控,具有不同倾斜角度盘的结构台子。台上布置监控过程所需的仪表、控制开关(键盘)等。

12.1.7

机组控制盘　boiler-turbine-generator panel

BTG 盘　BTG panel

控制锅炉、汽轮机、发电机机组及系统的控制盘(台)。

12.1.8

辅助控制盘　auxiliary panel

除 BTG 盘外的,布置有其他辅助仪表和控制设备的控制盘。

12.1.9

模拟盘　mimic panel

模拟屏

盘或屏上有生产过程示意图,仪表控制设备、信号灯嵌入过程示意图中的盘或屏。

12.1.10

保温箱　insulation protection box

保温柜　insulation protection cabinet

箱(柜)内有加热设备,能保持内部温度为一定值的密封的可防尘防雨的箱或柜。无加热设备的称防护箱(柜)。

12.1.11

电动门配电箱　power supply cabinet for MOV

电动门配电柜

为热工自动化系统中电动门供应电源的配电柜,柜内通常装有控制阀门电动机的接触器及其保护设备。根据柜的结构形式的不同可以分为抽屉式和非抽屉式两种。

12.1.12

端子箱　terminal box

端子柜　terminal cabinet

端子架　terminal rack

接线盒　junction box

其内部布置有端子排,供安全连接电缆或导线用的箱、柜、架、盒。

12.1.13

继电器柜　relay cabinet

装有继电器供保护或增加接点的柜子。

12.1.14

中间转接柜　marshalling cabinet

中间转接架　marshalling rack

用于汇集不同电缆或信号的连接柜、架。通常需将这些信号转接至如 DCS 柜或控制柜等其他柜子。

12.2

不间断电源　uninterrupted power supply; UPS

由逆变器、蓄电池等组成的一种电源设备。这种电源能够在交流电源中断或电压低于预定值时自动取代交流输入电源向用电设备供电。

12.3　设备或系统调试

12.3.1

单体调校　adjustment and calibration of individual equipment

对单个设备和装置的调整、校准或检定。

12.3.2

机组启动试运　unit start-up and commissioning

全面检验主机及其配套系统的设备制造、设计、施工、调试和生产准备的调试工作，检验合格后移交试生产。

12.3.3

分部试运　commissioning of individual equipment and system

对单项设备或系统进行的动态检查和试验。

12.3.4

分散控制系统受电和测试　distributed control system power-on and test

在完成分散控制系统的接地、电源设备测试后，对分散控制系统送电、并进行其功能和性能的测试。

12.3.5

整套启动试运　startup and commissioning

在完成分部试运的基础上，由调试、生产、设计、施工单位共同参加，进行机、炉整套设备联合电气、热工自动化的启动试运。

12.3.6

空负荷调试　no-load test

汽轮发电机组在空负荷试运时，对各设备和系统的调试。

12.3.7

汽轮机超速试验　overspeed test of steam-turbine

当汽轮机转速为额定转速的 110%～112% 时，检查其超速保护装置能否自动动作，自动关闭主汽阀、调节汽阀、再热汽阀和再热调节汽阀而停机的试验。

12.3.8

机组带负荷调试　unit on-load commissioning

机组带负荷时，对各设备和系统的调试。

12.3.9

模拟量控制系统负荷扰动试验　load variation test of modulation control system

机组协调控制系统投入稳定后，进行检查模拟量控制系统适应机组负荷变化的能力的试验。

12.3.10

汽机旁路系统调试　adjustment test of turbine by-pass system

中间再热机组设置的与汽轮机并联的蒸汽减压减温系统及其汽水阀门的调试和控制逻辑的调整试验。

12.3.11

汽轮机自启停控制系统试验　test of automatic turbine control system

投入汽轮机自启停控制系统(ATC)启动方式，汽轮机进行冷态或热态自动启动，升速至同步转速、并网带负荷的试验。

12.3.12

汽轮机甩负荷试验　test of turbine load rejection

汽轮机带规定负荷正常运行时，突然断开发电机主开关，使发电机与电网解列，甩掉全部负荷，测取汽轮机调节系统动态特性的试验。

12.3.13

满负荷试运　full load trial operation

机组带负荷后满足规定要求时，连续不间断地完成在规定的时间内带满负荷的试运行。

12.3.14

数据采集系统测点投入率　rate of utilization of measuring points for data acquisition system

实际使用计算机数据采集系统测点数与设计计算机数据采集系统测点数的百分比。

12.3.15

保护投入率　rate of utilization of protection systems

投入保护系统套数与保护系统设计总套数的百分比。

12.3.16

辅机保护投入率　rate of utilization of protection systems for auxiliary equipment

投入辅机保护系统套数与辅机保护系统设计总套数的百分比。

12.3.17

保护正确动作率　rate of correct actuation of protection system

保护系统投运后，当保护条件成立时，保护正确动作的次数与保护动作总次数(保护正确动作与不正确动作的次数之和)的百分比。

12.3.18

辅机保护正确动作率　rate of correct actuation of protection system for auxiliary equipment

辅机保护系统投运后，当保护条件成立时，保护正确动作的次数与保护动作总次数(保护正确动作与不正确动作的次数之和)的百分比。

12.3.19

自动投入率　rate of utilization of automation systems

满足投入规定时间的自动调节系统套数与自动调节系统设计总套数的百分比。

12.3.20

程序控制投入率　rate of utilization of sequence control systems

投入程序控制系统套数与程序控制系统设计总套数的百分比。

12.3.21

联锁投入率　rate of utilization of interlock systems

投入联锁套数与联锁设计总套数的百分比。

12.3.22

辅机故障减负荷试验　run back test

模拟当机组部分主要辅机(如一台送风机、引风机、给水泵等)发生故障、机组不能带额定负荷时,快速降低机组负荷的试验。

索　引

汉语拼音索引

D

H

L

M

N

O

P

Q

R

S

T

V

W

X

Y

Z

英文对应词索引

A

B

E

G

H

M

P

Q

R

S

U

V

W

Z

ICS 29.120.50
K 45

中华人民共和国国家标准

GB/T 26864—2011

电力系统继电保护产品动模试验

The dynamic test of the power system protective products

2011-07-29 发布 2011-12-01 实施

中华人民共和国国家质量监督检验检疫总局
中国国家标准化管理委员会 发布

前　言

本标准按照GB/T 1.1—2009给出的规则起草。

本标准由中国电力企业联合会提出。

本标准由全国量度继电器和保护设备标准化技术委员会静态继电保护装置分标准化技术委员会(SAC/TC 154/SC 1)归口。

本标准主要起草单位:中国电力科学研究院、南京南瑞继保电气有限公司、北京四方继保自动化股份有限公司、国电南自股份有限公司、许继电气股份有限公司。

本标准主要起草人:沈晓凡、周春霞、方太勋、黄少锋、周泽昕、钟泽章、张克元。

电力系统继电保护产品动模试验

1 范围

本标准规定了交流110 kV及以上电压等级、100 MW及以上发电机组的继电保护产品以及直流输电系统的换流变压器和交流滤波器保护产品动模试验的典型接线方式、故障模拟及对动态模拟试验系统(以下简称动模)的基本要求,作为交流110 kV及以上电压等级、100 MW及以上发电机组的继电保护产品以及直流输电系统的保护产品进行电力系统动态模拟试验的依据。

本标准适用于交流110 kV及以上电压等级、100 MW及以上发电机组的继电保护产品以及直流输电系统的保护产品动模试验。110 kV以下电压等级及100 MW以下发电机组的继电保护产品的动模试验可参照本标准。

2 规范性引用文件

下列文件对于本文件的应用是必不可少的。凡是注日期的引用文件,仅注日期的版本适用于本文件。凡是不注日期的引用文件,其最新版本(包括所有修改单)适用于本文件。

GB/T 4703 电容式电压互感器(IEC 60044-5:2004,MOD)

GB/T 15145 输电线路保护装置通用技术条件

GB/T 16847 保护用电流互感器暂态特性技术要求(idt IEC 60044-6:1992)

GB/T 20840.7 互感器 第7部分:电子式电压互感器(IEC 60044-7:1999,MOD)

GB/T 20840.8 互感器 第8部分:电子式电流互感器(IEC 60044-8:2002,MOD)

GB/T 22390.4 高压直流输电系统控制与保护设备 第4部分:直流系统保护设备

DL/T 670 微机母线保护装置通用技术条件

DL/T 671 微机发电机变压器组保护装置通用技术条件

DL/T 770 微机变压器保护装置通用技术条件

3 动模试验系统基本要求

3.1 模拟系统性能要求

3.1.1 在所模拟的传输容量下,通入被试产品中的电流值与原型系统所通入的电流值相接近,其差值不大于10%。模拟系统接入被试产品的二次额定交流电压值应与原型系统接入的相同。

3.1.2 电厂高压侧母线短路时的二次电流值(强励未起作用前)应与原型相差不超过20%。

3.1.3 通过模拟线路的短路电流二次值应与按模拟系统的实际参数所计算的数值相符合。

3.1.4 如无特殊要求,模拟系统的最大短路电流值,可按被测原型系统最大的短路容量考虑。

3.1.5 接有并联电抗器的模拟线路,在全电压的情况下,将电源侧断路器断开后,在线路上的残余电压出现暂态低频分量,该电压衰减到零的时间不小于1 s。

3.1.6 在模拟系统的接线方式和运行方式应具有代表性,除了能考核被试产品的一般技术性能外,还应能考核被试产品在边缘条件下的技术性能。

3.2 故障模拟

动态模拟系统应能:

a) 模拟不同类型的瞬时性及永久性故障;

b) 应能模拟经过渡电阻的故障;

c) 应能模拟经不同时间的发展性的故障;

d) 应能控制故障初时时刻的合闸角。

3.3 失稳现象的模拟

3.3.1 模拟线路输送功率在接近静态稳定极限的运行条件下(不超过电流互感器的额定值)进行系统操作(在电流或电压回路中不出现使被试产品负序和零序起动元件动作的负序与零序分量)使系统失稳,第一个振荡周期的振荡中心在被试产品所在的线路上,自正常负荷电流上升到振荡电流最大值(第一个振荡周期内)的时间在0.5 s～1.5 s之间。

3.3.2 在双回线模拟系统中,当其中一回线无故障断开或因故障断开后,系统出现失稳边缘情况,第一个振荡周期大于0.5 s。

3.3.3 在无故障的情况下单回线断开单相,使非全相运行期间出现失稳边缘情况,第一个振荡周期的时间大于0.5 s。

3.3.4 系统失稳后能恢复稳定运行,在恢复同步运行前的一个振荡周期大于1 s。

3.3.5 系统失稳后,各点频率出现偏离50 Hz的现象,在振荡过程中,应能出现5 Hz的频差,但允许长期振荡不能恢复同步运行,而以手动解列。

3.4 其他要求

3.4.1 环境条件在被试产品正常工作条件范围内。

3.4.2 模拟断路器的操作把手和信号指示应与继电保护二次回路通常的设计相同。

3.4.3 应具有供分析用的储存故障量和产品动作情况的微机型记录设备。

3.4.4 应配备相量测量系统和时钟对时系统。

3.4.5 应配备通道设备,以测试线路保护装置的通道适应性。

3.4.6 宜配置电子式互感器及相关设备。

3.5 辅助工作电源

3.5.1 直流工作电源

应能提供足够容量的直流电源以满足被试二次设备正常运行的全部要求。电压调整范围为－20%～＋15%。

3.5.2 交流工作电源

应能提供足够容量的交流电源以满足被试二次设备及辅助设备正常运行的全部要求。交流电源应能提供的电压为单相220 V,频率为50 Hz,空载时的电压偏差为－15%～＋10%,波形为正弦,电压纹波系数不大于5%。

4 模拟元件

4.1 无穷大电源

无穷大电源在未接入模拟系统前,高压侧的谐波电压值应小于额定值的1.5%;三相短路时的二次电流最大值应达原型水平,单相短路时的零序回路3倍电流值应小于三相短路相电流值,短路电流中的非周期分量衰减时间常数不小于90 ms(相当于短路阻抗角不小于88°)。

无穷大电源三相应平衡，在未接入模拟系统前，在额定电压下的负序相电压分量应小于0.5 V(二次值)，在模拟线路末端三相短路时，负序相电流应小于相电流值的4%。

4.2 交流线路

4.2.1 对交流线路的模拟，应与各电压等级的原型线路相符。

4.2.2 对所有模拟线路元件，在通过工频电流时，其电压与所通过的电流值成正比，即阻抗值恒定。

4.2.3 对原型为100 km及以上的模拟线路，应至少由5节以上的等值"Γ"回路组成，在模拟故障点不应装设线路电容的模拟电容器。100 km以下的线路，可适当地减少等值"Γ"回路的节数，40 km以下线路可不考虑装设模拟电容。在接入电流、电压互感器后各电压等级线路的模拟阻抗角应不小于表1中的要求。

表1 各电压等级线路模拟阻抗角要求

	$L \geqslant 100$ km	60 km $< L \leqslant 100$ km	40 km $< L \leqslant 100$ km	20 km $< L \leqslant 100$ km
1 000 kV	88.4°	86°	—	—
750 kV	87.4°	86°	—	—
500 kV	86.4°	—	85°	—
330 kV	86.4°	—	85°	—
220 kV	83°	—	—	80°
110 kV	81°	—	—	80°

4.2.4 模拟并联电抗器的阻抗角应不小于89°。

4.2.5 对于环形网络及双回线的模拟，应保证同一线路在零序网络中所通过的零序电流与相网络中所通过的零序电流相等。

4.2.6 对于同杆并架双回线路的模拟

对需要考虑零序互感对被试保护性能影响的试验项目，可根据具体情况(故障类型，故障地点等)对零序互感进行专门的模拟。

在进行同杆并架线路的模拟时，应保证互感比例系数(回路间互感与相间互感的比值)在0.88～0.9之间。双回线运行时的零序阻抗角小于单回线运行时的零序阻抗角，线路半长处的零序电抗大于单回线半长处的零序电抗，而小于线路全长时的零序电抗的一半。

4.2.7 对电缆和架空线混合线路的模拟

电缆线路的参数与电缆的金属护套接地方式、电缆线路的互联方式以及换位、回流线和回路数均有直接的关系，且电缆和架空线混和线路的长度比例以及混合方式由具体工程确定。当具体工程对电缆线路和电缆与架空线混合线路有要求时，可根据需要进行专门的模拟。

对于电缆线路，应考虑装设模拟电容。

4.3 发电厂及模拟发电机

4.3.1 一般应用二台及以上模拟发电机模拟一个发电厂，对大容量有切机要求的发电厂，要求其中一台机组的容量与原型一台或几台机等价。

对于短距离环形网络线路模型，其中一个电厂可用一台模拟发电机模拟。

4.3.2 接入220 kV及以下系统的最小发电厂容量按100 MW考虑，最大发电厂容量按不大于800 MW考虑；接入500 kV及以上系统的最小发电厂容量按300 MW考虑(送电线长度不超过

300 km)或按 600 MW 考虑(送电线长度超过 300 km),最大发电厂容量按大于 2 100 MW 考虑。

4.3.3 在模拟电厂高压侧发生三相短路时,其短路电流中的非周期分量衰减时间常数应大于 100 ms。

4.3.4 模拟电厂未接入系统前,在高压侧的谐波电压应小于额定电压值的 1.5%。

4.3.5 发变组的变压器容量应与发电机容量相配合并与原型相同。

4.3.6 模拟发电机应配置自动调压器及调速器。

4.3.7 发电机励磁系统

a) 模拟发电机的励磁系统应与原型相似;

b) 励磁系统允许强行励磁时间不小于 10 s;

c) 励磁系统的电压响应时间不大于 0.1 s;

d) 自动调节励磁装置应包括自动调压器、强行励磁和灭磁装置;

e) 自动调压器应保证在发电机空载额定电压的 70%~110%范围内进行稳定、平滑地调节;

f) 其他条件可参照有关励磁系统的规程、规定;

g) 电力系统稳定器(PSS):励磁系统装设电力系统稳定器(PSS),可选择其投入和退出运行,其有效频率范围为 0.1 Hz~2.5 Hz,同时,设置必要的保护和控制回路。

4.3.8 模拟发电机应有匝间短路设置,匝间短路的匝数(与总匝数之比)应在 1%~25%间可选择。

4.3.9 模拟发电机的频率特性

a) 频率每变化 1%,发电机端电压变化不大于额定值的±0.25%;

b) 整定值调节速度要求可编程,满足不大于 1%/s,不少于 0.3%/s;

c) 在空载额定电压情况下,当发电机给定阶跃为±10%时,发电机电压超调量小于阶跃量的 30%,振荡次数小于 2 次,调节时间小于 5 s;

d) 零起升压:当发电机零起升压时,机端电压超调量不超过额定电压的 10%,振荡次数小于 2 次,调节时间小于 5 s。

4.4 变压器

4.4.1 变压器模型应具备自耦变压器和普通三绕组变压器两种,分别对应原型中的自耦变压器和普通三绕组变压器,各电压等级的短路电压见表 2,变压器最大调压抽头为±12.5%U_N。

表 2 110 kV 及以上电压变压器短路电抗

	1 000 kV 自耦变压器	500 kV 自耦变压器		220 kV 三绕组变压器	110 kV 三绕组变压器
高—中(%)	16~20	12	12	12~14	10.5
高—低(%)	56~68	34~38	42~46	22~24	17~18
中—低(%)	36~44	20~22	28~30	7~9	6.5

4.4.2 变压器模型在空投时其涌流应足够大,三相中最大涌流峰值应不小于 2 倍额定电流峰值。

4.4.3 变压器模型高压侧绕组应有匝间短路设置。匝间短路匝数(与总匝数之比)应在 1%~10%间可选择。

4.5 并联电抗器

4.5.1 模拟并联电抗器的阻抗值以及时间常数应与原型参数相近,且为分相式,三相电抗器可经一小电抗接地。

4.5.2 固定电抗值的模拟并联电抗器应有匝间短路设置，匝间短路匝数(与总匝数之比)应在1%～10%间可选择，间隔不大于1%匝。

4.5.3 可控并联电抗器应采用与原形相同的控制原理和主体结构。

4.5.4 有级调节式可控并联电抗器的高压绕组、低压绕组、空芯电抗器各自从中性点开始至首端之间多处抽出抽头用于匝间短路，匝间短路的匝数与每相总匝数之比应在1%～10%之间可选择。

4.5.5 无级调节式可控并联电抗器的高压绕组自中性点开始至首端之间多处抽出抽头用于匝间短路，匝间短路的匝数与每相总匝数之比应在1%～10%之间可选择。

4.5.6 模拟可控并联电抗器引入模型系统的谐波分量比例不大于所模拟的原形系统的相应值。

4.6 断路器

4.6.1 装设在220 kV及以上模拟线路上的断路器应为分相操作式，装设在其他位置的断路器可为三相操作式。任一组模拟断路器在进行三相合闸及分闸时，三相触头闭合时间之差应小于5 ms，三相触头分离时间之差应小于3.3 ms。对于特殊试验，模拟断路器三相合闸时，可根据需要增大时差。

4.6.2 用以切除短路故障的断路器应有足够的遮断容量，在触头断开20 ms以内能可靠灭弧。

4.6.3 模拟断路器应提供辅助触点。

4.6.4 模拟短路故障的断路器，其合闸时间应相对稳定。连续合闸10次，其合闸时间的最大差值不宜超过1 ms。

模拟短路回路的所有连接线应有足够大的截面，所有连接点，包括断路器的触头应接触可靠。防止出现较大的接触电阻，在电压互感器装设点发生金属性单相接地短路及三相短路时，故障相的残压不大于额定值的0.2%。

4.7 过渡电阻

短路故障时，模拟过渡电阻大小应可以调节，电阻值的大小应使被试装置出现可能不正确动作情况(理论分析有其可能性)，例如反方向故障时失去方向性误动、保护范围外故障时超越误动、保护范围内故障时纵续动作及拒动等。

4.8 串联补偿电容器

4.8.1 模拟固定串联补偿电容器的串补度应能在30%～60%之间进行调整。

4.8.2 模拟串联补偿电容器应能实现原型系统中串联补偿电容器的主要控制功能。

4.8.3 模拟固定串联补偿电容器应有模拟金属氧化锌压敏电阻(MOV)、放电间隙(GAP)以及旁路开关等保护措施。其中金属氧化锌压敏电阻和放电间隙的动作值应能根据需要进行调整。

4.8.4 模拟可控串联补偿电容器的提升系数应能达到2.5倍以上，在(1～2.5)倍提升系数内能进行平滑调节，调节误差不大于原形系统的调节误差。

4.8.5 模拟可控串联补偿电容器应有模拟金属氧化锌压敏电阻(MOV)、模拟放电间隙(GAP)以及模拟旁路开关等保护措施。其中模拟金属氧化锌压敏电阻和模拟放电间隙的动作值应能根据需要进行调整。

4.8.6 模拟可控串联补偿电容器应能改变电容器组的电容容量。

4.8.7 模拟可控串联补偿电容器应能实现可控部分在线路小负荷时自动退出和线路大负荷时自动投入功能。

4.9 电流互感器

4.9.1 模拟式电流互感器

实验室所提供的模拟式电流互感器应能分别模拟 GB/T 16847 中的 TPY 级和 P 级电流互感器，当在一次模拟系统发生短路故障时，其暂态特性应满足 GB/T 16847 中的规定。

模拟电流互感器的二次侧接入被试产品后，自一次侧所测量到的阻抗值应不大于 0.4 Ω。当互感器串联接入 110 kV 和 220 kV、距离不超过 20 km 的短线时，该线段的阻抗角不小于 80°；当互感器串联接入 500 kV 及以上、距离不超过 40 km 的短线时，该线段的阻抗角不小于 85°。

模拟系统接入被试产品的二次额定交流电流值应与原型系统接入的电流值相同。二次额定电流为 5 A 和 1 A。

4.9.2 电子式电流互感器

应满足 GB/T 20840.8 电子式电流互感器标准的要求。

4.10 电压互感器

4.10.1 模拟式电压互感器

模拟电压互感器应有电磁型及电容抽取型(CVT)两种模型。对于 CVT 型模拟电压互感器(谐振型和速饱和型)，在接入不大于 5 VA 的负载后，当在一次模拟系统发生短路故障时，其二次输出的暂态过程应符合 GB/T 4703 的有关要求。模拟电压互感器的二次侧接入被试产品后，其电压降不应超过额定值的 2%。将一次侧三相短路，在被试装置端子上所测量到的阻抗值应小于 2 Ω。二次额定线电压为 100 V，二次开口三角额定电压为 100 V。

4.10.2 电子式电压互感器

应满足 GB/T 20840.7 电子式电压互感器标准的要求。

4.11 直流输电系统

4.11.1 直流输电系统的模拟范围

直流输电系统应能模拟下列系统元件：等值交流系统、交流滤波器、换流变压器、直流换流阀、直流滤波器、平波电抗器、直流开关、直流线路等。

4.11.2 直流输电模拟系统运行方式

直流输电系统应按满足模拟下列运行接线方式的要求：

1） 双极全压运行方式；

2） 双极中有一极故障停运时转为单极运行，用全压运行和半压运行作为极端运行情况，以确定各种降压运行工况；

3） 单极全压金属回线方式。

运行方式中需要考虑对称和不对称电流或电压运行的情况。

双极方式中需要考虑接地方式的影响，一般有双极两端中性点接地方式、双极一端中性点接地方式和双极金属中线方式。

直流输电系统应提供模拟下列运行控制模式：

1） 直流输电起停控制；

2） 双极功率控制；

3） 极功率反转；

4） 极线路空载加压试验。

在不同功率输送方向下，直流系统应能模拟上述所有运行接线方式和运行控制模式运行。

4.11.3 直流线路

对直流线路的模拟，应与对应电压等级的原型线路相符。对所有模拟线路元件，在通过直流电流时，其电压与所通过的电流值成正比，即阻抗值恒定。

对原型为1 000 km及以上的模拟线路，应至少由10节以上的等值“Γ”回路组成，在模拟故障点不应装设线路电容的模拟电容器。对原型为1 000 km及以上的±800 kV模拟线路，模拟元件的阻抗角应不小于88.4°；对于±500 kV线路，模拟元件的阻抗角应不小于88.0°。

对地回线的模拟，应与原型的阻抗角一致，频率特性应与实际大地的频率特性一致。

4.11.4 换流阀

±500 kV直流输电系统单极采用12脉动阀组，±800 kV直流输电系统单极采用双12脉动阀组。模型必需与原型相同。

换流阀应具有适当的保护，以避免换流阀在关断期间因过电压而造成的损坏。

其触发系统具有模拟丢失脉冲的条件。

4.11.5 换流站站控系统

换流站站控系统主要包括主机、分布式现场总线和分布式I/O等设备。站控系统的主要功能是实现换流站交直流开关设备的顺序控制；执行交直流保护或设备本体监控保护装置发出的跳闸指令；完成全站的电气联锁；完成全站主/辅设备监视报警信号的汇总管理；还担负着全站的无功功率控制和各换流单元间的协调控制以及接收交流系统安全稳定装置的指令。

顺序控制包括：换流单元交流侧充电/断电，换流极和阀组的起动及停运，换流极和阀组的联结与隔离，大地回线与金属回线之间的转换，直流滤波器的投切。

4.11.6 换流变压器

采用两种单相双绕组变压器（Y/Y、Y/△）或单相三绕组变压器（Y/Y/△）模拟原型换流变压器，其短路电抗的百分值须与原型相同。对所模拟换流变元件，在通过工频电流时，其电压与所通过的电流值成正比，即阻抗值恒定。

考虑直流偏磁，换流及逆变变压器的饱和电压与原型一致。一般饱和电压为额定电压的1.3倍。

换流变压器交流侧应有多抽头，调节范围（−7.5%，+30%）UH，调节步长1.25%～1.5%。分接头开关用于补偿交流系统的电压变化和直流线路的压降从而维持整流侧的直流电压为恒定值。

4.11.7 交、直流滤波器

滤波器的电感采用空心电感。

交流滤波器的设计应按照原型的规定考虑无功功率的要求。直流滤波器的结构按与原型一致模拟，宜采用双调谐滤波器。

无功补偿和控制装置应设计为在任何双向功率输送水平下，全部直流功率中断或部分直流功率中断引起的换流站交流母线工频过电压大于1.3倍的时间不超过5Hz，电压幅值的变化也不超过扰动前电压的30%。

4.11.8 平波电抗器

对平波电抗器的模拟要求同线路元件。

5 线路保护

5.1 线路保护试验的典型接线方式及对模型的基本要求

5.1.1 试验分为 1 000 kV、750 kV、500 kV(330 kV)、220 kV 和 110 kV 五种电压等级。原型系统线路上所用的电流互感器的变比按国产设备常用规格考虑，例如 110 kV 和 220 kV 系统用 600/5 及 1 200/5；500 kV(330 kV)系统用 1 250/1 及 2 500/1；750 kV 系统用 2 000/1 及 4 000/1；1 000 kV 系统用 4 000/1 及 6 000/1。如有特殊需要可按要求调整变比。

对于 1 000 kV 电压等级，分别在由长距离线路、中距离线路组成的模拟系统中进行试验。

对于 750 kV、500 kV(330 kV)、220 kV 电压等级，分别在由长距离线路、中距离线路和短距离环网线路组成的模拟系统中进行试验。

对于 110 kV 电压等级，分别在由长距离线路和短距离线路组成的模拟系统中进行试验。

5.1.2 对于 220 kV 及以上电压长距离及中距离线路的模拟系统，推荐采用图 1 所示的接线方案。图中各元件所模拟的原型设备容量及原型线路的距离在表 3 中列出。

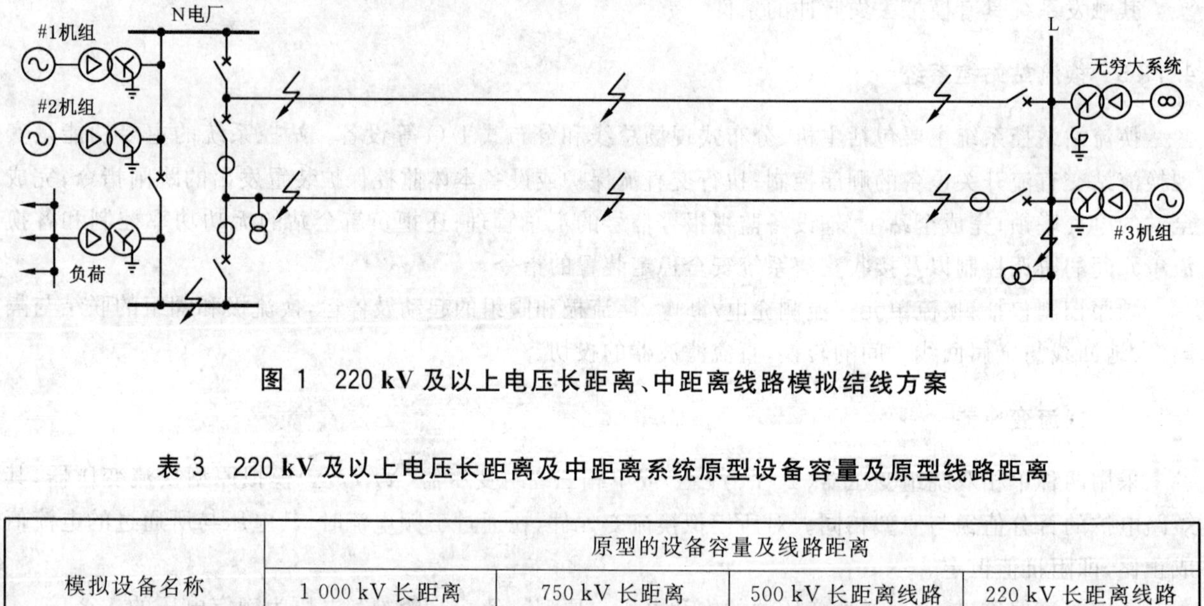

图 1 220 kV 及以上电压长距离、中距离线路模拟结线方案

表 3 220 kV 及以上电压长距离及中距离系统原型设备容量及原型线路距离

模拟设备名称		原型的设备容量及线路距离			
		1 000 kV 长距离线路模拟系统	750 kV 长距离线路模拟系统	500 kV 长距离线路模拟系统	220 kV 长距离线路模拟系统
N 电厂	＃1 机组	6 000 MW	2 400 MW	1 050 MW	350 MW
	＃2 机组	690 MW～10 500 MW	300 MW～4 500 MW	120 MW～1 800 MW	40 MW～600 MW
N 电站变压器		12 000 MVA	5 000 MVA	2 000 MVA	660 MVA
负荷		3 500 MW×3	1 500 MW×3	600 MW×3	200 MW×3
N-L 每回线路长度	长距离	600 km	500 km	400 km	300 km
	中距离	300 km ～350 km	200 km～250 km	150 km～200 km	150 km～200 km
L 侧无穷大电源短路容量		最小 9 000 MVA 最大 86 000 MVA	最小 6 000 MVA 最大 60 000 MVA	最小 4 000 MVA 最大 43 000 MVA	最小 2 000 MVA 最大 20 000 MVA
L 侧＃3 机组		3 500 MW	1 500 MW	600 MW	600 MW

5.1.3 对于500 kV以及220 kV短距离线路的模拟系统，推荐采用图2所示的接线方案，图中各元件所模拟的原型设备容量或原型线路的距离在表4中列出。

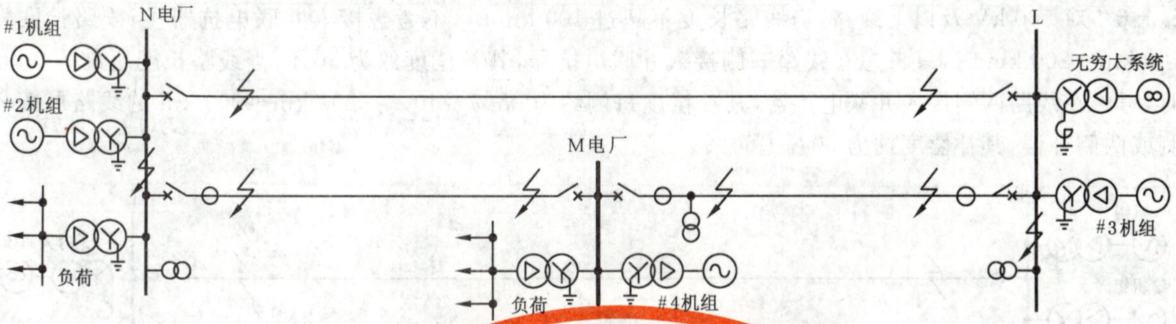

图2 500 kV和220 kV短距离线路模拟结线方案

表4 500 kV及220 kV电压短距离环网系统原型设备容量及原型线路距离

模拟设备名称		原型的设备容量及线路距离		
		750 kV短距离线路模拟系统	500 kV短距离线路模拟系统	220 kV短距离线路模拟系统
M电厂	#1机组	2 400 MW	1 050 MW	350 MW
	#2机组	300 MW～4 500 MW	120 MW～1 800 MW	40 MW～600 MW
N电厂#4机组		1 500 MW	600 MW	200 MW
变压器		1 500 MW×3	2 000 MVA	660 MVA
负荷			600 MW×3	200 MW×3
N-L线路		50 km	40 km	20 km
M-N线路		50 km	40 km	20 km
M-L线路		80 km	70 km	35 km
L侧无穷大电源短路容量		最小6 000 MVA 最大60 000 MVA	最小4 000 MVA 最大43 000 MVA	最小2 000 MVA 最大20 000 MVA
L侧#3机组		1 500 MW	600 MW	200 MW

5.1.4 对于T接线路的模拟系统，推荐采用图3所示的接线方案，图中各元件所模拟的原型设备容量在表4中列出，各段线路的长度可根据工程的具体要求设置。

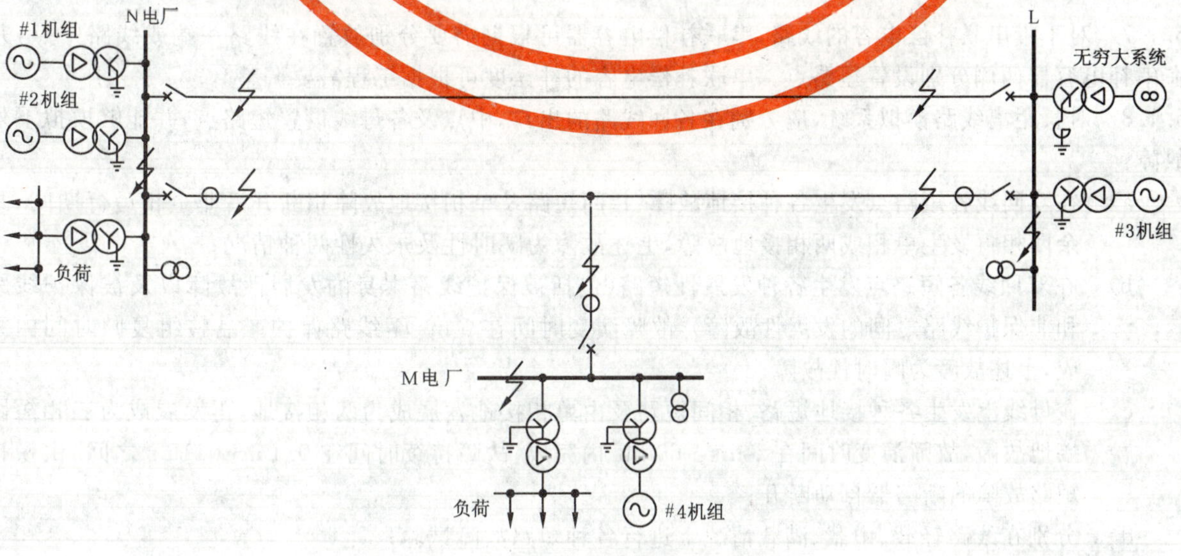

图3 T接线路模拟结线方案

5.1.5 对于110 kV线路的模拟系统,推荐采用图4所示的接线方案,图中各元件所模拟的原型设备容量或原型线路的距离在表5中列出。

5.1.6 对500 kV及以上线路,当线路长度不超过100 km时,不考虑接入并联电抗器;当线路长度为100 km～200 km时,只考虑在线路一侧接入并联电抗器,其补偿度约为50%;当线路长度超过300 km时,考虑在线路两侧接入并联电抗器,其补偿度每侧约为35%～40%。200 km～300 km的线路可按一侧或两侧补偿,其补偿度约为50%～60%。

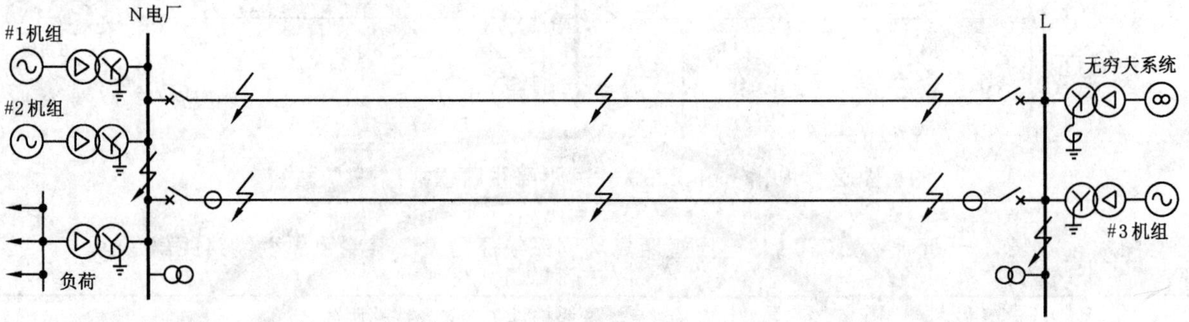

图4 110 kV线路模拟结线方案

表5 110 kV系统原型设备容量及原型线路距离

模拟设备名称		原型的设备容量及线路距离	
		110 kV长距离模拟系统	110 kV短距离模拟系统
N电厂	#1机组	200 MW	200 MW
	#2机组	20 MW～300 MW	20 MW～300 MW
N电站变压器		300 MVA	300 MVA
负荷		100 MW×3	100 MW×3
N-L线路		每回150 km	每回15 km
L侧无穷大电源短路容量		最小1 000 MVA 最大10 000 MVA	最小1 000 MVA 最大10 000 MVA
L侧#3机组		100 MW	100 MW

5.1.7 对于带串联补偿电容的线路,串联补偿电容器可根据需要分别放置在线路一端或线路中点,并在串补电容器两侧分别设置短路点。串联补偿电容的补偿度可根据工程需要调整。

5.1.8 对长距离线路模拟系统,应分别在各回线路的出口,中点及各母线设置短路点,并能够模拟下列故障:

a) 在双回线各短路点发生各种接地故障、相间短路及单相接地故障相断开后非全相运行期间,其余两相再发生单相或两相接地故障,上述故障为瞬时性及永久性两种情况;

b) 在双回线各短路点发生各种发展性短路(包括被保护线路本身的发展性故障以及被保护线路和非保护线路之间的发展性故障),故障演变时间在5 ms至线路保护产品整组复归时间内完成,上述故障为瞬时性故障;

c) 在母线上发生各种接地短路、相间短路及由单相接地发展成为两相接地,再发展成为三相短路接地故障,故障演变时间在5 ms～60 ms内完成,故障持续时间在0.1 s～0.15 s之间,由模拟短路故障的断路器自动断开;

d) 分别在线路轻载、中载、满载情况下进行各种短路故障试验;

e) 经过渡电阻的短路故障。

5.1.9 对短线环网系统，一般仅在各线路出口设置短路点并模拟下列故障：

a) 各种接地短路、相间短路以瞬时性故障为主；

b) 由单相接地发展为两相接地再发展成三相接地(故障演变时间在5 ms～60 ms内完成)；

c) 相邻线发生短路，两侧断路器纵续动作，使被保护线路电流出现突然倒向情况；

d) 一般可在线路轻载下进行短路故障试验。

5.1.10 对长距离线路系统应进行静稳定破坏和暂态稳定破坏的模拟，振荡周期0.3 s～1.2 s。

5.1.11 双回线应可设置成有互感双回线方式，即同杆并架运行方式。对于同杆并架双回输电线路系统，应进行跨线故障的模拟：

a) 双回线上同一位置故障点单相跨单相接地故障；

b) 双回线上同一位置故障点单相跨多相(含同名相)故障；

c) 双回线上同一位置故障点异名相经20 ms～200 ms的转换性故障。

5.2 线路保护产品的试验项目

5.2.1 试验项目

根据GB/T 15145的规定，线路保护产品应进行以下项目的动态模拟试验。

5.2.2 保护区内外金属性故障

分别模拟保护区内瞬时性和永久性金属性单相接地、两相短路接地、两相相间短路、三相短路以及三相短路接地故障。

分别模拟保护区外瞬时性金属性单相接地、两相短路接地、两相相间短路、三相短路以及三相短路接地故障。在模拟相邻线故障时应考虑故障线路两侧保护以不同时间(相差约60 ms)相继动作切除故障时引起被保护线路功率倒向。

在保护区内瞬时性故障重合成功后至线路保护产品整组复归前，分别模拟保护区外瞬时性金属性单相接地、两相短路接地、两相相间短路、三相短路以及三相短路接地故障。

5.2.3 动作时间

根据GB/T 15145所规定的条件在线路的适当地点模拟瞬时性金属性单相接地、两相短路接地、两相相间短路、三相短路和三相短路接地故障，考核线路保护产品的动作时间。线路保护产品的动作时间应符合GB/T 15145的要求。

5.2.4 发展性故障

模拟保护区内同一故障点经不同时间由单相接地故障发展成为两相接地或者三相接地短路故障。

模拟被保护线路出口(区内)与相邻线路出口(区外)异名相间经不同时间相继发生单相接地故障的发展性故障。发展性故障的两次故障间隔时间为5 ms～200 ms。

对带互感输电线路模型，还应模拟被保护线路与相邻线路同名相或异名相之间的跨线故障。

5.2.5 区内外经过渡电阻短路

模拟保护区内外经过渡电阻发生单相接地故障，过渡电阻可以调整，经最大电阻接地时，故障点电流应小于800 A(一次值)。

模拟带过渡电阻发生两相短路接地、两相相间短路、三相短路和三相短路接地故障，过渡电阻可以调整。相间故障经最大电阻短路时，故障点相间剩余电压应不大于额定电压的5%。

5.2.6 系统稳定破坏

模拟系统因静稳破坏及动稳破坏而引起的全相振荡，因线路开关单相跳开而引起的非全相振荡。

模拟在全相振荡和非全相振荡中再发生区内、外金属性单相接地、两相短路接地、两相相间短路、三相短路和三相短路接地故障。

5.2.7 线路空载合闸充电、解合环及手合带故障线路

在线路停电情况下，将长距离线路合于无穷大系统；

相邻线重负荷运行，操作被保护线路两侧断路器进行解、合环试验；

在线路停电情况下，分别将带各种故障的线路手合于无穷大系统。

5.2.8 系统频率偏移

使模拟系统分别运行在 48 Hz 和 52 Hz，模拟保护区内外金属性单相接地、两相短路接地、两相相间短路、三相短路和三相短路接地故障。

5.2.9 弱馈

使一侧系统为弱电源(或线路两侧电源零序阻抗相差较大，或电源系统经一段线路及中性点接地的变压器带电动机负荷)，分别模拟弱电源侧空载及带电动机负荷，模拟保护区内外金属性单相接地、两相短路接地、两相相间短路、三相短路和三相短路接地故障。

5.2.10 电流互感器断线

模拟线路一侧电流互感器单相断线以及断线后的区内外故障。

5.2.11 电流互感器饱和

模拟瞬时性故障、永久性故障和转换性故障，使线路一侧电流互感器出现暂态饱和。

5.2.12 电压互感器断线

模拟线路一侧电压互感器单相、三相断线及断线后的区内外故障。

5.2.13 距离保护的暂态超越

在不同的电源阻抗与线路阻抗(或整定阻抗)比的情况下，模拟距离保护整定值附近的金属性单相接地、两相短路接地、两相相间短路、三相短路和三相短路接地故障。

5.2.14 距离保护的静态超越

在不同等值系统的短路容量及短路初瞬时电压相位角，模拟线路受电端经 5 Ω～20 Ω 过渡电阻的接地短路故障。

5.2.15 特殊项目的试验

a) 强磁弱电系统适应性试验：在不同电压等级之间模拟强磁弱电输电系统，在不同电压等级线路上分别模拟金属性单相接地、两相短路、两相短路接地以及三相短路故障；

b) 纵联保护通道影响试验：分别模拟纵联保护所用通道的误码率≤10^{-6}、单向延时≤5 ms、双向延时不一致、通道切换以及通道中断等通道异常和故障，并同时模拟输电线路的故障；

c) 根据被试保护产品的有关技术说明确定的相应试验项目；

d） 根据试验委托人的特殊要求确定的相应试验项目。

6 母线保护产品

6.1 母线保护试验的典型接线方式及对模型的基本要求

6.1.1 母线保护产品的动模试验应分别在各种不同主接线和运行方式组成的模拟系统中进行，并考虑电流互感器变比不同。

6.1.2 对于双母线的配置，应使用图 5 的接线图。对于双母线加单母联兼旁路、双母线单分段等其他接线方式，可在图 5 接线中做简化处理。

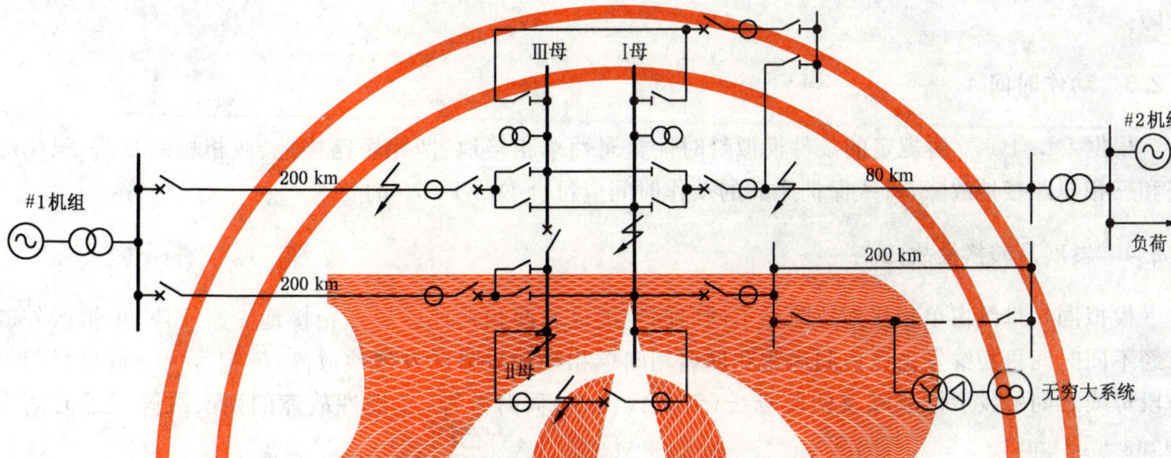

图 5 双母线接线试验系统图

6.1.3 对于 3/2 断路器接线的试验可使用图 6 的接线图。

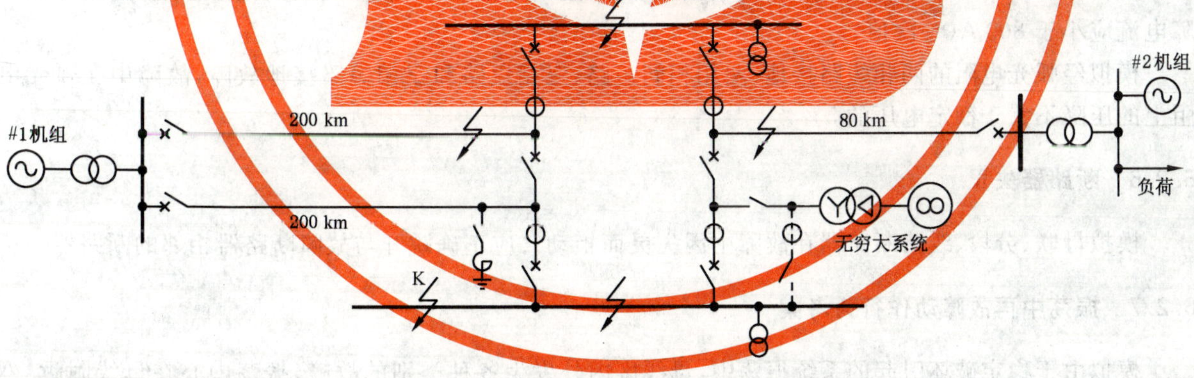

图 6 3/2 断路器接线试验系统图

6.1.4 当模拟区内故障母线有电流流出的情况时，可使用图 5 和图 6 的接线图。在按图 5 接线试验时，将Ⅰ、Ⅱ母联及Ⅰ、Ⅲ母联断开，Ⅱ、Ⅲ母并联，＃1 机组、＃2 机组退出工作，无穷大系统经Ⅰ母、200 km 线路向终端变电所供电，终端变电所另一回线运行在Ⅲ母，故障点在Ⅱ母；在按图 6 接线试验时，模拟 K 点故障，将全部线路断路器断开，双串成环运行，并将无穷大电源直接接至母线上。

6.1.5 图 5、图 6 中对 500 kV 及以上电压等级的接线可带电抗器；对 220 kV 及以下电压等级的接线可不带电抗器。

6.1.6 在模拟系统单机对无穷大电源振荡时，为使振荡中心在母线附近，可使用图 5 中虚线所示的接线图。

6.1.7 图 5、图 6 中各设备的原型容量及线路参数应根据不同电压等级的情况模拟。

6.2 母线保护产品的试验项目

6.2.1 试验项目

根据 DL/T 670 的规定,母线保护产品应进行以下项目的动态模拟试验。

6.2.2 保护区内外金属性故障

模拟保护区内瞬时性金属性单相接地、两相短路接地、两相相间短路、三相短路以及三相短路接地故障。

模拟保护区外瞬时性金属性单相接地、两相短路接地、两相相间短路、三相短路以及三相短路接地故障。

6.2.3 动作时间

根据 DL/T 670 所规定的条件模拟瞬时性金属性单相接地、两相短路接地、两相相间短路、三相短路和三相短路接地故障,母线保护产品的动作时间应符合 DL/T 670 的要求。

6.2.4 发展及转换性故障

模拟同一母线由单相接地故障经不同时间发展成为两相接地或者三相接地短路故障;模拟区外故障经不同时间再相继发生区内同名相和异名相间单相接地故障的发展性故障;模拟区内一段母线与另一段母线之间的发展性故障及两段母线(双母线接线)同时故障,发展性故障的两次故障间隔时间为 10 ms～500 ms。

6.2.5 区内外经过渡电阻短路

模拟保护区内外经过渡电阻发生单相接地故障,过渡电阻可以调整,经最大电阻接地时,故障点故障电流应小于 800 A(一次值)。

模拟经弧光电阻的两相短路接地、两相相间短路、三相短路和三相短路接地故障,故障中在弧光电阻上的压降不大于额定电压的 5%。

6.2.6 断路器失灵

模拟母联、分段、线路断路器在故障中因失灵而拒动。应正确跳开与故障断路器相邻的断路器。

6.2.7 振荡中再故障动作行为考察

模拟由于稳定破坏引起的系统振荡中,母线区内外发生各种类别的故障(振荡中心在母线附近,双母线接线用图 5,3/2 接线用图 6)。

6.2.8 双母线接线方式倒闸操作过程中的故障

模拟双母线接线方式在倒闸操作过程中(即同一出线的两隔离开关同时接通两段母线时)发生各种区内外故障。

在旁路带路的倒闸操作过程中(旁母和所接母线同时带电时),模拟各种区内外故障。

在隔离开关位置触点失灵时,模拟各种区内外故障。

6.2.9 电流互感器饱和对保护功能影响

模拟区内外金属性故障和发展性故障,使单个电流互感器或多个电流互感器不同程度的暂态饱和

(电流互感器的线性传变时间小于 5 ms)。

模拟区外故障使故障支路电流互感器出现饱和后再转区内故障。

6.2.10 电流互感器断线

在不同负荷情况下,模拟电流互感器二次回路单相、三相断线及断线后的区内外故障。

6.2.11 电压互感器断线

在不同负荷情况下,模拟电压互感器二次回路单相、三相断线及断线后的区内外故障。

6.2.12 空充母线和线路保护动作

模拟由一段母线向另一段母线(或旁母)充电、由母线向空载线路充电、由母线向空载变压器充电、由一段母线向另一段(或旁母)带故障母线或线路充电。

6.2.13 在解列点解列和并网

模拟系统在解列点的解列和并网。

6.2.14 母联和分段断路器的非全相运行

模拟母联和分段断路器非全相运行。

6.2.15 保护死区故障

模拟母联或分段断路器在合位或分位时,在断路器与电流互感器之间故障。

6.2.16 在区内故障有电流流出母线

依图 6 模拟区内故障有电流流出母线。

6.2.17 系统频率偏移

使模拟系统分别运行在 48 Hz 和 52 Hz,模拟保护区内外金属性单相接地、两相短路接地、两相相间短路、三相短路和三相短路接地故障。

6.2.18 特殊项目的试验

a) 根据被试保护产品的有关技术说明确定相应的试验项目;
b) 根据试验委托人的特殊要求确定相应的试验项目。

7 变压器保护产品

7.1 变压器保护试验的典型接线方式及对模型的基本要求

7.1.1 110 kV 及 220 kV 系统三绕组变压器典型接线方式如图 7a)所示;330 kV、500 kV 及 750 kV 系统三电压等级自耦变典型接线方式如图 7b)所示。对于 500 kV 及以上变压器,低压侧应模拟套管电流互感器。

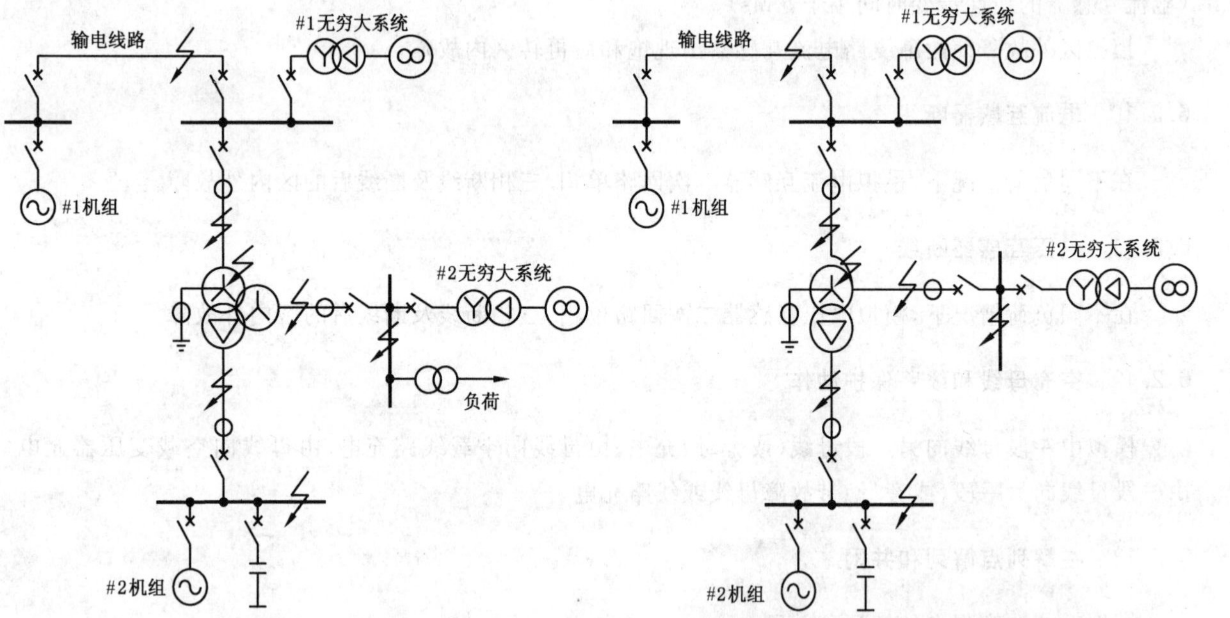

图 7 三绕组及三电压等级自耦变压器典型接线方式

7.1.2 1 000 kV 特高压变压器系统自耦变典型接线方式如图 8 所示。

7.1.3 变压器保护产品的动模试验应考虑电流互感器变比不同的情况。

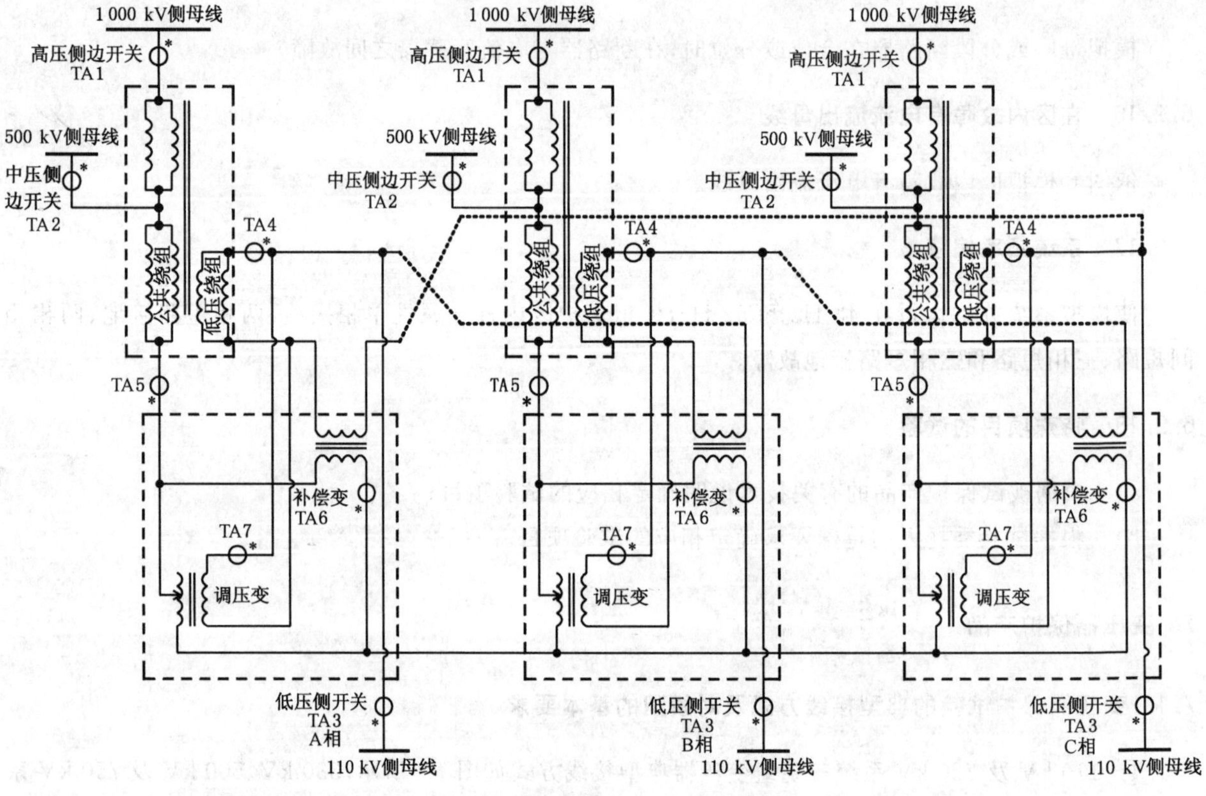

图 8 1 000 kV 调压补偿变典型接线方式

7.1.4 在模拟系统的高、中压两侧应有电源，电源可采用无穷大系统或发电机。变压器模型可通过长距离线路模型或直接与无穷大系统相连。该模型低压侧应接有有功负荷和无功负荷(无功负荷包括电容器和电抗器或调相机）。

7.1.5 在模拟变压器出口或系统短路时，流过被试装置的最大电流应大于20倍的额定电流(即当电流互感器二次额定电流为5 A时应大于100 A；当电流互感器二次额定电流为1 A时，应大于20 A)。

7.1.6 变压器模型在空投时其涌流应足够大，三相中最大涌流峰值应不小于2倍额定电流峰值。

7.1.7 系统模型的接线方式和运行方式应可方便的调整为最大运行方式或最小运行方式。

7.2 变压器保护产品的试验项目

7.2.1 试验项目

根据DL/T 770的规定，变压器保护产品应进行以下项目的动态模拟试验。

对于全套变压器保护的动模试验，应将差动保护和后备保护均接入系统并按要求进行整定，在考验差动保护的模拟试验时，故障持续时间应短，以保证后备保护不误动作。

在1 000 kV系统中有/无调压补偿变均要满足系统要求。

7.2.2 变压器空投试验

分别由高压侧和中压侧空投正常变压器至少10次。

分别由高压侧和中压侧空投带故障的变压器(其故障类型有单相接地、两相短路、两相接地、三相短路及匝间短路等并适当考虑励磁涌流的影响)。1 000 kV系统中要从高中压侧空投到有匝间短路调压补偿变。

7.2.3 动作时间

根据DL/T 770所规定的条件模拟瞬时性金属性单相接地、两相短路接地、两相相间短路、三相短路和三相短路接地故障，考核变压器保护产品的动作时间。变压器保护产品的动作时间应符合DL/T 770的要求。

7.2.4 差动保护区内、外金属性故障

在变压器满载及空载情况下，分别模拟以下各种故障：高压侧和中压侧区内金属性单相接地、两相接地、两相短路、三相短路、三相短路接地故障，低压侧区内两相短路和三相短路故障等。

在变压器满载及空载情况下，分别模拟高压侧和中压侧区外金属性故障：单相接地、两相接地、两相短路、三相短路、三相短路接地，低压侧区外两相短路和三相短路故障。

7.2.5 变压器匝间短路

在变压器满载及空载情况下，模拟高压侧绕组匝间短路。对于特高压变压器模拟调压变及补偿变的高压绕组匝间短路。

7.2.6 经过渡电阻短路

在变压器满载及空载的情况下，分别模拟高压侧及中压侧区内经过渡电阻的短路故障。

7.2.7 发展性故障

在变压器满载情况下，分别模拟高压侧及中压侧区外同一点发生不同故障类型的转换；如单相接地故障转换成两相短路接地，故障转换时间为10 ms～300 ms。

在变压器满载及空载的情况下，分别模拟高压侧及中压侧区外单相接地故障发展为区内同名相接地故障，且两故障点同时存在或区外故障消失，故障转换时间为10 ms～300 ms。

在变压器满载及空载的情况下，模拟区外故障发展为变压器匝间短路。故障转换时间为 10 ms～300 ms。

满载时变压器高压侧内部匝间短路由 1%发展成 3%。故障转换时间 10 ms～300 ms。

7.2.8 系统振荡及振荡时发生故障

模拟系统发生静稳破坏及动稳破坏后的系统振荡。

模拟系统静稳破坏后出现系统振荡，在振荡过程中，保护区内外发生各种故障。

7.2.9 断路器失灵

模拟变压器断路器在故障中因失灵而拒动。

7.2.10 投切低压侧电容器和电抗器

在变压器空载情况下，模拟投切低压侧母线上的电容器(电容器容量为变压器额定容量 1/6 的电容)和电抗器。

7.2.11 调整变压器分接头

模拟由于改变变压器分接头而造成差动回路电流不平衡。变压器分接头调节范围为±12.5%。

模拟由于改变变压器分接头而造成差动回路电流不平衡而又发生区外故障。变压器分接头调节范围：±12.5%。

7.2.12 变压器过激磁(此项目只对 330 kV 及以上变压器模拟试验)

缓慢升高变压器高压侧电源电压(最高可达到 1.3 倍额定电压值)，造成变压器过激磁。

缓慢降低变压器模型低压侧所接发电机的频率，造成变压器过激磁。

7.2.13 永久性故障

将系统故障时间延长到超过后备保护整定时间。

在高压侧和中压侧模拟金属性单相接地，使故障点分别在零序保护的正方向及反方向。

在高压侧和中压侧分别模拟金属性两相接地、两相短路、三相短路、三相短路接地故障及低压侧线路上两相短路、三相短路故障。

对有相间或接地阻抗保护的装置，应分别模拟测量阻抗在圆内、外的相间故障和接地故障。

7.2.14 电流互感器断线

在变压器带不同负载情况下，分别模拟变压器高压侧、中压侧、低压侧电流互感器二次回路单相断线。

7.2.15 电流互感器饱和

模拟变压器区外故障使一侧电流互感器出现暂态饱和的情况。

模拟由于区外故障使变压器一侧电流互感器出现暂态饱和后的区内故障。

7.2.16 电压互感器断线

分别模拟高、中、低压侧的电压互感器断线。

7.2.17 间歇性故障

模拟故障满足被试保护动作条件，第一次故障时间小于被试后备保护整定时间，故障间断，间断时间为 30 ms～100 ms；然后出现第二次故障，故障持续时间同第一次。两次故障时间之和应大于被试后备保护整定时间。

模拟故障满足被试保护动作条件，第一次故障时间小于被试后备保护整定时间；故障间断，间断时间为 30 ms～100 ms，然后出现第二次故障，故障持续时间大于被试后备保护的整定时间。

7.2.18 和应涌流

模拟系统及变压器在正常运行状态，被试变压器保护产品投入运行。空投另一台并联运行的变压器。要求另一台主变空投励磁涌流应不小于 2 倍额定电流，重复 5 次。模拟此故障要考虑两侧 TA 特性不一致的情况。

7.2.19 恢复性涌流

模拟区外故障切除，变压器电压恢复时产生的涌流。模拟此故障要考虑两侧 TA 特性不一致的情况。

7.2.20 系统频率偏移

使模拟系统分别运行在 48 Hz 和 52 Hz，模拟保护区内外金属性单相接地、两相短路接地、两相相间短路、三相短路和三相短路接地故障。

7.2.21 特殊项目的试验

a） 变压器保护失灵启动回路的考核；

b） 根据被试保护产品的有关技术说明确定相应的试验项目；

c） 根据试验委托人的特殊要求确定相应的试验项目。

8 并联电抗器保护产品

8.1 电抗器保护试验的典型接线及对模型的基本要求

8.1.1 固定电抗值的并联电抗器动模试验典型接线采用图 9 的接线形式。可控型并联电抗器的动模试验模型根据实际情况确定。

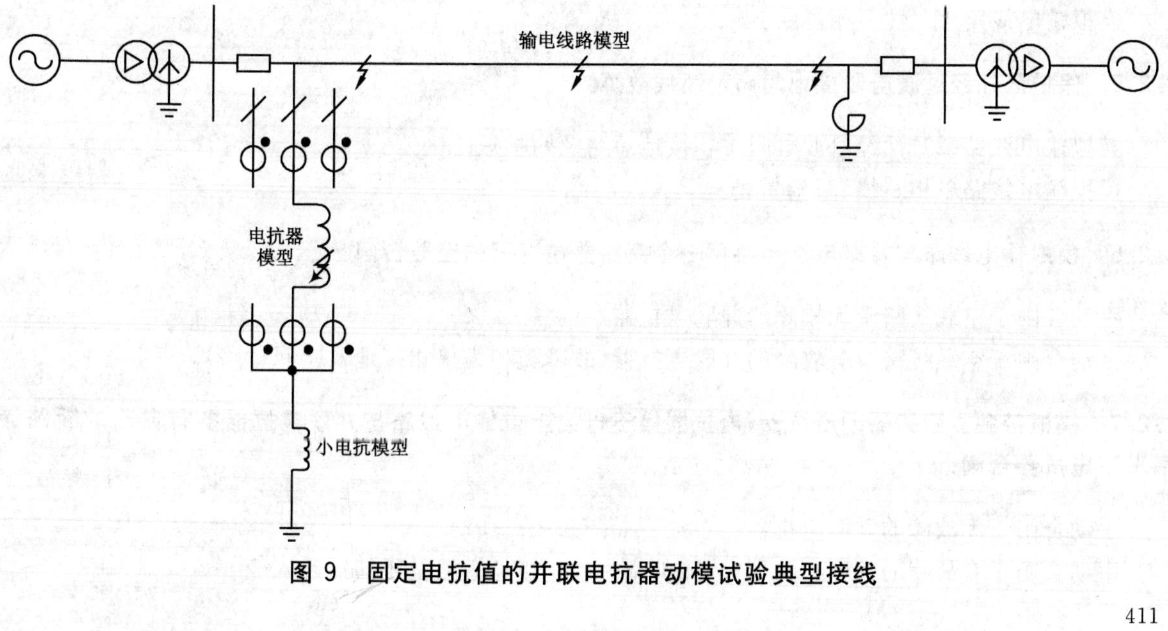

图 9 固定电抗值的并联电抗器动模试验典型接线

8.1.2 并联电抗器采用分相式结构，三相并联电抗器模型中性点可直接接地或者经一小电抗器接地。

8.1.3 并联电抗器可接有自己单独的断路器或与输电线路共用一个断路器。

8.1.4 在进行电抗器试验时，线路原型的长度可为 100 km～200 km，此时只在线路一侧接入并联电抗器；线路长度也可大于 200 km，此时在线路两侧都接入并联电抗器。

8.1.5 电流互感器的配置按测试时的并联电抗器保护装置的需要而定。

8.1.6 在固定电抗值的并联电抗器模型(图 9)的保护区外设置 3 个单相接地短路点，分别位于线路模型的始端、中点和末端；保护区内设置 4 个单相接地短路点，接地点距中性点之间的匝数占每相中总匝数之比为接地点的位置 α；$\alpha=5\%$、10%、80%、100%。

8.1.7 在可控型并联电抗器模型的保护区外设置 3 个单相接地短路点，分别位于线路模型的始端、中点和末端；保护区内设置 9 个单相接地短路点，高压绕组 4 个($\alpha=5\%$、10%、80%、100%)，低压绕组 3 个($\alpha=10\%$、50%、100%)，空芯电抗器 2 个($\alpha=20\%$、80%)。

8.1.8 模拟系统其他参数的选择参照本标准线路保护产品的要求。

8.2 并联电抗器保护产品的试验项目

8.2.1 保护区内匝间短路

并联电抗器匝间短路(含可控电抗器，下同)的匝数占每相总匝数之比为 1%～10%，可控并联电抗器还应分别在高压绕组、低压绕组、空芯电抗器的匝间模拟短路试验。

8.2.2 保护区内金属性单相接地短路

模拟并联电抗器保护区内不同地点瞬时性金属性单相接地短路，接地点位置见图 9。

8.2.3 保护区内经过渡电阻单相接地短路

模拟并联电抗器内部引线区内不同地点瞬时性经过渡电阻单相接地短路，接地点位置见图 9。

8.2.4 保护区外金属性短路故障

模拟输电线路瞬时性及永久性的金属性单相接地短路，接地点位置：线路首端、中点、末端共 3 个点。

模拟输电线路瞬时性两相短路、两相短路接地、三相短路、三相短路接地。

模拟输电线路永久性三相短路。

8.2.5 保护区外经过渡电阻接地短路及断线故障

模拟输电线路瞬时性经过渡电阻单相接地短路及两相短路接地。

模拟输电线路单相断线、两相断线。

8.2.6 模拟输电线路与并联电抗器共用一个断路器情况下的空载合闸

手动合闸于空载线路及无故障的并联电抗器。

手动合闸于空载线路及有故障的并联电抗器(故障类型为单相接地及匝间短路)。

8.2.7 模拟带独立断路器的电抗器(电抗器接于母线上或输电线路与并联电抗器各有自己的断路器)情况下电抗器合闸

手动合闸于无故障的并联电抗器。

手动合闸于有故障的并联电抗器(故障类型为单相接地短路及匝间短路)。

8.2.8 **复故障**

模拟输电线路短路尚未切除时又发生并联电抗器区内单相接地短路。

模拟输电线路短路尚未切除时又发生并联电抗器区内匝间短路。

模拟输电线路某地点短路尚未切除时又发生输电线路另一地点短路。

模拟线路非全相期间又发生并联电抗器区内匝间短路。

8.2.9 **发展性故障**

模拟输电线路某地点单相接地发展为相间短路。

8.2.10 **系统振荡及振荡过程中伴随区内外短路系统振荡**

模拟系统振荡过程中又发生输电线路金属性单相接地短路。

模拟系统振荡过程中又发生输电线路相间短路。

模拟系统振荡过程中又发生并联电抗器区内金属性单相接地短路。

模拟系统振荡过程中又发生并联电抗器区内匝间短路。

8.2.11 **改变系统运行方式的操作**

如空充本线路及邻近线路、分相拉合本线路、发电机并网以及空投变压器、投切负载等。

8.2.12 **电流互感器饱和**

模拟空充带电抗器的线路或带独立断路器的电抗器使电抗器一侧电流互感器出现暂态饱和的情况。

8.2.13 **电流互感器断线**

模拟并联电抗器首端、中性点端电流互感器二次回路单相断线。

8.2.14 **电压互感器断线**

模拟并联电抗器电压互感器二次回路单相断线，三相断线。

8.2.15 **系统频率偏移**

使模拟系统分别运行在 48 Hz 和 52 Hz，模拟保护区内外金属性单相接地、两相短路接地、两相相间短路、三相短路和三相短路接地故障。

8.2.16 **可控并联电抗器的特殊试验**

模拟可控并联电抗器副边绕组匝间接地故障。

8.2.17 **特殊项目试验**

根据被试保护产品的有关技术说明确定相应的试验项目。

根据试验委托人的特殊要求确定相应的试验项目。

9 发电机保护及发电机变压器组保护产品

9.1 发电机及发变组保护试验的典型接线方式及对模型的基本要求

9.1.1 发电机及发电机变压器组(以下简称发变组)保护动模试验典型接线如图 10 所示。

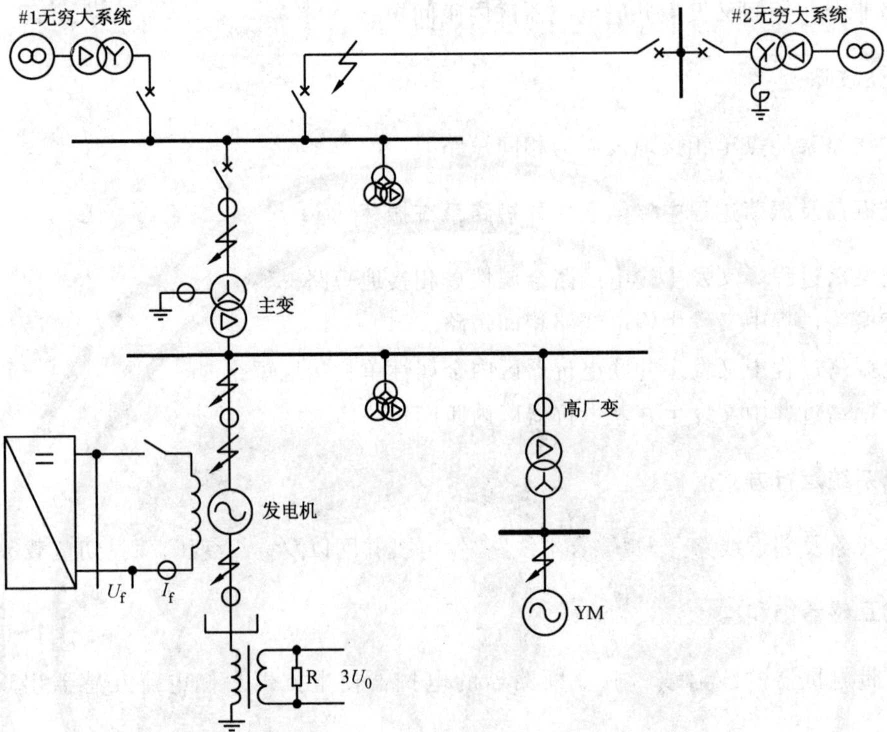

图 10 发电机变压器组保护动模试验典型接线图

9.1.2 在发电机尾端和出口(主变压器低压侧),发电机差动保护范围内设置故障点,能够模拟各种相间短路故障及由单相接地故障发展成为两相和三相短路接地故障(故障转换时间为 10 ms～60 ms)。

9.1.3 在发电机出口主变压器低压侧和主变压器高压侧,变压器差动保护范围内设置故障点,能够模拟各种接地短路、相间短路及由单相接地发展成为两相短路接地故障(故障转换时间为 10 ms～60 ms)。

9.1.4 在发电机内部模拟定子匝间短路、单相接地和相间故障。匝间短路的匝数在 5%～8%;定子接地应设置在发电机中性点附近、从中性点起 1%～10%匝数位置处;模拟定子接地时,过渡电阻值应为 0 Ω～20 kΩ。故障持续时间在 0.1 s～0.2 s 之间。

9.1.5 在变压器内部绕组模拟匝间短路。

9.1.6 在主变压器高压侧母线模拟各种接地短路、相间短路、转换性、发展性和经过渡电阻接地、相间故障。故障持续时间在 0.1 s～0.2 s 之间。

9.1.7 在主变压器高压侧出线模拟各种接地短路(瞬时、永久)、相间短路,并按线路保护的动作行为控制线路模拟断路器分、合。

9.1.8 在高厂变分支,发电机差动保护范围内、外设置故障点,能够模拟各种相间短路,故障持续时间在 0.1 s～0.2 s 之间。

9.1.9 在发电机励磁回路模拟转子经 2 kΩ～50 kΩ 电阻一点接地故障。

9.1.10 模拟系统振荡(振荡中心在线路上及主变压器内部)和振荡中模拟发电机、变压器和发变组区内、外故障。

9.1.11 为避免多次机组解列，可采用由模拟短路故障断路器自动断开的方法而不由装置切发电机(发变组)断路器的方法，但应进行模拟故障由装置切发电机(发变组)断路器的试验。

9.2 发变组保护产品的试验项目

9.2.1 试验项目

根据 DL/T 671 的规定，发变组保护产品应进行以下项目的动态模拟试验。

9.2.2 动作时间

根据 DL/T 671 所规定的条件模拟瞬时性金属性单相接地、两相短路接地、两相相间短路、三相短路和三相短路接地故障，考核发变组保护产品的动作时间。发变组保护产品的动作时间应符合 DL/T 761 的要求。

9.2.3 发变组、发电机、变压器差动和发电机匝间保护

a) 分别在发电机满载及空载的情况下，模拟区内、外故障、发展性故障和输电线断线故障。

b) 在无穷大电源供电的方式下，空投变压器于高压侧，励磁涌流最大相电流不小于 2 倍的额定电流。

c) 模拟和应涌流，在模拟系统及变压器在正常运行状态，被试变压器保护装置投入运行，空投另一台并联运行的变压器，空投时另一台主变空投励磁涌流应不小于 2 倍额定电流，重复五次，模拟此故障要考虑差动保护两侧电流互感器特性不一致的情况。

d) 模拟区外故障切除，变压器电压恢复时产生的涌流，模拟此故障要考虑两侧电流互感器特性不一致的情况。

e) 模拟于高压侧手合故障变压器，变压器的故障型式分别为单相接地、两相短路、两相接地、三相短路及匝间短路。考核保护的动作行为和时间特性。

f) 模拟由于改变主变高压侧分接头(抬高 12.5%)而造成二次回路电流不平衡时的区外故障。

g) 模拟系统静稳破坏后的振荡过程以及振荡过程中发生的各种短路故障。

h) 模拟主变压器高压侧出线故障切除后重合闸成功及重合在永久性故障后加速跳闸的过程。

i) 分别在发电机满载及空载的情况下，模拟电流互感器二次回路断线及断线时的区内外故障。

j) 模拟区内、外故障电流互感器暂态饱和。

9.2.4 定子接地

模拟定子不同位置发生接地故障。

9.2.5 转子接地

分别模拟转子回路正极和负极一点接地故障。

9.2.6 系统频率偏移

使模拟系统分别运行在 48 Hz 和 52 Hz，模拟保护区内外金属性单相接地、两相短路接地、两相相间短路、三相短路和三相短路接地故障。

9.2.7 异常运行

a) 发电机失磁

1) 根据原型发电机允许进相运行深度、时间，分别在发电机带不同的无功水平下，模拟发电机部分和全部失磁；

2) 模拟发电机正常运行时，电压互感器二次回路断线。

b) 发电机逆功率

1) 在发电机带50%额定无功功率水平下，模拟发电机逆功率运行；

2) 在发电机带100%额定无功功率水平下，模拟发电机逆功率运行。

c) 过电压过激磁

1) 模拟过电压(1.2～1.4)倍，造成变压器过激磁；

2) 模拟发电机误强励及甩负荷，造成发电机过激磁；

3) 起机过程中频率没有到标准值时的过激磁。

d) 发电机起停机过程

1) 模拟发电机起停机过程；

2) 模拟发电机起停机过程中发生定子接地和相间短路故障。

e) 发电机失步，模拟发电机由正常运行转入失步。

f) 发电机误上电，模拟由于发电机断路器误合导致的发电机误上电。

g) 特殊项目的试验

1) 根据被试保护产品的有关技术说明确定相应的试验项目；

2) 根据试验委托人的特殊要求确定相应的试验项目。

10 直流输电系统保护

10.1 动模试验典型接线方式

本标准中直流输电系统保护产品包括换流变保护和交流滤波器保护。动模试验时直流区的主接线应根据具体工程进行模拟。典型的双极12脉动直流系统主接线见图11。

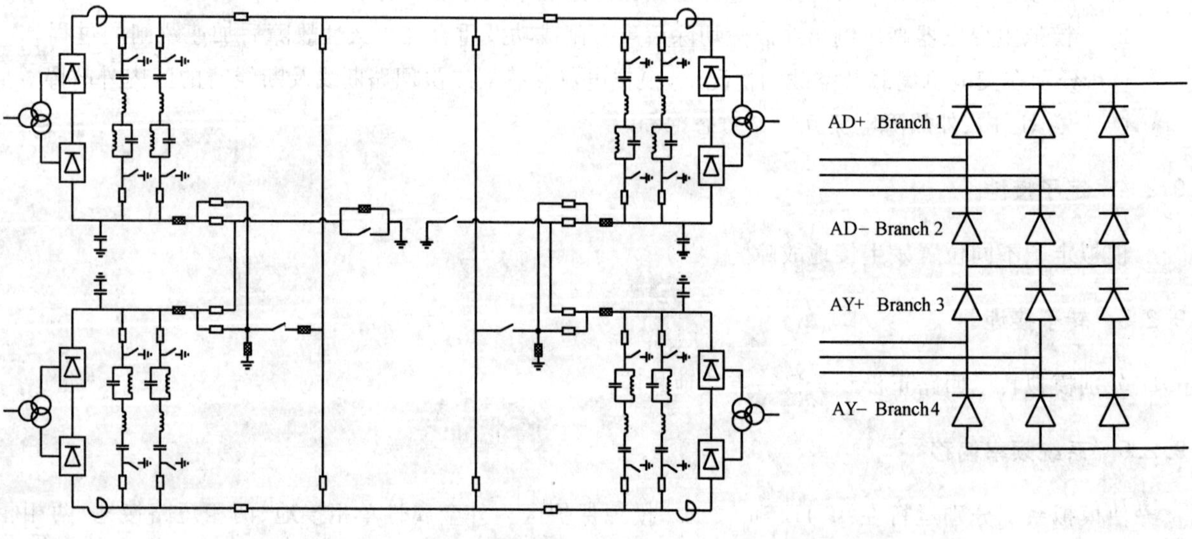

图11 典型的直流双极及12脉动动模主接线图

10.2 对模型的基本要求

10.2.1 模拟换流阀可以由单个或几个可控硅串联组成。其触发系统具有模拟丢失脉冲的条件。

10.2.2 平波电抗器采用空心电抗器模拟。

10.2.3 直流滤波器的结构按与原型一致模拟，一般为双调谐滤波器，如图12所示。

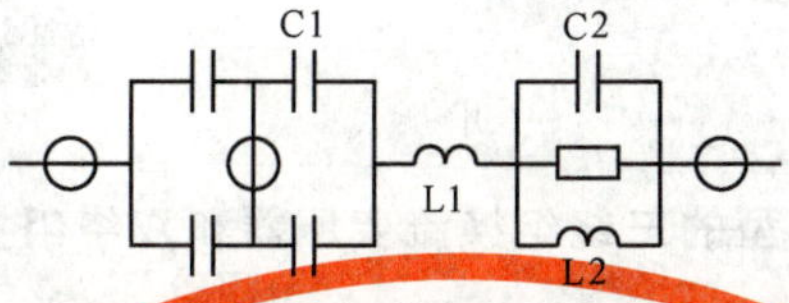

图12 典型的双调谐直流滤波器

10.2.4 对于长距离直流输电线路和极引线的模拟，应采用多“Γ”结构模拟。

10.2.5 直流场中实现大地回线、金属回线转换的开关和部分刀闸，应在模型回路进行模拟。

10.2.6 考虑到模型针对直流保护系统，极母线和中性母线上的电力线载波回路、直流开关的振荡回路、极引线监测回路等设备可以不在模型中体现。

10.2.7 直流输电回路的测点分布见图13。

图13 直流输电模拟系统的测点

10.3 换流变压器保护产品的试验

10.3.1 对换流变压器动模试验典型接线方式

直流输电系统中换流变压器有两绕组或三绕组变压器组成(如图14所示)，换流变的额定容量、短路阻抗、换流变原副边电压，以及分接头调节对直流系统和控制角度的影响很大，因此需要针对具体工程按模拟比严格模拟。

模拟变压器能满足换流工况下的谐波。

变压器模型在空投时其涌流应足够大，三相中最大涌流峰值应不小于2倍电流峰值。

变压器模型高压侧绕组应有匝间短路设置。匝间短路匝数(与总匝数之比)应在1%～10%之间。

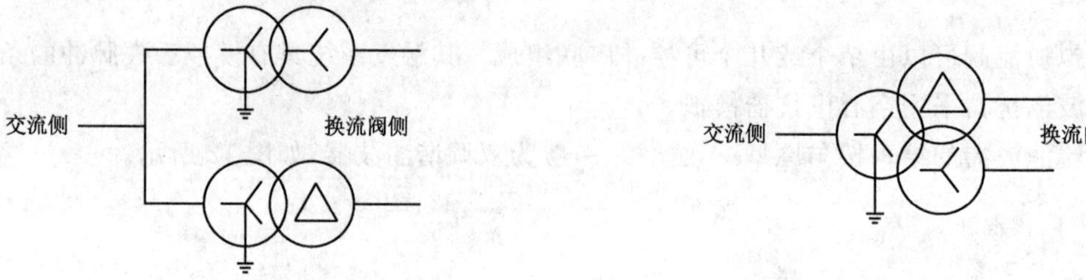

a) 二绕组换流变　　b) 三绕组换流变

图 14 典型的三绕组换流变压器和双绕组换流变压器

10.3.2 试验项目

换流变压器保护产品的试验项目除应包括所有交流系统变压器保护产品试验的项目外,还需根据GB/T 22390.4的要求,增加换流变压器所特有的项目。

10.3.3 正常直流传输过程

模拟直流系统的直流功率从零到满负荷整个工作过程,对变压器保护的影响。

模拟直流功率升降中的滤波器投切对变压器保护的影响。

模拟功率倒送工况对变压器保护的影响。

10.3.4 换流阀故障

模拟换流阀阀臂短路、换流阀丢脉冲等换流阀故障,对变压器保护的影响。

10.3.5 交流系统故障

模拟交流母线各种故障和交流线路各种故障。

10.4 交流滤波器保护

10.4.1 动模试验典型接线方式及对模型系统的基本要求

10.4.1.1 交流滤波器模型

交流滤波器保护产品的动模试验应在考虑与所保护的滤波器本体结构一致的模拟系统中进行,交流滤波器结构有单调谐型、C型、双调谐型和高通型等多种形式。

不同的交流滤波器的接线形式如图15所示,它们依次分别为单调谐滤波器、C型滤波器、双调谐滤波器、高通滤波器。滤波器支路中的电感应采用空心电抗器模拟。

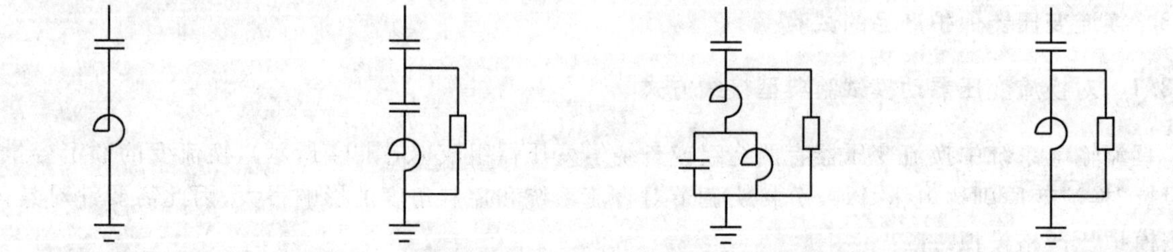

a) 单调谐滤波器　　b) C型滤波器　　c) 双调谐滤波器　　d) 高通滤波器

图 15 滤波器的接线方式

10.4.1.2 交流滤波器与直流输电系统的模拟

交流滤波器与直流输电系统模拟主接线图如图16所示。

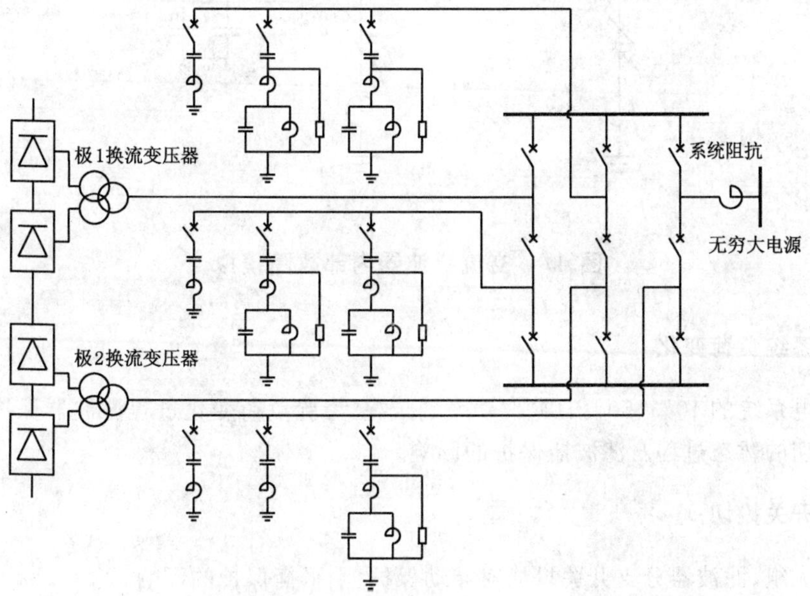

图16 交流滤波器与直流输电系统

模拟系统的滤波器分组以及各组无功容量应针对具体的直流工程按模拟比同比例模拟，应能满足直流输电系统的无功补偿和滤除谐波的作用，即模拟系统的系统阻抗、交流滤波器元件参数、换流变压器参数都须与原型系统按模拟比模拟。

10.4.2 对系统模拟的技术要求

交流滤波器保护产品的动模试验应在考虑与所保护的滤波器本体结构一致的模拟系统中进行。模拟系统各参数的选择见4.2。

10.4.3 交流滤波器保护的试验项目

10.4.3.1 试验项目

交流滤波器保护的动态模拟试验主要针对交流滤波器差动保护、过流保护、不平衡保护、过压保护、零序过流保护、断路器失灵保护等，条件允许也可以针对滤波器支路的电感过负荷、电阻过负荷、失谐保护等的项目。

根据GB/T 22390.4的要求，交流滤波器保护产品应进行以下项目的动态模拟试验。

10.4.3.2 滤波器支路内部故障

试验应能模拟滤波器支路的接地故障，滤波器主电容器的不平衡故障。模拟接线见图17。考验滤波器差动保护、过流保护、不平衡保护、零序过流保护、断路器失灵保护的动作情况。

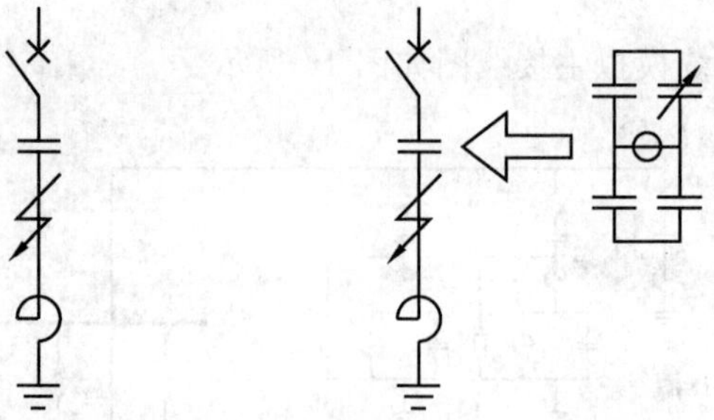

图 17　交流滤波器内部故障模拟

10.4.3.3　直流系统负荷变化

模拟直流输电系统的10%、50%、100%功率的工况，考验负荷变化过程滤波器保护的情况，同时考验其他滤波器投切的暂态过程对滤波器保护的影响。

10.4.3.4　交流开关投切

模拟滤波器大组、滤波器分支开关投切对差动保护、不平衡保护的影响。

10.4.3.5　直流系统紧急停运

模拟直流系统紧急停运的暂态情况下，对滤波器保护的影响。

10.4.3.6　交流系统频率偏移

使模拟交流系统分别运行在 48 Hz 和 52 Hz，模拟保护区内外金属性单相接地、两相短路接地、两相相间短路、三相短路和三相短路接地故障。

10.4.3.7　特殊项目的试验

a）根据被试保护产品的有关技术说明确定相应的试验项目；

b）根据试验委托人的特殊要求确定相应的试验项目。

ICS 29.240.01
F 21

中华人民共和国国家标准

GB/T 26865.2—2011

电力系统实时动态监测系统 第2部分:数据传输协议

Real-time dynamic monitoring systems of power system—Part 2: Protocols for data transfering

2011-07-29 发布 2011-12-01 实施

中华人民共和国国家质量监督检验检疫总局
中国国家标准化管理委员会 发布

前　言

本部分按照 GB/T 1.1—2009 给出的规则起草。

GB/T 26865《电力系统实时动态监测系统》由以下部分组成：

——第 1 部分：技术规范；

——第 2 部分：数据传输协议；

——第 3 部分：同步相量测量装置技术规范；

——第 4 部分：同步相量测量装置检测要求；

——第 5 部分：主站系统。

这些部分的名称有的尚未最终确定。

本部分为 GB/T 26865 的第 2 部分。

本部分由中国电力企业联合会提出。

本部分由全国电力系统管理及其信息交换标准化技术委员会(SAC/TC 82)归口。

本部分起草单位：国电华北电力设计院工程有限公司、中国电力科学研究院、国网电力科学研究院、北京四方继保自动化股份有限公司、国家电力调度通信中心、华东电网有限公司、华北电力调度(交易)中心、许继开普电器检测研究院、中国华能集团公司、华中电网有限公司。

本部分主要起草人：张道农、王英涛、于跃海、谢晓冬、何江、滕云、陆天健、王永福、潘勇伟、许勇、葛云鹏、韩福坤、贺春、田晓清、张胜。

电力系统实时动态监测系统 第2部分:数据传输协议

1 范围

本部分规定了电力系统实时动态监测系统的数据传输协议,包括实时数据传输协议及离线数据传输协议。

本部分适用于实时动态监测系统主站与主站之间,以及主站与子站之间的实时数据的传输及历史文件的传输。

2 规范性引用文件

下列文件对于本文件的应用是必不可少的。凡是注日期的引用文件,仅注日期的版本适用于本文件。凡是不注日期的引用文件,其最新版本(包括所有的修改单)适用于本文件。

DL/T 663—1999 220 kV~500 kV 电力系统故障动态记录装置检测要求

ANSI/IEEE C37.111—1999 Common format for transient data exchange (COMTRADE) for power systems

3 实时传输数据报文格式

3.1 数据格式定义

实时传输数据有4种类型:数据帧、配置帧、头帧和命令帧。

所有传输帧都以2个字节的帧同步字(SYNC)开始,后紧随着2个字节的帧长(FRAME-SIZE)、8个字节的数据集中器标识(DC_IDCODE)、4个字节的世纪秒(SOC)、4个字节的秒等分数(FRACSEC)。所有帧以CRC16的校验字结束。CRC16用 $X^{16}+X^{12}+X^{5}+1$ 多项式计算,其初始值规定为0。

所有传输帧都没有分界符。图1描述了传输帧的结构,包括传输次序、字段的描述,同步字首先传送,校验字最后传送。多个字节的字传输时,先传送最高位字节,所有各帧都使用同样的次序和格式(ASCII字符传送顺序和表示顺序一致)。传输帧字节的定义见表1。表1的FRACSEC中时间质量位的定义见表2。

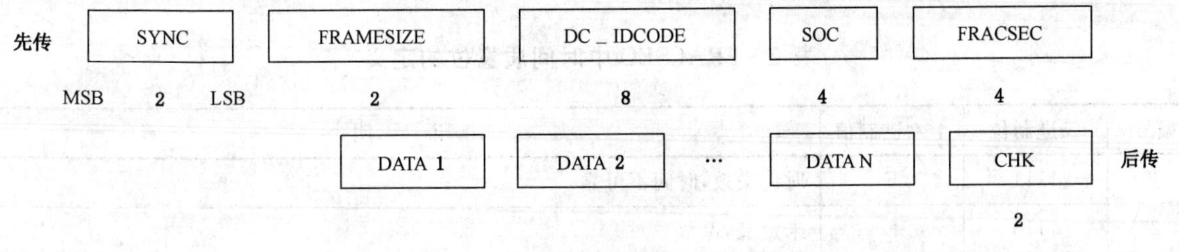

图1 传输帧结构

表 1 传输帧字节定义

编号	字段	长度	说 明
1	SYNC	2	帧同步字。 第 1 字节：AAH； 第 2 字节：帧类型和版本号： Bit 7：保留至将来定义； Bits 6～4： 000：数据帧， 001：头帧， 010：配置帧 1， 011：配置帧 2， 100：命令帧（子站接收的信息）， Bits 3～0：协议版本号，以二进制表示（1～15），本协议定义为 3
2	FRAMESIZE	2	帧字节数，16 位无符号整数（0～65535）
3	DC_IDCODE	8	DC（数据集中器）的 IDCODE（标识），对没有配置数据集中器的子站，本字段与 PMU_IDCODE 相同。用 ASCII 码表示，具体表示方法见附录 G
4	SOC	4	世纪秒，起始时间为 1970 年 1 月 1 日 00 时 00 分 00 秒
5	FRACSEC	4	秒等分数及时间质量、相量数据中的时标： Bit 31：保留，默认置 0； Bit 30：闰秒方向，1 表示减，0 表示加；本标志位在闰秒预告置位同时有效，在闰秒发生后保持 24 h； Bit 29：闰秒发生标志，闰秒发生后的第 1 s 置 1，保持 24 h 的置位状态，然后置 0； Bit 28：闰秒预告，1 表示本分钟最后 1 s 为闰秒，0 则正常； Bits 27～24：表示时间质量，见表 2； 0000：时钟运行正常； Bits 23～00：整数，秒等分数，单位时间由配置帧中的 TIME-BASE 字段指定，同一子站的所有同步相量测量装置的秒等分数基数是相同的
6	DATA 1	1	数据段字节 1
7	DATA 2	1	数据段字节 2
	……		
	DATA N	1	数据段字节 N
	CHK	2	CRC16 校验码

表 2 FRACSEC 中时间质量位的定义

编号	二进制位	十六进制值	说 明
1	1111	F	时钟失效，时间不可靠
2	1110	E	未定义，保留
3	1101	D	未定义，保留
4	1100	C	未定义，保留
5	1011	B	时钟失锁，最大时间偏差 10 s

表 2（续）

编号	二进制位	十六进制值	说　明
6	1010	A	时钟失锁，最大时间偏差 1 s
7	1001	9	时钟失锁，最大时间偏差 0.1 s
8	1000	8	时钟失锁，最大时间偏差 10^{-2} s
9	0111	7	时钟失锁，最大时间偏差 10^{-3} s
10	0110	6	时钟失锁，最大时间偏差 10^{-4} s
11	0101	5	时钟失锁，最大时间偏差 10^{-5} s
12	0100	4	时钟失锁，最大时间偏差 10^{-6} s
13	0011	3	时钟失锁，最大时间偏差 10^{-7} s
14	0010	2	时钟失锁，最大时间偏差 10^{-8} s
15	0001	1	时钟失锁，最大时间偏差 10^{-9} s
16	0000	0	时钟锁定状态，正常运行

3.2 数据帧

数据帧包含测量信息，其字节的定义及特殊字节的定义分别见表 3 及表 4。

表 3　数据帧字节的定义

编号	字段	长度	说　明
1	SYNC	2	帧同步字，见表 1
2	FRAMESIZE	2	帧字节数，见表 1
3	DC_IDCODE	8	DC 的 IDCODE
4	SOC	4	世纪秒，见表 1
5	FRACSEC	4	秒等分数及时间质量，见表 1
6	STAT	2	按位对应含义的状态字，见表 4
7	PHASORS	4×PHNMR	4 个字节的定点相量数据，见表 4
8	FREQ	2	用定点数表示的频率偏移量，见表 4
9	DFREQ	2	用定点数表示的频率变化率，见表 4
10	ANALOG	2×ANNMR	模拟量，见表 4
11	DIGITAL	2×DGNMR	开关量，见表 4
	重复 6～11 字段		根据配置帧中 PMU 的个数，即 NUM_PMU 字段，重复 6～11 字段的内容
	检查字节	2	CRC16 校验码

表 4 数据帧特殊字节的定义

字段	长度	说明
STAT	2	按位对应含义的状态字： Bit 15：数据可用标志，0 表示可用，1 表示异常； Bit 14：相量测量装置异常，0 表示没有异常； Bit 13：相量测量装置的同步状态，0 表示处于同步状态； Bit 12：数据排序，0 表示按照时间排序，1 表示按照接收顺序排序； Bit 11：相量测量装置触发标志，0 表示没有触发； Bit 10：1 子站配置发生了改变时间小于 1 min，0 子站未发生配置改变； Bits 09～06：保留待用； Bits 06～04：时标异常； 000＝同步锁信，最好效果； 001＝持续 10 s 锁信失败； 010＝持续 100 s 锁信失败； 011＝持续 1000 s 以上锁信失败； 100＝持续 1 h 以上锁信失败； 101＝持续 2 h 以上锁信失败； 110～111：未定义，留作扩展。 Bits 03～00：触发原因； 1111～1001：保留待用； 1000：低频振荡 0111：开关量； 0110：线性组合； 0101：频率变化率越限； 0100：频率越限； 0011：相角差； 0010：幅值越上限； 0001：幅值越下限； 0000：手动
PHASORS	4	表示两个 16 位的整数，用极坐标表示方式的幅值和相角： ——先传幅值，用 0～65535 的无符号整数表示； ——再传角度，用 16 位的有符号整数表示，以弧度$\times 10^4$ 表示，取值范围为 $-\pi\times 10^4 \sim +\pi\times 10^4$
FREQ	2	频率偏移量，即额定频率的差值，单位为 10^{-3} Hz。 取值范围为 32.767 Hz～＋32.767 Hz；用 16 位有符号整数表示
DFREQ	2	频率变化率，单位为 10^{-2} Hz/s； 取值范围为－327.67 Hz/s～＋327.67 Hz/s；用 16 位有符号的整数表示
ANALOG	2	模拟量信息，用 16 位有符号的整数表示。可以是采样量，例如控制信号或者变换器的值。数值的取值范围由使用者自行规定
DIGITAL	2	开关量状态字，按位对应的状态字，由使用者自行规定

3.3 头帧

头帧用 ASCII 码表示，包含相量测量装置、数据源、相量算法、模拟通道滤波器等相关信息。头帧具有 SYNC（同步字）、FRAMESIZE（帧长度）、DC_IDCODE（数据集中器的标识符）、SOC（世纪秒）、FRACSEC（秒等分数）、DATA 1（数据字段 1）、…DATA n（数据字段 n）、CHK（CRC16 校验码），但头帧数据没有固定格式。头帧的字节的定义见表 5。

表 5 头帧字节的定义

编号	字段	长度	说明
1	SYNC	2	帧同步字,见表 1
2	FRAMESIZE	2	帧字节数,见表 1
3	DC_IDCODE	8	DC 的 IDCODE
4	SOC	4	世纪秒,见表 1
5	FRACSEC	4	秒等分数及时间质量,见表 1
6	DATA 1	1	ASCII 字符串,第 1 个字节
	………		
	DATA n	1	ASCII 字符串,最后一个字节
	CHK	2	CRC16 校验码

3.4 配置帧

配置帧为子站和实时数据提供信息及参数的配置信息,为二进制文件。该帧可以通过表 5 的 SYNC 的(4～6)位标识;可以定义 2 个配置文件:SYNC 的第 4 位置 0 为配置 1(CFG-1)文件,第 4 位置 1 则为配置 2(CFG-2)文件。CFG-1 为子站系统全配置文件,由子站生成,内容包括子站的所有输出量,CFG-2 为数据配置文件,建议由主站生成,说明数据帧的实际配置状况,所有字段都应为固定长度,不使用分界符。配置帧字节的定义见表 6。

表 6 配置帧字节的定义

序号	字段	长度	说明
1	SYNC	2	帧同步字,见表 1
2	FRAMESIZE	2	帧字节数,见表 1
3	DC_IDCODE	8	DC 的 IDCODE
4	SOC	4	世纪秒,见表 1
5	FRACSEC	4	秒等分数及时间质量,见表 1
6	TIME_BASE	4	秒等分数时间的分辨率,宜采用微秒表示,见表 7
7	NUM_PMU	2	数据帧包括的 PMU 的数量,见表 7
8	STN	16	站名:16 字节 ASCII 码,见表 7
9	PMU_IDCODE	8	8 字节 PMU 的标识符,见表 7
10	FORMAT	2	数据帧的数据格式,见表 7
11	PHNMR	2	相量数量:2 字节整数 (0～32767),见表 7
12	ANNMR	2	模拟量数量:2 字节整数,见表 7
13	DGNMR	2	开关量状态字的数量:2 字节整数,见表 7
14	CHNAM	16×(PHNMR+ANNMR+16×DGNMR)	测量量的名称:相量、模拟量、开关量用 16 字节 ASCII 码,每次传送的次序相同,见表 7

表 6（续）

序号	字段	长度	说　明
15	PHUNIT	4×PHNMR	相量通道的转换因子，见表 7
16	ANUNIT	4×ANNMR	模拟通道的转换因子，见表 7
17	DIGUNIT	4×DGNMR	开关量状态字掩码，见表 7
18	FNOM	2	额定频率和标志，见表 7
	重复 8～18 字段		根据配置帧中 PMU 的个数，即 NUM_PMU 字段，重复 8～18 字段的内容
19	PERIOD	2	相量传送的周期，见表 7
20	CHK	2	CRC16 校验码

表 7　配置帧特殊字节的定义

字　段	长度	说　明
TIME_BASE	4	数据帧对应的秒等分数。在运算时，FRACSEC 的高字节需清零，以屏蔽闰秒标志位和保留标志位的影响。 数据帧对应的等分秒数＝FRACSEC / TIME_BASE 如 TIME_BASE＝1,000,000，FRACSEC 单位为微秒； 如 TIME_BASE 为采样率（如 720,2880,5760 等），数据帧的 FRACSEC 为采样点对应的点计数
NUM_PMU	2	数据帧中包括的 PMU 的数量，每帧最大的数量为 65535
STN	16	站名为 16 位 ASCII 码
PMU_ IDCODE	8	相量测量装置的硬件标识符，用 ASCII 码表示，具体表示方法见附录 D
FORMAT	2	数据帧的数据格式，16 位标志： Bits 15～5：未用； Bit 4：0 为数据窗最后一点进行时间同步，1 为数据窗第 1 个采样点进行时间同步（推荐 1）； Bit 3 为频率/频率变化：0＝16 位整数，1＝浮点数； Bit 2 为模拟量：0＝16 位整数，1＝浮点数； Bit 1 为相量：0＝16 位整数，1＝浮点数； Bit 0：0＝实部/虚部（直角坐标），1＝幅度/角度（建议采用极坐标）
PHNMR	2	相量数量为 2 字节整数
ANNMR	2	模拟量数量为 2 字节整数
DGNMR	2	开关量状态字的数量为 2 字节整数。开关量状态字通常用 16 位布尔型表示，每一位表示一个开关量的状态
CHNAM	16	测量量的名称：每个相量、模拟量、开关量用 16 个字节的 ASCII 码命名，在数据帧中采用相同的传输次序
PHUNIT	4	相量的转换因子，每个相量 4 个字节： 最高字节：0＝电压；1＝电流； 剩余字节：24 位无符号字，单位为 10^{-5} V/A（如用浮点数表示，可忽略）

表 7（续）

字　段	长度	说　明
ANUNIT	4	模拟通道的转换因子： 最高字节：保留； 其余字节：24 位无符号字，单位为 10^{-5}
DIGUNIT	4	用两个 16 位字表示 16 个开关量的状态字掩码。 第 1 个字表示开关量输入的正常状态；字中的每一位表示相应开关量的类型：0＝常开节点，1＝常闭节点。 第 2 个字表示是否有效；字中的每一位表示相应开关量的有效性：1 表示有效，0 表示无效。 状态字中的开关量按照从低位到高位的次序和开关量名称相对应
FNOM	2	额定频率（16 位无符号整数）： Bits 15～10：保留； Bit 9：1——数据帧忽略 DFREQ； Bit 8：1——数据帧忽略 FREQ； Bits 7～1：保留； Bit 0：1——基波＝50 Hz
PERIOD	2	相量数据的传送周期为 2 字节的整数(0～32767)，表示两次连续的数据传送之间的时间间隔，大小为基波周期倍数×100，200 即表示每 2 个基波周期发送一个数据帧

3.5 命令帧

3.5.1 命令帧格式

子站或主站均可获得对方发来的命令，并且根据命令进行相应的操作。命令帧结构见图 2，命令帧字节定义见表 8。

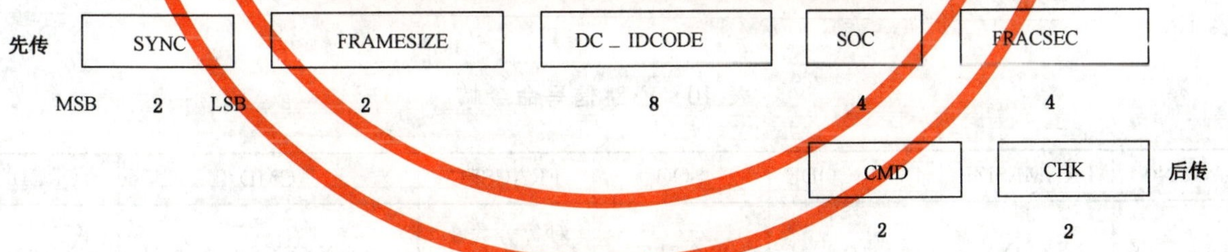

图 2　命令帧结构

表 8　命令帧字节定义

序号	字段	长度	说　明
1	SYNC	2	帧同步字，见表 1
2	FRAMESIZE	2	帧字节数，见表 1
3	DC_IDCODE	8	DC 的 IDCODE
4	SOC	4	世纪秒，见表 1
5	FRACSEC	4	秒等分数及时间质量，见表 1
6	CMD	2	命令字节，见表 9、表 10
7	CHK	2	CRC16 校验码

3.5.2 命令定义

命令帧中的命令(CMD)由 2 个字节构成。命令的定义见表 9。

表 9 命令帧命令定义

命令字 Bit	主站发送定义	子站发送定义
Bits 15～13	命令类型： 001 否定确认； 010 心跳信号； 011 系统复位； 100 下传 CFG-2 配置文件； 101 联网触发； 110 保留； 111 肯定确认	命令类型： 001 否定确认； 010 心跳信号； 111 肯定确认
Bits 12～4	保留	
Bits 3-2-1-0	0001 关闭实时数据； 0010 打开实时数据； 0011 发送头文件； 0100 发送 CFG-1 文件； 0101 发送 CFG-2 文件； 1000 以数据帧格式接收参考相量	

3.5.3 命令帧组帧

依据上述定义的命令帧格式，心跳信号命令帧见表 10，远程复位命令帧见表 11，接收命令帧正确的肯定确认帧见表 12，出错的否定确认帧见表 13，下传 CFG-2 配置文件命令见表 14，联网触发命令见表 15。

表 10 心跳信号命令帧

SYNC	FRAMESIZE	DC_IDCODE	SOC	FRACSEC	CMD	CRC16
AA 4X	XX XX	DC 的标识符	发令时刻	秒等分数及时间质量	010,XXXXXXXXX,0000	XXXX
注：主站定时下发心跳信号，子站在接收到心跳信号后应立即将该心跳信号返回。心跳信号发送间隔不应长于 10 s。对于心跳信号，子站不需要返回确认帧。						

表 11 远程复位命令帧

SYNC	FRAMESIZE	DC_IDCODE	SOC	FRACSEC	CMD	CRC16
AA 4X	XX XX	DC 的标识符	发令时刻	秒等分数及时间质量	011,XXXXXXXXX,0000	XXXX
注：主站通过命令连接向子站下发本命令，子站接收到命令后，装置复位。						

表 12 肯定确认帧

SYNC	FRAMESIZE	DC_IDCODE	SOC	FRACSEC	CMD	CRC16
AA 4X	XX XX	DC 的标识符	发令时刻	秒等分数 及时间质量	111,XXXXXXXXX,0000	XXXX
注：主站通过命令连接向子站下发命令或 CFG-2 文件，子站接收主站发送的“下传 CFG-2 配置文件”及“联网触发”命令时，以及接收到 CFG-2 文件并通过有效性检查时，子站向主站发送肯定确认帧。						

表 13 否定确认帧

SYNC	FRAMESIZE	DC_IDCODE	SOC	FRACSEC	CMD	CRC16
AA 4X	XX XX	DC 的标识符	发令时刻	秒等分数 及时间质量	001,XXXXXXXXX,0000	XXXX
注：主站通过命令连接向子站下发 CFG-2 文件，如子站接收到的 CFG-2 文件不能通过有效性检查，子站向主站发送否定确认帧。						

表 14 下传 CFG-2 配置文件命令

SYNC	FRAMESIZE	DC_IDCODE	SOC	FRACSEC	CMD	CRC16
AA 4X	XX XX	DC 的标识符	发令时刻	秒等分数 及时间质量	110,XXXXXXXXX,0000	XXXX
注：主站通过命令连接向子站下发该命令，子站接收到命令，向主站返回确认帧后，接收配置帧，并保存为子站与该主站数据传输的 CFG-2 文件。						

表 15 联网触发命令

SYNC	FRAMESIZE	DC_IDCODE	SOC	FRACSEC	CMD	CRC16
AA 4X	XX XX	DC 的标识符	发令时刻	秒等分数 及时间质量	101,XXXXXXXXX,0000	XXXX
注：主站通过命令连接向子站下发该命令，子站接收到命令后，立即启动记录暂态数据文件，并向主站返回确认帧。						

4 离线传输数据报文格式

4.1 传输数据帧

子站存储的离线数据包括动态记录数据文件、暂态数据文件和事件标识数据。

本协议定义了 4 种离线传输帧格式，即传输命令帧、事件标识帧、传输数据帧和文件目录帧。离线传输帧基本格式见图 3，帧格式结构定义见表 16。

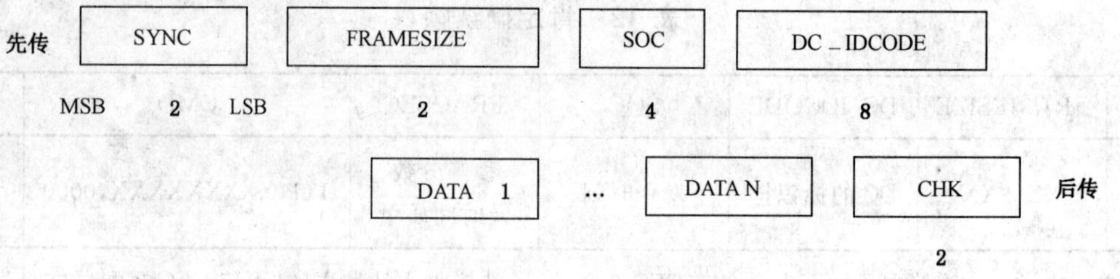

图 3 离线数据传输帧基本格式

表 16 离线数据传输帧结构定义

编号	字段	长度(字节)	说明
1	SYNC	2	帧同步字： 第一字节:55H 第二字节:帧类型和版本号 Bit 7:保留未来定义 Bits 6～4: 000:传输数据帧 001:事件标识帧 010:文件目录帧 100:传输命令帧 Bits 3～0:协议版本号,二进制表示(1～15),本协议定义为 3
2	FRAMESIZE	2	帧字节数,16 位无符号整数.(0～65 535)
3	SOC	4	世纪秒(UNIX 时间),以 32 位无符号整数表示的自 1970 年 1 月 1 日起始的秒计数;最大范围 136 年,到 2106 年完成一次循环;计数中不包括闰秒,因此除了闰年,每年都有相同的秒计数(闰年多 1 d,即 86 400 s)
4	DC_IDCODE	8	数据集中器(DC)的标识(IDCODE),对没有配置数据集中器的子站,本字段与 PMU_IDCODE 相同。用 ASCII 码表示,具体表示方法见附录 A
6	DATA 1	1	数据段字节 1
	……		
	DATA N	1	数据段字节 N
	CHK	2	CRC16 校验码

4.2 传输命令帧

传输命令帧指定子站与主站之间传送离线数据的要求,包括传送动态记录数据文件的类型、数据记录的起止时刻要求和传输控制信息。

离线数据传输命令帧的结构见图 4;字节定义见表 17;特殊字节定义见表 18;命令说明见表 19。

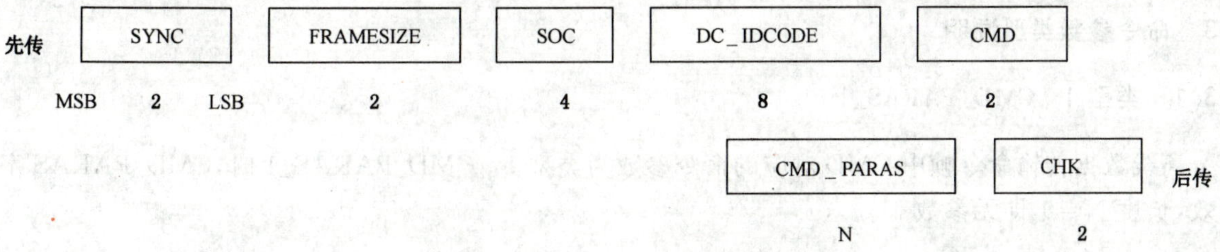

图 4 传输命令帧结构

表 17 离线数据传输命令帧字节的定义

序号	字段	长度	说 明
1	SYNC	2	帧同步字,见表 16
2	FRAMESIZE	2	帧字节数,见表 16
3	SOC	4	世纪秒,见表 16,离线数据传输命令发生时刻的 SOC
4	DC_IDCODE	8	DC 的 IDCODE
5	CMD	2	命令字节,见表 18
6	CMD_PARAS	N	命令参数字节,见表 18
7	CHK	2	CRC16 校验码

表 18 离线数据传输命令帧特殊字节的定义

字段	长度	说 明
CMD	2	命令字: 低字节 LoByte:命令含义,字节取值见表 19; 高字节 HiByte:保留,默认为 0x00
CMD_PARAS	N	命令参数字段,根据 CMD 字段的不同有不同的定义,见 4.3 命令参数字段说明

表 19 离线数据传输命令帧命令说明

编号	命令	命令传输方向	命令参数类型	低字节取值	命令说明
1	CMD_LDFLOW	主站→子站	CMD_PARAS_2	0x01	传送动态记录数据文件
2	CMD_XFFILE	主站→子站	CMD_PARAS_3	0x02	主站下发文件
3	CMD_LDTRINDEX	主站→子站	CMD_PARAS_2	0x03	传送事件标识数据(附事件信息)
4	CMD_LDFILEDES	主站→子站	CMD_PARAS_2	0x04	主站召唤子站的文件目录
5	CMD_LDTR	主站→子站	CMD_PARAS_2	0x05	传送暂态数据(按起止时刻索引)
6	CMD_LDTRET	主站→子站	CMD_PARAS_2	0x06	传送暂态数据 (按发生时刻索引)
7	CMD_LDFILE	主站→子站	CMD_PARAS_3	0x07	召唤子站文件
8	CMD_ACK	主站←→子站	CMD_PARAS_1	0x08	确认帧
9	CMD_USEABLE	主站←子站	CMD_PARAS_1	0x09	当前空闲,接受传输请求
10	CMD_UNUSEABLE	主站←子站	CMD_PARAS_1	0x0A	当前状态忙,不接受传输请求
11	CMD_CONTINUE	主站←→子站	CMD_PARAS_4	0x0B	断点续传

4.3 命令参数类型说明

4.3.1 类型1 CMD_PARAS_1

离线数据传输命令帧中CMD对应的命令参数为类型1 CMD_PARAS_1时,CMD_PARAS字段无效,长度N=0,即无参数。

4.3.2 类型2 CMD_PARAS_2

命令参数类型2 CMD_PARAS_2的定义见表20。

表20 命令参数类型2的定义

字段	长度	说明
CONTENT_LEN	2	帧长控制字,16位无符号整数。 子站上传离线数据报文中文件数据相关字段的帧长度上限。为0x0000时,子站可忽略"帧长控制字"
CPS	2	流量控制字,16位无符号整数。表示子站每秒上传事件标识帧或离线数据帧的数量
PARA1	4	命令参数1,命令内容不同时含义也不同,见表23
PARA2	4	命令参数2,命令内容不同时含义也不同,见表23

4.3.3 类型3 CMD_PARAS_3

命令参数类型3 CMD_PARAS_3的定义见表21。

表21 命令参数类型3的定义

字段	长度	说明
CONTENT_LEN	2	帧长控制字,16位无符号整数,表示传输离线数据帧的长度上限。为0x0000时,子站可忽略"帧长控制字"
CPS	2	流量控制字,16位无符号整数,表示每一秒传输文件数据帧的数量
PARA1	4	32位无符号整数,保留
PARA2	4	32位无符号整数,保留
FILENAME	64	传输文件的名称,以0结尾的ASCII字符串。无效位置0,每发送一次"召唤子站文件"命令,对方只传送一个指定的文件

4.3.4 类型4 CMD_PARAS_4

命令参数类型4 CMD_PARAS_4的定义见表22。

表22 命令参数类型4的定义

字段	长度	说明
FILENAME	64	传输文件的名称,以0结尾的ASCII字符串。无效位置0,每发送一次"召唤子站文件"命令,对方只传送一个指定的文件
PARA1	4	32位无符号整数,文件续传的起点,即从文件开始到断点处的字节数

4.3.5 命令的参数字段的定义

命令的参数字段的定义见表23。

表 23 命令的参数字段的定义

编号	命　令	参数字段	参数字段定义
1	CMD_LDFLOW	PARA1	32位无符号整数,查询动态数据的起始时刻,以SOC表示
		PARA2	32位无符号整数,查询动态数据的终止时刻,以SOC表示
2	CMD_XFFILE	PARA1	保留
		PARA2	保留
		FILENAME	文件名
3	CMD_LDTRINDEX	PARA1	32位无符号整数,查询事件标识的起始时刻,以SOC表示
		PARA2	32位无符号整数,查询事件标识的终止时刻,以SOC表示
4	CMD_LDFILEDES	PARA1	32位无符号整数,查询暂态数据文件记录数据的起始时刻,以SOC表示
		PARA2	32位无符号整数,查询暂态数据文件记录数据的终止时刻,以SOC表示
5	CMD_LDTR	PARA1	32位无符号整数,查询暂态数据的起始时刻,以SOC表示
		PARA2	32位无符号整数,查询暂态数据的终止时刻,以SOC表示
6	CMD_LDTRET	PARA1	32位无符号整数,事件发生时刻的SOC
		PARA2	32位无符号整数,事件发生时刻的毫秒数(0～999)
7	CMD_LDFILE	PARA1	保留
		PARA2	保留
		FILENAME	文件名
8	CMD_ACK	无参数	
9	CMD_USEABLE	无参数	
10	CMD_UNUSEABLE	无参数	
11	CMD_CONTINUE	FILENAME	64字节的ASCII字符串。无效位置0
		PARA1	32位无符号整数,文件续传的起点

4.4 事件标识帧

事件标识帧用来上传子站记录的事件标识。

事件标识帧的结构见图5;字节定义见表24;附加字段类型1及类型2的定义分别见表25及表26。

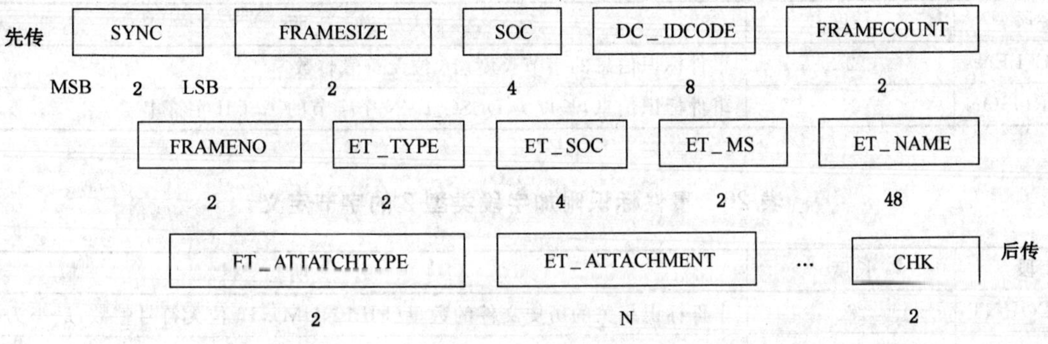

图 5 事件标识帧结构

表 24　事件标识帧的字节定义

编号	字　段	长度	说　明
1	SYNC	2	帧同步字,见表 16
2	FRAMESIZE	2	帧字节数,见表 16
3	SOC	4	SOC,见表 16,表示事件标识帧发送的时刻的 SOC
4	DC_IDCODE	8	DC 的 IDCODE
5	FRAMECOUNT	2	上传事件标识帧的总数,16 位无符号整数
6	FRAMENO	2	当前事件标识帧的顺序编号(由 1 开始,逐次递增)16 位无符号整数
7	ET_TYPE	2	事件类型: 高字节:保留; 低字节:触发原因: 0111:开关量　　0110:线性组合 0101:频率变化率越限　　0100:频率越限 0011:相角差　　0010:幅值越上限 0001:幅值越下限　　0000:手动
8	ET_SOC	4	事件发生时刻的 SOC
9	ET_MS	2	事件发生时刻的毫秒数,16 位无符号整数,取值范围为 0～999
10	ET_NAME	48	事件标识信息,48 字节 ASCII 码
11	ET_ATTACHTYPE	2	事件标识附加字段类型,16 位无符号整数: 0:无附加字段; 1:事件标识的信息; 2:事件标识相关历史文件列表
12	ET_ATTACHMENT	N	事件标识附加字段,对应不同的附加字段类型,有不同定义: 0:本字段无效,长度为 0; 1:本字段结构采用 ATTACH_TYPE_1,见表 25; 2:本字段结构采用 ATTACH_TYPE_2,见表 26
	重复 7～12 字段内容,传送下一个事件标识		
	CHK	2	CRC16 校验码

表 25　事件标识附加字段类型 1 的字节定义

字段	长度	说　明
DESC_LEN	2	事件标识信息的字节长度,16 位无符号整数
DESCRITION	N	事件标识信息,长度为 DESC_LEN 个字节的 ASCII 字符串

表 26　事件标识附加字段类型 2 的字节定义

字段	长度	说　明
FILECOUNT	2	事件标识相关的历史文件的数量(FILENUM),16 位无符号整数,最小为 0
FILENAME	64×FILECOUNT	历史文件名称,每个文件名称长度为 64 字节 ASCII 字符串,根据 FILECOUNT 字段定义的文件数量重复传送本字段

4.5 离线数据帧

离线数据帧用于传输动态记录数据、暂态数据以及其他指定文件。

离线数据帧的结构见图 6。离线数据帧的字节定义见表 27。

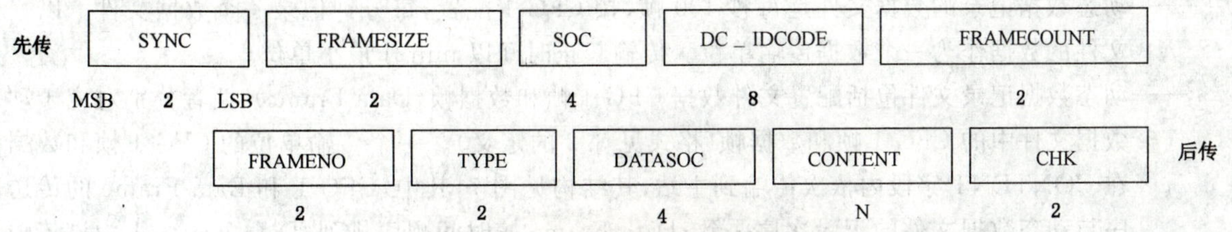

图 6 离线数据帧结构

表 27 离线数据帧的字节定义

编号	字段	长度	说明
1	SYNC	2	帧同步字,见表 16,定为 0x5500
2	FRAMESIZE	2	帧字节数,见表 16。帧长不大于命令帧中的 CONTENT_LEN
3	SOC	4	世纪秒,见表 16
4	DC_IDCODE	8	DC 的 IDCODE
5	FRAMECOUNT	2	需上传离线数据帧的总数,16 位无符号整数
6	FRAMENO	2	当前数据帧的顺序编号,由 1 开始,逐次递增,16 位无符号整数
7	TYPE	2	16 位无符号整数,离线数据类型: 0:以二进制数据流方式传输波形瞬时数据的 COMTRADE 配置文件; 1:以二进制数据流的方式传输暂态数据文件; 2:以二进制数据流的方式传输动态数据文件; 3:传输文件(主站和子站间可以双向传输文件;对应“主站下发文件”命令和“主站召唤子站文件”命令); 其他:保留
8	DATASOC	4	离线数据对应的记录时间,SOC 表示: 当 TYPE 字段为 0、1 时,精确到秒; 当 TYPE 字段为 2 时,DATASOC 为动态数据对应的记录时间,是数据对应的该分钟的整分世纪秒;上传的整分钟的动态数据文件数据帧中的 DATASOC 不变; 当 TYPE 字段为 3 时,本字段可忽略
9	CONTENT	N	传送的离线数据,用二进制表示。 长度 N 根据命令帧中的 CONTENT_LEN 字段确定。 根据 TYPE 进行相应的数据传输。 文件数据类型(TYPE): 1:数据按照 COMTRADE 格式组织; 2:数据根据配置帧的要求按照实时数据帧的格式组织(按 CFG-1 发送) 3:前 64 个字节为所传输文件的名称,后面的(N−64)个字节为文件内容
10	CHK	2	CRC16 校验码

离线数据帧传输说明如下：

——离线数据传输按离线数据产生的时间为先后顺序传输。如一次传输过程包括多个文件，则每个文件的数据在CONTENT字段内按先后顺序、无间隔地传输，禁止同一个离线数据帧内传送两个及以上文件数据。

——动态数据记录的数据文件是每秒100帧，按CFG-1配置，每分钟记录一个数据文件。以一个文件的数据作为一个数据传输单位。传输起止时间以min作最小单位。

——动态数据记录文件包括配置文件数据CFG-1帧和数据帧(Data Frame)；两者分别对应于动态数据文件中的CFG-1帧和数据帧(格式见3.2的定义)。一个传输单位的CFG-1帧和数据帧在CONTENT字段内依次传输到主站，其结构见图7，其中，CFG-1和Data Frame的传送次序与动态数据文件的记录次序一致；Data Frame按时间顺序排列，Data Frame 1为该传输单位起始时的数据，Data Frame n为该传输单位终止时的数据。

——暂态数据应符合ANSI/IEEE C37.111—1999的规定。

图7 动态数据文件传输数据帧结构

4.6 文件目录帧

文件目录帧用来传送记录离线数据的文件目录。文件目录帧的结构见图8；文件目录帧字节的定义见表28；附加字段字节的定义见表29。

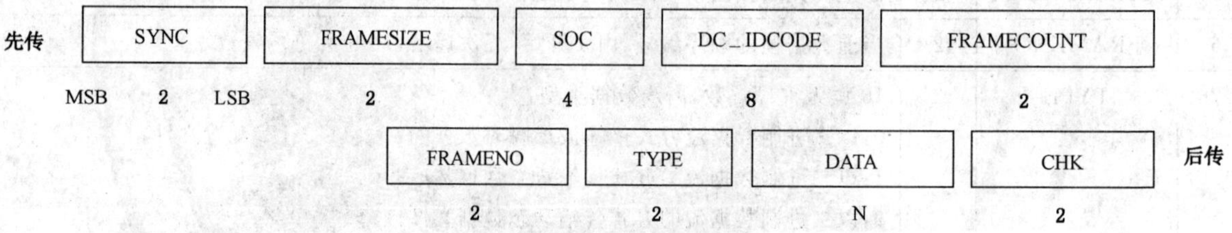

图8 文件目录帧结构

表28 文件目录帧的字节定义

编号	字段	长度	说明
1	SYNC	2	帧同步字，见表16，规定为0x5520
2	FRAMESIZE	2	帧字节数，见表16
3	SOC	4	世纪秒，见表16。表示文件目录帧传输时刻的SOC
4	DC_IDCODE	8	数据集中器(DC)的标识(IDCODE)
5	FRAMECOUNT	2	需上传文件数据帧总数，16位无符号整数
6	FRAMENO	2	当前报文的顺序编号(由1开始，逐次递增)，16位无符号整数
7	TYPE	2	传送文件目录的类型 1：暂态数据文件名称列表(对应"主站召唤子站文件目录"命令) 其他：保留
8	DATA	N	文件目录字段，附加字段定义见表29
9	CHK	2	CRC16校验

表 29 附加字段的字节定义

字 段	长 度	说 明
FILECOUNT	2	该帧上传文件的数量，16 位无符号整数，最小为 0
FILENAME	64×FILECOUNT	历史文件的名称，长度为 64 字节 ASCII 字符串，根据 FILECOUNT 字段定义的文件数目重复本字段

附　录　A
（规范性附录）
主站、子站间实时传输流程

A.1　概述

主站与子站的通信采用TCP作为底层通信协议。

主站与子站的通信需要建立两个连接：

1）　数据连接，即实时传输数据报文。传输方向为单向的，子站到主站；子站为连接建立的服务端，主站为客户端。

2）　命令连接，即实时传输命令报文和响应命令报文的数据报文。传输内容包括头帧、配置帧、命令帧。传输方向为双向的；子站为连接建立的服务端，主站为客户端。

A.2　传输启动或重建

系统启动或重建通信时，数据连接和命令连接尚未建立。主站与子站的通信过程可分解为以下流程。

A.3　命令连接建立流程

依赖项：无。

命令连接建立的流程见图A.1，步骤如下：

1）　子站侦听命令连接服务端口，等待主站建立连接的申请；

2）　主站向子站提出建立命令连接的申请；

3）　子站接受申请，建立与主站之间的命令连接。

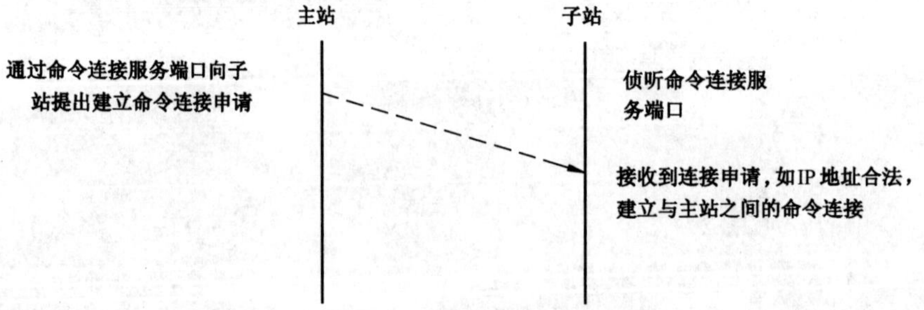

图A.1　命令连接建立的流程

A.4　数据连接建立流程

依赖项：无。

数据连接建立的流程见图A.2，步骤如下：

1）　子站侦听数据连接服务端口，等待主站建立连接的申请；

2）　主站向子站提出建立数据连接的申请；

3） 子站接受申请，建立与主站之间的数据连接。

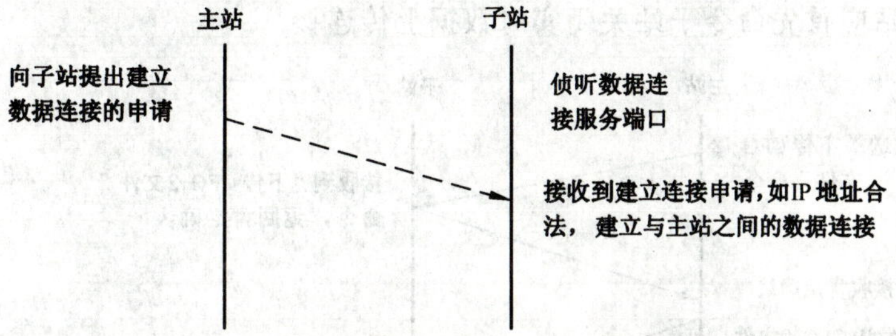

图 A.2 数据连接建立的流程

A.5 查询 CFG-1 文件流程

依赖项：见 A.3。

查询 CFG-1 文件的流程见图 A.3，步骤如下：

1） 主站通过命令连接发送“上传 CFG-1 文件”命令；

2） 子站接收到“上传 CFG-1 文件”命令，根据子站当地配置生成 CFG-1 文件，发送给主站；

3） 主站接收 CFG-1 文件。

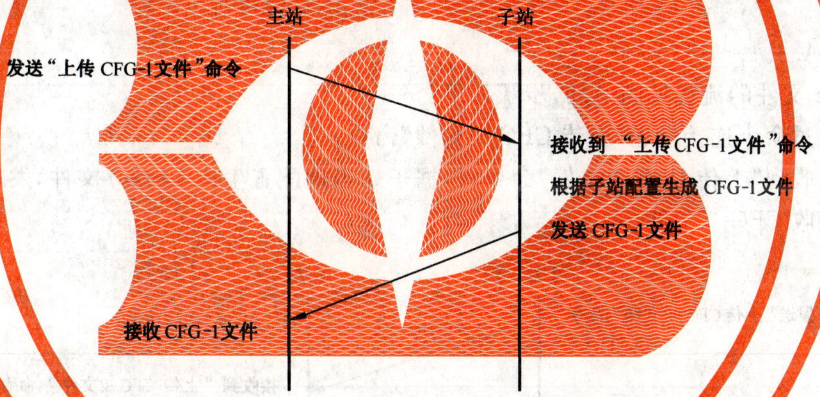

图 A.3 查询 CFG-1 文件的流程

A.6 下传 CFG-2 文件流程

依赖项：见 A.3。

下传 CFG-2 文件的流程见图 A.4，步骤如下：

1） 主站发送“下传 CFG-2 文件”命令；

2） 子站接收到“下传 CFG-2 文件”命令，返回肯定确认；

3） 主站接收到肯定确认；

4） 主站发送 CFG-2 文件；

5） 子站接收到 CFG-2 文件；

6） 子站对 CFG-2 文件进行有效性检查：

如通过检查，子站返回肯定确认，并将 CFG-2 文件保存在本地，作为对应该客户端的通信配置文件；

如未通过检查，子站返回否定确认，并将接收到的 CFG-2 文件丢弃。

下传 CFG-2 期间，子站不向主站上传实时数据。若在下传 CFG-2 文件之前，子站正在执行上传实时数据的命令，则主站应首先命令子站关闭实时数据上传连接。

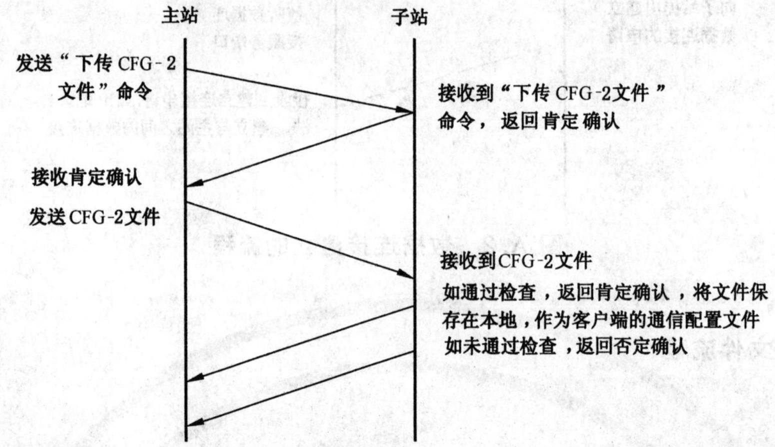

图 A.4　下传 CFG-2 文件的流程

A.7　查询 CFG-2 文件流程

依赖项：见 A.3。

查询 CFG-2 文件的流程见图 A.5，步骤如下：

1)　主站通过命令连接发送“上传 CFG-2 文件”命令；

2)　子站接收到“上传 CFG-2 文件”命令，根据子站当地配置生成 CFG-2 文件，发送给主站；

3)　主站接收 CFG-2 文件。

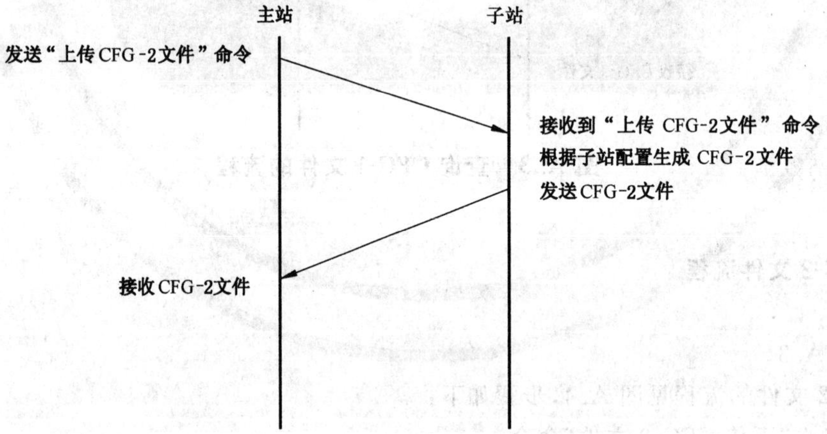

图 A.5　查询 CFG-2 文件的流程

A.8　开启实时数据传输连接流程

依赖项：见 A.3 和 A.4。

开启实时数据传输连接的流程见图 A.6，步骤如下：

1)　主站通过命令连接发送“开启实时数据传输”命令；

2)　子站接收到“开启实时数据传输”命令；

3) 子站根据最近接收到的 CFG-2 文件,通过数据连接定时发送实时数据报文;

4) 主站的数据连接接收实时数据报文。

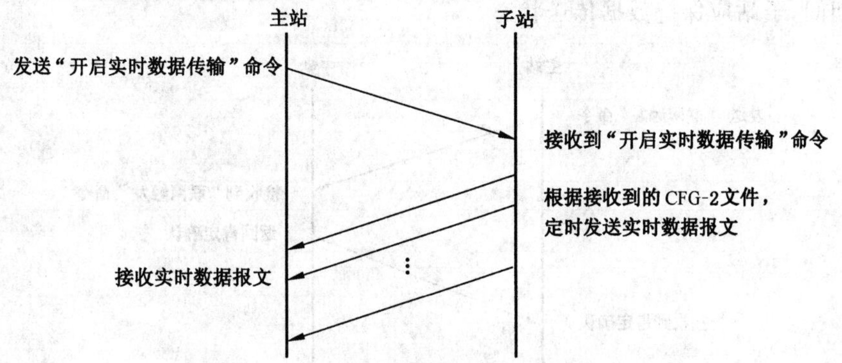

图 A.6 开启实时数据传输连接的流程

A.9 关闭实时数据传输连接流程

依赖项:见 A.3 和 A.4。

关闭实时数据传输连接的流程见图 A.7,步骤如下:

1) 子站定时发送实时数据报文;

2) 主站接收实时数据报文;

3) 主站发送“关闭实时数据传输”命令;

4) 子站接收到“关闭实时数据传输”命令;

5) 子站停止发送实时数据报文。

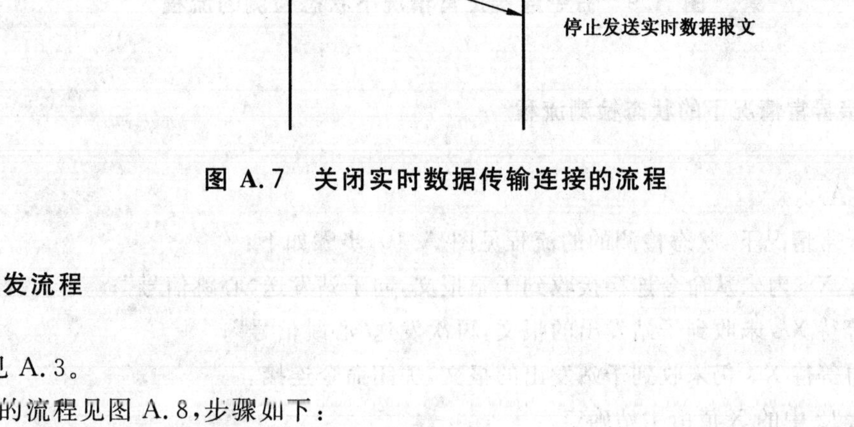

图 A.7 关闭实时数据传输连接的流程

A.10 联网触发流程

依赖项:见 A.3。

联网触发的流程见图 A.8,步骤如下:

1) 主站发送“联网触发”命令;

2) 子站接收到“联网触发”命令;

3） 子站返回肯定确认；

4） 主站接收到子站肯定确认。

联网触发期间，子站应保持数据传送状态。

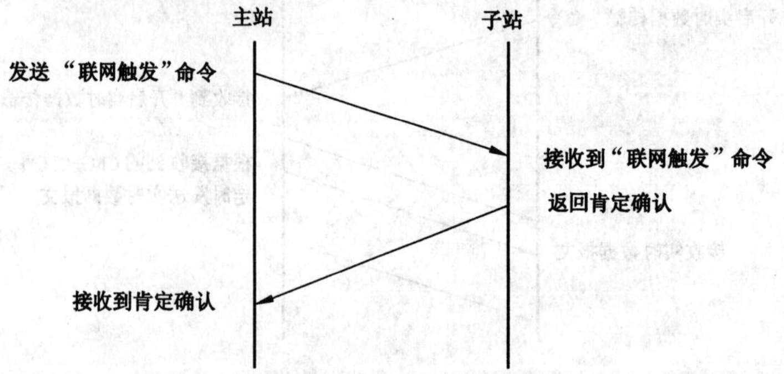

图 A.8 联网触发的流程

A.11 命令连接状态检测流程

依赖项：见 A.3。

在命令连接正常情况下，状态检测的流程见图 A.9，步骤如下：

1） 主站在 X s 内未从命令连接接收到子站报文，向子站发送“心跳信号”；

2） 子站接收到“心跳信号”；

3） 子站立即返回“心跳信号”；

4） 主站接收到“心跳信号”。

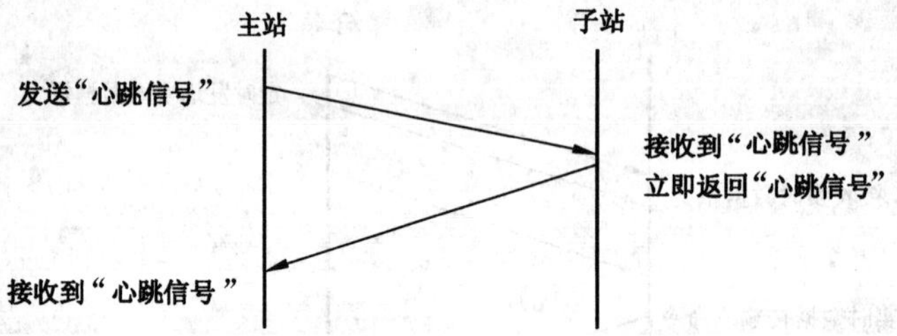

图 A.9 命令连接正常情况下状态检测的流程

A.12 命令连接异常情况下的状态检测流程

依赖项：见 A.3

命令连接异常情况下，状态检测的的流程见图 A.10，步骤如下：

1） 主站在 X s 内未从命令连接接收到子站报文，向子站发送“心跳信号”；

2） 主站等待 X s 未收到子站发出的报文，再次发送“心跳信号”；

3） 主站再等待 X s 仍未收到子站发出的报文，关闭命令连接。

A.11 及 A.12 中的 X 值由主站确定。

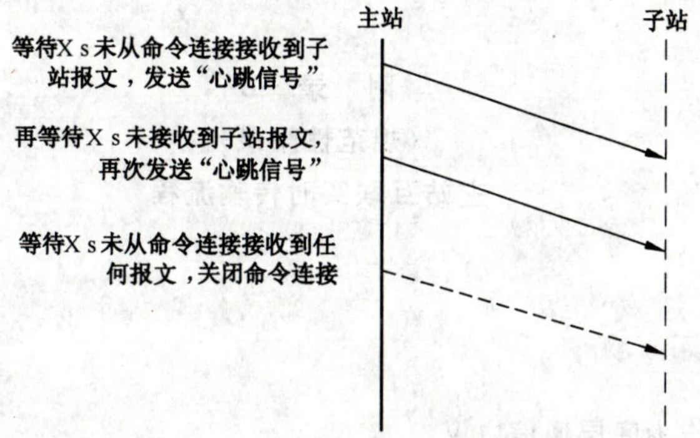

图 A.10 命令连接异常情况下状态检测的流程

A.13 数据连接状态检测流程

依赖项：见 A.3

数据连接状态监测，正常情况下，子站定时发送实时数据报文；异常情况下，处理流程见图 A.11 步骤如下：

1） 子站定时发送实时数据报文；

2） 发送实时数据报文被阻塞（或失败）；

3） 等待 X s 后，不能恢复发送，关闭数据连接。这里的 X 值由子站确定。

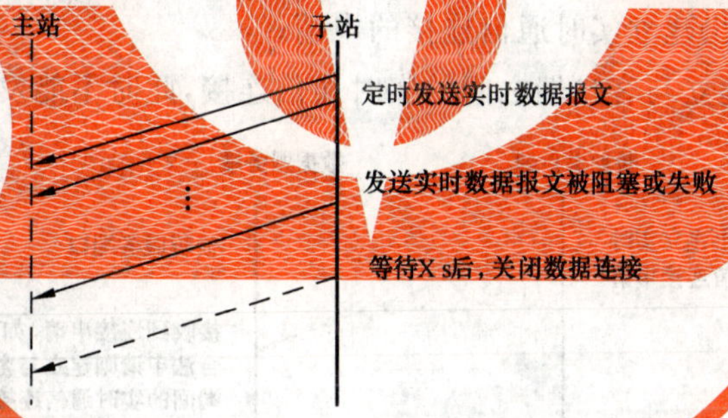

图 A.11 关闭数据连接的流程

A.14 关闭通信连接流程

数据连接和命令连接的关闭过程应由主站发起；在特殊情况下，子站也可主动关闭连接。

附 录 B
（规范性附录）
主站互联实时传输流程

B.1 概述

主站互联采用 TCP 作为底层通信协议。

主站之间交换的数据报文有 4 种类型：数据帧、配置帧、头帧和命令帧。

B.2 传输启动或重建

系统启动或重建通信时，实时通信连接尚未建立。主站间的通信过程可分解为以下流程。

B.3 通信连接建立流程

依赖项：无。

通信连接建立的流程见图 B.1，步骤如下：

1） 数据服务端侦听服务端口，等待客户端建立实时通信连接的申请；
2） 客户端向服务端提出建立实时通信连接的申请；
3） 服务端接受申请，建立与客户端之间的实时通信连接，此时不能发送实时数据报文。

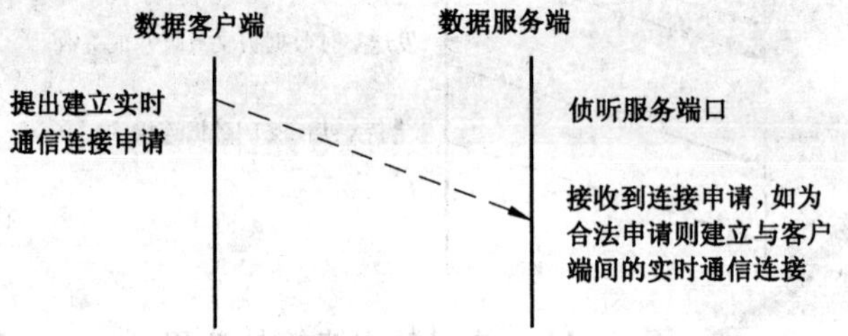

图 B.1 实时通信连接建立的流程

B.4 查询 CFG-1 文件流程

依赖项：见 B.3。

查询 CFG-1 文件的流程见图 B.2，步骤如下：

1） 客户端发送“上传 CFG-1 文件”命令；
2） 服务端接收到“上传 CFG-1 文件”命令，根据服务端当地配置生成 CFG-1 文件，发送给客户端；
3） 客户端接收 CFG-1 文件。

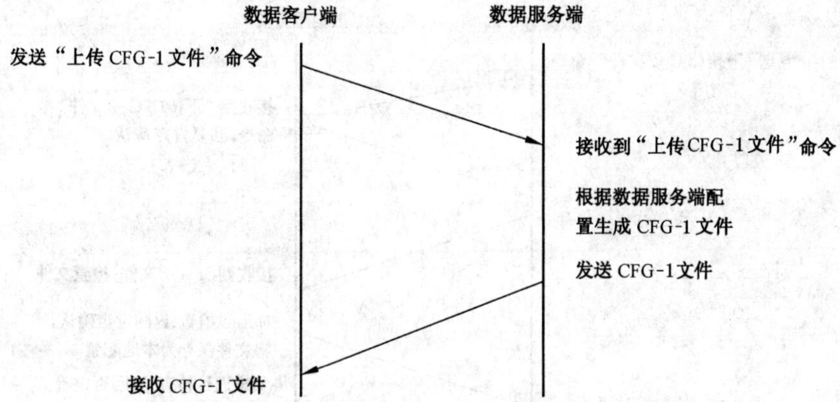

图 B.2 查询 CFG-1 文件的流程

B.5 查询 CFG-2 文件流程

依赖项:见 B.3。

查询 CFG-2 文件的流程见图 B.3,步骤如下:

1) 客户端发送“上传 CFG-2 文件”命令;
2) 服务端接收到“上传 CFG-2 文件”命令,根据服务端当地配置生成 CFG-2 文件,发送给客户端;
3) 客户端接收 CFG-2 文件。

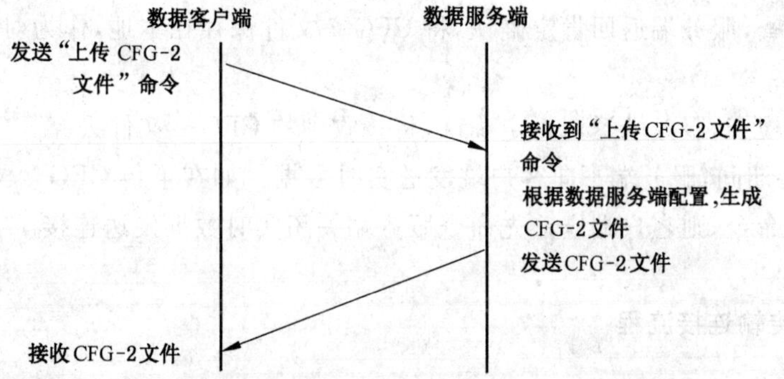

图 B.3 查询 CFG-2 文件的流程

B.6 下传 CFG-2 文件流程

依赖项:见 B.3。

下传 CFG-2 文件的流程见图 B.4。

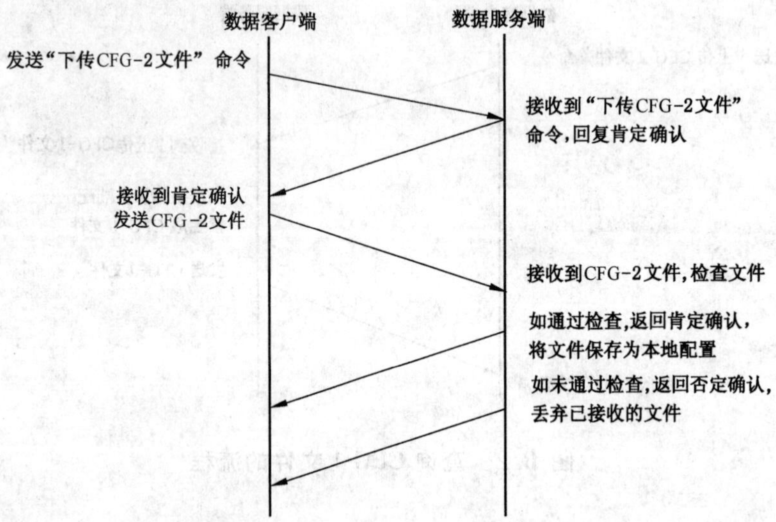

图 B.4 下传 CFG-2 文件的流程

下传 CFG-2 文件的步骤如下：

1） 客户端发送"下传 CFG-2 文件"命令；

2） 服务端接收到"下传 CFG-2 文件"命令,返回肯定确认；

3） 客户端接收到肯定确认；

4） 客户端发送 CFG-2 文件；

5） 服务端接收到 CFG-2 文件；

6） 服务端对 CFG-2 文件进行有效性检查：

——通过检查,服务端返回肯定确认,将 CFG-2 文件保存在本地,作为对应该客户端的通信配置文件；

——未通过检查,服务端返回否定确认,将接收到的 CFG-2 文件丢弃。

下传 CFG-2 文件期间,服务端不向客户端发送实时数据。如在下传 CFG-2 文件之前,服务端正在执行发送实时数据的命令,则客户端应首先命令服务端关闭实时数据发送连接。

B.7 开启实时数据传输连接流程

依赖项:见 B.3。

开启实时数据传输连接的流程见图 B.5,步骤如下：

1） 客户端发送"开启实时数据传输"命令；

2） 服务端接收到"开启实时数据传输"命令；

3） 服务端根据最近接收到的 CFG-2 文件,定时发送实时数据报文；

4） 客户端接收实时数据报文。

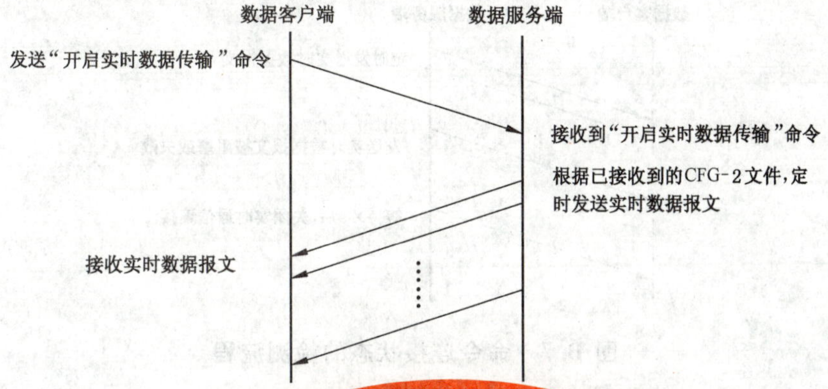

图 B.5　开启实时数据传输连接的流程

B.8　关闭实时数据传输连接流程

依赖项：见 B.3。

关闭实时数据传输连接的流程见图 B.6。

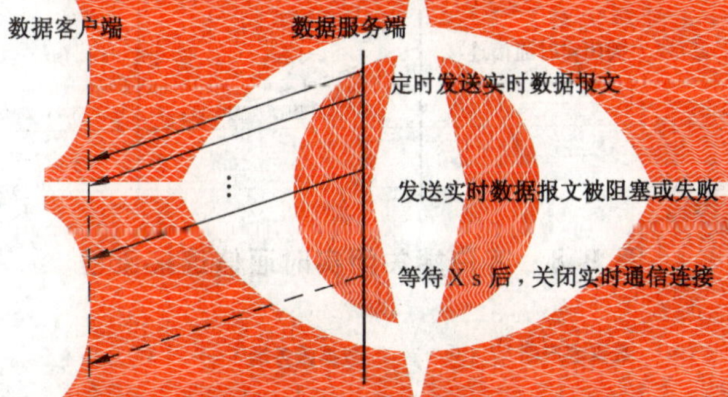

图 B.6　关闭实时数据传输连接的流程

关闭实时数据传输连接的步骤如下：

1）　服务端定时发送实时数据报文；

2）　客户端接收实时数据报文；

3）　客户端发送"关闭实时数据传输"命令；

4）　服务端接收到"关闭实时数据传输"命令；

5）　服务端停止发送实时数据报文。

B.9　命令连接状态检测流程

依赖项：见 B.3

命令连接状态检测的流程见图 B.7，步骤如下：

1）　服务端定时发送实时数据报文；

2）　发送实时数据报文被阻塞（或失败）；

3）　等待 X s 后，不能恢复发送，关闭实时通信连接。

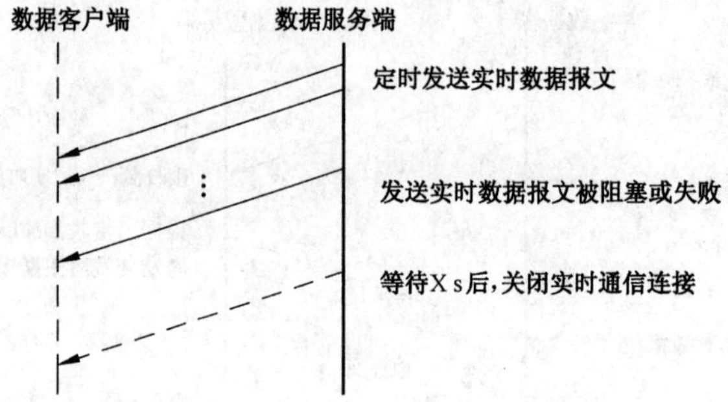

图 B.7 命令连接状态的检测流程

B.10 关闭实时通信连接流程

依赖项:见 B.3

客户端与服务端均可主动关闭实时通信连接。客户端关闭实时通信连接的流程见图 B.8,服务端关闭实时通信连接的流程见图 B.9。

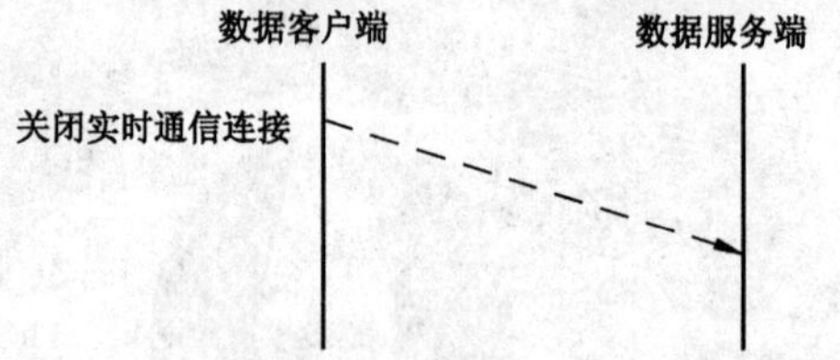

图 B.8 客户端关闭实时通信连接流程

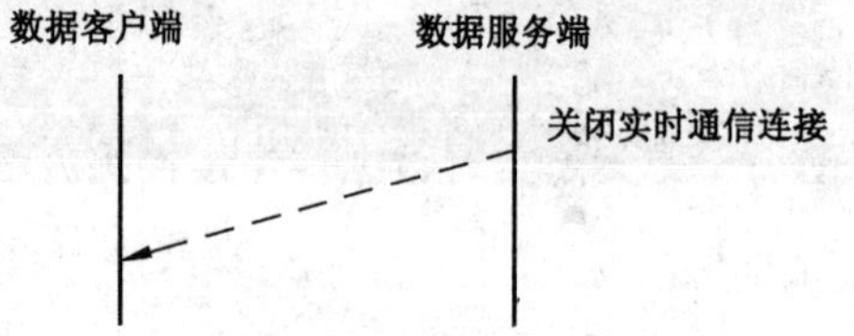

图 B.9 服务端关闭实时通信连接流程

附 录 C
（规范性附录）
主站、子站间离线数据传输流程

主站、子站间离线数据传输采用 TCP 作为底层通信协议。

主站、子站间离线数据传输从主站向子站发送离线数据传输命令开始。传输是双向的，子站为连接的服务端，主站为连接的客户端。离线数据传输连接断开后的重建也由主站发起。

离线数据传输的流程见图 C.1。

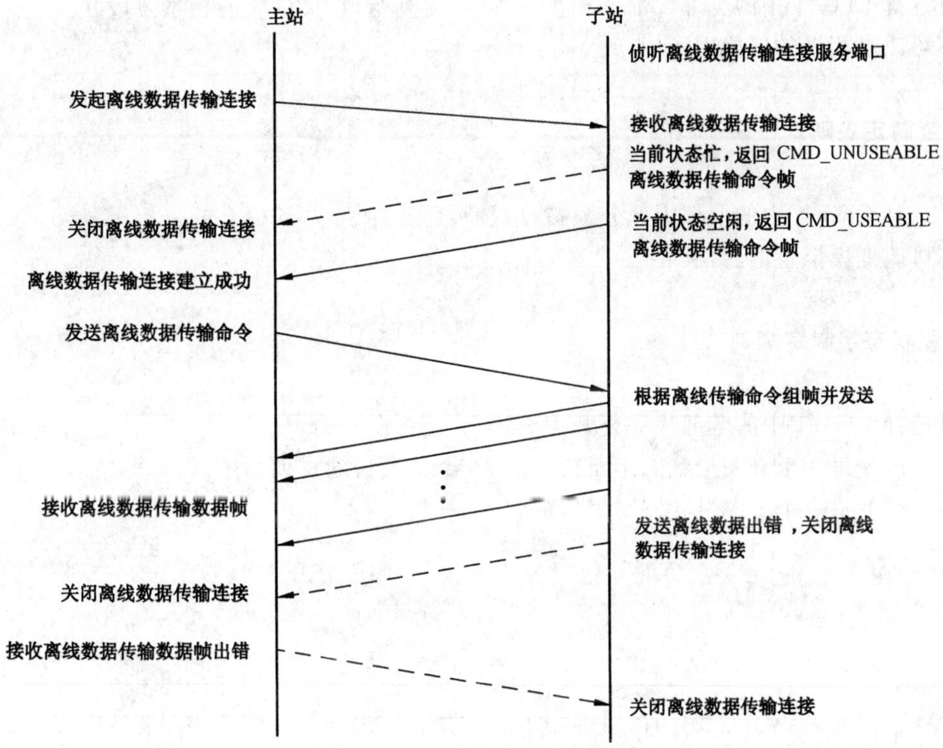

图 C.1 离线数据传输流程

附 录 D
（规范性附录）
配置帧 CFG-2 离线制定规则

CFG-2 文件以 CFG-1 文件为基础，通过对测量量选择而生成。制定规则如下：

D.1 相量制定规则

主站可选择 CFG-1 中的全部或部分相量，按顺序排列组成 CFG-2 的相量字段。
主站不可改变相量的转换因子。

D.2 模拟量制定规则

主站可选择 CFG-1 中的全部或部分模拟量，按顺序排列组成 CFG-2 的模拟量字段。
主站不可改变模拟量的转换因子。

D.3 开关量状态字制定规则

主站可选择 CFG-1 中的全部或部分开关量状态字。
主站不可改变每一个开关量状态字所代表的 16 个开关量的排列顺序。
主站不可改变每一个开关量状态字对应的状态掩码。

附 录 E
(资料性附录)
子站数据命名规则[1)]

E.1 适用范围

本规则适用于电力系统实时动态监测系统子站传输数据的信息对象的命名。

E.2 站名代码命名规则

PMU 配置帧中站名代码字段 STN 的命名规则见表 E.1。

表 E.1 及以下命名规则表中的字段长度均指字段的字节数。

表 E.1 PMU 配置帧站名代码的命名规则

字段	长度	说明
STN	16	由 16 个字节的 ASCII 码组成

站名代码 STN 应以厂站的汉字实名表示,长度为 16 个字节。例如,山西大同二电厂。

E.3 标识符的命名规则

PMU 配置帧中标识符的命名规则见表 E.2。

表 E.2 配置帧中标识符的命名规则

字段	长度	说明
DC_IDCODE	8	数据集中器的标识符
PMU_IDCODE	8	同步相量测量装置的硬件标识符

标识符 IDCODE 由"省份名称"、"厂站名称及类型"、"站内设备编号"3 个字段组成。各字段之间不加分隔标志,命名规则见表 E.3。

表 E.3 标识符字段的命名规则

字段	长度	说明
省份名称	3	由省份名称每个拼音字的第 1 字母组成。如长度不满 3 个字节,在其左侧用"0"补齐
厂站名称及类型	4	厂站名称由厂站实名的每个拼音字的第 1 字母组成。厂站类型以 1 个字母表示:如电厂为 c,变电站为 b,开关站为 k,换流站为 h 等等。如长度不满 4 个字节,在其左侧以"0"补齐
站内设备编号	1	以 0 表示 DC 编号。以从 1 开始的 16 进制数字(1,2,3,…,a,b,…,f)表示站内 PMU 装置的编号

1) 子站数据命名规则关系到主站、子站对同一信息对象表示方法的一致性,应明确地予以规定。但本附录的具体内容尚未经过足够的实践检验,有待进一步完善。

如几个省份名称或厂站名称的拼音缩略语相同，可在拼音的第1字母后加韵母区别；如声母和韵母都相同，可适当采用其他方法区别。拼音的第1字母均为大写，后续的韵母为小写。

例如，河北省与湖北省的拼音第1字母均为"HB"。为区分两者而规定"河北"为"HeB"，"湖北"为"HuB"；河南省与湖南省的拼音第1字母均为"HB"，规定"河南"为"HeN"，"湖南"为"HuN"；山西省与陕西省的拼音第1字母均为"SX"，规定"山西"为"SX"，"陕西"为"ShX"。

标识符IDCODE的命名示例见表E.4。

表E.4 标识符IDCODE的命名示例

序号	厂站实名	省份名称	补零后的省份名称	补零后的厂站名称及类型	站名代码
1	天津盘山电厂	TJ	0TJ	0PSc	0TJ0PSc1
2	山东聊城变电站	SD	0SD	0LCb	0SD0LCb0
3	河北邯东开关站	HeB	HeB	0HDk	HeB0HDk1

E.4 信息对象名的命名规则

PMU配置帧中的信息对象有相量、模拟量、开关量3种。这3种信息对象的名称均以16个字节的ASCII码表示。

相量和模拟量的信息对象名由"厂站名称及类型"、"设备名称"与"数据类型"3个字段组成，命名规则见表E.5。开关量的信息对象名由"厂站名称及类型"与"开关量名称"2个字段组成，命名规则见表E.6。

表E.5 相量、模拟量的信息对象命名规则

字段	长度	说　明
厂站名称及类型	4	由省份名称每个拼音字的第1字母组成。如长度不满4个字节，在其左侧用"0"补齐
设备名称	8	详细定义见E.4.1，设备名称的长度不满8个字节，在其左侧以"0"补齐[a]
数据类型	4	详细定义见E.4.2，左侧以"0"补齐[a]
[a] 为增加信息对象名的可读性，可使用英文中划线"-"替代左侧第一个用于补齐的字符"0"。		

表E.6 开关量的信息对象命名规则

字段	长度	说　明
厂站名称及类型	4	由省份名称每个拼音字的第1字母组成。如长度不满4个字节，在其左侧用"0"补齐
开关量名称	12	详细定义见E.4.3，设备名称的长度不满12个字节，在其左侧以"0"补齐[a]
[a] 为增加信息对象名的可读性，可使用英文中划线"-"替代左侧第一个用于补齐的字符"0"。		

E.4.1 设备名称的命名规则

设备名称的长度为8个字节，其中每个汉字为2个字节，命名规则见表E.7。

表 E.7 设备名称的命名规则

设备类型	说 明
线路	线路两端厂站名的汉字缩略语＋线路编号＋“线” 例 1:德隆 1 线—0 德隆 1 线/-德隆 1 线 例 2:肇西甲线—肇西甲线[a]
变压器	“＃”＋变压器编号＋“变”＋电压等级 例 1:1 号变压器 500 kV 侧—0＃1 变 500/-＃1 变 500 例 2:3 号变压器 220 kV 侧—0＃3 变 220/-＃3 变 220
母线	“＃”＋母线编号＋“母”＋电压等级 例 1:220 kV 母线 4 甲段—＃4J 母 220[a] 例 2:220 kV 母线 4a 段—＃4a 母 220 例 3:500 kV 母线 1 段—0＃1 母 500/-＃1 母 500
发电机	“＃”＋发电机编号＋“机” 例:1 号发电机—0000＃1 机/-000＃1 机
电容器	“＃”＋电容器编号＋“容” 例:电容器 312—00＃312 容/-0＃312 容
电抗器	“＃” ＋电抗器编号＋“抗” 例:电抗器 5031—0＃5031 抗/-＃5031 抗
换流变压器	“＃”＋极性编号＋“极换” 例:极 1 换流变压器—00＃1 极换/-0＃1 极换
注:换流变压器在换流站内的命名与编号方式与一般的变压器不同。PMU 只监测换流变压器,不监测换流阀。	
[a] 为避免字段过长,甲、乙、丙、丁等中文编号可用英文字母 J，Y，B，D 等表示。	

PMU 设备一般默认为接入测量 CT 回路。如现场实际为接入保护 CT 回路,则在设备名称的最后面加字母 b。如原设备名称的代码达到 8 个字节,则将最后一个字节自动改为字母 b。

E.4.2 数据类型的命名规则

E.4.2.1 相量数据的命名规则

数据类型中相量数据的命名规则见表 E.8。

表 E.8 相量数据的命名规则

数据名称	数据类型	子站单位	主站换算比例	主站单位	备注
UxV	相电压相量	—	—	—	
UxA	相电压幅值	V	0.001	kV	
UxP	相电压角度(弧度)	弧度	1	弧度	
IxV	相电流相量	—	—	—	
IxA	相电流幅值	A	1	A	
IxP	相电流角度(弧度)	弧度	1	弧度	

表 E.8（续）

数据名称	数据类型	子站单位	主站换算比例	主站单位	备注
EEV	电气法内电势相量	—	—	—	
EEA	电气法内电势幅值	V	0.001	kV	
EEP	电气法内电势角度(弧度)	弧度	1	弧度	
DEV	电气法功角相量	—	—	—	
DEA	—	—	—	—	
DEP	电气法功角(弧度)	弧度	1	弧度	
EMV	机械法内电势相量	—	—	—	
EMA	机械法内电势幅值	V	0.001	kV	
EMP	机械法内电势角度(弧度)	弧度	1	弧度	
DMV	机械法功角相量	—	—	—	
DMA	—	—	—	—	
DMP	机械法功角(弧度)	弧度	1	弧度	

注 1：表中电压相量和电流相量的数据名称中“x”的数值如下：零序相量为 0，正序相量为 1，负序相量为 2，A 相相量为 A，B 相相量为 B，C 相相量为 C。

注 2：功角相量实际上是标量，不是相量，仅由于历史原因被称为相量，其幅值没有意义。

相量信息对象命名示例见表 E.9。

表 E.9 相量信息对象命名示例

相量名称	补零后的厂站名称及类型	补零后的设备名称	数据类型	信息对象名
丰镇电厂 2＃机电气法内电势相量	00FZ	000＃2 机/ -00＃2 机	0EEV/ -EEV	00FZ0000＃2 机 0EEV/ 00FZ-000＃2 机-EEV
姜家营变 220kV 5 甲母线 B 相电压相量	JJYb	＃5J 母 220	0UBV/ -UBV	JJYB＃5J 母 2200UBV/ JJYB＃5J 母 220-UBV
德岭山变 1＃变压器 220kV 侧正序电压相量	DLSb	0＃1 变 220/ -＃1 变 220	0U1V/ -U1V	DLSb0＃1 变 2200U1V/ DLSb-＃1 变 220-U1V
大同二电厂大房二线 A 相电流相量	0DT2	0 大房 2 线/ -大房 2 线	0IAV/ -IAV	0DT20 大房 2 线 0IAV/ 0DT2-大房 2 线-IAV
乌海变 220kV 母线 4 A 相电压相量	0WHb	004 母 220/ -04 母 220	0UAV/ -UAV	0WHB004 母 2200UAV/ 0WHB-04 母 220-UAV

E.4.2.2 模拟量数据的命名规则

数据类型中模拟量数据的命名规则见表 E.10。

表 E.10 模拟量数据的命名规则

数据名称	数据类型	子站单位	主站换算比例	主站单位	备注
00P	有功功率	MW	1	MW	
00Q	无功功率	Mvar	1	Mvar	
0DF	频率	Hz	1	Hz	
DFT	频率变化率	Hz/s	1	Hz/s	
AGC	AGC 辅助量	MW	1	MW	
OMG	转速 1	r/min	1	r/min	以鉴相脉冲测量
SPR	转速 2	r/min	1	r/min	以转速脉冲或转换为(4～20)mA 的转速脉冲信号测量
VAL	汽门开度	%	1	%	
EFZ	主励磁电压	V	1	V	
EFF	辅励磁电压	V	1	V	
IFZ	主励磁电流	A	1	A	
IFF	辅励磁电流	A	1	A	
EFM	励磁机励磁电压	V	1	V	
IFM	励磁机励磁电流	A	1	A	
ATC	机组调节级压力	MPa	1	MPa	
BFT	一次调频修正前的负荷命令	MW	1	MW	
AFT	一次调频修正后的负荷命令	MW	1	MW	
GAN	功角	弧度	1	弧度	以(4～20)mA 的电流信号测量

模拟量信息对象命名示例见表 E.11。

表 E.11 模拟量信息对象命名示例

相量和模拟量名称	补零后的厂站名称及类型	补零后的设备名称	数据类型	信息对象名
肇庆换流站极 1 换流变零序电流	0ZQh	000 极 1 换/ -00 极 1 换	0I0V/ -I0V	0ZQh000 极 1 换 0I0V/ 0ZQh-00 极 1 换-I0V
汕头变电站汕云乙线有功功率	0STb	000 汕云 Y/ -00 汕云 Y	000P/ -00P	0STB0 汕云 Y 线 000P/ 0STB-汕云 Y 线-00P
辛安开关站 3＃主变 500 kV 侧频率变化率	0XAk	0＃3 变 500/ -＃3 变 500	0DFT/ -DFT	0XAk0＃3 变 5000DFT/ 0XAk-＃3 变 500-DFT
王滩电厂 1＃机发电机转速	00WT	0000＃1 机 -000＃1 机	0OMG/ -OMG	00WT0000＃1 机 0OMG/ 00WT-000＃1 机-OMG

E.4.3 开关量信息对象名的命名规则

开关量信息对象名由“厂站名称及类型”与“开关量名称”2 个字段组成。

厂站名称及类型的命名规则与表 E.3 中的标识符 IDCODE 相同。

开关量名称用汉字加数字编号的方式表示,长度为 12 个字节。如不满 12 个字节,在左侧用"0"补齐。如超过 12 个字节,适当地通过压缩表示为 12 个字节。

开关量名称与信息对象名的示例见表 E.12。

表 E.12 开关量名称与信息对象名示例

开关量名称	厂站名称及类型	开关量名称	信息对象名
姜家营变电站断路器开关 2011	JJYb	0000 开关 2011/ -000 开关 2011	JJYb0000 开关 2011/ JJYb-000 开关 2011
河北邯东开关站刀闸 5021_1	0HDk	00 刀闸 5021_1/ -0 刀闸 5021_1	0HDk00 刀闸 5021_1/ 0HDk-0 刀闸 5021_1
盘山电厂 1#机 AVR	00PS	000001#机 AVR/ -00001#机 AVR	00PS00000#1 机 AVR/ 00PS-0000#1 机 AVR
盘山电厂 1#机 PSS	00PS	000001#机 PSS/ -00001#机 PSS	00PS00000#1 机 PSS/ 00PS-0000#1 机 PSS
盘山电厂 1#机一次调频动作信号	00PS	000001#机 MFT/ -00001#机 MFT	00PS00000#1 机 MFT/ 00PS-0000#1 机 MFT

E.5 历史文件的命名规则

历史文件名依次由"文件属性"、"站名代码"、"PMU 编号"、"起始时间"、"采集速率"与"后缀"6 个部分组成。前 5 个部分之间以英文中划线"-"作分隔标志,第 5 部分与"后缀"之间以小圆点"."作分隔标志。

"文件属性"为 2 个字节,用 RT 表示动态数据文件,用 HD 表示暂态数据文件。

"站名代码"为 6 个字节,由使用者自行规定,不满 6 个字节的在前面用"0"补齐。

"PMU 编号"为 1 个字节,与表 E.3 的"站内设备编号"相同。

"起始时间"在动态数据文件中用 12 个字节表示(年、月、日、时、分),在暂态数据文件中用 14 个字节表示(年、月、日、时、分、秒)。

"采集速率"为 5 个字节,相量数据的采集速率为 25、50 或 100 帧/s,暂态记录的采集速率为 10000 或 4800 点/s。

"后缀"为 3 个字节,动态数据文件的后缀为 dyn,配置文件的后缀为 cfg,数据文件的后缀为 dat。

以盘山电厂 1 号 PMU 为例,历史文件命名的示例如下:

示例 1:动态数据文件,共 34 个 ASCII 码

文件属性		站名代码		PMU 编号		起始时间		采集速率		后缀
RT	-	00PSDC	-	1	-	200510302359	-	00100	.	dyn

示例 2:暂态数据文件,共 34 个 ASCII 码

文件属性		站名代码		PMU 编号		起始时间		采集速率		后缀
HD	-	00PSDC	-	1	-	20051030234836	-	00100	.	dat

附　录　F
（资料性附录）
CRC16 的 C 语言程序实例

下面给出一个 CRC16 的 C 语言程序实例，供实时动态监测系统的研制与使用者参考。

```
/*********************************************
* Function:     pcrc
*
* Purpose:      The  CRC's polynomial is X^16 + X^12 + X^5 + 1
*
* Arguments:  pBuf              - Pointer to input data buffer
*          length               - Input data buffer length
*               init_val- Initial value
*
* Returns:      unsigned short checksum
*
* Globals:      None
*
* Narratives:  None
*********************************************/
unsigned short pcrc(unsigned char *pBuf, int length, int init_val)
{
  unsigned long Temp;
  unsigned long CRC_Code=init_val;
  int  i,j;

  for( i=0; i<length; i++)
          {
          Temp=pBuf[i] << 8;
          CRC_Code=CRC_Code ^ Temp;
          for ( j=0; j<8; j++)
          {
                CRC_Code=CRC_Code & 0xFFFF;
                CRC_Code=CRC_Code << 1;
                if( CRC_Code > 0xFFFF)
                {
                      CRC_Code=CRC_Code ^ 0x1021;
                }
          }
          }
  CRC_Code=CRC_Code & 0xFFFF;
  return CRC_Code;
}
```

附　录　G
（资料性附录）
主站下发参考相量流程

G.1　通信连接建立

主站通过命令连接给子站下发电网参考点的相量。

G.2　参考相量数据帧传输

参考相量的传输数据帧的结构见图 G.1，按 25、50 或 100 帧每秒的速率传输。

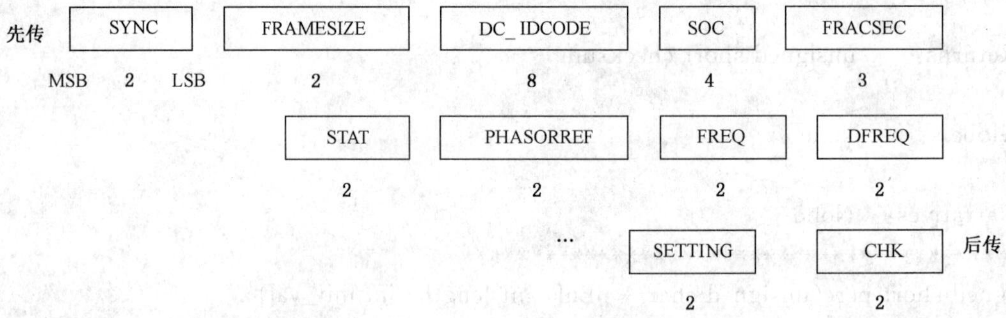

图 G.1　参考相量传输数据帧的结构

参考相量传输数据帧的结构与 PMU 数据帧相同，数据帧的内容包括参考相量、厂站与参考站的相角差告警值等。参考相量数据帧的字节的命名规则见表 G.1。

表 G.1　参考相量数据帧字节的命名规则

编号	字段	长度	说　明
1	SYNC	2	帧同步字
2	FRAMESIZE	2	帧字节总数
3	DC_IDCODE	8	数据集中器(DC)的标识(IDCODE)
4	SOC	4	世纪秒，见表 1，参考相量发送时刻的 SOC
5	FRACSEC	4	参考相量发送时刻的秒等分数及时间质量，见表 1
6	STAT	2	按位对应标志的状态字
7	PHASORREF	4	参考点正序电压相量为幅值和相角的 16 位整数，以极坐标表示： 幅值为 0～65535 的无符号整数； 角度为 16 位有符号整数，以弧度 $\times 10^4$ 表示，取值范围为 $-\pi\times10^4$～$+\pi\times10^4$
8	FREQ	2	频率偏移量，以定点数表示： 频率偏移量，即与额定频率的差值，单位为 10^{-3} Hz； 取值范围为 -32.767～$+32.767$ Hz，16 位有符号整数

表 G.1（续）

编号	字段	长度	说　明
9	DFREQ	2	频率变化率，以定点数表示： 频率变化率的单位为 10^{-2} Hz/s； 取值范围为－327.67～＋327.67 Hz/s，16 位有符号整数
10	SETTING	2	厂站与参考站相量间相角差的告警定值： 角度为 16 位有符号整数，以弧度×10^4 表示； 取值范围为－π×10^4～＋π×10^4
11	CHK	2	CRC16 校验码

ICS 27.100
N 22

中华人民共和国国家标准

GB/T 26866—2011

电力系统的时间同步系统检测规范

Testing specifications of time synchronism systems for power system

2011-07-29 发布　　2011-12-01 实施

中华人民共和国国家质量监督检验检疫总局
中国国家标准化管理委员会　发布

前 言

本标准按照 GB/T 1.1—2009 给出的规则起草。

本标准由中国电力企业联合会提出。

本标准由全国电力系统管理及其信息交换标准化技术委员会(SAC/TC 82)归口。

本标准起草单位:国网电力科学研究院、北京国电华北电力工程有限公司(华北电力设计院)、武汉中元华电科技股份有限公司、中国电力科学研究院、国家电力调度通信中心、中国科学院国家授时中心、北京四方继保自动化股份有限公司、北京波行电力科技有限公司、山东科汇电气有限公司、许昌开普电器检测研究院、南方电网公司等。

本标准主要起草人:于跃海、张道农、邓志刚、陆天健、南贵林、胡永辉、胡炯、张立培、李京、贺春、李刚、覃剑、赵曼勇、刘洋、董言涛。

电力系统的时间同步系统检测规范

1 范围

本标准规定了电力系统时间同步系统的检测试验条件、检测项目(包括型式试验和出厂检验)以及检验方法、检测结果判定方法和检验周期的要求。

本标准适用于电力系统时间同步系统的检测,可以作为电力系统时间同步类产品的研制、生产和检测部门检验的依据,运行部门的现场检验也可以参照执行。

2 规范性引用文件

下列文件对于本文件的应用是必不可少的。凡是注日期的引用文件,仅注日期的版本适用于本文件。凡是不注日期的引用文件,其最新版(包括所有的修改单)适用于本文件。

GB/T 7261—2008 继电保护和安全自动装置基本试验方法

GB/T 13729—2002 远动终端设备

GB/T 17626.2—2006 电磁兼容 试验和测量技术 静电放电抗扰度试验

GB/T 17626.3—2006 电磁兼容 试验和测量技术 射频电磁场辐射抗扰度试验

GB/T 17626.4—2008 电磁兼容 试验和测量技术 电快速瞬变脉冲群抗扰度试验

GB/T 17626.5—2008 电磁兼容 试验和测量技术 浪涌(冲击)抗扰度试验

GB/T 17626.8—2006 电磁兼容 试验和测量技术 工频磁场抗扰度试验

GB/T 17626.9—1998 电磁兼容 试验和测量技术 脉冲磁场抗扰度试验

GB/T 17626.10—1998 电磁兼容 试验和测量技术 阻尼振荡磁场抗扰度试验

GB/T 17626.12—1998 电磁兼容 试验和测量技术 振荡波抗扰度试验

GB/T 19520.12—2009 电子设备机械结构 482.6 mm(19 in)系列机械结构尺寸 第3-101部分:插箱及其插件

DL/T 1100.1—2009 电力系统的时间同步系统 第1部分:技术规范

3 术语和定义

下列术语和定义适用于本文件。

3.1

时间同步装置 time synchronizing device

时间同步装置又称时钟装置,包括主时钟和从时钟。

3.2

锁定状态 locked state

时钟装置处于与外部时间基准信号保持同步的状态。

3.3

守时保持状态 time keeping state

时钟装置处于非锁定状态,即与所有外部时间基准信号失去同步,通过内部频标,保持时间信息的状态。

3.4

脉冲宽度　pulse width

脉冲信号从上升沿 50%处到下降沿 50%处所经历的时间。

3.5

上升时间　rise time

脉冲幅值的从 10%到 90%所经历的时间。

3.6

脉冲周期　pulse period

脉冲信号从上升沿 50%处到下一个上升沿 50%处所经历的时间。

4　检测项目及要求

检测项目包括对时钟装置的试验项目和对时间同步系统的整组试验项目。

4.1　外观结构检查

外观结构应符合 GB/T 19520.12—2009 所规定的要求。

4.2　时钟装置功能性能试验

4.2.1　试验环境条件

除另有规定外,试验应在正常试验大气条件下进行。

正常试验大气环境条件:

a)　环境温度:+15 ℃～+35 ℃;

b)　相对湿度:45%～75%;

c)　大气压力:86 kPa～106 kPa。

基准条件为:

a)　环境温度:20 ℃±2 ℃;

b)　相对湿度:45%～75%;

c)　大气压力:86 kPa～106 kPa。

4.2.2　主要测试设备

4.2.2.1　标准时间源

a)　需经国家授权机构检定,通过量值传递并标定准确度的时间源,才能作为本地 UTC 时间源开展测试工作;

b)　标准时间源相对 UTC 时间的时间准确度应优于被测装置标称的时间准确度的四分之一,应具有秒脉冲输出。

4.2.2.2　时间频率测试仪

用于测量被测试装置输出的各种类型时间同步信号的时间准确度和时间同步信息的正确性。

a)　应能测试以下类型(但不限于)时间同步信号:

——脉冲信号(1PPS、1PPM、1PPH、可编程脉冲等);

——IRIG-B 信号;

——串行通信口对时信号;

——网络对时信号。

b） 时间分辨率应优于 10 ns，测量精度应优于被测装置标称的时间准确度的四分之一。

4.2.2.3 时间间隔频率计数器

a） 可测量两路输入脉冲信号上升沿之间的时间差；

b） 时间分辨率应优于 10 ns，测量精度应优于被测装置标称的时间准确度的四分之一。

4.2.2.4 卫星信号模拟器

用于模拟北斗卫星、GPS 卫星等发送射频信号的设备。

a） 射频信号输出接口；

b） 模拟器输出信号参数：

——输出功率：≥－183 dBW；

——功率分辨率：优于 0.2 dB；

——功率准确度：优于 0.7 dB。

4.2.2.5 示波器

a） 信号输入≥2 路；

b） 带宽≥100 MHz；

c） 采样率≥1.25 G/s。

4.2.2.6 万用表

具有电压、电流大小指示，电阻值指示及通断音响指示的多用表。

4.2.2.7 标准三相功率源

a） 频率范围：(45～55)Hz，正弦；

b） 信号幅值：(0～220)V 可调；

c） 频率误差：≤0.02％。

4.2.3 输出信号测试

根据 DL/T 1100.1—2009 中 5.4.5 的要求，被测试时间同步信号和输出接口之间存在多种组合关系；为简化试验步骤，在检测每种时间同步信号时，通常仅选取一种最常用的输出接口进行测试；检测单位可根据实际需求增加试验项目。

4.2.3.1 TTL 电平接口

a） 测试方法

如图 1 所示，选取被测试设备的 1PPS 输出进行测试，等效输入负载电阻为 50 Ω。

b） 测试内容

——IRIG-B(DC)码的秒准时沿与标准时间准时沿的误差；

——IRIG-B(DC)码的秒准时沿的上升时间；

——IRIG-B(DC)码的码元正脉宽、码元周期。

c） 合格判据

满足 DL/T 1100.1—2009 中 5.4.1 的要求。

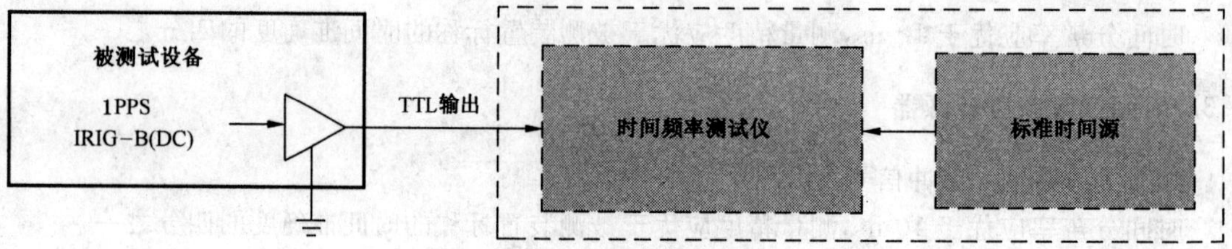

图 1　TTL 电平接口测试方法示意图

4.2.3.2　空接点接口

a)　测试方法

如图 2 所示，选取被测设备的 1PPS 输出进行测试，控制负载电流为 2 mA。

b)　测试内容

——空接点由打开到闭合的跳变对应准时沿；

——用示波器测量被测试设备输出信号的上升时间。

c)　合格判据

满足 DL/T 1100.1—2009 中 5.4.1 的要求。

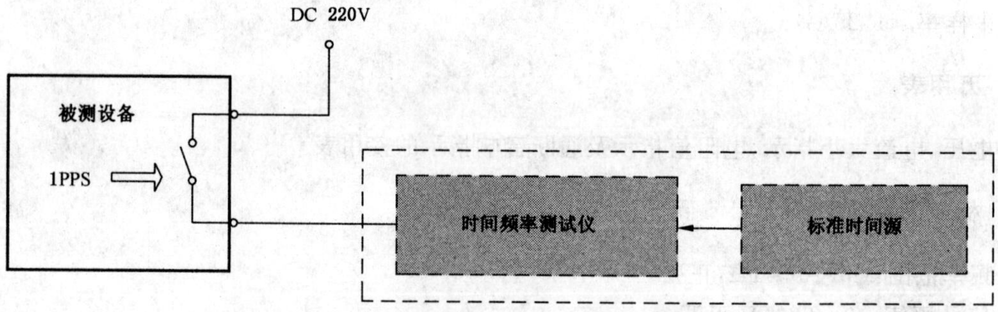

图 2　空接点接口测试方法示意图

4.2.3.3　RS232 接口

a)　测试方法

如图 3 所示，选取被测设备的输出报文进行测试。

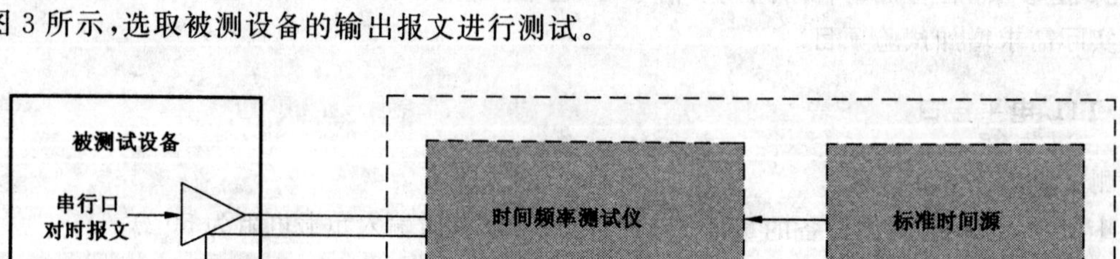

图 3　RS232 接口测试方法示意图

b)　测试内容

——测量报文的起始发送时刻与 UTC 基准时间的误差；

——检验报文中时间信息的正确性。

c) 合格判据

满足 DL/T 1100.1—2009 中 5.4.3 的要求。

4.2.3.4 **RS485/RS422 接口**

a) 测试方法

如图 4 所示，选取被测设备的 IRIG-B(DC)、1PPS 或时间报文的差分信号输出进行测试，等效输入负载电阻为 100 Ω。

b) 测试内容

——IRIG-B(DC)码秒准时沿和 UTC 基准时间的误差；

——IRIG-B(DC)码的码元正脉宽、码元周期；

——检验 IRIG-B(DC)码和时间报文中时间信息的正确性，时间信息包括：本地时间信息、B 码校验位、时区信息、时间质量信息(应使被测试装置在锁定状态及守时保持状态之间切换，观察时间质量信息的变化)、闰秒标识信息、SBS 信息。

c) 合格判据

满足 DL/T 1100.1—2009 中 5.4.1、5.4.2 的要求。

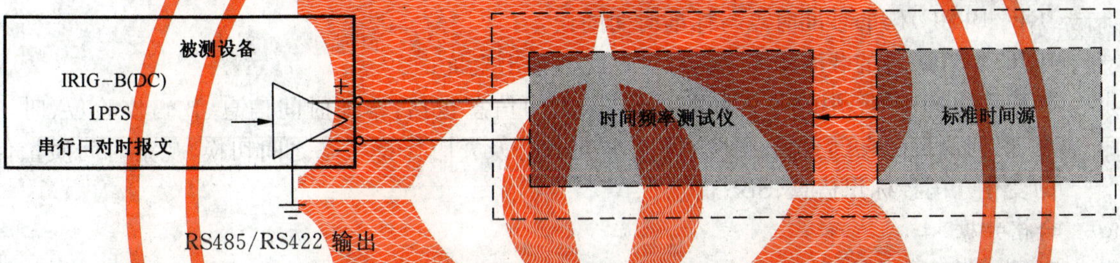

图 4 RS485/RS422 接口测试方法示意图

4.2.3.5 **光纤接口**

a) 测试方法

如图 5 所示，选取被测设备的 IRIG-B(DC)码或 1PPS 输出进行测试；

图 5 光纤接口测试方法示意图

b) 测试内容

——IRIG-B(DC)码秒准时沿和 UTC 基准时间的误差；

——IRIG-B(DC)码的码元正脉宽、码元周期；

——检验 IRIG-B(DC)码和时间报文中时间信息的正确性，时间信息包括：本地时间信息、B 码校验位、时区信息、时间质量信息(应使被测试装置在锁定状态及守时保持状态之间切换，观察时间质量信息的变化)、闰秒标识信息、SBS 信息；

——检验 1PPS 和 UTC 基准时间的误差。

c） 合格判据

满足 DL/T 1100.1—2009 中 5.4.1、5.4.2 的要求。

4.2.3.6 交流调制接口

a） 测试方法

——IRIG-B(AC)码的测试方法如图 6 所示，等效输入负载电阻为 600 Ω。

图 6 IRIG-B(AC)码测试方法示意图

b） 测试内容

——IRIG-B(AC)码的秒准时点与标准时间的误差；

——IRIG-B(AC)码的载波频率、幅值、调制比和输出阻抗；

——检验 IRIG-B(AC)中时间信息的正确性，时间信息包括：本地时间信息、B 码校验位、时区信息、时间质量信息(应使被测试装置在锁定状态及守时保持状态之间切换，观察时间质量信息的变化)、闰秒标识信息、SBS 信息。

c） 合格判据

——秒准时沿的准确度满足 DL/T 1100.1—2009 中 5.4.2 的要求；

——IRIG-B(AC)码中的时间信息满足 DL/T 1100.1—2009 中附录 B 的要求。

4.2.3.7 网络接口

a） 测试方法

被测设备的 NTP 工作模式，只作为授时源存在，对相关设备实现对时。测试方法如图 7 所示。

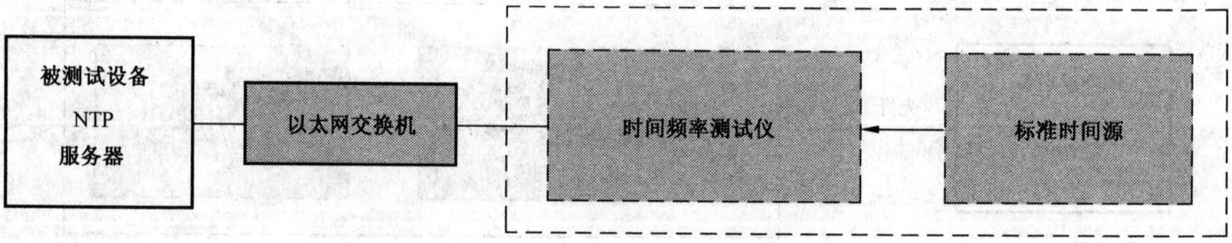

图 7 NTP 服务器端测试方法示意图

b） 测试内容

——网络对时报文格式的正确性；

——NTP 对时信号的时间准确度。

c） 合格判据

满足 DL/T 1100.1—2009 中 5.4.4 的要求。

4.2.3.8 **输出接口驱动性能测试**

a) 测试方法

根据 DL/T 1100.1—2009 中第 6 章规定的各种时间信号在不同传输介质中传输距离的要求，按照 DL/T 1100.1—2009 中第 6 章的规定被测设备连接相应长度的电缆或光缆接入被测试设备，测试方法如图 8 所示。

b) 测试内容

在传输电缆或光纤的末端，测输出时间信号。

c) 合格判据

时间频率测试仪收到的时间信号正确。

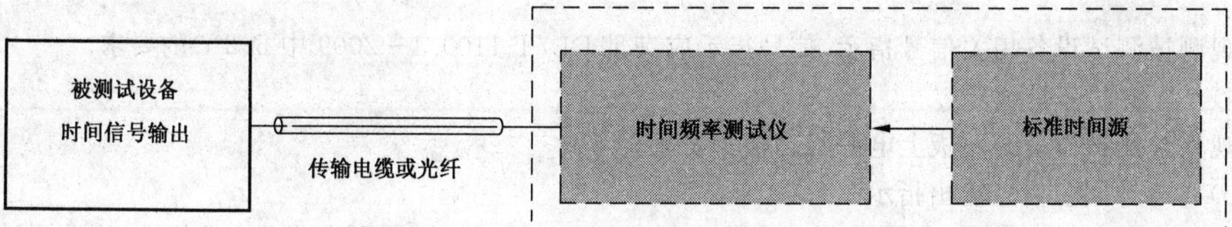

图 8 输出接口传输距离测试方法示意图

4.2.4 **守时功能测试**

将被测试设备接入标准时钟源，使被测试设备进入锁定状态，30 min 后断开标准时钟源，此时被测试设备进入守时状态，继续运行 120 min 后，测试被测试设备输出时间准确度，输出应满足 DL/T 1100.1—2009中 5.5 的要求。

4.2.5 **接收灵敏度性能测试**

a) 测试方法

——本试验全部过程应在屏蔽室中完成，测试方法如图 9 所示；

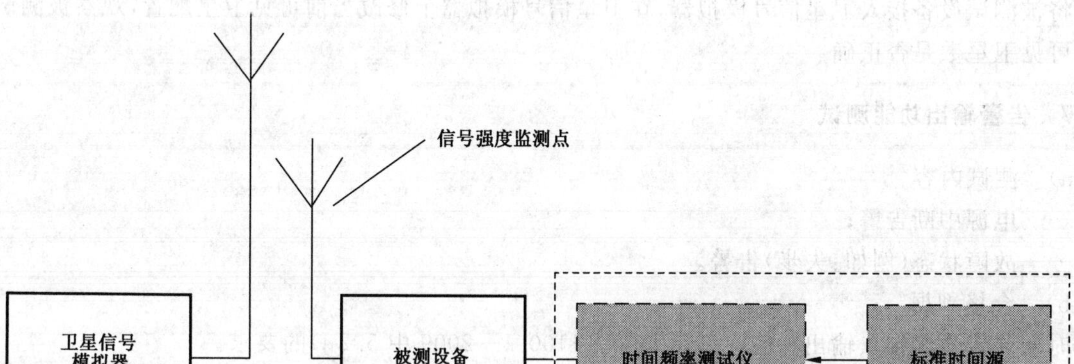

图 9 接收天线灵敏度测试方法示意图

——将卫星信号模拟器的输出接上天线，被测试设备接上其标准配置的天线；

——根据被测试设备提供的接口形式，将被测试设备接入时间频率综合测试仪；

——用时间频率综合测试仪监视被测试设备输出的时间准确度；

——逐步调节卫星信号模拟器输出的功率，图中信号强度监测点的信号从 −170 dBW 到 −150 dBW变化。

b) 测试内容

——输出时间的准确度；

——被测试设备输出信号源状态。

c) 合格判据

——被测试设备能正确捕捉卫星信号模拟器的卫星信号，输出时间准确度满足 DL/T 1100.1—2009 中 5.6a)项的要求。

4.2.6 状态指示功能测试

观测被测试设备相关信号指示，信号指示应满足 DL/T 1100.1—2009 中 5.2 i)的要求。

a) 电源状态指示

观察被测试设备的面板上电源状态指示是否正常。

b) 时钟同步信号输出指示

观察被测试设备的面板上时钟同步信号输出指示是否正常；断开外部时间基准信号，让被测试设备失步，观察指示是否正确。

c) 外部时间基准信号指示

观察被测试设备的外部时间基准信号指示是否正常，断开外部时间基准信号，观察被测试设备是否正确指示。

d) 当前使用的时间基准信号指示

观察被测试设备当前使用的时钟基准信号指示是否正常，切换外部时钟基准信号，观察被测试设备是否正确指示。

e) 年、月、日、时、分、秒(北京时间)指示

观察被测试设备的北京时间的年、月、日、时、分、秒的显示是否正常，并与标准时间源对比，观察显示是否正确。

f) 可见卫星数指示

将被测试设备接入卫星信号模拟器，在卫星信号模拟器上修改当前可见卫星配置，观察被测试设备卫星可见卫星数是否正确。

4.2.7 告警输出功能测试

a) 测试内容

——电源中断告警；

——故障状态(例如:失步)告警。

b) 合格判据

时间装置告警接点输出功能应满足 DL/T 1100.1—2009 中 5.2 j)的要求。

4.2.8 传输延时补偿测试

a) 测试方法

——按主从方式配置时间同步系统，测量主时钟输出的 1PPS 和从时钟输出的 1PPS 之间的时间差。

——连接主时钟和从时钟之间的线缆长度会影响补偿性能。采用自动补偿方式的从时钟，应测试 3 种以上长度组合条件下的传输延时补偿；对采用手动补偿方式的从时钟设定 3 个不同的补

偿时间值进行测试。

b) 合格判据

测量结果应满足 DL/T 1100.1—2009 中 5.4.1 的要求，并且传输延时补偿采用手动补偿方式的从时钟，其主时钟与从时钟输出的时间差应与测试前设置的补偿值一致。

4.2.9 电网频率测量测试

a) 测试方法

——时钟装置接入标准三相功率源输出的信号；

——调整标准三相功率源输出信号的频率，记录时钟装置的频率测量值。

b) 合格判据

测量结果应满足 DL/T 1100.1—2009 中 5.7 的要求。

4.3 时间同步系统整组试验

时间同步系统通常由主时钟、若干从时钟、时间信号传输介质组成，可以按基本式、主从式和主备式运行，需要进行整组试验。考虑到时钟装置的互换性要求，还需要进行兼容性测试。

整组试验时，将被测主时钟和从时钟按基本式、主从式和主备式构建系统。

兼容性测试需配置一套有多种接口方式的标准时间同步系统，被测主时钟和从时钟分别替换标准时间同步系统中的主时钟和从时钟，重新启动系统运行，测量系统以基本式、主从式和主备式运行时、被测时钟装置对系统输出的影响。

4.3.1 基本式时间同步系统试验

按照 DL/T 1100.1—2009 中 4.2.1 图 2 所示构建系统，进行整组试验和兼容性测试，应满足 DL/T 1100.1—2009 中 5.2、5.4 的要求。

4.3.2 主从式时间同步系统整组试验

按照 DL/T 1100.1—2009 中 4.2.2 图 3 所示构建系统，进行整组试验和兼容性测试，应满足 DL/T 1100.1—2009 中 5.2、5.4 的要求。

4.3.3 主备式时间同步系统整组试验

按照 DL/T 1100.1—2009 中 4.2.3 图 4 所示构建系统，进行整组试验和兼容性测试，应满足 DL/T 1100.1—2009 中 5.2、5.4 和附录 C 的要求。

4.4 环境试验

4.4.1 低温试验

a) 按 GB/T 13729—2002 中 3.1.1 正常工作大气条件、4.3 中的规定和方法，进行低温测试试验。保持试验温度，按 4.2.5 完成试验。

b) 合格判据：工作正常、时间准确度满足 DL/T 1100.1—2009 中 5.4 的要求、守时性能满足 DL/T 1100.1—2009 中 5.5 的要求。

4.4.2 高温试验

a) 按 GB/T 13729—2002 中 3.1.1 正常工作大气条件、4.4 中的规定和方法，进行高温测试试验。保持试验温度，按 4.2.5 完成试验。

b) 合格判据：工作正常、时间准确度满足 DL/T 1100.1—2009 中 5.4 的要求、守时性能满足 DL/T 1100.1—2009 中 5.5 的要求。

4.4.3 温度贮存试验

a) 按 GB/T 13729—2002 中 3.1.3 的规定和方法温度贮存试验。

b) 合格判据：温度正常后，设备的功能、性能应符合 DL/T 1100.1—2009 中 5.2、5.4 的要求。

4.4.4 湿热试验

a) 按 GB/T 13729—2002 中 4.5 的规定和方法进行湿热试验。

b) 合格判据：DL/T 1100.1—2009 中 5.3.4 的要求。

4.5 电气性能试验

4.5.1 冲击电压试验

a) 在正常试验大气条件下设备的天线、电源输入回路、信号输出触点各回路对地，以及回路之间，应能承受 1.2/50 μs 的标准雷电波的短时冲击电压试验，对被试回路进行 3 个正脉冲、3 个负脉冲试验，脉冲间隔时间不小于 5 s。

b) 当额定绝缘电压大于 60 V 时，开路试验电压为 5 kV；小于 60 V 时，开路试验电压为 1 kV。

c) 合格判据：设备在试验中应无闪烁，冲击试验后，无器件损坏，设备的功能、性能应符合 DL/T 1100.1—2009 中 5.2、5.4 的要求。

4.5.2 绝缘电阻试验

a) 额定绝缘电压大于 60 V，用 500 V 摇表测量；

b) 额定绝缘电压不大于 60 V，用 250 V 摇表测量；

c) 施加电压时间不小于 5 s；

d) 合格判据：要求绝缘电阻值不低于 100 MΩ。

4.5.3 介质强度试验

介质强度 GB/T 13729—2002 中 4.5 的规定介质强度的要求见表 1。

表 1 介质强度的要求

单位为伏

额定绝缘电压 U_1	试验电压有效值
$U_1 \leqslant 60$	500
$60 < U_1 \leqslant 125$	1 000
$125 < U_1 \leqslant 250$	1 500
注：与二次设备及外部回路直接连接的接口回路试验电压采用 $125 < U_1 \leqslant 250$ 的要求。	

a) 试验电压从零值起，在 5 s 内逐渐升到规定值并保持 1 min，随后迅速平滑地降到零值，测试完毕断电后用接地线对被试品进行安全放电；

b) 合格判据：要求不发生击穿和闪烁现象。试验后，设备的功能、性能应符合 DL/T 1100.1—2009 中 5.2、5.4 的要求。

4.5.4 直流电源电压波动影响试验

a) 根据装置技术条件的规定，分别将直流电源电压为80%～115%的额定电压值加于被试装置；在该变化范围内装置能正常工作，性能满足DL/T 1100.1—2009中5.4的要求。

b) 在瞬时接通、瞬时断开直流电源，直流电源缓慢上升或缓慢下降时，装置均不误发信号，当直流电源恢复正常后，装置自动恢复正常工作。

c) 合格判据：时间准确度满足DL/T 1100.1—2009中5.4的要求。

4.5.5 电磁兼容试验

电磁兼容试验项目及评定标准，见表2。

表2 合格评定准则

<table>
<tr><th rowspan="2"></th><th rowspan="2">电磁骚扰施加位置</th><th colspan="2">评定标准</th></tr>
<tr><th>试验期间</th><th>试验后</th></tr>
<tr><td rowspan="2">快速瞬变抗扰度试验</td><td>信号端口</td><td rowspan="5">输出时间信息正确，输出时间信号的时间准确度允许改变量为200%</td><td rowspan="8">功能、性能满足DL/T 1100.1—2009要求</td></tr>
<tr><td>电源端口</td></tr>
<tr><td>振荡波抗扰度试验</td><td>电源端口</td></tr>
<tr><td>静电放电抗扰度试验</td><td>正常使用设备时可能接触的点和表面</td></tr>
<tr><td>浪涌(冲击)抗扰度试验</td><td>电源端口</td></tr>
<tr><td>工频磁场抗扰度试验</td><td>被测试设备整体</td><td rowspan="3">输出时间信息正确，输出时间信号的时间准确度允许改变量为100%</td></tr>
<tr><td>脉冲磁场抗扰度试验</td><td>被测试设备整体</td></tr>
<tr><td>阻尼振荡磁场抗扰度试验</td><td>被测试设备整体</td></tr>
<tr><td colspan="4">注：允许改变量：以DL/T 1100.1—2009中5.4规定的时间准确度指标的百分数表示。</td></tr>
</table>

4.5.5.1 辐射电磁场抗扰度试验

a) 按GB/T 17626.3—2006的规定和方法进行辐射电磁场抗扰度试验；

b) 严酷等级：Ⅲ级或Ⅳ级；

c) 合格判据：在规定的频率范围内进行频率点周期扫频并施加辐射电磁场干扰，装置应能正常工作，要求装置输出时间信号的性能指标满足表2的要求。

4.5.5.2 快速瞬变抗扰度试验

a) 按GB/T 17626.4—2008的规定和方法进行快速瞬变干扰试验；

b) 严酷等级：Ⅲ级或Ⅳ级；

c) 试验回路为：装置的电源及输出信号回路；

d) 合格判据：在施加快速瞬变的干扰电压的情况下，装置应工作正常，要求装置的性能满足表2的要求。

4.5.5.3 振荡波抗扰度试验

a) 按GB/T 17626.12—2008的规定和方法进行1 MHz和100 kHz的脉冲群干扰试验；

b) 严酷等级：Ⅲ级或Ⅳ级；

c) 合格判据：在施加干扰的情况下，装置应工作正常，要求装置的性能满足表2的要求。

4.5.5.4 静电放电抗扰度试验

a) 按GB/T 17626.2—2006的规定和方法进行静电放电试验；

b) 严酷等级：Ⅲ级或Ⅳ级；

c) 测试点为机箱的前面板、按键、开关、把手、显示屏和指示灯；

d) 合格判据：在静电放电的情况下，装置应工作正常，要求装置的性能满足表2的要求。

4.5.5.5 浪涌(冲击)抗扰度试验

a) 按GB/T 17626.5—2008的规定和方法进行浪涌(冲击)抗扰度试验；

b) 严酷等级：Ⅲ级或Ⅳ级；

c) 试验回路为：装置的电源；

d) 合格判据：在电源施加浪涌干扰的情况下，装置应工作正常，要求装置的性能满足表2的要求。

4.5.5.6 工频磁场抗扰度试验

a) 按GB/T 17626.8—2006的规定和方法进行工频磁场抗扰度试验；

b) 严酷等级：Ⅲ级或Ⅳ级；

c) 合格判据：在施加工频磁场干扰的情况下，装置应工作正常，要求装置的性能满足表2的要求。

4.5.5.7 脉冲磁场抗扰度试验

a) 按GB/T 17626.9—1998的规定和方法进行脉冲磁场抗扰度试验；

b) 严酷等级：Ⅲ级或Ⅳ级；

c) 合格判据：在施加工频磁场干扰的情况下，装置应工作正常，要求装置的性能满足表2的要求。

4.5.5.8 阻尼振荡磁场抗扰度试验

a) 按GB/T 17626.10—1998的规定和方法进行阻尼振荡磁场抗扰度试验；

b) 严酷等级：Ⅲ级或Ⅳ级；

c) 合格判据：在施加工频磁场干扰的情况下，装置应工作正常，要求装置的性能满足表2的要求。

4.5.6 机械性能试验

4.5.6.1 振动试验

a) 振动响应试验

——按GB/T 7261—2008中第16章的规定和方法进行振动响应试验；

——严酷等级为Ⅰ级；

——合格判据：要求装置不发生紧固零件松动、机械损坏等现象，试验结束后加电测试，结果应符合DL/T 1100.1—2009中5.3.5的要求。

b) 振动耐久试验

——按GB/T 7261—2008中第16章的规定和方法进行振动耐久试验；

——严酷等级为Ⅰ级；

——合格判据：要求装置不发生紧固零件松动、机械损坏等现象，试验结束后加电测试，结果应符合DL/T 1100.1—2009中5.3.5的要求。

4.5.6.2 冲击试验

a） 冲击响应试验

——按 GB/T 7261—2008 中第 17 章的规定和方法进行冲击响应试验；

——严酷等级为Ⅰ级；

——合格判据：要求装置不发生紧固零件松动、机械损坏等现象，试验结束后加电测试，结果应符合 DL/T 1100.1—2009 中 5.3.5 的要求。

b） 冲击耐久试验

——按 GB/T 7261—2008 中第 17 章的规定和方法进行冲击耐久试验；

——严酷等级为Ⅰ级；

——合格判据：要求装置不发生紧固零件松动、机械损坏等现象，试验结束后加电测试，结果应符合 DL/T 1100.1—2009 中 5.3.5 的要求。

4.5.6.3 碰撞试验

a） 按 GB/T 7261—2008 中第 18 章的规定和方法进行碰撞试验；

b） 严酷等级为Ⅰ级；

c） 合格判据：要求装置不发生紧固零件松动、机械损坏等现象，试验结束后加电测试，结果应符合 DL/T 1100.1—2009 中 5.3.5 的要求。

5 检验规则

本标准规定的试验分为型式试验、出厂检验两种，现场检验的规定见附录 A。

5.1 型式试验

凡遇下列情况之一，应进行型式试验：

a） 新产品定型鉴定前；

b） 产品转厂生产定型鉴定前；

c） 连续批量生产的装置每 4 年一次；

d） 正式投产后，如设计，工艺材料，元器件有较大改变，可能影响产品性能时；

e） 产品停产一年以上又重新恢复生产时；

f） 国家技术监督机构或受其委托的技术检验部门提出型式试验要求时；

g） 出厂检验结果与上批产品检验有较大差异时；

h） 合同规定时。

型式试验的样品数量一般不应少于两台，其他类型的试验应逐件进行。

5.2 出厂检验

每套时钟装置出厂前必须由制造单位的检验部门进行出厂检验，检验项目见表 3。

5.3 现场检验

为保证时间同步系统在现场正常运行，在投运前要进行现场检验，在运行过程中要进行定期的现场检验，现场检验周期宜为(2～4)年。检验要求详见附录 A。

现场运行检查时，原则上采用周期抽样检查的方法，抽样点的选择要能反映时钟的运行状况。

5.4 时钟装置试验项目

时钟装置试验项目,见表 3。

表 3 时钟装置试验及检验项目

序号	检验项目	型式试验	出厂检验	检验方法及要求
1	外观结构检查	○	○	4.1
2	输出信号测试			
2.1	TTL 电平接口	○	○	4.2.3.1
2.2	空接点接口	○	○	4.2.3.2
2.3	RS232 接口	○	○	4.2.3.3
2.4	RS485/RS422 接口	○	○	4.2.3.4
2.5	光纤接口	○	○	4.2.3.5
2.6	交流调制接口	○	○	4.2.3.6
2.7	网络接口	○	○	4.2.3.7
2.8	输出接口驱动性能测试	○	○	4.2.3.8
3	守时功能测试	○	○	4.2.4
4	接收灵敏度性能测试	○	○	4.2.5
5	状态指示功能测试	○	○	4.2.6
6	告警输出功能测试	○	○	4.2.7
7	传输延时补偿测试	○	△	4.2.8
8	电网频率测量测试	△	△	4.2.9
9	时间同步系统整组试验			
9.1	基本式时间同步系统试验	○	○	4.3.1
9.2	主从式时间同步系统整组试验	○	△	4.3.2
9.3	主备式时间同步系统整组试验	○	△	4.3.3
10	环境试验			
10.1	低温试验	○	—	4.4.1
10.2	高温试验	○	—	4.4.2
10.3	温度贮存试验	○	—	4.4.3
10.4	湿热试验	○	—	4.4.4
11	电气性能试验			
11.1	冲击电压试验	○	—	4.5.1
11.2	绝缘电阻试验	○	—	4.5.2
11.3	介质强度试验	○	—	4.5.3
11.4	直流电源电压波动影响试验	○	△	4.5.4

表 3（续）

序号	检验项目	型式试验	出厂检验	检验方法及要求
12	电磁兼容试验			
12.1	辐射电磁场抗扰度试验	○	—	4.5.5.1
12.2	快速瞬变抗扰度试验	○	—	4.5.5.2
12.3	振荡波抗扰度试验	○	—	4.5.5.3
12.4	静电放电抗扰度试验	○	—	4.5.5.4
12.5	浪涌(冲击)抗扰度试验	○	—	4.5.5.5
12.6	工频磁场抗扰度试验	○	—	4.5.5.6
12.7	脉冲磁场抗扰度试验	○	—	4.5.5.7
12.8	阻尼振荡磁场抗扰度试验	○	—	4.5.5.8
13	机械性能试验			
13.1	振动试验	○	—	4.5.6.1
13.2	冲击试验	○	—	4.5.6.2
13.3	碰撞试验	○	—	4.5.6.3

注 1：表中符号："○"表示应检验项目，"△"表示选做项目，"—"表示不做项目。

注 2：选做项目，根据现场应用配置选择。

附　录　A
（资料性附录）
现场试验

现场检验项目见表A.1。

表A.1　时钟装置现场检验项目

序号	检验项目	现场试验	检验方法及要求
1	输出信号测试		
1.1	TTL电平接口	○	4.2.3.1
1.2	空接点接口	○	4.2.3.2
1.3	RS232接口	○	4.2.3.3
1.4	RS485/RS422接口	○	4.2.3.4
1.5	光纤接口	○	4.2.3.5
1.6	交流调制接口	○	4.2.3.6
1.7	网络接口	○	4.2.3.7
1.8	输出接口驱动性能测试	○	4.2.3.8
2	守时功能测试	○	4.2.4
3	状态指示功能测试	○	4.2.6
4	告警输出功能测试	○	4.2.7
5	传输延时补偿测试	○	4.2.8
6	时间同步系统整组试验		
6.1	基本式时间同步系统试验	○	4.3.1
6.2	主从式时间同步系统整组试验	○	4.3.2
6.3	主备式时间同步系统整组试验	○	4.3.3
注1：表中符号："○"表示应检验项目，"△"表示选做项目，"—"表示不做项目。 注2：选做项目，根据现场应用配置选择。			

ICS 29.120.99
K 14

中华人民共和国国家标准

GB/T 26867—2011

铜铬电触头技术条件

Specification for CuCr electrical contact

2011-07-29 发布 2011-12-01 实施

中华人民共和国国家质量监督检验检疫总局
中国国家标准化管理委员会 发布

前言

本标准按 GB/T 1.1—2009 给出的规则起草。

本标准由中国电器工业协会提出。

本标准由全国电工合金标准化技术委员会(SAC/TC 228)归口。

本标准起草单位:温州宏丰电工合金有限公司、桂林电器科学研究院、桂林金格电工电子材料科技有限公司、陕西斯瑞工业有限责任公司。

本标准主要起草人:梁永和、陈晓、陈乐生、贾波、王小军、赵俊、谢永忠、崔得峰。

铜铬电触头技术条件

1 范围

本标准规定了铜铬电触头的符号及标注方法、要求、试验方法、检验规则、标志、包装、运输和贮存。

本标准适用于真空灭弧室用铜铬电触头产品的检验和验收。

2 规范性引用文件

下列文件对于本文件的应用是必不可少的。凡是注日期的引用文件，仅注日期的版本适用于本文件。凡是不注日期的引用文件，其最新版本(包括所有的修改单)适用于本文件。

GB/T 2828.1—2003 计数抽样检验程序 第1部分：按接收质量限(AQL)检索的逐批检验抽样计划

GB/T 5587—2003 银基电触头基本形状、尺寸、符号及标注

GB/T 26871—2011 电触头材料金相试验方法

JB/T 5351 真空开关触头材料基本性能试验方法

JB/T 8443(所有部分) 铜铬触头材料化学分析方法

3 符号及标注方法

3.1 符号

铜铬电触头的符号如图1所示。

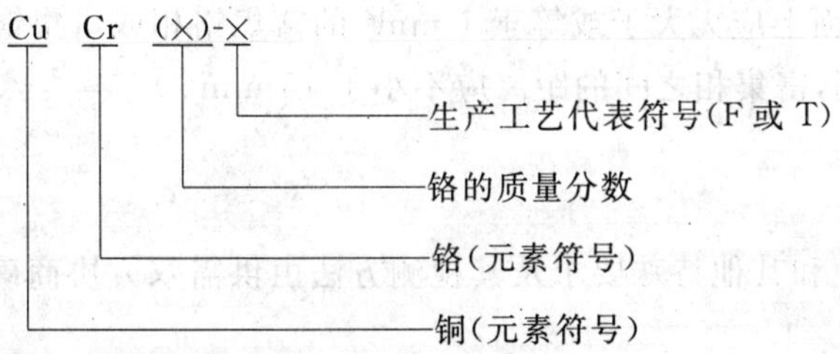

注：F—粉末冶金法，包括烧结法、熔浸法等；

T—特种冶炼法，包括电弧熔炼法、真空熔铸法等。

图1

3.2 标注方法

铜铬电触头的形状及尺寸标注参照GB/T 5587—2003的规定执行。

4 要求

4.1 外观

4.1.1 除非需方另有要求，铜铬电触头的工作面粗糙度 $R_a \leqslant 1.6\ \mu m$，其余表面粗糙度 $R_a \leqslant 6.3\ \mu m$。

4.1.2 铜铬电触头的毛坯及经机加工后的表面不允许有裂纹、划伤、掉块及长度大于 150 μm 的气孔、夹杂等缺陷。

4.2 化学成分和力学物理性能

铜铬电触头的化学成分和力学物理性能应符合表 1 的要求。

表 1 触头材料的化学成分和力学物理性能

产品名称	代表符号	化学成分（质量分数，%）		气体含量（质量分数，%）		力学物理性能		
		Cr	Cu	含氧量 ≤	含氮量 ≤	密度 g/cm³ ≥	硬度 HB ≥	电导率 MS/m ≥
铜铬(25)	CuCr(25)	23～27	余量	0.050 0	0.003 0	8.25	70	28
铜铬(30)	CuCr(30)	27～32	余量	0.050 0	0.003 0	8.15	70	24
铜铬(35)	CuCr(35)	32～37	余量	0.050 0	0.003 0	8.06	75	22
铜铬(40)	CuCr(40)	37～42	余量	0.050 0	0.004 0	8.00	80	20
铜铬(45)	CuCr(45)	42～47	余量	0.050 0	0.004 0	7.96	80	18
铜铬(50)	CuCr(50)	47～52	余量	0.050 0	0.004 0	7.90	80	16

4.3 金相组织

4.3.1 铜铬电触头的金相组织应均匀，金相组织图例参见附录 A。

4.3.2 在金相试样整个磨平面上不允许有长度大于或等于 150 μm 的气孔或夹杂物；当气孔或夹杂物长度大于或等于 80 μm 而小于 150 μm 时，在 1 cm^2 的磨平面内不超过三处。

4.3.3 在金相试样整个磨面上应无大于或等于 1 mm^2 的富集铬相或富集铜相，但允许有三处以下（含三处）小于 1 mm^2 的富集相，富集相之间的距离应不小于 15 mm。

4.4 尺寸及其他要求

铜铬电触头的具体尺寸和其他特殊要求及其检测方法由供需双方协商确定。

5 试验方法

5.1 外观

铜铬电触头的外观质量用肉眼或放大镜(≤10 倍)检测。

5.2 化学成分和力学物理性能

5.2.1 化学成分

铜铬电触头的化学成分分析按 JB/T 8443 的规定进行。

5.2.2 气体含量

触头材料的气体含量的检测按 JB/T 5351 的规定进行。

5.2.3 力学物理性能

触头材料的密度、硬度和电导率的检测按 JB/T 5351 的规定进行。

5.3 金相组织

铜铬电触头的金相组织按 GB/T 26871—2011 的规定在 100 倍下进行观测；金相试样整个磨平面的面积应大于或等于沿产品直径纵截面面积的 1/2。

6 检验规则

6.1 组批

铜铬电触头产品的质量检验由生产单位的质量检验部门成批进行，同一批原材料和同一种工艺下连续生产的产品为一批。

6.2 抽样及判定

6.2.1 外观

外观质量每批 100%检验，按件判定。

6.2.2 化学成分及力学物理性能

铜铬电触头化学成分及电导率、密度、硬度检验按 GB/T 2828.1—2003 以正常检验二次抽样方案，S-2 特殊检验水平进行抽样(见附录 B)，其接收质量限为 10。

6.2.3 气体含量及金相组织

铜铬电触头气体含量及金相组织检验按 GB/T 2828.1—2003 以正常检验二次抽样方案，S-1 特殊检验水平进行抽样(见附录 B)，其接收质量限为 10。

7 标志、包装、运输、贮存

7.1 标志

每批产品应附有产品质量证明书，质量证明书应注明：

a) 供货产品名称(或代表符号)；
b) 产品标准编号；
c) 规格尺寸；
d) 数量；
e) 批号；
f) 化学成分、力学物理性能；
g) 生产日期；
h) 制造厂名称；
i) 检验员印鉴和检验部门印鉴。

7.2 包装

铜铬电触头应密封包装，每对(片)触头分别装在塑料袋中，封口。集中装入包装箱，箱内应有防电触头碰撞和防潮措施，每箱净重不得超过 30 kg。

包装箱外应标明：

a） 制造厂名称；

b） 需方名称；

c） 触头材料名称或代表符号；

d） 毛重和净重；

e） 防潮、轻放、防震标记。

7.3 运输

触头材料在运输中应避免剧烈震动，以免造成机械损伤。

7.4 贮存

触头材料应保存在相对湿度不超过 55％的干燥、无腐蚀介质的仓库内，防止受潮。

附 录 A
（资料性附录）
铜铬触头金相组织图例

A.1 目的

本附录给出了某些工艺生产的铜铬电触头金相组织图例，这些图例可作为检测铜铬电触头金相组织时对照参考。

A.2 金相组织图例

A.2.1 用烧结法生产的铜铬电触头金相组织图例

用烧结法生产的铜铬电触头的金相组织图例见图A.1、图A.2。

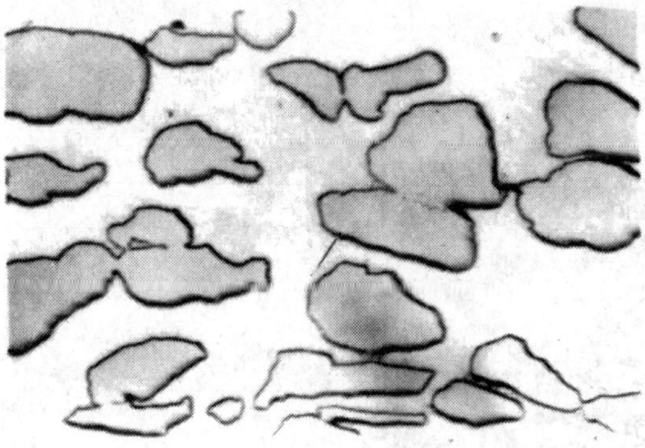

图 A.1

图 A.2

A.2.2 用熔浸法生产的铜铬电触头金相组织图例

用熔浸法生产的铜铬电触头的金相组织图例见图A.3、图A.4。

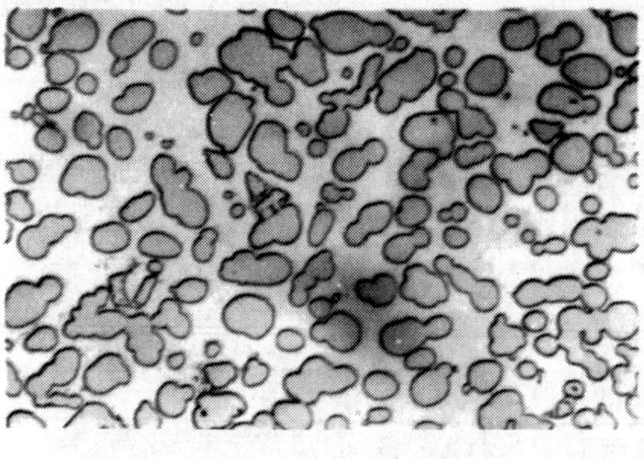

图 A.3

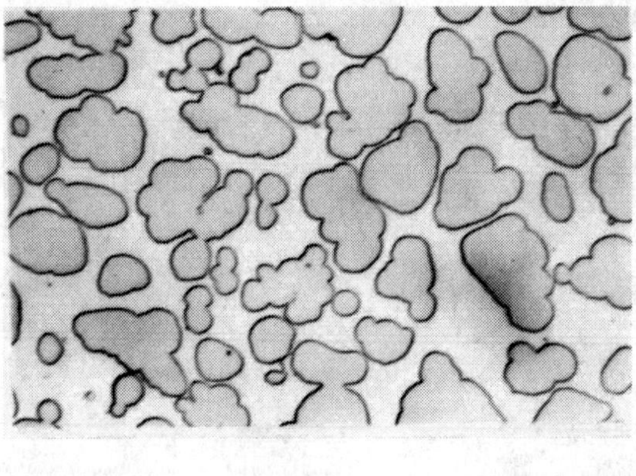

图 A.4

A.2.3　用电弧熔炼法生产的铜铬电触头金相组织图例

用电弧熔炼法生产的铜铬电触头的金相组织图例见图A.5。

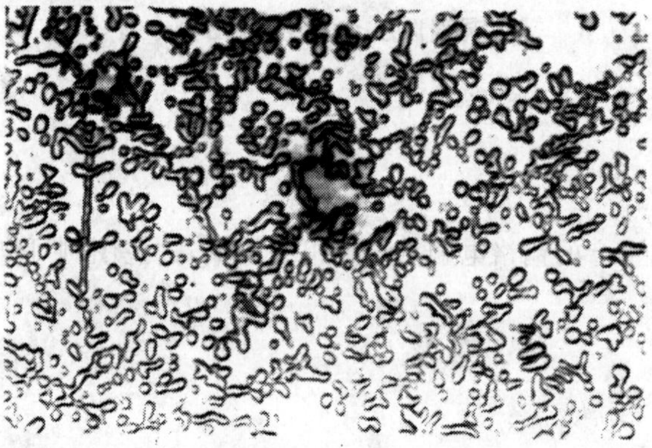

图 A.5

A.2.4　用真空熔铸法生产的铜铬电触头金相组织图例

用真空熔铸法生产的铜铬电触头的金相组织图例见图A.6。

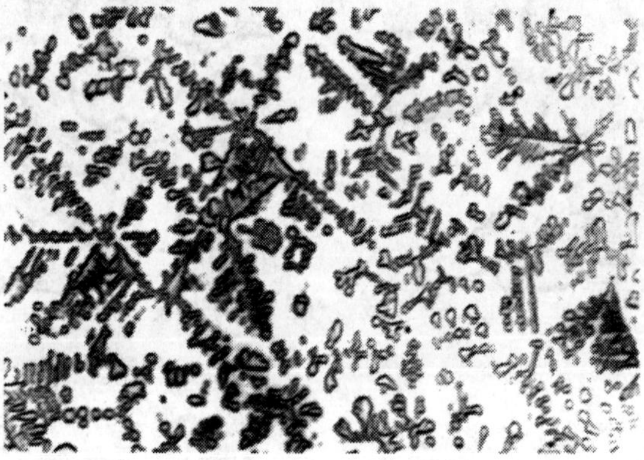

图 A.6

附 录 B
(规范性附录)
产品检验抽样表

B.1 目的

本附录引用的数据部分摘录自 GB/T 2828.1—2003,以便使用本标准时查用。

B.2 正常检验二次抽样方案

样本量字码见表 B.1,正常检验二次抽样方案应符合表 B.2 的规定。

表 B.1 样本量字码

批量	特殊检验水平				一般检验水平		
	S-1	S-2	S-3	S-4	Ⅰ	Ⅱ	Ⅲ
2~8	A	A	A	A	A	A	B
9~15	A	A	A	A	A	B	C
16~25	A	A	B	B	B	C	D
26~50	A	B	B	C	C	D	E
51~90	B	B	C	C	C	E	F
91~150	B	B	C	D	D	F	G
151~280	B	C	D	E	E	G	H
281~500	B	C	D	E	F	H	J
501~1 200	C	C	E	F	G	J	K
1 201~3 200	C	D	E	G	H	K	L

表 B.2 正常检验二次抽样方案

样本量字码	样本	样本量	累计样本量	接收质量限(AQL),10	
				Ac	Re
A				⇩	
B	第一 第二	2 2	2 4		
C	第一 第二	3 3	3 6	0 1	2 2
D	第一 第二	5 5	5 10	0 3	3 4
E	第一 第二	8 8	8 16	1 4	3 5

注:表中符号:

⇩——使用箭头下面的第一个方案,如果样本量等于或超过批量,则执行 100% 检验;

Ac——接收数;

Re——拒收数。

ICS 31.060.70
K 42

中华人民共和国国家标准

GB/T 26868—2011

高压滤波装置设计与应用导则

The guide for design and application of high-voltage power filters

2011-07-29 发布　　　　2011-12-01 实施

中华人民共和国国家质量监督检验检疫总局
中国国家标准化管理委员会　发布

前　言

本标准按照GB/T 1.1—2009给出的规则起草。

本标准由中国电器工业协会提出。

本标准由全国电力电容器标准化技术委员会(SAC/TC 45)归口。

本标准起草单位:西安高压电器研究院有限责任公司、河北省电力研究院、上海宝钢安大电能质量有限公司、石家庄波宏科技有限公司、四川波宏电力滤波设计研究有限公司、日新电机(无锡)有限公司、广东电网电力科学研究院、河北省电力勘测设计研究院、深圳市三和电力科技有限公司、辽宁荣信电力电子股份有限公司、深圳市环华电气技术有限公司、佛山市南海区樱花电气有限公司、合肥华威自动化有限公司、山东泰开电力电子有限公司、北京赤那思电气技术有限公司、杭州光大电力滤波设备有限公司、浙江瑞泰电力电子有限公司、淄博莱宝电力电容器有限公司、深圳市力量科技有限公司、深圳市威尔辰电力电子科技有限公司。

本标准主要起草人:段晓波、李令冬、贾保军、郭天兴、胡君慧、杨一民、徐柏榆、叶选茂、冯申荣、张建平、张健夫、王锐、龙绍清、张宗有、平怡、江钧祥、任强、焦东亮、平孝香、冯丽、朱维扬、傅光祖、夏小锋、田宜涛、李俊、陈伟俊。

高压滤波装置设计与应用导则

1 范围

本标准对高压无源电力滤波装置进行了定义、分类，规定了设计原则、设计依据、设计方法、应用技术的基本内容等。

本标准适用于工频 50 Hz、额定电压为 1 000 V 及以上至 110 kV 及以下高压无源电力滤波装置(以下简称滤波装置)。

滤波装置的设计与应用，除应符合本导则的规定外，尚应符合国家现行的有关标准、规范的规定。

2 规范性引用文件

下列文件对于本文件的应用是必不可少的。凡是注日期的引用文件，仅注日期的版本适用于本文件。凡是不注日期的引用文件，其最新版本(包括所有的修改单)适用于本文件。

GB 1984　高压交流断路器(GB 1984—2003，IEC 62271-100：2001，MOD)

GB 1985　高压交流隔离开关和接地开关(GB 1985—2004，IEC 62271-102：2002，MOD)

GB 3906　3.6 kV～40.5 kV 交流金属封闭开关设备和控制设备(GB 3906—2006，IEC 62271-200：2003，MOD)

GB 4208　外壳防护等级(IP 代码)(GB 4208—2008，IEC 60529：2001，IDT)

GB/T 11022　高压开关设备和控制设备标准的共用技术要求(GB/T 11022—1999，eqv IEC 60694：1996)

GB/T 12325　电能质量　供电电压偏差

GB/T 14549—1993　电能质量　公用电网谐波

GB/T 16927.1　高电压试验技术　第一部分：一般试验要求(GB/T 16927.1—1997，eqv IEC 60060-1：1989)

GB/T 16927.2　高电压试验技术　第二部分：测量系统(GB/T 16927.2—1997，eqv IEC 60060-2：1994)

GB 50227　并联电容器装置设计规范

3 术语和定义

下列术语和定义适用于本文件。

3.1 谐波

3.1.1

公共连接点　point of common coupling

PCC

用户接入公用电网的连接处。

3.1.2

谐波测量点　harmonic measurement points

对电网的公共母线和电力线路或用户母线和供电线路以及有关设备或装置进行谐波测量的特

定点。

3.1.3

基波分量 fundamental component

对周期性非正弦交流量进行傅立叶级数分解,得到频率与电网工频相同的分量。

3.1.4

谐波分量 harmonic component

对周期性非正弦交流量进行傅立叶级数分解,得到频率为基波频率大于1的整数倍的分量。

3.1.5

谐波次数 harmonic order

h

谐波频率与基波频率的整数比。

3.1.6

谐波含量 total harmonic content

从与电网工频相对应的整周期性非正弦交流量中减去基波分量后所得量的方均根值(谐波电压含量或谐波电流含量)。

$$I_H = \sqrt{\sum_{h=2}^{\infty} I_h^2} = \sqrt{I^2 - I_1^2}$$

$$U_H = \sqrt{\sum_{h=2}^{\infty} U_h^2} = \sqrt{U^2 - U_1^2}$$

式中:

I_H ——谐波电流含量;

I_1 ——基波电流(方均根值);

I_h ——第 h 次谐波电流(方均根值);

U_H ——谐波电压含量;

U_1 ——基波电压(方均根值);

U_h ——第 h 次谐波电压(方均根值);

U ——电压方均根值;

I ——电流方均根值。

3.1.7

谐波含有率 harmonic ratio

HR

周期性非正弦交流量中含有的第 h 次谐波分量的方均根值与基波分量的方均根值之比(用百分数表示)。第 h 次谐波电压含有率以 HRU_h 表示,第 h 次谐波电流含有率以 HRI_h 表示。

3.1.8

总谐波畸变率 total harmonic distortion

THD

周期性非正弦交流量中谐波含量的方均根值与其基波分量的方均根值之比(用百分数表示)。电压总谐波畸变率以 THD_U 表示,电流总谐波畸变率以 THD_I 表示。

3.1.9

谐波源 harmonic source

向公用电网注入谐波电流或在公用电网中产生谐波电压的电气设备。

3.1.10

特征谐波 characteristic harmonic

在设计工况下,电气设备产生的特定次数谐波。

3.1.11

非特征谐波 non-characteristic harmonic

电气设备产生的不是特征谐波次数的谐波。

3.2 功率

3.2.1

瞬时功率 instantaneous power

p

端口的电压瞬时值与电流瞬时值的乘积。

$p=ui$

3.2.2

视在功率 apparent power

S

端口的电压方均根值与电流方均根值的乘积。

$$S=UI$$

3.2.3

矢量功率 vector power

复功率 complex power

$\dot{S}_h \quad h=1,2,\cdots\cdots,n$

h 次电压矢量与 h 次电流共轭矢量的乘积。

$$\dot{S}_h=\dot{U}_h\ \dot{I}_h^*=P_h+\mathrm{j}Q_h$$

3.2.4

有功功率 active power

P

一个周期内的瞬时功率的平均值。

$$P=\frac{1}{T}\int_0^{\mathrm{T}} ui\,\mathrm{d}t$$

对于正弦电压及电流,矢量功率的实部即有功功率。

$$P_h=\mathrm{Re}\ \dot{S}_h=S_h\cos\varphi_h$$

φ_h——电压矢量$\dot{U}_h$相对于电流矢量$\dot{I}_h$的相位差。

对于周期性的非正弦电压及电流,有功功率是直流分量功率及基波和谐波有功功率的总和。

$$P=\sum_{h=0}^{\infty}P_h$$

3.2.5

无功功率 reactive power

Q

对于周期性的非正弦电压及电流

$$Q=\sqrt{S^2-P^2}$$

对于正弦电压及电流,矢量功率的虚部即无功功率。

$$Q_h = \mathrm{Im}\dot{S}_h = S_h \sin\varphi_h$$

注:供给电感的无功功率为正值,电容输出的无功功率为负值。

3.2.6

功率因数　power factor

λ

有功功率与视在功率之比。

$$\lambda = \frac{P}{S}$$

3.2.7

基波功率因数　power factor of the fundamental

同类名称:位移因数　displacement factor

$\cos\varphi_1$

基波有功功率与视在功率之比。

$$\cos\varphi_1 = \frac{P_1}{S_1}$$

3.3　滤波装置

3.3.1

无源滤波器　passive filter

PF

由滤波电路(电阻 R、电感 L、电容 C 构成)和开关、控制和保护单元等组成无源滤波器,可用于滤除特定频率的谐波电流。

3.3.2

调谐滤波器　tuned filter

谐振频率调谐于欲滤除的谐波频率的滤波器。

调谐滤波器通常是电容、电感串联谐振型,在调谐频率下,感抗和容抗值正好相等而抵消。

3.3.3

调谐频率　tuned frequency

f_0

在该频率下滤波器的感抗和容抗值相等而符号相反。

3.3.4

滤波器次数　filter order

h 滤波器所需滤除的主导谐波次数。

对于 h 次滤波器,$h=\frac{f}{f_1}$,f 为欲滤除的主导谐波电流的频率,f_1 为基波频率,h 为正整数。

3.3.5

单调谐滤波器　single-tuned harmonic filter

只有一个调谐频率的滤波器。

3.3.6

高通滤波器　high-pass filter

在某一截止频率后的频带范围内呈低阻抗特性,用以吸收谐波电流的滤波器。

3.3.7

主电路　main circuit

滤波装置与交流配电线路相连接并具有同一绝缘水平的电路。

3.3.8

辅助电路　auxiliary circuit

用以完成检测、控制、保护等辅助功能的二次电路。

3.3.9

滤波器调谐次数　tuned order of filter

h_0

滤波器调谐频率的次数。

对于 h 次滤波器的调谐次数 h_0，$h_0=\frac{f_0}{f_1}$，f_0 为调谐频率。

3.3.10

滤波装置　filter

由接于同一供电母线上的全部滤波器组成滤波装置。

3.4 滤波装置参数

3.4.1

装置的额定电压　rated voltage of filter

U_N

设计滤波装置时规定的交流电压。

3.4.2

滤波器的额定电流　rated current of filter

I_N

设计滤波器时所采用的电流方均根值。

3.4.3

电容器安装容量　assemble capacity of capacitor

Q_{CN1}

滤波器中全部电容器的额定容量之和。

3.4.4

基波补偿容量　fundamental compensation capacity

Q_{C1}

滤波装置(或滤波器)在额定电压下运行时的基波无功功率。

3.4.5

电容器的额定电压　rated voltage of the capacitor

U_{CN}

设计滤波器时，滤波电容器所采用的电压方均根值。

3.4.6

电抗器的额定电压　rated voltage of the reactor

U_{LN}

设计滤波器时，串联电抗器所采用的电压方均根值。

3.4.7

滤波电抗器基波感抗　fundamental inductive reactance of filter reactor

X_{L1}

滤波电抗器的基波感抗值。

3.4.8

滤波电容器基波容抗　fundamental capacitive reactance of filter capacitor

X_{C1}

滤波电容器的基波容抗值。

3.4.9

额定电抗率　rated reactance ratio

K_{LN}

滤波器中串联电抗器的基波感抗与电容器基波容抗的比值。

$$K_{LN}=\frac{X_{L1}}{X_{C1}}\times 100\%$$

3.4.10

最大工作电流　maximum working current

I_{max}

温升不超过规定值时,滤波器能连续运行的最大工作电流方均根值。

3.4.11

滤波装置谐波电流系数　harmonic current coefficient of filter

k_{Ih}

滤波装置接入后,注入系统的谐波电流与谐波电流发生量的比值。

$$k_{Ih}=\frac{I_{Sh}}{I_{gh}}$$

式中:

I_{gh}——与滤波装置接入同一供电母线的谐波电流源(全部非线性负载)的 h 次谐波电流发生量;

I_{Sh}——滤波装置接入后,谐波电流源注入系统的 h 次谐波电流。

3.4.12

滤波装置谐波电流滤除率　harmonic current filtering rate of filter

η_{Ih}

滤波装置接入后注入系统的谐波电流的减少量与接入前注入系统谐波电流的百分比。

$$\eta_{Ih}=(1-k_{Ih})\times 100\%$$

3.4.13

滤波电抗器品质因数　quality factor of filter reactor

q_{Lh}

指滤波电抗器 h 次谐波频率下感抗与电阻的比值。

$$q_{Lh}=\frac{hX_{L1}}{R_h}$$

式中:

R_h——滤波电抗器的 h 次电阻。

3.4.14

滤波器品质因数　quality factor of filter

q_{fh}

指滤波器 h 次谐波频率时,其等效串联 h 次谐波感抗 X_{eh} 与等效串联 h 次等效电阻 R_{eh} 的比值。

$$q_{fh}=\frac{X_{eh}}{R_{eh}}$$

4 设计原则

4.1 可靠性

可靠性是指在规定的运行条件下滤波装置能够连续工作的保证程度。即滤波装置的设计应能保证在规定的运行环境和运行条件下,确保其连续可靠工作。

对于特殊的运行环境和运行条件,应通过采用相应的技术措施与设计标准,以满足可靠性要求。

4.2 安全性

滤波装置的设计应能保证其在正常运行、外部电网事故及异常时本身的安全性,同时装置本身的投入、切除、正常运行及异常时不会对系统运行产生不良影响。

滤波装置的设计应有可靠的技术措施,如:采用自动控制、保护单元、设备可靠接地、闭锁装置、围网设置和警告标志等,以保证装置安全运行。

4.3 功能要求

4.3.1 谐波电流滤波功能

谐波源注入公共连接点的谐波电流在规定的限值以内。

4.3.2 无功补偿功能

在负荷功率变化范围内,装置的无功补偿能满足负载对功率因数和母线电压偏差的要求。

4.4 灵活性

4.4.1 允许多种组合的运行方式

装置除了满足技术性能指标、可靠性、安全性、经济性外,还应能满足不同工况和不同负荷水平下的灵活运行的需求,允许装置多种组合的运行方式。

4.4.2 允许多种控制方式

可根据实际情况,选择手动和自动控制。自动控制又可分电压无功综合控制和电压、谐波及无功综合控制等。

4.5 其他特殊要求

即特殊的运行环境和特殊的技术性能指标。

4.6 经济性

4.6.1 装置的运行损耗应力求最低。

4.6.2 在满足4.1～4.5、4.6.1要求的前提下,以制造成本最低为原则进行优化设计。

5 设计依据

5.1 设计条件

5.1.1 环境条件

5.1.1.1 海拔

滤波装置安装地点的海拔高度。

为便于产品的标准化,推荐一般产品可按照海拔不超过 1000 m 考虑。

用于海拔高度高于 1000 m 地区的滤波装置,其要求应由用户与制造方协商确定。

5.1.1.2 温度和湿度范围

滤波装置运行地点的环境空气温度变化范围如表 1 所示。

表 1 滤波装置运行地点的环境空气温度变化范围

类别	安装地点	环境温度 ℃	
		最高	最低
裸导体	屋外	最热月平均最高温度	
	屋内	该处通风设计温度。当无资料时,可取最热月平均最高温度加 5 ℃	
电器	屋外	年最高温度	年最低温度
	屋内电抗器	该处通风设计最高排风温度	
	屋内其他	该处通风设计温度。当无资料时,可取最热月平均最高温度加 5 ℃	

注 1:年最高(或最低)温度为一年中所测得的最高(或最低)温度的多年平均值。

注 2:最热月平均最高温度为最热月每日最高温度的月平均值,取多年平均值。

滤波装置运行地点的相对湿度,应采用当地湿度最高月份的平均相对湿度。对湿度较高的场所,应采用该处实际相对湿度。当无资料时,相对湿度可比当地湿度最高月份的平均相对湿度高 5%。(一般地区推荐的产品环境相对湿度:月平均相对湿度不大于 90%,日平均相对湿度不大于 95%)。

5.1.1.3 风速

安装运行地点距离地面 10 m 高、30 年一遇的 10 min 平均最大风速,最大设计风速超过 35 m/s 的地区,可在屋外滤波装置的布置中采取措施。阵风对装置的影响,应由制造部门在设计中考虑。

5.1.1.4 覆冰厚度

对于户外运行的装置,在积雪、覆冰严重地区,应尽量采取防止冰雪引起事故的措施。隔离开关的破冰厚度,应大于安装地点的最大覆冰厚度。

5.1.1.5 抗污秽能力

设备外绝缘的爬电比距按照安装地点的污秽等级确定。

5.1.1.6　**耐受地震能力**

滤波装置设计需适应当地的地震烈度，必要时应进行抗震强度验算。

安装时，应考虑支架对地震力的放大作用。辅助设备应具有与主设备相同的耐受地震能力。

5.1.1.7　**其他**

非正常使用条件由制造方和购买方商定。

5.1.2　**电源及供配电系统**

5.1.2.1　**系统参数**

系统公共连接点和滤波装置预接入点的系统接线及运行方式，各种方式下电网短路容量，变压器、输配电线路、补偿电容器和电抗器及限流电抗器等设备参数。

5.1.2.2　**电压偏差**

系统公共连接点和滤波装置接入点电源及供配电系统实际和可能的运行电压范围。

5.1.2.3　**电压波动**

系统公共连接点和滤波装置接入点系统电压变动和闪变。

5.1.2.4　**频率变化**

系统公共连接点和滤波装置接入点电网频率的变化范围。

5.1.2.5　**谐波水平**

系统公共连接点和滤波装置接入点系统的谐波特征和背景谐波水平。

影响系统谐波特征及谐波水平的主要方面有：

a)　系统电源构成，包括有些交直流混合电源系统，特别是直流电源系统不同运行方式；

b)　不同运行方式和运行电压及负荷水平下系统背景谐波；

c)　已有和规划中的谐波源类型及其运行方式。

5.1.2.6　**电压不平衡**

系统公共连接点和滤波装置接入点系统三相电压不平衡数据。

5.1.3　**负载条件**

5.1.3.1　负载的谐波特征和各次谐波含量。

5.1.3.2　负载的有功和无功的变化范围、变化频度和变化速度。

5.2　**设计要求**

5.2.1　**接入电网基本要求**

5.2.1.1　滤波装置的设计，应根据拟安装地点系统接线及运行方式、谐波水平(含背景谐波)和无功需求等因素，按全面规划、合理布局、分级滤波、就地平衡的原则确定最优滤波容量和方式。

5.2.1.2　设计时应核算滤波装置按各种容量组合运行时，滤波装置所在系统不得发生有危害的谐振，且考核点的谐波水平在设计限值范围内。

5.2.1.3 滤波装置宜装设在变压器的主要谐波源负荷侧。

5.2.2 电压控制

滤波装置运行及退出时，其对所接系统引起的电压偏差变化应符合 GB/T 12325 的规定范围。

对供电电压允许偏差有特殊要求的用户，由设计方、制造方与购买方协议确定。

5.2.3 电压波动限制

对多支路滤波装置，投切任何一支路在考核点所引起的电压变动值满足以下要求：

——20 kV 及以上等级不宜超过其额定电压的±2.5%；

——20 kV 以下等级不宜超过其额定电压的±3%。

5.2.4 频率波动、滤波器参数和系统参数变化

滤波装置的设计应考虑频率波动、滤波器参数变化和系统参数变化对系统的阻抗特性和谐波水平产生的影响，确保滤波装置和系统安全稳定要求。

5.2.5 考核点谐波限值要求

5.2.5.1 系统谐波限值

5.2.5.1.1 通则

系统谐波限值是保证不因过大的谐波畸变而使系统所连接设备丧失功能或发生故障。

对 PCC 点，滤波装置设计应满足 GB/T 14549—1993 规定的谐波限值。对用户或企业内部电网的母线，可参照 GB/T 14549—1993 或根据用户要求另行规定采用电磁兼容谐波限值，或由用户另行规定。

5.2.5.1.2 谐波电压限值

表 2 公用电网谐波电压限值

电网标称电压 kV	电压总谐波畸变率 %	各次谐波电压含有率 %	
		奇次	偶次
0.38	5.0	4.0	2.0
6	4.0	3.2	1.6
10			
35	3.0	2.4	1.2
66			
110	2.0	1.6	0.8

5.2.5.1.3 谐波电流允许值

公共连接点的全部用户向该点注入的谐波电流分量(方均根值)不应超过表 3 中规定的允许值。当公共连接点处的最小短路容量不同于基准短路容量时，表 3 中的谐波电流允许值的换算见 GB/T 14549—1993 附录 B。

表 3 注入公共连接点的谐波电流允许值

标准电压 kV	基准短路容量 MVA	谐波次数及谐波电流允许值 A																							
		2	3	4	5	6	7	8	9	10	11	12	13	14	15	16	17	18	19	20	21	22	23	24	25
0.38	10	78	62	39	62	26	44	19	21	16	28	13	24	11	12	9.7	18	8.6	16	7.8	8.9	7.1	14	6.5	12
6	100	43	34	21	34	14	24	11	11	8.5	16	7.1	13	6.1	6.8	5.3	10	4.7	9.0	4.3	4.9	3.9	7.4	3.6	6.8
10	100	26	20	13	20	8.5	15	6.4	6.8	5.1	9.3	4.3	7.9	3.7	4.1	3.2	6.0	2.8	5.4	2.6	2.9	2.3	4.5	2.1	4.1
35	250	15	12	7.7	12	5.1	8.8	3.8	4.1	3.1	5.6	2.6	4.7	2.2	2.5	1.9	3.6	1.7	3.2	1.5	1.8	1.4	2.7	1.3	2.5
66	500	16	13	8.1	13	5.4	9.3	4.1	4.3	3.3	5.9	2.7	5.0	2.3	2.6	2.0	3.8	1.8	3.4	1.6	1.9	1.5	2.8	1.4	2.6
110	750	12	9.6	6.0	9.6	4.0	6.8	3.0	3.2	2.4	4.3	2.0	3.7	1.7	1.9	1.5	2.8	1.3	2.5	1.2	1.4	1.1	2.1	1.0	1.9

注：220 kV 基准短路容量取 2 000 MVA。

同一公共连接点的每个用户向电网注入的谐波电流允许值按此用户在该点的协议容量与其公共连接点的供电设备容量之比进行分配，分配的计算方法见 GB/T 14549—1993 的附录 B。

5.2.5.2 设备承受能力

滤波装置所在系统由各种供用电设备构成，各种设备对谐波的承受能力各不相同，滤波装置设计时应保证在任何一种系统运行方式下，各种供用电设备所承受的谐波水平在设备本身性能要求范围内。

I_h为 h 次谐波电流（方均根值），则流经设备的电流有效值 I 按照式(1)计算：

$$I=\sqrt{I_1^2+I_2^2+I_3^2+\cdots+I_h^2} \qquad \cdots\cdots(1)$$

U_h为 h 次谐波电压（方均根值），则设备承受的电压有效值 U 按照式(2)计算：

$$U=\sqrt{U_1^2+U_2^2+U_3^2+\cdots+U_h^2} \qquad \cdots\cdots(2)$$

设备承受的峰值电压按照式(3)计算：

$$U_{pk}=\sqrt{2(U_1^2+U_2^2+U_3^2+\cdots+U_h^2)} \qquad \cdots\cdots(3)$$

5.2.6 无功补偿要求

无功补偿容量应根据负荷需求并结合本地区电网无功规划以及无功电压有关规定确定。

如在用户变压器低压侧安装滤波装置时，设计上应计算到用户变压器、电抗器及其他感性负荷设备的无功功率需求，确保补偿后的功率因数符合相关规定。

为实现对电压和无功的有效调控，一般情况下，要求用户功率因数不能超前，不宜出现无功功率过补偿。

5.2.7 安全运行要求

5.2.7.1 滤波装置设计时应计算系统阻抗频谱，校核系统谐振点，保证在任何一种系统运行方式和负荷水平下，滤波装置所在系统不会发生有害谐振。

5.2.7.2 设计时应保证在系统正常运行方式和负荷水平下，考虑包括各次谐波分量在内时，滤波装置各设备或元件应安全可靠运行。

5.2.7.3 滤波装置应具备完善的保护功能，在因系统或负荷异常而产生非特征性谐波分量而导致谐波异常放大或发生谐振时，能有效监测预警或动作切除滤波器。

5.2.7.4 滤波装置应装设放电器件，放电特性应满足 GB 50227 相关规定要求。有特殊要求的，另行约定。

5.2.7.5　构成滤波装置的电器设备的外壳、安装支架及绝缘台架的电位均应固定，并符合 GB 50227 的有关规定。

5.2.7.6　滤波装置应有完善的闭锁装置，避免误操作。

5.2.7.7　多个滤波器组成的滤波装置，不同调谐频率的滤波器之间应设置适当的投切闭锁，保证不同调谐频率的滤波器投切时不会出现系统谐波放大。投入时按调谐频率由低至高逐级投入，切除顺序则相反。

5.2.8　可靠性要求

5.2.8.1　在事先约定的电源及供配电系统电压偏差、频率偏差和设备允许温度变化范围内，滤波装置性能应满足设计要求。

5.2.8.2　对于大容量的滤波装置，当有限数量的电容器元件或单元击穿时，如需滤波装置继续运行，应进行可靠性、安全性校核计算。

5.2.9　接线要求

5.2.9.1　宜采用单星形接线或双星形接线。在中性点非直接接地的电网中，星形接线电容器组的中性点不应接地。

5.2.9.2　每相或每个臂，对于采用外熔断器或内部熔丝保护的电容器组，由多台电容器串并联组合时，一般采用先并联后串联的接线方式。

5.2.10　环保要求

5.2.10.1　滤波装置所选用的所有主设备和辅助设备，如果含有会污染环境或有其他危险的物质，应按照国家的相关法律执行，采取相应的技术措施，并在单元器件的标牌上或其他地方有明显标志。

5.2.10.2　滤波装置运行中产生的噪音应符合国家的相关规定要求。

6　设计方法

6.1　滤波器类型的确定

6.1.1　常用滤波器的类型

滤波器的类型很多，最常用的滤波器是如图 1 所示的 3 种类型滤波器。

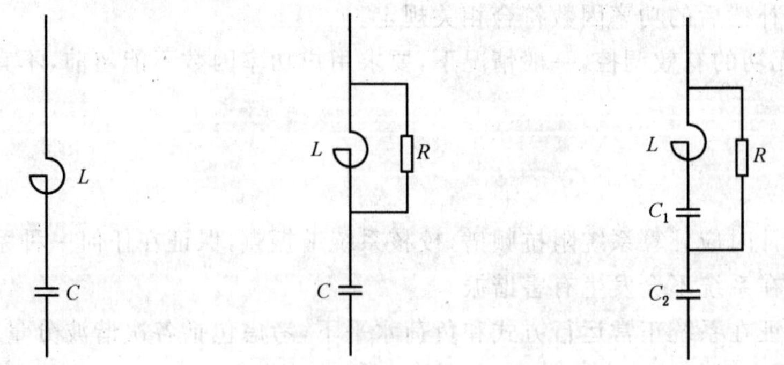

a) 单调谐滤波器　　b) 二阶高通滤波器　　c) C 型高通滤波器

图 1　常用无源滤波器

单调谐滤波器是最简单实用的滤波电路，其优点是在调谐频率点阻抗近似为零，在此频率下滤波效果显著。缺点是在低于调谐频率的某些频率与网络形成高阻抗的并联谐振，低次单调谐滤波器基波有功功率损耗较大。

二阶高通滤波器对于调谐频率点以及高于此频率的其他频率有较好的滤波效果。它一般适合于4次及以上更高次谐波电流的滤波。二阶高通滤波器基波有功损耗较小，其并联电阻器的谐波有功损耗较大。

电弧炉、电焊机、循环换流器等负荷不仅产生整数次谐波电流，而且产生间谐波电流，高品质因数的单调谐滤波器可能会使间谐波放大，低品质因数的单调谐滤波器基波有功损耗大。因此在要求高阻尼且调谐频率低于、等于4次的谐波滤波器常选用C型高通滤波器。

6.1.2 滤波器类型的确定原则

6.1.2.1 负载在某些频率点谐波电流大，频率点附近无间谐波，可以选用单调谐滤波器。

6.1.2.2 不高于4次谐波的频率点附近如果存在间谐波，宜选用高阻尼C型高通滤波器。

6.1.2.3 要求高阻尼高通且调谐频率等于、高于4次的谐波频率点，可以选用二阶高通滤波器。

6.2 滤波器的接线

6.2.1 接线方式

高压并联无源滤波器的接线方式一般有前置电抗器及后置电抗器两种，如图2所示。

图2 高压无源滤波器的接线方式

6.2.2 电抗器前置接线

图2 a)为电抗器前置接线，电抗器本体对地全绝缘，当滤波电抗器与电容器的连线发生对地短路或电容器组发生全部击穿时，滤波电抗器将承受短路电流和电压，其动、热稳定要求与断路器相同。

对于高压滤波器，一般推荐采用电抗器前置接线方式，这样可以限制短路电流，同时电容器可采用双星形接法，便于使用不平衡的保护方案。

6.2.3 电抗器后置接线

图2 b)为电抗器后置接线，当滤波电抗器与电容器连接线发生对地短路时，滤波电抗器被旁路，短路电流小于滤波器的正常工作电流。仅当电容器组被全部击穿时，电抗器的动、热稳定要求才与断路器相同。

对耐受短时短路电流能力较差的电抗器，如容量较小的扁形电抗器，一般考虑电抗器后置接线方式。

6.3 滤波装置的组合

6.3.1 滤波装置组合的定义

当负载有多个频率的谐波电流发生或无功变化较大时，需要 2 个或 2 个以上滤波器同时运行或分组投切。

6.3.2 滤波装置组合原则

在满足无功补偿，谐波滤波和电压波动指标的前提下，力求滤波器数量最少。

6.3.3 典型组合案例

滤波器典型组合案例见表 4。

表 4 滤波器典型组合案例

谐波源描述	滤波装置组合方式(推荐)
注入系统的三相 3 次谐波电流方向不一致	3 次单调谐滤波器
6 脉动整流负荷	5 次、7 次单调谐滤波器与 11 次高通滤波器组合
12 脉动整流负荷	5 次单调谐滤波器与 11 次二阶高通滤波器组合或 5、7 次单调谐与 11 次、13 次、17 次二阶高通滤波器组合
交流电弧炉	3 次单调谐与 4 次单调谐(或二阶高通)滤波器组合或 2 次 C 型高通滤波器、3 次单调谐滤波器与 4 次单调谐(或二阶高通)滤波器组合
大功率可关断高速电力器件的高压变频器负荷	5 次、7 次单调谐与 11 次、13 次、17 次二阶高通滤波器组合

6.4 无功补偿容量的确定

补偿容量：

$$Q_{C1} = P_1 \left[\sqrt{\left(\frac{1}{\cos\varphi_1}\right)^2 - 1} - \sqrt{\left(\frac{1}{\cos\varphi_{C1}}\right)^2 - 1} \right] \qquad \cdots\cdots\cdots\cdots (4)$$

补偿后电压变化近似为：

$$e_{u,\max} = \frac{\Delta U}{U_N} \times 100\% = \frac{Q_{C1} - Q_{1\min}}{S_{sc,\min}} \times 100\% \qquad \cdots\cdots\cdots\cdots (5)$$

$$e_{u,\min} = \frac{\Delta U}{U_N} \times 100\% = \frac{Q_{C1} - Q_{1\max}}{S_{sc,\min}} \times 100\% \qquad \cdots\cdots\cdots\cdots (6)$$

系统电压的变动：

$$\Delta U = U_P - U_N \qquad \cdots\cdots\cdots\cdots (7)$$

式中：

U_N ——滤波装置接入系统处的额定电压，单位为千伏(kV)；

U_P ——滤波装置接入系统处的实际运行电压，单位为千伏(kV)；

$S_{sc,\min}$ ——系统最小短路容量，单位为兆伏安(MVA)；

$\cos\varphi_1$ ——补偿前负载基波平均功率因数测量值或设计值；

P_1 ——负载基波平均有功功率，单位为兆瓦(MW)；
Q_{1max} ——负载基波最大无功功率，单位为兆乏(Mvar)；
Q_{1min} ——负载基波最小无功功率，单位为兆乏(Mvar)；
$\cos\varphi_{C1}$ ——补偿后基波平均功率因数设计值；
$e_{u,max}$ ——当负载基波无功最小时，补偿后存在的最大电压正偏差；
$e_{u,min}$ ——当负载基波无功最大时，补偿后存在的最大电压负偏差。

6.5 滤波装置参数计算

6.5.1 滤波装置的无功补偿容量分配

6.5.1.1 由式(4)计算滤波装置总无功补偿容量 Q_{C1}。

6.5.1.2 设滤波装置由 h_1、h_2…h_m 次滤波器并联组成，通过 $h_i(i=1,2\cdots m)$ 次滤波器的主导谐波电流为 I_{h_i}，建议 h_i 次滤波器的无功补偿容量按照式(8)进行计算。

$$Q_{C1,h_i}=\frac{I_{h_i}/h_i}{\sum\limits_{j=1}^{m}(I_{h_j}/h_j)}Q_{C1} \qquad \cdots\cdots(8)$$

6.5.2 滤波器的调谐频率

理想条件下，滤波装置的调谐频率应该与需要滤除的特征谐波频率相等，这样可以取得最好的滤波效果。考虑到滤波电容器电容的温漂及制造偏差、滤波电抗器的制造偏差、铁心电抗器的非线性和系统频率的变化，这些因素可能会使滤波器特征频率阻抗呈容性而导致谐波放大，为了保证滤波器长期运行的可靠性，一般取 h_i 次滤波器的调谐频率 ah_if_1 小于其特征频率 h_if_1(其中 a 为调谐系数，f_1 为系统频率)。调谐系数 a 的推荐值见表5。

表5 调谐系数 a 的推荐值

滤波器次数 h_i	调谐系数 a	
	空心电抗器	铁心电抗器
2	0.96	0.93
3、4	0.96～0.97	0.93～0.94
≥5	0.97～0.98	0.94～0.95

6.5.3 滤波电抗器的品质因数

滤波装置的有功基波损耗应不大于总补偿容量的0.5%，为了减小滤波器的有功基波损耗，各滤波电抗器品质因数推荐值见表6。

表6 滤波电抗器品质因数推荐值

滤波器次数 h_i	滤波电抗器品质因数 q_{Lh}	
	$h=1$，50 Hz	$h=h_0$，调谐次数
2	≥50	≥80
3	≥40	≥100
4～7	≥20	≥100
≥7	≥10	≥100

6.5.4 滤波器的R、L、C参数计算

6.5.4.1 单调谐滤波器(h 次)

a) $X_{L1}=\frac{U_{P,max}^{2}}{Q_{C1,h}(h_0^2-1)}(\Omega)$ $L=\frac{10}{\pi}X_{L1}(mH)$

b) $R_e=\frac{h_0 X_{L1}}{q_{Lh_0}}(\Omega)$

c) $X_{C1}=h_0^2X_{L1}(\Omega)$ $C=\frac{10^6}{2\pi f_1 X_{C1}}(\mu F)$

d) $\eta_{P_1}=\frac{P_1}{Q_{C1,h}}=\frac{\sqrt{h_0}}{q_{Lh_0}(h_0^2-1)}+0.001$

式中：

h ——滤波器次数；

h_0 ——滤波器调谐次数；

q_{Lh_0} ——滤波电抗器调谐频率时品质因数；

$Q_{C1,h}$ ——h 次滤波器基波补偿容量，单位为兆乏(Mvar)；

$U_{P,max}$——供电母线实际运行的最高电压，单位为千伏(kV)；

f_1 ——基波频率，单位为赫兹(Hz)；

R_e ——滤波电抗器调谐频率时等效串联电阻；

η_{P_1} ——滤波器基波损耗率估算值；

P_1 ——滤波器总基波有功损耗，单位为兆乏(Mvar)。

6.5.4.2 二阶高通滤波器(h 次)

a) $X_{L1}=\frac{U_{P,max}^{2}}{Q_{C1,h}(h_0^2-1)}(\Omega)$ $L=\frac{10}{\pi}X_{L1}(mH)$

b) $R=h_0X_{L1}q_{fh_0}(\Omega)$ $q_{fh_0}=0.6\sim30$

c) $X_{C1}=h_0^2X_{L1}(\Omega)$ $C=\frac{10^6}{2\pi f_1 X_{C1}}(\mu F)$

d) 基波损耗率估算值：$\eta_{P_1}=\frac{P_1}{Q_{C1,h}}=\frac{1}{h_0(h_0^2-1)q_{fh_0}}+\frac{\sqrt{h_0}}{(h_0^2-1)q_{Lh_0}}$

式中：

q_{fh_0}——滤波器调谐频率时的品质因数。

6.5.4.3 C型高通滤波器

a) $X_{C_21}=\frac{U_{P,max}^{2}}{Q_{C1,h}}(\Omega)$ $C_2=\frac{10^6}{2\pi f_1 X_{C_21}}(\mu F)$

b) $X_{C_11}=X_{L1}=\frac{X_{C_21}}{h_0^2-1}(\Omega)$ $C_1=\frac{10^6}{2\pi f_1 X_{C_11}}(\mu F)$ $L=\frac{10}{\pi}X_{L1}(mH)$

c) $R=\frac{q_{fh_0}X_{C_21}}{h_0}(\Omega)$，$q_{fh_0}=8\sim30$

d) $\eta_{P_1}=\frac{P_1}{Q_{C1,h}}=\frac{\sqrt{h_0}}{q_{Lh_0}(h_0^2-1)}+0.001$

式中：

$X_{C_1 1}$——C_1的基波容抗，单位为欧姆(Ω)；

$X_{C_2 1}$——C_2的基波容抗，单位为欧姆(Ω)。

6.6 滤波装置谐波仿真

6.6.1 仿真目的

通过仿真，计算网络阻抗的幅频特性和相频特性，计算流入系统的谐波电流系数(谐波电流源流入系统的谐波电流/谐波电流发生量)，由此评价滤波装置的性能并计算滤波器元件的电压、电流和功率等参数。

6.6.2 仿真电路

滤波装置接入系统后的配电网络等效电路如图3所示。

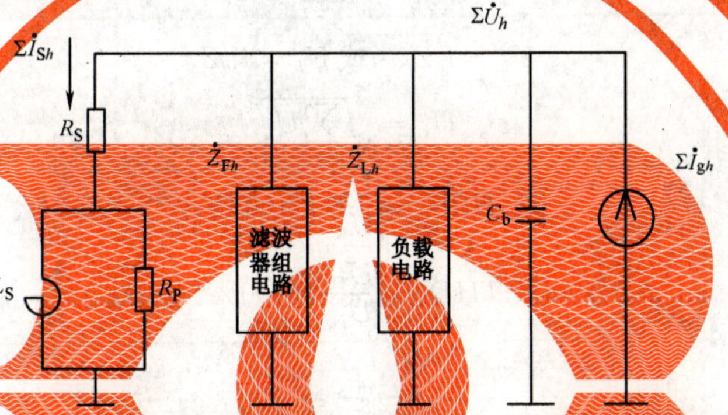

图中：

R_S、L_S、R_P——系统阻抗参数；

$\dot{Z}_{Fh}$——滤波装置h次谐波阻抗，针对滤波装置不同的组合方式，$\dot{Z}_{Fh}$有不同的值；

$\dot{Z}_{Lh}$——负载h次谐波阻抗；

C_b——配电电缆电容参数；

$\Sigma\dot{I}_{gh}$——配电网内非线性负载的谐波电流发生量；

$\Sigma\dot{I}_{Sh}$——非线性负载注入系统的谐波电流；

$\Sigma\dot{U}_h$——非线性负载注入系统的谐波电流所产生的谐波电压。

图3 仿真电路

6.6.3 仿真计算

6.6.3.1 阻抗计算

$$\dot{Z}_{Nh}=\dot{Z}_{bh}//\dot{Z}_{Lh}//\dot{Z}_{Fh}//\dot{Z}_{Sh}=Z_{Nh}e^{j\beta_{Nh}}$$

$$\dot{Z}_{Sh}=R_S+(j2\pi f_1 hL_S//R_P)$$

$$\dot{Z}_{bh}=-j\frac{10^6}{2\pi f_1 hC_b}(\Omega)$$

式中：

$\dot{Z}_{Nh}$——网络谐波阻抗，单位为欧姆(Ω)；

$\dot{Z}_{Sh}$——系统阻抗，单位为欧姆(Ω)；

$\dot{Z}_{bh}$ ——电缆阻抗,单位为欧姆(Ω);

β_{Nh} ——为$\dot{Z}_{Nh}$的幅角;

f_1 ——系统频率,单位为赫兹(Hz);

C_b ——配电电缆电容,单位为微法(μF)。

6.6.3.2 **谐波电流系数**

$$k_{Ih}=Z_{Nh}/Z_{Sh}$$

6.6.3.3 **注入系统的谐波电流**

$$I_{Sh}=I_{gh}k_{Ih},I_{SH}=\sqrt{\sum_{n\geqslant 2}I_{Sh}^2}$$

6.6.3.4 **谐波电流源在母线上产生的谐波电压**

$$U_h=I_hZ_{Nh},\text{或}\ U_h=I_{sh}Z_{sh}$$

$$U_H=\sqrt{\sum_{h\geqslant 2}U_h^2}$$

$$HRU_h=\frac{U_h}{U_N}\times 100\%$$

$$THD_U=\frac{U_H}{U_N}\times 100\%$$

6.6.3.5 **R、L、C 元件的电压和电流**

计算流入各 R、L、C 的基波电流、各次谐波电流、总电流;计算 R、L、C 两端的基波电压、谐波电压。

6.6.3.6 **计算滤波器的有功损耗**

根据 6.6.3.5 计算滤波装置总的基波损耗 P_{T1} 和谐波损耗 P_{TH},滤波装置总损耗 $P_T=P_{T1}+P_{TH}$

滤波装置总损耗率:$\eta_{P_T}=\frac{P_T}{Q_{C1}}\times 100\%$

6.6.4 **仿真结果评价**

6.6.4.1 I_{sh}小于或等于规定限值。

6.6.4.2 HRU_h、THD_u小于或等于规定限值。

6.6.4.3 k_{Ih}为极大值的点即并联谐振点,并联谐振频率应远离非线性负载的特征谐波频率。

6.6.4.4 对于小于 10 MV·A 的负载,k_{Ih}在并联谐振点小于等于 10;对于大于等于 10 MV·A 小于 40 MV·A 的负载,k_{Ih}在并联谐振点小于等于 8;对于大于等于 40 MV·A 的负载,k_{Ih}在并联谐振点小于等于 6。

6.6.4.5 各调谐频率均小于各邻近特征谐波频率的 2%~5%。

6.6.4.6 滤波装置总损耗率的限值小于设计值。

6.6.4.7 若 6.6.4.1~6.6.4.6 各项全部成立,则 6.5 和 6.6 的各项设计计算达到要求;若有一项不成立,则需要对 6.5 和 6.6 的设计进行调整和优化,直至 6.6.4.1~6.6.4.6 项全部成立。

6.6.5 **仿真案例**

参见附录 A。

6.7 滤波装置元件参数计算与校核

6.7.1 电容器组参数计算与校核

6.7.1.1 过电压校核

$$K_u U_{CN} \geqslant U_{C1,max} + \sum_{h\geqslant 2} U_{Ch,0.95}$$

式中：

K_u ——电容器的电压因数；

U_{CN} ——电容器的额定电压；

$U_{C1,max}$——加在电容器两端的基波电压的最大值(即为在最高运行电压时计算的 U_{C1} 值)；

$U_{Ch,0.95}$——加在电容器两端 h 次谐波电压的 95%概率大值。

注 1：U_{C1} 和 U_{Ch} 由 6.6.3 仿真结果中得到。

注 2：$K_u U_{CN}$ 为电容器长期运行时，加在电容器两端的最高允许电压。

注 3：K_u 的取值范围为 1～1.3，在系统电压波动和谐波较大时，K_u 的取值比较复杂，K_u 的取值方法在 GB/T 11024.1—2010第 19 章和第 27 章中有较详尽的叙述。在实际工程中推荐按如下原则选取 K_u 的值：系统运行基波电压和谐波电压是稳定的，即在一天 24 h 中，大于 12 h 以上的时间内 $U_{C1} + \sum_{h\geqslant 2} U_{Ch} \geqslant 0.9(U_{C1,max} + \sum_{h\geqslant 2} U_{Ch,0.95})$，则 $K_u = 1$，否则 $K_u = 1.1$。

6.7.1.2 过电流校核

$$1.3 I_{CN} \geqslant (I_{C1,max}^2 + \sum_{h\geqslant 2} I_{Ch,0.95}^2)^{\frac{1}{2}}$$

式中：

I_{CN} ——电容器的额定电流；

$I_{C1,max}$ ——流过电容器的基波电流的最大值(即为在最高运行电压时流过电容的电流值)，$I_{C1,max} = 2\pi f_1 C U_{C1,max}$；

$I_{Ch,0.95}$ ——流过电容器的 h 次谐波电流的 95%概率大值，$I_{Ch,0.95} = 2\pi f_1 C h U_{Ch,0.95}$。

6.7.1.3 过容量校核

$$1.14\sqrt{K_u}\, U_{CN} \geqslant (U_{C1,max}^2 + \sum_{h\geqslant 2} h U_{Ch,0.95}^2)^{\frac{1}{2}}$$

6.7.1.4 由 6.7.1.1、6.7.1.3 计算所得 U_{CN} 中大值为电容器最小额定电压 U_{CN}，由 6.7.1.2 计算得到的 I_{CN} 为电容器的额定电流。

电容器额定基波容量 $Q_{CN1} \geqslant U_{CN} I_{CN}$

6.7.2 电抗器的电压电流参数

6.7.2.1 系统标称电压 U_N

6.7.2.2 额定电流

$$I_{LN} \geqslant (I_{L1,max}^2 + \sum_{h\geqslant 2} I_{Lh,0.95}^2)^{\frac{1}{2}}$$

式中：

I_{LN} ——流过电抗器的额定电流；

$I_{L1,max}$ ——流过电抗器的基波电流最大值，$I_{L1,max} = I_{C1,max} = 2\pi f_1 C U_{C1,max}$；

$I_{Lh,0.95}$ ——流过电抗器的 h 次谐波电流 95%概率大值，对于单调谐滤波器 $I_{Lh,0.95} = I_{Ch,0.95}$，对于二阶高通滤波器和 C 型高通滤波器，$I_{Lh,0.95}$ 由 6.6 的仿真结果进一步计算得到。

6.7.3 电阻器的电流和功率计算

6.7.3.1 额定电压：运行电压最大值 $U_{p,max}$

6.7.3.2 额定电流

$$I_{RN} \geqslant (I_{R1,max}^2 + \sum_{h\geqslant 2} I_{Rh,0.95}^2)^{\frac{1}{2}}$$

式中：

I_{RN} ——流过电阻器的额定电流；

$I_{R1,max}$ ——流过电阻器基波电流的最大值，由 6.6 仿真结果进一步计算得到；

$I_{Rh,0.95}$ ——流过电阻器 h 次谐波电流的 95%概率大值，由 6.6 仿真结果进一步计算得到。

6.7.3.3 额定功率

$$P_{RN} \geqslant I_{RN}^2 R$$

6.8 滤波装置的保护

6.8.1 保护功能

当出现异常现象，但不危及系统和设备安全时，保护系统发出报警信号，允许滤波装置继续运行；当出现严重威胁系统和设备安全的问题时，滤波装置应跳闸，避免出现安全事故。

6.8.2 保护类型

6.8.2.1 稳态过电压保护

稳态过电压包括基波电流流过电容器引起的母线基波过电压，谐波电流流过电容引起的谐波过电压等。过电压状态下，滤波器若不及时退出，会造成滤波元件损坏。建议当供电电压大于 1.1U_N，延时 τs 内应切除全部滤波支路。

注：τ 的确定原则是：

a) τ 小于系统过电压保护延时时间，一般系统过电压保护延时为 60 s；

b) 建议当过电压范围在 1.1～1.2，$\tau \leqslant 30$ s；当过电压范围在 1.2～1.4，$\tau \leqslant 3$ s；当过电压范围在 1.4～1.8，$\tau \leqslant 600$ ms。

6.8.2.2 低电压保护

在滤波装置设计中，低电压保护容易被忽略。低电压状态下，滤波器若不及时退出，当供电恢复正常时可能会产生动态过电压。建议当供电电压低于 0.7U_N，0.5 s 后应切除全部滤波支路。

6.8.2.3 剩余过电压保护

若供电母线三个线电压的矢量和不等于零，将会引起中性点电压严重偏移。建议当三个线电压的矢量和大于 0.2U_N时，2 s 后应切除全部滤波支路。

6.8.2.4 过电流保护

过电流会引起电容器过电压和电容器、电抗器、电阻器的过热。推荐采用 2.5 倍左右额定电流的定时限(例如 0.1 s)保护和 1.3 倍左右额定电流的反延时过流保护结合的方式进行过电流保护。

6.8.2.5 不平衡保护

6.8.2.5.1 不平衡保护的功能：电容器组中的单元内部发生击穿时，不平衡保护单元可使故障滤波器及时从运行状态中脱开，以避免更大故障发生和设备损坏。

6.8.2.5.2 为了避免谐波电压或谐波电流影响不平衡保护动作，不平衡信号检测装置应有检测基波信号的功能。

6.8.2.5.3 不平衡信号随着元件损坏增多逐渐增大，当不平衡信号达到限值（保护动作值）的75%时，应有报警信号输出，使用户有时间安排维修计划，避免滤波器突然退出对配电系统和用户造成有害的影响。

6.8.2.6 过载保护

6.8.2.6.1 滤波装置可能会遭受非预期的谐波源过载、谐振或其他意外工作条件。造成电容器、电抗器或电阻器的热过载和电压过载，采取过载保护的措施可避免设备元件的过载损坏。

6.8.2.6.2 对装于壳体内的铁心电抗器可使用温度继电器监测壳体内的温度，保护设备不受热过载损坏。

6.8.2.6.3 电抗器和电阻器可使用能反应基波电流和谐波电流的总电流有效值的电流继电器，实现热过载保护。

6.8.2.6.4 电容器可使用具有电流积分功能和谐波电流测量功能及电压计算功能的电流继电器，实现热过载和电压过载保护。

6.9 滤波装置控制

6.9.1 滤波装置的投切控制要兼顾基波无功功率补偿、电压变动和谐波滤波的要求；在满足基本功能要求的前提下，应尽量简化结构并减少开关动作次数。

6.9.2 控制方式按图4的程序确定。

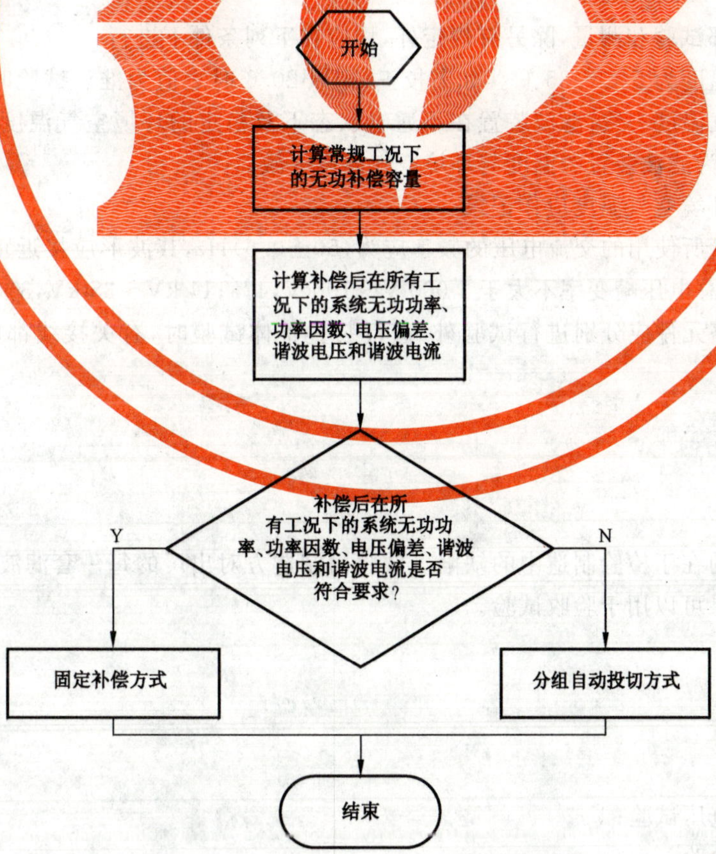

图4 滤波器控制方式确定程序

6.9.3 对于滤波装置中较小容量的低次滤波器，若相邻的较高次数的滤波器容量较大，则在较小容量低次滤波器中发生瞬态过电压的概率很大，可能会导致低次滤波器的电抗器或电容器损坏，这是在设计阶段就应该避免的问题。

6.9.4 为了滤波装置的安全投切，同一滤波支路在控制器的开与关之间应有与放电回路特性相适应的延迟时间，使电容器充分放电。

6.9.5 根据6.6的仿真结果，滤波装置投切过程应避免不安全组合运行方式。

6.10 主电路元器件选择

参见附录B。

7 应用技术

7.1 试验

7.1.1 试验要求

7.1.1.1 概述

本章给出了滤波装置的试验要求和试验分类。

构成滤波装置的电器设备应符合相应的标准。

7.1.1.2 试验条件

滤波装置的全部试验和测量，除另有规定外，均应在下列条件下进行：

a) 环境空气温度为5 ℃～35 ℃。如需校正，则以20 ℃时之值为准。试验时，滤波装置的温度应与环境空气温度一致，滤波装置在不通电状态下及稳定的环境空气温度中放置超过6 h的时间后，即认为滤波装置的温度与环境空气温度一致。

   试验时的环境空气温度应作记录。

b) 试验和测量所使用的交流电压的频率应为(50±0.5)Hz，其波形应接近正弦波形(即两个半波基本一样，总电压畸变率不大于1 000 V～10 kV，4%；11 kV～35 kV，3%)。

c) 除一次电路元件应分别进行试验外，进行装置整体试验时，有关接线都应按实际运行情况连接好。

7.1.2 试验分类

7.1.2.1 例行试验

例行试验的目的在于检验制造中的缺陷。试验由制造方对出厂的每一套滤波装置进行。

例行试验的结果可以用于验收试验。

a) 外观检查；
b) 电器检验；
c) 电容测量；
d) 电感测量；
e) 工频耐受电压试验；
f) 放电器件检验；
g) 保护特性试验；
h) 自动控制试验；

i) 空载投切试验；

j) 滤波特性测试；

k) 基波无功功率的测定。

7.1.2.2 型式试验

型式试验的目的是考核滤波装置的设计、结构以及器件选择是否满足本导则的要求。

用作型式试验的滤波装置应为经例行试验合格的产品。

新产品应进行型式试验。

当材料、工艺、产品结构或所选用的配套设备有改变，且其改变有可能影响装置的性能时，也应进行型式试验，此时允许只进行与这些改变有关的试验项目。

在正常生产情况下，每5年至少应进行一次型式试验。

a) 雷电冲击耐受电压试验；

b) 温升试验；

c) 并联谐振试验；

d) 短路强度试验；

e) 防护等级检验；

f) 熔断器保护试验。

7.1.3 试验方法

7.1.3.1 外观检查

目测检查所有设备的外观，是否有机械损伤，各种标志应清晰，数据正确。

7.1.3.2 电器检验

电器检验主要检查滤波装置主电路及辅助电路电器设备的合格证及出厂试验报告，并检查其性能指标是否满足滤波装置的技术条件或标准要求，型式试验报告是否合格、有效。

7.1.3.3 电容测量

滤波支路中电容器的电容值可用实测方法，也可根据各单台电容器的实测电容用计算的方法来检验。

滤波支路的实际电容值与其额定电容值之差应在额定电容的0～3%范围内，或符合订货要求的误差范围。

滤波支路各相间的实际电容最大值与最小值之比应不超过1.02。

7.1.3.4 电感测量

测量时，先将滤波支路中所有电容器短接，从滤波支路的受电端测量总的回路电感，实测电感与根据实测电容按下式计算的电感值的相对误差在0～+2%范围内。

$$\delta_L = (\Delta L / L_0) \times 100\%$$

$$\Delta L = L_0 - L; \quad L = \frac{1}{h_0^2 \omega^2 C}$$

式中：

h_0——所测支路的滤波回路次数；

L_0——电感实测值，单位为亨(H)；

L——电感计算值，单位为亨(H)；

C——实测电容，单位为法(F)；

$\omega=2\pi f$。

干式空心电抗器测量电感时，可以采用电压电流法，也可以采用谐振法和电桥法。

测量三相叠装的干式空心电抗器和三相铁心电抗器的电感时，应使用三相电源。

电抗器三相间互差：

$$\left|\frac{X(\text{最大或最小})-X(\text{三相平均值})}{X(\text{三相平均值})}\right|\leqslant 2\%$$

7.1.3.5 工频耐受电压试验

7.1.3.5.1 试验程序

滤波支路的绝缘试验一般按 GB/T 16927.1、GB/T 16927.2 中的有关规定进行。主回路连线包括在耐压试验范围中。

试验前，应将滤波支路中的滤波电抗器、放电线圈、滤波电容器组等端子上的连接线断开，但这些设备应分别按规定进行验收试验。

7.1.3.5.2 试验要求

工频耐受电压试验在滤波器的相间、相与地之间以及辅助电路与地之间进行，试验电压由表 7 选取。

试验时，应从装置额定电压的一半或以下开始升压，在 2 s～10 s 内均匀升高到试验电压值，并在该电压下保持规定的时间。

表 7 绝缘水平

单位为千伏

滤波装置额定电压	主电路		辅助电路工频耐受电压方均根值
	工频耐受电压方均根值	雷电冲击耐受电压(1.2～5)/50 μs，峰值	
6	32	60	3
10	42	75	
20	50	125	
35	95	200	
66 及以下	140	325	

7.1.3.6 雷电冲击耐受电压试验

电压施加于滤波装置的相与地之间，试验电压由表 7 选取。试验时，先施加 15 次正极性冲击，然后施加 15 次负极性冲击。改变极性后，施加负极性冲击之前，允许施加数次低幅值的冲击。

如果每一极性试验中均未发生多于 2 次的闪络且未发生击穿，则认为装置通过了该项试验。

7.1.3.7 放电器件试验

放电试验应分别在每一组电容器上进行。

对电容器组施加直流电压，达到$\sqrt{2}$倍额定电压后断开电源，在放电线圈两端测量该电压降至 50 V 时的时间，应在 5 s 以内，或按订货技术条件中规定的时间。

注：自动投切装置的放电试验可结合投切试验进行。

7.1.3.8 温升试验

本试验只对柜式滤波装置进行。

试验时，装置应按正常布置，给装置施加不低于 U_N 的电压，并使装置的容量在整个试验过程中等于1.35倍的装置额定无功功率。

试验时应有足够的时间使温度达到稳定。每隔1 h～2 h用温度计、热电偶或其他测温仪测量各规定部位的温度，同时测量最热区域2台电容器中间的空气温度。当6 h内连续4次测量温度的变化不超过1 K时，即认为温升达到稳定。

试验期间应测量装置的周围空气温度，此测量应用不少于3支经标准温度计校验过的水银温度计或热电偶进行。温度计或热电偶均匀布置在距装置约1 m之处，放置高度应为装置各载流部分高度的平均值。取最后2次所测温度的算术平均值作为装置的周围空气温度。为了避免由于温度的迅速变化而引起的误差，温度计或热电偶应置于盛有油的容器中，使热时间常数约为1 h。

滤波装置的母线之间连接处、主电路各连接处的温升应不超过50 K。各电器设备的温升应不超过各自的规定。

注：如受试验条件限制，本试验也可在额定电压下进行，然后换算到1.35倍的装置额定无功功率下的温升值。如果试验条件限制，经制造方与购买方协商，本试验也可在安装现场进行，试验时选择谐波源谐波电流最大时的时间段进行。

7.1.3.9 保护特性试验

进行不平衡保护特性试验时，可采用增加或撤出1台电容器模拟电容器内部故障，或在二次回路上设定等值故障信号。保护装置应能正常动作。试验次数不少于3次。

过电流、过负荷、速断、低电压、过电压、谐波超限等保护均应做传动试验。

7.1.3.10 滤波特性测试

从滤波器的受电端与滤波次数对应的频率下测量滤波支路的总阻抗，试验对每个滤波支路的每一相单独进行。要求总阻抗偏感性且阻抗值与滤波装置接入点在该频率下的系统最小阻抗(对应于最大短路容量)之比不大于20%。

阻抗测量所使用的信号发生器，其频率偏差不得大于1%，当无条件直接测量谐波阻抗时，可以将电容器短接后先测量回路直流电阻，然后利用7.1.3.3及7.1.3.4所测得电容、电感值进行计算：

$$Z_T=\sqrt{R_0^2+\left(h_0\cdot\omega\cdot L-\frac{1}{h_0\cdot\omega\cdot C}\right)^2}$$

要求 $Z_T\leqslant 0.2h_0X_{DMAX}$

式中：

Z_T ——对应滤波次数为 h_0 的频率下的总阻抗，单位为欧姆(Ω)；

R_0 ——滤波支路的总直流电阻，单位为欧姆(Ω)；

L ——电感值，单位为亨(H)；

C ——电容值，单位为法(F)；

h_0 ——滤波次数；

X_{DMAX} ——对应滤波频率下的系统最大短路容量时的阻抗，单位为欧姆(Ω)。

7.1.3.11 并联谐振试验

7.1.3.11.1 通则

并联谐振试验用等效电路的方法进行。在滤波装置旁并联一只等效电感，测量并联电路的谐波阻抗,比较并联电路的谐波阻抗和所并联电感的谐波阻抗来判断是否会对谐波频率发生并联谐振。试验时,所有滤波支路根据允许的投切组合均应并联在一起。

7.1.3.11.2 等效电感的确定

等效电感应为滤波装置拟接入母线的短路容量所折算的等值电感:

$$L_S = \frac{1}{2\pi f} \cdot \frac{U_j^2}{S_d}$$

式中:

L_S——等效电感;

U_j——滤波装置接入点系统的平均电压,单位为千伏(kV);

S_d——滤波装置接入点系统的短路容量,单位为兆伏安(MV·A)。

为了确保在最大、最小短路容量范围内均不发生并联谐振,等效电感至少应在最大短路、最小短路容量及其平均值三个点取值分别进行试验。

等效电感的基波品质因数应不小于40。

7.1.3.11.3 并联谐振的判断

a) 在 h 次谐波频率下测量滤波装置与等效电感并联后的阻抗 $Z(h)$,测试仪器推荐使用可调频率的阻抗测试仪。按以下公式计算谐波放大倍数:

$$K = \frac{|Z(h)|}{h \cdot 2\pi f \cdot L_S}$$

b) 在各次谐波频率下,谐波放大倍数(K 值)应不大于1.1倍的原始谐波电流。在有条件时,也可以采用数字仿真的方法。

7.1.3.12 短路强度试验

短路强度试验的目的是验证装置耐受由短路电流引起的热应力和电动应力的能力。

试验时,装置按正常使用情况安装,功率因数见表8。

表8 短路强度试验电流

短路电流 kA	cosφ	短路电流 kA	cosφ
2.5	0.7	12.5,20	0.3
8	0.5	25,31.5	0.25

试验方法按GB/T 11022,试验时,将电容器组和电抗器进线端子处短接。

试验后若母线没有明显变形,导线、绝缘支持件没有任何损坏,电气间隙和爬电距离仍符合规定,则认为装置通过了本项试验。

7.1.3.13 防护等级检验

本检验只对柜式装置进行。

检验时根据所选取的防护等级,按GB 4208规定的相应方法进行。

7.1.3.14 熔断器保护试验

在某台电容器两端并接1或2台同等容量的电容器,模拟内部故障,通电后观察熔断器动作情况,应能正确动作。

7.1.3.15 **自动控制试验**

本试验只对自动投切的装置进行。试验时，按控制方式的要求设置运行状态，自动投切装置应能正确动作。试验次数不少于 3 次。

7.1.3.16 **投切试验**

投切试验应参照 GB 1984 的有关规定进行。

对于由多个支路组成的滤波装置，试验应对每一支路进行，各投切操作 30 次，测量过电压及涌流；背靠背试验仅需对最后的一个支路进行测量，操作 10 次。

试验时，开关应能正常切合，机械运动灵活，无操作力过大或卡住现象，与其相连接的机械联锁或其他附件承受上述操作次数后应未受损伤，且不应发生重击穿，过电压及涌流不应超过规定值。

7.1.3.17 **滤波效果计算**

谐波源设备正常运行后，进行最后的参数调试和谐波测定。使用谐波分析仪，记录装置投入前、后的谐波数据并按本标准 3.4.12 计算谐波电流滤除率。

7.1.3.18 **基波无功功率的测定**

在负荷不变，滤波装置未投时，测量总进线处电网输送的无功功率，然后再测量投入滤波装置后电网输送的无功功率，其差值即为滤波装置的基波无功功率。

7.2 安装与布置

7.2.1 安装场所条件

7.2.1.1 没有剧烈的机械振动。

7.2.1.2 没有损坏绝缘及腐蚀金属的有害气体及蒸汽。

7.2.1.3 没有导电性或爆炸性尘埃，没有强电场或强磁场。

7.2.1.4 安装倾斜度不大于 5°。

7.2.2 布置和安装设计

7.2.2.1 **一般规定**

a) 滤波装置的布置和安装设计，应利于通风散热、运行巡视、便于维护检修和更换设备。

b) 滤波装置的布置型式，应根据安装地点的环境条件、设备性能和当地条件，选择户外布置或户内布置。

c) 户外布置的滤波装置，应考虑防止污闪事故的措施。

户内滤波装置和配电开关柜，不宜同室布置。

d) 滤波装置中的铜、铝导体连接，应采取铜铝过渡措施。

e) 滤波装置应设置巡视及停电检修及更换设备的通道。其宽度(净距)不宜小于 1 200 mm。

通道与滤波装置间应设置网状遮拦，高度不低于 1 500 mm。网门宜设置闭锁。

注 1：维护通道是指正常运行时巡视、停电后进行维护检修和更换设备的通道。

注 2：检修通道是指停电后维护检修工作使用的通道。

f) 滤波装置的绝缘水平应与电网的绝缘水平相配合。电容器与架构可靠连接并接地，连接并联段各台电容器的母线与架构间的绝缘水平应与电容器的绝缘等级相同。电容器为单套管时各并联段构架之间应无电的连接。35 kV 及以下电容器组的绝缘架构应分相设置。

7.2.2.2 **电容器布置**

a) 电容器组的布置，宜分相设置独立的框架。当电容器台数较少或受到场地限制时，可设置三相一体的框架。

b) 分层布置的电容器组框架，不宜超过三层，每层不应超过两排，四周和层间不得设置隔板。

c) 电容器组的汇流母线应满足机械强度的要求，防止引起熔断器至母线的连接线松弛。

d) 电容器组框架、柜体结构件、电抗器的支架等钢结构件，应采取镀锌或其他有效的防腐措施。

e) 户外滤波装置，可根据周围环境中鸟类、鼠、蛇类等小动物活动的情况，设置封堵、围栏和网栏等设施。

f) 电容器铭牌应面向通道侧。

g) 设计电容器组构架时，应验算抗地震能力，必要时应采取抗震措施。

h) 电容器组的绝缘水平，应与电网绝缘水平相配合。当电容器与电网绝缘水平一致时，应将电容器外壳和框架可靠接地；当电容器的绝缘水平低于电网时，应将电容器安装在与电网绝缘水平相一致的绝缘框架上，电容器的外壳应与框架可靠连接。

i) 电容器套管相互之间和电容器套管至母线或熔断器的连接线，应有一定的松弛度。严禁利用电容器套管连接或支承硬母线。单套管电容器组的接壳导线，应采用软导线由接壳端子上引接。

j) 电容器组的最小安装尺寸，应符合表 9 的规定。

表 9 滤波电容器组的安装尺寸

单位为毫米

项目	电容器		电容器底部距地面		装置顶部至屋顶净距
	间距[a]	排间距离	户内	户外	
最小尺寸	70	100	200	300	1 000

[a] 电容器间距应按制造方规定，制造方未提供数据时，可按不小于 70 mm 考虑。

7.2.2.3 **熔断器**

a) 熔断器应安装在巡视通道侧，熔断后应有明显的标志。

b) 熔断器严禁垂直装设。装设角度和弹簧拉紧位置，应符合制造方的产品技术要求。

c) 熔丝熔断后，尾线不应接地。

7.2.2.4 **滤波电抗器**

a) 油浸式铁心滤波电抗器，宜布置在户外；污秽较重的工矿企业区应布置在户内。户内安装的油浸式铁心电抗器，其油量超过 100 kg 时，应单独设置防爆间隔和贮油设施。

b) 干式空心滤波电抗器，宜采用分相布置的水平排列或三角形排列。三相叠装的安装顺序，应符合制造方规定。

c) 滤波电抗器的对地绝缘水平低于电网时，应将其安装在与电网绝缘水平一致的绝缘台上。

d) 干式空心滤波电抗器的围网、围栏、支架、基础内钢筋、接地导体及二次接线应避免形成闭环连接，还应满足防电磁感应的空间距离。

e) 干式空心滤波电抗器的支承底座接地应采用放射形或开口环形，并应与主接地网至少有两点相连。

f) 干式空心滤波电抗器组装的零部件，应采用非导磁材料的螺栓连接。

g）滤波电抗器的最小距离，见表10。

表10　滤波电抗器的最小安装尺寸

单位为毫米

项　目	一字水平布置		三角形水平布置		顶部至屋顶净距
	中心间距	中心距墙或梁柱	中心间距	中心距墙或梁柱	
最小尺寸	$1.7D_s$	$1.1D_s$	$1.7D_s$	$1.1D_s$	$0.5D_s$

注1：上表仅针对空心电抗器，铁心电抗器无此要求。D_s为电抗器直径。

注2：其他布置方式和生产厂家商定。

7.2.3　电气间隙和爬电距离

7.2.3.1　滤波装置内的各种电器设备的电气间隙应符合有关标准的规定。

7.2.3.2　户内滤波装置的带电体间、带电体与接地体间的最小电气间隙应不小于表11所列数值。

7.2.3.3　户外滤波装置的带电体间、带电体与接地体间的最小电气间隙可按表12推荐的数值选用。或由制造方与购买方协商确定。

表11　户内滤波装置的最小电气间隙

相关位置	电力系统标称电压 kV					辅助电路 500 V以下
	6	10	20	35	66	
不同相的裸导体间 mm	100	125	180	300	550	4
带电裸导体至接地框架 mm	100	125	180	300	550	15
带电裸导体至板状遮栏 mm	130	155	210	330	580	15
带电裸导体至网门及网状遮栏 mm	200	225	280	400	650	50

表12　户外滤波装置的最小电气间隙

相关位置	电力系统标称电压 kV		
	6～10	35	66
带电部分至接地部分之间 网状遮栏向上延伸线距地2.5 m处与遮栏上方带电部分之间 mm	200	400	650
不同相的带电部分之间 断路器和隔离开关的断口两侧引线带电部分之间 mm	200	400	650
设备运行时，其外廓至无遮栏带电部分之间交叉的不同时停电检修的无遮栏带电部分之间栅状遮栏至绝缘体和带电部分之间 mm	950	1 150	1 400

表 12（续）

相关位置	电力系统标称电压 kV		
	6～10	35	66
网状遮栏至带电部分之间 mm	300	500	750
无遮栏裸导体至地面之间 无遮栏裸导体至建筑物、构筑物顶部之间 mm	2 700	2 900	3 100
平行的不同时停电检修的无遮栏带电部分之间 带电部分与建筑物、构筑物的边沿部分之间 mm	2 200	2 400	2 600

7.2.4 防护等级

柜式滤波装置的防护等级见表 13。

表 13 防护等级

序号	含 义
IP2X	阻挡直径大于 12 mm 的固体、手指或长度不超过 80 mm 的类似物
IP3X	阻挡直径或厚度大于 2.5 mm 的工具、导体等及直径超过 2.5 mm 的其他物体
IP4X	阻挡直径或厚度大于 1.0 mm 的导线、带或直径超过 1.0 mm 的其他物体
IP5X	防尘(指防止影响设备安全运行的大量尘埃进入,但不能完全防止灰尘进入)、防溅

7.2.5 接地

7.2.5.1 滤波装置的接地应符合相关标准。

7.2.5.2 未装设接地开关的滤波装置应设便于挂接地线的端子。

7.2.5.3 滤波器室至少应引出 2 根接地线与主接地网相连。

7.2.6 防火

7.2.6.1 滤波装置室的防火等级应按丙级考虑。

7.2.6.2 滤波装置的构架应采用不可燃材料。滤波装置的地面户内宜采用水泥沙浆抹面并压光。

7.2.6.3 滤波装置与其他建筑物或主要电气设备之间无防火墙时,其防火间距不应小于 10 m。当由于条件限制,滤波室与其他生产建筑物连接布置时,应设防火隔墙。

7.2.6.4 滤波装置应就近设置消防设施。

7.2.6.5 滤波器室门应向外开启,相邻两滤波器室之间的门应能向两个方向开启,应采用乙级防火门。

7.2.6.6 当滤波器室的长度超过 10 m 时,应设两个出口。

7.2.6.7 滤波器室内沟道,应符合下列规定:

a) 通向户外的沟道,在户内外交接处应采用防火封堵;

b) 滤波器室内的沟道盖板,应采用不可燃材料制作。

7.2.7 通风

7.2.7.1 滤波器室的通风量，应按排出室内余热计算，余热量包括设备散热量和通过围护结构传入的太阳辐射热。

7.2.7.2 滤波器室的夏季排风温度，应根据滤波器的环境空气温度类别确定，并不应超过滤波器所允许的最高环境空气温度。

7.2.7.3 滤波装置室应采用自然通风。当自然通风不能满足要求时，可采用自然进风和机械排风。

7.2.7.4 滤波器室的进排风口，应采取防止鸟类、鼠、蛇类等小动物进入和防雨雪飘进的措施。

7.2.7.5 在风沙较大地区，滤波器室应采取防尘措施。

7.3 滤波装置的调试

7.3.1 调试目的

7.3.1.1 滤波效果满足技术条件的要求。

7.3.1.2 基波补偿满足功率因数的要求。

7.3.2 调试条件

7.3.2.1 滤波装置的调试通常在使用现场进行。

7.3.2.2 谐波源设备正常运行。

7.3.2.3 滤波装置安装完毕，场地清理干净。

7.3.2.4 具有工程安装验收报告。

7.3.2.5 收集所有设备、元件的出厂检验合格证书。

7.3.3 调试内容

7.3.3.1 一、二次回路的联动试验。

7.3.3.2 电容器、电抗器测试与验证。

7.3.3.3 中央信号盘测试试验。

7.3.3.4 继电保护电路调试整定。

7.3.3.5 开关装置的操作及闭锁。

7.3.3.6 监测信号回路的传输特性。

7.3.3.7 调谐频率测试。

7.3.4 安全措施

7.3.4.1 在进线开关及两侧刀闸挂上“有人工作、禁止合闸”警告牌。

7.3.4.2 在各个滤波支路开关及两侧刀闸挂上“有人工作、禁止合闸”警告牌。

7.3.4.3 现场安全遮拦齐全，并在各出入口处悬挂警示标志。

7.3.4.4 与调试无关人员不得进入开关室及滤波器室。

7.3.4.5 调试人员应遵守电力作业有关安全工作规程。

7.3.5 开关试操作

确认各个滤波回路的断路器及两侧刀闸在打开状态，每个支路分合断路器 5 次，包括手动、自动投入，各种保护联动，确保开关操作状态正常。

7.3.6 空负载下投入滤波器

7.3.6.1 检验保护装置整定值，应与计算整定值一致。
7.3.6.2 合上进线开关两侧刀闸，并确定无误后手动合上进线开关、检查正常后挂上设备运行标志。
7.3.6.3 所有监测保护设备处于正常工作状态。
7.3.6.4 合上第一路滤波器开关两侧刀闸，确定无误后，合上断路器，同时监视所有二次表计及信号是否正常，滤波器一次设备（电容、电抗、电缆等）有无异常情况（响声、烟火、异味等）并挂上设备运行标志。
7.3.6.5 确定第一路支路运行正常后，测试该支路电参数，应无异常情况。
7.3.6.6 保持第一支路在投入状态，合上第二支路开关两侧刀闸，确定无误后，合上断路器，同时监视所有二次表计及信号是否正常，滤波器一次设备（电容、电抗、电缆等）有无异常情况（响声、烟火、异味等）并挂上设备运行标志。
7.3.6.7 确认第二支路运行正常后，测试该支路电参数，应无异常情况。
7.3.6.8 其余支路依次投入，各个支路应连续运行不少于 60 min，达到热稳定值为止。

7.3.7 负载下投入滤波器

7.3.7.1 各个滤波支路保持带电运行，谐波源投入运行，监测滤波器运行情况，确认无异常谐振放大，设备无异常，即电压、电流及其谐波水平在额定允许范围内。并保证连续运行不少于 60 min 以上。
7.3.7.2 不同工况下测试各个支路参数，保证电压，电流值在额定范围内。
7.3.7.3 退出最高次数支路，测试其余支路参数，保证电压，电流值在额定范围内。
7.3.7.4 从高次到低次逐次退出所有滤波支路，确保电容器放电后，进入设备区检查外形及表面温度。设备应无变形，变色，温度在正常范围内。
7.3.7.5 检查结束确认设备正常后，按正式操作程序投入滤波器组，作相关滤波效果测试。
7.3.7.6 滤波器调试完毕，连续 24 h 正常后可以正式交付使用。

7.3.8 调试及测量报告

调试及测量报告应包括以下内容：

a） 报告名称及编号；
b） 调试测量时间和地点；
c） 调试及测量仪器型号；
d） 调试单位及人员；
e） 供配电系统及滤波装置概况；
f） 调试方法及测量点；
g） 各种工况下的测量结果及分析；
h） 结论。

7.4 运行及维护

7.4.1 一般规定

7.4.1.1 滤波装置应有专人负责，保持良好的运行状态。
7.4.1.2 每班至少巡视一次，发现异常情况及时处理。
7.4.1.3 制定运行记录表格，按表填写各项数据。建立完善的运行档案。
7.4.1.4 有条件时采用智能仪表，监测滤波装置的运行状况，将有关数据输入计算机。
7.4.1.5 每年应进行常规交接试验。

7.4.2 特殊情况处理

7.4.2.1 谐波源增加

滤波装置的设计是针对特定的谐波源，当系统中谐波源负荷增加时，将会导致滤波器过负荷，也可能导致谐振。

这种情况应及时和滤波装置的制造方联系，给出解决措施。

7.4.2.2 供电系统发生变化

变压器容量改变，滤波装置接入点改变，系统短路容量改变时，均应与制造方家协商，以便验证滤波装置的性能，调节相关参数。

7.4.2.3 滤波性能降低

长期运行电抗器和电容器的参数会发生变化，导致谐振频率偏移，降低滤波作用。

这种情况应及时和滤波装置的制造方联系，重新调节参数。

7.4.3 滤波电容器的运行管理

7.4.3.1 经常对电容器组进行外观检查，如发现箱壳膨胀严重应停止使用。

7.4.3.2 电容器组投入时本身温度不能低于－40 ℃，运行时环境上限温度(A类、＋40 ℃，B类、＋45 ℃)，24 h平均不得超过规定值(A类、＋30 ℃，B类、＋35 ℃)及一年平均不得超过规定值(A类、＋20 ℃，B类、＋25 ℃)。如超过时，应采取降温措施。

7.4.3.3 电容器外壳上最热点的温度可以通过红外测温仪测量。

7.4.3.4 电容器套管表面、电容器外壳、电容器支架上面不应有粉尘覆着和其他脏物。

7.4.3.5 应定期检查电容器组所有接触处的(汇流排、接地线、熔断器、断路器、开关等)接触可靠性。

7.4.3.6 新安装电容器和停止使用较长时间的电容器在使用前，可进行5 s～10 s的极间耐压试验，试验电压为工频。极对壳试验电压为工频，时间1 min。其值选取为例行试验电压的75%或更低。在极间试验前后均应测量电容。如果电容有显著变化，则不允许将电容器接入使用。

7.4.3.7 电容器电容值和熔断器的检查，应结合年度检预防性试验进行。

7.4.3.8 当继电保护动作电容器组的开关跳闸后，在未找出故障原因之前，不得重新投入运行。

7.4.3.9 运行过程中如发现电容器外壳漏油，应采取必要措施及时处理。

附 录 A
（资料性附录）
滤波装置仿真

A.1 供配电系统简介

某钢厂 100 t 交流电弧炉（EAF）和 110 t 精炼炉（LF）配电系统如图 A.1 所示，平均负载功率为 60 MW，SVC 装置由 TCR 和滤波装置组成，滤波装置由 2 阶 C 型高通滤波器（2pF）和 3 次单调谐滤波器（3pF）、4 次高通二阶滤波器（4pF）组成。

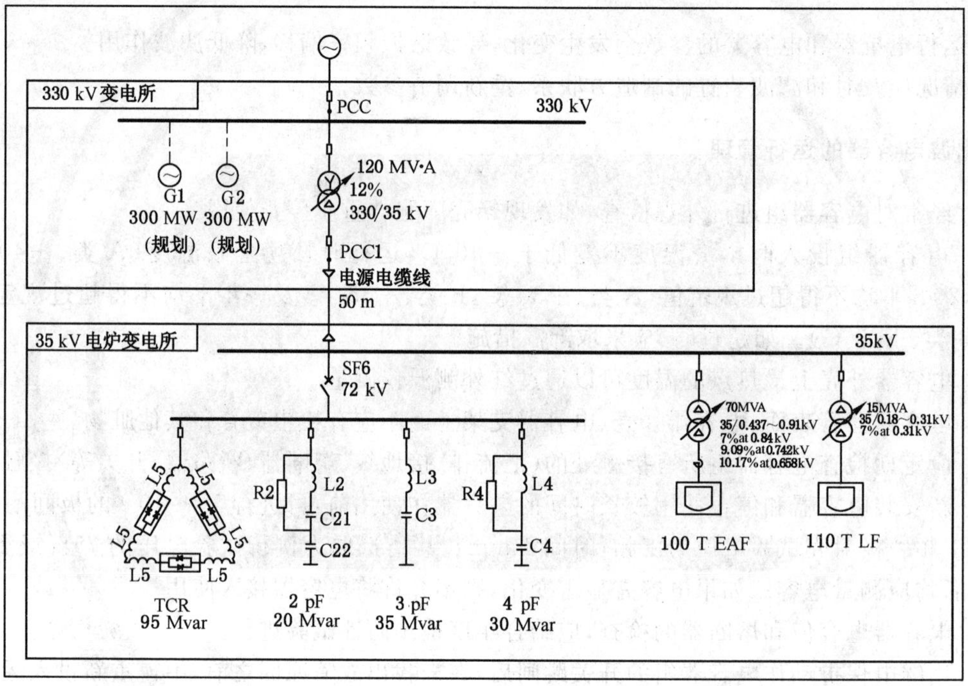

图 A.1 某钢厂 100 吨交流电弧炉配电系统图

A.1.1 系统参数

A.1.1.1 PCC 短路容量

最大运行方式 6 369 MV · A（远期规划值 7 000 MV · A）

最小运行方式 3 115 MV · A

A.1.1.2 PCC1 短路容量

最大运行方式 864 MV · A（远期规划值 875 MV · A）

最小运行方式 757 MV · A

A.1.1.3 供电主变压器

120 MV · A，330/35 kV，短路阻抗 12%

A.1.2　滤波装置参数

A.1.2.1　滤波器主要参数见表A.1。

表A.1　滤波器主要参数

滤波器次数	2	3	4
补偿容量(35 kV) Mvar	20	35	30
滤波电抗器基波品质因数	70	50	40

A.1.2.2　各滤波器电容器组参数见表A.2。

表A.2　各滤波电容器组参数

电容器组	C21	C22	C3	C4
电容值 μF	145.64	51.97	80.5	73.1
三相安装容量 Mvar	11.6	32.7	69.2	50.3
额定电压 kV	15.9	44.8	52.3	46.8
基波容抗 Ω	21.856	61.249	39.542	43.544

A.1.2.3　各滤波器电抗器参数见表A.3。

表A.3　各滤波电抗器参数

电抗器	L2	L3	L4
电感值 mH	69.6	14.5	8.7
额定基波电流 A	370	648	555
额定谐波电流 A	80	288	190
短路稳态电流 kA	0.86	3.32	4.76
短路冲击电流 kA	2.19	8.47	12.14
基波电抗 Ω	21.865	4.553	2.733

A.1.2.4　各滤波电阻器参数见表A.4。

表 A.4 各滤波电阻器参数

电阻器	R2	R4
额定电阻值(50%额定功率) Ω	251	327
额定连续功率 kW	75	40
短时功率	5 MW,3 s	1.3 MW,2 s

A.1.3 EAF、LF和TCR谐波电流发生量见表A.5

表 A.5 EAF、LF和TCR谐波电流发生量

谐波次数	35 kV谐波电流发生量 A				
	EAF	LF	EAF+LF	TCR	EAF+LF+TCR
	I_{h1}	I_{h2}	$\lvert \dot{I}_{h1}+\dot{I}_{h2} \rvert$	I_{h3}	$\lvert \dot{I}_{h1}+\dot{I}_{h2}+\dot{I}_{h3} \rvert$
0.5	350	0	350	0	240
1.5	80	0	80	0	50
2	95	20	97	6	97
2.5	70	0	70	0	40
3	200	45	237	9	245
4	50	12	51	5	52
5	100	25	118	30	139
6	35	10	36	0	36
7	40	10	45	18	54
8	15	5	16	0	16
9	20	5	21	2	21
10	10	3	10	0	10
11	10	3	11	5	12
12	5	2	5	0	5
13	7	2	7	4	9
⋮	⋮	⋮	⋮	⋮	⋮
25	3	1	3	0	3

A.2 滤波装置仿真流程

见图A.2。

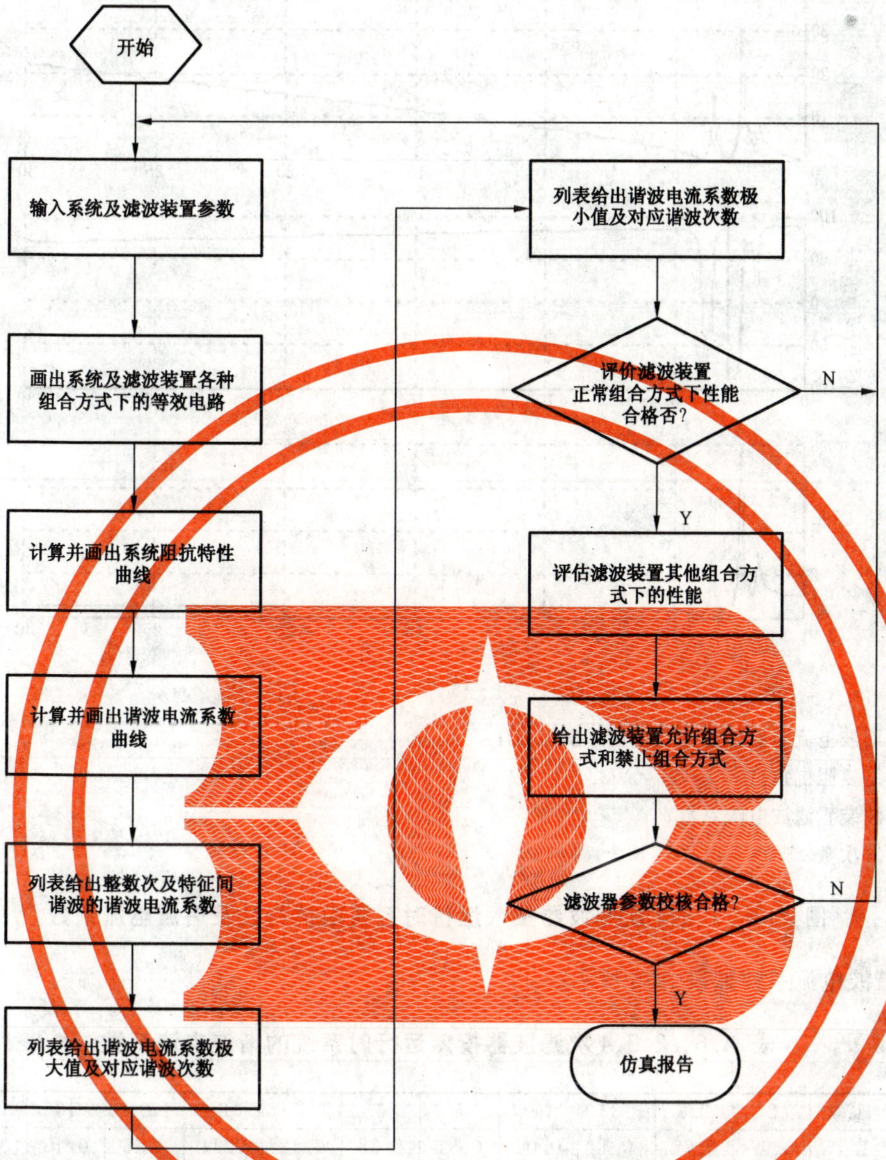

注：滤波装置主组合方式一般指所有滤波器都投入运行。

图 A.2 滤波装置仿真流程图

A.3 滤波装置仿真计算

A.3.1 2、3、4 次滤波器投入运行

2、3、4 次滤波器投入运行时，系统的阻抗特性及谐波电流系数如图 A.3 所示。

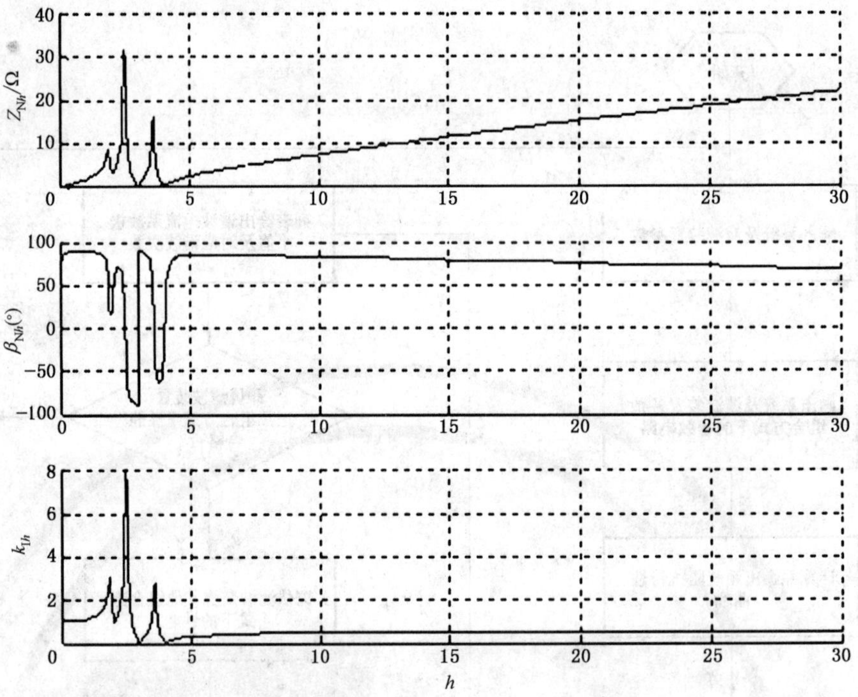

图中：

Z_{Nh}——从谐波电流源看后去的系统网络阻抗，Ω；

β_{Nh} ——网络复阻抗角；

k_{1h} ——滤波装置滤波电流系数；

h ——谐波次数。

图 A.3　2、3、4 次滤波器投入运行时系统阻抗特性及谐波电流系数

系统的谐波电流系数如表 A.6 所示。

表 A.6　2、3、4 次滤波器投入运行时系统的谐波电流系数

h	0.5	1.5	2	2.5	3	4	5	6	7	8	9	10	11	12
k_{1h}	1.03	1.49	0.97	5.77	0.1	0.06	0.31	0.38	0.42	0.44	0.45	0.46	0.47	0.47
h	13	14	15	16	17	18	19	20	21	22	23	24	25	
k_{1h}	0.48	0.48	0.48	0.49	0.49	0.49	0.49	0.49	0.5	0.5	0.5	0.5	0.5	

系统的谐波电流系数最大值如表 A.7 所示。

表 A.7　2、3、4 次滤波器投入运行时谐波电流系数最大值

h	1.82	2.46	3.54
k_{1h}	3.04	7.95	2.85

系统的谐波电流系数最小值如表 A.8 所示。

表 A.8　2、3、4 次滤波器投入运行时谐波电流系数最小值

h	1.98	2.94	4
k_{1h}	0.97	0.01	0.06

A.3.2 2、3 次滤波器投入运行(略)

A.3.3 2、4 次滤波器投入运行(略)

A.3.4 3、4 次滤波器投入运行(略)

A.4 滤波装置性能评价

A.4.1 安全运行评价

A.4.1.1 谐波电流系数极大值

对于滤波装置主组合运行方式(2、3、4 次滤波器投入运行),在 $h=2.46$ 次时,$k_{1h}=7.95$。本例负荷大于 60 MW,最大谐波电流系数应小于 6,特别是电弧炉负荷存在较大间谐波,因此应修改滤波器参数,使 k_{1h} 的最大值尽量减小(建议 k_{1h} 小于 5)。

A.4.1.2 谐波电流系数极小值

由表 A.8 数据可看出,2、3、4 次滤波器调谐点分别左偏 1%、2%、0%,这样当系统频率或电抗或电容的数值发生变化时,会造成滤波器对谐波的放大,应修改滤波器参数,使 2、3、4 次滤波器调谐点分别左偏 5%、2%、2%。

A.4.2 其他性能评价(略)

A.5 修改滤波装置参数

修改滤波器参数,重新仿真并评估,直至满足用户要求(具体略)。

A.6 滤波装置参数校核(略)

A.7 仿真报告

A.7.1 滤波装置参数优化结果

A.7.2 优化后的滤波装置性能评价

A.7.3 优化后的滤波装置参数校核结果

附　录　B
（资料性附录）
主电路元器件选择

B.1　滤波电容器

B.1.1　结构

对1 000 V及以上系统宜采用铝箔电极电容器。当采用自愈式电容器时，应考虑到由于自愈特性造成电容器电容量减小而可能引起的失谐。

B.1.2　额定电压

应按6.7.1计算的结果选择。

B.1.3　额定电流

应按6.7.1计算的结果选择。

B.1.4　允许偏差

单元的电容偏差应不大于±5%，整组滤波电容器的电容偏差应不大于+1%～+3%。

B.2　滤波电抗器

B.2.1　结构

滤波电抗器宜采用干式空心或干式铁心的结构。空心电抗器要求的安装间距较大，应采用户外分相布置的水平排列或三角形排列。空心电抗器宜采用三相平装方式。由于滤波电容器会存在电容偏差，为了达到设计要求的调谐特性，滤波电抗器宜采用可调感形式，调感范围依据设计需要以及所配电容器的制造偏差确定。

B.2.2　绝缘水平

滤波电抗器主绝缘的绝缘水平应与所接入系统的绝缘水平一致。

滤波电抗器纵绝缘的绝缘水平由合闸涌流下电抗器两端产生的电压降或正常运行时流过的工频电流和预期流过的各次谐波电流在电抗器两端产生的压降两者取较大值决定。

B.2.3　额定电流

应按6.7.2.2计算的结果选择。

B.2.4　铁心电抗器的线性度要求

铁心电抗器饱和后会引起电感量的下降，因此铁心电抗器应保证在工频电流及预期流过的各次谐波电流的共同作用下铁心不饱和。另外，在合闸涌流作用下铁心也会饱和而引起过渡性的滤波器组失谐，如果过渡过程中的失谐引起的谐波电流放大在涌流结束后仍维持铁心饱和，将会使滤波器进入稳定失谐状态。因此建议在工频及谐波电流的共同作用下，铁心滤波电抗器的磁密不大于8 000 GS。在等效工频电流下做试验时，对电抗器通以2倍工频加谐波电流代数和的工频试验电流时，电抗器电抗值下降的幅度应不超过5%。

B.2.5 噪声水平

在额定工作状态下，滤波电抗器的噪声水平应不超过表B.1的规定。

B.2.5.1 容许偏差电感可调的滤波电抗器，其实际调节电感范围应满足设计要求，出厂时电感应固定接于额定电感位置。

B.2.5.2 当采用不可调感的滤波电抗器时，电感的允许偏差应不大于0%～1.5%。

B.3 隔离开关和断路器

选用的隔离开关和断路器的额定电流应不小于$1.5I_N$，并满足开断容性电流的要求，应选用无重击穿的断路器，对于要求切除短路故障的断路器，其额定开断电流应大于滤波装置安装地点的短路电流。

表B.1 滤波电抗器的噪声水平

电抗器三相容量 kvar	噪声水平 dB
<80	48
80～125	50
125～200	52
200～315	54
315～500	56
500～800	58
800～1 250	60
1 250～2 000	63
>2 000	66

隔离开关和断路器操作时应运动灵活，无操作过大、不出现卡涩的现象。

隔离开关应符合GB 1985的规定。

凡组装成高压开关柜者应符合GB 3906的规定。

B.4 放电器件

放电器件分为：

a) 内置放电电阻；

b) 外接放电线。

放电器件的额定电压应不低于滤波电容器的额定电压，放电性能应能满足对内置放电电阻5 min内、对外置放电线圈5 s内将滤波电容器上的剩余电压自额定电压峰值降至50 V或更低。

放电器件应符合制造方与购买方商定的技术条件的规定。

B.5　金属氧化物避雷器

当需要限制投切滤波装置引起的操作过电压时，宜选用金属氧化物避雷器。

选择金属氧化物避雷器时，应考虑到避雷器的连接方式、可能出现的过电压倍数和滤波电容器容量等。

金属氧化物避雷器可放置于开关柜内，也可放置于滤波电容器附近，由制造方与购买方协商确定。

金属氧化物避雷器应符合 GB 11032 的有关规定。

B.6　接地开关

滤波装置宜装设接地开关。接地开关可以和带接地隔离开关合用，但安装时接地刀应在电容器一侧。

接地开关应符合 GB 1985 的规定。

参 考 文 献

[1] GB/T 11024.1—2010 标称电压1 000 V以上交流电力系统用并联电容器 第1部分:总则

ICS 29.080.10
K 48

中华人民共和国国家标准

GB/T 26869—2011

标称电压高于1 000 V低于300 kV系统用户内有机材料支柱绝缘子的试验

Insulator-test on indoor post insulator of organic material for systems with nominal voltages greater than 1 000 V up to but not including 300 kV

(IEC 60660:1999,MOD)

2011-07-29 发布　　2011-12-01 实施

中华人民共和国国家质量监督检验检疫总局
中国国家标准化管理委员会　发布

前言

本标准按照GB/T 1.1—2009给出的规则起草。

本标准使用重新起草法修改采用IEC 60660:1999《标称电压高于1 000 V低于300 kV系统用户内有机材料支柱绝缘子的试验》(英文版)。

本标准与IEC 60660:1999在结构上相比,除增加了"参考文献",其他均相同。

本标准与IEC 60660:1999的技术差异及原因如下:

——关于规范性引用文件,本标准做了具有技术性差异的调整,以适应我国的技术条件,调整的情况反映在1.2"规范性引用文件"中,具体调整如下:

- 用非等效(neq)采用国际标准的GB 311.1代替IEC 60071-1(见1.1);
- 用等同采用国际标准的GB/T 2900.8代替IEC 60050-471(见1.3);
- 用等同采用国际标准的GB/T 5169.16代替IEC 60695-11-10(见3.12);
- 用等同采用国际标准的GB/T 7354代替IEC 60270(见3.5、5.4);
- 用修改采用国际标准的GB/T 8287.2代替IEC 60273(见1.1);
- 用等效采用国际标准的GB/T 16927.1代替IEC 60060-1(见2.3~2.7、3.3、3.4);
- 增加引用了GB 3906(IEC 60932:1988的内容作为附录C列入GB 3906—2006,见3.11);
- 删除了IEC 60660:1999引用的IEC 60932(见IEC 60660:1999的1.2和3.11)。

——在2.1a)中增加了"机械型式试验报告的有效期为10年,电气型式试验长期有效",这是根据我国实际情况并参照了相关的瓷和玻璃绝缘子标准增加的。

——在4.3中增加了"如果能清楚识别出产品不合格的原因,制造方可以在此批绝缘子中剔除具有这种缺陷的所有绝缘子",使重复试验程序中的进一步检查执行起来更加明确。

本标准做了下列编辑性修改:

——用"本标准"代替"本国际标准";

——用小数点符号"."代替符号",";

——将第一级列项中使用数字编号的改为字母编号;

——将3.5、3.7中的悬置段加入二级条标题,并将其后的二级条标题顺延;

——将3.6、3.12中的悬置段改为注;

——删除国际标准的前言;

——增加了"参考文献"。

注:IEC 60660:1999的1.2"规范性引用文件"中的IEC 60587和ISO 9000-1、ISO 9002(这两个ISO标准现已并入ISO 9001)均是在条文的注中提及的文件,属资料性引用文件。按GB/T 1.1—2009规定,资料性引用文件不应列入"规范性引用文件"中,可列入"参考文献"。增加的"参考文献"中列出了与其有一致性对应关系的我国标准。

本标准由中国电器工业协会提出。

本标准由全国绝缘子标准化技术委员会(SAC/TC 80)归口。

本标准起草单位:西安高压电器研究院有限责任公司、新东北(沈阳)高压开关有限公司。

本标准主要起草人:李大楠、王云鹏、吴鸿雁、张姝。

标称电压高于1 000 V低于300 kV系统用户内有机材料支柱绝缘子的试验

1 总则

1.1 范围和目的

本标准适用于标称电压高于1 000 V低于300 kV(GB 311.1定义的范围Ⅰ)、频率不大于100 Hz的交流系统中用的电气装置或设备上使用在大气条件下的户内有机材料支柱绝缘子(以下可简称支柱绝缘子)。本标准不包括复合绝缘子。

本标准的目的是:

——定义使用的术语;

——规定有机材料支柱绝缘子的电气和机械特性,并规定检验这些特性规定值的条件;

——规定试验方法;

——规定接收准则。

本标准不给出支柱绝缘子特性的数值,也不涉及特定运行条件下的支柱绝缘子选择。GB/T 8287.2规定了电气和机械特性的数值并给出了支柱绝缘子互换性所需的尺寸。

1.2 规范性引用文件

下列文件对于本文件的应用是必不可少的。凡是注日期的引用文件,仅注日期的版本适用于本文件。凡是不注日期的引用文件,其最新版本(包括所有的修改单)适用于本文件。

GB 311.1 高压输变电设备的绝缘配合(GB 311.1—1997,neq IEC 60071-1:1993)

GB/T 2900.8—2009 电工术语 绝缘子(IEC 60050-471:2007,IDT)

GB 3906—2006 3.6 kV～40.5 kV交流金属封闭开关设备和控制设备(IEC 62271-200:2003,MOD)

GB/T 5169.16—2008 电工电子产品着火危险试验 第16部分:50 W水平与垂直火焰试验方法(IEC 60695-11-10:2003,IDT)

GB/T 7354 局部放电测量(GB/T 7354—2003,IEC 60270:2000,IDT)

GB/T 8287.2 标称电压高于1 000 V系统用户内和户外支柱绝缘子 第2部分:尺寸与特性(GB/T 8287.2—2008,IEC 60273:1990,MOD)

GB/T 16927.1 高电压试验技术 第1部分:一般试验要求(GB/T 16927.1—1997,eqv IEC 60060-1:1989)

1.3 术语和定义

GB/T 2900.8—2009界定的以及下列术语和定义适用于本文件。

注:为方便起见,给出了试验电压的定义,详见GB/T 16927.1。

1.3.1

有机材料支柱绝缘子 post insulator of organic material

支柱绝缘子是用来给带电部件刚性支持,并使之对地或其他带电部件绝缘的一种绝缘子。构成支柱绝缘子的材料的全部或部分是由有机材料,即由碳生成的化合物或由碳和硅生成的化合物所组成。这些有机材料可以单独使用,或与其他作为填料、增强剂的材料(矿物或有机物)结合使用。

1.3.2

户内支柱绝缘子　indoor post insulator

一种不准备暴露在户外大气条件下的支柱绝缘子。对于耐受严重凝露作用的户内装置，可采用户外支柱绝缘子或特殊类型的户内支柱绝缘子。

1.3.3

结构类型　design category

有机材料支柱绝缘子按它们的结构，分为两种不同的结构类型。本标准包括的结构类型是：

结构类型A：经由固体绝缘材料的最短击穿距离等于或大于金属件之间的外部电弧距离三分之一的带有内部金属附件的圆柱形支柱绝缘子。

结构类型B：经由固体绝缘材料的最短击穿距离小于金属件之间的外部电弧距离三分之一的带有内部金属附件的圆柱形支柱绝缘子。

注：术语“圆柱形绝缘子”也包括截锥形绝缘子。

1.3.4

批　lot

提交验收的一组绝缘子。这些绝缘子来自同一制造厂，具有相同的结构并在类似的生产条件下制造。一批或多批可以一起提交验收，提交的批可以是订货数量的全部或部分。

1.3.5

闪络　flashover

在绝缘子外部表面上的破坏性放电，使得在正常情况下加有运行电压的两附件间发生连接。本标准中使用的术语“闪络”既包括跨接绝缘子表面的闪络，也包括绝缘子附近的空气中的火花放电。

1.3.6

击穿　puncture

通过了绝缘子固体绝缘材料的破坏性放电，它将引起电介质强度永久丧失。由于表面放电发热引起的伞缘破碎掉片或对绝缘子的损坏不应考虑为击穿。

1.3.7

雷电冲击干耐受电压　dry lightning impulse withstand voltage

在规定的试验条件下，干燥状态支柱绝缘子能耐受的雷电冲击电压。

1.3.8

50%雷电冲击干闪络电压　50% dry lightning impulse flashover voltage

在规定的试验条件下，干燥状态支柱绝缘子闪络概率为50%的雷电冲击电压值。

1.3.9

工频干耐受电压　dry power-frequency withstand voltage

在规定的试验条件下，干燥状态支柱绝缘子能耐受的工频电压。

1.3.10

工频干闪络电压　dry power-frequency flashover voltage

在规定的试验条件下，引起干燥状态支柱绝缘子闪络的电压算术平均值。

1.3.11

机械破坏负荷　mechanical failing load

在规定的试验条件下，有机材料支柱绝缘子试验时可达到的最大负荷。

1.3.12

爬电距离　creepage distance

正常施加运行电压的两部件间沿支柱绝缘子绝缘部件外表面轮廓的最短距离。然而，考虑到支柱绝缘子上安装有金属附件，在工作条件下由金属附件包括的部分不应计入爬电距离之中。

注 1：如果高阻涂层覆盖在支柱绝缘子的部分绝缘件上，这样的涂层应被考虑为有效爬电表面，在此表面上的距离应包括在爬电距离内。

注 2：这种高阻涂层的表面电阻率一般约为 10^6 Ω，但可低至 10^4 Ω。

注 3：如果支柱绝缘子的全部表面施加了高阻涂层（即所谓“稳定化”绝缘子），表面电阻率和爬电距离问题应由制造方和购买方协议。

注 4：爬电距离通常不作规定。

1.3.13

规定特性　specified characteristic

——可以是电压数值或机械负荷数值，或有关标准规定的任何其他数值；

——也可以是由制造者和购买者双方同意的其他任何特性的数值。

规定的耐受和闪络电压是指标准大气条件下的值。

1.3.14

端面平行度　parallelism of the end face

通过两端金属附件表面间测得的支柱绝缘子高度的最大差异。

1.3.15

偏心度　eccentricity

上下端部金属附件安装孔分布圆中心间垂直于支柱绝缘子轴线的位移。

1.3.16

安装孔的角度偏差　angular deviation of fixing holes

支柱绝缘子上下端部金属附件对应安装孔以角度表示的旋转偏移。

1.4　表征有机材料支柱绝缘子的值

适用时，有机材料支柱绝缘子由下列值来表征：

a）规定雷电冲击干耐受电压；

b）规定工频干耐受电压；

c）规定雷电冲击击穿电压（仅对结构类型 B 的支柱绝缘子）；

d）规定机械破坏负荷；

e）规定重要尺寸；

f）在规定机械破坏负荷的 20%和 50%下偏移间的最大差值。

当有要求时，应提交支柱绝缘子的设计图。

注 1：支柱绝缘子特性没有考虑运行电压。

注 2：在运行条件下支柱绝缘子的耐受电压可能与标准试验条件下的电压不同。

1.5　文件

1.5.1　标识

每一个支柱绝缘子上应有以下标识：

——制造商名或商标；

——对 72.5 kV 及以上的支柱绝缘子，制造日期或编号。对于较低电压的仅要求制造年号；

——支柱绝缘子参考标识。

1.5.2　绝缘子记录

制造者应保存符合本标准的所有生产绝缘子的记录最少十年。这些记录应包括以下信息：

——型号；

——对 72.5 kV 及以上的支柱绝缘子,制造日期或编号,对于较低电压,仅要求制造年号;
——型式试验:日期和结果;
——抽样试验:日期和结果;
——逐个试验:日期和结果。

1.6 正常运行条件

正常的温度和相对湿度等运行条件如下:

a) 周围空气温度不超过 40 ℃并在 24 h 内测量的温度平均值不超过 35 ℃;
b) 最低周围空气温度是−5 ℃、−15 ℃或−25 ℃;
c) 海拔不超过 1 000 m;
d) 周围空气未被灰尘、烟、腐蚀性或可燃性气体以及蒸汽或盐严重污染;
e) 在 24 h 内测量的相对湿度平均值不超过 95%;
f) 在一个月内测量的相对湿度的平均值不超过 90%。

注:在最高的相对湿度和温度条件分别为 95%和 40 ℃时,支柱绝缘子的温度降低 1 ℃就会发生凝露。

2 试验的一般要求

2.1 试验的分类

试验分为以下三组:

a) 型式试验

型式试验用于检验有机材料支柱绝缘子的主要特性,主要取决于它的结构、使用的材料和制造工艺。型式试验试品通常为一只并且对一种新型结构或新制造工艺仅进行一次,以后只有其结构、材料或制造工艺有变化时,才重复进行。当变化仅影响某些特性时,只需重复与这些特性有关的试验。为此,按型式试验的适用性将其分为三个分组(见 3.1)。

型式试验应在一批中的绝缘子上进行,这批绝缘子应已满足型式试验中不包括的所有有关的抽样和逐个试验的要求。

机械型式试验报告的有效期为 10 年,电气型式试验长期有效。

b) 抽样试验

抽样试验用于检验绝缘子可能因制造工艺和材料品质而变化的特性。抽样试验作为验收试验,支柱绝缘子样品应随机从符合有关逐个试验要求的批中抽取。

c) 逐个试验

逐个试验用以剔除有缺陷的绝缘子并且在制造过程中进行。每个绝缘子都应进行逐个试验。

2.2 质量管理

经购买方和制造方协议,可考虑采用本标准要求的质量管理体系,以验证制造过程中的绝缘子质量。

注:本标准要求的质量管理体系的详细信息在 GB/T 19001—2008 中给出。

2.3 电气试验的一般要求

注:对 2.3 至 2.6 的有关补充信息在 GB/T 16927.1 中给出。

a) 雷电冲击和工频电压试验方法应按 GB/T 16927.1。
b) 雷电冲击电压应用其预期峰值表示,工频电压应用其峰值除以$\sqrt{2}$表示。
c) 当试验时的大气自然条件与标准值(见 2.6)不同时,需按 2.7 采用校正因数。

d) 在电气试验开始前，支柱绝缘子应清洁而干燥。

e) 应注意避免支柱绝缘子表面凝露，特别是当相对湿度高时。例如，支柱绝缘子应在试验地点环境温度下放置足够的时间以在试验开始前达到热平衡。除非制造方和购买方同意，当相对湿度超过85%时，不应进行试验。

2.4 雷电冲击电压试验

应采用1.2/50的标准雷电冲击波（见GB/T 16927.1），其允许偏差如下：

——峰值：　　　　±3%。

——波前时间：　　±30%。

——半峰值时间：　±20%。

2.5 工频电压试验

除非购买方和制造方另行商定，试验电压应是频率范围为15 Hz到100 Hz的交流电压。

试验回路应按GB/T 16927.1。

2.6 试验的标准参考大气条件

试验的标准参考大气条件应按GB/T 16927.1：

——温度：　　$t_0=20$ ℃；

——压力：　　$b_0=101.3$ kPa(1 013 mbar)；

——绝对湿度：　$h_0=11$ g/m^3。

注：压力101.3 kPa相当于0 ℃时水银气压计中的水银柱高度760 mm，如果气压计的水银柱高度为H(mm)，以千帕表示的大气压力约为：

$$b=0.133\,3H \text{ kPa}$$

对于水银柱高度的温度校正可以忽略。

2.7 大气条件的校正因数

校正因数应按GB/T 16927.1确定。如果试验时的大气条件与标准参考大气条件不同，则应计算空气密度(k_1)和湿度(k_2)校正因数，并确定其乘积$K=k_1\cdot k_2$。然后应按如下校正试验电压：

——耐受电压（雷电冲击和工频）：

施加的试验电压等于K乘以规定的耐受电压；

——闪络电压（雷电冲击和工频）：

记录的闪络电压等于测得的闪络电压除以K。

3 型式试验

3.1 总则

通常每种试验仅对一个支柱绝缘子进行（3.9中的试验除外）。试品应从符合所有相关的抽样和逐个试验要求的绝缘子批中抽取。进行过可能影响其机械或电气特性的型式试验的绝缘子不应用于运行。

由同一制造厂用相同制造方法、相同有机材料生产的支柱绝缘子的型式试验按照其适用性分为三个分组：

——与材料选择和制造方法有关的试验；

——主要与材料选择和制造方法有关的试验（但其可能受支柱绝缘子设计结构的影响）；

——与支柱绝缘子特定设计结构有关的试验。

对于极端运行条件下使用的情况，推荐另一种供选择的试验程序。型式试验应按试验顺序在同一支柱绝缘子上进行。

应按抽样试验的要求(见 4.2)来检查支柱绝缘子的相关尺寸。

3.1.1 与材料选择和制造方法有关的试验

下列试验对用相同生产方法制造的每种相同材料的有代表性的支柱绝缘子上一般仅进行一次：

a) 吸水性试验(见 3.10)；

b) 可燃性试验(见 3.12)；

c) 老化和湿度试验(见 3.11)。

注：当选择制造绝缘子的材料时，应考虑漏电起痕试验，可以采用 GB/T 6553。

3.1.2 主要与材料选择和制造方法有关的试验(但其可能受支柱绝缘子设计结构的影响)

下列的试验对用相同生产方法、相同材料制造的形状类似且尺寸大致相同(与试验绝缘子相比尺寸在±10%以内)的绝缘子一般仅进行一次：

——随温度变化的机械弯曲强度试验(见 3.9)。

3.1.3 与支柱绝缘子特定设计结构有关的试验

下列试验对每种设计结构的支柱绝缘子仅进行一次：

a) 雷电冲击干耐受电压试验(见 3.3)；

b) 工频干耐受电压试验(见 3.4)；

c) 雷电冲击击穿试验(见 3.6)；

d) 温度循环试验(见 3.13)；

e) 局部放电熄灭电压试验(见 3.5)；

f) 正常环境温度条件时负荷下的偏移试验(见 3.8)；

g) 机械破坏负荷试验(见 3.7)。

3.1.4 对于极端运行条件下使用的支柱绝缘子适用的型式试验序列

极端运行条件是当支柱绝缘子遭受到高的相对湿度、过度凝露或污染。此试验序列应经购买方和制造方协议。

试验应按以下序列在一个支柱绝缘子上进行，绝缘子应完全满足每个独立试验的接收准则：

a) 雷电冲击干耐受电压试验(见 3.3)；

b) 工频干耐受电压试验(见 3.4)；

c) 温度循环试验(见 3.13)；

d) 吸水性试验(见 3.10)；

e) 局部放电熄灭电压试验(见 3.5)；

f) 雷电冲击击穿试验(见 3.6)；

g) 正常环境温度时负荷下的偏移试验(见 3.8)；

h) 机械破坏负荷试验(见 3.7)。

3.2 电气型式试验的一般要求

3.2.1 电气试验的标准安装布置

支柱绝缘子应垂直安装在一个水平接地的金属支架上，支架的截面应为 U 形槽且凸缘向下。此接地金属支架的宽度应约等于试验支柱绝缘子安装面的直径，其长度至少等于支柱绝缘子高度的两倍。对于高度小于 1.8 m 的支柱绝缘子，至少与地要有 1 m 的间距。对于高度大于 1.8 m 的绝缘子，间距应不小于 2.5 m。

在支柱绝缘子的顶部安装一个圆柱形导体，导体保持在水平面并与接地支架垂直。导体的长度应至少等于支柱绝缘子高度的 1.5 倍，并在绝缘子轴线每侧至少伸出 1 m。导体的直径应约为支柱绝缘子高度的 1.5%，并且最少为 25 mm。

试验电压应施加在导体与接地支架之间，高电压连线应接到导体的一端。在试验期间，除本条叙述的物体之外的其他物体，不应在支柱绝缘子顶部的 1 m 以内或支柱绝缘子高度的 1.5 倍以内，取其中较大值。

支柱绝缘子应完整地带有部件，这些部件是考虑到支柱绝缘子必需的并与制造者规定的一致。

标准安装布置不适用于局部放电熄灭电压试验或老化和湿度试验。对每一类这种试验，安装布置应由购买方和制造方协议。

3.2.2 模拟运行条件时对所有电气试验的安装布置

对运行条件的模拟程度应由购买方和制造方协议。应考虑所有可能影响支柱绝缘子特性的因素，并应尽可能接近地模拟运行条件。

注：在这些非标准条件下，特性值可能与在标准安装方法下的测量值不同。当涉及高度大于 1.8 m 的或离地高度被降低的支柱绝缘子时，可能要考虑这个差异。

3.3 雷电冲击干耐受电压试验

支柱绝缘子应在 3.2 规定的条件下试验。应调整冲击发生器产生 1.2/50 的冲击(见 2.4)。

应使用正和负极性两种冲击，如果能证明，对某一极性的试验给出了最差的结果，则允许试验仅对这种极性进行。

在一次冲击试验后，某些绝缘材料会残留一些电荷，当极性转换时，对这种情况要当心。可以使用合适的方法让绝缘材料放电，例如在试验前施加三次最小为 50%试验电压的相反极性的冲击是一种推荐的方法。

对于雷电冲击干耐受电压试验通常使用两种试验程序：

——50%闪络电压程序；

——15 次冲击耐受电压程序。

注：50%闪络电压程序给出了较多的信息。

3.3.1 50%闪络电压程序的耐受电压试验

3.3.1.1 试验程序

50%雷电冲击电压应按 2.7 校正。规定的雷电冲击耐受电压应由 GB/T 16927.1 所述的升-降法所确定的 50%雷电冲击闪络电压来验证。

3.3.1.2 接收准则

如果 50%雷电冲击闪络电压不低于$\frac{1}{1-1.3\sigma}=1.040$倍的规定雷电冲击耐受电压，这里 σ 为标准偏差(假定等于 3%)，则支柱绝缘子通过本试验。

经过这些试验支柱绝缘子不应损坏，但允许在绝缘件表面有轻微痕迹或用于装配的材料的碎片。

3.3.2 耐受电压程序的耐受电压试验

3.3.2.1 试验程序

耐受电压试验应在按 2.7 校正过的规定电压下进行。

按 GB/T 16927.1 的试验程序 B 进行耐受试验是适用的。应施加 15 次冲击。

3.3.2.2 接收准则

如果闪络次数不超过两次并且最后一次冲击不闪络，则支柱绝缘子通过了此试验。当最后一次电压引起闪络时，则需要增加三次附加的相同极性的冲击试验。不允许再有闪络。

经过这些试验，支柱绝缘子不应损坏，但是在绝缘件表面有轻微痕迹或用于装配的材料的碎片应是允许的。

3.4 工频干耐受电压试验

3.4.1 试验程序

支柱绝缘子应在 3.2 规定的条件下试验。试验程序应按 GB/T 16927.1。

施加在支柱绝缘子上的试验电压应该是按 2.7 校正过的规定工频干耐受电压。试验电压应在此值下保持 1 min。

3.4.2 接收准则

在试验期间不应发生闪络或击穿。

3.4.3 工频干闪络电压

当有特别要求要提供信息时，可通过从工频干耐受电压的约 75%起以 2%该耐受电压每秒的速度逐渐升高电压来测定支柱绝缘子的干闪络电压。干闪络电压应是 5 次连续读数的算术平均值，并且将此值按标准参考大气条件(见 2.7)校正后记录下来。

3.5 局部放电熄灭电压试验

3.5.1 总则

有机材料支柱绝缘子局部放电的测量，能够测定支柱绝缘子的固体绝缘内或绝缘材料与金属部件的交界面上局放停熄时工频电压的幅度大小。

注：经验说明，局放测量并不是总有能力探测到有机材料绝缘子内可能出现的空隙。为了某些用途，提交样品进行射线检查可能是需要的。

3.5.2 试验程序

测量使用的程序应为 GB/T 7354 中所规定的程序之一。

无论是什么试验回路，测量回路的灵敏度应能探测到 10 pC 大小的放电。试验回路应无放电并能防止外来的干扰。

3.5.3 接收准则

应满足下列条件：局部放电熄灭电压不应小于设备的最高电压除以$\sqrt{3}$的 1.1 倍(见 GB 311.1)。

3.6 雷电冲击击穿试验

3.6.1 试验程序

将清洁并干燥后的支柱整个浸入装有合适绝缘介质的容器中，以防止其表面放电。如果容器是金属制的，其大小应使电极和容器壁之间没有放电发生。浸渍介质应是室温。

试验电压应施加在通常加有运行电压的那些部件之间，在浸入绝缘介质时，应小心避免在支柱绝缘子伞下有空气囊存在。

应调节冲击发生器以产生一个 1.2/50 的雷电冲击(见 2.4)。试验电压值应等于 GB/T 8287.2 中规定的雷电冲击耐受电压的 1.3 倍。

应对支柱绝缘子施加 5 次连续的正极性冲击和 5 次连续的负极性冲击。

注 1：当有特殊要求需要提供信息时，可以逐步升高试验电压直到击穿发生并把击穿电压记录下来。

注 2：当购买方和制造方同意时，也可以对结构类型 A 的支柱绝缘上进行这样的试验。

3.6.2 接收准则

在规定的雷电冲击击穿电压下如果未发生击穿，则绝缘子通过了此试验。

注：雷电冲击击穿试验仅适用于结构类型 B 的支柱绝缘子。

3.7 机械破坏负荷试验

3.7.1 总则

机械破坏负荷试验用以确定支柱绝缘子在受到弯曲、扭转、拉伸或压缩机械负荷时的强度，试验地点应为正常环境温度。

支柱绝缘子的机械强度试验应由以下四种试验的一种或多种组成：

——弯曲试验；

——拉伸试验；

——扭转试验；

——压缩试验。

除非供需另有协议，机械破坏负荷试验应是弯曲试验。

经受了规定机械破坏负荷的支柱绝缘子随后不应提交运行。

注：在 GB/T 8287.2 中对于用于系统标称电压高于 1 000 V 的户内有机材料支柱绝缘子按规格仅规定了弯曲负荷值。

3.7.2 安装和施加负荷方法

支柱绝缘子应安装在刚性的固定底座或框架上，其能耐受试验时的负荷而无明显的变形。在型式试验和抽样试验时应使用相同强度的连接螺栓或固定双头螺栓。如果螺栓或双头螺栓是可拆卸的，当试验支柱绝缘子的破坏负荷时可以加大这些部件的强度。

负荷应从零迅速而平稳地升到大约为规定破坏负荷的 50%，然后以 35% 至 100% 规定机械破坏负荷每分钟的速率逐渐升高直至达到规定的破坏负荷。

当有特殊要求要提供附加信息时，负荷应增加直至实际机械破坏负荷。应记录下此负荷值。

3.7.3 试验程序

a) 弯曲试验

支柱绝缘子应经受弯曲负荷以检验 GB/T 8287.2 中所规定的机械破坏负荷 P_0 和 P_x，或 P_0 和 P_{50}。

应通过对支柱绝缘子自由端施加负荷来检验负荷 P_0。应通过使用一个延伸件分别施加负荷在距绝缘子顶面以上 X mm 或 50 mm 处来检验负荷 P_x 和 P_{50}。负荷的方向应通过支柱绝缘子的轴线并且应与其垂直。

b) 扭转试验

支柱绝缘子应经受扭转试验，同时避免任何弯矩。

c) 拉伸或压缩试验

支柱绝缘子应沿其轴线经受拉伸或压缩负荷。

3.7.4 接收准则

如果达到了规定机械破坏负荷，则支柱绝缘子通过了该试验。

3.8 在正常环境温度条件下的负荷偏移试验

3.8.1 试验程序

支柱绝缘子应经受施加于自由端或延伸件上的弯曲负荷(见 3.7.3)。当升高负荷时，应测量绝缘子顶部端面的偏移，并且在规定破坏负荷的20%、50%和70%时记录其值。

3.8.2 接收准则

当卸除弯曲负荷时，残余偏移应小于高度的0.2%。在规定破坏负荷20%和50%的偏移之间的差不应超过GB/T 8287.2中所规定的值。

当有需要时，购买方和制造方应协商一个可接受的扭转负荷下角度偏移的限度。

3.9 随温度变化的机械弯曲强度的试验

3.9.1 试验程序

在一个宽的周围温度范围内要求有机材料支柱绝缘子能满意的运行。因此需要测定因不同温度引起机械强度的可能变化。为此目的，仅使用机械弯曲强度试验(见 3.7.3)。

规定了三个温度范围如下：

a) −40 ℃～+55 ℃；

b) −20 ℃～+75 ℃；

c) −5 ℃～+90 ℃。

应在需方选择的温度范围进行机械弯曲破坏负荷试验。

如果需方未选择范围，应使用第二个范围。

在选择的温度范围内，应试验随温度变化的破坏负荷。在范围内应选择三个温度值，如下所示：

a) −40 ℃，+20 ℃，+55 ℃；

b) −20 ℃，+20 ℃，+75 ℃；

c) −5 ℃，+20 ℃，+90 ℃。

对于选择的每一个温度，应至少在10个绝缘子上进行弯曲机械破坏负荷试验。从测得的实际机械破坏负荷上，应计算均值($\bar{R}$)和标准偏差(s)：

$$\bar{R}=\frac{\sum R}{n}$$

这里：

R——每个试验支柱绝缘子的破坏负荷；

n——在这个选择的温度下试验绝缘子的数量。

$$s=\sqrt{\frac{\sum(R-\bar{R})^2}{n-1}}$$

通过绘制$\bar{R}$对应于温度的点并进一步作出($\bar{R}-as$)的连线，可以评估特定结构的有机材料支柱绝缘子在选择的温度下达到规定破坏负荷的概率。

“a”通常为2，但通过制造方和购买方协议可按需要的概率水平选择较高或较低的值。

试验方法应是这样，当达到破坏负荷时温度变化不能超过选择值±5 K。

特别是对于冲击电压 170 kV 以下较小尺寸的支柱绝缘子，支柱绝缘子和与其接触的试验机活动部件应同时加热或冷却。试验机的固定装置应能使热或冷的支柱绝缘子在不超过 1 min 内安装完。

对于大的支柱绝缘子，应提供一个装置，以使支柱绝缘子安装在试验机上进行试验时能被加热和冷却。

在一种材料的支柱绝缘子可能要满足两个或三个温度范围时，试验应在两个或三个范围的极端温度和 20 ℃下进行。

3.9.2 接收准则

如果算得的均值 $\bar{R}$ 和 20 ℃的实测值不小于规定机械破坏负荷，则认为绝缘子通过了此试验。

3.10 吸水性试验

3.10.1 试验程序

将清洁后的支柱绝缘子浸没入蒸馏水槽中至少 0.1 m 深，在 20 ℃的通常温度下放置 24 h。然后将其从蒸馏水中取出并放置在试验室的自由空气中干燥 3 h。自身装有电极的支柱绝缘子应经受等于浸入前干闪络电压 80%的工频电压 1 h。

3.10.2 接收准则

当试验结束测量时，绝缘子不应有闪络或击穿、或表面温升超过 5 K 的现象发生。

3.11 老化和湿度试验

3.11.1 试验程序

应按照 GB 3906—2006 附录 C 进行老化和湿度试验。试验电压应按支柱绝缘子表征值和绝缘子实际使用时的工频电压值(见 1.4)。

在 GB 3906—2006 附录 C 所述的试验方法中选择一种特定试验方法，应由购买方和制造方同意。

3.11.2 接收准则

接收准则应符合 GB 3906—2006 附录 C。

3.12 可燃性试验

3.12.1 试验程序

试验应按照 GB/T 5169.16—2008 垂直燃烧试验的试验方法 B 进行。

3.12.2 接收准则

如果试样属于 GB/T 5169.16—2008 表 1 中指出的 V0 类，则试验通过。

注：可燃性试验是为了检查外套材料的燃烧和自熄灭特性。试样材料应在各方面与绝缘子材料相同。

3.13 温度循环试验

3.13.1 试验程序

支柱绝缘子应放置在温度为−25 ℃的容器内至少 10 h。然后从上述的容器中取出迅速放置到一个温度加热到+50 ℃的容器中至少 10 h。应进行三次这样的循环。

然后,应用目力检查支柱绝缘子表面缺陷。

为了探查组成支柱绝缘子的材料内可能出现的裂缝,支柱绝缘子通常应经受机械破坏负荷试验(见3.7)。在3.1.4的试验系列中,机械破坏负荷试验包括在第h)项试验里。

经制造方和购买方双方同意,可以进行附加的局部放电试验(见3.5)。

注:对于特殊的运行条件,经购买方和制造方同意可以有不同的温度范围(例如−40 ℃～+20 ℃)和较多的循环次数,在进行订货时应协议这些细则。

3.13.2 接收准则

如果未观察到裂缝和机械破坏,绝缘子通过了本试验。而且绝缘子还应满足机械破坏负荷试验的要求(见3.7),如果进行了局放熄灭电压试验也还应满足其要求(见3.5)。

4 抽样试验

4.1 总则

试验选取的试品数量应符合表1。购买方可以选择试验用的试品。

表1 抽样试验的绝缘子数

该批绝缘子数量 n	样本容量
$n \leqslant 100$	按协议
$100 < n \leqslant 500$	1%
$500 < n$	$4 + 1.5n/1\ 000$
注:如果计算结果不是整数,则应选择比其大的下一个整数。	

试验样品应首先经受逐个试验。

然后它们应按下列次序经受试验:

a) 尺寸检查(见4.2);

b) 吸水性试验,仅对非浇注环氧及PUR树脂材料(见3.10);

c) 局部放电熄灭电压试验(见3.5);

d) 正常温度条件下负荷偏移试验(见3.8);

e) 正常温度条件下机械强度试验(见3.7)。

即使有一只支柱绝缘子不能满足任何一项抽样试验,应按4.3所述实施重复试验。

经受了可能影响其机械和(或)电气特性的抽样试验的绝缘子不应用于运行。

4.2 尺寸检查

4.2.1 要求

应按相应图样检查支柱绝缘子的尺寸。应特别注意影响互换性的尺寸,对它们使用专门的公差(例如GB/T 8287.2中规定的高度,以及光孔和螺孔的尺寸)。

除非购买方和制造方另有协议,对于未注明公差的尺寸应符合下列偏差:

$$\pm(0.01d + 0.2\ \text{mm})$$

这里 d 为被检查的尺寸,mm。

对于所有的支柱绝缘子，除非另有协议并如果适用，高度偏差、(光或螺)孔尺寸、端面平行度、偏心度和安装孔的角度偏差应符合 GB/T 8287.2 的要求。

支柱绝缘子的直线度不应大于：

$$(1.5\ \text{mm}+0.008h)$$

h 为支柱绝缘子的高度，mm。

注：在附录 A 中给出了检测端面平行度、偏心度、支柱绝缘子元件固定孔定位和直线度适当方法的例子，其他适当的检验方法也可以使用。

4.2.2 接收准则

如果测量尺寸满足了包括允许偏差的规定要求，则支柱绝缘子通过了试验。

当在抽样试验中测量爬电距离时，如果实测值超过了规定值，即大于允许正偏差，只要购买方和制造方协议，这批仍然是可以接收的。

4.3 重复试验程序

如果仅有一只支柱绝缘子不符合 4.1 中规定的抽样试验的任一项，应附加一个等于原来提交试验两倍数量的试品提交试验。重复试验应包括不合格的那项试验和 4.1 中那些在此项前可能对最初试验结果有影响的试验。

如果两个或更多的支柱绝缘子不符合 4.1 中所规定抽样试验中的任一项，或支柱绝缘子在进行以上规定的重复试验时有任何不合格发生，则应将整批退回由制造方作进一步检查。

如果能清楚识别出产品不合格的原因，制造方可以在此批绝缘子中剔除具有这种缺陷的所有绝缘子。然后精选后的批或部分可再次提交试验。此时，应挑选第一次选取量的三倍进行试验。此重复试验应包括不合格的那项试验和 4.1 中那些在此项前可能对最初试验结果有影响的试验。

如果再次提交试验的支柱绝缘子有任何不合格发生，则应认为整批不符合本标准。

5 逐个试验

5.1 总则

支柱绝缘子应按下列次序经受适用的试验：

a) 外观检查(见 5.2)。

b) 对于结构类型 A 绝缘子的逐个机械试验(见 5.3)；仅对用于额定电压为 72.5 kV 及以上的绝缘子进行此试验。

c) 对于结构类型 B 绝缘子的逐个电气试验和局部放电测量(见 5.4)；局放测量仅适用于额定电压为 7.2 kV 及以上时。

注：经供需双方协议，也可以对结构类型 B 绝缘子进行逐个机械试验，对结构类型 A 绝缘子进行逐个电气试验。对于两种类型逐个机械试验均应在逐个电气试验之前进行。

5.2 外观检查

5.2.1 试验程序

检查应对每一个支柱绝缘子进行。绝缘件上金属部件的安装应符合图样。

支柱绝缘子的颜色应与图样规定的颜色相近。伞上的某些颜色变化是允许的而且不应作为拒收此绝缘子的理由。

5.2.2 接收准则

绝缘件不应有如皱纹、气孔等有损于良好运行性能的表面缺陷。

5.3 逐个机械试验

5.3.1 试验程序

逐个机械试验应是在完整支柱绝缘子上进行的弯曲试验。

绝缘子应安装在一个刚性的底座上。应通过在支柱绝缘子自由端顶面施加一个负荷来检验负荷 P_0。应使用一个延伸件将负荷分别施加在距绝缘子顶面以上 X mm 或 50 mm 处检验负荷 P_x 和 P_{50}。负荷的方向应通过支柱绝缘子的轴线并且与之垂直。

额定试验负荷应等于规定的机械破坏负荷的 50%。它应施加在四个相互垂直的方向上,每个方向的时间至少 3 s。

经购买方和制造方同意,也可选择在一个方向上施加高达规定的机械破坏负荷 70% 而时间至少 3 s 的弯曲试验。

当因运行使用需要,购买方和制造方可以协议不同形式的逐个试验,例如扭转试验、拉伸试验或压缩试验。其细节应经协议。

5.3.2 接收准则

在逐个机械试验后,应仔细检查每一个支柱绝缘子。任何有损坏的绝缘子,包括那些金属附件损坏或已开始有分离现象的应被剔除。

5.4 逐个电气试验和局部放电测量

5.4.1 试验程序

支柱绝缘子应经受工频电压,施加的电压应在通常经受运行电气强度的部件之间。

试验电压应为 GB/T 8287.2 中规定的工频耐受电压。试验电压的施加时间至少应为 1 min。

对此试验,绝缘子可以用合适的方法安装而不一定按 3.2。试验可以在一个限定的检验分批量上进行,以便于检验有缺陷的绝缘子元件。

局部放电测量可结合于工频电压试验并应按 GB/T 7354 中规定的程序之一进行。在局部放电试验电压下,测量回路的灵敏度应能探测 10 pC 大小的放电。

5.4.2 接收准则

在工频耐受电压试验时,应没有击穿或闪络发生。在试验期间损坏的支柱绝缘子应被剔除。

直到施加的电压高于 10% 的工频电压时,局部放电值应小于 10 pC。此工频电压是施加在绝缘子运行中通常承受电气应力的两部件之间。

附 录 A
（资料性附录）
形位公差

A.1 端面平行度（见图 A.1）

当 $h \leqslant 1$ m，$P \leqslant 0.5$ mm；

当 $h > 1$ m，$P \leqslant 0.5 \times h$ mm（h 的单位为 m）。

平行度公差相对的是直径 250 mm 的圆。

平行度的测量（见图 A.1）：

绝缘子被直立并同心地安装在一个刚性转台上，当需要时可使用锥体螺栓和一个厚度均匀的中间平板。将一个厚度均匀的板与紧固孔同心地固定在绝缘子的顶面上，例如通过使用锥体螺栓。当绝缘子在转台上转动时读测量仪 A，并记录下最大值和最小值。关联到直径 250 mm 圆上这两个值的差即为绝缘子端面平行度的误差。

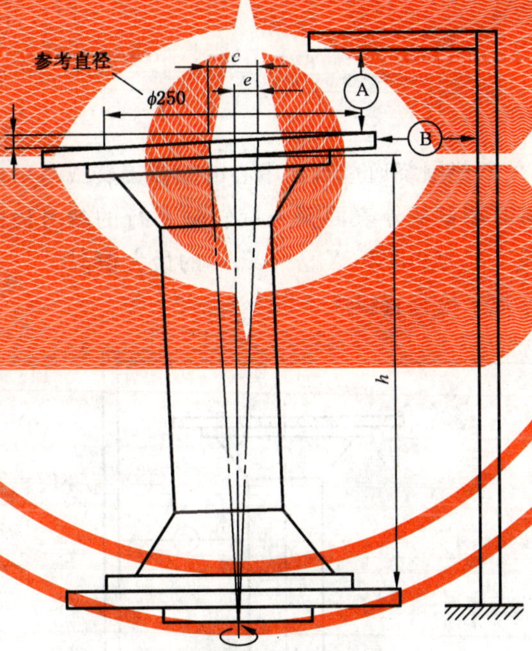

图 A.1 形位公差的测量

A.2 同轴度和偏心度（见图 A.1）

同轴度：$c = 2 \times e$

偏心度：$e \leqslant 2(1+h)$ mm（h 的单位为 m）

同轴度和偏心度的测量（见图 A.1）：

用相同的安装方法把一个圆形板与紧固孔同心地固定在顶面上，例如通过使用锥柄螺钉。当绝缘子在转台上旋转时读测量仪 B，并记录下最大值和最小值。偏心度为这两个值的差的一半。

A.3 安装孔的角度偏差(见图 A.2)

偏差的允许值:$\alpha \leqslant \pm 1^{\circ}$。

在每一端例如可使用 V 形块,将绝缘子水平安置。应将具有精确机加工光柄的螺钉旋入端部附件的螺孔中。在端部附件是光孔的情况,应使用锥柄螺栓。

在一端使用一个精确的水平仪,在另一端使用一个直接读数水平仪,安装孔的相对角度位置的测定如图所示。

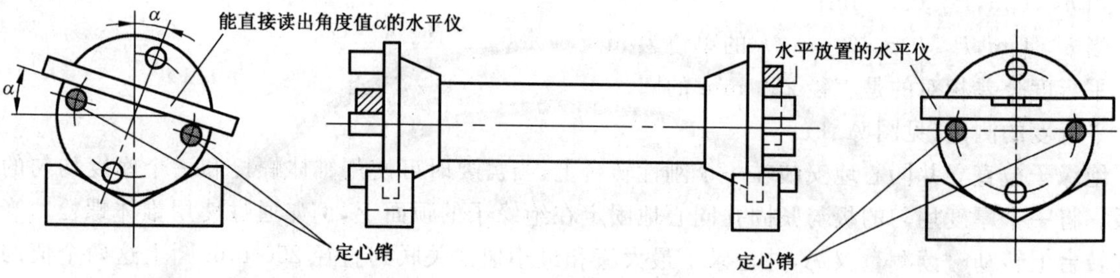

图 A.2 安装孔角度偏移的测量

A.4 直线度(见图 A.3)

安装支柱绝缘子元件,使其能围绕通过端面中心的轴线旋转或尽可能靠近这个中心的轴线旋转。

将绝缘子旋转一整周并且测量从外表面至与旋转轴平行的参考面的距离。测定由于旋转 180°导致的 $X_{max} - X_{min}$ 差值。直线度则为 $0.5 \times (X_{max} - X_{min})$ 的最大值。

另一种方法可以通过塞规来检查直线度。

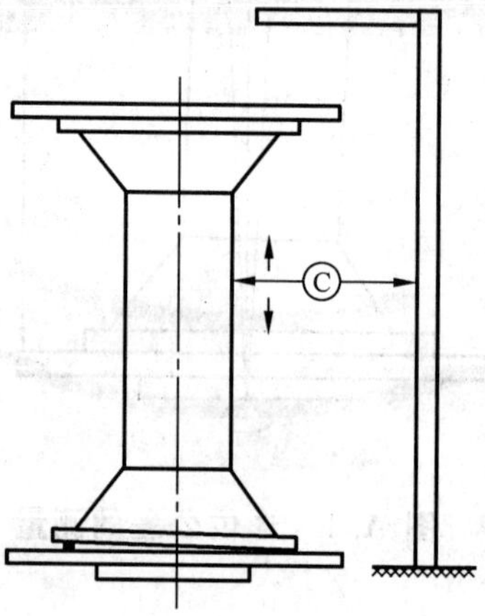

图 A.3 直线度测量方法

A.5 伞的角度(见图 A.4)

垂直安装绝缘子并使其能够旋转。这可以用和 A.1 中相同的安装方法来做到。

在绝缘子旁边的一个直立的构架上安装有测量器件 D,器件 D 包括有水平的参照标志和一个带有角刻度的可动部件。当可动部件的边缘调整到伞的上表面上时,可以从角刻度上测定斜度或伞的角度。

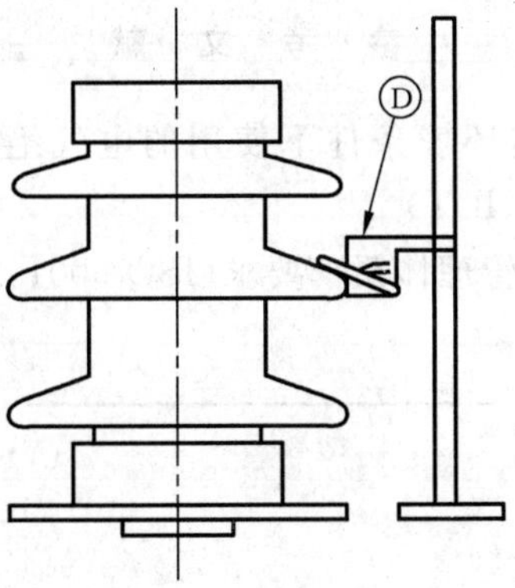

图 A.4 伞角度的测量

A.6 试验期间的注意事项

对于试验 A.1、A.2、A.4 和 A.5,需要检验旋转台表面与旋转轴是垂直的。

对于试验 A.1 和 A.2,注意将绝缘子紧固孔分布圆与旋转台的旋转轴校正同心。为此目的,可使用 4 个固定孔,用锥柄螺钉或螺栓安装(给出的例子在图 A.5 中)。

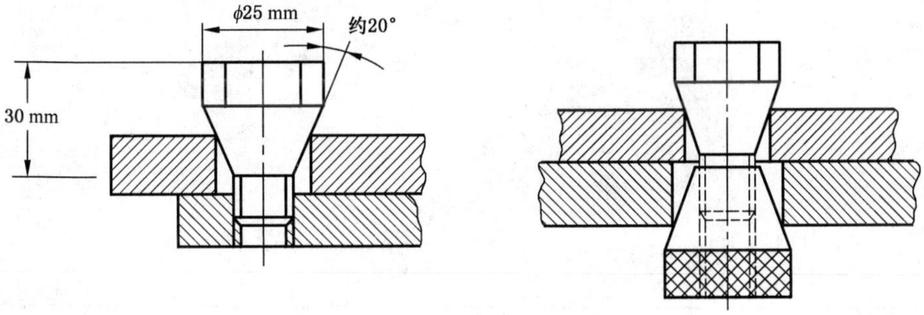

图 A.5 用锥柄螺钉定心

参考文献

[1] GB/T 6553 评定在严酷环境条件下使用的电气绝缘材料耐电痕化和蚀损的试验方法(GB/T 6553—2003,IEC 60587:1984,IDT)

[2] GB/T 19001—2008 质量管理体系 要求(ISO 9001:2008,IDT)

ICS 31.060.70
K 42

中华人民共和国国家标准

GB/T 26870—2011

滤波器和并联电容器在受谐波影响的工业交流电网中的应用

Industrial a. c. networks affected by harmonics—Application of filters and shunt capacitors

(IEC 61642:1997,MOD)

2011-07-29 发布　　2011-12-01 实施

中华人民共和国国家质量监督检验检疫总局
中国国家标准化管理委员会
发布

前 言

本标准按照 GB/T 1.1—2009 和 GB/T 20000.2—2009 给出的规则起草。

本标准使用重新起草法修改采用 IEC 61642:1997《滤波器和并联电容器在受谐波影响的工业交流电网中的应用》(英文版)。

本标准与 IEC 61642 的主要技术性差异如下:

——在"1.2 规范性引用文件"中增加 GB/T 14549—1993《电能质量 公用电网谐波》;

——删除"1.1 范围和目的"中"本标准不适用于下列电容器"中的"电弧炉用电容器";

——在"4.4"滤波器类型"中,根据中国的习惯称呼,将"二阶滤波器——带通滤波器"改称"单调谐滤波器","二阶滤波器——有电阻元件的阻尼滤波器"改称"二阶高通滤波器"。

本标准相对于 IEC 61642 主要做了下列编辑性修改:

——原 IEC 标准中的示例计算部分数值有误,已修改,并在编制说明中列出了详细的示例计算过程及数值更改说明。

本标准由中国电器工业协会提出。

本标准由全国电力电容器标准化技术委员会(SAC/TC 45)归口。

本标准起草单位:山东泰开电力电子有限公司、西安森宝电气工程有限公司、西安高压电器研究院有限责任公司、青岛市恒顺电气股份有限公司、鞍山市恒力电气设备制造有限公司、桂林电力电容器有限责任公司、合肥华威自动化有限公司、深圳市三和电力科技有限公司、安徽省电力科学研究院、深圳市环华电气技术有限公司、广东电网公司电力科学研究院、上海库柏电力电容器有限公司、安徽马鞍山市金巨滤波成套设备有限公司、北京赤那思电气技术有限公司、四川波宏电力滤波设计研究有限公司、江苏省江阴市长仪集团有限责任公司。

本标准主要起草人:张宗有、王恒、刘菁、梁晨、江钧祥、张健夫、付大志、徐柏榆、于洋、吕韬、陶梅、王玲海、丁传发、陈思成、平孝香。

滤波器和并联电容器在受谐波影响的工业交流电网中的应用

1 范围和目的

本标准就工业上用于抑制谐波和无功补偿的无源交流滤波器和并联电容器的使用给出了指导意见，包括低压和高压。本标准中提出的建议措施适用于1次以上至25次(含25次)的谐波。

本标准不适用于下列电容器：

感应加热装置用电容器[见GB/T 3984(所有部分)]；

电力系统用串联电容器[见GB/T 6115(所有部分)]；

耦合电容器及电容分压器(见GB/T 19749)；

电力电子电容器[见GB/T 17702(所有部分)]；

交流电动机用电容器[见GB/T 3667(所有部分)]；

管形荧光灯和其他放电灯线路用电容器(见GB 18489和GB/T 18504)；

抑制无线电干扰用电容器；

用于各种电气设备中并作为其部件的电容器；

在叠加有直流电压的交流电压下使用的电容器。

本标准的目的是分析并联电容器和滤波器在受谐波电压和谐波电流影响的工业交流电网中的常规应用中出现的问题，并给出建议。

2 规范性引用文件

下列文件对于本文件的应用是必不可少的。凡是注日期的引用文件，仅注日期的版本适用于本文件。凡是不注日期的引用文件，其最新版本(包括所有的修改单)适用于本文件。

GB/T 14549—1993 电能质量 公用电网谐波

3 术语和定义

下列术语和定义适用于本文件。

3.1

谐波 harmonic

对周期性交流量进行付立叶级数分解，得到频率为基波频率大于1的整数倍分量。

[GB/T 14549—1993，定义3.4]

3.2

谐波次数 harmonic order

h

谐波频率 f_h 与基波频率 f_1 的整数比。

[GB/T 14549—1993，定义3.5]

3.3

特征谐波 characteristic harmonics

由静态换流器等在理想工作条件下所产生的谐波。静态 AC/DC 换流器的特征谐波次数 $h=mp\pm1$，p 是换流器的脉波数，m 是任意正整数。例如，6 脉波换流电路的特征谐波次数 $h=5,7,11,13,17,19\cdots\cdots$。

3.4

非特征谐波 non-characteristic harmonics

由于交流电力系统不平衡或者由于换流器延时触发角的不对称所产生的谐波。其他一些非线性或时变设备，如变频器、荧光灯、电弧炉、电焊机等也会产生非特征谐波。

3.5

功率因数 power factor

基波有功功率与基波视在功率的比值。

3.6

总谐波畸变率 total harmonic distortion;THD

周期性交流量中的谐波含量的方均根值与其基波分量的方均根值之比(用百分数表示)。电压总谐波畸变率以 THD_u 表示，电流总谐波畸变率以 THD_i 表示。

[GB/T 14549—1993，定义 3.8]

3.7

滤波器 filter

在给定的频率范围内调谐到要求阻抗的装置，一般由电抗器、电容器和电阻器(如果需要的话)构成。

3.8

调谐频率 tuning frequency

使滤波器阻抗计算值为最小值或最大值所对应的频率。

3.9

调谐滤波器 tuned filter

调谐频率与滤波频率相差不大于 10%的滤波器。

3.10

失谐滤波器 detuned filter

调谐频率低于电压或电流幅值不应忽略的最低次谐波频率 10%以下的滤波器。

3.11

阻尼滤波器 damped filter

在宽的频带内呈低阻抗(主要为电阻)的滤波器。

3.12

音频控制装置 ripple control installation

一种在高压电网注入音频信号控制低压电网接收设备的装置。

3.13

参考电压 reference voltage

计算阻抗所依据的电压。

3.14

谐波放大 harmonic amplification

接入并联电容器和滤波器后，在特定的频率范围内，注入系统中的谐波电流比接入前大或引起母线谐波电压比接入前高。

4 概述

4.1 交流谐波

通常，当负荷为非线性负荷或时变负荷时就会向电网中注入谐波电流。工业电网中主要的谐波源为静态换流器及电弧加工设备。

换流器交流侧的谐波电流分为两种：特征谐波和非特征谐波。特征谐波与换流电路密切相关，其频谱是固定的。特征谐波的幅值大小大致与其谐波次数成反比。

产生非特征谐波的主要谐波源是变频器及电弧加工设备，但也有一小部分非特征谐波是由于系统不平衡（电压和阻抗）和换流器触发角不对称引起的。

直流传动装置中的整流器产生的主要是特征谐波。

在供电系统的特定状态下，非线性和时变负荷的影响会被放大，例如谐振。由于系统的特定状态和谐振的放大效应，即使电气装置中没有非线性和时变负荷，或这样的负荷仅占整个电网负荷的一小部分，供电电压波形也会畸变。

谐波会增加电网损耗，可能会影响各种装置的正常运行，特别是电子电路。

为了使谐波干扰限制在可接受的范围内，各地方的规定、国家标准和国际标准都对谐波畸变提出了明确限值。可使用滤波器降低谐波畸变率。

4.2 无功功率

通常，电网中的无功负荷功率是由感性负荷和静态换流器产生的。

在一个电网中，功率因数指标是按配电系统最经济的运行方式来确定的，或者由供电方强制执行的，功率因数过低，供电方可能会根据费率调整细则增收电费。因此较合理的方案是通过安装匹配的补偿装置来补偿感性无功功率。

通常使用并联电容器来改善功率因数，如果电网中含有谐波，就可能产生有害的过电压或过电流，或者两者同时产生。此外，谐波也可能会干扰音频控制装置。这时，可使用滤波器来取代单独使用的并联电容器。

5 谐振问题及其解决办法

5.1 简介

电网中，各种不同的组成设备连接在一起，例如发电机、输电线、电缆、变压器、电容器和负荷。

电网中任何一点的阻抗取决于频率、组成设备和网络拓扑结构。

串联起来的电感和电容，在接近谐振频率的特定频率范围内，其阻抗值非常低，称为串联谐振。

并联起来的电感和电容，在接近谐振频率的特定频率范围内，其阻抗值非常高，称为并联谐振。

在较宽的频率范围内，串联谐振和并联谐振在同一个电网中都可能会出现。

如果有谐波电压源或谐波电流源激励这些谐振电路，就可能会引起电压和电流的放大，干扰系统的组成设备，使其过负荷，甚至导致损坏。

图1所示的是一个单线电路图及其电网简化图。

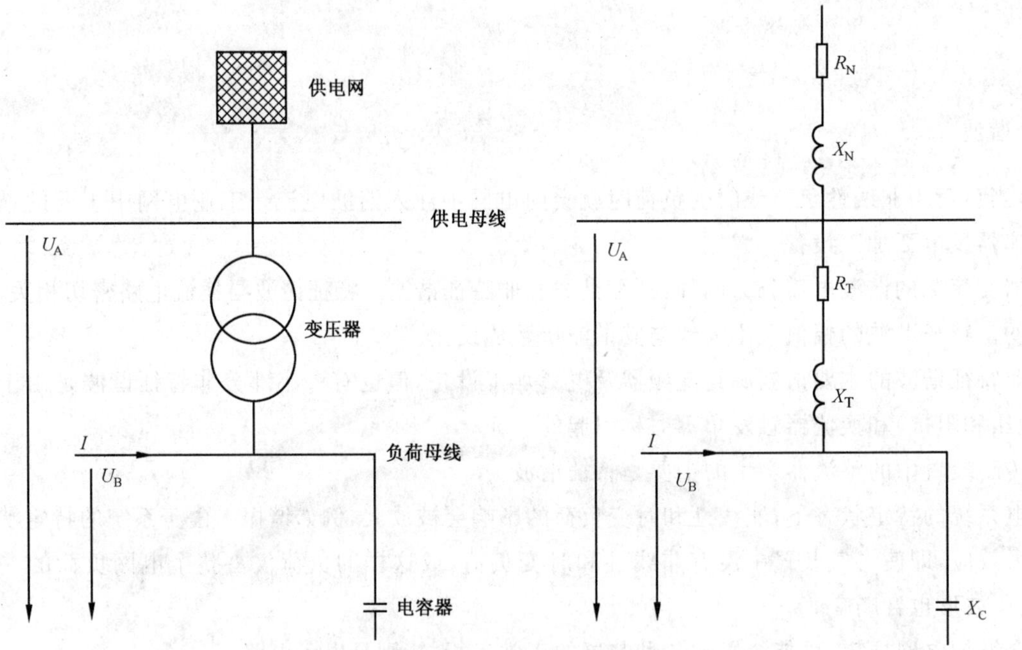

图 1　单线电路图及其电网简化图

该示例系统由供电网络、供电母线(高压侧)、变压器、负荷母线(低压侧)和电容器组成。谐波电流源是由 6 脉波整流器控制的驱动装置。电网自身呈现的谐波电压可能是其他谐波电流源所引起的。

5.2　从电源侧看的等效阻抗图及从负荷母线看的等效阻抗图

分析含有谐波的电网特性,有效的方法是至少看以下两种阻抗:

a)　从电源侧看的等效阻抗图[见图 2a)]

该阻抗图有助于供电母线上存在谐波电压或谐波电流时容性负荷和感性负荷的分析,也有助于计算在音频控制频率下的支路阻抗及评估负荷母线谐波电压(电压质量)。

b)　从负荷母线看的等效阻抗[见图 2b)]

该阻抗图有助于负荷母线上存在谐波电流源时的容性负荷和感性负荷的分析,也有助于评估负荷母线的谐波电压(电压质量)。

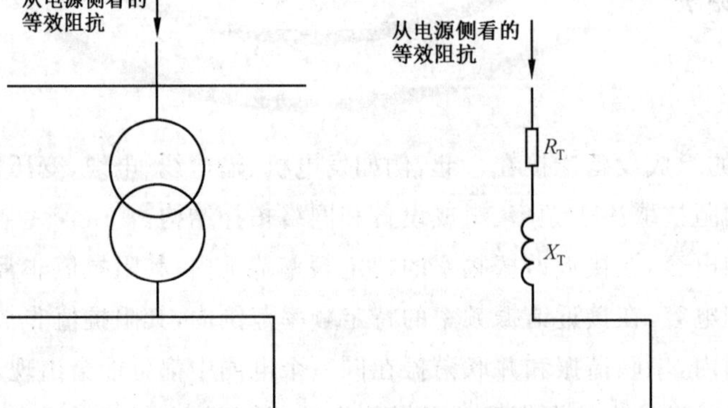

图 2a)　从电源侧看的单线电路图及其等效阻抗图

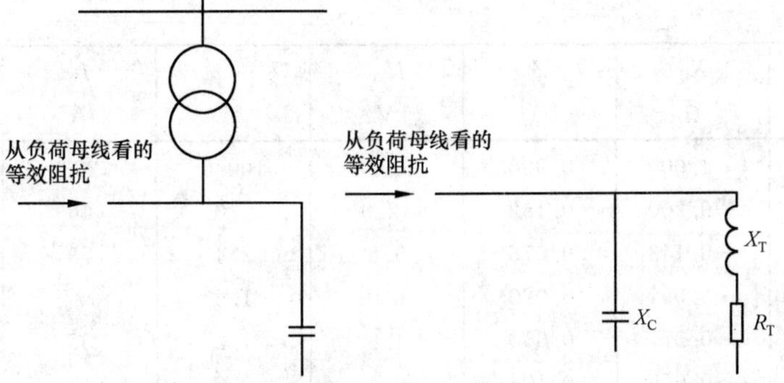

图 2b） 从负荷母线看的单线电路图及其等效阻抗图

5.3 串联谐振示例

在下面这个计算示例中，分析了串联起来的变压器(感抗 X_T，电阻 R_T)和电容器。图 3a)给出了等效阻抗图，图 3b)给出了阻抗与谐波次数关系，图中显示了发生在 11 次谐波频率附近的串联谐振。表 1 所列为图 1 所示的供电系统中，使用畸变电源电压供电时，其阻抗、电压和电流对应于各特征谐波频率的数值。

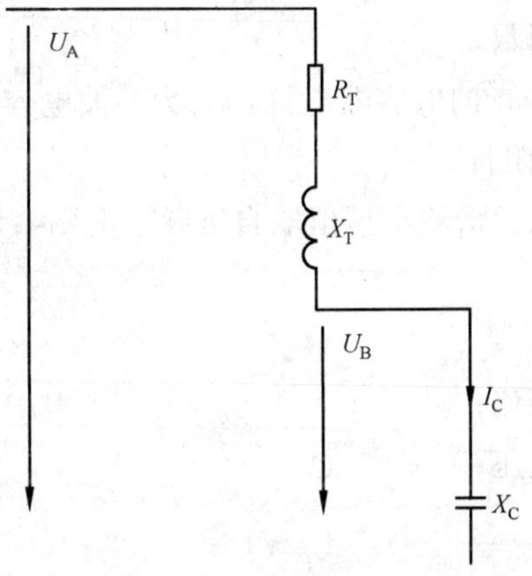

图 3a） 串联谐振等效阻抗图

图 3b） 图 3a)所示电路的阻抗-谐波次数曲线图

表1 由畸变电源电压供电的串联谐振电路对应于各特征谐波下阻抗、电压和电流计算值

h	X_T Ω	X_C Ω	Z Ω	U_A V	U_A(%) %	I_C A	U_B V	U_B(%) %
1	0.010	−1.000	0.990	400.0	100.0	233	404	101.0
5	0.048	−0.200	0.152	12.0	3.0	46	16	3.9
7	0.067	−0.143	0.076	9.6	2.4	73	18	4.5
11	0.106	−0.091	0.020	6.0	1.5	175	29	6.9
13	0.125	−0.077	0.050	4.8	1.2	55	8	1.8
17	0.163	−0.059	0.106	2.4	0.6	13	1	0.3
19	0.182	−0.053	0.132	1.9	0.5	8	1	0.2
$R_T=X_T/Q_T=X_T/8$(简化计算)				THD(A)%=4.4		$I_{C\ eff.}=309$ A $I_C/I_{CN}=1.34$		THD(B)%=9.3

图3a)、图3b)和表1中各符号和数值说明：

U_N ——参考电压(例如:3相400 V)；

$h=f_h/f_1$ ——谐波次数，f_1 基波频率，f_h 谐波频率；

$X_T=hX_{T1}$ ——阻抗电压为6%的1 000 kV·A变压器的短路电抗，X_{T1}为基波短路电抗；

$Q_T=8$ ——变压器品质因数；

$X_C=X_{C1}/h$ ——容量为160 kvar的电容器电抗，X_{C1}为基波电容器电抗；

Z ——图3a)的等效阻抗；

U_A ——供电母线电压。谐波电压值取自国际大电网会议谐波报告中的数据乘以60%；

$U_A(\%)=(U_A/U_N)\times100$；

I_C ——电容器电流；

I_{CN} ——电容器额定电流；

U_B ——负荷母线的电压；

$U_B(\%)=(U_B/U_N)\times100$。

从表1中可总结出以下几点：

a) 当频率接近串联谐振频率时，供电母线上一个相对较低的谐波电压将会引起很大的谐波电流。示例中，当 $h=11$ 时，在电容器中产生了175 A电流，相当于基波电容电流的75%。

b) 较大的谐波电流将会使负荷母线上出现较高的谐波压降，使正弦电压发生畸变。
示例中，当 $h=11$ 时，虽然供电母线上谐波电压含有率仅为1.5%，但负荷母线上的谐波电压含有率却达到了6.9%。

c) 流过电容器的方均根电流是电容器额定电流的1.34倍。由于流过电容器的电流通常被限制为其额定电流的1.3倍，所以这种情况属于过负荷状态。

虽然可以设计出能承受如此过电流的电容器，但是这并不能解决问题，因为仅在一个谐波频率($h=11$)下负荷母线上的谐波电压含有率就达到了7%，这已经大大超过了正常兼容水平。

另外，我们可以看到，并不是只有当频率等于谐振频率时才产生谐波放大，而是只要频率接近谐振频率时就会产生谐波放大。在谐振频率点，阻抗最小，该谐振频率近似为：

$$f_{res}=f_1\sqrt{\frac{X_{C1}}{X_{T1}}}$$

5.4 并联谐振示例

在下面这个计算示例中，分析了相互并联的变压器(感抗 X_T，电阻 R_T)和电容器，图 4a)给出了等效阻抗图，图 4b)给出阻抗与谐波次数关系。表 2 为对应于各特征谐波频率的阻抗、电压和电流的数值。

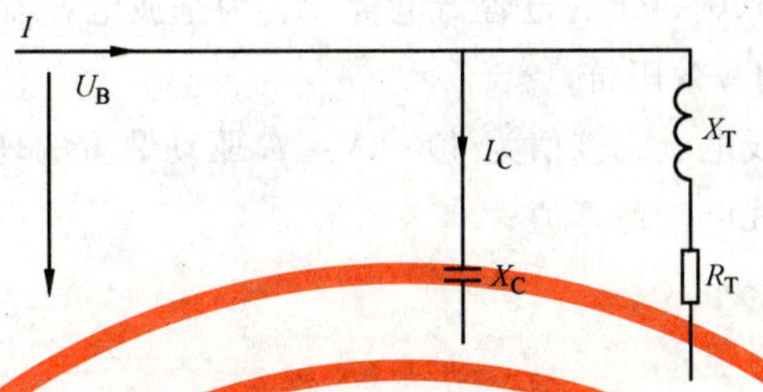

图 4a)　并联谐振等效阻抗图

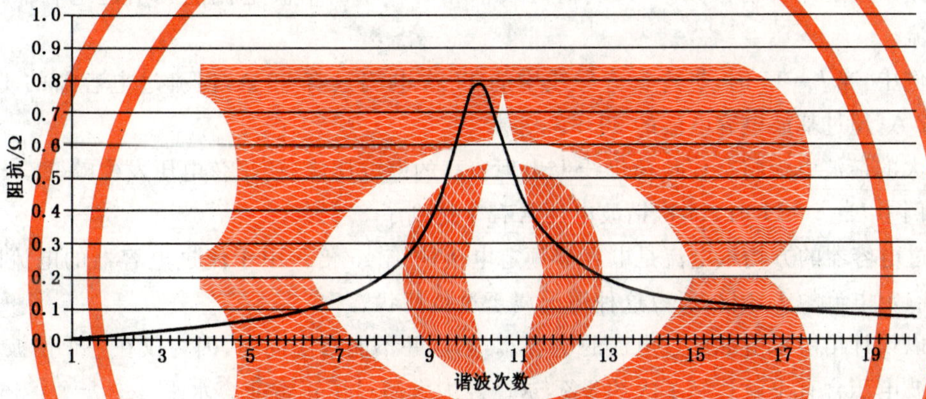

图 4b)　图 4a)所示电路的阻抗-谐波次数曲线图

表 2　含谐波电流源的并联谐振电路中对应于各次特征谐波的阻抗、电压和电流计算值

h	X_T Ω	X_C Ω	Z Ω	I A	I(%) %	U_B V	U_B(%) %	I_C A
1	0.010	−1.000	0.010	433	100.0	—	—	231
5	0.048	−0.200	0.064	87	20.0	10	2.4	28
7	0.067	−0.143	0.127	62	14.3	14	3.4	55
11	0.106	−0.091	0.490	39	9.1	33	8.3	212
13	0.125	−0.077	0.192	33	7.7	11	2.8	83
17	0.163	−0.059	0.091	25	5.9	4	1.0	39
19	0.182	−0.053	0.073	23	5.3	3	0.7	32
THD(B)%=9.8 $R_T=X_T/Q_T=X_T/8$(简化计算) $I_{C\ eff.}=334$ A $I_C/I_{CN}=1.45$								

图 4a)、图 4b)和表 2 中各符号和数值说明：

U_N ——参考电压(例如:3 相 400 V);

$h=f_h/f_1$ ——谐波次数,f_1 基波频率,f_h 谐波频率;

$X_T=hX_{T1}$ ——阻抗电压为 6%的 1 000 kV·A 变压器的短路电抗,X_{T1} 为基波短路电抗;

$Q_T=8$ ——变压器品质因数;

$X_C=X_{C1}/h$ ——容量为 160 kvar 的电容器电抗,X_{C1} 为基波电容器电抗;

Z ——图 4a)的等效阻抗;

$I,I(\%)$ ——负荷母线电流。该值为 300 kV·A 驱动装置的理论值;

U_B ——负荷母线电压计算值;

$U_B(\%)=(U_B/U_N)\times 100$;

I_C ——电容器电流;

I_{CN} ——电容器额定电流值。

从表 2 可总结出以下几点:

a) 当频率接近并联谐振频率时,负荷母线中相对较小的谐波电流能够引起电容器产生很大的电流。

示例中,当 $h=11$ 时,尽管负荷母线中的 11 次电流只有 39 A,但流过电容器的 11 次电流为 212 A,超过基波电容电流的 90%。

b) 较大的谐波电流将会使负荷母线上出现较高的谐波压降,使正弦电压发生畸变。

示例中,当 $h=11$ 时,11 次谐波电压含有率达到了 8.3%。

c) 流过电容器的方均根电流是电容器额定电流的 1.45 倍。由于流过电容器的电流限值一般为其额定电流的 1.3 倍,所以这种情况属于过负荷状态。

虽然可以设计出能承受如此过电流的电容器,但这并不能解决问题,因为仅在一个谐波频率下负荷母线上的谐波电压含有率就达到了大约 8%,这已经大大超过了正常兼容水平。

另外,我们可以看到,并不是只有当频率等于谐振频率时才产生谐波放大,只要频率接近谐振频率就会产生谐波放大。在谐振频率点,阻抗最大,该谐振频率近似为:

$$f_{res}=f_1\sqrt{\left|\frac{X_{C1}}{X_{T1}}\right|}$$

注: 实际系统阻抗是与变压器阻抗是串联起来的,这在一定程度上会影响谐振频率和电压电流的幅值。

5.5 防止谐振的方法

防止谐振的主要方法就是使谐振频率尽可能远离那些幅值不应忽略的谐波分量的频率。

防止谐振可以通过改变系统组成设备的电感或电容值来实现。但是如果实际电网由供电系统和无功补偿装置构成的话,这种方法只能在小范围内发挥作用。尤其当系统中使用了自动投切电容器组时,就不得不考虑在许多状态下,都可能发生谐振。

防止谐振最常见的方法就是在电容器上串接电抗器,调整其串联谐振频率,使其谐振频率低于系统中存在的谐波电压或谐波电流的最低频率。在调谐频率以下,电容电感串联支路呈容性,在调谐频率以上呈感性。系统阻抗和电感性的电容电感串联支路的阻抗之间不满足谐振条件,在系统谐波电压和谐波电流频率范围内,既不会产生串联谐振,也不会产生并联谐振。电抗器由相对应的电抗率确定:

$$p=\left|\frac{X_{L1}}{X_{C1}}\right|$$

相应的调谐次数:

$$\frac{f_{LC}}{f_1}=\sqrt{\frac{1}{p}}$$

在大部分电网中，5 次谐波是频率最低且幅值较大的谐波，对于这样的电网，选择电容电感串联支路的调谐频率次数低于 5 次，也就是 $p>4\%$是有效的。

如果电网中由于单相整流器或过励磁变压器而产生较高的三次谐波电压，那么调谐频率次数就要低于 3 次，即 $p>11\%$。

在下面的图 5a)、图 5b)、图 6a)、图 6b)和表 3、表 4 的例子中，各数取值与前面的例子中取值相同，但是电容电感串联支路的调谐频率为 3.78 倍 f_1，电抗器的 $p=7\%$，基波频率下无功补偿容量与前面相同。

5.5.1 电容电感串联支路：串联谐振示例

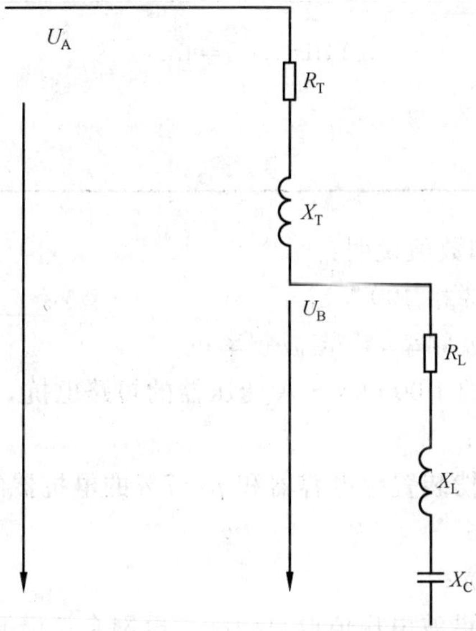

图 5a) 有电容电感串联支路的串联谐振等效阻抗图

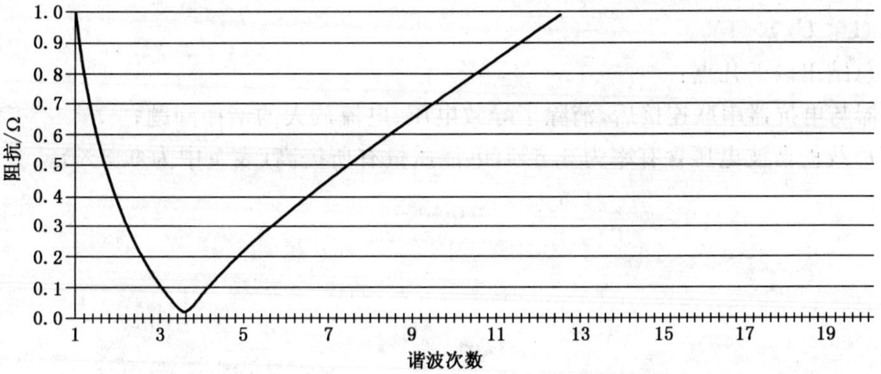

图 5b) 图 5a)所示电路的阻抗-谐波次数曲线图

表 3 由畸变电源供电时含有电容电感串联支路的串联谐振电路在各特征谐波下阻抗、电压及电流的计算值

h	X_T Ω	X_C+X_L Ω	Z Ω	U_A V	$U_A(\%)$ %	I_C A	U_B V	$U_B(\%)$ %
1	0.010	−1.000	0.990	400.0	100.0	233	404	101.0
5	0.048	0.161	0.210	12.0	3.0	33	9	2.3
7	0.067	0.373	0.441	9.6	2.4	13	8	2.0
11	0.106	0.730	0.837	6.0	1.5	4	5	1.3
13	0.125	0.896	1.021	4.8	1.2	3	4	1.1
17	0.163	1.216	1.381	2.4	0.6	1	2	0.5
19	0.182	1.374	1.558	1.9	0.5	1	2	0.4
$R_T=X_T/Q_T=X_T/8$(简化计算) $R_L=X_L/Q_L=X_L/30$(简化计算)				THD(A)%=4.4		$I_{C\,eff.}=236A$ $I_C/I_{CN}=1.02$		THD(B)%=3.6

图 5a)、图 5b)和表 3 中各符号和数值说明：

U_N ——参考电压(例如：3 相 400 V)；

$h=f_h/f_1$ ——谐波次数，f_1 基波频率，f_h 谐波频率；

$X_T=hX_{T1}$ ——阻抗电压为 6%的 1 000 kV · A 变压器的短路电抗，X_{T1} 为基波短路电抗；

$Q_T=8$ ——变压器品质因数；

X_L+X_C ——160 kvar 无功补偿装置中电容器和 $p=7\%$的电抗器的电抗值；

$Q_L=30$ ——电抗器品质因数；

Z ——图 5a)的等效阻抗；

U_A ——供电母线电压。谐波电压值取自国际大电网会议谐波报告中的数据乘以 60%；

$U_A(\%)=(U_A/U_N)\times100$；

I_C ——电容器电流值；

I_{CN} ——电容器额定电流值；

U_B ——负荷母线电压；

$U_B(\%)=(U_B/U_N)\times100$。

从表 3 可总结出以下几点：

a) 电容器与电抗器串联连接后，消除了导致电压、电流放大的谐振问题；

b) 负荷母线的谐波电压含有率为 3.6%，电能质量有所提高(表 1 中为 9.3%)。

5.5.2 电容电感串联支路:并联谐振示例

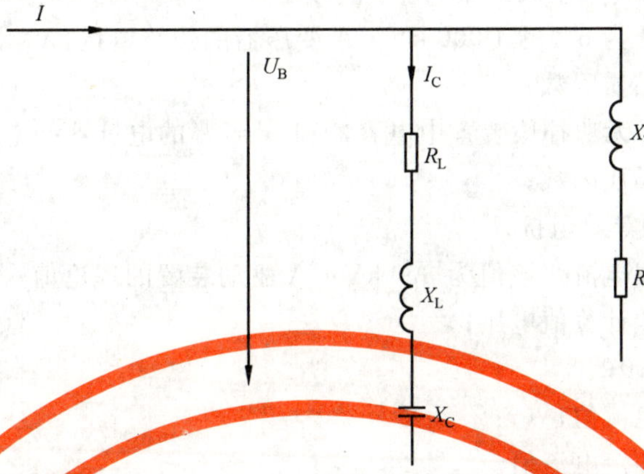

图 6a) 有电容电感串联支路的并联谐振等效阻抗图

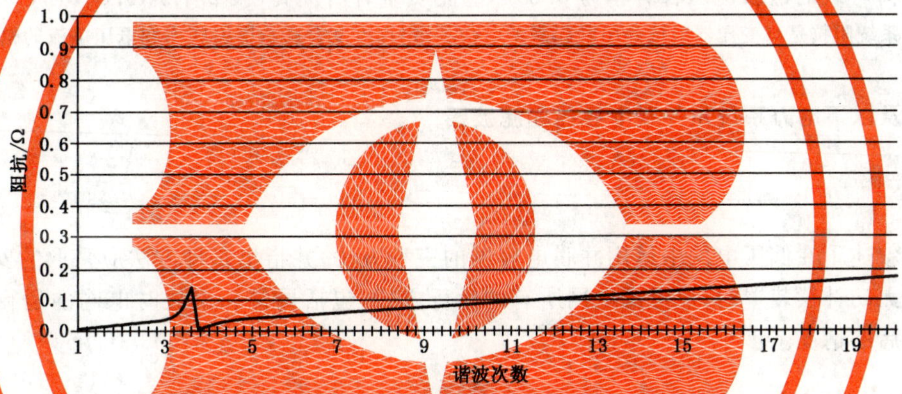

图 6b) 图 6a)所示电路的阻抗-谐波次数曲线图

表 4 存在谐波电流源时含有电容电感串联支路的并联谐振电路在各特征谐波下阻抗、电压及电流的计算值

h	X_T Ω	X_L+X_C Ω	Z Ω	I A	I(%) %	U_B V	U_B(%) %	I_C A
1	0.010	−1.000	0.010	433	100.0	—	—	231
5	0.048	0.161	0.037	87	20.0	6	1.4	20
7	0.067	0.373	0.057	62	14.3	6	1.5	9
11	0.106	0.730	0.093	39	9.1	6	1.6	5
13	0.125	0.896	0.110	33	7.7	6	1.6	4
17	0.163	1.216	0.145	25	5.9	6	1.6	3
19	0.182	1.374	0.162	23	5.3	6	1.6	3

THD(B)%=3.8

$R_T=X_T/Q_T=X_T/8$(简化计算)　　$I_{C\ eff.}=232A$

$R_L=X_L/Q_L=X_L/30$(简化计算)　　$I_C/I_{CN}=1.01$

图6a)、图6b)和表4中各符号和数值说明：

U_N ——参考电压(例如:3相400 V)；

$h=f_h/f_1$ ——谐波次数，f_1 基波频率，f_h 谐波频率；

$X_T=hX_{T1}$——阻抗电压为6%的1 000 kV·A变压器的短路电抗，X_{T1}为基波短路电抗；

$Q_T=8$ ——变压器品质因数；

X_L+X_C ——160 kvar无功补偿装置中电容器和 $p=7\%$的电抗器的电抗值；

$Q_L=30$ ——电抗器品质因数；

Z ——图6a)的等效阻抗；

$I,I(\%)$ ——负荷母线电流。该值为300 kV·A驱动装置的理论值；

U_B ——负荷母线计算值电压；

$U_B(\%)=(U_B/U_N)\times100$；

I_C ——电容器电流值；

I_{CN} ——电容器额定电流值。

从表4可总结出以下几点：

a) 电容器与电抗器串联连接后，消除了导致电压、电流放大的谐振问题；

b) 负荷母线的谐波电压含有率为3.8%，电能质量有所提高(表2中为9.8%)。

注：实际系统阻抗是与变压器阻抗是串联起来的，这在一定程度上会影响谐振频率和电压电流的幅值。

6 1 000 V及以下电力系统用并联电容器和滤波器

6.1 简介

本部分叙述了在低压电网中运用并联电容器的三种方法，并指出每种方法应采取的安全措施。

在设计无功补偿装置时，应考虑电网所有的运行方式，包括异常和事故时电网的运行方式，以及未来电网扩建后的情况。

6.2 并联电容器

并联电容器类型的无功补偿装置可以在不需要防止谐振或抑制谐波的情况下使用。这种情况通常是指由电网感抗和并联电容器容抗所确定的谐振频率相对较高，并且电网中谐波(即母线谐波电压和负荷产生的谐波电流)含量很低。

应该认识到：谐振发生的可能性是由配电变压器低压侧所投运的所有无功补偿装置的总电容所决定的。当无功补偿装置已经投运后，再考虑防止谐振问题要比无功补偿装置设计时就考虑困难得多，费用也昂贵得多，这是因为现有电容器和框架等通常不能再利用。

6.3 失谐滤波器

如5.5中所示，从技术经济的角度出发来考虑防止谐振，有效的方法是在无功补偿装置的每组电容器回路中都串入电抗器。

这种类型的无功补偿装置(失谐滤波器)，也有可能吸收部分比电容电感串联支路调谐次数更高的谐波电流，降低电网中的谐波电压。

电容电感串联调谐频率的选择取决于电网中现有谐波电流的频率和大小，并取决于音频控制装置的信号频率。

一般不能增加电抗器与已经安装使用的电容器构成失谐滤波器，因为该电容器额定值可能不满足由于串入了电抗器而引起的电压或电流的升高。

通常，含有串联电抗器的无功补偿装置不能与不含串联电抗器的装置混合使用，当不同调谐频率的装置与失谐滤波器混合使用时也要注意。这两种情况都可能导致谐波负荷分配不均使某个滤波器或部分装置过负荷。

6.4 调谐滤波器

为了使电网中的谐波电压保持在可接受的范围内，就应考虑安装 4.1 所提到的调谐滤波器。它作为谐波源的负荷，吸收谐波电流，从而减小谐波电压的升高。评估是否需要调谐滤波器时应综合考虑整个电网系统的状况。

设计调谐滤波器应知道电网的谐波阻抗值，特别是配电变压器的阻抗和谐波源频谱及电网高压侧谐波电压的频谱。

一个调谐滤波器包含一个或多个调谐滤波支路（每相都是电抗器和电容器的串联），每个支路对于给定的谐波频率所呈现的阻抗要比同频率下电网的阻抗低。这样，大部分谐波电流都被这个滤波器吸收。在电网频率下，滤波器等同于电容器起到无功补偿的作用。

一般地，调谐滤波器支路需要针对除 3 次及 3 的整数倍以外的奇数次谐波设计，如 5，7，11，13，17，19 等。通常对于低压设备可以不设三次滤波器，因为三次谐波仅出现在相和中性线之间，而大多数无功补偿装置接在相与相之间（不与中性线连接）。但是在负荷不平衡及三次谐波较大时，也要考虑三次谐波滤波器。

通常，有以下几点结论：

a） 在电网频率下，每个调谐滤波支路的基波容量随谐波次数的增加而降低；

b） 一般滤波器的所有调谐支路是同时投切的。但是如果需要单独投切各调谐支路，需要从低次到高次（如 5，7，11 等）投运，从高次到低次切除；

c） 选择调谐支路的额定调谐频率一般要稍低于谐波频率，这样，调谐支路的阻抗在谐波频率下呈电感性。

在将调谐滤波器安装到连接在同一个配电变压器低压侧的各个设备上时，要注意防止出现问题。由于组成设备的制造偏差，在某一谐波次数上工作的并联的滤波器支路不会有完全一致的谐振频率，这就会产生一些问题，例如，由于谐波电流分配不均造成的问题，或调谐滤波器之间的并联谐振造成的问题，或两者都有。在这些情况下有效的做法是，利用附加的触点把针对同一次谐波的每个滤波器支路对应相的电抗器和电容器之间的点连接起来。

6.5 组成设备的选择

低压无功补偿装置通常安装在室内，由以下设备中的部分或全部组成：

a） 电容器；

b） 电抗器（例如在滤波器中）；

c） 接触器、断路器或无触点开关；

d） 短路保护装置（熔丝或断路器）。

这些组成设备额定参数的选取通常是由它们（在将要服务的装置中）处于最严重工况时计算出的值确定的。设计无功补偿装置或滤波器时，应考虑负荷产生的谐波电流和任何存在于电网中的谐波电流或电压。

应确保装置的制造偏差、温度和老化的影响、内外熔丝（如果存在）的动作、滤波器组成设备的非线性和电网频率的变化等不会给滤波器的性能带来不应接受的影响。

6.5.1 电容器

电容器单元或电容器组是无功补偿装置和滤波器的基本组成部分。应进行透彻的研究以获得电容器的最优设计。

电容器的电流由基波分量和谐波分量组成。由于谐波分量的含量可能非常高，特别是在调谐滤波器中，在确定电容器的额定参数时就要将这些谐波分量考虑在内。

还要考虑滤波器中电容器与电抗器串联之后电容器的电压升高。

6.5.2 电抗器

电抗器电流由基波分量和谐波分量组成。由于谐波分量的含量可能非常高，特别是在调谐滤波器中，在确定电抗器的额定值时应将它们计算在内。

设计电抗器时应按照基波电流和谐波电流所能产生的最大热负荷进行设计。

设计滤波器时应考虑电抗器电感的制造偏差，大多数滤波装置允许偏差范围为±3%。

电抗器应能承受装置故障时产生的短路电流和操作电流、操作电压。

电抗器在最大负荷时的电感值与额定电流下的电感值之间的差异不能超过额定电流时电感值的5%，最大负荷状态是由电流或电压(由基波和谐波电压电流最大值的算术和合成的)的峰值给定的。

当使用铁芯电抗器(通常用于低压滤波装置中)时，应避免发生铁芯饱和问题(电感值突变，投切时发生铁磁谐振、导致组成设备过负荷等)。

电抗器的所有损耗都应该考虑在内。

6.5.3 接触器和断路器

无功补偿装置对投切装置有特殊的性能要求。需要考虑以下几方面：

a) 接触器和断路器应该是无重击穿的，适用于电容器组的投切；

b) 接触器和断路器的额定电压应该不小于当系统含有无功补偿装置或滤波器时电网电压的最大值；

c) 在设计时应保证接触器和断路器的电流能够承受当无功补偿装置或滤波器工作在最高电压、最高频率和组成设备(特别是电容器和电抗器)最大偏差时流过装置的持续电流(包括谐波分量)；

d) 断路器的额定开断容量应能开断发生在无功补偿装置或滤波器侧的短路电流；

e) 接触器和断路器的额定短时耐受电流应能够承受系统短路故障电流和合闸涌流；

f) 接触器和断路器的选型应满足预期的投切操作频率。

6.5.4 短路保护装置(熔丝)

短路保护装置的额定电压应不小于无功补偿装置或滤波器处于工作状态时的电网电压最大值。

短路保护装置的电流在设计时应该满足能够承受无功补偿装置或滤波器工作在最高电压、最高频率和组成设备(特别是电容器和电抗器)最大偏差时所流过装置的持续电流(包括谐波分量)。

短路保护装置的额定开断容量应能开断发生在无功补偿装置或滤波器侧的短路电流。

短路保护装置的额定短时耐受电流应能够承受系统短路故障电流和合闸涌流。

6.6 并联电容器和滤波器对音频控制装置的干扰

6.6.1 并联电容器

对于由音频控制装置注入到高压电网的音频信号，无功补偿装置的电容和配电变压器的电感形成了一个串联谐振电路。当该电路的谐振频率等同于或接近于信号频率的时候就会出现问题。低压侧的信号电压可能上升到不应接受的水平，在此频率下高压侧阻抗可能会降低，而成为音频控制信号发生器的附加负荷。当谐振频率远远低于音频控制信号的频率时，信号的电压可能会被减弱到不应接受的水平。

下面给出了上面所述情况的一个例子，图7b)、图7c)所示为图7a)所示的变压器-电容器连接对应四种不同音频控制信号频率时的情况。接近谐振频率时，装置的阻抗远远低于正常的负荷阻抗，这种情况会导致音频控制发生器过负荷。另一方面，音频控制信号电压能够升高或降低到足以损坏音频接收器的程度。

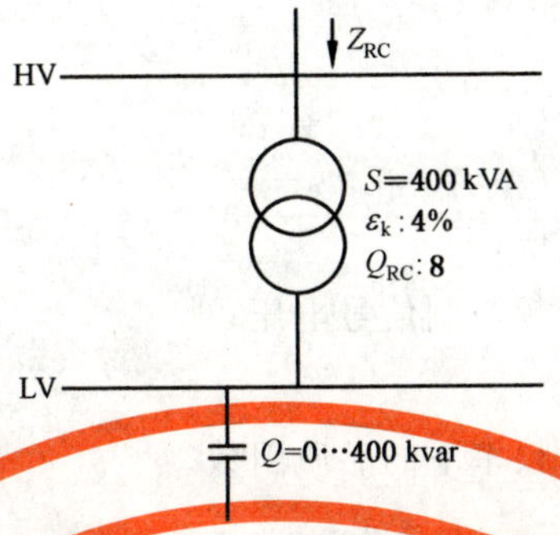

图 7a） 变压器-电容器连接的单线电路图

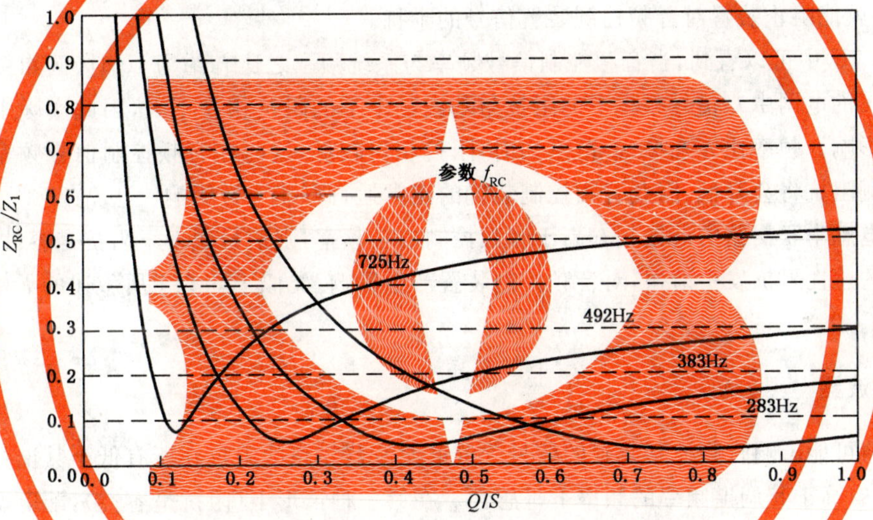

图 7b） 相对阻抗 Z_{RC}/Z_1

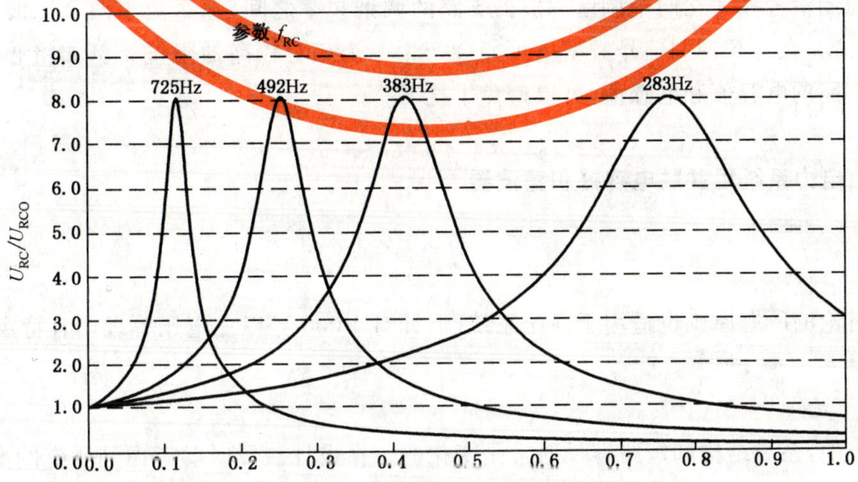

图 7c） 相对信号电压 U_{RC}/U_{RCO}

图 7a)、图 7b)、图 7c)中所用符号的说明：

Z_{RC} ——变压器-电容器连接在音频控制频率下的阻抗；

Z_1 ——电网频率下的正常负荷阻抗；

S ——变压器额定容量；

ε_k ——变压器阻抗电压百分数；

Q ——并联电容器额定容量；

U_{RC} ——低压侧音频控制信号电压；

U_{RCO}——无并联电容器接入时音频控制信号电压；

f_{RC} ——音频控制信号频率；

Q_{RC} ——变压器在音频控制信号频率下的品质因数。

6.6.2 失谐滤波器

将电抗器串联到无功补偿装置的电容器组中，如果电容电感串联支路的谐振频率低于或远离音频控制信号频率，就能阻止装置对音频控制装置信号的干扰。

例如，从图 7b)中可以看到，当音频控制信号频率与系统频率之比 h 约为 10 时(例如频率为 492 Hz 的信号在 50 Hz 的电网中)，信号频率下的阻抗与基波频率下的阻抗相差不大，因此实际上对音频控制装置可能没有影响。频率比 h 在 2～6 范围内时，阻抗相对较低，这时在音频控制信号频率下低压侧信号电压和高压侧阻抗将会降低，因此音频控制装置的正常运行可能会被影响。

如果电容电感串联支路的谐振频率高于音频控制信号频率，则信号频率下阻抗是容性的，这可能会与配电变压器的感性阻抗发生谐振，对音频控制装置产生影响，类似于 6.6.1 所叙述的无电抗器的电容器组。

6.6.3 调谐滤波器

调谐滤波器可能影响音频控制装置的信号。调谐滤波器支路的阻抗在所有低于其谐振频率的频率下呈容性，在所有高于其调谐频率的频率下呈感性。在第一种情形下(阻抗呈容性)，配电变压器的阻抗降低了高压侧电网在音频控制信号频率下的阻抗。在第二种情况下(阻抗呈感性)，降低了低压侧音频控制信号电压。在这两种情况下，音频控制装置都受到了影响。

如果音频控制信号频率在两个调谐滤波器支路的调谐频率之间，那么由于两个滤波器感抗和容抗的全部或部分补偿，在音频控制信号频率下可能会产生一个相对较高的阻抗。例如精心选择调谐频率或调谐滤波器支路的电容值和电感值，可以避免干扰。

7 1 000 V 以上电力系统用并联电容器和滤波器

7.1 简介

低压系统讨论的所有原则也适用于高压系统，但针对 1 000 V 以上电压等级还有特定要求。

7.2 特定要求

在高压系统中，系统结构和短路容量通常是变化的。在设计装置时要考虑到所有的变化。

高压无功补偿装置可安装在户内或户外，下面各项会对设计产生影响：

a) 不利的大气条件、污秽等要求增加爬电距离和电气间隙；

b) 气候条件；

c) 机械应力,地震强度;

d) 太阳辐射。

在设计无功补偿装置时要考虑负荷产生的谐波以及任何存在于电网中的谐波。

7.3 无功补偿装置的选择

应该对系统进行分析,以便选定最适合的装置。尽管对系统已经进行了详细分析,但只要系统中有谐波畸变存在,就应该进行实际的测量。

以下几点在系统分析时应该计算在内:

a) 应该考虑系统所有的接线方式,包括异常和事故时电网的接线方式,以及未来对系统的扩展。特别要注意电机(发电机,同步补偿器),电缆电容,线路阻抗等。

b) 在所有不同工作环境中的谐波发生量(畸变率)。应考虑到系统中存在的谐波源。谐波电流的测量和计算是有必要的。当谐波是由电流源产生而不是由电压源产生的时候,仅从谐波电压畸变推导出的数据是不准确的。如果某个系统没有隔离变压器或其他大阻抗将其与公用电网隔离,那么用户在这样的系统中安装滤波器时就要考虑系统中所有其他并联电容器和滤波器的影响。

c) 系统已安装的无功补偿装置、失谐滤波器和调谐滤波器。

d) 需要研究无功补偿装置和滤波器对音频控制装置的影响,以确保不会发生系统故障。

7.4 滤波器的类型

最常用的滤波装置有单调谐滤波器、二阶高通滤波器及C型高通滤波器[见图8b)、图8c)、图8e)]。可根据技术和经济条件决定使用何种类型的滤波器。如果使用了二阶高通滤波器,还需要进行损耗估算。滤波器最常使用的调谐次数是2,3,4,5,7,11,13,17,19,23,25。

如果需要保证谐波畸变率在规定的限值内,就得考虑电容器和电抗器的制造偏差。滤波器并不总是能够保证谐波畸变率和功率因数两者都在给定的限值之内。

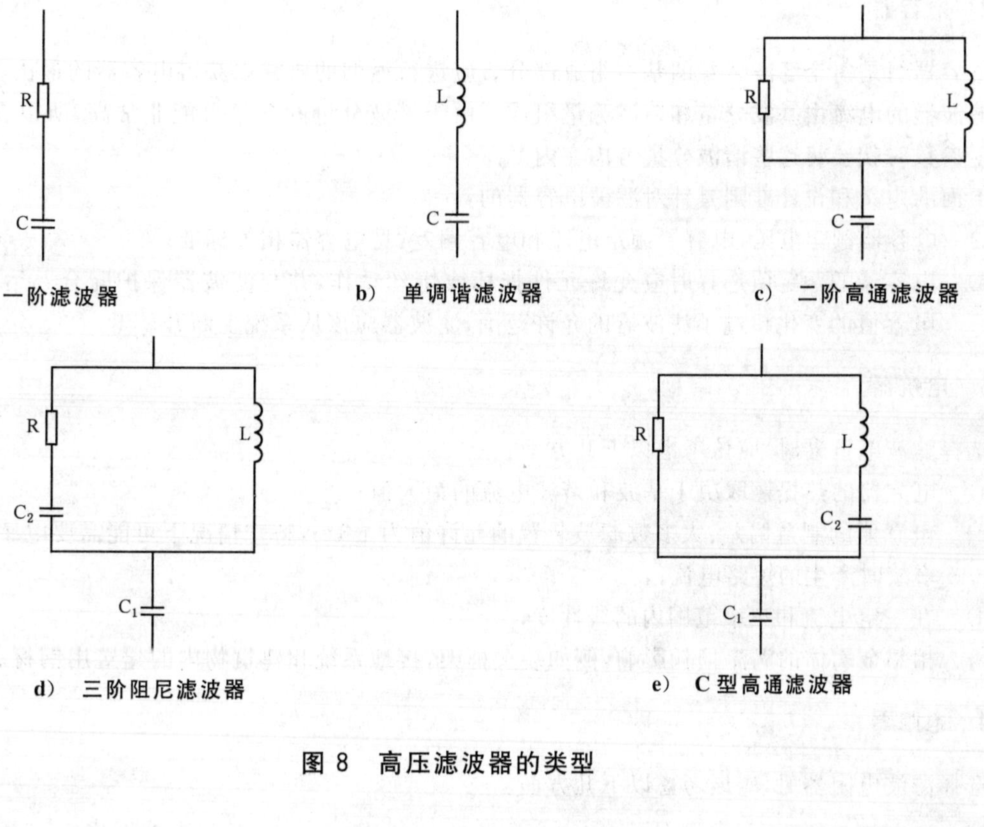

a) 一阶滤波器　　b) 单调谐滤波器　　c) 二阶高通滤波器

d) 三阶阻尼滤波器　　e) C型高通滤波器

图8 高压滤波器的类型

7.5 滤波器组成设备的选择

高压滤波器通常由下面的组成设备组成：

a) 断路器；

b) 电容器；

c) 电抗器；

d) 电阻器(如果需要的话)；

e) 保护装置。

这些组成设备的额定参数的选取通常取决于它们(在将要使用的装置中)处于最严重工况时计算出的值。当设计无功补偿装置或滤波器时，应考虑负荷设备产生的谐波电流和任何存在于电网中的谐波电流或电压。

应确保装置的制造偏差、温度和老化的影响、内外熔丝(如果存在)的动作、滤波器组成设备的非线性和电网频率的变化等不会给滤波器的性能带来不应接受的影响。

7.5.1 断路器

滤波器对投切装置有特殊的性能要求。需要考虑以下几方面：

a) 断路器应该无重击穿；

b) 断路器的额定电压应该不小于系统含有滤波器时电网电压的最大值；

c) 设计时应保证断路器的电流能够承受住滤波器工作在最高电压、最高频率和最大电容偏差时流过滤波器的持续电流；

d) 断路器的开断容量应能开断发生在断路器的滤波装置侧的短路电流；

e) 断路器的额定短时耐受电流应能够承受系统短路故障电流和合闸涌流；

f) 断路器的选型应满足预期的投切操作频率。

7.5.2 电容器

电容器组是每个滤波装置的基本组成部分。应进行透彻的研究以获得电容器的最优设计。

滤波器的电流由基波分量和谐波分量组成。由于谐波分量的含量可能非常高，所以在确定电容器的额定参数时就要将这些谐波分量考虑在内。

下面的定义和设计准则是针对滤波电容器的：

a) 电容器额定电压，电容器额定电流和电容偏差：见电容器相关标准；

b) 电容器的额定值选择时应允许元件损坏或熔丝动作，并与滤波器保护配合。运行期间，如果电容值的变化超过了滤波器的允许范围，滤波器应该从系统上断开。

7.5.3 电抗器

选择滤波电抗器时，应该考虑以下几方面：

a) 电抗器的热损耗取决于基波和谐波电流的最大值；

b) 电感值的制造偏差：大多数滤波装置的允许值为±3%，特殊情况下可能需要电感可调；

c) 事故时产生的短路电流；

d) 在一定电流和频率范围内的线性度；

e) 相邻金属体的涡流损耗影响，例如装置框架，接地系统和建筑物内的建筑用钢材。

7.5.4 电阻器

选择滤波电阻器时，应该考虑以下几方面：

a) 流过电阻器的总方均根电流；

b) 电阻器的电感；

c) 电阻值的制造偏差和温度系数。

7.5.5 继电保护

保护系统通常由以下部分构成：

a) 谐波过负荷保护；

b) 过电流保护；

c) 接地故障保护；

d) 欠压保护；

e) 电容器组不平衡保护。

7.6 并联电容器和滤波器对音频控制装置的干扰

应该校验无功补偿装置和滤波器对音频控制装置信号的干扰，以确保不发生系统故障。

无功补偿装置的调谐频率不应与音频控制信号频率相同，应保持足够距离。由于音频控制装置注入点和无功补偿装置之间的线路存在感抗，所以音频控制信号电压可能被降低或提高。如果无功补偿装置的阻抗在音频控制信号频率下呈感性，音频控制信号电压就会被降低；如果呈容性就会被提高。参考 6.6 的要求，应确保音频控制信号电压受到的影响在允许范围之内。

参 考 文 献

[1] GB 1984—2003 高压交流断路器

[2] GB/T 2900.1—2008 电工术语 基本术语

[3] GB/T 2900.15—1997 电工术语 变压器、互感器、调压器和电抗器

[4] GB/T 2900.16—1996 电工术语 电力电容器

[5] GB/T 3667 交流电动机电容器

[6] GB 3804—2004 3.6 kV～40.5 kV 高压交流负荷开关

[7] GB/T 3859 半导体变流器

[8] GB/T 3984 感应加热装置用电容器

[9] GB/T 4365—2003 电工术语 电磁兼容

[10] GB/T 6115 电力系统用串联电抗器

[11] GB 10229—1988 电抗器

[12] GB/T 11024.1—2010 标称电压 1 000 V 以上交流电力系统用并联电容器 第 1 部分：总则

[13] GB/T 11024.2—2001 标称电压 1 000 V 以上交流电力系统用并联电容器 第 2 部分：耐久性试验

[14] GB 12747.1—2004 标称电压 1 000 V 及以下交流电力系统用自愈式并联电容器 第 1 部分：总则——性能、试验和定额——安全要求——安装和运行导则

[15] GB 13539—2008 低压熔断器

[16] GB/T 14047—1993 量度继电器和保护装置

[17] GB/T 14549—1993 电能质量 公用电网谐波

[18] GB/T 14810—1993 110 kV 及以上交流高压负荷开关

[19] GB/T 15166.1—1994 交流高压熔断器 术语

[20] GB 15166.2—2008 高压交流熔断器 第 2 部分：限流熔断器

[21] GB 15166.4-2008 高压交流熔断器 第 4 部分：并联电容器外保护用熔断器

[22] GB/T 16700—1996 集中网络控制装置的标准频率

[23] GB/T 17702 电力电子电容器

[24] GB/T 17886.1—1999 标称电压 1 000 V 及以下交流电力系统用非自愈式并联电容器 第 1 部分：总则——性能、试验和定额——安全要求——安装和运行导则

[25] GB/T 18489—2008 管形荧光灯和其他放电灯线路用电容器 一般要求和安全要求

[26] GB/T 18504—2001 管形荧光灯和其他放电灯线路用电容器性能要求

[27] GB/T 19749—2005 耦合电容器及电容分压器

[28] Harmonics characteristic parameters, methods of study, estimates of existing values in network, CIGRE, WG36-05, Electra no. 77

ICS 29.120.99
K 14

中华人民共和国国家标准

GB/T 26871—2011

电触头材料金相试验方法

Metallographic examination of electrical contact materials

2011-07-29 发布 2011-12-01 实施

中华人民共和国国家质量监督检验检疫总局
中国国家标准化管理委员会 发布

前　言

本标准按 GB/T 1.1—2009 给出的规则起草。

本标准由中国电器工业协会提出。

本标准由全国电工合金标准化技术委员会(SAC/TC 228)归口。

本标准起草单位:桂林金格电工电子材料科技有限公司、福达合金材料股份有限公司、温州聚星银触点有限公司、浙江省冶金研究院有限公司、温州宏丰电工合金有限公司、陕西斯瑞工业有限责任公司、佛山通宝精密合金股份有限公司、天水西电长城合金有限公司、桂林电器科学研究院、浙江乐银合金有限公司、中希合金有限公司、绍兴县宏峰化学金属制品厂。

本标准主要起草人:胡跃林、柏小平、马大号、丁枢华、陈晓、霍志文、张红军、刘强、陈京生、陈强、王小军、陈静、颜小芳、陈乐生、谢永忠、陈建新、郑元龙、陈达峰。

引　言

电触头材料的金相组织是电触头材料最重要、最基本的性能之一，其性能直接影响到开关电器的电气性能、工作可靠性和寿命。用金相分析的方法观察电触头材料的金相组织、金相缺陷是电触头材料研发、生产以及应用单位必不可少的重要手段之一，很有必要在全国范围内制定通用的电触头材料金相检测方法标准。

本标准与GB/T 26872—2011《电触头材料金相图谱》配合使用，可方便地判定电触头材料金相检测结果。

电触头材料金相试验方法

1 范围

本标准规定了电触头材料金相检测的方法。

本标准适用于在金相显微镜下观察和分析电触头材料组织及缺陷。

2 规范性引用文件

下列文件对于本文件的应用是必不可少的。凡是注日期的引用文件，仅注日期的版本适用于本文件。凡是不注日期的引用文件，其最新版本(包括所有的修改单)适用于本文件。

GB/T 13298—1991 金属显微组织检验方法

GB/T 26872—2011 电触头材料金相图谱

3 金相试样

3.1 金相试样的截取

3.1.1 总则

电触头材料金相试样的截取，应根据取样目的和电触头材料制备工艺特点，以及产品技术条件的规定进行，选取具有代表性的方向、部位采用手锯、锤击或金相试样切割机等截取规定形状及数量的金相试样。

3.1.2 粉末压型和合金内氧化型电触头

粉末压型和合金内氧化型电触头金相试样应取垂直于触头工作面的截面作为金相检测面。

3.1.3 挤压、轧制、拉拔型电触头

挤压、轧制、拉拔型电触头金相试样应分别取垂直和平行于挤压(轧制、拉拔)方向的两个截面作为金相检测面。

3.1.4 铸造型电触头

铸造型电触头金相试样应取垂直于触头工作面的截面作为金相检测面。

3.1.5 有焊接层的电触头

有焊接层的电触头及整体触头金相试样应垂直于触头工作面切取有接合面的部位作为金相检测面。

3.1.6 尺寸较大的电触头

尺寸较大的电触头金相试样应考虑取其具有代表性的截面作为金相检测面。

3.1.7 铆钉型复层电触头

铆钉型复层电触头金相试样应沿铆钉轴向中心剖开截面作为金相检测面。

3.1.8 经过电性能运行后的电触头

经过电性能运行后的电触头金相试样应截取垂直于工作面的截面作为金相检测面,这样可观察到试样表面电弧烧损状态和材料迁移情况。

3.1.9 试样形状和尺寸

试样尺寸以15 mm×15 mm或20 mm×20 mm、高10 mm～15 mm的立方体或Φ15 mm×15 mm左右的圆柱体为宜。当试样截面尺寸小于15 mm×15 mm时,可采取镶样处理。

3.2 金相试样的镶嵌

3.2.1 目的

电触头金相试样尺寸大多较小,材质软,在磨抛时不易握持,且容易出现"倒角",影响表层组织的检测,因此,需要将试样镶嵌以便于握持和检测。

3.2.2 机械镶嵌试样

用简单的机械夹具将试样夹持进行磨抛。此法适用于形状比较规则且尺寸稍大(机械夹具能夹持)的试样。

3.2.3 铸态环氧树脂镶嵌试样

将环氧树脂与固化剂按一定比例调和后,在一定尺寸的模型内(本标准推荐采用的模型尺寸为Φ22、Φ30),放上试样,浇注固化成型后以便于握持和检测。

3.2.4 模压热镶嵌试样

在金相试样镶嵌机上进行。镶嵌材料常用的塑料粉有热固性的胶木粉和热塑性聚氯乙烯聚合树脂。将欲检测的试样一个或数个放置于下模上,选择有代表性的较平整的一面向下,在模腔空隙之间加入塑料粉超过试样高度,加热至额定温度后保温一定时间(额定温度、压力及保温时间取决于塑料的性质)即可镶嵌成型。

3.3 金相试样的磨光

3.3.1 目的

磨光的目的是得到一个平整而光亮的磨面。电触头材料金相试样可用水砂纸及金相砂纸依次由粗至细进行磨光。不需要镶嵌的试样在磨光时,若并非做表面层金相检测,则无需保留棱角和边缘。

3.3.2 手工磨光

砂纸应平铺于平的玻璃或金属板上,用手工在各号砂纸上磨制,每换一次砂纸时,试样均应转90°角与旧磨痕成垂直方向,磨面平整而不应产生弧度,磨削应循单方向磨至旧磨痕完全消失,新磨痕均匀一致时为止。

3.3.3 机械磨光

将各号砂纸分别置于金相试样预磨机上依次磨制,磨光过程中,注意勿使试样发热,要连续加水,冷却试样并冲走磨屑，以免污染较软的基体材料，磨光时，所加压力宜轻且均匀，以防止较硬的颗粒物脱落。

3.4 金相试样的抛光

3.4.1 目的

抛光的目的是除去试样经磨光后磨面上均匀而微细的磨痕，使检测面无磨痕以达镜面，且无抛光缺陷。抛光在专用的金相试样抛光机上进行。

3.4.2 抛光方法

3.4.2.1 经磨光后的试样用水冲洗后，即可在装有抛光织物(丝绒布、丝绸布等)的抛光机上进行抛光。一般选用化学纯的三氧化二铬(Cr_2O_3)或≤5 μm 的氧化铝抛光粉，以及不同粒度的金刚石研磨膏等为抛光磨料。

3.4.2.2 抛光过程中，抛光盘上的磨料与水分将逐渐散失，应随时加以补充。抛光织物的湿度太大，会减弱抛光磨削作用而增加滚压作用，使硬质材料试样磨面呈现浮雕，也易使夹杂物或石墨脱落及拖出；抛光织物的湿度过小，则抛光的润滑作用极差，磨面将晦暗而有黑斑，且易拖伤软质材料试样的磨面。将磨面提离抛光盘后观察磨面上水膜，能在 2 s～5 s 内自行发干、消失为抛光织物合适的湿度。

3.4.2.3 在抛光的完成阶段，可将磨面与抛光盘的转动方向成相反方向抛光，这样能避免由于单方面抛光所致的夹杂物的"曳尾"现象。

3.4.2.4 当磨痕全部消除，得到光亮平整的磨面时，应停止抛光，将磨面用水冲洗干净。

3.4.2.5 抛光磨面时，若发现较粗磨痕不易去除，或在显微镜下观察，有凹坑、浮雕等磨制缺陷时，应重新磨制试样。

3.5 金相试样的浸蚀

3.5.1 电触头材料金相试样的浸蚀应采用化学浸蚀法，常用的浸蚀剂如表 1 所示。

表 1 电触头材料常用浸蚀剂

编号	浸蚀剂	浸蚀剂成分	用量 g	用量 mL	使用方法	适用范围
1	铬酐硫酸水溶液	CrO_3	2	—	擦蚀	银及银合金(纯银、银镉、银锡、银锌、银铜、细晶银等)的一般显微组织显示
		H_2SO_4(1.84 g/cm³)	—	2		
		H_2O	—	300～500		
2	A:铁氰化钾(赤血盐)	$K_3Fe(CN)_6$	10	—	将 A 和 B 混合使用，擦蚀，(浸蚀银镍后需用氨水再擦蚀)	银钨、银碳化钨、铜钨、铜碳化钨、银镍、钨镍铜中的钨、镍、碳化钨颗粒形状
		H_2O	—	90		
	B:氢氧化钠水溶液	NaOH	10	—		
		H_2O	—	90		
3	三氯化铁盐酸水溶液	$FeCl_3$	5	—	擦蚀	适用于纯铜和铜合金中的铜
		HCl(1.19 g/cm³)	—	50		
		H_2O	—	90		

表 1（续）

编号	浸蚀剂	浸蚀剂成分	用量		使用方法	适用范围
			g	mL		
4	氨水双氧水溶液	NH_4OH	—	50	擦蚀 3 s～10 s（用新配溶液）	适用于铜及含有铜和钨的材料（铜、钨、铜钨、钨镍铜、银钨、银镍、银铁）
		H_2O_2(30%)	—	10～30		
5	硝酸酒精溶液	HNO_3(1.42 g/cm^3)	—	3～5	擦蚀	显示银铁中的铁颗粒
		酒精	—	95		

3.5.2 抛光后的磨面经显微镜检查达到 3.4.1 的目的后，进行浸蚀。电触头金相试样磨面宜采用揩擦法浸蚀，以显示其真实、清晰的组织结构。

3.5.3 浸蚀时间视试样材料的性质、浸蚀液的浓度、检测目的及显微检测的放大倍数而定，一般由十几秒至一分钟不等，以能揭示组织的细节为度，不宜用过度浸蚀来增加组织衬度。

3.5.4 浸蚀完毕即迅速用水洗净，然后吹干或用滤纸吸干试样磨面。

3.5.5 完成浸蚀磨面，先在显微镜下检测浸蚀效果，如果显微组织还没有完全显示出来，则浸蚀程度不足，可视具体情形继续浸蚀；反之，若组织色调过于灰黑，失去应有的衬度，甚至失真，则浸蚀过度，应重新磨制试样。

3.5.6 完成浸蚀试样应保持清洁，不能用手抚摸检测面，并切忌与其他物件碰擦，应尽快观察、拍照，放置过久易氧化或沾污。

3.5.7 电触头材料的每一类金相试样往往可用两种或两种以上不同的浸蚀剂进行浸蚀，同样，同种浸蚀剂可用于多种不同类型的电触头金相试样的浸蚀。浸蚀剂的选择，取决于被浸蚀材料的成分和检测的目的，应注意按照适用范围来选择。

3.6 可观察到的组织

3.6.1 垂直于触头工作面的截面

截取垂直于触头工作面的中心截面，可观察以下组织情况：

a) 从表面到心部的显微组织变化；

b) 夹杂物沿整个截面的分布；

c) 表面层缺陷的深度；

d) 镀层、复合层、焊接层等厚度的测量，内氧化亮带区宽度尺寸的测量以及铆钉型电触头结合层裂纹长度的测量等。

3.6.2 平行于触头挤压（轧制、拉拔）方向的截面

截取平行于触头挤压（轧制、拉拔）方向的截面，可观察以下组织情况：

a) 沿挤压方向截面内部的显微组织变化；

b) 夹杂物的形状、大小和数量；

c) 形变过程中晶粒形态的变化；

d) 带状、纤维状组织等。

4 检测

4.1 目的

电触头金相检测包括浸蚀前及浸蚀后的检测，浸蚀前主要检测试样内部夹杂物、裂纹、孔隙、聚集物等缺陷，以及测量合金内氧化型电触头贫氧化物亮带宽度，测量触头复合层、镀层、焊接层的厚度，同时判定区别磨制过程中所引起的缺陷。浸蚀后主要检测试样的显微组织。

4.2 检测操作方法

4.2.1 试样抛光后，不需浸蚀，观察试样整个受检面，即将抛光面在金相显微镜下由边缘往里纵横全面统观一遍，按照电触头材料产品标准要求和/或对照 GB/T 26872—2011，观察并判定缺陷。检测缺陷时，应从最差的视场区域开始。然后浸蚀试样，检测显微组织结构及分布状态。

4.2.2 当观察到并判定试样内部出现缺陷时，应对不同类型的缺陷进行实际尺寸测量。在 100 倍～200 倍显微镜下，用带有刻度标尺的测微目镜测量缺陷最大尺寸。

4.3 内氧化银金属氧化物触头亮带区宽度的测量

将制好的金相试样，在 100 倍～200 倍金相显微镜下观察，在亮带区长边上取正中间一点和两端各取一点测量其亮带区宽度，然后取三处平均值作为测量结果，在测量时，显微镜的目镜测微尺应垂直于亮带区的一边，端部两点到试样边缘的距离为试样厚度的两倍。

4.4 复合层、镀层、焊接层等厚度的测量

将制好的金相试样在 100 倍～200 倍金相显微镜下观察，在复合层上正中间取一点和由正中间这点分别到试样两边缘距离的一半处再各取一点测量其复合层厚度，然后取三处平均值作为测量结果。

4.5 检测结果表示方法

缺陷实际最大尺寸用微米表示，金相组织放大倍数宜取 200 倍～500 倍，缺陷放大倍数宜取 100 倍～200 倍，也可根据实际情况采用不同的放大倍数。

4.6 抽样及合格判定

金相检测的抽样数量及金相组织合格判定依据等按相应的电触头材料产品标准的检测规则执行。

4.7 注意事项

4.7.1 为保证检测的准确性，应按仪器说明书，正确地操作使用金相显微镜。观察试样时，依照所需的放大倍数选择物镜及目镜。显微镜的总的放大倍数 M 为物镜放大倍数 M_1 和目镜放大倍数 M_2 的乘积（即 $M=M_1\times M_2$）。

4.7.2 显微镜应安放在阴凉干燥、相对湿度小于或等于 80%、少尘、无酸碱和蒸汽的实验室，室内无振动干扰，并有活动的窗帘调节室内光线强度以便于观察组织和摄影调焦。

4.7.3 使用显微镜应注意取用镜头时，避免手指接触透镜的表面，聚焦调节时，应以粗细调节旋钮慢慢调至从目镜中观察到显微组织映像清晰为止。注意物镜头部不应与试样接触。镜头表面有污垢时，可用吹风球将其吹去，或用细软毛笔拂除。

4.8 显微照相

按 GB/T 13298—1991 的规定执行。

4.9 检测记录

检测记录应包括下列内容：

a） 检测号。

b） 试样名称、状态、型号及批号。

c） 试样送检单位。

d） 检测项目。

e） 取样时间、地点。

f） 取样部位。

g） 浸蚀剂种类。

h） 环境温度、相对湿度。

i） 检测结果：

  1） 放大倍数；

  2） 缺陷类型以及缺陷最大尺寸值；

  3） 金相组织说明；

  4） 其他需要说明的事项。

j） 检测人、校核人和日期。